华 章 数 学 译 丛

68

A Second Course in Linear Algebra

线性代数高级教程

矩阵理论及应用

[美] 斯蒂芬·拉蒙·加西亚 (Stephan Ramon Garcia) 罗杰·A. 霍恩 (Roger A. Horn) 著

张明尧 译

机械工业出版社
CHINA MACHINE PRESS

图书在版编目（CIP）数据

线性代数高级教程：矩阵理论及应用 /（美）斯蒂芬·拉蒙·加西亚（Stephan Ramon Garcia），（美）罗杰·A. 霍恩（Roger A. Horn）著；张明尧译．—北京：机械工业出版社，2020.1（2025.1 重印）

（华章数学译丛）

书名原文：A Second Course in Linear Algebra

ISBN 978-7-111-64004-2

I. 线… II. ① 斯… ② 罗… ③ 张… III. 矩阵论－教材 IV. O151.21

中国版本图书馆 CIP 数据核字（2019）第 244927 号

北京市版权局著作权合同登记 图字：01-2019-0937 号。

本书涵盖了线性代数尤其是矩阵理论中所有基本且重要的内容，包括：向量空间，内积空间与赋范向量空间，分块矩阵，矩阵的特征值与特征向量、特征多项式与极小多项式，西三角化与分块对角化，矩阵的相似与标准型，矩阵的三角化、对角化以及多个矩阵的同时对角化，交换的矩阵族，矩阵的各种分解，特征值交错现象与惯性定理，各种特殊而重要的矩阵等．此外，书中还配有大量难度适宜的习题，启发读者进一步思考．

本书可以作为高等院校数学专业或理工科其他专业学生的线性代数教材，也可以作为工程技术人员的自学教材或参考资料．

出版发行：机械工业出版社（北京市西城区百万庄大街 22 号 邮政编码：100037）

责任编辑：迟振春	责任校对：殷 虹
印 刷：北京捷迅佳彩印刷有限公司	版 次：2025 年 1 月第 1 版第 5 次印刷
开 本：186mm×240mm 1/16	印 张：26.5
书 号：ISBN 978-7-111-64004-2	定 价：99.00 元

客服电话：（010）88361066 88379833 68326294

译 者 序

本书是2017年英国剑桥大学出版社出版的一部线性代数教材，两位作者 Stephan Ramon Garcia 与 Roger A. Horn 均是有丰富研究与教学经验的数学家，此前我们也曾经翻译过第二作者所著的《矩阵分析》等教材，对其写作风格有所了解. 这本书同样可以用作我国大学数学专业本科生的线性代数教材，或者作为理工科其他专业的本科生以及研究生的线性代数教材. 由于本书深入浅出的特点，也可以作为已经掌握线性代数基础知识并希望深入学习线性代数这门课程的学生以及工程技术人员的自学教材或参考资料.

这部教材之所以称为第二教程，我想大概是因为其内容比美国大学一年级本科生所学的线性代数初步(也可称为线性代数第一教程)中的基础内容要远为广泛且深入(其实这本书的内容也比我国各大学非数学专业本科生所学的线性代数课程内容要丰富、深入得多). 这本书涵盖了线性代数尤其是矩阵理论中所有基本且重要的内容，还有部分内容在一般的教材中不常出现. 其主要内容包括：向量空间，内积空间与赋范向量空间，分块矩阵，矩阵的特征值与特征向量、特征多项式与极小多项式，酉三角化与分块对角化，矩阵的相似与标准型，矩阵的三角化、对角化以及多个矩阵的同时对角化，交换的矩阵族，矩阵的各种分解，特征值交错现象与惯性定理，各种特殊而重要的矩阵(酉矩阵、Hermite 阵与斜 Hermite 阵、对称阵与斜对称阵、半正定矩阵与正定矩阵、正规矩阵以及各种特殊的正规矩阵)等. 书中大量应用分块矩阵和矩阵分解的方法对各种线性代数的理论以及问题进行处理，还对求相容线性方程组的极小范数解、不相容线性方程组的最小平方解、微小摄动对线性系统的解的影响、广义逆矩阵以及矩阵的逼近在图像数据处理等方面的应用做了适当的介绍. 书中还配备了许多图例，对读者理解书中涉及的理论提供了形象的说明. 此外，书中还配有一定数量、难度适宜的习题，习题中有许多启发读者进一步思考的问题，值得读者去努力独立完成.

这本书的翻译在我的夫人盛筱平女士的全力协助与关心下才在极短的时间里顺利完成. 在这段时间里，我每天凌晨4点就起床开始工作，到晚上9点准时上床休息，中间除了吃饭以及不超过半个小时的午睡加上每隔一小时左右的极短暂室内活动外，其余时间全部用来集中翻译这部教材，家里的一切事务全部由她承担，这才使得我能在如此短的时间里高效并以较高质量完成了翻译工作. 希望我们的共同努力，能使读者对这部书的中文版基本满意.

此外，还要感谢许多在这本书的翻译过程中给予帮助的同仁以及出版社的各位编辑，由于人数众多，就不在此一一列举他们的姓名了，谨此表示我衷心的感谢!

张明尧

2019年10月

前 言

在重点关注数据采集以及数据分析的领域，线性代数与矩阵方法越来越显示出其重要性. 因此，这本书是为学习纯数学与应用数学、计算机科学、经济学、工程学、数学生物学、运筹学、物理学以及统计学的学生而写的. 假设读者学习过初级微积分系列课程以及线性代数第一教程.

本书值得注意的特点包括以下方面：

- 系统地用到分块矩阵.
- 强调了矩阵以及矩阵分解.
- 由于酉矩阵与可行且稳定的算法相关，所以本书中强调了涉及酉矩阵的变换.
- 贯穿全书有大量的例子.
- 用图形来说明线性代数的几何基础.
- 以短小精练的章节涵盖一学期课程的内容.
- 有许多章都包含了一些特殊的论题.
- 每一章都包含一节问题(总共有 600 多个问题).
- 注记一节提供了有关额外信息来源的参考资料.
- 每一章都总结了在该章中引进的重要概念.
- 本书中所用的符号都列在记号表中.
- 有超过 1700 条索引帮助读者确定概念与定义在书中出现的位置，这提高了本书作为参考资料的使用价值.

书中的矩阵与向量空间均相对于复数域而言. 使用复的向量使得对于特征值的研究更加便利，这也是与现代数值线性代数软件相吻合的. 此外，它还与在物理学(量子力学中复的波函数与 Hermite 矩阵)、电气工程(相位与振幅两者都重要的电路与信号分析)、统计学(时间序列与特征函数)以及计算机科学(快速 Fourier 变换、迭代算法中的收敛矩阵以及量子计算)中的应用密切相关.

学生在使用这本书学习线性代数时，可以观察并实际使用良好的数学交流技巧. 这些技巧包括：如何细心地陈述(以及阅读)一个定理；如何选择(以及利用)假设；怎样用归纳法、反证法，或者通过证明逆否命题来证明一个命题；如何通过减弱假设或者加强结论来改进一个定理；怎样利用反例；如何对一个问题写出有说服力的解答.

线性代数应用中的许多有用内容都超出了线性变换以及相似性的范围，所以它们不出现在采用算子方法的教材之中. 这些内容包括：

- Geršgorin 定理
- Householder 矩阵
- QR 分解

- 分块矩阵
- 离散 Fourier 变换
- 循环矩阵
- 非负元素组成的矩阵(Markov 矩阵)
- 奇异值分解与紧致奇异值分解
- 低秩逼近数据矩阵
- 广义逆(Moore-Penrose 逆)
- 半正定矩阵
- Hadamard(逐个元素的)乘积与 Kronecker(张量)乘积
- 矩阵范数
- 最小平方解与极小范数解
- 复对称阵
- 正规阵的惯性
- 特征值交错与奇异值交错
- 包含特征值、奇异值以及对角元素的不等式

这本书是按照如下方式组织的：

第 0 章复习初等线性代数的定义与结论.

第 1 章与第 2 章复习复的与实的向量空间，包括线性无关性、基、维数、秩以及线性变换的矩阵表示.

“第二教程”的内容从第 3 章开始，它建立了贯穿本书使用的分块矩阵范式.

第 4 章与第 5 章复习欧几里得平面上的几何，并利用它来派生出内积空间和赋范线性空间的公理. 内容包括正交向量、正交射影、标准正交基、正交化、Riesz 表示定理、伴随以及 Fourier 级数理论的应用.

第 6 章引进了酉矩阵，在本书其余部分的结构中都要用到它. 在构造 QR 分解时要用到 Householder 矩阵，而 QR 分解在许多数值算法中都要用到.

第 7 章讨论正交射影、最佳逼近、线性方程组的最小平方(或极小范数)解，以及用 QR 分解来求解正规方程.

第 8 章介绍特征值、特征向量以及几何重数. 我们要证明，$n\times n$ 复矩阵有 1 到 n 个相异的特征值，并且要用 Geršgorin 定理来确定复平面中包含它们的一个区域.

第 9 章处理特征多项式以及代数重数. 我们为对角化建立了判别法，并定义了可对角化矩阵的初等矩阵函数. 内容包括 Fibonacci 数、AB 与 BA 的特征值、换位子以及同时对角化.

第 10 章包括令人称奇的 Schur 定理：每一个方阵都与一个上三角阵(具有一个和交换族有关的结果)酉相似. Schur 定理用来证明每个方阵都被它的特征多项式零化. 受后面这个结果的启发而产生了极小多项式这个概念以及对其性质的研究. 这里还证明了关于线性矩阵方程的 Sylvester 定理，并用它来证明每个方阵都与一个具有单谱对角分块的分块对角矩阵相似.

第 11 章建立在上一章的基础之上，它要证明每个方阵都相似于一个特殊的分块对角的

上双对角矩阵(它的 Jordan 标准型)，这个标准型除了其中直和项的排列次序之外是唯一的. Jordan 标准型的应用包括线性微分方程组的初值问题、AB 与 BA 的 Jordan 构造的分析、收敛矩阵与幂有界矩阵的特征刻画，以及元素为正的 Markov 矩阵的一个极限定理.

第 12 章讨论正规矩阵，即与其共轭转置可交换的矩阵. 谱定理说的是：矩阵是正规矩阵，当且仅当它可以酉对角化. 已知这一结论的其他多个等价的表述. Hermite 矩阵、斜 Hermite 矩阵、酉矩阵、实正交阵、实对称阵以及循环矩阵都是正规矩阵.

半正定阵是第 13 章的讨论对象. 这种矩阵是在统计学(相关矩阵以及正规方程)、力学(振动系统中的动能与势能)以及几何学(椭球体)中出现的. 内容包括平方根函数、Cholesky 分解以及 Hadamard 乘积与 Kronecker 乘积.

第 14 章主要是奇异值分解，它是统计学、控制论、逼近论、图像压缩以及数据分析中许多现代数值算法的核心. 内容包括紧致奇异值分解与极分解，并特别关注这些分解的唯一性问题.

在第 15 章里，用奇异值分解来压缩图像或者压缩数据矩阵. 这一章里讨论的奇异值分解的其他应用有矩阵的广义逆(Moore-Penrose 逆)、奇异值与特征值之间的不等式、矩阵的谱范数、复对称矩阵以及幂等矩阵.

第 16 章研究加边的或者遵从一个附加摄动的 Hermite 矩阵的特征值交错现象. 相关的讨论包括奇异值的交错定理、正定性的行列式判别法以及刻画 Hermite 矩阵的特征值和对角元素的不等式. 我们要证明关于 Hermite 矩阵的 Sylvester 惯性定理以及关于正规矩阵的一个推广的惯性定理.

在前言后面有一个记号一览表. 在第 16 章后面有复数的复习资料以及一系列参考文献. 本书末尾附有详细的索引.

封面(指英文原书)图片是 2002 年纽约的一位艺术家 Lun-Yi Tsai 所绘的一幅名为《又是夏天》的画，这位画家的工作常常受到数学题材的启发.

感谢 Zachary Glassman 做了许多图表，并回答了我们关于 LaTex 的问题.

感谢 Dennis Merino、Russ Merris 以及 Zhongshan Li，他们仔细阅读了本书的初稿.

感谢 2014 年与 2015 年秋季参加第一作者在 Pomona 学院举办的高等线性代数课程的学生. 特别要感谢 Ahmed Al Fares、Andreas Biekert、Andi Chen、Wanning Chen、Alex Cloud、Bill DeRose、Jacob Fiksel、Logan Gilbert、Sheridan Grant、Adam He、David Khatami、Cheng Wai Koo、Bo Li、Shiyue Li、Samantha Morrison、Nathanael Roy、Michael Someck、Sallie Walecka 以及 Wentao Yuan，他们指出了本书初稿中的若干错误.

还要特别感谢 Ciaran Evans、Elizabeth Sarapata、Adam Starr 以及 Adam Waterbury 对本书极其认真的审校.

S. R. G

R. A. H

记　　号

$\in, \notin$	是……的一个元素/不是……的一个元素
$\subseteq$	是……的子集
$\varnothing$	空集
$\times$	笛卡儿乘积
$f: X \to Y$	f 是从 X 到 Y 的一个函数
$\Rightarrow$	蕴涵
$\Leftrightarrow$	当且仅当
$x \mapsto y$	一个将 x 映射成 y 的函数的隐性定义
$\mathbb{N} = \{1,2,3,\cdots\}$	所有自然数的集合
$\mathbb{Z} = \{\cdots,-2,-1,0,1,2,\cdots\}$	所有整数的集合
$\mathbb{R}$	实数集合
$\mathbb{C}$	复数集合
$\mathbb{F}$	纯量域（$\mathbb{F} = \mathbb{R}$ 或者 $\mathbb{C}$）
$[a,b]$	包含端点 a,b 的实区间
$\mathcal{U}, \mathcal{V}, \mathcal{W}$	向量空间
$\mathscr{U}, \mathscr{V}$	向量空间的子集
$a,b,c,\cdots$	纯量
$\mathbf{a},\mathbf{b},\mathbf{c},\cdots$	(列)向量
$A,B,C,\cdots$	矩阵
δ_{ij}	Kronecker 符号(第 3 页[⊖])
I_n	$n \times n$ 单位阵(第 3 页)
I	单位阵(大小由上下文给出)(第 3 页)
$\mathrm{diag}(\cdot)$	有指定元素的对角阵(第 4 页)
$A^0 = I$	矩阵的 0 次幂的约定(第 4 页)
A^{T}	A 的转置(第 5 页)
$A^{-\mathrm{T}}$	A^{T} 的逆(第 5 页)
$\overline{A}$	A 的共轭(第 5 页)
A^*	A 的共轭转置(伴随阵)(第 5 页)

⊖ 此页码指英文原书页码，与书中页边标注的页码一致．——编辑注

A^{-*}	A^* 的逆(第 5 页)
tr A	A 的迹(第 6 页)
det A	A 的行列式(第 8 页)
adj A	A 的伴随阵(第 9 页)
sgn σ	置换 σ 的符号(第 10 页)
deg p	多项式 p 的次数(第 12 页)
$\mathcal{P}_n$	次数不超过 n 的复多项式的集合(第 21 页)
$\mathcal{P}_n(\mathbb{R})$	次数不超过 n 的实多项式的集合(第 21 页)
$\mathcal{P}$	复多项式的集合(第 22 页)
$\mathcal{P}(\mathbb{R})$	实多项式的集合(第 22 页)
$C_{\mathbb{F}}[a,b]$	$[a,b]$ 上取值在 $\mathbb{F}$ 中的连续函数的集合，$\mathbb{F}=\mathbb{C}$ 或 $\mathbb{R}$ (第 22 页)
$C[a,b]$	$[a,b]$ 上取值在 $\mathbb{C}$ 中的连续函数的集合(第 22 页)
null A	矩阵 A 的零空间(第 23 页)
col A	矩阵 A 的列空间(第 23 页)
$\mathcal{P}_{\text{even}}$	复的偶多项式集合(第 23 页)
$\mathcal{P}_{\text{odd}}$	复的奇多项式集合(第 23 页)
$A\mathcal{U}$	A 作用在子空间 $\mathcal{U}$ 上(第 23 页)
span $\mathscr{S}$	向量空间的子集 $\mathscr{S}$ 的生成空间(第 24 页)
$\boldsymbol{e}$	全 1 向量(第 26 页)
$\mathcal{U}\cap\mathcal{W}$	子空间 $\mathcal{U}$ 与 $\mathcal{W}$ 的交(第 26 页)
$\mathcal{U}+\mathcal{W}$	子空间 $\mathcal{U}$ 与 $\mathcal{W}$ 的和(第 27 页)
$\mathcal{U}\oplus\mathcal{W}$	子空间 $\mathcal{U}$ 与 $\mathcal{W}$ 的直和(第 27 页)
$\boldsymbol{v}_1,\boldsymbol{v}_2,\cdots,\hat{\boldsymbol{v}}_j,\cdots,\boldsymbol{v}_r$	缺了 $\boldsymbol{v}_j$ 的列向量(第 30 页)
$\boldsymbol{e}_1,\boldsymbol{e}_2,\cdots,\boldsymbol{e}_n$	$\mathbb{F}^n$ 的标准基(第 35 页)
E_{ij}	(i,j) 处元素为 1、其他元素皆为 0 的矩阵(第 35 页)
dim $\mathcal{V}$	$\mathcal{V}$ 的维数(第 35 页)
$[\boldsymbol{v}]_\beta$	$\boldsymbol{v}$ 关于基 β 的坐标向量(第 40 页)
$\mathfrak{L}(\mathcal{V},\mathcal{W})$	从 $\mathcal{V}$ 到 $\mathcal{W}$ 的线性变换的集合(第 41 页)
$\mathfrak{L}(\mathcal{V})$	从 $\mathcal{V}$ 到它自身的线性变换的集合(第 41 页)
ker T	T 的核(第 42 页)
ran T	T 的值域(第 42 页)
I	恒等线性变换(第 44 页)

row A	矩阵 A 的行空间(第 59 页)
rank A	矩阵 A 的秩(第 60 页)
$\star$	未指定的矩阵元素(第 65 页)
$A \oplus B$	矩阵 A 与 B 的直和(第 66 页)
$[A,B]$	A 与 B 的换位子(第 71 页)
$A \otimes B$	矩阵 A 与 B 的 Kronecker 乘积(第 74 页)
vec A	A 的 vec 算子(第 75 页)
$\langle \cdot, \cdot \rangle$	内积(第 87 页)
$\perp$	正交的(第 90 页)
$\Vert \cdot \Vert$	范数(第 90 页)
$\Vert \cdot \Vert_2$	欧几里得范数(第 91 页)
$\Vert \cdot \Vert_1$	ℓ^1 范数(绝对和范数)(第 97 页)
$\Vert \cdot \Vert_\infty$	ℓ^∞ 范数(最大范数)(第 97 页)
$_\gamma[T]_\beta$	$T \in \mathfrak{L}(\mathcal{V},\mathcal{W})$ 关于基 β 与 γ 的矩阵表示(第 110 页)
F_n	$n \times n$ Fourier 矩阵(第 129 页)
$\mathscr{U}^\perp$	集合 $\mathscr{U}$ 的正交补(第 149 页)
$P_{\mathcal{U}}$	到 $\mathcal{U}$ 上的正交射影(第 155 页)
$d(\boldsymbol{v},\mathcal{U})$	从 $\boldsymbol{v}$ 到 $\mathcal{U}$ 的距离(第 160 页)
$G(\boldsymbol{u}_1,\boldsymbol{u}_2,\cdots,\boldsymbol{u}_n)$	Gram 矩阵(第 164 页)
$g(\boldsymbol{u}_1,\boldsymbol{u}_2,\cdots,\boldsymbol{u}_n)$	Gram 行列式(第 164 页)
spec A	A 的谱(第 183 页)
$\mathcal{E}_\lambda(A)$	A 关于特征值 λ 的特征空间(第 186 页)
$p_A(\cdot)$	A 的特征多项式(第 201 页)
e^A	矩阵的指数(第 212 页)
$\mathcal{F}'$	矩阵集合 $\mathcal{F}$ 的换位集(第 213 页)
$m_A(\cdot)$	矩阵 A 的极小多项式(第 229 页)
C_p	多项式 p 的友矩阵(第 230 页)
$J_k(\lambda)$	具有特征值 λ 的 $k \times k$ Jordan 块(第 244 页)
J_k	$k \times k$ 幂零 Jordan 块(第 245 页)
$w_1,w_2,\cdots,w_q$	矩阵的 Weyr 特征(第 252 页)
$\rho(A)$	A 的谱半径(第 260 页)
$p(n)$	n 的分划数(第 271 页)
$\Delta(A)$	A 偏离正规性的亏量(第 285 页)

$A \circ B$	A 与 B 的 Hadamard 乘积(第 319 页)
$\mid A \mid$	A 的模(第 336 页)
$\sigma_{\max}(A)$	A 的最大奇异值(第 348 页)
$\sigma_{\min}(A)$	A 的最小奇异值(第 350 页)
$\sigma_1(A), \sigma_2(A), \cdots$	A 的奇异值(第 350 页)
$A^{\dagger}$	A 的伪逆(第 356 页)
$\kappa_2(A)$	A 的谱条件数(第 359 页)
$\operatorname{Re} z$	复数 z 的实部(第 398 页)
$\operatorname{Im} z$	复数 z 的虚部(第 398 页)
$\mid z \mid$	复数 z 的模(第 401 页)
$\arg z$	复数 z 的辐角(第 401 页)

目　录

第0章　预备知识

在这一章里，我们复习一些初等线性代数的概念，并对数学归纳法加以讨论. 我们还要记述一些有关复多项式的结论(包括代数基本定理、长除法以及 Lagrange 插值)，并引进矩阵的多项式函数的概念.

0.1　函数与集合

设 $\mathscr{X}$ 与 $\mathscr{Y}$ 是集合. 记号 f：$\mathscr{X}\to\mathscr{Y}$ 表明 f 是定义域(domain)为 $\mathscr{X}$ 而上域(codomain)为 $\mathscr{Y}$ 的函数(function). 也就是说，对于每个 $x\in\mathscr{X}$，f 都指定了一个确定的值 $f(x)\in\mathscr{Y}$. 对于定义域内两个不同的元素，函数可以取同样的值，也就是说，对于 $x_1\neq x_2$，有可能有 $f(x_1)=f(x_2)$. 但如果 $x_1=x_2$，则不可能有 $f(x_1)\neq f(x_2)$.

f：$\mathscr{X}\to\mathscr{Y}$ 的值域(range)是

$$\operatorname{ran} f=\{f(x)：x\in\mathscr{X}\}=\{y\in\mathscr{Y}：y=f(x)，对某个\ x\in\mathscr{X}\},$$

它是 $\mathscr{Y}$ 的一个子集. 函数 f：$\mathscr{X}\to\mathscr{Y}$ 称为是映上的(onto)，如果 $\operatorname{ran} f=\mathscr{Y}$，也就是说如果 f 的值域与上域相等. 函数 f：$\mathscr{X}\to\mathscr{Y}$ 称为是一对一的(one to one)，如果 $f(x_1)=f(x_2)$ 蕴涵 $x_1=x_2$. 等价地说，f 是一对一的，如果 $x_1\neq x_2$ 蕴涵 $f(x_1)\neq f(x_2)$，见图 0.1.

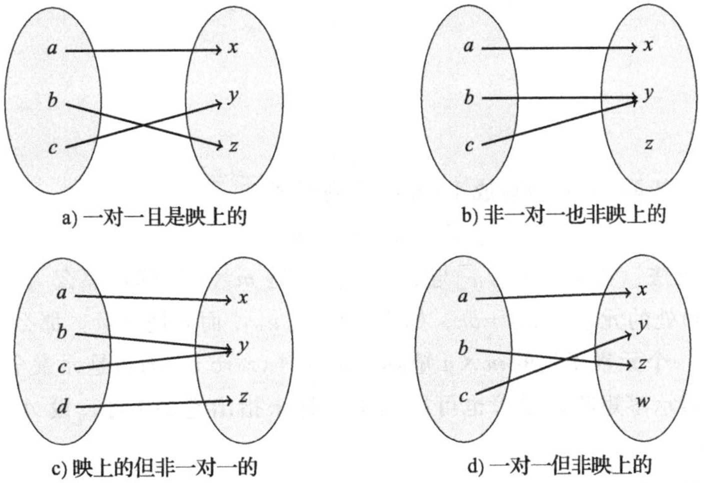

图 0.1　函数的性质：一对一与映上的

我们说一个集合的元素 x_1，x_2，…，x_k 是相异的(distinct)，如果只要 $i\neq j$，i，$j\in\{1，2，\cdots，k\}$，就有 $x_i\neq x_j$.

0.2 纯量

我们用ℝ记实数，而用ℂ记复数. 实数或者复数都称为*纯量*(scalar). 我们只考虑复数这个纯量，有时也限于考虑实数. 有关复数的讨论见附录 A.

0.3 矩阵

一个 $m\times n$ *矩阵*(matrix)指的是由实数或者复数组成的一个矩形的阵列

$$A=[a_{ij}]=\begin{bmatrix} a_{11} & a_{12} & \cdots & a_{1n} \\ a_{21} & a_{22} & \cdots & a_{2n} \\ \vdots & \vdots & & \vdots \\ a_{m1} & a_{m2} & \cdots & a_{mn} \end{bmatrix}. \tag{0.3.1}$$

1

A 位于(i, j)处的*元素*(entry)是 a_{ij}. 两个矩阵称为是*相等的*(equal)，如果它们有同样的大小(同样的行数和同样的列数)，且它们对应的元素皆相等. 一个 $n\times n$ 矩阵称为*方阵*(square matrix). 元素为复数的所有 $m\times n$ 矩阵的集合记为 $\mathbf{M}_{m\times n}(\mathbb{C})$. 如果 $m=n$，则记为 $\mathbf{M}_n(\mathbb{C})$. 为方便起见，我们记 $\mathbf{M}_n(\mathbb{C})=\mathbf{M}_n$，$\mathbf{M}_{m\times n}(\mathbb{C})=\mathbf{M}_{m\times n}$. 以实数为元素的 $m\times n$ 矩阵集合记为 $\mathbf{M}_{m\times n}(\mathbb{R})$. 当 $m=n$ 时，则记为 $\mathbf{M}_n(\mathbb{R})$. 在本书中，我们只考虑以实数或者复数为元素的矩阵.

行与列 对每个 $i=1, 2, \cdots, m$，(0.3.1)中矩阵 A 的第 i *行*(row)是 $1\times n$ 矩阵

$$[a_{i1}\ a_{i2} \cdots\ a_{in}]$$

对每个 $j=1, 2, \cdots, n$，A 的第 j *列*(column)是 $m\times 1$ 矩阵

$$\boldsymbol{a}_j=\begin{bmatrix} a_{1j} \\ a_{2j} \\ \vdots \\ a_{mj} \end{bmatrix}.$$

为方便起见，常把矩阵(0.3.1)写成 $1\times n$ 的阵列形式：

$$A=[\boldsymbol{a}_1\ \boldsymbol{a}_2 \cdots\ \boldsymbol{a}_n].$$

加法与纯量乘法 如果 $A=[a_{ij}]$与 $B=[b_{ij}]$都是 $m\times n$ 矩阵，那么 $A+B$ 是一个 $m\times n$ 矩阵，它在(i, j)处的元素是 $a_{ij}+b_{ij}$. 如果 $A\in\mathbf{M}_{m\times n}$，而 c 是纯量，那么 $cA=[ca_{ij}]$就是用 c 遍乘 A 的每一个元素得到的 $m\times n$ 矩阵. *零矩阵*(zero matrix)是元素全为零的 $m\times n$ 矩阵. 我们用 0 来表示零矩阵，尽管也可以加上下标来指出它的大小. 设 $A, B\in\mathbf{M}_{m\times n}$，而
2 c, d 是纯量，则有

(a)$A+B=B+A$.

(b)$A+(B+C)=(A+B)+C$.

(c)$A+0=A=0+A$.

(d)$c(A+B)=cA+cB$.

(e) $c(dA)=(cd)A=d(cA)$.

(f) $(c+d)A=cA+dA$.

乘法 如果 $A=[a_{ij}]\in \boldsymbol{M}_{m\times r}$，而 $B=[b_{ij}]\in \boldsymbol{M}_{r\times n}$，那么乘积 $AB=[c_{ij}]\in \boldsymbol{M}_{m\times n}$ 位于 (i, j) 处的元素是

$$c_{ij}=\sum_{k=1}^{r}a_{ik}b_{kj}, \tag{0.3.2}$$

这个和包含了 A 的第 i 行元素与 B 的第 j 列元素. A 的列数必须等于 B 的行数. 如果把 B 写成它的列组成的 $1\times n$ 阵列 $B=[\boldsymbol{b}_1\ \ \boldsymbol{b}_2\ \ \cdots\ \ \boldsymbol{b}_n]$，那么(0.3.2)给出

$$AB=[A\boldsymbol{b}_1\ \ A\boldsymbol{b}_2\ \ \cdots\ \ A\boldsymbol{b}_n].$$

有关矩阵乘法的其他解释见第3章.

我们说 A，$B\in \boldsymbol{M}_n$ 可交换(commute)，如果 $AB=BA$. $\boldsymbol{M}_n$ 中某些矩阵对是不可交换的. 此外，$AB=AC$ 不能推出 $B=C$. 设 A，B 以及 C 是适当大小的矩阵，而 c 是纯量，那么有

(a) $A(BC)=(AB)C$.

(b) $A(B+C)=AB+AC$.

(c) $(A+B)C=AC+BC$.

(d) $(cA)B=c(AB)=A(cB)$.

单位阵 矩阵

$$I_n=\begin{bmatrix}1&0&0&\cdots&0\\0&1&0&\cdots&0\\0&0&1&\cdots&0\\\vdots&\vdots&\vdots&&\vdots\\0&0&0&\cdots&1\end{bmatrix}\in \boldsymbol{M}_n$$

是 $n\times n$ 单位阵(identity matrix). 也就是说，$I_n=[\delta_{ij}]$，其中

$$\delta_{ij}=\begin{cases}1 & 如果\ i=j\\0 & 如果\ i\neq j\end{cases}$$

是 Kronecker 符号(Kronecker delta). 如果通过上下文能明确知道矩阵的大小，我们就将 I_n 记为 I. 对每个 $A\in \boldsymbol{M}_{m\times n}$ 有

$$AI_n=A=I_mA.$$

3

三角阵 设 $A=[a_{ij}]\in \boldsymbol{M}_n$. 我们称 A 是上三角的(upper triangular)，如果对 $i>j$ 有 $a_{ij}=0$；称 A 是下三角的(lower triangular)，如果对 $i<j$ 有 $a_{ij}=0$；称 A 为严格上三角的(strictly upper triangular)，如果对 $i\geqslant j$ 有 $a_{ij}=0$；称 A 为严格下三角的(strictly lower triangular)，如果对 $i\leqslant j$ 有 $a_{ij}=0$. 我们称 A 是三角的(triangular)，如果它既是上三角的，又是下三角的.

对角阵 我们称 $A=[a_{ij}]\in \boldsymbol{M}_n$ 是对角的(diagonal)，如果只要 $i\neq j$，就有 $a_{ij}=0$. 这就是说，A 的任何非零元素都在 A 的主对角线(main diagonal)上，其主对角线由对角线元素(diagonal entry) a_{11}，a_{22}，…，a_{nn} 组成；$i\neq j$ 对应的元素 a_{ij} 称为是 A 对角线之外的元

素(off-diagonal entry). 我们用记号 $\operatorname{diag}(\lambda_1, \lambda_2, \cdots, \lambda_n)$ 表示 $n\times n$ 对角阵，其对角元素依次是 $\lambda_1, \lambda_2, \cdots, \lambda_n$. 纯量矩阵(scalar matrix)指的是形如 $\operatorname{diag}(c, c, \cdots, c)=cI$ 的对角阵，其中 c 是某个纯量. 任何两个同样大小的对角阵都是可交换的.

超对角线与次对角线 $A=[a_{ij}]\in \boldsymbol{M}_n$ 的(第一条)超对角线(superdiagonal)包含元素 $a_{12}, a_{23}, \cdots, a_{n-1,n}$. 第 k 条超对角线包含元素 $a_{1,k+1}, a_{2,k+2}, \cdots, a_{n-k,n}$. 第 k 条次对角线(subdiagonal)包含元素 $a_{k+1,1}, a_{k+2,2}, \cdots, a_{n,n-k}$.

三对角阵与双对角阵 矩阵 $A=[a_{ij}]$称为是三对角的(tridiagonal)，如果只要 $|i-j|\geq 2$ 就有 $a_{ij}=0$. 一个三对角阵是双对角的(bidiagonal)，如果要么它的次对角线的元素只有 0，要么它的超对角线的元素只有 0.

子矩阵 $A\in \boldsymbol{M}_{m\times n}$的子矩阵(submatrix)是由 A 指定的行与指定的列的交点处的元素组成的矩阵. A 的 $k\times k$ 主子矩阵(principal submatrix)是对某一组指标 $i_1<i_2<\cdots<i_k$，A 的位于第 $i_1, i_2, \cdots, i_k$ 行与位于第 $i_1, i_2, \cdots, i_k$ 列的交点处的元素组成的子矩阵. A 的 $k\times k$ 首主子矩阵(leading principal submatrix)是第 1, 2, …, k 行与第 1, 2, …, k 列的交点处的元素组成的矩阵. A 的 $k\times k$ 尾主子矩阵(trailing principal submatrix)是第 $n-k+1, n-k+2, \cdots, n$ 行与第 $n-k+1, n-k+2, \cdots, n$ 列的交点处的元素组成的矩阵.

逆矩阵 我们称 $A\in \boldsymbol{M}_n$ 是可逆的(invertible)，如果存在一个 $B\in \boldsymbol{M}_n$，使得

$$AB = I_n = BA. \tag{0.3.3}$$

这样的矩阵 B 称为 A 的逆(inverse). 如果 A 没有逆，则称 A 是不可逆的(noninvertible). (0.3.3)中每个等式都蕴涵另一个等式成立. 也就是说，如果 $A, B\in \boldsymbol{M}_n$，那么 $AB=I$，当且仅当 $BA=I$，参见定理 2.2.19 以及例 3.1.8.

不是每个方阵都有逆. 然而，一个方阵至多只有一个逆. 作为推论我们指出，如果 A 可逆，就说 A 的逆，而不说 A 的一个逆. 如果 A 可逆，就用 A^{-1}来表示 A 的逆，它满足

$$AA^{-1} = I = A^{-1}A.$$

如果 $ad-bc\neq 0$，那么

$$\begin{bmatrix} a & b \\ c & d \end{bmatrix}^{-1} = \frac{1}{ad-bc}\begin{bmatrix} d & -b \\ -c & a \end{bmatrix}. \tag{0.3.4}$$

对于 $A\in \boldsymbol{M}_n$，定义

4

$$A^0=I \quad 以及 \quad A^k=\underbrace{AA\cdots A}_{k次}.$$

如果 A 可逆，对 $k=1, 2, \cdots$，定义 $A^{-k}=(A^{-1})^k$. 设 A 与 B 是适当大小的矩阵，j，k 是整数，c 是纯量. 则有

(a) $A^jA^k=A^{j+k}=A^kA^j$.

(b) $(A^{-1})^{-1}=A$.

(c) $(A^j)^{-1}=A^{-j}$.

(d) 如果 $c\neq 0$，那么 $(cA)^{-1}=c^{-1}A^{-1}$.

(e) $(AB)^{-1}=B^{-1}A^{-1}$.

转置矩阵 $A=[a_{ij}]\in \boldsymbol{M}_{m\times n}$的转置(transpose)是矩阵 $A^{\mathrm{T}}\in \boldsymbol{M}_{n\times m}$，它位于$(i, j)$处的元素是 a_{ji}. 设 A 与 B 是适当大小的矩阵，令 c 是纯量. 则有

(a) $(A^{\mathrm{T}})^{\mathrm{T}}=A$.

(b) $(A\pm B)^{\mathrm{T}}=A^{\mathrm{T}}\pm B^{\mathrm{T}}$.

(c) $(cA)^{\mathrm{T}}=cA^{\mathrm{T}}$.

(d) $(AB)^{\mathrm{T}}=B^{\mathrm{T}}A^{\mathrm{T}}$.

(e) 如果 A 可逆，那么$(A^{\mathrm{T}})^{-1}=(A^{-1})^{\mathrm{T}}$. 我们记$(A^{-1})^{\mathrm{T}}=A^{-\mathrm{T}}$.

共轭矩阵 $A\in \boldsymbol{M}_{m\times n}$的共轭(conjugate)是矩阵 $\overline{A}\in \boldsymbol{M}_{m\times n}$，它位于$(i, j)$处的元素是 a_{ij} 的共轭复数$\overline{a_{ij}}$. 从而有

$$\overline{(\overline{A})}=A,\quad \overline{A+B}=\overline{A}+\overline{B},\quad \overline{AB}=\overline{A}\,\overline{B}.$$

如果 A 的元素为实数，那么 $A=\overline{A}$.

共轭转置矩阵 $A\in \boldsymbol{M}_{m\times n}$的共轭转置(conjugate transpose)是矩阵 $A^{*}=\overline{A^{\mathrm{T}}}=(\overline{A})^{\mathrm{T}}\in \boldsymbol{M}_{n\times m}$，它位于$(i, j)$处的元素是$\overline{a_{ji}}$. 如果 A 的元素为实数，那么 $A^{*}=A^{\mathrm{T}}$. 矩阵的共轭转置也称为它的伴随(adjoint). 令 A 与 B 是适当大小的矩阵，c 是纯量. 则有

(a) $I_n^{*}=I_n$.

(b) $0_{m\times n}^{*}=0_{n\times m}$.

(c) $(A^{*})^{*}=A$.

(d) $(A\pm B)^{*}=A^{*}\pm B^{*}$.

(e) $(cA)^{*}=\overline{c}A^{*}$.

(f) $(AB)^{*}=B^{*}A^{*}$.

(g) 如果 A 可逆，那么$(A^{*})^{-1}=(A^{-1})^{*}$. 我们记$(A^{-1})^{*}=A^{-*}$.

特殊类型的矩阵 设 $A\in \boldsymbol{M}_n$.

(a) 如果 $A^{*}=A$，那么 A 是 Hermite 的(Hermitian)；如果 $A^{*}=-A$，那么 A 是斜 Hermite 的(skew Hermitian).

(b) 如果 $A^{\mathrm{T}}=A$，那么 A 是对称的(symmetric)；如果 $A^{\mathrm{T}}=-A$，那么 A 是斜对称的(skew symmetric).

5

(c) 如果 $A^{*}A=I$，那么 A 是酉的(unitary)；如果 A 是实的且 $A^{\mathrm{T}}A=I$，那么 A 是实正交的(real orthogonal).

(d) 如果 $A^{*}A=AA^{*}$，那么 A 是正规的(normal).

(e) 如果 $A^2=I$，那么 A 是一个对合(involution)矩阵.

(f) 如果 $A^2=A$，那么 A 是一个幂等(idempotent)阵.

(g) 如果对某个正整数 k 有 $A^k=0$，那么 A 是幂零的(nilpotent).

迹 $A=[a_{ij}]\in \boldsymbol{M}_n$ 的迹(trace)是 A 的对角元素之和：

$$\operatorname{tr} A=\sum_{i=1}^{n} a_{ii}.$$

设 A 与 B 是适当大小的矩阵，c 是纯量. 则有

(a) $\operatorname{tr}(cA \pm B)=c \operatorname{tr} A \pm \operatorname{tr} B$.

(b) $\operatorname{tr} A^{\mathrm{T}}=\operatorname{tr} A$.

(c) $\operatorname{tr} \bar{A}=\overline{\operatorname{tr} A}$.

(d) $\operatorname{tr} A^{*}=\overline{\operatorname{tr} A}$.

如果 $A=[a_{ij}] \in \boldsymbol{M}_{m \times n}$，而 $B=[b_{ij}] \in \boldsymbol{M}_{n \times m}$，令 $AB=[c_{ij}] \in \boldsymbol{M}_{m}$，$BA=[d_{ij}] \in \boldsymbol{M}_{n}$，那么

$$\operatorname{tr} AB=\sum_{i=1}^{m} c_{ii}=\sum_{i=1}^{m} \sum_{j=1}^{n} a_{ij} b_{ji}=\sum_{j=1}^{n} \sum_{i=1}^{m} b_{ji} a_{ij}=\sum_{j=1}^{n} d_{jj}=\operatorname{tr} BA. \tag{0.3.5}$$

注意：$\operatorname{tr} ABC$ 不一定等于 $\operatorname{tr} CBA$ 或者 $\operatorname{tr} ACB$. 然而，公式(0.3.5)确保有

$$\operatorname{tr} ABC=\operatorname{tr} CAB=\operatorname{tr} BCA.$$

0.4 线性方程组

一个 $m \times n$ *线性方程组*(system of linear equations)(或称为*线性组*[linear system])是形如

$$\begin{array}{ccccccccc}
a_{11} x_1 & + & a_{12} x_2 & + & \cdots & + & a_{1n} x_n & = & b_1 \\
a_{21} x_1 & + & a_{22} x_2 & + & \cdots & + & a_{2n} x_n & = & b_2 \\
 & & & & \vdots & & & & \\
a_{m1} x_1 & + & a_{m2} x_2 & + & \cdots & + & a_{mn} x_n & = & b_m
\end{array} \tag{0.4.1}$$

的一列线性方程，它含有关于 n 个变量 x_1，x_2，…，x_n 的 m 个*线性方程*(linear equation). 纯量 a_{ij} 是方程组(0.4.1)的*系数*(coefficient)，而纯量 b_i 是*常数项*(constant term).

(0.4.1)的*解*(solution)是指满足(0.4.1)中 m 个方程的纯量 x_1，x_2，…，x_n. 无解的方程组称为是*不相容的*(inconsistent). 如果一个方程组至少有一组解，就称它是*相容的*(consistent). 对于线性方程组恰好有三种可能性：无解，恰有一组解，有无穷多组解.

齐次方程组 方程组(0.4.1)是*齐次的*(homogeneous)，如果 $b_1=b_2=\cdots=b_m=0$. 每
6 个齐次方程组都有一组*平凡解*(trivial solution) $x_1=x_2=\cdots=x_n=0$. 如果它还有其他的解，则称之为*非平凡解*(nontrivial solution). 齐次方程组只有两种可能性：有无穷多组解，只有平凡解. 未知数个数比方程个数多的齐次线性方程组有无穷多组解.

线性方程组的矩阵表示 线性方程组(0.4.1)常被写成

$$A\boldsymbol{x}=\boldsymbol{b}, \tag{0.4.2}$$

其中

$$A=\begin{bmatrix}a_{11} & a_{12} & \cdots & a_{1n}\\ a_{21} & a_{22} & \cdots & a_{2n}\\ \vdots & \vdots & & \vdots\\ a_{m1} & a_{m2} & \cdots & a_{mn}\end{bmatrix},\quad \boldsymbol{x}=\begin{bmatrix}x_1\\ x_2\\ \vdots\\ x_n\end{bmatrix},\quad \boldsymbol{b}=\begin{bmatrix}b_1\\ b_2\\ \vdots\\ b_m\end{bmatrix}. \tag{0.4.3}$$

方程组的系数矩阵(coefficient matrix)$A=[a_{ij}]\in \boldsymbol{M}_{m\times n}$有 m 行 n 列，如果对应的方程组(0.4.1)有 m 个方程和 n 个未知数. 矩阵 $\boldsymbol{x}$ 与 $\boldsymbol{b}$ 分别是 $n\times 1$ 与 $m\times 1$ 的. 像 $\boldsymbol{x}$ 与 $\boldsymbol{b}$ 这样的矩阵是列向量(column vector). 我们有时用 $\mathbb{C}^n$ 来记 $\boldsymbol{M}_{n\times 1}(\mathbb{C})$，用 $\mathbb{R}^n$ 来记 $\boldsymbol{M}_{n\times 1}(\mathbb{R})$. 当需要将一个列向量排成一行以辨识出它的元素时，我们就把它写成 $\boldsymbol{x}=[x_1\quad x_2\quad \cdots\quad x_n]^{\mathrm{T}}$，而不写成(0.4.3)中那种高高竖直的形式.

一个 $m\times n$ 齐次线性方程组可以写成形式 $A\boldsymbol{x}=\boldsymbol{0}_m$，其中 $A\in\boldsymbol{M}_{m\times n}$，而$\boldsymbol{0}_m$ 是 $m\times 1$ 列向量，其元素全都是零. 如果在上下文里可以明确其大小，我们就简称$\boldsymbol{0}_m$ 是零向量，并记之为 $\boldsymbol{0}$. 由于 $A\,\boldsymbol{0}_n=\boldsymbol{0}_m$，故而齐次方程组总有平凡解.

简化的行梯形阵 可以用三种初等运算来解线性方程组(0.4.1)：

(Ⅰ)用一个非零常数乘一个方程.

(Ⅱ)交换两个方程.

(Ⅲ)将一个方程的某个倍数加到另一个方程上去.

可以将方程组(0.4.1)表示成增广矩阵(augmented matrix)

$$[A\quad \boldsymbol{b}]=\begin{bmatrix}a_{11} & a_{12} & \cdots & a_{1n} & b_1\\ a_{21} & a_{22} & \cdots & a_{2n} & b_2\\ \vdots & \vdots & & \vdots & \vdots\\ a_{m1} & a_{m2} & \cdots & a_{mn} & b_m\end{bmatrix} \tag{0.4.4}$$

并对(0.4.4)执行初等行运算(elementary row operation)，它们对应于方程组(0.4.1)所允许的三种代数运算：

(Ⅰ)用一个非零常数乘一行.

(Ⅱ)交换两行.

(Ⅲ)将一行的某个倍数加到另一行上去.

这些运算中的每一个都是可以逆向操作的. 7

这三种类型的初等行运算可以用来对增广矩阵(0.4.4)进行行的简化(row reduce)，以变换成一种简单的形式，由这种简单形式通过视察法即可得到(0.4.1)的解. 矩阵称为是简化的行梯形阵(reduced row echelon form)，如果它满足以下诸条件：

(a)全部由数 0 组成的行皆位于矩阵的底部.

(b)如果一行不全由零组成，那么该行的第一个非零元素是 1(首 1[leading one]).

(c)位于较上一行的首 1 必须比下一行的首 1 更靠左边.

(d)包含有首 1 的每一列的其他元素必须处处为零.

每个矩阵有一个唯一的简化行梯形阵.

矩阵的简化行梯形阵中首 1 的个数等于它的秩，见定义 2.2.6. 在 3.2 节中讨论了秩的其他特征. 永远有 rank A=rank A^{T}，见定理 3.2.1.

初等矩阵　一个 $n\times n$ 矩阵称为*初等矩阵*(elementary matrix)，如果它可以通过对 I_n 进行简单的初等行运算得到. 每一个初等矩阵都是可逆的，其逆也是初等矩阵，它对应于用与原来相反的行运算作用于 I_n 得到的矩阵. 用一个初等矩阵左乘一个矩阵等同于对该矩阵进行初等行运算. 下面给出一些例子.

(Ⅰ)用一个非零的常数乘一行：

$$\begin{bmatrix} k & 0 \\ 0 & 1 \end{bmatrix}\begin{bmatrix} a_{11} & a_{12} \\ a_{21} & a_{22} \end{bmatrix}=\begin{bmatrix} ka_{11} & ka_{12} \\ a_{21} & a_{22} \end{bmatrix}.$$

(Ⅱ)交换两行：

$$\begin{bmatrix} 0 & 1 \\ 1 & 0 \end{bmatrix}\begin{bmatrix} a_{11} & a_{12} \\ a_{21} & a_{22} \end{bmatrix}=\begin{bmatrix} a_{21} & a_{22} \\ a_{11} & a_{12} \end{bmatrix}.$$

(Ⅲ)把一行的一个非零的倍数加到另一行：

$$\begin{bmatrix} 1 & k \\ 0 & 1 \end{bmatrix}\begin{bmatrix} a_{11} & a_{12} \\ a_{21} & a_{22} \end{bmatrix}=\begin{bmatrix} a_{11}+ka_{21} & a_{12}+ka_{22} \\ a_{21} & a_{22} \end{bmatrix}.$$

用一个初等矩阵右乘一个矩阵对应于对列进行初等运算. 可逆矩阵可以分解成初等矩阵的乘积.

0.5　行列式

行列式函数 det：$\boldsymbol{M}_n(\mathbb{C})\to\mathbb{C}$ 在理论上非常重要，但数值应用有限. 在应用中应该避
8 免计算很大的行列式.

Laplace 展开　我们可以把 $n\times n$ 矩阵的行列式的计算归结为计算若干个$(n-1)\times(n-1)$矩阵的行列式之和. 定义 $\det[a_{11}]=a_{11}$，设 $n\geqslant 2$，$A\in\boldsymbol{M}_n$，并用 $A_{ij}\in\boldsymbol{M}_{n-1}$ 表示在 A 中去掉第 i 行和第 j 列之后得到的$(n-1)\times(n-1)$矩阵. 那么，对于任何 i，$j\in\{1, 2, \cdots, n\}$，我们有

$$\det A=\sum_{k=1}^{n}(-1)^{i+k}a_{ik}\det A_{ik}=\sum_{k=1}^{n}(-1)^{k+j}a_{kj}\det A_{kj}. \tag{0.5.1}$$

第一个和式是*按照第 i 行的子式所进行的 Laplace 展开*(Laplace expansion by minors along row i)，而第二个和式是*按照第 j 列的子式所进行的 Laplace 展开*(Laplace expansion by minors along column j). 量 $\det A_{ij}$ 称为 A 的(i, j)*子式*(minor)，而$(-1)^{i+j}\det A_{ij}$ 则称为 A 的(i, j)*代数余子式*(cofactor).

我们利用 Laplace 展开来计算

$$\det\begin{bmatrix} a_{11} & a_{12} \\ a_{21} & a_{22} \end{bmatrix}=a_{11}\det[a_{22}]-a_{12}\det[a_{21}]=a_{11}a_{22}-a_{12}a_{21}$$

以及

$$\det\begin{bmatrix} a_{11} & a_{12} & a_{13} \\ a_{21} & a_{22} & a_{23} \\ a_{31} & a_{32} & a_{33} \end{bmatrix}=a_{11}\det\begin{bmatrix} a_{22} & a_{23} \\ a_{32} & a_{33} \end{bmatrix}-a_{12}\det\begin{bmatrix} a_{21} & a_{23} \\ a_{31} & a_{33} \end{bmatrix}+a_{13}\det\begin{bmatrix} a_{21} & a_{22} \\ a_{31} & a_{32} \end{bmatrix}$$

$$= a_{11}a_{22}a_{33} + a_{12}a_{23}a_{31} + a_{13}a_{32}a_{21}$$
$$- a_{11}a_{23}a_{32} - a_{22}a_{13}a_{31} - a_{33}a_{12}a_{21}.$$

根据同样的法则，一个 4×4 矩阵的行列式的计算可以写成四项之和，其中每一项都含有一个 3×3 矩阵的行列式.

行列式与逆阵 如果 $A\in \boldsymbol{M}_n$，则 A 的转置伴随阵(adjugate)是 $n\times n$ 矩阵

$$\operatorname{adj} A=[(-1)^{i+j}\det A_{ji}].$$

它是 A 的代数余子式的矩阵的转置矩阵. 矩阵 A 与 adj A 满足

$$A \operatorname{adj} A = (\operatorname{adj} A)A = (\det A)I. \tag{0.5.2}$$

如果 A 可逆，那么

$$A^{-1} = (\det A)^{-1}\operatorname{adj} A. \tag{0.5.3}$$

行列式的性质 设 A，$B\in \boldsymbol{M}_n$，而 c 是纯量. 那么

(a) $\det I=1$.

(b) $\det A\neq 0$ 当且仅当 A 可逆.

(c) $\det AB=(\det A)(\det B)$.

(d) $\det AB=\det BA$.

(e) $\det (cA)=c^n\det A$.

(f) $\det \overline{A}=\overline{\det A}$.

(g) $\det A^{\mathrm{T}}=\det A$.

(h) $\det A^* =\overline{\det A}$.

(i) 如果 A 可逆，那么 $\det (A^{-1})=(\det A)^{-1}$.

(j) 如果 $A=[a_{ij}]\in \boldsymbol{M}_n$ 是上三角或下三角的，那么 $\det A=a_{11}a_{22}\cdots a_{nn}$.

(k) 如果 $A\in \boldsymbol{M}_n(\mathbb{R})$，那么 $\det A\in \mathbb{R}$.

注意：$\det (A+B)$ 不一定等于 $\det A+\det B$. 性质(c)就是行列式的乘积法则(product rule).

行列式与行的简化 一个 $n\times n$ 矩阵 A 的行列式可以用行的简化以及如下诸性质进行计算：

(Ⅰ)如果 A' 是用一个纯量 c 乘以 A 的某一行的每个元素得到的，那么有 $\det A'=c\det A$.

(Ⅱ)如果 A' 是通过交换 A 的某两个不同的行得到的，那么有 $\det A'=-\det A$.

(Ⅲ)如果 A' 是通过将 A 的某一行的一个纯量倍数加到另外一行得到的，那么 $\det A'=\det A$.

因为 $\det A=\det A^{\mathrm{T}}$，故而列的运算有类似的性质.

置换与行列式 一列数 1，2，…，n 的一个置换(permutation)是一对一的函数 σ：$\{1, 2, \cdots, n\}\to\{1, 2, \cdots, n\}$. 置换产生 1，2，…，$n$ 的一个重新排序. 例如，$\sigma(1)=2$，$\sigma(2)=1$ 以及 $\sigma(3)=3$ 定义了 1，2，3 的一个置换. 数列 1，2，…，n 的不同的置换有

9

$n!$ 个.

恰好交换 1，2，…，n 中某两个元素而让其他元素均不改变所得到的置换 τ：{1，2，…，n}→{1，2，…，n}称为一个对换(transposition). 1，2，…，n 的每个置换都可以用多种不同的方式表示成对换的复合，但是其中含有的对换个数的奇偶性(偶数还是奇数)只与置换有关. 根据表示 σ 所需要的对换的个数是偶数还是奇数，我们称置换 σ 是偶的(even)或者是奇的(odd). σ 的符号(sign)定义为

$$\operatorname{sgn}\sigma=\begin{cases}1 & \text{如果 } \sigma \text{ 是偶的}\\ -1 & \text{如果 } \sigma \text{ 是奇的}\end{cases}$$

$A=[a_{ij}]\in \boldsymbol{M}_n$ 的行列式可以表示成

$$\det A=\sum_{\sigma}\left(\operatorname{sgn}\sigma\prod_{i=1}^{n}a_{i\sigma(i)}\right),$$

其中的求和取遍 1，2，…，n 的所有 $n!$ 个置换.

行列式、面积与体积　如果 $A=[\boldsymbol{a}_1\ \boldsymbol{a}_2]\in \boldsymbol{M}_2(\mathbb{R})$，那么 $|\det A|$ 是以 $\boldsymbol{a}_1$ 与 $\boldsymbol{a}_2$ 组成的平行四边形(其顶点为 0，$\boldsymbol{a}_1$，$\boldsymbol{a}_2$ 以及 $\boldsymbol{a}_1+\boldsymbol{a}_2$)的面积. 如果 $B=[\boldsymbol{b}_1\ \boldsymbol{b}_2\ \boldsymbol{b}_3]\in \boldsymbol{M}_3(\mathbb{R})$，那
10 么 $|\det B|$ 是由 $\boldsymbol{b}_1$，$\boldsymbol{b}_2$ 以及 $\boldsymbol{b}_3$ 所确定的平行六面体的体积.

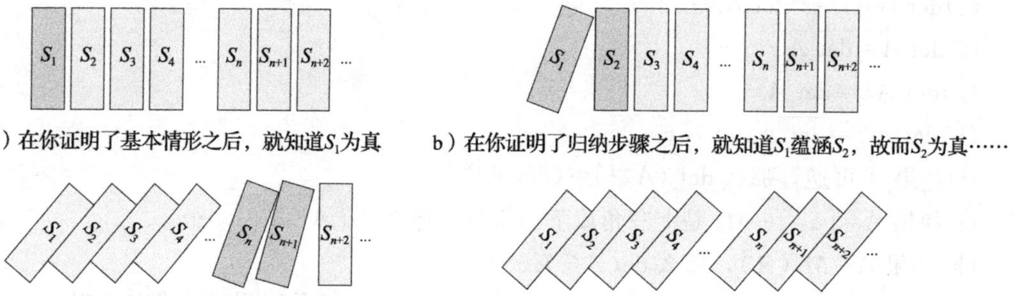

a）在你证明了基本情形之后，就知道S_1为真

b）在你证明了归纳步骤之后，就知道S_1蕴涵S_2，故而S_2为真……

c）……所以你知道S_n蕴涵S_{n+1}

d）数学归纳法确保对所有n=1,2,…都有S_n为真

图 0.2　归纳法的多米诺类比

0.6　数学归纳法

假设 S_1，S_2，…是数学命题. *数学归纳法原理*(principle of mathematical induction)断言，如果命题

(a)"S_1 为真"

(b)"如果 S_n 为真，那么 S_{n+1} 为真"

都为真，那么 S_n 对所有 $n\geqslant 1$ 为真. 命题"S_n 为真"是*归纳假设*(induction hypothesis).

数学归纳法原理是有道理的. 如果我们证明了*基本情形*(base case)(a)，那么 S_1 为真. 如果我们也证明了*归纳步骤*(induction step)(b)，那么由 S_1 为真就蕴涵 S_2 为真，它又蕴涵 S_3 为真，如此下去，见图 0.2.

例如，设 S_n 为命题

$$1+2+\cdots+n=\frac{n(n+1)}{2}$$

我们用数学归纳法来证明 S_n 对 $n=1$，2，…为真. 由于 $1=\frac{1\cdot 2}{2}$，故 S_1 为真. 这确立了最基本的情形. 为了证明 S_n 蕴涵 S_{n+1}，我们必须要证明归纳假设

$$1+2+\cdots+n=\frac{n(n+1)}{2}. \tag{0.6.1}$$

蕴涵

$$1+2+\cdots+n+(n+1)=\frac{(n+1)((n+1)+1)}{2}. \tag{0.6.2}$$

在(0.6.1)的两边加上 $n+1$，我们得到

$$\begin{aligned}(1+2+\cdots+n)+(n+1)&=\frac{n(n+1)}{2}+(n+1)\\&=\frac{n(n+1)+2(n+1)}{2}\\&=\frac{(n+1)(n+2)}{2}\\&=\frac{(n+1)((n+1)+1)}{2},\end{aligned}$$

这就是(0.6.2). 于是，如果 S_n 为真，那么 S_{n+1} 为真. 数学归纳法原理确保对所有 $n=1$，2，…都有 S_n 为真.

命题 S_n 可能对 n 的许多起始值都为真，但却不对所有 n 为真. 例如，多项式 $p(n)=n^2+n+41$ 有如下性质：$p(n)$对 $n=1$，2，…，39 都是素数. 然而，这个特性在 $n=40$ 被终结，因为 $p(40)=41^2$ 不是素数. 多项式 $p(n)=n^6+1091$ 有如下性质：对于 $n=1$，2，…，3905，$p(n)$都不是素数，但 $p(3906)$是素数.

完全归纳法 数学归纳法的一个等价变形是*完全归纳法*(complete induction)，在其中用看起来更强的命题.

(b′)如果 S_m 对 $1\leqslant m\leqslant n$ 为真，那么 S_{n+1} 也为真

替代归纳步骤(b). 命题“S_m 对 $1\leqslant m\leqslant n$ 为真”是完全归纳法的*归纳假设*. 任何可以用数学归纳法证明的结论都可以用完全归纳法证明，反之亦然. 然而，在实际问题中有时候(b′)更加方便.

为了证明每个大于 1 的自然数都可以表示成(1 个或者多个)素数的乘积，我们可以用完全归纳法. 基本情形 $n=2$ 为真，因为 2 是素数. 假设每个不超过 n 的自然数都是素数的乘积，那么要么 $n+1$ 是素数，要么 $n+1=n_1n_2$，其中 n_1，n_2 是介于 2 与 n 之间的自然数. 根据归纳假设，n_1 与 n_2 都是素数的乘积，从而 $n+1$ 亦然.

0.7 多项式

设 c_0，c_1，…，c_k 是复数. *次数为 $k\geqslant 0$ 的复多项式*(complex polynomial of degree

$k\geqslant 0$)是一个形如

$$p(z)=c_kz^k+c_{k-1}z^{k-1}+\cdots+c_1z+c_0,\ c_k\neq 0. \tag{0.7.1}$$

的函数. 纯量 c_0, c_1, $\cdots$, c_k 是 p 的系数. 我们用 $\deg p$ 来记 p 的次数. 如果它所有的系数都是实数，则 p 是实多项式(real polynomial). 零多项式(zero polynomial)是函数 $p(z)=0$; 按照惯例，约定零多项式的次数为 $-\infty$. 如果(0.7.1)中 $c_k=1$，那么 p 是首 1(monic)多项式. 次数大于等于 1 的多项式是非常数多项式(nonconstant polynomial)，而次数小于 1 的多项式是常数多项式(constant polynomial).

实多项式是一类特殊的复多项式. 当使用不加任何限定条件的词“多项式”时，指的就是“复多项式”. 对(0.7.1)中的 p 与 c_k，多项式 $p(z)/c_k$ 是首 1 的.

如果 p 与 q 是多项式，且 c 是纯量，那么 cp, $p+q$ 以及 pq 都是多项式. 例如，如果 $c=5$, $p(z)=z^2+1$, $q(z)=z-3$, 那么 $cp(z)=5z^2+5$, $p(z)+q(z)=z^2+z-2$,
12 $p(z)q(z)=z^3-3z^2+z-3$.

零点与根　设 λ 是一个复数，而 p 是一个多项式. 那么 λ 是 p 的一个零点(zero)(或者说，λ 是方程 $p(z)=0$ 的根[root of the equation $p(z)=0$])，如果 $p(\lambda)=0$.

实多项式可能没有实的零点. 例如，$p(z)=z^2+1$ 就没有实零点，但 $\pm\mathrm{i}$ 是 p 的非实的复零点. 在线性代数里用复的纯量的一个原因是下面的结果，它可以用复分析或者拓扑学中建立的方法加以证明.

定理 0.7.2(代数基本定理)　*每个非常数的多项式在 $\mathbb{C}$ 中有一个零点.*

辗转相除法　下面多项式形式的带余数的长除法称为辗转相除法(division algorithm). 如果 f 与 g 是多项式，它们满足 $1\leqslant\deg g\leqslant\deg f$，那么存在唯一的多项式 q 与 r，使得 $f=gq+r$，且 $\deg r<\deg g$. 多项式 f, g, q, r 分别是被除式(dividend)、除式(divisor)、商(quotient)以及余式(remainder). 例如，如果

$$f(z)=2z^4+z^3-z^2+1,\quad g(z)=z^2-1,$$

那么

$$q(z)=2z^2+z+1,\quad r(z)=z+2.$$

因式分解与零点的重数　如果 $\deg p\geqslant 1$ 且 $\lambda\in\mathbb{C}$，那么辗转相除法确保 $p(z)=(z-\lambda)q(z)+r$，其中 r 是一个常数多项式. 如果 λ 是 p 的零点，那么 $0=p(\lambda)=0+r$，故而 $r=0$，且 $p(z)=(z-\lambda)q(z)$，在此情形我们从 p 中分解出(factored out)零点 λ.

这个过程可以重复下去. 对于多项式(0.7.1)，我们得到

$$p(z)=c_k(z-\lambda_1)(z-\lambda_2)\cdots(z-\lambda_k), \tag{0.7.3}$$

其中(不一定相异的)复数

$$\lambda_1,\lambda_2,\cdots,\lambda_k. \tag{0.7.4}$$

是 p 的零点. 如果 μ_1, μ_2, $\cdots$, μ_d 是(0.7.4)中相异的元素，就可以把(0.7.3)写成

$$p(z)=c_k(z-\mu_1)^{n_1}(z-\mu_2)^{n_2}\cdots(z-\mu_d)^{n_d}, \tag{0.7.5}$$

其中只要 $i\neq j$，就有 $\mu_i\neq\mu_j$. (0.7.5)中的指数 n_i(也就是 μ_i 在(0.7.4)中出现的次数)就是

p 的零点 μ_i 的重数(multiplicity). 从而

$$n_1+n_2+\cdots+n_d=n=\deg p.$$

例如，多项式 $p(z)=z^3-2z^2+z=z(z-1)^2$ 有 $d=2$，$\mu_1=0$，$n_1=1$，$\mu_2=1$ 以及 $n_2=2$.

多项式的恒等定理 设 f 与 g 是多项式，并假设 $\deg f=n\geqslant 1$. 那么

(a) f 的零点的重数之和等于 n.

(b) f 至多有 n 个相异的零点. 13

(c)如果 $\deg g\leqslant n$，且 g 有至少 $n+1$ 个相异的零点，那么 g 是零多项式.

(d)如果 $\deg g\leqslant n$，z_1，z_2，…，z_{n+1} 是相异的复数，且对于每一个 $i=1, 2, \cdots, n+1$ 都有 $f(z_i)=g(z_i)$，那么 $f=g$.

(e)如果对 z 的无穷多个相异的值都有 $g(z)=0$，那么 g 是零多项式.

(f)如果 fg 是零多项式，那么 g 是零多项式.

上面所列的最后一个结论源于以下的观察：如果 g 不是零多项式，那么 fg 是至少一次的多项式，因此它只能有有限多个零点.

Lagrange 插值 下面的多项式插值定理在线性代数里有许多重要的应用，关于它的一个不同的证明见问题 P.0.15.

定理 0.7.6(Lagrange 插值) 令 $n\geqslant 1$，设 z_1，z_2，…，z_n 是相异的复数，又设 w_1，w_2，…，$w_n\in\mathbb{C}$. 则存在唯一一个次数至多为 $n-1$ 的多项式 p，使得对 $i=1, 2, \cdots, n$ 有 $p(z_i)=w_i$. 如果诸数 z_1，z_2，…，z_n，w_1，w_2，…，w_n 是实的，那么 p 是实多项式.

证明 如果 $n=1$，令 $p(z)=w_1$. 现在假设 $n\geqslant 2$. 对于 $j=1, 2, \cdots, n$，定义

$$\ell_j(z)=\prod_{\substack{1\leqslant k\leqslant n\\ k\neq j}}\frac{z-z_k}{z_j-z_k},$$

它们的次数皆为 $n-1$，并注意到

$$\ell_j(z_k)=\begin{cases}0 & \text{如果 } j\neq k\\ 1 & \text{如果 } j=k\end{cases}$$

于是，多项式 $p(z)=\sum_{j=1}^{n}w_j\ell_j(z)$ 的次数至多为 $n-1$，且满足 $p(z_k)=\sum_{j=1}^{n}w_j\ell_j(z_k)=w_k$. p 在次数至多为 $n-1$ 的多项式中的唯一性由上一节里的(d)得出. 如果插值的数值是实的，那么每个多项式 $\ell_j(z)$ 是实的，且每一个系数 w_j 也是实的，所以 p 是实的. ■

0.8 多项式与矩阵

对于多项式

$$p(z)=c_kz^k+c_{k-1}z^{k-1}+\cdots+c_1z+c_0$$

以及 $A\in\boldsymbol{M}_n$，我们定义

$$p(A)=c_kA^k+c_{k-1}A^{k-1}+\cdots+c_1A+c_0I.$$

考虑

14 $$A=\begin{bmatrix}1 & 2\\ 3 & 4\end{bmatrix}$$

以及 $p(z)=z^2-2z+1$. 那么

$$\begin{aligned}p(A)&=\begin{bmatrix}1 & 2\\ 3 & 4\end{bmatrix}\begin{bmatrix}1 & 2\\ 3 & 4\end{bmatrix}-2\begin{bmatrix}1 & 2\\ 3 & 4\end{bmatrix}+\begin{bmatrix}1 & 0\\ 0 & 1\end{bmatrix}\\ &=\begin{bmatrix}7 & 10\\ 15 & 22\end{bmatrix}-\begin{bmatrix}2 & 4\\ 6 & 8\end{bmatrix}+\begin{bmatrix}1 & 0\\ 0 & 1\end{bmatrix}=\begin{bmatrix}6 & 6\\ 9 & 15\end{bmatrix}.\end{aligned}$$

利用因式分解 $p(z)=(z-1)^2$ 可以得到同样的结果：

$$p(A)=(A-I)^2=\begin{bmatrix}0 & 2\\ 3 & 3\end{bmatrix}\begin{bmatrix}0 & 2\\ 3 & 3\end{bmatrix}=\begin{bmatrix}6 & 6\\ 9 & 15\end{bmatrix}.$$

如果 p 与 q 是多项式，且 $A\in\boldsymbol{M}_n$，那么就有

$$p(A)+q(A)=(p+q)(A)$$

以及

$$p(A)q(A)=(pq)(A)=(qp)(A)=q(A)p(A).$$

对于对角阵 $\Lambda=\mathrm{diag}(\lambda_1, \lambda_2, \cdots, \lambda_n)$，我们有

$$p(\Lambda)=\mathrm{diag}(p(\lambda_1), p(\lambda_2), \cdots, p(\lambda_n)).$$

缠绕　设 $A\in\boldsymbol{M}_m$，$B\in\boldsymbol{M}_n$，$X\in\boldsymbol{M}_{m\times n}$. 那么称 X 缠绕(intertwine)A 与 B，如果有 $AX=XB$.

如果 X 是方阵且可逆，那么 X 缠绕 A 与 B，当且仅当 $A=XBX^{-1}$，也就是说，A 与 B 是相似的，见定义 2.4.16. 如果 $A=B$，那么缠绕是交换的(commuting)：$AX=XA$. 于是，缠绕既是相似的推广，也是可交换性的推广. 下面的定理表明，如果 X 缠绕 A 与 B，那么 X 也缠绕 $p(A)$与 $p(B)$.

定理 0.8.1　设 $A\in\boldsymbol{M}_m$，$B\in\boldsymbol{M}_n$，$X\in\boldsymbol{M}_{m\times n}$. 如果 $AX=XB$，那么，对任意多项式 p 有 $p(A)X=Xp(B)$. 此外，A 与 $p(A)$可交换.

证明　首先用归纳法证明：对于 $j=0, 1, 2, \cdots$有 $A^jX=XB^j$. $j=0$ 时的基本情形是 $IX=XI$，它为真. 对于归纳步骤，假设对某个 j 有 $A^jX=XB^j$. 那么 $A^{j+1}X=AA^jX=AXB^j=XBB^j=XB^{j+1}$. 这就完成了归纳法的证明.

设 $p(z)=c_kz^k+\cdots+c_1z+c_0$. 那么

$$\begin{aligned}p(A)X&=(c_kA^k+\cdots+c_1A+c_0I)X\\ &=c_k(A^kX)+\cdots+c_1(AX)+c_0X\\ &=c_k(XB^k)+\cdots+c_1(XB)+c_0X\\ &=X(c_kB^k+\cdots+c_1B+c_0I)\\ &=Xp(B).\end{aligned}$$

15 第二个结论的证明见问题 P.0.22. ■

多项式与相似 设 A，B，$X\in\boldsymbol{M}_n$，X 可逆，p 是一个多项式．如果 $A=XBX^{-1}$，那么 $AX=XB$，所以上面的定理确保有 $p(A)X=Xp(B)$，这蕴涵

$$p(A)=Xp(B)X^{-1}. \tag{0.8.2}$$

如果 $B=\Lambda=\operatorname{diag}(\lambda_1,\lambda_2,\cdots,\lambda_n)$是对角阵，则此等式有一个特殊的形式：

$$p(A)=Xp(\Lambda)X^{-1}=X\operatorname{diag}(p(\lambda_1),p(\lambda_2),\cdots,p(\lambda_n))X^{-1}. \tag{0.8.3}$$

如果 $p(z)=z+c$，那么(0.8.2)揭示出相似的平移性质(shift property)：$A=XBX^{-1}$ 蕴涵

$$A+cI=X(B+cI)X^{-1}. \tag{0.8.4}$$

0.9 问题

P.0.1 设 f：$\{1,2,\cdots,n\}\rightarrow\{1,2,\cdots,n\}$是一个函数．证明下面各命题相互等价：(a)$f$ 是一对一的．(b)f 是映上的．(c)f 是 1，2，…，n 的一个置换．

P.0.2 证明：(a)Hermite 矩阵的对角元素是实数；(b)斜 Hermite 矩阵的对角元素是纯虚数；(c)斜对称阵的对角元素是零．

P.0.3 用数学归纳法证明：对所有 $n=1$，2，…，有 $1^2+2^2+\cdots+n^2=\dfrac{n(n+1)(2n+1)}{6}$.

P.0.4 用数学归纳法证明：对所有 $n=1$，2，…，有 $1^3+2^3+\cdots+n^3=\left(\dfrac{n(n+1)}{2}\right)^2$.

P.0.5 设 $A\in\boldsymbol{M}_n$ 是可逆阵．用数学归纳法证明：对所有整数 k 有$(A^{-1})^k=(A^k)^{-1}$.

P.0.6 设 $A\in\boldsymbol{M}_n$．用数学归纳法证明：对所有整数 j，k 有 $A^{j+k}=A^jA^k$.

P.0.7 用数学归纳法证明关于 Fibonacci 数的 Binet 公式(9.5.5).

P.0.8 用数学归纳法证明：对复数 $z\neq1$ 以及所有正整数 n，有 $1+z+z^2+\cdots+z^{n-1}=\dfrac{1-z^n}{1-z}$.

P.0.9 (a)计算矩阵

$$V_2=\begin{bmatrix}1 & z_1\\1 & z_2\end{bmatrix},\ V_3=\begin{bmatrix}1 & z_1 & z_1^2\\1 & z_2 & z_2^2\\1 & z_3 & z_3^2\end{bmatrix},\ V_4=\begin{bmatrix}1 & z_1 & z_1^2 & z_1^3\\1 & z_2 & z_2^2 & z_2^3\\1 & z_3 & z_3^2 & z_3^3\\1 & z_4 & z_4^2 & z_4^3\end{bmatrix}$$

的行列式并尽可能简化你的解答．

(b)用数学归纳法计算 $n\times n$ Vandermonde 矩阵 16

$$V_n=\begin{bmatrix}1 & z_1 & z_1^2 & \cdots & z_1^{n-1}\\1 & z_2 & z_2^2 & \cdots & z_2^{n-1}\\\vdots & \vdots & \vdots & & \vdots\\1 & z_n & z_n^2 & \cdots & z_n^{n-1}\end{bmatrix} \tag{0.9.1}$$

的行列式的值.

(c)求出为使得 V_n 是可逆阵需在 z_1，z_2，…，z_n 上施加的必要与充分条件.

P.0.10 考虑多项式 $p(z)=c_k z^k+c_{k-1}z^{k-1}+\cdots+c_1 z+c_0$，其中 $k\geqslant 1$，每一个系数 c_i 都是非负整数，且 $c_k\geqslant 1$. 证明如下命题：

(a) $p(t+2)=c_k t^k+d_{k-1}t^{k-1}+\cdots+d_1 t+d_0$，其中每个 d_i 都是非负整数，且 $d_0\geqslant 2^k$.

(b)对每个 $n=1, 2, \cdots$，$p(nd_0+2)$都能被 d_0 整除.

(c)对无穷多个正整数 n，$p(n)$都不是素数. 这是由 C. Goldbach 于 1752 年证明的.

P.0.11 如果 p 是实多项式，证明：$p(\lambda)=0$ 当且仅当 $p(\bar{\lambda})=0$.

P.0.12 证明：实多项式可以分解成实的线性因子以及没有实零点的二次因式.

P.0.13 证明：每个奇次实多项式都有一个实零点. **提示**：利用中值定理.

P.0.14 设 $h(z)$是一个多项式，并假设对所有 $z\in[0, 1]$都有 $z(z-1)h(z)=0$. 证明 h 是一个零多项式.

P.0.15 (a)证明：$n\times n$ Vandermonde 矩阵(0.9.1)可逆，当且仅当 n 个复数 z_1，z_2，…，z_n 是相异的. **提示**：考虑方程组 $V_n\mathbf{c}=\mathbf{0}$，其中 $\mathbf{c}=[c_0\ \ c_1\ \ \cdots\ \ c_{n-1}]^{\mathrm{T}}$，多项式 $p(z)=c_{n-1}z^{n-1}+\cdots+c_1 z+c_0$.

(b)利用(a)证明 Lagrange 插值定理(定理 0.7.6).

P.0.16 如果 c 是一个非零的纯量，p 与 q 是非零多项式，证明：(a) $\deg(cp)=\deg p$，(b) $\deg(p+q)\leqslant\max\{\deg p, \deg q\}$，(c) $\deg(pq)=\deg p+\deg q$. 如果 p 是零多项式，结果又如何?

P.0.17 证明辗转相除法里的唯一性结论. 也就是说，如果 f 与 g 是多项式，满足 $1\leqslant\deg g\leqslant\deg f$，又如果 q_1，q_2，r_1 与 r_2 都是多项式，且满足 $\deg r_1<\deg g$，$\deg r_2<\deg g$ 以及 $f=gq_1+r_1=gq_2+r_2$，那么 $q_1=q_2$ 且 $r_1=r_2$.

P.0.18 给出一个非常数函数的例子 f: $\mathbb{R}\to\mathbb{R}$，使得对 t 的无穷多个相异的值都有 $f(t)=0$. f 是多项式吗?

P.0.19 设 $A=\mathrm{diag}(1, 2)$，$B=\mathrm{diag}(3, 4)$. 如果 $X\in M_2$ 缠绕 A 与 B，对于 X 有什么结论? 作为其推广的结论，见定理 10.4.1.

P.0.20 对 2×2 矩阵验证等式(0.5.2)，并证明：等式(0.3.4)就是等式(0.5.3).

P.0.21 由等式(0.5.2)推导出(0.5.3).

P.0.22 由定理 0.8.1 的第一个结论推导出第二个结论.

P.0.23 设 $A=\begin{bmatrix}0&1\\0&0\end{bmatrix}$，$B=\begin{bmatrix}4&3\\1&2\end{bmatrix}$，$C=\begin{bmatrix}3&4\\1&2\end{bmatrix}$. 证明 $AB=AC$，尽管 $B\neq C$.

17 **P.0.24** 设 $A\in\boldsymbol{M}_n$. 证明：A 是幂等的，当且仅当 $I-A$ 是幂等的.

P.0.25 设 $A\in\boldsymbol{M}_n$ 是幂等的. 证明：A 可逆，当且仅当 $A=I$.

P.0.26 设 A，$B\in\boldsymbol{M}_n$ 是幂等的. 证明：$\mathrm{tr}\,((A-B)^3)=\mathrm{tr}\,(A-B)$.

0.10 一些重要的概念

- 数学归纳法
- 代数基本定理
- 多项式的辗转相除法
- Lagrange 插值
- 矩阵的多项式函数
- 缠绕 18

第1章　向量空间

有许多类型的数学对象可以添加进来并加以安排：平面上的向量，给定实区间上的实值函数，多项式，以及实的或者复的矩阵. 数学家尽管已经对这些以及其他实例具有丰富的经验，但还是发现了一些简短的基本特征(公理)，它们定义了被称为向量空间的这样一个相容且包罗万象的数学架构.

向量空间与线性变换的理论对于形形色色的线性数学模型提供了一个概念性的框架与词汇. 即使对于本质上非线性的物理理论，在相当广泛的应用中也可以用线性理论做出很好的近似，这些线性理论的自然结构就在实的或者复的向量空间之中.

向量空间的例子包括二维实平面(作为平面解析几何以及二维牛顿力学的背景框架)以及三维实欧几里得空间(作为立体解析几何、经典电磁理论以及解析动力学的背景框架). 其他种类的向量空间广泛存在于科学以及工程学中. 例如，量子力学中的标准数学模型、电子电路以及信号处理都要用到复向量空间. 许多科学理论探索向量空间的形式，它提供了强有力的数学工具，这些工具仅仅依靠向量空间的公理及其逻辑推论作为基础，而无须依赖特殊应用的细节.

在这一章里，我们要对实的和复的向量空间提供一个正式的定义(以及许多例子). 其中引进的重要概念有线性组合、生成空间、线性无关性以及线性相关性.

1.1　什么是向量空间

向量空间包含四种在一起协调工作的要件：

(a)一个纯量(scalar)域$\mathbb{F}$，在本书中它或者是复数域$\mathbb{C}$，或者是实数域$\mathbb{R}$.

(b)一组称为向量(vector)的对象的集合$\mathcal{V}$.

(c)定义了向量的加法(vector addition)运算：对任意一对向量$\boldsymbol{u}$，$\boldsymbol{v}\in\mathcal{V}$，这个运算都给定$\mathcal{V}$中一个向量作为其运算结果，记为$\boldsymbol{u}+\boldsymbol{v}$，称为它们的和(sum).

(d)定义了纯量乘法(scalar multiplication)运算：对任意一个纯量$c\in\mathbb{F}$与任意一个向量
19 $\boldsymbol{u}\in\mathcal{V}$，这个运算指定$\mathcal{V}$中一个向量作为其运算结果，记之为$c\boldsymbol{u}$.

定义 1.1.1　设$\mathbb{F}=\mathbb{R}$或者$\mathbb{C}$. 那么，$\mathcal{V}$是**域$\mathbb{F}$上的向量空间**(vector space over the field $\mathbb{F}$)(或者说，$\mathcal{V}$是**$\mathbb{F}$ 向量空间**[$\mathbb{F}$-vector space])，如果纯量域$\mathbb{F}$、向量$\mathcal{V}$以及向量的加法与纯量乘法运算满足以下公理：

(i)存在一个唯一的加法单位元$\boldsymbol{0}\in\mathcal{V}$，使得对所有$\boldsymbol{u}\in\mathcal{V}$都有$\boldsymbol{0}+\boldsymbol{u}=\boldsymbol{u}$. 向量$\boldsymbol{0}$称为**零向量**(zero vector).

(ii)向量加法是交换的：对所有$\boldsymbol{u}$，$\boldsymbol{v}\in\mathcal{V}$，都有$\boldsymbol{u}+\boldsymbol{v}=\boldsymbol{v}+\boldsymbol{u}$.

(iii)向量加法是结合的：对所有 $\boldsymbol{u}$，$\boldsymbol{v}$，$\boldsymbol{w}\in\mathcal{V}$，都有 $\boldsymbol{u}+(\boldsymbol{v}+\boldsymbol{w})=(\boldsymbol{u}+\boldsymbol{v})+\boldsymbol{w}$.

(iv)加法的逆元存在且是唯一的：对每个 $\boldsymbol{u}\in\mathcal{V}$，存在唯一的向量 $-\boldsymbol{u}\in\mathcal{V}$，使得 $\boldsymbol{u}+(-\boldsymbol{u})=\boldsymbol{0}$.

(v)数 1 是纯量乘法单位元：对所有 $\boldsymbol{u}\in\mathcal{V}$，都有 $1\boldsymbol{u}=\boldsymbol{u}$.

(vi)$\mathbb{F}$中的乘法与纯量乘法是相容的：对所有 a，$b\in\mathbb{F}$以及所有 $\boldsymbol{u}\in\mathcal{V}$，都有 $a(b\boldsymbol{u})=(ab)\boldsymbol{u}$.

(vii)纯量乘法对向量加法满足分配律：对所有 $c\in\mathbb{F}$以及所有 $\boldsymbol{u}$，$\boldsymbol{v}\in\mathcal{V}$，都有 $c(\boldsymbol{u}+\boldsymbol{v})=c\boldsymbol{u}+c\boldsymbol{v}$.

(viii)$\mathbb{F}$上的加法关于纯量乘法满足分配律：对所有 a，$b\in\mathbb{F}$以及所有 $\boldsymbol{u}\in\mathcal{V}$，都有$(a+b)\boldsymbol{u}=a\boldsymbol{u}+b\boldsymbol{u}$.

$\mathbb{R}$上的向量空间是实向量空间(real vector space)，$\mathbb{C}$上的向量空间是复向量空间(complex vector space). 为了将向量与纯量区别开来，我们常用黑体的小写字母表示向量(集合 $\mathcal{V}$ 的元素). 特别重要的是将纯量 0 与向量 $\boldsymbol{0}$ 区分开来.

我们常常需要从“向量 $c\boldsymbol{u}$ 是零向量”这样一个事实导出一个结论，故而要仔细观察在这个事实下会发生什么结果.

定理 1.1.2 设 $\mathcal{V}$ 是一个$\mathbb{F}$-向量空间，$c\in\mathbb{F}$，又设 $\boldsymbol{u}\in\mathcal{V}$，则下述诸命题等价：(a)或者 $c=0$，或者 $\boldsymbol{u}=\boldsymbol{0}$；(b)$c\boldsymbol{u}=\boldsymbol{0}$.

证明 (a)⇒(b) 公理(i)与(vii)确保有$c\boldsymbol{0}=c(\boldsymbol{0}+\boldsymbol{0})=c\boldsymbol{0}+c\boldsymbol{0}$. 利用公理(iv)，在这个等式的两边加上$-(c\boldsymbol{0})$，就得到

$$c\boldsymbol{0}=\boldsymbol{0}\quad \text{对任何 } c\in\mathbb{F}\text{成立.} \tag{1.1.3}$$

现在借助公理(viii)并考虑向量 $0\boldsymbol{u}=(0+0)\boldsymbol{u}=0\boldsymbol{u}+0\boldsymbol{u}$. 利用公理(iv)以及(i)，在这个等式两边加上$-(0\boldsymbol{u})$，就得到

$$0\boldsymbol{u}=\boldsymbol{0}\quad \text{对任何 } \boldsymbol{u}\in\mathcal{V}\text{ 成立.}$$

(b)⇒(a) 假设 $c\neq0$，而 $c\boldsymbol{u}=\boldsymbol{0}$. 那么(1.1.3)确保有 $c^{-1}(c\boldsymbol{u})=c^{-1}\boldsymbol{0}=\boldsymbol{0}$，而公理(vi)与(v)则确保有$\boldsymbol{0}=c^{-1}(c\boldsymbol{u})=(c^{-1}c)\boldsymbol{u}=1\boldsymbol{u}=\boldsymbol{u}$. ■

推论 1.1.4 设 $\mathcal{V}$ 是$\mathbb{F}$-向量空间. 那么，对每个 $\boldsymbol{u}\in\mathcal{V}$，都有 $(-1)\boldsymbol{u}=-\boldsymbol{u}$.

证明 设 $\boldsymbol{u}\in\mathcal{V}$. 我们必须要证明$(-1)\boldsymbol{u}+\boldsymbol{u}=\boldsymbol{0}$. 利用向量空间的公理(v)与(viii)以及上一个定理，我们计算出 20

$$\begin{aligned}(-1)\boldsymbol{u}+\boldsymbol{u}&=(-1)\boldsymbol{u}+1\boldsymbol{u} && \text{公理(v)}\\ &=(-1+1)\boldsymbol{u} && \text{公理(viii)}\\ &=0\boldsymbol{u}\\ &=\boldsymbol{0}. && \text{定理 1.1.2}\end{aligned}$$

■

1.2 向量空间的例子

每个向量空间都包含一个零向量(公理(i))，所以向量空间不可能是空的. 然而，向量空间的公理允许 $\mathcal{V}$ 只含有零向量. 这样的向量空间没什么价值，在阐述我们的定理时，常

常需要排除这种可能性.

定义 1.2.1　设 $\mathcal{V}$ 是$\mathbb{F}$-向量空间. 如果 $\mathcal{V}=\{\mathbf{0}\}$，则称 $\mathcal{V}$ 是**零向量空间**(zero vector space)；如果 $\mathcal{V}\neq\{\mathbf{0}\}$，则称 $\mathcal{V}$ 是**非零向量空间**(nonzero vector space).

在下面的每一个例子里，我们描述了集合 $\mathcal{V}$ 的元素(向量)、零向量以及纯量乘法与向量的加法运算. 域$\mathbb{F}$永远不是$\mathbb{C}$就是$\mathbb{R}$.

例 1.2.2　设 $\mathcal{V}=\mathbb{F}^n$，它是元素取自$\mathbb{F}$的 $n\times 1$ 矩阵(列向量)的集合. 为印刷方便起见，我们常写成 $\boldsymbol{u}=[u_i]$或者 $\boldsymbol{u}=[u_1\ u_2\ \cdots\ u_n]^{\mathrm{T}}$ 的形式，而不写成

$$\boldsymbol{u}=\begin{bmatrix}u_1\\u_2\\\vdots\\u_n\end{bmatrix}\in\mathbb{F}^n,u_1,u_2,\cdots,u_n\in\mathbb{F}.$$

$\boldsymbol{u}=[u_i]$与 $\boldsymbol{v}=[v_i]$的向量加法定义为 $\boldsymbol{u}+\boldsymbol{v}=[u_i+v_i]$，用$\mathbb{F}$的元素所作的纯量乘法则定义为 $c\boldsymbol{u}=[cu_i]$，我们称这些运算是*逐项运算*(entrywise operation). $\mathbb{F}^n$中的零向量是 $\mathbf{0}_n=[0\ 0\ \cdots\ 0]^{\mathrm{T}}$. 当它的大小可以从上下文推知时，我们常会略去零向量中的下标.

例 1.2.3　设 $\mathcal{V}=\boldsymbol{M}_{m\times n}(\mathbb{F})$，它是元素在$\mathbb{F}$中的 $m\times n$ 矩阵的集合. 与在上一个例子中一样，向量加法与纯量乘法都是逐项定义的. $\boldsymbol{M}_{m\times n}(\mathbb{F})$中的零向量是矩阵 $0_{m\times n}\in\boldsymbol{M}_{m\times n}(\mathbb{F})$，它所有的元素都为零. 当它的大小可以从上下文推知时，我们常会略去零矩阵中的下标.

例 1.2.4　设 $\mathcal{V}=\mathcal{P}_n$，它是次数不超过 n 的复系数多项式的集合. 如果希望强调允许取复系数，我们就写成 $\mathcal{V}=\mathcal{P}_n(\mathbb{C})$. 次数不超过 n 的实系数多项式的集合记为 $\mathcal{P}_n(\mathbb{R})$. 多项式的加法定义为对应单项式的系数相加. 例如，对 $\mathcal{P}_2$ 中的 $p(z)=\mathrm{i}z^2+11z-5$ 与 $q(z)=-7z^2+3z+2$，我们有$(p+q)(z)=(\mathrm{i}-7)z^2+14z-3$. 多项式用纯量 c 作纯量乘法定义为用 c 乘每一个系数. 例如$(4p)(z)=4\mathrm{i}z^2+44z-20$. $\mathcal{P}_n$ 中的零向量是零多项式，

21 见定义 0.7.1.

例 1.2.5　设 $\mathcal{V}=\mathcal{P}$(有时写成 $\mathcal{P}(\mathbb{C})$)是所有复系数多项式的集合. $\mathcal{V}=\mathcal{P}(\mathbb{R})$表示所有实系数多项式的集合. 向量加法和纯量乘法与上一个例子定义相同，$\mathcal{P}$中的零向量仍是零多项式.

例 1.2.6　设 $\mathcal{V}=C_{\mathbb{F}}[a,\ b]$是区间$[a,\ b]\subseteq\mathbb{R}$(其中 $a<b$)上连续的$\mathbb{F}$-函数组成的集合. 如果未指明是哪一个域，即理解为$\mathbb{F}=\mathbb{C}$，也就是说，$C[0,\ 1]$指的是 $C_{\mathbb{C}}[0,\ 1]$. 向量加法与纯量乘法运算逐点定义. 也就是说，如果 $f,g\in C_{\mathbb{F}}[a,\ b]$，那么 $f+g$ 是区间$[a,\ b]$上如下定义的一个$\mathbb{F}$-函数：对每个 $t\in[a,\ b]$，$(f+g)(t)=f(t)+g(t)$. 如果 $c\in\mathbb{F}$，则$\mathbb{F}$-函数 cf 定义如下：对每个 $t\in[a,\ b]$，$(cf)(t)=cf(t)$. 如果 f 与 g 连续，那么 $f+g$ 与 cf 也是连续的，这是来自微积分学的一个定理，所以，$C_{\mathbb{F}}[a,\ b]$中元素之和以及纯量乘积都仍在 $C_{\mathbb{F}}[a,\ b]$中. $C_{\mathbb{F}}[a,\ b]$中的零向量是*零函数*(zero function)，即在$[a,\ b]$中每一点处的值均为零的函数.

例 1.2.7　设 $\mathcal{V}$是所有无穷数列 $\boldsymbol{u}=(u_1,\ u_2,\ \cdots)$的集合，其中每一个 $u_i\in\mathbb{F}$，且只对

有限多个指标 i 有 $u_i \neq 0$. 向量加法与纯量乘法运算逐项定义. $\mathcal{V}$ 中的零向量是零无穷数列(zero infinite sequence) $\mathbf{0}=(0, 0, \cdots)$. 我们称 $\mathcal{V}$ 是有限非零序列(finitely nonzero sequence)的$\mathbb{F}$-向量空间.

1.3 子空间

定义 1.3.1 $\mathbb{F}$-向量空间 $\mathcal{V}$ 的**子空间**(subspace)是 $\mathcal{V}$ 的一个子集 $\mathcal{U}$, 它在 $\mathcal{V}$ 中同样的向量加法以及纯量乘法运算下也是一个$\mathbb{F}$-向量空间.

例 1.3.2 如果 $\mathcal{V}$ 是一个$\mathbb{F}$-向量空间, 那么$\{\mathbf{0}\}$与 $\mathcal{V}$ 本身也都是 $\mathcal{V}$ 的子空间.

子空间是非空的, 它是向量空间, 所以它包含零向量.

为了证明$\mathbb{F}$-向量空间 $\mathcal{V}$ 的一个子集 $\mathcal{U}$ 是子空间, 不需要验证向量空间的公理(ii)和(iii)以及(v)~(viii), 因为它们是自动满足的. 我们称 $\mathcal{U}$ 从 $\mathcal{V}$ 继承了(inherit)这些性质. 然而, 我们必须证明下列诸条件:

(a)$\mathcal{U}$ 中元素的和以及纯量乘法仍在 $\mathcal{U}$ 中(也就是说, $\mathcal{U}$ 在向量加法以及纯量乘法运算下封闭[closed under vector addition and scalar multiplication]).

(b)$\mathcal{U}$ 包含 $\mathcal{V}$ 中的零向量.

(c)$\mathcal{U}$ 包含其中每个元素的加法逆元.

下述定理描述了验证这三个条件的更为有效的方法.

定理 1.3.3 设 $\mathcal{V}$ 是一个$\mathbb{F}$-向量空间, 并设 $\mathcal{U}$ 是 $\mathcal{V}$ 的一个非空子集. 那么, $\mathcal{U}$ 是 $\mathcal{V}$ 的子空间当且仅当只要 $\boldsymbol{u}, \boldsymbol{v} \in \mathcal{U}$ 以及 $c \in \mathbb{F}$, 就有 $c\boldsymbol{u}+\boldsymbol{v} \in \mathcal{U}$.

证明 如果 $\mathcal{U}$ 是子空间, 那么, 只要 $\boldsymbol{u}, \boldsymbol{v} \in \mathcal{U}$ 以及 $c \in \mathbb{F}$, 就有 $c\boldsymbol{u}+\boldsymbol{v} \in \mathcal{U}$, 这是因为子空间在纯量乘法以及向量加法运算之下是封闭的. 22

反之, 假设只要 $\boldsymbol{u}, \boldsymbol{v} \in \mathcal{U}$ 以及 $c \in \mathbb{F}$, 就有 $c\boldsymbol{u}+\boldsymbol{v} \in \mathcal{U}$. 我们必须验证上面的(a)、(b)以及(c). 设 $\boldsymbol{u} \in \mathcal{U}$. 推论 1.1.4 确保$(-1)\boldsymbol{u}$ 是 $\boldsymbol{u}$ 的加法逆元, 所以 $\mathbf{0}=(-1)\boldsymbol{u}+\boldsymbol{u} \in \mathcal{U}$. 这就验证了(b). 由于$(-1)\boldsymbol{u}=(-1)\boldsymbol{u}+\mathbf{0}$, 由此推出, $\boldsymbol{u}$ 的加法逆元在 $\mathcal{U}$ 中. 这验证了(c). 对所有 $c \in \mathbb{F}$以及所有 $\boldsymbol{u}, \boldsymbol{v} \in \mathcal{U}$, 我们有 $c\boldsymbol{u}=c\boldsymbol{u}+\mathbf{0} \in \mathcal{U}$ 以及 $\boldsymbol{u}+\boldsymbol{v}=1\boldsymbol{u}+\boldsymbol{v} \in \mathcal{U}$. 这验证了(a). ■

例 1.3.4 设 $A \in \boldsymbol{M}_{m \times n}(\mathbb{F})$. A 的零空间(null space)指的是

$$\operatorname{null} A=\{\boldsymbol{x} \in \mathbb{F}^n: A\boldsymbol{x}=\mathbf{0}\} \subseteq \mathbb{F}^n. \tag{1.3.5}$$

由于 $A\mathbf{0}_n=\mathbf{0}_m$, 因此$\mathbb{F}^n$的零向量在 null A 中, 于是 null A 非空. 如果 $\boldsymbol{x}, \boldsymbol{y} \in \mathbb{F}^n$, $A\boldsymbol{x}=\mathbf{0}$, $A\boldsymbol{y}=\mathbf{0}$, $c \in \mathbb{F}$, 那么 $A(c\boldsymbol{x}+\boldsymbol{y})=cA\boldsymbol{x}+A\boldsymbol{y}=c\mathbf{0}+\mathbf{0}=\mathbf{0}$, 故而 $c\boldsymbol{x}+\boldsymbol{y} \in$ null A. 上一个定理确保 null A 是$\mathbb{F}^n$的一个子空间.

例 1.3.6 $\mathcal{U}=\{[x_1\ x_2\ x_3]^{\mathrm{T}} \in \mathbb{R}^3: x_1+2x_2+3x_3=0\}$是$\mathbb{R}^3$ 中的平面, 它包含零向量以及正常的向量$[1 \quad 2 \quad 3]^{\mathrm{T}}$. 如果 $A=[1 \quad 2 \quad 3] \in \boldsymbol{M}_{1 \times 3}(\mathbb{R})$, 那么 $\mathcal{U}=$null A, 所以它是$\mathbb{R}^3$ 的一个子空间.

例 1.3.7 设 $A \in \boldsymbol{M}_{m \times n}(\mathbb{F})$. A 的列空间(column space)是

$$\operatorname{col} A = \{A\boldsymbol{x} : \boldsymbol{x} \in \mathbb{F}^n\} \subseteq \mathbb{F}^m. \tag{1.3.8}$$

由于 $A\boldsymbol{0} = \boldsymbol{0}$，故$\mathbb{F}^m$的零向量是 col A，于是它非空. 如果 $\boldsymbol{u}$，$\boldsymbol{v} \in \operatorname{col} A$，那么存在 $\boldsymbol{x}$，$\boldsymbol{y} \in \mathbb{F}^n$，使得 $\boldsymbol{u} = A\boldsymbol{x}$ 以及 $\boldsymbol{v} = A\boldsymbol{y}$. 对任何 $c \in \mathbb{F}$，我们有 $c\boldsymbol{u} + \boldsymbol{v} = cA\boldsymbol{x} + A\boldsymbol{y} = A(c\boldsymbol{x} + \boldsymbol{y})$，所以 $c\boldsymbol{u} + \boldsymbol{v} \in \operatorname{col} A$. 上一个定理确保 col A 是$\mathbb{F}^m$的子空间.

例 1.3.9　$\mathcal{P}_5$ 是 $\mathcal{P}$ 的子空间，见例 1.2.4 与例 1.2.5. 至多 5 次多项式的和与纯量乘法仍在 $\mathcal{P}_5$ 中.

例 1.3.10　$\mathcal{P}_5(\mathbb{R})$是 $\mathcal{P}_5(\mathbb{C})$的子集，但不是子空间. 例如，纯量 1 在 $\mathcal{P}_5(\mathbb{R})$中，但 $\mathrm{i}1 = \mathrm{i} \notin \mathcal{P}_5(\mathbb{R})$. 这里的问题在于，对向量空间 $\mathcal{P}_5(\mathbb{R})$来说，纯量是实数，而对向量空间 $\mathcal{P}_5(\mathbb{C})$来说，纯量则是复数. 子空间与包含它的向量空间必须含有同样的纯量域.

例 1.3.11　多项式 p 是**偶的**(even)，如果对所有 z 都有 $p(-z) = p(z)$. 我们用 $\mathcal{P}_{\text{even}}$ 来记偶多项式的集合. 多项式 p 是**奇的**(odd)，如果对所有 z 都有 $p(-z) = -p(z)$. 我们用 $\mathcal{P}_{\text{odd}}$来记奇多项式的集合. 例如，$p(z) = 2 + 3z^2$ 是偶的，而 $p(z) = 5z + 4z^3$ 是奇的. 常数多项式是偶的，零多项式既是奇的也是偶的. $\mathcal{P}_{\text{even}}$与 $\mathcal{P}_{\text{odd}}$中的每一个都是 $\mathcal{P}$ 的子空间.

例 1.3.12　$\mathcal{P}$是复向量空间 $C_{\mathbb{C}}[a, b]$的子空间. 确实，$\mathcal{P}$是非空的. 此外，每一个多项式都是连续函数，且只要 p，$q \in \mathcal{P}$ 且 $c \in \mathbb{C}$，就有 $cp + q \in \mathcal{P}$. 定理 1.3.3 确保 $\mathcal{P}$ 是 $C_{\mathbb{C}}[a, b]$的一个子空间.

例 1.3.13　设 $A \in \mathbf{M}_m(\mathbb{F})$，又设 $\mathcal{U}$ 是 $\mathbf{M}_{m\times n}(\mathbb{F})$的子空间. 我们断言

23

$$A\mathcal{U} = \{AX : X \in \mathcal{U}\}$$

是 $\mathbf{M}_{m\times n}(\mathbb{F})$的子空间. 由于 $0 \in \mathcal{U}$，我们有 $0 = A0 \in A\mathcal{U}$，于是它非空. 此外，对任何纯量 c 以及任何 X，$Y \in \mathcal{U}$，我们有 $cAX + AY = A(cX + Y) \in A\mathcal{U}$. 定理 1.3.3 确保 $A\mathcal{U}$ 是 $\mathbf{M}_{m\times n}(\mathbb{F})$的一个子空间. 例如，如果我们取 $\mathcal{U} = \mathbf{M}_{m\times n}(\mathbb{F})$，就推出 $A\mathbf{M}_{m\times n}(\mathbb{F})$是 $\mathbf{M}_{m\times n}(\mathbb{F})$的子空间.

1.4　线性组合与生成空间

定义 1.4.1　*设 $\mathcal{U}$ 是$\mathbb{F}$向量空间 $\mathcal{V}$ 的一个非空子集. $\mathcal{U}$ 的元素的一个***线性组合***(linear combination)是形如*

$$c_1\boldsymbol{v}_1 + c_2\boldsymbol{v}_2 + \cdots + c_r\boldsymbol{v}_r. \tag{1.4.2}$$

*的表达式，其中 r 是一个正整数，$\boldsymbol{v}_1$，$\boldsymbol{v}_2$，…，$\boldsymbol{v}_r \in \mathcal{U}$，而 c_1，c_2，…，$c_r \in \mathbb{F}$. 线性组合(1.4.2)称为是***平凡的***(trivial)，如果 $c_1 = c_2 = \cdots = c_r = 0$. 反之，则称它是***非平凡的***(nontrivial).*

根据定义，一个线性组合是有限多个向量的纯量倍数之和.

例 1.4.3　$\mathcal{P}$的每一个元素都是元素 1，z，z^2，…的一个线性组合.

定义 1.4.4　*$\mathbb{F}$-向量空间 $\mathcal{V}$ 中的一***列***(list)向量是 $\mathcal{V}$ 中向量 $\boldsymbol{v}_1$，$\boldsymbol{v}_2$，…，$\boldsymbol{v}_r$ 的非空、有限且有序的序列. 我们经常用一个希腊字母如 $\beta = \boldsymbol{v}_1$，$\boldsymbol{v}_2$，…，$\boldsymbol{v}_r$ 来表示一列向量.*

一个巧妙且要紧之处在于：一个给定的向量在列表中可以出现多于一次. 例如，$\beta = z$，z^2，z^2，z^2，z^3 是 $\mathcal{P}_3$ 中 5 个向量的列表. 然而，β 中向量的集合(set)则是$\{z, z^2, z^3\}$.

定义 1.4.5　*设 $\mathcal{U}$ 是$\mathbb{F}$向量空间 $\mathcal{V}$ 的一个子集. 如果 $\mathcal{U} \neq \varnothing$，那么 span $\mathcal{U}$ 是 $\mathcal{U}$ 的元素*

的线性组合组成的集合. 我们定义 span $\varnothing=\{\mathbf{0}\}$. 如果 $\beta=\boldsymbol{v}_1$, $\boldsymbol{v}_2$, …, $\boldsymbol{v}_r$ 是 $\mathcal{V}$ 中的 $r\geqslant 1$ 个向量，我们定义 span $\beta=\operatorname{span}\{\boldsymbol{v}_1, \boldsymbol{v}_2, \cdots, \boldsymbol{v}_r\}$，也就是说，一个向量序列的生成空间就是该序列中向量集合的生成空间.

例 1.4.6　如果 $\boldsymbol{u}\in\mathcal{V}$，那么 $\operatorname{span}[\boldsymbol{u}]=\{c\boldsymbol{u}: c\in\mathbb{F}\}$ 是 $\mathcal{V}$ 的一个子空间. 特别地，$\operatorname{span}\{\mathbf{0}\}=\{\mathbf{0}\}$.

例 1.4.7　设 $A=[\boldsymbol{a}_1\ \ \boldsymbol{a}_2\ \ \cdots\ \ \boldsymbol{a}_n]\in\boldsymbol{M}_{m\times n}(\mathbb{F})$，考虑$\mathbb{F}$-向量空间的向量序列 $\beta=\boldsymbol{a}_1$, $\boldsymbol{a}_2$, …, $\boldsymbol{a}_n$. 那么

$$\begin{aligned}\operatorname{span}\beta&=\{x_1\boldsymbol{a}_1+x_2\boldsymbol{a}_2+\cdots+x_n\boldsymbol{a}_n: x_1, x_2, \cdots, x_n\in\mathbb{F}\}\\&=\{A\boldsymbol{x}:\boldsymbol{x}\in\mathbb{F}^n\}=\operatorname{col}A,\end{aligned}$$

也就是说，矩阵的列的生成空间就是它的列空间.

例 1.4.8　考虑 $\mathcal{P}_3$ 中的一列元素 $\beta=\{z, z^2, z^3\}$. 那么 $\operatorname{span}\beta=\{c_3z^3+c_2z^2+c_1z: c_1, c_2, c_3\in\mathbb{C}\}$是 $\mathcal{P}_3$ 的一个子空间，因为它非空，且对所有 c, a_1, a_2, a_3, b_1, b_2, $b_3\in\mathbb{C}$, 24

$$c(a_3z^3+a_2z^2+a_1z)+(b_3z^3+b_2z^2+b_1z)=(ca_3+b_3)z^3+(ca_2+b_2)z^2+(ca_1+b_1)z$$

是向量序列 β 中向量的线性组合.

向量空间的子集的生成空间恒为它的一个子空间.

定理 1.4.9　设 $\mathcal{U}$ 是$\mathbb{F}$-向量空间 $\mathcal{V}$ 的一个子集. 那么

(a) span $\mathcal{U}$ 是 $\mathcal{V}$ 的子空间.

(b) $\mathcal{U}\subseteq\operatorname{span}\mathcal{U}$.

(c) $\mathcal{U}=\operatorname{span}\mathcal{U}$ 当且仅当 $\mathcal{U}$ 是 $\mathcal{V}$ 的子空间.

(d) $\operatorname{span}(\operatorname{span}\mathcal{U})=\operatorname{span}\mathcal{U}$.

证明　首先假设 $\mathcal{U}=\varnothing$. 根据定义，$\operatorname{span}\mathcal{U}=\{\mathbf{0}\}$，它是 $\mathcal{V}$ 的子空间. 空集是每个集合的子集，所以它包含在$\{\mathbf{0}\}$中. (c)中的两个蕴涵关系都是空的. 关于结论(d)，见例 1.4.6.

现在假设 $\mathcal{U}\neq\varnothing$. 如果 $\boldsymbol{u}$, $\boldsymbol{v}\in\operatorname{span}\mathcal{U}$，而 $c\in\mathbb{F}$，那么 $\boldsymbol{u}$, $\boldsymbol{v}$, $c\boldsymbol{u}$ 与 $c\boldsymbol{u}+\boldsymbol{v}$ 中的每一个都是 $\mathcal{U}$ 的元素的线性组合，所以它们每一个也都在 span $\mathcal{U}$ 中. 定理 1.3.3 确保 span $\mathcal{U}$ 是一个子空间. (b)中的结论从如下事实得出：对每个 $\boldsymbol{u}\in\mathcal{U}$, $1\boldsymbol{u}=\boldsymbol{u}$ 都是 span $\mathcal{U}$ 的元素. 为了证明(c)中的两个蕴涵关系，首先假设 $\mathcal{U}=\operatorname{span}\mathcal{U}$. 这样(a)就保证 $\mathcal{U}$ 是 $\mathcal{V}$ 的子空间. 反之，如果 $\mathcal{U}$ 是 $\mathcal{V}$ 的子空间，那么它在向量加法以及纯量乘法运算下是封闭的，所以 $\operatorname{span}\mathcal{U}\subseteq\mathcal{U}$. (b)中的包含关系 $\mathcal{U}\subseteq\operatorname{span}\mathcal{U}$ 保证 $\mathcal{U}=\operatorname{span}\mathcal{U}$. (d)的结论从(a)与(c)推出. ■

定理 1.4.10　设 $\mathcal{U}$ 与 $\mathcal{W}$ 是$\mathbb{F}$ 向量空间 $\mathcal{V}$ 的子集. 如果 $\mathcal{U}\subseteq\mathcal{W}$，那么 $\operatorname{span}\mathcal{U}\subseteq\operatorname{span}\mathcal{W}$.

证明　如果 $\mathcal{U}=\varnothing$，那么 $\operatorname{span}\mathcal{U}=\{\mathbf{0}\}\subseteq\operatorname{span}\mathcal{W}$. 如果 $\mathcal{U}\neq\varnothing$，那么 $\mathcal{U}$ 的元素的每个线性组合也都是 $\mathcal{W}$ 的元素的线性组合. ■

例 1.4.11　设 $\mathcal{U}=\{1, z-2z^2, z^2+5z^3, z^3, 1+4z^2\}$. 我们断言 $\operatorname{span}\mathcal{U}=\mathcal{P}_3$. 为了验证此结论，注意到

$$\begin{aligned}1&=1\\z&=(z-2z^2)+2(z^2+5z^3)-10z^3\end{aligned}$$

$$z^2 = (z^2 + 5z^3) - 5z^3$$
$$z^3 = z^3,$$

从而$\{1, z, z^2, z^3\} \subseteq \text{span}\,\mathcal{U} \subseteq \mathcal{P}_3$. 现在借助上面两个定理计算出

$$\mathcal{P}_3 = \text{span}\{1, z, z^2, z^3\} \subseteq \text{span}(\text{span}\,\mathcal{U}) = \text{span}\,\mathcal{U} \subseteq \mathcal{P}_3.$$

定义 1.4.12 设$\mathcal{V}$是$\mathbb{F}$向量空间. 设$\mathcal{U}$是$\mathcal{V}$的一个子集, 又令β是$\mathcal{V}$中的一列向量. 那么$\mathcal{U}$**生成**(span)$\mathcal{V}$($\mathcal{U}$是一个**生成集**[spanning set]), 如果 $\text{span}\,\mathcal{U} = \mathcal{V}$. 我们称$\beta$**生成**
25 $\mathcal{V}$(β是**生成组**[spanning list]), 如果 $\text{span}\,\beta = \mathcal{V}$.

例 1.4.13 集合$\{1, z, z^2, z^3\}$与$\{1, z-2z^2, z^2+5z^3, z^3, 1+4z^2\}$中的每一个都生成 $\mathcal{P}_3$.

例 1.4.14 设 $A = [\boldsymbol{a}_1 \ \ \boldsymbol{a}_2 \ \ \cdots \ \ \boldsymbol{a}_n] \in \boldsymbol{M}_n(\mathbb{F})$可逆, $\boldsymbol{y} \in \mathbb{F}^n$, 又设 $A^{-1}\boldsymbol{y} = [x_i]_{i=1}^n$. 那么 $\boldsymbol{y} = A(A^{-1}\boldsymbol{y}) = x_1\boldsymbol{a}_1 + x_2\boldsymbol{a}_2 + \cdots + x_n\boldsymbol{a}_n$ 是 A 的列的线性组合. 我们断言: $\mathbb{F}^n$是由任意一个 $n \times n$ 可逆矩阵的列生成的.

例 1.4.15 单位阵 $\boldsymbol{I}_n$ 可逆, 而且它的列是

$$\boldsymbol{e}_1 = [1\ 0\ \cdots\ 0]^{\mathrm{T}}, \boldsymbol{e}_2 = [0\ 1\ \cdots\ 0]^{\mathrm{T}}, \cdots, \boldsymbol{e}_n = [0\ 0\ \cdots\ 1]^{\mathrm{T}}, \tag{1.4.16}$$

从而 $\boldsymbol{e}_1, \boldsymbol{e}_2, \cdots, \boldsymbol{e}_n$ 生成$\mathbb{F}^n$. 注意到任何 $\boldsymbol{u} = [u_i] \in \mathbb{F}^n$都可以表示成

$$\boldsymbol{u} = u_1\boldsymbol{e}_1 + u_2\boldsymbol{e}_2 + \cdots + u_n\boldsymbol{e}_n,$$

因此可以得出这一结论. 例如, $\mathbb{F}^n$中的全 1 向量(all-ones vector)可以表示成

$$\boldsymbol{e} = \boldsymbol{e}_1 + \boldsymbol{e}_2 + \cdots + \boldsymbol{e}_n = [1\ \ 1\ \ \cdots\ \ 1]^{\mathrm{T}}.$$

1.5 子空间的交、和以及直和

定理 1.5.1 设$\mathcal{U}$与$\mathcal{W}$是$\mathbb{F}$向量空间$\mathcal{V}$的子空间. 那么它们的交

$$\mathcal{U} \cap \mathcal{W} = \{\boldsymbol{v} : \boldsymbol{v} \in \mathcal{U} \text{ 以及 } \boldsymbol{v} \in \mathcal{W}\}$$

是$\mathcal{V}$的一个子空间.

证明 零向量既在$\mathcal{U}$中, 也在$\mathcal{W}$中, 所以它在$\mathcal{U} \cap \mathcal{W}$中, 从而$\mathcal{U} \cap \mathcal{W}$是非空的. 如果 $\boldsymbol{u}, \boldsymbol{v} \in \mathcal{U}$且$\boldsymbol{u}, \boldsymbol{v} \in \mathcal{W}$, 那么, 对任何$c \in \mathbb{F}$, 向量$c\boldsymbol{u} + \boldsymbol{v}$既在$\mathcal{U}$中, 也在$\mathcal{W}$中, 这是因为它们是子空间, 从而$c\boldsymbol{u} + \boldsymbol{v} \in \mathcal{U} \cap \mathcal{W}$, 故而定理 1.3.3 确保$\mathcal{U} \cap \mathcal{W}$是$\mathcal{V}$的一个子空间. ■

但子空间的并集不一定还是子空间.

例 1.5.2 在实向量空间$\mathbb{R}^2$中(想象成 xy 平面), x 轴 $\mathcal{X} = \{[x\ \ 0]^{\mathrm{T}} : x \in \mathbb{R}\}$和 y 轴 $\mathcal{Y} = \{[0\ \ y]^{\mathrm{T}} : y \in \mathbb{R}\}$都是子空间, 但是它们的并集不是$\mathbb{R}^2$的子空间, 因为$[1\ \ 0]^{\mathrm{T}} + [0\ \ 1]^{\mathrm{T}} = [1\ \ 1]^{\mathrm{T}} \notin \mathcal{X} \cup \mathcal{Y}$.

例 1.5.3 在$\mathcal{P}$中, 并集$\mathcal{P}_{\text{even}} \cup \mathcal{P}_{\text{odd}}$是由要么是偶的要么是奇的多项式组成的集合, $z^2 \in \mathcal{P}_{\text{even}}$, 而 $z \in \mathcal{P}_{\text{odd}}$, 但是 $z + z^2 \notin \mathcal{P}_{\text{even}} \cup \mathcal{P}_{\text{odd}}$, 所以 $\mathcal{P}_{\text{even}} \cup \mathcal{P}_{\text{odd}}$不是$\mathcal{P}$的子空间.

子空间的并集的生成空间是子空间, 因为任何集合的生成空间都是子空间.

定义 1.5.4 设$\mathcal{U}$与$\mathcal{W}$是$\mathbb{F}$向量空间$\mathcal{V}$的子空间. 那么$\mathcal{U}$与$\mathcal{W}$的**和**(sum)定义为子空
26 间 $\text{span}(\mathcal{U} \cup \mathcal{W})$, 记为 $\text{span}(\mathcal{U} \cup \mathcal{W}) = \mathcal{U} + \mathcal{W}$.

在上一个定义里，span($\mathcal{U}\cup\mathcal{W}$)是由要么在$\mathcal{U}$中要么在$\mathcal{W}$中的向量的所有线性组合组成的. 由于$\mathcal{U}$与$\mathcal{W}$两者关于向量加法都是封闭的，由此推出

$$\mathcal{U}+\mathcal{W}=\operatorname{span}(\mathcal{U}\cup\mathcal{W})=\{\boldsymbol{u}+\boldsymbol{w}: \boldsymbol{u}\in\mathcal{U}, \boldsymbol{w}\in\mathcal{W}\}.$$

例 1.5.5 在实向量空间$\mathbb{R}^2$中，我们有$\mathcal{X}+\mathcal{Y}=\mathbb{R}^2$，这是因为对所有$x, y\in\mathbb{R}$，有$[x\ y]^{\mathrm{T}}=[x\ 0]^{\mathrm{T}}+[0\ y]^{\mathrm{T}}$，见例 1.5.2.

例 1.5.6 在复向量空间$\mathcal{P}$中，我们有$\mathcal{P}_{\text{even}}+\mathcal{P}_{\text{odd}}=\mathcal{P}$. 例如，

$$z^5+\mathrm{i}z^4-\pi z^3-5z^2+z-2=(\mathrm{i}z^4-5z^2-2)+(z^5-\pi z^3+z)$$

就是$\mathcal{P}_{\text{even}}$中的一个向量与$\mathcal{P}_{\text{odd}}$中的一个向量之和.

在上面两个例子里，相应的子空间对有一个重要的特殊性质，我们把它叙述在下面的定义中.

定义 1.5.7 设$\mathcal{U}$与$\mathcal{W}$是$\mathbb{F}$-向量空间$\mathcal{V}$的子空间. 如果$\mathcal{U}\cap\mathcal{W}=\{\boldsymbol{0}\}$，那么$\mathcal{U}$与$\mathcal{W}$之和称为**直和**(direct sum)，记为$\mathcal{U}\oplus\mathcal{W}$.

例 1.5.8 设

$$\mathcal{U}=\left\{\begin{bmatrix}a & 0\\ b & c\end{bmatrix}\in\boldsymbol{M}_2: a, b, c\in\mathbb{C}\right\}\quad\text{和}\quad\mathcal{W}=\left\{\begin{bmatrix}x & y\\ 0 & z\end{bmatrix}\in\boldsymbol{M}_2: x, y, z\in\mathbb{C}\right\}$$

是$\boldsymbol{M}_2$的分别由下三角阵与上三角阵组成的子空间. 那么$\mathcal{U}+\mathcal{W}=\boldsymbol{M}_2$，但这不是直和，因为$\mathcal{U}\cap\mathcal{W}\neq\{0\}$，而是$\boldsymbol{M}_2$中所有对角阵组成的子空间. 每一个矩阵都可以表示成一个下三角阵与一个上三角阵之和，但是求和项不一定唯一. 例如，

$$\begin{bmatrix}1 & 2\\ 3 & 4\end{bmatrix}=\begin{bmatrix}1 & 0\\ 3 & 4\end{bmatrix}+\begin{bmatrix}0 & 2\\ 0 & 0\end{bmatrix}=\begin{bmatrix}-1 & 0\\ 3 & 3\end{bmatrix}+\begin{bmatrix}2 & 2\\ 0 & 1\end{bmatrix}.$$

直和很重要，因为直和中的任何向量关于求和项都有唯一的表示.

定理 1.5.9 设$\mathcal{U}$与$\mathcal{W}$是$\mathbb{F}$-向量空间$\mathcal{V}$的子空间，并假设$\mathcal{U}\cap\mathcal{W}=\{\boldsymbol{0}\}$. 那么$\mathcal{U}\oplus\mathcal{W}$中的每一个向量都可以用唯一的方式表示成$\mathcal{U}$中一个向量与$\mathcal{W}$中一个向量之和.

证明 假设$\boldsymbol{u}_1, \boldsymbol{u}_2\in\mathcal{U}$，$\boldsymbol{w}_1, \boldsymbol{w}_2\in\mathcal{W}$，且$\boldsymbol{u}_1+\boldsymbol{w}_1=\boldsymbol{u}_2+\boldsymbol{w}_2$. 那么$\boldsymbol{u}_1-\boldsymbol{u}_2=\boldsymbol{w}_1-\boldsymbol{w}_2\in\mathcal{U}\cap\mathcal{W}$. 但$\mathcal{U}\cap\mathcal{W}=\{\boldsymbol{0}\}$，所以$\boldsymbol{u}_1-\boldsymbol{u}_2=\boldsymbol{0}$，$\boldsymbol{w}_1-\boldsymbol{w}_2=\boldsymbol{0}$. 从而有$\boldsymbol{u}_1=\boldsymbol{u}_2$，$\boldsymbol{w}_1=\boldsymbol{w}_2$. ■

例 1.5.10 虽然$\mathcal{P}_4=\operatorname{span}\{1, z, z^2, z^3\}+\operatorname{span}\{z^3, z^4\}$，但这个和不是直和，因为$\operatorname{span}\{1, z, z^2, z^3\}\cap\operatorname{span}\{z^3, z^4\}=\{cz^3: c\in\mathbb{C}\}\neq\{0\}$.

例 1.5.11 我们有$\mathcal{P}=\mathcal{P}_{\text{even}}\oplus\mathcal{P}_{\text{odd}}$，因为既在偶多项式之中又在奇多项式之中的仅有的多项式是零多项式. 27

例 1.5.12 $\boldsymbol{M}_2$是严格下三角矩阵组成的子空间与上三角矩阵组成的子空间的直和.

1.6 线性相关与线性无关

定义 1.6.1 $\mathbb{F}$-向量空间$\mathcal{V}$中一列向量$\beta=\boldsymbol{v}_1, \boldsymbol{v}_2, \cdots, \boldsymbol{v}_r$是**线性相关的**(linearly dependent)，如果存在不全为零的纯量$c_1, c_2, \cdots, c_r\in\mathbb{F}$，使得$c_1\boldsymbol{v}_1+c_2\boldsymbol{v}_2+\cdots+c_r\boldsymbol{v}_r=\boldsymbol{0}$.

这里给出线性相关的一些性质：

- 如果 $\beta=\boldsymbol{v}_1$，$\boldsymbol{v}_2$，…，$\boldsymbol{v}_r$ 是线性相关的，那么向量加法的可交换性确保将 β 中的向量重新排列所得到的任何一列向量也是线性相关的．例如，$\boldsymbol{v}_r$，$\boldsymbol{v}_{r-1}$，…，$\boldsymbol{v}_1$ 线性相关．
- 定理 1.1.2 确保如下结论成立：单个向量 $\boldsymbol{v}$ 组成的向量组线性相关，当且仅当 $\boldsymbol{v}$ 是零向量．
- 两个向量线性相关，当且仅当其中一个向量是另一个向量的纯量倍数．如果 $c_1\boldsymbol{v}_1+c_2\boldsymbol{v}_2=\boldsymbol{0}$，且 $c_1\neq 0$，那么 $\boldsymbol{v}_1=-c_1^{-1}c_2\boldsymbol{v}_2$；如果 $c_2\neq 0$，那么 $\boldsymbol{v}_2=-c_2^{-1}c_1\boldsymbol{v}_1$．反之，如果 $\boldsymbol{v}_1=c\boldsymbol{v}_2$，那么 $1\boldsymbol{v}_1+(-c)\boldsymbol{v}_2=0$ 是一个非平凡的线性组合．
- 一列至少有三个向量的序列线性相关，当且仅当其中一个向量是其他向量的线性组合．如果 $c_1\boldsymbol{v}_1+c_2\boldsymbol{v}_2+\cdots+c_r\boldsymbol{v}_r=\boldsymbol{0}$，而 $c_j\neq 0$，那么 $\boldsymbol{v}_j=-c_j^{-1}\sum\limits_{i\neq j}c_i\boldsymbol{v}_i$．反之，如果 $\boldsymbol{v}_j=\sum\limits_{i\neq j}c_i\boldsymbol{v}_i$，那么 $1\boldsymbol{v}_j+\sum\limits_{i\neq j}(-c_i)\boldsymbol{v}_i=\boldsymbol{0}$ 是一个非平凡的线性组合．
- 包含零向量的任何一列向量都是线性相关的．例如，如果这列向量是 $\boldsymbol{v}_1$，$\boldsymbol{v}_2$，…，$\boldsymbol{v}_r$，且 $\boldsymbol{v}_r=\boldsymbol{0}$，那么可以给出非平凡的线性组合 $0\boldsymbol{v}_1+0\boldsymbol{v}_2+\cdots+0\boldsymbol{v}_{r-1}+1\boldsymbol{v}_r=\boldsymbol{0}$.
- 包含同一个向量两次的任意一列向量线性相关．例如，如果这列向量是 $\boldsymbol{v}_1$，$\boldsymbol{v}_2$，…，$\boldsymbol{v}_{r-1}$，$\boldsymbol{v}_r$，且 $\boldsymbol{v}_{r-1}=\boldsymbol{v}_r$，那么有非平凡的线性组合 $0\boldsymbol{v}_1+0\boldsymbol{v}_2+\cdots+0\boldsymbol{v}_{r-2}+1\boldsymbol{v}_{r-1}+(-1)\boldsymbol{v}_r=\boldsymbol{0}$.

例 1.6.2　设

$$\boldsymbol{v}_1=\begin{bmatrix}1\\1\end{bmatrix},\ \boldsymbol{v}_2=\begin{bmatrix}1\\-1\end{bmatrix},\ \boldsymbol{v}_3=\begin{bmatrix}1\\2\end{bmatrix}.$$

那么 $-3\boldsymbol{v}_1+1\boldsymbol{v}_2+2\boldsymbol{v}_3=\boldsymbol{0}$，所以向量组 $\beta=\boldsymbol{v}_1$，$\boldsymbol{v}_2$，$\boldsymbol{v}_3$ 线性相关．

定理 1.6.3　如果 $r\geqslant 1$，且 $\mathbb{F}$-向量空间 $\mathcal{V}$ 中一列向量 $\boldsymbol{v}_1$，$\boldsymbol{v}_2$，…，$\boldsymbol{v}_r$ 线性相关，那么，对任何 $\boldsymbol{v}\in\mathcal{V}$，向量组 $\boldsymbol{v}_1$，$\boldsymbol{v}_2$，…，$\boldsymbol{v}_r$，$\boldsymbol{v}$ 也线性相关．

证明　如果 $\sum\limits_{i=1}^{r}c_i\boldsymbol{v}_i=\boldsymbol{0}$ 且有某个 $c_j\neq\boldsymbol{0}$，那么 $\sum\limits_{i=1}^{r}c_i\boldsymbol{v}_i+0\boldsymbol{v}=\boldsymbol{0}$，而诸纯量 c_1，c_2，…，c_r，0 不全为零． ■

28 线性相关的相反概念是线性无关．

定义 1.6.4　$\mathbb{F}$-向量空间 $\mathcal{V}$ 中一列向量 $\beta=\boldsymbol{v}_1$，$\boldsymbol{v}_2$，…，$\boldsymbol{v}_r$ 是**线性无关的**(linearly independent)，如果它不是线性相关的．也就是说，β 是线性无关的，当且仅当使得 $c_1\boldsymbol{v}_1+c_2\boldsymbol{v}_2+\cdots+c_r\boldsymbol{v}_r=\boldsymbol{0}$ 成立的纯量 c_1，c_2，…，$c_r\in\mathbb{F}$必定是 $c_1=c_2=\cdots=c_r=0$.

说成“$\boldsymbol{v}_1$，$\boldsymbol{v}_2$，…，$\boldsymbol{v}_r$ 线性无关(线性相关)”比说成“一列向量 $\boldsymbol{v}_1$，$\boldsymbol{v}_2$，…，$\boldsymbol{v}_r$ 线性无关(线性相关)”更加方便．与向量组不同，按照定义，向量组是指有限多个向量，而集合可以包含无穷多个相异的向量．我们来对向量集合的线性无关以及线性相关定义如下：

定义 1.6.5 称向量空间$\mathcal{V}$的一个子集$\mathscr{S}$是**线性无关的**，如果$\mathscr{S}$中每一组相异的向量都线性无关. 称$\mathscr{S}$是**线性相关的**，如果$\mathscr{S}$中某一组相异的向量线性相关.

这里是有关线性无关性的一些性质：

- 一列向量是否线性无关与它们的排列次序无关.
- 由单个向量组成的向量组 $\boldsymbol{v}$ 线性无关，当且仅当 $\boldsymbol{v}$ 不是零向量.
- 两个向量线性无关，当且仅当其中没有哪个向量是另一个向量的纯量倍数.
- 至少有三个向量的一列向量线性无关，当且仅当其中不存在任何一个向量是其他向量的线性组合.

$\mathbb{F}^m$中 n 个向量的线性无关性可以总结成关于 $\boldsymbol{M}_{m\times n}(\mathbb{F})$中一个矩阵的零空间的一个命题.

例 1.6.6 设 $A=[\boldsymbol{a}_1\ \boldsymbol{a}_2\cdots\ \boldsymbol{a}_n]\in\boldsymbol{M}_{m\times n}(\mathbb{F})$. 向量组 $\beta=\boldsymbol{a}_1,\ \boldsymbol{a}_2,\ \cdots,\ \boldsymbol{a}_n$ 线性无关，当且仅当使得

$$\underbrace{x_1\boldsymbol{a}_1+x_2\boldsymbol{a}_2+\cdots+x_n\boldsymbol{a}_n}_{Ax}=\boldsymbol{0}$$

成立的 $\boldsymbol{x}=[x_1\ x_2\cdots\ x_n]^{\mathrm{T}}\in\mathbb{F}^n$是零向量. 也就是说，$\beta$线性无关，当且仅当 null $A=\{\boldsymbol{0}\}$.

例 1.6.7 在$\mathcal{P}$中，向量 1，z，z^2，…，z^n 线性无关. 线性组合 $c_0+c_1z+c_2z^2+\cdots+c_nz^n$ 是零多项式，当且仅当 $c_0=c_1=\cdots=c_n=0$.

例 1.6.8 在 $C[-\pi,\ \pi]$中，对每个 $n=1,\ 2,\ \cdots$，向量 1，e^{it}，e^{2it}，…，e^{nit}都是线性无关的. 这由问题 P.5.9 以及定理 5.1.10 得出.

例 1.6.9 设 $A=[\boldsymbol{a}_1\ \boldsymbol{a}_2\cdots\ \boldsymbol{a}_n]\in\boldsymbol{M}_n(\mathbb{F})$可逆，又假设 $x_1,\ x_2,\ \cdots,\ x_n\in\mathbb{F}$是纯量，它们使得 $x_1\boldsymbol{a}_1+x_2\boldsymbol{a}_2+\cdots+x_n\boldsymbol{a}_n=0$. 设 $\boldsymbol{x}=[x_i]\in\mathbb{F}^n$. 那么

$$A\boldsymbol{x}=x_1\boldsymbol{a}_1+x_2\boldsymbol{a}_2+\cdots+x_n\boldsymbol{a}_n=\boldsymbol{0},$$

从而

$$\boldsymbol{x}=A^{-1}(A\boldsymbol{x})=A^{-1}\boldsymbol{0}=\boldsymbol{0}.$$ 29

由此推出 $x_1=x_2=\cdots=x_n=0$，故而 $\boldsymbol{a}_1,\ \boldsymbol{a}_2,\ \cdots,\ \boldsymbol{a}_n$ 线性无关. 我们得出结论：任何可逆矩阵的列线性无关.

例 1.6.10 单位矩阵 I_n 可逆. 由此推出，它的列 $\boldsymbol{e}_1,\ \boldsymbol{e}_2,\ \cdots,\ \boldsymbol{e}_n$ 在$\mathbb{F}^n$中(见(1.4.16))线性无关. 注意到以下结论即可直接看出：

$$[u_i]=u_1\boldsymbol{e}_1+u_2\boldsymbol{e}_2+\cdots+u_n\boldsymbol{e}_n=\boldsymbol{0}$$

当且仅当 $u_1=u_2=\cdots=u_n=0$.

一列线性无关向量的最重要的性质在于：它对于其生成空间中的每一个向量都给出了唯一的表示.

定理 1.6.11 设 $\boldsymbol{v}_1,\ \boldsymbol{v}_2,\ \cdots,\ \boldsymbol{v}_r$ 是在$\mathbb{F}$-向量空间$\mathcal{V}$中的一列线性无关的向量. 那么

$$a_1\boldsymbol{v}_1+a_2\boldsymbol{v}_2+\cdots+a_r\boldsymbol{v}_r=b_1\boldsymbol{v}_1+b_2\boldsymbol{v}_2+\cdots+b_r\boldsymbol{v}_r. \tag{1.6.12}$$

成立，当且仅当对每个 $j=1,\ 2,\ \cdots,\ r$ 都有 $a_j=b_j$.

证明　等式(1.6.12)等价于

$$(a_1-b_1)\mathbf{v}_1+(a_2-b_2)\mathbf{v}_2+\cdots+(a_r-b_r)\mathbf{v}_r=\mathbf{0}, \tag{1.6.13}$$

如果对每个 $j=1, 2, \cdots, r$ 都有 $a_j=b_j$，那么这个等式是成立的. 反之，如果(1.6.13)成立，则 $\mathbf{v}_1, \mathbf{v}_2, \cdots, \mathbf{v}_r$ 的线性无关性蕴涵对每个 $j=1, 2, \cdots, r$ 都有 $a_j-b_j=0$. ■

在某种情况下，线性无关的向量组可以扩大成一组更长的线性无关向量. 在另外一些情形，生成 $\mathcal{V}$ 的向量组中的某些元素可以去掉，从而得到一组较少却仍然能生成 $\mathcal{V}$ 的向量组. 为方便起见，需要有一个记号来表示从一组给定的向量中去掉一个向量所得到的向量组.

定义 1.6.14　设 $r\geqslant 2$，$\beta=\mathbf{v}_1, \mathbf{v}_2, \cdots, \mathbf{v}_r$ 是 $\mathbb{F}$-向量空间 $\mathcal{V}$ 中的一列向量. 如果 $j\in\{1, 2, \cdots, r\}$，则从 β 中去掉 $\mathbf{v}_j$ 所得到的一列 $r-1$ 个向量记为 $\mathbf{v}_1, \mathbf{v}_2, \cdots, \hat{\mathbf{v}}_j, \cdots, \mathbf{v}_r$.

例 1.6.15　如果 $\beta=\mathbf{v}_1, \mathbf{v}_2, \mathbf{v}_3, \mathbf{v}_4$ 且 $j=3$，那么 $\mathbf{v}_1, \mathbf{v}_2, \hat{\mathbf{v}}_3, \mathbf{v}_4$ 就是向量组 $\mathbf{v}_1, \mathbf{v}_2, \mathbf{v}_4$.

如果从一个至少有两个向量的线性无关的向量组中去掉任何一个向量，则剩下的向量依然线性无关.

定理 1.6.16　令 $r\geqslant 2$，并设 $\mathbb{F}$-向量空间 $\mathcal{V}$ 中的一列向量 $\mathbf{v}_1, \mathbf{v}_2, \cdots, \mathbf{v}_r$ 线性无关. 那么，对任何 $j\in\{1, 2, \cdots, r\}$，向量组 $\mathbf{v}_1, \mathbf{v}_2, \cdots, \hat{\mathbf{v}}_j, \cdots, \mathbf{v}_r$ 都线性无关.

证明　此结论等价于断言：如果 $\mathbf{v}_1, \mathbf{v}_2, \cdots, \hat{\mathbf{v}}_j, \cdots, \mathbf{v}_r$ 线性相关，那么 $\mathbf{v}_1, \mathbf{v}_2, \cdots,$
30 $\mathbf{v}_r$ 线性相关. 定理 1.6.3 保证了它成立. ■

定理 1.6.17　设 $\beta=\mathbf{v}_1, \mathbf{v}_2, \cdots, \mathbf{v}_r$ 是非零的 $\mathbb{F}$-向量空间 $\mathcal{V}$ 中的一列向量. 那么

(a) 假设 β 线性无关且不生成 $\mathcal{V}$. 如果 $\mathbf{v}\in\mathcal{V}$ 且 $\mathbf{v}\notin\operatorname{span}\beta$，那么 $\mathbf{v}_1, \mathbf{v}_2, \cdots, \mathbf{v}_r, \mathbf{v}$ 线性无关.

(b) 假设 β 线性相关且 $\operatorname{span}\beta=\mathcal{V}$. 如果 $c_1\mathbf{v}_1+c_2\mathbf{v}_2+\cdots+c_r\mathbf{v}_r=0$ 是一个非平凡的线性组合，且 $j\in\{1, 2, \cdots, r\}$ 是使得 $c_j\neq 0$ 的任意一个指标，那么 $\mathbf{v}_1, \mathbf{v}_2, \cdots, \hat{\mathbf{v}}_j, \cdots, \mathbf{v}_r$ 生成 $\mathcal{V}$.

证明　(a) 设 $c_1\mathbf{v}_1+c_2\mathbf{v}_2+\cdots+c_r\mathbf{v}_r+c\mathbf{v}=\mathbf{0}$. 如果 $c\neq 0$，则有 $\mathbf{v}=-c^{-1}\sum_{i=1}^{r}c_i\mathbf{v}_i\in\operatorname{span}\{\mathbf{v}_1, \mathbf{v}_2, \cdots, \mathbf{v}_r\}$，矛盾. 从而有 $c=0$，于是 $c_1\mathbf{v}_1+c_2\mathbf{v}_2+\cdots+c_r\mathbf{v}_r=\mathbf{0}$. β 的线性无关性蕴涵 $c_1=c_2=\cdots=c_r=0$. 于是得出结论：$\mathbf{v}_1, \mathbf{v}_2, \cdots, \mathbf{v}_r, \mathbf{v}$ 线性无关.

(b) 如果 $r=1$，则向量组 $\beta=\mathbf{v}_1$ 的线性相关性蕴涵 $\mathbf{v}_1=\mathbf{0}$，从而 $\mathcal{V}=\operatorname{span}\beta=\{\mathbf{0}\}$，矛盾. 于是有 $r\geqslant 2$. 由于 $c_j\neq 0$，我们有 $\mathbf{v}_j=-c_j^{-1}\sum_{i\neq j}c_i\mathbf{v}_i$. 这个等式可以用来从 $\mathbf{v}_j$ 出现在其中的任何一个线性组合中消去 $\mathbf{v}_j$，故而能够表为向量组 β 中 r 个向量的线性组合的任意一个向量(也即 $\mathcal{V}$ 中每个向量)也是向量组 $\mathbf{v}_1, \mathbf{v}_2, \cdots, \hat{\mathbf{v}}_j, \cdots, \mathbf{v}_r$ 中 $r-1$ 个向量的线性组合. ■

1.7　问题

P.1.1　根据 1.2 节中例子的精神，说明如何才能将 $\mathcal{V}=\mathbb{C}^n$ 看成 $\mathbb{R}$ 上的向量空间. $\mathcal{V}=\mathbb{R}^n$ 是 $\mathbb{C}$ 上的向量空间吗？

P. 1. 2 设$\mathcal{V}$是形如 $\boldsymbol{v}=\begin{bmatrix}1 & v\\0 & 1\end{bmatrix}$的 2×2 实矩阵组成的集合. 定义 $\boldsymbol{v}+\boldsymbol{w}=\begin{bmatrix}1 & v\\0 & 1\end{bmatrix}\begin{bmatrix}1 & w\\0 & 1\end{bmatrix}$（通常矩阵的乘法）以及 $c\boldsymbol{v}=\begin{bmatrix}1 & cv\\0 & 1\end{bmatrix}$. 证明$\mathcal{V}$与这两个运算一起构成一个实向量空间. $\mathcal{V}$中的零向量是什么？

P. 1. 3 证明：$\mathbb{F}$-向量空间的子空间的任何（可以是无限的）集合的交是一个子空间.

P. 1. 4 设$\mathcal{U}$是$\mathbb{F}$-向量空间$\mathcal{V}$的子集. 证明：span$\mathcal{U}$是$\mathcal{V}$的包含$\mathcal{U}$的所有子空间的交. 如果$\mathcal{U}=\varnothing$，那么这个结论是何含义？

P. 1. 5 设$\mathcal{U}$与$\mathcal{W}$是$\mathbb{F}$-向量空间$\mathcal{V}$的子空间. 证明：$\mathcal{U}\cup\mathcal{W}$是$\mathcal{V}$的一个子空间，当且仅当或者$\mathcal{U}\subseteq\mathcal{W}$或者$\mathcal{W}\subseteq\mathcal{U}$.

P. 1. 6 给出一个在$\mathbb{F}^3$中三个向量线性相关的例子，使得其中任何两个向量都线性无关.

P. 1. 7 设 $n\geqslant 2$ 为正整数，又设 $A\in\boldsymbol{M}_n(\mathbb{C})$. $\boldsymbol{M}_n(\mathbb{C})$的如下子集是复向量空间 $\boldsymbol{M}_n(\mathbb{C})$的子空间吗？为什么？

(a)所有可逆矩阵；

(b)所有不可逆矩阵；

(c)所有满足 $A^2=0$ 的矩阵 A；

(d)所有第一列全为零的矩阵；

(e)所有下三角阵；

(f)所有满足 $AX+X^{\mathrm{T}}A=0$ 的矩阵 $X\in\boldsymbol{M}_n(\mathbb{C})$.

P. 1. 8 设$\mathcal{V}$是一个实向量空间并假设$\mathcal{V}$中一列向量 $\beta=\boldsymbol{u}$，$\boldsymbol{v}$，$\boldsymbol{w}$ 是线性无关的. 证明：$\gamma=\boldsymbol{u}-\boldsymbol{v}$，$\boldsymbol{v}-\boldsymbol{w}$，$\boldsymbol{w}+\boldsymbol{u}$ 是线性无关的. 向量组 $\delta=\boldsymbol{u}+\boldsymbol{v}$，$\boldsymbol{v}+\boldsymbol{w}$，$\boldsymbol{w}+\boldsymbol{u}$ 又如何呢？ 31

P. 1. 9 设$\mathcal{V}$是一个$\mathbb{F}$-向量空间，设 $\boldsymbol{w}_1$，$\boldsymbol{w}_2$，…，$\boldsymbol{w}_r\in\mathcal{V}$，又假设至少有一个 $\boldsymbol{w}_j$ 不为零. 说明为什么 $\mathrm{span}\{\boldsymbol{w}_1, \boldsymbol{w}_2, \cdots, \boldsymbol{w}_r\}=\mathrm{span}\{\boldsymbol{w}_i: i=1, 2, \cdots, r$ 且 $\boldsymbol{w}_i\neq\boldsymbol{0}\}$.

P. 1. 10 复习例 1.4.8. 证明：$\mathcal{U}=\{p\in\mathcal{P}_3: p(0)=0\}$是$\mathcal{P}_3$ 的一个子空间，并证明 $\mathcal{U}=\mathrm{span}\{z, z^2, z^3\}$.

P. 1. 11 叙述定理 1.6.3 的逆命题. 它为真还是为假？给出证明或者给出一个反例.

P. 1. 12 在 $\boldsymbol{M}_n(\mathbb{C})$中，用$\mathcal{U}$表示严格下三角阵的集合，用$\mathcal{W}$表示严格上三角阵的集合.

(a)证明：$\mathcal{U}$与$\mathcal{W}$是$\boldsymbol{M}_n(\mathbb{C})$的子空间.

(b)$\mathcal{U}+\mathcal{W}$是什么？这个和是直和吗？为什么？

P. 1. 13 设 a，b，$c\in\mathbb{R}$，其中 $a<c<b$. 证明：$\{f\in C_{\mathbb{R}}[a, b]: f(c)=0\}$是 $C_{\mathbb{R}}[a, b]$的子空间.

P. 1. 14 设 $\boldsymbol{v}_1$，$\boldsymbol{v}_2$，…，$\boldsymbol{v}_r\in\mathbb{C}^n$，又令 $A\in\boldsymbol{M}_n$ 可逆. 证明：$A\boldsymbol{v}_1$，$A\boldsymbol{v}_2$，…，$A\boldsymbol{v}_r$ 线性无关，当且仅当 $\boldsymbol{v}_1$，$\boldsymbol{v}_2$，…，$\boldsymbol{v}_r$ 线性无关.

P. 1. 15 证明：$\{\sin 2n\pi t: n=1, 2, \cdots\}$与$\{t^k: k=0, 1, 2, \cdots\}$是 $C_{\mathbb{R}}[-\pi, \pi]$中的线性无关集合.

1.8 注记

域(field)是一个数学结构，其公理抓住了有关通常的实数与复数运算的本质特征. 其他域的例子包括实有理数(整数之比值)、复代数数(整系数多项式的零点)、实有理函数以及关于一个素数模的整数. 本书我们研究的唯一的域是实数与复数. 有关一般的域的信息，见[DF04].

1.9 一些重要的概念

- 向量空间的子空间
- 矩阵的列空间与零空间
- 线性组合与生成空间
- 32 一列向量的线性无关与线性相关

第 2 章　基与相似性

生成一个向量空间的线性无关的向量组有特殊的重要性. 它们在向量空间这个抽象的世界与矩阵这个具体的世界之间提供了一座连接的桥梁. 它们允许我们定义向量空间的维数，并诱导产生出矩阵相似性的概念. 在秩与矩阵的零度之间的关系中，它们处于中心的地位.

2.1　什么是基

定义 2.1.1　设 $\mathcal{V}$ 是一个 $\mathbb{F}$ 向量空间，并设 n 是一个正整数. $\mathcal{V}$ 中的一列向量 $\beta=\boldsymbol{v}_1$，$\boldsymbol{v}_2$，…，$\boldsymbol{v}_n$ 称为是 $\mathcal{V}$ 的一组**基**(basis)，如果 $\operatorname{span}\beta=\mathcal{V}$，且 β 线性无关.

根据定义，基是包含有限多个向量的一列向量.

例 2.1.2　设 $\mathcal{V}$ 是实向量空间 $\mathbb{R}^2$ 并考虑向量组 $\beta=[2\quad 1]^{\mathrm{T}}$，$[1\quad 1]^{\mathrm{T}}$. 则 β 的生成空间由所有形如

$$x_1\begin{bmatrix}2\\1\end{bmatrix}+x_2\begin{bmatrix}1\\1\end{bmatrix}=\begin{bmatrix}2&1\\1&1\end{bmatrix}\begin{bmatrix}x_1\\x_2\end{bmatrix}=A\boldsymbol{x}.$$

的向量组成，其中

$$A=\begin{bmatrix}2&1\\1&1\end{bmatrix},\qquad \boldsymbol{x}=\begin{bmatrix}x_1\\x_2\end{bmatrix}\in\mathbb{R}^2.$$

A 的列是有序向量组 β 中的向量，计算给出

$$A^{-1}=\begin{bmatrix}1&-1\\-1&2\end{bmatrix}.$$

于是，任何 $\boldsymbol{y}=[y_1\quad y_2]^{\mathrm{T}}\in\mathbb{R}^2$ 都可以用唯一的方式表示成 $\boldsymbol{y}=A\boldsymbol{x}$，其中

$$\boldsymbol{x}=A^{-1}\boldsymbol{y}=\begin{bmatrix}y_1-y_2\\-y_1+2y_2\end{bmatrix}.$$

这就证明了 $\operatorname{span}\beta=\mathbb{R}^2$，且 β 线性无关. 从而 β 是 $\mathbb{R}^2$ 的一组基.

上面的例子是下述定理之特例，关于其逆，见推论 2.4.11.

定理 2.1.3　设 $A=[\boldsymbol{a}_1\quad\boldsymbol{a}_2\quad\cdots\quad\boldsymbol{a}_n]\in\boldsymbol{M}_n(\mathbb{F})$ 可逆，又设 $\beta=\boldsymbol{a}_1$，$\boldsymbol{a}_2$，…，$\boldsymbol{a}_n$. 那么 β 是 $\mathbb{F}^n$ 的一组基.

证明　$\boldsymbol{M}_n(\mathbb{F})$ 中任何可逆矩阵的列都生成 $\mathbb{F}^n$ 且是线性无关的，见例 1.4.14 以及例 1.6.9. ■

设 β 是 $\mathbb{F}$ 向量空间 $\mathcal{V}$ 的一组基. $\mathcal{V}$ 中的每一个向量都是 β 中元素的线性组合，这是因为

span $\beta=\mathcal{V}$. 而且这一线性组合还是唯一的，因为 β 线性无关，见定理 1.6.11. 不过，一个向量空间可以有许多不同的基. 下一个任务就是要研究不同的基之间的关系.

引理 2.1.4(替换引理)　设 $\mathcal{V}$ 是一个非零的 $\mathbb{F}$-向量空间，而 r 是一个正整数. 假设 $\beta=\boldsymbol{u}_1, \boldsymbol{u}_2, \cdots, \boldsymbol{u}_r$ 生成 $\mathcal{V}$. 设 $\boldsymbol{v}\in\mathcal{V}$ 是非零向量，又令

$$\boldsymbol{v}=\sum_{i=1}^{r}c_i\boldsymbol{u}_i. \tag{2.1.5}$$

那么

(a)对某个 $j\in\{1, 2, \cdots, r\}$ 有 $c_j\neq0$.

(b)如果 $c_j\neq0$，那么

$$\boldsymbol{v}, \boldsymbol{u}_1, \boldsymbol{u}_2\cdots, \hat{\boldsymbol{u}}_j, \cdots, \boldsymbol{u}_r. \tag{2.1.6}$$

生成 $\mathcal{V}$.

(c)如果 β 是 $\mathcal{V}$ 的一组基且 $c_j\neq0$，那么向量组(2.1.6)是 $\mathcal{V}$ 的一组基.

(d)如果 $r\geqslant2$，β 是 $\mathcal{V}$ 的一组基，且对某个 $k\in\{1, 2, \cdots, r-1\}$ 有 $\boldsymbol{v}\notin\operatorname{span}\{\boldsymbol{u}_1, \boldsymbol{u}_2, \cdots, \boldsymbol{u}_k\}$，那么存在一个指标 $j\in\{k+1, k+2, \cdots, r\}$，使得

$$\boldsymbol{v}, \boldsymbol{u}_1, \cdots, \boldsymbol{u}_k, \boldsymbol{u}_{k+1}, \cdots, \hat{\boldsymbol{u}}_j, \cdots, \boldsymbol{u}_r. \tag{2.1.7}$$

是 $\mathcal{V}$ 的一组基.

证明　(a)如果所有 $c_i=0$，那么 $\boldsymbol{v}=\sum_{i=1}^{r}c_i\boldsymbol{u}_i=\boldsymbol{0}$，这是一个矛盾.

(b)向量组 $\boldsymbol{v}, \boldsymbol{u}_1, \boldsymbol{u}_2, \cdots, \boldsymbol{u}_r$ 线性相关，因为 $\boldsymbol{v}$ 是 $\boldsymbol{u}_1, \boldsymbol{u}_2, \cdots, \boldsymbol{u}_r$ 的线性组合. 这样一来，结论就由定理 1.6.17 的(b)得出.

(c)我们必须证明向量组(2.1.6)线性无关. 假设 $c\boldsymbol{v}+\sum_{i\neq j}b_i\boldsymbol{u}_i=\boldsymbol{0}$. 如果 $c\neq0$，那么

$$\boldsymbol{v}=-c^{-1}\sum_{i\neq j}b_i\boldsymbol{u}_i, \tag{2.1.8}$$

它不同于表达式(2.1.5)，在(2.1.5)中有 $c_j\neq0$. 所以，$\boldsymbol{v}$ 作为 β 中元素的线性组合有两种不同的表达式，这与定理 1.6.11 矛盾，所以必定有 $c=0$. 从而 $\sum_{i\neq j}b_i\boldsymbol{u}_i=\boldsymbol{0}$，而 β 的线性无关性确保每个 $b_i=0$. 于是向量组(2.1.6)线性无关.

(d)由于 $\boldsymbol{v}\notin\operatorname{span}\{\boldsymbol{u}_1, \boldsymbol{u}_2, \cdots, \boldsymbol{u}_k\}$，在表达式(2.1.5)中必定对某个指标 $j\in\{k+1, k+2, \cdots, r\}$ 有 $c_j\neq0$. 现在结论就由(c)得出. ■

34 下一个定理表明，$\mathcal{V}$ 的基中元素的个数是 $\mathcal{V}$ 的任何线性无关向量组中元素个数的上界.

定理 2.1.9　设 $\mathcal{V}$ 是一个 $\mathbb{F}$-向量空间，而 r 与 n 是正整数. 如果 $\beta=\boldsymbol{u}_1, \boldsymbol{u}_2, \cdots, \boldsymbol{u}_n$ 是 $\mathcal{V}$ 的一组基，而 $\gamma=\boldsymbol{v}_1, \boldsymbol{v}_2, \cdots, \boldsymbol{v}_r$ 线性无关，那么 $r\leqslant n$. 如果 $r=n$，那么 γ 是 $\mathcal{V}$ 的一组基.

证明　如果 $r<n$，那就没什么需要证明的了，所以假设 $r\geqslant n$. 对每个 $k=1, 2, \cdots, n$，我们断言：存在指标 $i_1, i_2, \cdots, i_{n-k}\in\{1, 2, \cdots, n\}$，使得向量组 $\gamma_k=\boldsymbol{v}_k, \boldsymbol{v}_{k-1}, \cdots, \boldsymbol{v}_1, \boldsymbol{u}_{i_1}, \boldsymbol{u}_{i_2}, \cdots, \boldsymbol{u}_{i_{n-k}}$ 是 $\mathcal{V}$ 的一组基. 我们用归纳法来证明. 基本情形 $k=1$ 的结论由上一个引

理的(a)与(c)得出. 归纳步骤则由上一个引理的(d)得出，因为 γ 的线性无关性保证了 $\boldsymbol{v}_{k+1} \notin \operatorname{span}\{\boldsymbol{v}_1, \boldsymbol{v}_2, \cdots, \boldsymbol{v}_k\}$. $k=n$ 的情形告诉我们：向量组 $\gamma_n = \boldsymbol{v}_n, \boldsymbol{v}_{n-1}, \cdots, \boldsymbol{v}_1$ 是 $\mathcal{V}$ 的一组基. 如果 $r>n$，那么 $\boldsymbol{v}_{n+1}$ 就在 $\boldsymbol{v}_n, \boldsymbol{v}_{n-1}, \cdots, \boldsymbol{v}_1$ 的生成空间中，而这与 γ 的线性无关性矛盾. ■

推论 2.1.10 设 r 与 n 是正整数. 如果 $\boldsymbol{v}_1, \boldsymbol{v}_2, \cdots, \boldsymbol{v}_n$ 与 $\boldsymbol{w}_1, \boldsymbol{w}_2, \cdots, \boldsymbol{w}_r$ 都是 $\mathbb{F}$-向量空间 $\mathcal{V}$ 的基，那么 $r=n$.

证明 上一个定理确保有 $r \leqslant n$ 以及 $n \leqslant r$. ■

2.2 维数

上面的推论非常重要，它使我们可以来定义向量空间的维数.

定义 2.2.1 设 $\mathcal{V}$ 是一个 $\mathbb{F}$-向量空间，而 n 是一个正整数. 如果存在一列向量 $\boldsymbol{v}_1, \boldsymbol{v}_2, \cdots, \boldsymbol{v}_n$ 是 $\mathcal{V}$ 的一组基，那么称 $\mathcal{V}$ 是 n **维的**(n-dimensional)(或者说 $\mathcal{V}$ 的**维数**为 n). 零向量空间的**维数为零**(dimension zero). 如果对某个非负整数 n，$\mathcal{V}$ 的维数为 n，那么称 $\mathcal{V}$ 是**有限维的**(finite dimensional)；反之则称 $\mathcal{V}$ 是**无限维的**(infinite dimensional). 如果 $\mathcal{V}$ 是有限维的，就记它的维数为 $\dim \mathcal{V}$.

例 2.2.2 (1.4.16)中的向量 $\boldsymbol{e}_1, \boldsymbol{e}_2, \cdots, \boldsymbol{e}_n$ 线性无关，且它们的生成空间是 $\mathbb{F}^n$. 它们构成 $\mathbb{F}^n$ 的标准基(standard basis). 这组基里有 n 个向量，所以 $\dim \mathbb{F}^n = n$.

例 2.2.3 对 $1 \leqslant p \leqslant m$ 以及 $1 \leqslant q \leqslant n$，在 $\mathbb{F}$-向量空间 $\mathbf{M}_{m\times n}(\mathbb{F})$ 中考虑矩阵 E_{pq}，定义如下：E_{pq} 位于 (i, j) 处的元素当 $(i, j)=(p, q)$ 时取值为 1，反之则取值为零. mn 个矩阵 E_{pq}(其次序随意排列)构成一组基，所以 $\dim \mathbf{M}_{m\times n}(\mathbb{F}) = mn$. 例如，如果 $m=2$，$n=3$，就有

$$E_{11}=\begin{bmatrix}1&0&0\\0&0&0\end{bmatrix},\quad E_{12}=\begin{bmatrix}0&1&0\\0&0&0\end{bmatrix},\quad E_{13}=\begin{bmatrix}0&0&1\\0&0&0\end{bmatrix},$$

$$E_{21}=\begin{bmatrix}0&0&0\\1&0&0\end{bmatrix},\quad E_{22}=\begin{bmatrix}0&0&0\\0&1&0\end{bmatrix},\quad E_{23}=\begin{bmatrix}0&0&0\\0&0&1\end{bmatrix},$$

以及 $\mathbf{M}_{2\times 3}(\mathbb{F})=6$. 35

例 2.2.4 在例 1.6.7 中我们看到，对每个 $n=1, 2, \cdots$，向量空间 $\mathcal{P}$ 中的向量 $1, z, z^2, \cdots, z^n$ 都线性无关. 定理 2.1.9 说的是：如果 $\mathcal{P}$ 是有限维的，那么，对每个 $n=1, 2, \cdots$，都有 $\dim \mathcal{P} \geqslant n$. 而这是不可能的，所以 $\mathcal{P}$ 是无限维的.

例 2.2.5 在有限非零序列(见例 1.2.7)组成的向量空间 $\mathcal{V}$ 中，考虑向量 $\boldsymbol{v}_k$，它在第 k 个位置上是 1，而其他元素皆为零. 对每个 $n=1, 2, \cdots$，向量 $\boldsymbol{v}_1, \boldsymbol{v}_2, \cdots, \boldsymbol{v}_n$ 线性无关，所以 $\mathcal{V}$ 是无限维的.

定义 2.2.6 设 $A=[\boldsymbol{a}_1\ \ \boldsymbol{a}_2\ \ \cdots\ \ \boldsymbol{a}_n] \in \mathbf{M}_{m\times n}(\mathbb{F})$，又设 $\beta = \boldsymbol{a}_1, \boldsymbol{a}_2, \cdots, \boldsymbol{a}_n$ 是 $\mathbb{F}$-向量空间 $\mathbb{F}^m$ 中的一列向量. 那么 $\dim \operatorname{span} \beta = \dim \operatorname{col} A$ 称为 A 的**秩**(rank).

下面的定理对于非零的 $\mathbb{F}$-向量空间 $\mathcal{V}$ 给出两个结论：(a)生成 $\mathcal{V}$ 的任何有限集合都包

含一个子集，该子集的元素构成一组基；(b)如果 $\mathcal{V}$ 是有限维的，那么任何线性无关的向量组都可以被扩充成为一组基.

定理 2.2.7　设 $\mathcal{V}$ 是非零的 $\mathbb{F}$-向量空间，r 是一个正整数，又令 $\boldsymbol{v}_1$，$\boldsymbol{v}_2$，…，$\boldsymbol{v}_r \in \mathcal{V}$.

(a)如果 $\mathrm{span}\{\boldsymbol{v}_1, \boldsymbol{v}_2, \cdots, \boldsymbol{v}_r\}=\mathcal{V}$，那么 $\mathcal{V}$ 是有限维的，$n=\dim\mathcal{V}\leqslant r$，且存在指标 i_1，i_2，…，$i_n \in \{1, 2, \cdots, r\}$，使得向量组 $\boldsymbol{v}_{i_1}$，$\boldsymbol{v}_{i_2}$，…，$\boldsymbol{v}_{i_n}$ 是 $\mathcal{V}$ 的一组基.

(b)假设 $\mathcal{V}$ 是有限维的，且 $\dim\mathcal{V}=n>r$. 如果 $\boldsymbol{v}_1$，$\boldsymbol{v}_2$，…，$\boldsymbol{v}_r$ 线性无关，那么存在 $n-r$ 个向量 $\boldsymbol{w}_1$，$\boldsymbol{w}_2$，…，$\boldsymbol{w}_{n-r} \in \mathcal{V}$，使得 $\boldsymbol{v}_1$，$\boldsymbol{v}_2$，…，$\boldsymbol{v}_r$，$\boldsymbol{w}_1$，$\boldsymbol{w}_2$，…，$\boldsymbol{w}_{n-r}$ 是 $\mathcal{V}$ 的一组基.

证明　(a)假设条件是 $\mathrm{span}\{\boldsymbol{v}_1, \boldsymbol{v}_2, \cdots, \boldsymbol{v}_r\}=\mathcal{V}$. 我们可以假设每一个 $\boldsymbol{v}_i\neq 0$，这是因为零向量对于生成空间无所贡献，见问题 P.1.9. 如果 $\boldsymbol{v}_1$，$\boldsymbol{v}_2$，…，$\boldsymbol{v}_r$ 线性无关，那么它们就构成一组基. 如果它们线性相关，则考虑下面的算法. 定理 1.6.17(b)确保可以从该向量组中删去某个向量，使得剩下的 $r-1$ 个向量依然生成 $\mathcal{V}$. 如果这个较小的向量组线性无关，就停止. 否则再次借助定理 1.6.17(b)得到一个更小且仍然能生成 $\mathcal{V}$ 的向量组. 重复这个过程，直到得到一个线性无关的向量组为止. 这样的过程至多需要重复 $r-1$ 次，因为每一个 $\boldsymbol{v}_i$ 都是非零的，这样就构造出一个单个元素的线性无关向量组.

(b)这里的假设条件是，$\boldsymbol{v}_1$，$\boldsymbol{v}_2$，…，$\boldsymbol{v}_r \in \mathcal{V}$ 线性无关，且 $r<n=\dim\mathcal{V}$. 由于 $\boldsymbol{v}_1$，$\boldsymbol{v}_2$，…，$\boldsymbol{v}_r$ 并不生成 $\mathcal{V}$(推论 2.1.10)，故而定理 1.6.17(a)确保有某个向量可以添加到这个向量组中，且扩大的向量组依然线性无关. 如果这个更长的向量组生成 $\mathcal{V}$，我们就有了一组基. 否则再次借助 1.6.17(a). 定理 2.1.9 确保这个过程在 $n-r$ 步之后终止. ■

我们有时候会把基同时说成是一个**极大线性无关组**(maximal linearly independent list)，或者说成是**极小生成向量组**(minimal spanning list).

36 **推论 2.2.8**　设 n 是正整数，而 $\mathcal{V}$ 是 n 维 $\mathbb{F}$-向量空间. 设 $\beta=\boldsymbol{v}_1$，$\boldsymbol{v}_2$，…，$\boldsymbol{v}_n \in \mathcal{V}$.

(a)如果 β 生成 $\mathcal{V}$，那么它是一组基.

(b)如果 β 线性无关，那么它是一组基.

证明　(a)如果 β 不线性无关，那么上面的定理确保有一组更小的向量组构成一组基. 这与 $\dim\mathcal{V}=n$ 的假设矛盾.

(b)如果 β 不生成 $\mathcal{V}$，那么上面的定理确保有一个有更多向量的向量组构成一组基，这与 $\dim\mathcal{V}=n$ 的假设矛盾. ■

定理 2.2.9　设 $\mathcal{U}$ 是一个 n 维 $\mathbb{F}$-向量空间 $\mathcal{V}$ 的一个子空间. 那么 $\mathcal{U}$ 是有限维的，且 $\dim\mathcal{U}\leqslant n$，其中的等式成立当且仅当 $\mathcal{U}=\mathcal{V}$.

证明　如果 $\mathcal{U}=\{\boldsymbol{0}\}$，则 $\dim\mathcal{U}=0$，于是没有什么要证明的了，所以可以假设 $\mathcal{U}\neq\{\boldsymbol{0}\}$. 设 $\boldsymbol{v}_1\in\mathcal{U}$ 不为零. 如果 $\mathrm{span}\{\boldsymbol{v}_1\}=\mathcal{U}$，那么 $\dim\mathcal{U}=1$. 如果 $\mathrm{span}\{\boldsymbol{v}_1\}\neq\mathcal{U}$，那么定理 1.6.17(a)确保存在一个 $\boldsymbol{v}_2\in\mathcal{U}$，使得向量组 $\boldsymbol{v}_1$，$\boldsymbol{v}_2$ 线性无关. 如果 $\mathrm{span}\{\boldsymbol{v}_1, \boldsymbol{v}_2\}=\mathcal{U}$，那么 $\dim\mathcal{U}=2$；如果 $\mathrm{span}\{\boldsymbol{v}_1, \boldsymbol{v}_2\}\neq\mathcal{U}$，那么定理 1.6.17(a)确保存在一个 $\boldsymbol{v}_3\in\mathcal{U}$，使得向量组 $\boldsymbol{v}_1$，$\boldsymbol{v}_2$，$\boldsymbol{v}_3$ 线性无关. 重复此过程，直到得到一个生成 $\mathcal{U}$ 的线性无关向量组为止. 由于 $\mathcal{V}$ 中的线性无关向量组的元素个数不可能多于 n(定理 2.1.9)，因此这个过程必定在 $r\leqslant n$ 步之后终止，

同时得到一列向量 $\boldsymbol{v}_1$，$\boldsymbol{v}_2$，…，$\boldsymbol{v}_r$，它们的生成空间是$\mathcal{U}$. 于是 $r=\dim\mathcal{U}\leqslant n$，其中等式仅当 $\boldsymbol{v}_1$，$\boldsymbol{v}_2$，…，$\boldsymbol{v}_n$ 是$\mathcal{V}$的一组基(再次根据定理 2.1.9)时成立，在此情形有 $\mathcal{U}=\mathcal{V}$. ■

上面的定理确保一个有限维向量空间 $\mathcal{V}$ 的任何一对子空间 $\mathcal{U}$ 与 $\mathcal{W}$ 都有有限维的和 $\mathcal{U}+\mathcal{W}$ 以及有限维的交 $\mathcal{U}\cap\mathcal{W}$，这是因为它们每一个都是 $\mathcal{V}$ 的子空间. 此外，$\mathcal{U}\cap\mathcal{W}$是$\mathcal{U}$与$\mathcal{W}$的子空间，所以$\mathcal{U}\cap\mathcal{W}$的任何一组基都可以扩充成为$\mathcal{U}$的一组基，也可以扩充成为$\mathcal{W}$的一组基. 仔细地思考这些基是如何相互作用以导出下面定理中的等式成立的，见图 2.1.

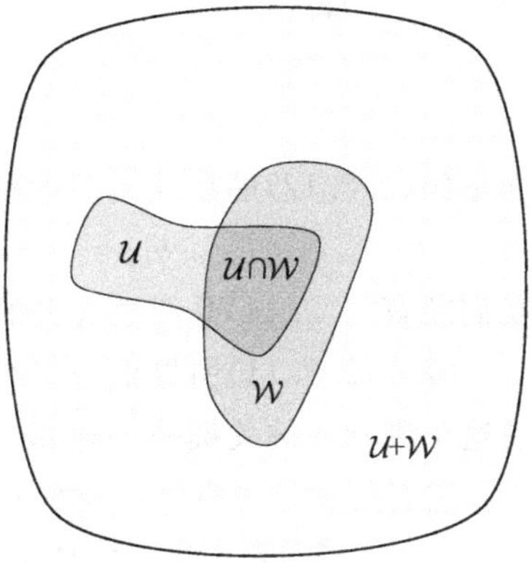

图 2.1　子空间的交与和的图示

定理 2.2.10　设$\mathcal{U}$与$\mathcal{W}$是有限维$\mathbb{F}$-向量空间$\mathcal{V}$的子空间. 那么，

$$\dim(\mathcal{U}\cap\mathcal{W})+\dim(\mathcal{U}+\mathcal{W})=\dim\mathcal{U}+\dim\mathcal{W}. \tag{2.2.11}$$

证明　设 $k=\dim(\mathcal{U}\cap\mathcal{W})$. 由于$\mathcal{U}\cap\mathcal{W}$既是$\mathcal{U}$也是$\mathcal{W}$的子空间，故而上述定理确保有 $k\leqslant\dim\mathcal{U}$，$k\leqslant\dim\mathcal{W}$. 设 $p=\dim\mathcal{U}-k$，$q=\dim\mathcal{W}-k$. 设 $\boldsymbol{v}_1$，$\boldsymbol{v}_2$，…，$\boldsymbol{v}_k$ 是$\mathcal{U}\cap\mathcal{W}$的一组基. 定理 2.2.7(b)确保存在 $\boldsymbol{u}_1$，$\boldsymbol{u}_2$，…，$\boldsymbol{u}_p$ 以及 $\boldsymbol{w}_1$，$\boldsymbol{w}_2$，…，$\boldsymbol{w}_q$，使得

$$\boldsymbol{v}_1,\boldsymbol{v}_2,\cdots,\boldsymbol{v}_k,\boldsymbol{u}_1,\boldsymbol{u}_2,\cdots,\boldsymbol{u}_p \tag{2.2.12}$$

是$\mathcal{U}$的一组基，而

$$\boldsymbol{v}_1,\boldsymbol{v}_2,\cdots,\boldsymbol{v}_k,\boldsymbol{w}_1,\boldsymbol{w}_2,\cdots,\boldsymbol{w}_q \tag{2.2.13}$$

则是$\mathcal{W}$的一组基. 我们必须证明

$$\dim(\mathcal{U}+\mathcal{W})=(p+k)+(q+k)-k=k+p+q.$$ 37

由于$\mathcal{U}+\mathcal{W}$中每个向量都是$\mathcal{U}$的一个向量与$\mathcal{W}$的一个向量之和，故而

$$\boldsymbol{v}_1,\boldsymbol{v}_2,\cdots,\boldsymbol{v}_k,\boldsymbol{u}_1,\boldsymbol{u}_2,\cdots,\boldsymbol{u}_p,\boldsymbol{w}_1,\boldsymbol{w}_2,\cdots,\boldsymbol{w}_q \tag{2.2.14}$$

的生成空间就是$\mathcal{U}+\mathcal{W}$. 只需要证明向量组(2.2.14)线性无关就够了. 假设

$$\sum_{i=1}^{k}a_i\boldsymbol{v}_i+\sum_{i=1}^{p}b_i\boldsymbol{u}_i+\sum_{i=1}^{q}c_i\boldsymbol{w}_i=\boldsymbol{0}. \tag{2.2.15}$$

那么

$$\sum_{i=1}^{k}a_i\boldsymbol{v}_i+\sum_{i=1}^{q}c_i\boldsymbol{w}_i=\sum_{i=1}^{p}(-b_i)\boldsymbol{u}_i. \tag{2.2.16}$$

(2.2.16)的右边在$\mathcal{U}$中，而其左边则在$\mathcal{W}$中，所以两边都在$\mathcal{U}\cap\mathcal{W}$中. 于是，存在纯量 d_1，d_2，…，d_k，使得

$$\sum_{i=1}^{k}a_i\boldsymbol{v}_i+\sum_{i=1}^{q}c_i\boldsymbol{w}_i=\sum_{i=1}^{k}d_i\boldsymbol{v}_i.$$

由此得出

$$\sum_{i=1}^{k}(a_i-d_i)\boldsymbol{v}_i+\sum_{i=1}^{q}c_i\boldsymbol{w}_i=\boldsymbol{0}.$$

向量组(2.2.13)的线性无关性确保

$$c_1=c_2=\cdots=c_q=0,$$

由(2.2.15)得出

38

$$\sum_{i=1}^{k}a_i\boldsymbol{v}_i+\sum_{i=1}^{p}b_i\boldsymbol{u}_i=\mathbf{0}.$$

向量组(2.2.12)的线性无关性蕴涵

$$b_1=b_2=\cdots=b_p=a_1=a_2=\cdots=a_k=0.$$

我们断言(2.2.14)是线性无关的. ■

等式(2.2.11)引导出一个判别法，它可以判断两个子空间的交是否包含非零向量. 理解这个判别法的关键是定理2.2.9中的不等式. 对于一个有限维向量空间$\mathcal{V}$的子空间$\mathcal{U}$与$\mathcal{W}$，它们的和是子空间，所以$\dim(\mathcal{U}+\mathcal{W})\leqslant\dim\mathcal{V}$.

推论2.2.17 设$\mathcal{U}$与$\mathcal{W}$是有限维$\mathbb{F}$-向量空间$\mathcal{V}$的子空间，k是一个正整数.

(a) 如果$\dim\mathcal{U}+\dim\mathcal{W}>\dim\mathcal{V}$，那么$\mathcal{U}\cap\mathcal{W}$包含非零向量；

(b) 如果$\dim\mathcal{U}+\dim\mathcal{W}\geqslant\dim\mathcal{V}+k$，那么$\mathcal{U}\cap\mathcal{W}$包含$k$个线性无关的向量.

证明 结论(a)是结论(b)当$k=1$的情形. 在(b)的假设条件下，

$$\begin{aligned}\dim(\mathcal{U}\cap\mathcal{W})&=\dim\mathcal{U}+\dim\mathcal{W}-\dim(\mathcal{U}+\mathcal{W})\\&\geqslant\dim\mathcal{U}+\dim\mathcal{W}-\dim\mathcal{V}\geqslant k,\end{aligned}$$

所以$\mathcal{U}\cap\mathcal{W}$包含一组至少由$k$个向量组成的基. ■

定理2.2.9的另一个应用是关于矩阵的左逆与右逆的一个结果，它是典型的通过行列式解决问题的方法. 矩阵$B\in\boldsymbol{M}_n(\mathbb{F})$称为$A\in\boldsymbol{M}_n(\mathbb{F})$的一个*左逆*(left inverse)(或*右逆*[right inverse])，如果$BA=I$(或$AB=I$). 方阵不一定有左逆，但如果它有，那么左逆也就是右逆. 我们现在证明这个令人惊叹的事实(定理2.2.19)如何由$\boldsymbol{M}_n(\mathbb{F})$的有限维性质推出.

引理2.2.18 设A，B，$C\in\boldsymbol{M}_n(\mathbb{F})$，假设$AB=I=BC$. 那么$A=C$.

证明 如果$AB=BC=I$，那么$A=AI=A(BC)=(AB)C=IC=C$. ■

对任何$A\in\boldsymbol{M}_n(\mathbb{F})$，定义

$$A\boldsymbol{M}_n(\mathbb{F})=\{AX:X\in\boldsymbol{M}_n(\mathbb{F})\}.$$

例1.3.13表明$A\boldsymbol{M}_n(\mathbb{F})$是$\boldsymbol{M}_n(\mathbb{F})$的子空间.

定理2.2.19 设A，$B\in\boldsymbol{M}_n(\mathbb{F})$，那么$AB=I$当且仅当$BA=I$.

证明 只需要考虑$AB=I$即可. 由于对所有$X\in\boldsymbol{M}_n(\mathbb{F})$皆有$B^{k+1}X=B^k(BX)$，因此对$k\geqslant1$我们有$B^{k+1}\boldsymbol{M}_n(\mathbb{F})\subseteq B^k\boldsymbol{M}_n(\mathbb{F})$. 考虑$\boldsymbol{M}_n(\mathbb{F})$的子空间的递减序列

$$\boldsymbol{M}_n(\mathbb{F})\supseteq B\boldsymbol{M}_n(\mathbb{F})\supseteq B^2\boldsymbol{M}_n(\mathbb{F})\supseteq B^3\boldsymbol{M}_n(\mathbb{F})\supseteq\cdots.$$

定理2.2.9确保

39

$$n^2=\dim\boldsymbol{M}_n(\mathbb{F})\geqslant\dim B\boldsymbol{M}_n(\mathbb{F})\geqslant\dim B^2\boldsymbol{M}_n(\mathbb{F})\geqslant\cdots\geqslant0.\tag{2.2.20}$$

由于不等式(2.2.20)中只有有限多个(事实上最多n^2个)不等式是严格的不等式，故而存在正整数k，使得$\dim B^k\boldsymbol{M}_n(\mathbb{F})=\dim B^{k+1}\boldsymbol{M}_n(\mathbb{F})$，在此情形，定理2.2.9确保

$B^k\mathbf{M}_n(\mathbb{F})=B^{k+1}\mathbf{M}_n(\mathbb{F})$. 由于 $B^k=B^kI\in B^k\mathbf{M}_n(\mathbb{F})=B^{k+1}\mathbf{M}_n(\mathbb{F})$，故而存在一个 $C\in\mathbf{M}_n(\mathbb{F})$，使得 $B^k=B^{k+1}C$. 于是

$$A^kB^k=A^kB^{k+1}C=(A^kB^k)BC. \tag{2.2.21}$$

我们用归纳法来证明对 $r=1,2,\cdots$有 $A^rB^r=I$. 基本情形 $r=1$ 是我们的假设. 如果 $r\geqslant 1$ 且 $A^rB^r=I$，那么 $A^{r+1}B^{r+1}=A(A^rB^r)B=AIB=AB=I$. 这样一来，(2.2.21)就给出 $I=A^kB^k=IBC=BC$. 引理 2.2.18 确保 $C=A$，所以 $BA=I$. ■

有限维性质是上面定理中的关键假设条件，见问题 P.2.7.

2.3 基表示与线性变换

定义 2.3.1 设 $\beta=\boldsymbol{v}_1,\boldsymbol{v}_2,\cdots,\boldsymbol{v}_n$ 是有限维$\mathbb{F}$-向量空间 $\mathcal{V}$ 的一组基. 将任何向量 $\boldsymbol{u}\in\mathcal{V}$ 写成(唯一的)线性组合

$$\boldsymbol{u}=c_1\boldsymbol{v}_1+c_2\boldsymbol{v}_2+\cdots+c_n\boldsymbol{v}_n. \tag{2.3.2}$$

由

$$[\boldsymbol{u}]_\beta=\begin{bmatrix}c_1\\c_2\\\vdots\\c_n\end{bmatrix} \tag{2.3.3}$$

定义的函数$[\cdot]_\beta$: $\mathcal{V}\to\mathbb{F}^n$ 称为 β-**基表示函数**(β-basis representation function). 对给定的 $\boldsymbol{u}\in\mathcal{V}$, (2.3.2)中的纯量 $c_1,c_2,\cdots,c_n$ 称为 $\boldsymbol{u}$ 关于基 β 的**坐标**(coordinate)，$[\boldsymbol{u}]_\beta$ 称为 $\boldsymbol{u}$ 的 β-**坐标向量**(β-coordinate vector).

例 2.3.4 设 $\mathcal{V}=\mathbb{R}^2$，考虑基 $\beta=[2\ \ 1]^{\mathrm{T}}$，$[1\ \ 1]^{\mathrm{T}}$. 在例 2.1.2 中我们发现，如果 $\boldsymbol{y}=[y_1\ \ y_2]^{\mathrm{T}}$，那么

$$[\boldsymbol{y}]_\beta=\begin{bmatrix}y_1-y_2\\-y_1+2y_2\end{bmatrix}.$$

例 2.3.5 设 $\mathcal{V}=\mathcal{P}_2$，并考虑基 $\beta=f_1,f_2,f_3$，其中

$$f_1=1,\quad f_2=2z-1,\quad f_3=6z^2-6z+1,$$

这组基在例 5.1.5 中有作用. 计算显示

$$1=f_1,\quad z=\frac{1}{2}f_1+\frac{1}{2}f_2,\quad z^2=\frac{1}{3}f_1+\frac{1}{2}f_2+\frac{1}{6}f_3,$$

所以，多项式 $p(z)=c_01+c_1z+c_2z^2$ 关于基 β 的表示是

$$[p]_\beta=\frac{1}{6}\begin{bmatrix}6c_0+3c_1+2c_2\\3c_1+3c_2\\c_2\end{bmatrix}.$$

40

β-基表示函数(2.3.3)提供了$\mathbb{F}$-向量空间 $\mathcal{V}$ 中的向量与$\mathbb{F}^n$中的向量之间的一对一对应. 定理 1.6.11 确保它是一对一的. 它是映上的，因为对于(2.3.3)右边任何给定的列向量，

由(2.3.2)定义的向量 $\boldsymbol{u}$ 满足等式(2.3.3). 此外，β- 基表示函数有如下重要的性质. 如果 $\boldsymbol{u}$，$\boldsymbol{w}\in\mathcal{V}$，则

$$\boldsymbol{u}=a_1\boldsymbol{v}_1+a_2\boldsymbol{v}_2+\cdots+a_n\boldsymbol{v}_n,$$
$$\boldsymbol{w}=b_1\boldsymbol{v}_1+b_2\boldsymbol{v}_2+\cdots+b_n\boldsymbol{v}_n.$$

又如果 $c\in\mathbb{F}$，那么

$$c\boldsymbol{u}+\boldsymbol{w}=(ca_1+b_1)\boldsymbol{v}_1+(ca_2+b_2)\boldsymbol{v}_2+\cdots+(ca_n+b_n)\boldsymbol{v}_n.$$

由此有

$$[c\boldsymbol{u}+\boldsymbol{w}]_\beta=\begin{bmatrix}ca_1+b_1\\ca_2+b_2\\\vdots\\ca_n+b_n\end{bmatrix}=c\begin{bmatrix}a_1\\a_2\\\vdots\\a_n\end{bmatrix}+\begin{bmatrix}b_1\\b_2\\\vdots\\b_n\end{bmatrix}=c[\boldsymbol{u}]_\beta+[\boldsymbol{w}]_\beta.$$

这个等式表面上看起来显而易见，但是它表达了某种精巧而重要的东西. 左边的加法以及纯量乘法运算是在 $\mathbb{F}$- 向量空间 $\mathcal{V}$ 上的，右边的加法以及纯量乘法运算是在 $\mathbb{F}$- 向量空间 $\mathbb{F}^n$ 上的. β- 基表示函数把这两对运算联系起来，且在 $\mathcal{V}$ 与 $\mathbb{F}^n$ 中的线性代数运算之间存在一一对一的对应. 正式地说，我们得出结论：任何 n 维 $\mathbb{F}$- 向量空间 $\mathcal{V}$ 本质上与 $\mathbb{F}^n$ 相同. 我们在形式上把任何两个 n 维 $\mathbb{F}$- 向量空间称为是同构的(isomorphic).

定义 2.3.6　设 $\mathcal{V}$ 与 $\mathcal{W}$ 是同一个域 $\mathbb{F}$ 上的向量空间. 如果对所有 $\boldsymbol{u}$，$\boldsymbol{v}\in\mathcal{V}$ 以及所有 $c\in\mathbb{F}$ 都有

$$T(c\boldsymbol{u}+\boldsymbol{v})=cT\boldsymbol{u}+T\boldsymbol{v},$$

就称函数 T：$\mathcal{V}\to\mathcal{W}$ 是一个**线性变换**(linear transformation). 如果 $\mathcal{V}=\mathcal{W}$，线性变换 T：$\mathcal{V}\to\mathcal{V}$ 有时也称为**线性算子**(linear operator)(或简称为**算子**[operator]). 从 $\mathcal{V}$ 到 $\mathcal{W}$ 的线性变换的集合记为 $\mathfrak{L}(\mathcal{V},\mathcal{W})$. 如果 $\mathcal{V}=\mathcal{W}$，则缩写成 $\mathfrak{L}(\mathcal{V},\mathcal{V})=\mathfrak{L}(\mathcal{V})$.

为记号方便(也根据与矩阵向量乘法的惯用记号的相似性)，通常将 $T(\boldsymbol{v})$ 写成 $T\boldsymbol{v}$.

例 2.3.7　对 n 维 $\mathbb{F}$- 向量空间 $\mathcal{V}$ 的一组给定的基 β，函数 $T\boldsymbol{v}=[\boldsymbol{v}]_\beta$ 是从 $\mathcal{V}$ 到 $\mathbb{F}$- 向量空间 $\mathbb{F}^n$ 的一个线性变换.

例 2.3.8　对给定的矩阵 $A\in\boldsymbol{M}_{m\times n}(\mathbb{F})$，矩阵算术运算的性质确保由 $T_A\boldsymbol{x}=A\boldsymbol{x}$ 定义的函数 T_A：$\mathbb{F}^n\to\mathbb{F}^m$ 是一个线性变换.

定义 2.3.9　例 2.3.8 中定义的线性变换 T_A 称为**由 A 诱导的线性变换**(linear transformation
41 induced by A).

例 2.3.10　在复向量空间 $\mathcal{P}$ 上，由 $Tp=p'$(求导)定义的函数 T：$\mathcal{P}\to\mathcal{P}$ 是一个线性算子. 这是因为多项式的导数是一个多项式，且对任何 $c\in\mathbb{C}$ 以及任何 p，$q\in\mathcal{P}$ 都有

$$(cp+q)'=cp'+q'.$$

例 2.3.11　由

$$(Tf)(t)=\int_0^t f(s)\,\mathrm{d}s$$

定义的函数 $T: C_{\mathbb{R}}[0, 1] \to C_{\mathbb{R}}[0, 1]$是一个线性算子. 这是因为连续函数的变动上限的积分是连续函数(甚至更好一些，它还是可微的)，且对任何 $c \in \mathbb{R}$ 以及任何 $f, g \in C_{\mathbb{R}}[0, 1]$，都有

$$\int_0^t (cf(s) + g(s))\mathrm{d}s = c\int_0^t f(s)\mathrm{d}s + \int_0^t g(s)\mathrm{d}s.$$

例 2.3.12 在有限非零序列的复向量空间 $\mathcal{V}$(见例 1.2.7 以及例 2.2.5)上，定义右平移(right shift) $T(x_1, x_2, \cdots) = (0, x_1, x_2, \cdots)$与左平移(left shift) $S(x_1, x_2, \cdots) = (x_2, x_3, \cdots)$. 计算表明，$T$ 与 S 两者都是线性算子. 这些算子的其他性质请见问题 P.2.7.

设 $\mathcal{V}$ 与 $\mathcal{W}$ 是同一个域 $\mathbb{F}$ 上的向量空间，$T \in \mathfrak{L}(\mathcal{V}, \mathcal{W})$. T 的核(kernel)与值域(range)是

$$\ker T = \{\boldsymbol{v} \in \mathcal{V}: T\boldsymbol{v} = \boldsymbol{0}\}, \ \operatorname{ran} T = \{T\boldsymbol{v}: \boldsymbol{v} \in \mathcal{V}\}.$$

用例 1.3.4 以及例 1.3.7 中证明一个矩阵的零空间与列空间都是子空间的同样的论证方法，也可以证明：$\ker T$ 是 $\mathcal{V}$ 的子空间，而 $\operatorname{ran} T$ 是 $\mathcal{W}$ 的子空间. 证明一个向量空间的子集是子空间的一种方便的方法是验证它是一个线性变换的核或者值域，见问题 P.2.2.

定理 2.3.13 设 $\mathcal{V}$ 与 $\mathcal{W}$ 是 $\mathbb{F}$ 上的向量空间. 那么 $T \in \mathfrak{L}(\mathcal{V}, \mathcal{W})$是一对一的，当且仅当 $\ker T = \{\boldsymbol{0}\}$.

证明 假设 T 是一对一的. 由于 T 是线性的，所以 $T\boldsymbol{0} = \boldsymbol{0}$. 于是，如果 $T\boldsymbol{x} = \boldsymbol{0}$，那么 $\boldsymbol{x} = \boldsymbol{0}$，故而 $\ker T = \{\boldsymbol{0}\}$. 现在假设 $\ker T = \{\boldsymbol{0}\}$. 如果 $T\boldsymbol{x} = T\boldsymbol{y}$，则 $\boldsymbol{0} = T\boldsymbol{x} - T\boldsymbol{y} = T(\boldsymbol{x} - \boldsymbol{y})$，这就是说 $\boldsymbol{x} - \boldsymbol{y} \in \ker T$. 由此得出 $\boldsymbol{x} - \boldsymbol{y} = \boldsymbol{0}$，从而 $\boldsymbol{x} = \boldsymbol{y}$. ■

有关有限维向量空间上线性变换的最重要的事实是：如果已知它在基上的作用，那么它在每个向量上的作用也就被确定了. 下面的例子描述了一个原理，它被总结成一个定理.

例 2.3.14 考虑 $\mathcal{P}_2$ 的基 $\beta = 1, z, z^2$ 以及由 $Tp = p'$(求导)所定义的线性变换 $T: \mathcal{P}_2 \to \mathcal{P}_1$. 那么 $T1 = 0$，$Tz = 1$，$Tz^2 = 2z$. 从而对 $p(z) = c_2 z^2 + c_1 z + c_0$ 有 42

$$Tp = c_2 Tz^2 + c_1 Tz + c_0 T1 = c_2(2z) + c_1.$$

定理 2.3.15 设 $\mathcal{V}$ 与 $\mathcal{W}$ 是同一个域 $\mathbb{F}$ 上的向量空间，并假设 $\mathcal{V}$ 是有限维且非零的. 设 $\beta = \boldsymbol{v}_1, \boldsymbol{v}_2, \cdots, \boldsymbol{v}_n$ 是 $\mathcal{V}$ 的一组基，又设 $T \in \mathfrak{L}(\mathcal{V}, \mathcal{W})$. 如果 $\boldsymbol{v} = c_1\boldsymbol{v}_1 + c_2\boldsymbol{v}_2 + \cdots + c_n\boldsymbol{v}_n$，那么 $T\boldsymbol{v} = c_1 T\boldsymbol{v}_1 + c_2 T\boldsymbol{v}_2 + \cdots + c_n T\boldsymbol{v}_n$，所以 $\operatorname{ran} T = \operatorname{span}\{T\boldsymbol{v}_1, T\boldsymbol{v}_2, \cdots, T\boldsymbol{v}_n\}$. 特别地，$\operatorname{ran} T$ 是有限维的，且 $\dim \operatorname{ran} T \leqslant n$.

证明 计算给出

$$\begin{aligned}
\operatorname{ran} T &= \{T\boldsymbol{v}: \boldsymbol{v} \in \mathcal{V}\} \\
&= \{T(c_1\boldsymbol{v}_1 + c_2\boldsymbol{v}_2 + \cdots + c_n\boldsymbol{v}_n): c_1, c_2, \cdots, c_n \in \mathbb{F}\} \\
&= \{c_1 T\boldsymbol{v}_1 + c_2 T\boldsymbol{v}_2 + \cdots + c_n T\boldsymbol{v}_n: c_1, c_2, \cdots, c_n \in \mathbb{F}\} \\
&= \operatorname{span}\{T\boldsymbol{v}_1, T\boldsymbol{v}_2, \cdots, T\boldsymbol{v}_n\}.
\end{aligned}$$

定理 2.2.7(a)确保 $\operatorname{ran} T$ 是有限维的，且 $\dim \operatorname{ran} T \leqslant n$. ■

如果 $\mathcal{V}$ 与 $\mathcal{W}$ 是同一个域 $\mathbb{F}$ 上的有限维非零向量空间，则上述定理还可以进一步改进. 设 $\beta = \boldsymbol{v}_1, \boldsymbol{v}_2, \cdots, \boldsymbol{v}_n$ 是 $\mathcal{V}$ 的一组基，设 $\gamma = \boldsymbol{w}_1, \boldsymbol{w}_2, \cdots, \boldsymbol{w}_m$ 是 $\mathcal{W}$ 的一组基，令 $T \in \mathfrak{L}(\mathcal{V}, \mathcal{W})$.

将 $\boldsymbol{v}\in\mathcal{V}$ 表示成

$$\boldsymbol{v}=c_1\boldsymbol{v}_1+c_2\boldsymbol{v}_2+\cdots+c_n\boldsymbol{v}_n,$$

也就是说 $[\boldsymbol{v}]_\beta=[c_i]$. 这样就有

$$T\boldsymbol{v}=c_1T\boldsymbol{v}_1+c_2T\boldsymbol{v}_2+\cdots+c_nT\boldsymbol{v}_n,$$

所以

$$[T\boldsymbol{v}]_\gamma=c_1[T\boldsymbol{v}_1]_\gamma+c_2[T\boldsymbol{v}_2]_\gamma+\cdots+c_n[T\boldsymbol{v}_n]_\gamma. \tag{2.3.16}$$

对每个 $j=1,2,\cdots,n$，把 $T\boldsymbol{v}_j=a_{1j}\boldsymbol{w}_1+a_{2j}\boldsymbol{w}_2+\cdots+a_{mj}\boldsymbol{w}_m$ 写成基 γ 的向量的线性组合，并定义

$${}_\gamma[T]_\beta=[[T\boldsymbol{v}_1]_\gamma[T\boldsymbol{v}_2]_\gamma\cdots[T\boldsymbol{v}_n]_\gamma]=[a_{ij}]\in\boldsymbol{M}_{m\times n}(\mathbb{F}), \tag{2.3.17}$$

它相应的各列是 $T\boldsymbol{v}_j$ 的 γ-坐标向量. 我们可以将(2.3.16)改写为

$$[T\boldsymbol{v}]_\gamma={}_\gamma[T]_\beta[\boldsymbol{v}]_\beta, \tag{2.3.18}$$

其中

$${}_\gamma[T]_\beta=\begin{bmatrix}a_{11}&a_{12}&\cdots&a_{1n}\\a_{21}&a_{22}&\cdots&a_{2n}\\\vdots&\vdots&&\vdots\\a_{m1}&a_{m2}&\cdots&a_{mn}\end{bmatrix}.$$

一旦我们取定了 $\mathcal{V}$ 的基 β 以及 $\mathcal{W}$ 的基 γ，确定 $T\boldsymbol{v}$ 的过程就被分成了两部分. 首先是计算 *β-γ 矩阵表示*(β-γ matrix representation)${}_\gamma[T]_\beta$. 这必须只做一次且能用于接下来所有的计算中. 然后，对每个感兴趣的 $\boldsymbol{v}$，计算其 β-坐标向量 $[\boldsymbol{v}]_\beta$，并计算(2.3.18)中的乘积，以
43 确定 γ-坐标向量 $[T\boldsymbol{v}]_\gamma$，由此即可把 $T\boldsymbol{v}$ 作为 γ 中向量的线性组合重新求出来.

例 2.3.19　在例 2.3.14 中，考虑基 $\gamma=1, z\in\mathcal{P}_1$. 那么

$$[T1]_\gamma=\begin{bmatrix}0\\0\end{bmatrix},\quad [Tz]_\gamma=\begin{bmatrix}1\\0\end{bmatrix},\quad [Tz^2]_\gamma=\begin{bmatrix}0\\2\end{bmatrix},$$

于是

$${}_\gamma[T]_\beta=\begin{bmatrix}0&1&0\\0&0&2\end{bmatrix}\quad,\quad [p]_\beta=\begin{bmatrix}c_0\\c_1\\c_2\end{bmatrix}.$$

我们有

$$[Tp]_\gamma={}_\gamma[T]_\beta[p]_\beta=\begin{bmatrix}0&1&0\\0&0&2\end{bmatrix}\begin{bmatrix}c_0\\c_1\\c_2\end{bmatrix}=\begin{bmatrix}c_1\\2c_2\end{bmatrix},$$

所以 $Tp=c_1 1+(2c_2)z=2c_2z+c_1$.

2.4　基变换与相似性

等式(2.3.18)包含了大量的信息. 考虑一个特殊情形，其中 $\mathcal{W}=\mathcal{V}$ 是 n 维的，而 $n\geqslant 1$.

假设 $\beta=\boldsymbol{v}_1, \boldsymbol{v}_2, \cdots, \boldsymbol{v}_n$ 与 $\gamma=\boldsymbol{w}_1, \boldsymbol{w}_2, \cdots, \boldsymbol{w}_n$ 是 $\mathcal{V}$ 的基. 恒等线性变换(identity linear transformation) $I\in\mathfrak{L}(\mathcal{V})$ 是如下定义的函数：对所有 $\boldsymbol{v}\in\mathcal{V}$ 有 $I\boldsymbol{v}=\boldsymbol{v}$. I 的 β-β 基表示是

$$\begin{aligned}{}_\beta[I]_\beta &= [[I\boldsymbol{v}_1]_\beta[I\boldsymbol{v}_2]_\beta \cdots [I\boldsymbol{v}_n]_\beta] \\ &= [[\boldsymbol{v}_1]_\beta[\boldsymbol{v}_2]_\beta \cdots [\boldsymbol{v}_n]_\beta] \\ &= [\boldsymbol{e}_1\ \boldsymbol{e}_2 \cdots \boldsymbol{e}_n] \\ &= I_n \in \boldsymbol{M}_n(\mathbb{F}),\end{aligned}$$

这是 $n\times n$ 单位阵. 关于

$$_\gamma[I]_\beta = [[\boldsymbol{v}_1]_\gamma[\boldsymbol{v}_2]_\gamma \cdots [\boldsymbol{v}_n]_\gamma] \tag{2.4.1}$$

与

$$_\beta[I]_\gamma = [[\boldsymbol{w}_1]_\beta[\boldsymbol{w}_2]_\beta \cdots [\boldsymbol{w}_n]_\beta] \tag{2.4.2}$$

我们有何结论？

对任何 $\boldsymbol{v}\in\mathcal{V}$，利用(2.3.18)计算出

$$I_n[\boldsymbol{v}]_\gamma = [\boldsymbol{v}]_\gamma = [I\boldsymbol{v}]_\gamma = {}_\gamma[I]_\beta[\boldsymbol{v}]_\beta = {}_\gamma[I]_\beta[I\boldsymbol{v}]_\beta = {}_\gamma[I]_{\beta\beta}[I]_\gamma[\boldsymbol{v}]_\gamma,$$

所以，对所有 $\boldsymbol{x}\in\mathbb{F}^n$ 有 $I_n\boldsymbol{x}={}_\gamma[I]_{\beta\beta}[I]_\gamma\boldsymbol{x}$. 由此推出

$$I_n = {}_\gamma[I]_{\beta\beta}[I]_\gamma. \tag{2.4.3}$$

计算

$$I_n[\boldsymbol{v}]_\beta = [\boldsymbol{v}]_\beta = [I\boldsymbol{v}]_\beta = {}_\beta[I]_\gamma[\boldsymbol{v}]_\gamma = {}_\beta[I]_\gamma[I\boldsymbol{v}]_\gamma = {}_\beta[I]_{\gamma\gamma}[I]_\beta[\boldsymbol{v}]_\beta. \tag{2.4.4}$$

用同样的方法导出

$$I_n = {}_\beta[I]_{\gamma\gamma}[I]_\beta. \tag{2.4.5}$$ 44

等式(2.4.3)与(2.4.5)告诉我们：矩阵 $_\gamma[I]_\beta$ 是可逆的，且 $_\beta[I]_\gamma$ 就是它的逆. 有关此结论的另外的方法见问题 P.2.8.

定义 2.4.6 (2.4.1)中定义的矩阵 $_\gamma[I]_\beta$ 称为 β-γ **基变换**(β-γ change of basis)矩阵.

这个矩阵描述了怎样把基 β 中的每一个向量表示成基 γ 中向量的线性组合.

例 2.4.7 图 2.2 描述了 $\mathbb{R}^2$ 中的标准基 $\beta=\boldsymbol{e}_1, \boldsymbol{e}_2$ 以及基 $\gamma=\boldsymbol{w}_1, \boldsymbol{w}_2$，其中 $[\boldsymbol{w}_1]_\beta=[1\ \ 2]^{\mathrm{T}}$，$[\boldsymbol{w}_2]_\beta=[3\ \ 1]^{\mathrm{T}}$. 计算给出 $[\boldsymbol{e}_1]_\gamma=\begin{bmatrix}-\frac{1}{5} & \frac{2}{5}\end{bmatrix}^{\mathrm{T}}$ 以及 $[\boldsymbol{e}_2]_\gamma=\begin{bmatrix}\frac{3}{5} & -\frac{1}{5}\end{bmatrix}^{\mathrm{T}}$. 我们有

$$_\beta[I]_\gamma = [[\boldsymbol{w}_1]_\beta[\boldsymbol{w}_2]_\beta] = \begin{bmatrix}1 & 3\\ 2 & 1\end{bmatrix}$$

$$_\beta[I]_\gamma^{-1} = \begin{bmatrix}-\dfrac{1}{5} & \dfrac{3}{5}\\ \dfrac{2}{5} & -\dfrac{1}{5}\end{bmatrix},$$

它与等式

$$_\gamma[I]_\beta = [[\boldsymbol{e}_1]_\gamma[\boldsymbol{e}_2]_\gamma] = \begin{bmatrix}-\dfrac{1}{5} & \dfrac{3}{5}\\ \dfrac{2}{5} & -\dfrac{1}{5}\end{bmatrix}$$

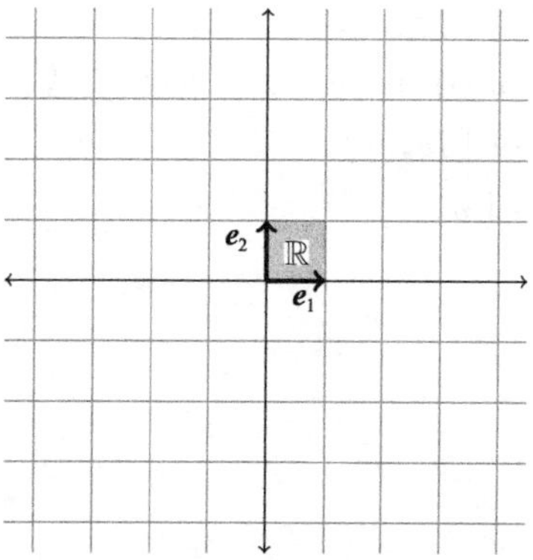

a) $\mathbb{R}^2$中的标准基 $\beta=e_1, e_2$

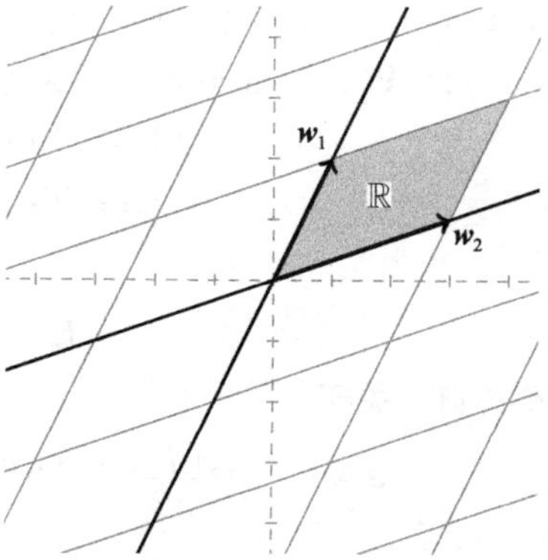

b) $\mathbb{R}^2$中的基$\gamma=w_1, w_2$，其中$w_1=[1\ \ 2]^T$，$w_2=[3\ \ 1]^T$

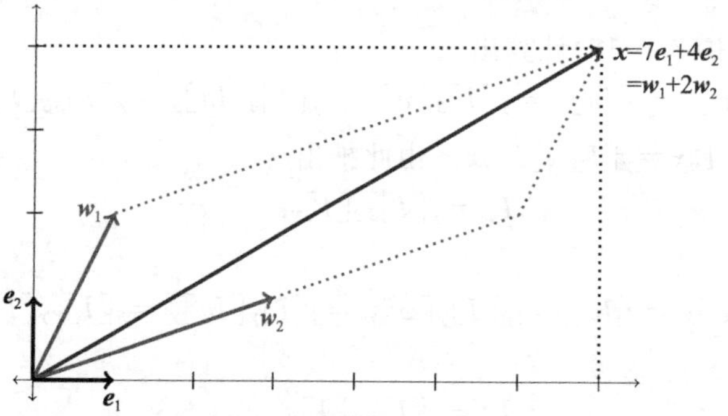

c) 从β到γ的基变换. x关于β以及γ的坐标向量是$[x]_\beta=[7\ \ 4]^T$以及$[x]_\gamma=[2\ \ 1]^T$

图 2.2　$\mathbb{R}^2$ 中的两组基之间的关系

是一致的. 图 2.2c 描述了怎样将一个固定的向量 x 分别表示成为基 β 与 γ 的向量的线性组合. 我们有

$$x=7e_1+4e_2=7\left(-\frac{1}{5}w_1+\frac{2}{5}w_2\right)+4\left(\frac{3}{5}w_1-\frac{1}{5}w_2\right)=w_1+2w_2.$$

例 2.4.8　向量组 $\beta=x_1$，x_2 与 $\gamma=y_1$，y_2 中的每一组都是 $\mathbb{R}^2$ 的基，其中

$$x_1=\begin{bmatrix}1\\1\end{bmatrix},\quad x_2=\begin{bmatrix}1\\-1\end{bmatrix},\quad y_1=\begin{bmatrix}1\\2\end{bmatrix},\quad y_2=\begin{bmatrix}1\\3\end{bmatrix}.$$

为了计算${}_\gamma[I]_\beta=[[x_1]_\gamma[x_2]_\gamma]$的列，我们必须求解某个线性方程组. 例如，$[x_1]_\gamma=[a\ \ b]^T$ 的元素就是 x_1 表示成 y_1 与 y_2 的线性组合的表达式

$$x_1=\begin{bmatrix}1\\1\end{bmatrix}=a\begin{bmatrix}1\\2\end{bmatrix}+b\begin{bmatrix}1\\3\end{bmatrix}=\begin{bmatrix}a+b\\2a+3b\end{bmatrix}$$

中的系数. 其解为 $a=2$ 以及 $b=-1$，所以$[x_1]_\gamma=[2\ \ -1]^T$. 求解线性方程 $x_2=ay_1+by_2$ 给出${}_\gamma[I]_\beta$ 的第二列，即$[x_2]_\gamma=[4\ \ -3]^T$. 于是

$$
{}_{\gamma}[I]_{\beta}=\begin{bmatrix}2 & 4\\ -1 & -3\end{bmatrix},\quad {}_{\beta}[I]_{\gamma}={}_{\gamma}[I]_{\beta}^{-1}=\begin{bmatrix}\dfrac{3}{2} & 2\\ -\dfrac{1}{2} & -1\end{bmatrix}.
$$

检查知${}_{\beta}[I]_{\gamma}$是${}_{\gamma}[I]_{\beta}$的逆，我们来计算$[\boldsymbol{y}_1]_{\beta}=[a\ \ b]^{\mathrm{T}}$的元素，这些元素是$\boldsymbol{y}_1$表示成$\boldsymbol{x}_1$与$\boldsymbol{x}_2$的线性组合的表达式

$$
\boldsymbol{y}_1=\begin{bmatrix}1\\2\end{bmatrix}=a\begin{bmatrix}1\\1\end{bmatrix}+b\begin{bmatrix}1\\-1\end{bmatrix}=\begin{bmatrix}a+b\\a-b\end{bmatrix}
$$

中的系数. 正如所期待的，其解为$a=3/2$以及$b=-1/2$. 这个例子向我们展现了计算$\mathbb{F}^n$中的任何基变换矩阵的一个一般性的算法，见问题 P. 2. 6.

定理 2. 4. 9　设n是正整数，$\mathcal{V}$是一个n维$\mathbb{F}$-向量空间，设$\beta=\boldsymbol{v}_1, \boldsymbol{v}_2, \cdots, \boldsymbol{v}_n$是$\mathcal{V}$的一组基.

(a)设$\gamma=\boldsymbol{w}_1, \boldsymbol{w}_2, \cdots, \boldsymbol{w}_n$是$\mathcal{V}$的一组基. 则基变换矩阵${}_{\gamma}[I]_{\beta}\in\boldsymbol{M}_n(\mathbb{F})$是可逆的，且它的逆是${}_{\beta}[I]_{\gamma}$. 45~46

(b)如果$S\in\boldsymbol{M}_n(\mathbb{F})$可逆，那么存在$\mathcal{V}$的一组基$\gamma$，使得$S={}_{\beta}[I]_{\gamma}$.

证明　我们在前面的讨论里证明了第一个结论. 设$S=[s_{ij}]$，并定义

$$
\boldsymbol{w}_j=s_{1j}\boldsymbol{v}_1+s_{2j}\boldsymbol{v}_2+\cdots+s_{nj}\boldsymbol{v}_n,\qquad j=1,2,\cdots,n. \tag{2.4.10}
$$

我们断定$\gamma=\boldsymbol{w}_1, \boldsymbol{w}_2, \cdots, \boldsymbol{w}_n$是$\mathcal{V}$的一组基. 这只要证明 span $\gamma=\mathcal{V}$就够了(参见推论 2. 2. 8). 设$S^{-1}=[\sigma_{ij}]$. 对每个$k=1, 2, \cdots, n$有

$$
\sum_{j=1}^{n}\sigma_{jk}\boldsymbol{w}_j=\sum_{j=1}^{n}\sum_{i=1}^{n}\sigma_{jk}s_{ij}\boldsymbol{v}_i=\sum_{i=1}^{n}\sum_{j=1}^{n}s_{ij}\sigma_{jk}\boldsymbol{v}_i=\sum_{i=1}^{n}\delta_{ik}\boldsymbol{v}_i=\boldsymbol{v}_k.
$$

于是，基β中的每个向量都在 span γ中，所以 span $\gamma=\mathcal{V}$. 这样(2. 4. 10)就确保$S={}_{\beta}[I]_{\gamma}$. ■

下面的结果给出了定理 2. 1. 3 的逆命题.

推论 2. 4. 11　如果$\beta=\boldsymbol{a}_1, \boldsymbol{a}_2, \cdots, \boldsymbol{a}_n$是$\mathbb{F}^n$的一组基，那么$A=[\boldsymbol{a}_1\ \boldsymbol{a}_2\cdots\ \boldsymbol{a}_n]\in\boldsymbol{M}_n(\mathbb{F})$是可逆的.

证明　设$\mathcal{V}=\mathbb{F}^n$，设$\gamma=\boldsymbol{e}_1, \boldsymbol{e}_2, \cdots, \boldsymbol{e}_n$是$\mathbb{F}^n$的标准基. 那么定理 2. 4. 9(a)表明$A={}_{\gamma}[I]_{\beta}=[\boldsymbol{a}_1\ \boldsymbol{a}_2\cdots\ \boldsymbol{a}_n]$是可逆的. ■

推论 2. 4. 12　设$A\in\boldsymbol{M}_n(\mathbb{F})$. 那么$A$可逆，当且仅当 rank $A=n$.

证明　根据定义，rank $A=$ dim col A. 如果A可逆，则定理 2. 1. 3 告诉我们A的列组成$\mathbb{F}^n$的一组基. 于是 col $A=\mathbb{F}^n$，且 dim col $A=n$.

反之，假设 dim col $A=n$. 由于 col A是$\mathbb{F}^n$的一个子空间，因此定理 2. 2. 9 保证有 col $A=\mathbb{F}^n$. 于是，A的列生成$\mathbb{F}^n$，而推论 2. 2. 8(a)表明它们组成$\mathbb{F}^n$的一组基. 最后，推论 2. 4. 11 确保A可逆. ■

现在回到等式(2. 3. 18)，它给我们一种工具，用以理解线性变换的两个不同的基表示是如何联系在一起的.

定理 2.4.13 设 n 是一个正整数，$\mathcal{V}$ 是一个 n 维$\mathbb{F}$-向量空间，设 $T\in\mathfrak{L}(\mathcal{V})$.

(a)设 β 与 γ 是 $\mathcal{V}$ 的基，设 $S={}_\gamma[I]_\beta$. 则 S 可逆且

$$ {}_\gamma[T]_\gamma={}_\gamma[I]_{\beta\beta}[T]_{\beta\beta}[I]_\gamma=S_\beta[T]_\beta S^{-1}. \tag{2.4.14}$$

(b)设 $S\in\boldsymbol{M}_n(\mathbb{F})$可逆，并设 β 是 $\mathcal{V}$ 的一组基. 那么存在 $\mathcal{V}$ 的一组基 γ，使得${}_\gamma[T]_\gamma=S_\beta[T]_\beta S^{-1}$.

证明 (a)上述定理确保 S 可逆. 设 $\boldsymbol{v}\in\mathcal{V}$并计算

$$\begin{aligned}{}_\gamma[T]_\gamma[\boldsymbol{v}]_\gamma&=[T\boldsymbol{v}]_\gamma=[I(T\boldsymbol{v})]_\gamma={}_\gamma[I]_\beta[T\boldsymbol{v}]_\beta\\&={}_\gamma[I]_{\beta\beta}[T]_\beta[\boldsymbol{v}]_\beta={}_\gamma[I]_{\beta\beta}[T]_\beta[I\boldsymbol{v}]_\beta\\&={}_\gamma[I]_{\beta\beta}[T]_{\beta\beta}[I]_\gamma[\boldsymbol{v}]_\gamma.\end{aligned}$$

47 于是，对所有 $\boldsymbol{v}\in\mathcal{V}$都有${}_\gamma[T]_\gamma[\boldsymbol{v}]_\gamma={}_\gamma[I]_{\beta\beta}[T]_{\beta\beta}[I]_\gamma[\boldsymbol{v}]_\gamma$，这蕴涵(2.4.14).

(b)上述定理确保存在 $\mathcal{V}$ 的一组基 γ，使得 $S={}_\gamma[I]_\beta$，所以 $S^{-1}={}_\beta[I]_\gamma$，于是结论就由(2.4.14)得出. ■

例 2.4.15 设$\beta=\boldsymbol{e}_1$，$\boldsymbol{e}_2$ 是$\mathbb{R}^2$ 的标准基，而基 $\gamma=\boldsymbol{y}_1$，$\boldsymbol{y}_2$ 与在例 2.4.8 中相同. 那么

$$ {}_\beta[I]_\gamma=[[\boldsymbol{y}_1]_\beta[\boldsymbol{y}_2]_\beta]=\begin{bmatrix}1&1\\2&3\end{bmatrix},\quad {}_\gamma[I]_\beta={}_\beta[I]_\gamma^{-1}=\begin{bmatrix}3&-1\\-2&1\end{bmatrix}.$$

定理 2.3.15 表明，$\mathbb{R}^2$ 上的线性变换是由它在基上的作用唯一决定的. 设 T：$\mathbb{R}^2\to\mathbb{R}^2$ 是线性变换，使得 $T\boldsymbol{e}_1=2\boldsymbol{e}_1$ 以及 $T\boldsymbol{e}_2=3\boldsymbol{e}_2$. 那么

$$\begin{aligned}T\boldsymbol{y}_1&=T(\boldsymbol{e}_1+2\boldsymbol{e}_2)=T\boldsymbol{e}_1+2T\boldsymbol{e}_2=2\boldsymbol{e}_1+6\boldsymbol{e}_2,\\T\boldsymbol{y}_2&=T(\boldsymbol{e}_1+3\boldsymbol{e}_2)=T\boldsymbol{e}_1+3T\boldsymbol{e}_2=2\boldsymbol{e}_1+9\boldsymbol{e}_2,\end{aligned}$$

所以

$$ {}_\beta[T]_\beta=\begin{bmatrix}2&0\\0&3\end{bmatrix},\quad {}_\beta[T]_\gamma=[[T\boldsymbol{y}_1]_\beta[T\boldsymbol{y}_2]_\beta]=\begin{bmatrix}2&2\\6&9\end{bmatrix}.$$

上面的定理确保

$$ {}_\gamma[T]_\gamma={}_\gamma[I]_{\beta\beta}[T]_{\beta\beta}[I]_\gamma=\begin{bmatrix}3&-1\\-2&1\end{bmatrix}\begin{bmatrix}2&0\\0&3\end{bmatrix}\begin{bmatrix}1&1\\2&3\end{bmatrix}=\begin{bmatrix}0&-3\\2&5\end{bmatrix}.$$

定义 2.4.16 设 A，$B\in\boldsymbol{M}_n(\mathbb{F})$. 那么称 A 与 B **在$\mathbb{F}$上相似**(similar over $\mathbb{F}$)，如果存在一个可逆矩阵 $S\in\boldsymbol{M}_n(\mathbb{F})$，使得 $A=SBS^{-1}$.

如果 $A=SBS^{-1}$，且需要强调 S 在其中的作用，我们就说成 A 与 B 通过相似矩阵 S(或者 S^{-1})相似.

推论 2.4.17 设 A，$B\in\boldsymbol{M}_n(\mathbb{F})$. 则下述诸命题等价：

(a)A 与 B 在$\mathbb{F}$上相似.

(b)存在一个 n 维$\mathbb{F}$-向量空间 $\mathcal{V}$、$\mathcal{V}$ 的基 β 与 γ 以及一个线性算子 $T\in\mathfrak{L}(\mathcal{V})$，使得 $A={}_\beta[T]_\beta$ 以及 $B={}_\gamma[T]_\gamma$.

证明 (a)⇒(b) 设 $S\in\boldsymbol{M}_n(\mathbb{F})$是可逆矩阵，满足 $A=SBS^{-1}$. 设 $\mathcal{V}=\mathbb{F}^n$，令 T_A：$\mathbb{F}^n\to\mathbb{F}^n$是由 A 诱导的线性变换(见定义 2.3.9). 设 β 是$\mathbb{F}^n$的标准基，而 γ 是 S 的列的有序

序列. 定理 2.1.3 确保 γ 是一组基. 这样就有${}_\beta[T_A]_\beta=A$ 以及${}_\beta[I]_\gamma=S$, 所以

$$SBS^{-1} = A = {}_\beta[T_A]_\beta = {}_\beta[I]_{\gamma\gamma}[T_A]_{\gamma\gamma}[I]_\beta = S_\gamma[T_A]_\gamma S^{-1}$$

从而 $SBS^{-1}=S_\gamma[T_A]_\gamma S^{-1}$, 它蕴涵 $B={}_\gamma[T_A]_\gamma$.

(b)⇒(a) 这个蕴涵关系就是上一定理的(a). ■ 48

下面的定理揭示出一个重要的事实(它也给出在(0.8.4)中): 纯量阵做的平移保持相似性.

定理 2.4.18 设 A, $B\in \boldsymbol{M}_n(\mathbb{F})$.

(a)如果 A 与 B 相似, 那么对每个 $\lambda\in\mathbb{F}$, $A-\lambda I$ 与 $B-\lambda I$ 相似.

(b)如果存在一个 $\lambda\in\mathbb{F}$, 使得$(A-\lambda I)$与$(B-\lambda I)$相似, 那么 A 与 B 相似.

证明 设 $S\in\boldsymbol{M}_n(\mathbb{F})$可逆. 如果 $A=SBS^{-1}$, 那么对所有 $\lambda\in\mathbb{F}$, 都有 $S(B-\lambda I)S^{-1}=SBS^{-1}-\lambda SS^{-1}=A-\lambda I$. 如果存在一个 $\lambda\in\mathbb{F}$, 使得 $A-\lambda I=S(B-\lambda I)S^{-1}$, 那么$A-\lambda I=SBS^{-1}-\lambda SS^{-1}=SBS^{-1}-\lambda I$, 所以 $A=SBS^{-1}$.

换一种方式, 我们可以利用推论 2.4.17(b). 如果 A 与 B 表示同一个线性算子 T, 那么 $A-\lambda I$ 与 $B-\lambda I$ 两者都表示 $T-\lambda I$. 反之, 如果 $A-\lambda I$ 与 $B-\lambda I$ 两者都表示同样的线性算子 T, 那么 A 与 B 都表示 $T+\lambda I$. ■

迹与行列式在相似下也保持不变.

定理 2.4.19 设 A, $B\in\boldsymbol{M}_n(\mathbb{F})$相似. 那么 $\operatorname{tr} A=\operatorname{tr} B$, 且 $\det A=\det B$.

证明 设 $S\in\boldsymbol{M}_n$ 可逆, 且满足 $A=SBS^{-1}$. 那么(0.3.5)确保

$$\operatorname{tr} A = \operatorname{tr} S(BS^{-1}) = \operatorname{tr} (BS^{-1})S = \operatorname{tr} B.$$

行列式的乘积法则确保

$$\det A = \det SBS^{-1} = (\det S)(\det B)(\det S^{-1}) = (\det S)(\det S)^{-1}(\det B) = \det B.$$ ■

由于 $n\times n$ 矩阵 A 与 B 的相似性意味着它们每一个都表示同样的线性算子 T, 因此相似性的下述性质是不言自明的:

自反性 对所有 $A\in\boldsymbol{M}_n(\mathbb{F})$, A 与 A 都相似.

对称性 A 与 B 相似, 当且仅当 B 与 A 相似.

传递性 如果 A 与 B 相似, B 与 C 相似, 那么 A 与 C 相似.

例如, 传递性可以由这样的事实得出: 如果 A 与 B 表示 T, 又如果 B 与 C 也表示 T, 那么 A, B 与 C 都表示 T. 其他的方法见问题 P.2.10.

定义 2.4.20 一对矩阵之间的关系称为**等价关系**(equivalence relation), 如果这个关系是自反的、对称的以及传递的.

要达到这个目标需要很多步骤, 不过为了学习线性代数里这样一个最重要的结论, 花这样大的代价还是值得的. (对于可能不同的基来说)相似矩阵表示同样的线性算子, 所以很期待它们具有许多重要的性质. 这些性质有: 秩, 行列式, 迹, 特征值, 特征多项式, 极小多项式以及 Jordan 标准型. 在下面几章学习这些性质时, 我们会有许多值得期待的 49
东西.

2.5 维数定理

图 2.3 描述了线性变换 T：$\mathcal{V}\to\mathcal{W}$ 的核与值域. 如果 $\mathcal{V}$ 是有限维的，则从定理 2.2.7(b)可以得出 ker T 与 ran T 的维数之间的一个重要关系.

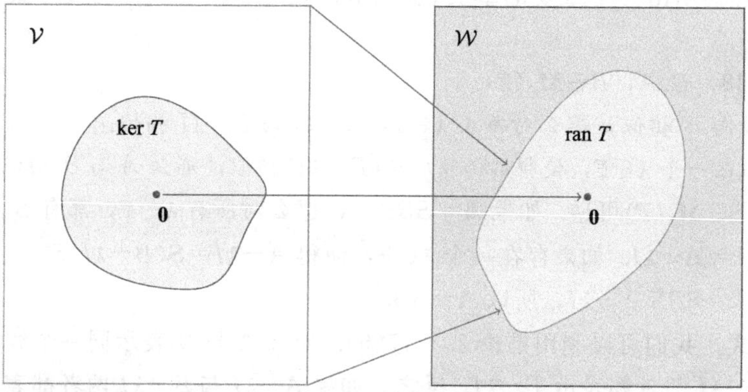

图 2.3 对线性变换 T：$\mathcal{V}\to\mathcal{W}$，$T$ 的值域不一定等于 $\mathcal{W}$，但如果它是映上的，则会出现此种情况. T 的核也不一定就是$\{\mathbf{0}\}$，但如果 T 是一对一的，就会出现这种情况

定理 2.5.1(线性变换的维数定理) *设 $\mathcal{V}$ 与 $\mathcal{W}$ 是同一个域 $\mathbb{F}$ 上的向量空间. 假设 $\mathcal{V}$ 是有限维的，且 $T\in\mathfrak{L}(\mathcal{V},\mathcal{W})$. 那么*

$$\dim\ker T+\dim\operatorname{ran} T=\dim\mathcal{V}. \tag{2.5.2}$$

证明 设 $n=\dim\mathcal{V}$，$k=\dim\ker T$，故而 $0\leqslant k\leqslant n$. 如果 $n=0$ 或者 $k=n$，那就没有什么要证明的了，所以我们可以假设 $0\leqslant k<n$.

如果 $k=0$，设 $\beta=\boldsymbol{w}_1$，$\boldsymbol{w}_2$，…，$\boldsymbol{w}_n$ 是 $\mathcal{V}$ 的一组基. 则定理 2.3.15 确保

$$\operatorname{ran} T=\operatorname{span}\{T\boldsymbol{w}_1,T\boldsymbol{w}_2,\cdots,T\boldsymbol{w}_n\},$$

所以只要证明向量组 $\gamma=T\boldsymbol{w}_1$，$T\boldsymbol{w}_2$，…，$T\boldsymbol{w}_n$ 线性无关就行了. 如果

$$\mathbf{0}=c_1T\boldsymbol{w}_1+c_2T\boldsymbol{w}_2+\cdots+c_nT\boldsymbol{w}_n=T(c_1\boldsymbol{w}_1+c_2\boldsymbol{w}_2+\cdots+c_n\boldsymbol{w}_n),$$

那么 $c_1\boldsymbol{w}_1+c_2\boldsymbol{w}_2+\cdots+c_n\boldsymbol{w}_n\in\ker T=\{\mathbf{0}\}$，故而 β 的线性无关性蕴涵 $c_1=c_2=\cdots=c_n=0$，从而 γ 线性无关.

如果 $k\geqslant1$，设 $\boldsymbol{v}_1$，$\boldsymbol{v}_2$，…，$\boldsymbol{v}_k$ 是 ker T 的一组基，并将它扩充成为 $\mathcal{V}$ 的一组基

$$\beta=\boldsymbol{v}_1,\boldsymbol{v}_2,\cdots,\boldsymbol{v}_k,\boldsymbol{w}_1,\boldsymbol{w}_2,\cdots,\boldsymbol{w}_{n-k}.$$

由于 $T\boldsymbol{v}_1=T\boldsymbol{v}_2=\cdots=T\boldsymbol{v}_k=\mathbf{0}$，因此定理 2.3.15 再次确保

$$\operatorname{ran} T=\operatorname{span}\{T\boldsymbol{v}_1,T\boldsymbol{v}_2,\cdots,T\boldsymbol{v}_k,T\boldsymbol{w}_1,T\boldsymbol{w}_2,\cdots,T\boldsymbol{w}_{n-k}\}$$

50

$$=\operatorname{span}\{T\boldsymbol{w}_1,T\boldsymbol{w}_2,\cdots,T\boldsymbol{w}_{n-k}\}.$$

现在只要证明 $\gamma=T\boldsymbol{w}_1$，$T\boldsymbol{w}_2$，…，$T\boldsymbol{w}_{n-k}$ 线性无关就行了. 如果

$$c_1T\boldsymbol{w}_1+c_2T\boldsymbol{w}_2+\cdots+c_{n-k}T\boldsymbol{w}_{n-k}=\mathbf{0},$$

那么

$$T(c_1 \boldsymbol{w}_1 + c_2 \boldsymbol{w}_2 + \cdots + c_{n-k} \boldsymbol{w}_{n-k}) = \mathbf{0}.$$

于是 $c_1 \boldsymbol{w}_1 + c_2 \boldsymbol{w}_2 + \cdots + c_n \boldsymbol{w}_{n-k} \in \ker T$，故而存在纯量 a_1，a_2，…，a_k，使得

$$c_1 \boldsymbol{w}_1 + c_2 \boldsymbol{w}_2 + \cdots + c_{n-k} \boldsymbol{w}_{n-k} = a_1 \boldsymbol{v}_1 + a_2 \boldsymbol{v}_2 + \cdots + a_k \boldsymbol{v}_k.$$

这样就有

$$c_1 \boldsymbol{w}_1 + c_2 \boldsymbol{w}_2 + \cdots + c_{n-k} \boldsymbol{w}_{n-k} - a_1 \boldsymbol{v}_1 - a_2 \boldsymbol{v}_2 - \cdots - a_k \boldsymbol{v}_k = \mathbf{0},$$

所以 β 的线性无关性蕴涵 $c_1 = c_2 = \cdots = c_{n-k} = a_1 = a_2 = \cdots = a_k = 0$. 我们就推断出 γ 是线性无关的. ■

看起来维数定理最重要的特例是关于有限维向量空间上的线性算子 T 的：T 是一对一的，当且仅当它是映上的. 下面的推论是这一结果的一个稍加推广的结论的正式表述.

推论 2.5.3 设 $\mathcal{V}$ 与 $\mathcal{W}$ 是同一个域 $\mathbb{F}$ 上的有限维向量空间. 假设 $\dim \mathcal{V} = \dim \mathcal{W}$，又设 $T \in \mathfrak{L}(\mathcal{V}, \mathcal{W})$. 那么 $\ker T = \{\mathbf{0}\}$ 当且仅当 $\operatorname{ran} T = \mathcal{W}$.

证明 如果 $\ker T = \{\mathbf{0}\}$，那么 $\dim \ker T = 0$，且(2.5.2)确保 $\dim \operatorname{ran} T = \dim \mathcal{V} = \dim \mathcal{W}$. 但是 $\operatorname{ran} T$ 是 $\mathcal{W}$ 的一个子空间，故而定理 2.2.9 告诉我们 $\operatorname{ran} T = \mathcal{W}$.

反之，如果 $\operatorname{ran} T = \mathcal{W}$，则有 $\dim \operatorname{ran} T = \dim \mathcal{W} = \dim \mathcal{V}$，而(2.5.2)确保 $\dim \ker T = 0$，故而 $\ker T = \{\mathbf{0}\}$. ■

下面是这些结果的矩阵表述形式.

推论 2.5.4(矩阵的维数定理) 设 $A \in \mathbf{M}_{m \times n}(\mathbb{F})$. 那么

$$\dim \operatorname{null} A + \dim \operatorname{col} A = n. \tag{2.5.5}$$

如果 $m = n$，那么 $\operatorname{null} A = \{\mathbf{0}\}$ 当且仅当 $\operatorname{col} A = \mathbb{F}^n$.

证明 将上述定理应用于 A 所诱导的线性变换 T_A：$\mathbb{F}^n \to \mathbb{F}^m$ 即可. ■

矩阵 A 的零空间的维数称为 A 的零度(nullity). 上一个推论表明：A 的零度加上它的秩等于其列数. 51

2.6 问题

P.2.1 设 $\beta = \boldsymbol{u}_1$，$\boldsymbol{u}_2$，…，$\boldsymbol{u}_n$ 是非零的 $\mathbb{F}$-向量空间 $\mathcal{V}$ 的一组基.

(a)如果将任一个向量添加到 β，说明为什么所产生的向量组仍然生成 $\mathcal{V}$，但它不是线性无关的.

(b)如果从 β 中去掉任一个向量，说明为什么所得到的向量组依然线性无关，但它不再生成 $\mathcal{V}$.

P.2.2 回顾例 1.3.11. 证明：集合 $\mathcal{P}_{\text{even}}$ 与 $\mathcal{P}_{\text{odd}}$ 是子空间，因为它们是向量空间 $\mathcal{P}$ 上的线性算子的核.

P.2.3 设 $\mathcal{V}$ 是一个 n 维 $\mathbb{F}$-向量空间，$n \geqslant 2$，又设 $\beta = \boldsymbol{v}_1$，$\boldsymbol{v}_2$，…，$\boldsymbol{v}_r$ 是 $\mathcal{V}$ 中的一列向量，其中 $1 \leqslant r < n$. 证明 β 不生成 $\mathcal{V}$.

P.2.4 设 $\mathcal{U}$，$\mathcal{V}$ 与 $\mathcal{W}$ 是同一个域 $\mathbb{F}$ 上的向量空间. 设 $S \in \mathfrak{L}(\mathcal{U}, \mathcal{V})$ 以及 $T \in \mathfrak{L}(\mathcal{V}, \mathcal{W})$. 用 $(T \circ S)\boldsymbol{u} = T(S\boldsymbol{u})$ 来定义函数 $T \circ S$：$\mathcal{U} \to \mathcal{W}$. 证明 $T \circ S \in \mathfrak{L}(\mathcal{U}, \mathcal{V})$.

P. 2. 5 设 $\mathcal{V}$ 是一个非零的 n 维 $\mathbb{F}$- 向量空间，又设 $T\in\mathcal{L}(\mathcal{V},\mathbb{F})$ 是一个非零的线性变换. 说明为什么 $\dim\ker T=n-1$.

P. 2. 6 设 $n\geqslant 1$，设 $\beta=\boldsymbol{v}_1,\boldsymbol{v}_2,\cdots,\boldsymbol{v}_n$ 以及 $\gamma=\boldsymbol{w}_1,\boldsymbol{w}_2,\cdots,\boldsymbol{w}_n$ 是 $\mathbb{F}^n$ 的基. 定义 $n\times n$ 矩阵 $B=[\boldsymbol{v}_1,\boldsymbol{v}_2,\cdots,\boldsymbol{v}_n]$，$C=[\boldsymbol{w}_1,\boldsymbol{w}_2,\cdots,\boldsymbol{w}_n]$. 设 $S={}_\gamma[I]_\beta$ 是 β-γ 基变换矩阵.

(a)说明为什么 $B=CS$，并推导出 $S=C^{-1}B$.

(b)对于例 2.4.8 中的基 β 与 γ，计算 B，C，$S=C^{-1}B$. 讨论之.

(c)为什么 ${}_\beta[I]_\gamma=B^{-1}C$？

P. 2. 7 设 $\mathcal{V}$ 是有限非零序列组成的复向量空间. 设 T 与 S 是在例 2.3.12 中定义的右平移与左平移算子. 证明 $ST=I$，但是 $TS\neq I$. 这与定理 2.2.19 是否矛盾？讨论之.

P. 2. 8 无须计算(2.4.4)，利用定理 2.2.19 由(2.4.3)推导出(2.4.5).

P. 2. 9 设 $A\in\boldsymbol{M}_n$. 证明：

(a)A 与 I 相似，当且仅当 $A=I$.

(b)A 与 0 相似，当且仅当 $A=0$.

P. 2. 10 利用定义 2.4.16 证明：相似是 $\boldsymbol{M}_n(\mathbb{F})$ 上的等价关系.

P. 2. 11 考虑矩阵

$$A=\begin{bmatrix}1 & 1 & 1\\ 1 & -1 & 2\end{bmatrix}.$$

(a)为什么 $\dim\operatorname{col}A\leqslant 2$？

(b)为什么 $\dim\operatorname{col}A=2$？

(c)利用推论 2.5.4 确定 $\dim\operatorname{null}A$ 的值.

(d)对 $\operatorname{null}A$ 求出一组基，并说明这与例 1.6.2 有何关系.

P. 2. 12 设 $A\in\boldsymbol{M}_n(\mathbb{R})$，$B\in\boldsymbol{M}_n(\mathbb{C})$. 设 $B=X+\mathrm{i}Y$，其中 $X,Y\in\boldsymbol{M}_n(\mathbb{R})$. 如果 $AB=I$，证明 $AX=XA=I$，$Y=0$. 说明为什么一个实方阵有复的逆阵当且仅当它有一个实的逆阵.

P. 2. 13 设 $A\in\boldsymbol{M}_n(\mathbb{F})$. 利用推论 2.5.4 证明：对某个 $\boldsymbol{y}\in\mathbb{F}^n$，线性方程组 $A\boldsymbol{x}=\boldsymbol{y}$ 有唯一解当且仅当对每个 $\boldsymbol{y}\in\mathbb{F}^n$，它都有一个解.

P. 2. 14 设 $A\in\boldsymbol{M}_n(\mathbb{F})$. 利用推论 2.5.4 证明：对每个 $\boldsymbol{y}\in\mathbb{F}^n$，线性方程组 $A\boldsymbol{x}=\boldsymbol{y}$ 都有一个解当且仅当 $\boldsymbol{x}=\boldsymbol{0}$ 是 $A\boldsymbol{x}=\boldsymbol{0}$ 的唯一解.

P. 2. 15 设 $\mathcal{V}=\mathbb{C}^n$ 且 $\mathbb{F}=\mathbb{R}$. 给出 $\mathcal{V}$ 的一组基，并说明为什么 $\dim\mathcal{V}=2n$.

P. 2. 16 设 $\mathcal{V}=\operatorname{span}\{AB-BA:A,B\in\boldsymbol{M}_n\}$.

(a)证明：函数 tr：$\boldsymbol{M}_n\to\mathbb{C}$ 是线性变换.

(b)利用维数定理证明：$\dim\ker\operatorname{tr}=n^2-1$.

(c)证明：$\dim\mathcal{V}=n^2-1$.

52 (d)设 $E_{ij}=\boldsymbol{e}_i\boldsymbol{e}_j^{\mathrm{T}}$，它除了位于 (i,j) 处的元素为 1 之外，其他元素皆为零. 证明：对 $1\leqslant i,j,k,\ell\leqslant n$ 有 $E_{ij}E_{k\ell}=\delta_{jk}E_{i\ell}$. 提示：首先计算 $n=2$.

(e)求 $\mathcal{V}$ 的一组基，并证明 $\mathcal{V}=\ker \operatorname{tr}$. **提示**：首先解决 $n=2$ 的情形.

P.2.17 设 $\mathcal{U}$ 与 $\mathcal{W}$ 是一个有限维向量空间的子空间. 证明：$\mathcal{U}+\mathcal{W}$ 是直和当且仅当 $\dim(\mathcal{U}+\mathcal{W})=\dim\mathcal{U}+\dim\mathcal{W}$.

P.2.18 设 $A\in\mathbf{M}_{m\times k}$，$B\in\mathbf{M}_{k\times n}$. 设 $\mathcal{W}=\operatorname{col}B$，$\mathcal{U}=\operatorname{null}A\cap\mathcal{W}$，$\mathcal{Z}=\operatorname{col}AB$. 令 $\boldsymbol{u}_1$，$\boldsymbol{u}_2$，…，$\boldsymbol{u}_p$ 是 $\mathcal{U}$ 的一组基.

(a)为什么存在向量 $\boldsymbol{w}_1$，$\boldsymbol{w}_2$，…，$\boldsymbol{w}_q$，使得 $\boldsymbol{u}_1$，$\boldsymbol{u}_2$，…，$\boldsymbol{u}_p$，$\boldsymbol{w}_1$，$\boldsymbol{w}_2$，…，$\boldsymbol{w}_q$ 是 $\mathcal{W}$ 的一组基？

(b)证明 $\operatorname{span}\{A\boldsymbol{w}_1, A\boldsymbol{w}_2, \cdots, A\boldsymbol{w}_q\}=\mathcal{Z}$.

(c)证明 $A\boldsymbol{w}_1$，$A\boldsymbol{w}_2$，…，$A\boldsymbol{w}_q$ 线性无关.

(d)导出结论

$$\dim\operatorname{col}AB=\dim\operatorname{col}B-\dim(\operatorname{null}A\cap\operatorname{col}B). \tag{2.6.1}$$

等式(2.6.1)用于问题 P.3.25.

P.2.19 设 $\mathcal{U}_1$，$\mathcal{U}_2$，$\mathcal{U}_3$ 是有限维 $\mathbb{F}$-向量空间 $\mathcal{V}$ 的子空间. 证明

$$\dim(\mathcal{U}_1\cap\mathcal{U}_2\cap\mathcal{U}_3)\geqslant\dim\mathcal{U}_1+\dim\mathcal{U}_2+\dim\mathcal{U}_3-2\dim\mathcal{V}.$$

2.7 一些重要的概念

- 基
- 向量空间的维数
- 作为线性变换的函数
- 线性变换在基上的作用决定它对所有向量的作用
- 线性变换的基表示
- 基变换与矩阵相似性之间的关系
- 关于线性变换以及矩阵的维数定理 53

第3章 分块矩阵

矩阵不只是纯量的阵列，它也可以用多种不同的方式看成子矩阵(分块矩阵)的阵列. 我们探索这一概念，用以解释为什么矩阵的行秩与列秩相等，从而发现一些关于秩的不等式. 我们要讨论分块矩阵的行列式，导出 Cramer 法则以及关于加边矩阵的行列式的 Cauchy 公式. 分块矩阵如何用于归纳法的证明，作为对此的一种阐述，我们要对迹为零的方阵进行刻画(Shoda 定理). Kronecker 乘积则提供了一种构造分块矩阵的方法，它们有许多有意思的性质，我们要在这一章的最后一节里对此进行讨论.

3.1 行与列的分划

设 $\boldsymbol{b}_1$，$\boldsymbol{b}_2$，…，$\boldsymbol{b}_n$ 是 $B\in\boldsymbol{M}_{r\times n}(\mathbb{F})$的列. 表达式

$$B=[\boldsymbol{b}_1\quad \boldsymbol{b}_2\quad \cdots\quad \boldsymbol{b}_n] \tag{3.1.1}$$

是按照列分划的(partitioned according to its columns). 对任何 $\boldsymbol{x}=[x_1\quad x_2\quad \cdots\quad x_n]^{\mathrm{T}}\in\mathbb{F}^n$，计算显示

$$B\boldsymbol{x}=[\boldsymbol{b}_1\quad \boldsymbol{b}_2\quad \cdots\quad \boldsymbol{b}_n]\begin{bmatrix}x_1\\ \vdots\\ x_n\end{bmatrix}=x_1\boldsymbol{b}_n+x_2\boldsymbol{b}_2+\cdots+x_n\boldsymbol{b}_n \tag{3.1.2}$$

是 B 的列的线性组合. 其系数则是 $\boldsymbol{x}$ 的元素.

设 $A\in\boldsymbol{M}_{m\times r}(\mathbb{F})$. 利用 B 的同样的列的分划，把 $AB\in\boldsymbol{M}_{m\times n}(\mathbb{F})$写成

$$AB=[A\boldsymbol{b}_1\quad A\boldsymbol{b}_2\quad \cdots\quad A\boldsymbol{b}_n]. \tag{3.1.3}$$

这个表示将 AB 按照列作了分划，其中每一项都是 A 的列的线性组合. 其系数是 B 对应的列的元素.

等式(3.1.2)是合理的，它是行与列的对象的形式乘积. 为了证明其正确性，我们必须验证左边与右边对应的元素是相同的. 设 $B=[b_{ij}]\in\boldsymbol{M}_{r\times n}(\mathbb{F})$，所以组成 B 的列的向量是

$$\boldsymbol{b}_j=\begin{bmatrix}b_{1j}\\ b_{2j}\\ \vdots\\ b_{rj}\end{bmatrix},\quad j=1,2,\cdots,n.$$

对任何 $r\in\{1,\ 2,\ \cdots,\ r\}$，$B\boldsymbol{x}$ 的第 i 个元素是 $\sum_{k=1}^{n}b_{ik}x_k$. 这等于

$$x_1\boldsymbol{b}_1+x_2\boldsymbol{b}_2+\cdots+x_n\boldsymbol{b}_n$$

的第 i 个元素，它也就是

$$x_1b_{i1}+x_2b_{i2}+\cdots+x_nb_{in}.$$

例 3.1.4 设

$$A=\begin{bmatrix}1&2\\3&4\end{bmatrix},\quad B=\begin{bmatrix}4&5&2\\6&7&1\end{bmatrix}. \tag{3.1.5}$$

$$\boldsymbol{b}_1=\begin{bmatrix}4\\6\end{bmatrix},\quad \boldsymbol{b}_2=\begin{bmatrix}5\\7\end{bmatrix},\quad \boldsymbol{b}_3=\begin{bmatrix}2\\1\end{bmatrix}.$$

在此情形(3.1.3)就是

$$AB=\left[\begin{bmatrix}1&2\\3&4\end{bmatrix}\begin{bmatrix}4\\6\end{bmatrix}\ \begin{bmatrix}1&2\\3&4\end{bmatrix}\begin{bmatrix}5\\7\end{bmatrix}\ \begin{bmatrix}1&2\\3&4\end{bmatrix}\begin{bmatrix}2\\1\end{bmatrix}\right]=\begin{bmatrix}16&19&4\\36&43&10\end{bmatrix}.$$

例 3.1.6 等式(3.1.2)允许我们构造一个矩阵，这个矩阵把$\mathbb{F}^n$的一个给定的基 $\boldsymbol{x}_1$，$\boldsymbol{x}_2$，…，$\boldsymbol{x}_n$ 映射成$\mathbb{F}^n$的另外一个给定的基 $\boldsymbol{y}_1$，$\boldsymbol{y}_2$，…，$\boldsymbol{y}_n$. 矩阵 $X=[\boldsymbol{x}_1, \boldsymbol{x}_2, \cdots, \boldsymbol{x}_n]$与 $Y=[\boldsymbol{y}_1, \boldsymbol{y}_2, \cdots, \boldsymbol{y}_n]$都是可逆的，且对 $i=1, 2, \cdots, n$ 都满足 $X\boldsymbol{e}_i=\boldsymbol{x}_i$，$X^{-1}\boldsymbol{x}_i=\boldsymbol{e}_i$ 以及 $Y\boldsymbol{e}_i=\boldsymbol{y}_i$. 于是对 $i=1, 2, \cdots, n$ 有 $YX^{-1}\boldsymbol{x}_i=Y\boldsymbol{e}_i=\boldsymbol{y}_i$.

例 3.1.7 等式(3.1.3)对如下结论提供了一个短小精悍的证明：$A\in\boldsymbol{M}_n$ 可逆，如果对每个 $y\in\mathbb{F}^n$，$A\boldsymbol{x}=\boldsymbol{y}$ 都是相容的. 根据假设，存在 $\boldsymbol{b}_1$，$\boldsymbol{b}_2$，…，$\boldsymbol{b}_n\in\mathbb{F}^n$，使得对 $i=1$，2，…，n 有 $A\boldsymbol{b}_i=\boldsymbol{e}_i$. 令 $B=[\boldsymbol{b}_1, \boldsymbol{b}_2, \cdots, \boldsymbol{b}_n]$. 那么 $AB=A[\boldsymbol{b}_1, \boldsymbol{b}_2, \cdots, \boldsymbol{b}_n]=[A\boldsymbol{b}_1, A\boldsymbol{b}_2, \cdots, A\boldsymbol{b}_n]=[\boldsymbol{e}_1, \boldsymbol{e}_2, \cdots, \boldsymbol{e}_n]=I$，故而定理 2.2.19 确保 $B=A^{-1}$.

例 3.1.8 我们可以把(3.1.3)与维数定理组合起来给出定理 2.2.19 的另外一个证明. 如果 A，$B\in\boldsymbol{M}_n(\mathbb{F})$且 $AB=I$，那么对每个 $x\in\mathbb{F}^n$，都有 $A(B\boldsymbol{x})=(AB)\boldsymbol{x}=\boldsymbol{x}$. 这样一来. 就有 $\operatorname{col} A=\mathbb{F}^n$，$\dim\operatorname{col} A=n$. 推论 2.5.4 确保 $\dim\operatorname{null} A=0$. 计算给出 $A(I-BA)=A-(AB)A=A-IA=A-A=0$. 由于 $\operatorname{null} A=\{\boldsymbol{0}\}$，(3.1.3)确保 $I-BA$ 的每个列都是零向量. 于是 $BA=I$.

列的分划允许我们对 Cramer 法则给出一个简洁的证明. 尽管这从概念上来看是很精巧的，但是在数值算法上并不建议使用 Cramer 法则.

定理 3.1.9(Cramer 法则) 设 $A=[\boldsymbol{a}_1, \boldsymbol{a}_2, \cdots, \boldsymbol{a}_n]\in\boldsymbol{M}_n$ 是可逆的，令 $y\in\mathbb{C}^n$，用

$$A_i(y)=[\boldsymbol{a}_1\ \cdots\ \boldsymbol{a}_{i-1}\ \boldsymbol{y}\ \boldsymbol{a}_{i+1}\ \cdots\ \boldsymbol{a}_n]\in\boldsymbol{M}_n$$

表示用 $\boldsymbol{y}$ 代替 A 的第 i 列所得到的矩阵. 设 $\boldsymbol{x}=[x_1, x_2, \cdots, x_n]^{\mathrm{T}}$，其中

$$x_1=\frac{\det A_1(\boldsymbol{y})}{\det A},\quad x_2=\frac{\det A_2(\boldsymbol{y})}{\det A},\quad \cdots,\quad x_n=\frac{\det A_n(\boldsymbol{y})}{\det A}. \tag{3.1.10}$$

那么 $\boldsymbol{x}$ 就是 $A\boldsymbol{x}=\boldsymbol{y}$ 的唯一解.

55

证明 设 $\boldsymbol{x}=[x_i]\in\mathbb{C}^n$ 是 $A\boldsymbol{x}=\boldsymbol{y}$ 的唯一解. 对 $i=1, 2, \cdots, n$，令

$$X_i = [\boldsymbol{e}_1 \quad \cdots \quad \boldsymbol{e}_{i-1} \quad \boldsymbol{x} \quad \boldsymbol{e}_{i+1} \quad \cdots \quad \boldsymbol{e}_n] \in \boldsymbol{M}_n$$

表示用 $\boldsymbol{x}$ 代替 I_n 的第 i 列所得到的矩阵. 按照 X_i 的第 i 行作 Laplace 展开，我们得到

$$\det X_i = x_i \det I_{n-1} = x_i.$$

由于对 $j \neq i$ 有 $A\boldsymbol{e}_j = \boldsymbol{a}_j$，且有 $A\boldsymbol{x} = \boldsymbol{y}$，所以

$$\begin{aligned} X_i &= [\boldsymbol{e}_1 \quad \cdots \quad \boldsymbol{e}_{i-1}\, \boldsymbol{x}\, \boldsymbol{e}_{i+1} \quad \cdots \quad \boldsymbol{e}_n] \\ &= [A^{-1}\boldsymbol{a}_1 \quad \cdots \quad A^{-1}\boldsymbol{a}_{i-1}\, A^{-1}\boldsymbol{y}\, A^{-1}\boldsymbol{a}_{i+1} \quad \cdots \quad A^{-1}\boldsymbol{a}_n] \\ &= A^{-1}[\boldsymbol{a}_1 \quad \cdots \quad \boldsymbol{a}_{i-1}\, \boldsymbol{y}\, \boldsymbol{a}_{i+1} \quad \boldsymbol{a}_n] \\ &= A^{-1}A_i(\boldsymbol{y}). \end{aligned}$$

由于 $\det A \neq 0$，因此对 $i=1, 2, \cdots, n$ 有

$$x_i = \det X_i = \det(A^{-1}A_i(\boldsymbol{y})) = \det(A^{-1}) \det A_i(\boldsymbol{y}) \frac{\det A_i(\boldsymbol{y})}{\det A}.$$ ■

例 3.1.11　设

$$A = \begin{bmatrix} 1 & 2 & 3 \\ 8 & 9 & 4 \\ 7 & 6 & 5 \end{bmatrix}, \quad \boldsymbol{x} = \begin{bmatrix} x_1 \\ x_2 \\ x_3 \end{bmatrix}, \quad \boldsymbol{y} = \begin{bmatrix} 2 \\ 2 \\ 2 \end{bmatrix}.$$

由于 $\det A = -48$ 不为零，故 $A\boldsymbol{x} = \boldsymbol{y}$ 有唯一解. 为了作出 A_1，A_2 以及 A_3，用 $\boldsymbol{y}$ 分别代替 A 的第 1、第 2 以及第 3 列得到

$$A_1(\boldsymbol{y}) = \begin{bmatrix} 2 & 2 & 3 \\ 2 & 9 & 4 \\ 2 & 6 & 5 \end{bmatrix}, \quad A_2(\boldsymbol{y}) = \begin{bmatrix} 1 & 2 & 3 \\ 8 & 2 & 4 \\ 7 & 2 & 5 \end{bmatrix}, \quad A_3(\boldsymbol{y}) = \begin{bmatrix} 1 & 2 & 2 \\ 8 & 9 & 2 \\ 7 & 6 & 2 \end{bmatrix}.$$

这样就有

$$\begin{aligned} x_1 &= \frac{\det A_1(\boldsymbol{y})}{\det A} = \frac{20}{-48} = -\frac{5}{12}, \\ x_2 &= \frac{\det A_2(\boldsymbol{y})}{\det A} = \frac{-16}{-48} = \frac{1}{3}, \\ x_3 &= \frac{\det A_3(\boldsymbol{y})}{\det A} = \frac{-28}{-48} = \frac{7}{12}. \end{aligned}$$

对列所做过的事也可以对行来做. 设 $\boldsymbol{a}_1, \boldsymbol{a}_2, \cdots, \boldsymbol{a}_m \in \mathbb{F}^n$，令

56

$$A = \begin{bmatrix} \boldsymbol{a}_1^{\mathrm{T}} \\ \boldsymbol{a}_2^{\mathrm{T}} \\ \vdots \\ \boldsymbol{a}_m^{\mathrm{T}} \end{bmatrix} \in \boldsymbol{M}_{m \times n}(\mathbb{F}). \tag{3.1.12}$$

对任何 $\boldsymbol{x} \in \mathbb{F}^m$，有

$$\boldsymbol{x}^{\mathrm{T}} A = [x_1 x_2 \cdots x_m] \begin{bmatrix} \boldsymbol{a}_1^{\mathrm{T}} \\ \vdots \\ \boldsymbol{a}_m^{\mathrm{T}} \end{bmatrix} = x_1 \boldsymbol{a}_1^{\mathrm{T}} + x_2 \boldsymbol{a}_2^{\mathrm{T}} + \cdots + x_m \boldsymbol{a}_m^{\mathrm{T}} \tag{3.1.13}$$

以及

$$AB=\begin{bmatrix}\boldsymbol{a}_1^{\mathrm{T}}B\\ \vdots \\ \boldsymbol{a}_m^{\mathrm{T}}B\end{bmatrix}. \tag{3.1.14}$$

这些表示对 A 以及 AB 按照它们的行进行了分划，显然，AB 的每一行都是 B 的行的线性组合，该线性组合中的系数就是 A 的对应的行的元素.

例 3.1.15 对于(3.1.5)中的矩阵 A 与 B 有 $\boldsymbol{a}_1^{\mathrm{T}}=[1\quad 2]$以及 $\boldsymbol{a}_2^{\mathrm{T}}=[3\quad 4]$. 在此情形(3.1.14)就是

$$AB=\begin{bmatrix}[1\quad 2]\begin{bmatrix}4 & 5 & 2\\ 6 & 7 & 1\end{bmatrix}\\ [3\quad 4]\begin{bmatrix}4 & 5 & 2\\ 6 & 7 & 1\end{bmatrix}\end{bmatrix}=\begin{bmatrix}16 & 19 & 4\\ 36 & 43 & 10\end{bmatrix}.$$

利用(3.1.12)与(3.1.1)中 A 与 B 的分划，我们有

$$AB=\begin{bmatrix}\boldsymbol{a}_1^{\mathrm{T}}\\ \vdots \\ \boldsymbol{a}_m^{\mathrm{T}}\end{bmatrix}[\boldsymbol{b}_1\quad \boldsymbol{b}_2\quad \cdots\quad \boldsymbol{b}_n]=\begin{bmatrix}\boldsymbol{a}_1^{\mathrm{T}}\boldsymbol{b}_1 & \boldsymbol{a}_1^{\mathrm{T}}\boldsymbol{b}_2 & \cdots & \boldsymbol{a}_1^{\mathrm{T}}\boldsymbol{b}_n\\ \boldsymbol{a}_2^{\mathrm{T}}\boldsymbol{b}_1 & \boldsymbol{a}_2^{\mathrm{T}}\boldsymbol{b}_2 & \cdots & \boldsymbol{a}_2^{\mathrm{T}}\boldsymbol{b}_n\\ \vdots & \vdots & & \vdots\\ \boldsymbol{a}_m^{\mathrm{T}}\boldsymbol{b}_1 & \boldsymbol{a}_m^{\mathrm{T}}\boldsymbol{b}_2 & \cdots & \boldsymbol{a}_m^{\mathrm{T}}\boldsymbol{b}_n\end{bmatrix}\in \boldsymbol{M}_{m\times n}. \tag{3.1.16}$$

(3.1.16)中的纯量 $\boldsymbol{a}_i^{\mathrm{T}}\boldsymbol{b}_j$ 常常称为“内积”，尽管这一术语仅对实矩阵才是严格正确的($\mathbb{C}^n$ 中 $\boldsymbol{b}_j$ 与 $\boldsymbol{a}_i$ 的内积是 $\boldsymbol{a}_i^*\boldsymbol{b}_j$，见例 4.4.3).

例 3.1.17 对于(3.1.5)中的矩阵 A 与 B，等式(3.1.16)是

$$AB=\begin{bmatrix}[1\quad 2]\begin{bmatrix}4\\ 6\end{bmatrix} & [1\quad 2]\begin{bmatrix}5\\ 7\end{bmatrix} & [1\quad 2]\begin{bmatrix}2\\ 1\end{bmatrix}\\ [3\quad 4]\begin{bmatrix}4\\ 6\end{bmatrix} & [3\quad 4]\begin{bmatrix}5\\ 7\end{bmatrix} & [3\quad 4]\begin{bmatrix}2\\ 1\end{bmatrix}\end{bmatrix}=\begin{bmatrix}16 & 19 & 4\\ 36 & 43 & 10\end{bmatrix}.$$

例 3.1.18 如果 $A=[\boldsymbol{a}_1,\ \boldsymbol{a}_2,\ \cdots,\ \boldsymbol{a}_n]\in \boldsymbol{M}_n(\mathbb{R})$，且对所有 $i,\ j=1,\ 2,\ \cdots,\ n$ 都有 $\boldsymbol{a}_j^{\mathrm{T}}\boldsymbol{a}_i=\delta_{ij}$，那么

$$A^{\mathrm{T}}A=\begin{bmatrix}\boldsymbol{a}_1^{\mathrm{T}}\\ \boldsymbol{a}_2^{\mathrm{T}}\\ \vdots \\ \boldsymbol{a}_n^{\mathrm{T}}\end{bmatrix}[\boldsymbol{a}_1\quad \boldsymbol{a}_2\quad \cdots\quad \boldsymbol{a}_n]=\begin{bmatrix}\boldsymbol{a}_1^{\mathrm{T}}\boldsymbol{a}_1 & \boldsymbol{a}_1^{\mathrm{T}}\boldsymbol{a}_2 & \cdots & \boldsymbol{a}_1^{\mathrm{T}}\boldsymbol{a}_n\\ \boldsymbol{a}_2^{\mathrm{T}}\boldsymbol{a}_1 & \boldsymbol{a}_2^{\mathrm{T}}\boldsymbol{a}_2 & \cdots & \boldsymbol{a}_2^{\mathrm{T}}\boldsymbol{a}_n\\ \vdots & \vdots & & \vdots\\ \boldsymbol{a}_n^{\mathrm{T}}\boldsymbol{a}_1 & \boldsymbol{a}_n^{\mathrm{T}}\boldsymbol{a}_2 & \cdots & \boldsymbol{a}_n^{\mathrm{T}}\boldsymbol{a}_n\end{bmatrix}=I.$$

于是，A 可逆且 $A^{-1}=A^{\mathrm{T}}$. 这种类型的矩阵在 6.2 节中加以研究. 57

还有另外一种方法来表示矩阵的乘积. 设 $A\in \boldsymbol{M}_{m\times r}$ 以及 $B\in \boldsymbol{M}_{r\times n}$. 按照列分划 $A=[\boldsymbol{a}_1,\boldsymbol{a}_2,\ \cdots,\ \boldsymbol{a}_r]$，按照行分划 B 给出

$$B=\begin{bmatrix}\boldsymbol{b}_1^{\mathrm{T}}\\\boldsymbol{b}_2^{\mathrm{T}}\\\vdots\\\boldsymbol{b}_r^{\mathrm{T}}\end{bmatrix}.$$

那么

$$AB=[\boldsymbol{a}_1\quad \boldsymbol{a}_2\quad \cdots\quad \boldsymbol{a}_r]\begin{bmatrix}\boldsymbol{b}_1^{\mathrm{T}}\\\vdots\\\boldsymbol{b}_r^{\mathrm{T}}\end{bmatrix}=\boldsymbol{a}_1\boldsymbol{b}_1^{\mathrm{T}}+\boldsymbol{a}_2\boldsymbol{b}_2^{\mathrm{T}}+\cdots+\boldsymbol{a}_r\boldsymbol{b}_r^{\mathrm{T}} \tag{3.1.19}$$

被表示成诸个 $m\times n$ 矩阵之和，其中每个矩阵的秩至多为 1.(3.1.19)中的求和项称为外积(outer product). 这个等式的一个应用见例 9.7.9.

例 3.1.20　对于(3.1.5)中的矩阵 A 与 B，等式(3.1.19)是

$$AB=\begin{bmatrix}1\\3\end{bmatrix}[4\ 5\ 2]+\begin{bmatrix}2\\4\end{bmatrix}[6\ 7\ 1]=\begin{bmatrix}4&5&2\\12&15&6\end{bmatrix}+\begin{bmatrix}12&14&2\\24&28&4\end{bmatrix}=\begin{bmatrix}16&19&4\\36&43&10\end{bmatrix}.$$

等式(3.1.2)引导出一个有用的分块恒等式. 假设每一个 $\boldsymbol{a}_1$，$\boldsymbol{a}_2$，…，$\boldsymbol{a}_r\in\mathbb{C}^n$ 都是 $\boldsymbol{b}_1$，$\boldsymbol{b}_2$，…，$\boldsymbol{b}_m\in\mathbb{C}^n$ 的线性组合. 设 $A=[\boldsymbol{a}_1，\boldsymbol{a}_2，\cdots，\boldsymbol{a}_r]\in\boldsymbol{M}_{n\times r}$，$B=[\boldsymbol{b}_1，\boldsymbol{b}_2，\cdots，\boldsymbol{b}_m]\in\boldsymbol{M}_{n\times m}$. 那么(3.1.2)表明，存在 $\boldsymbol{x}_1$，$\boldsymbol{x}_2$，…，$\boldsymbol{x}_r\in\mathbb{C}^m$，使得 $\boldsymbol{a}_i=B\boldsymbol{x}_i$，对于 $i=1$，2，…，r，这是 B 的列的线性组合. 如果 $X=[\boldsymbol{x}_1，\boldsymbol{x}_2，\cdots，\boldsymbol{x}_r]\in\boldsymbol{M}_{m\times r}$，那么

$$A=BX \tag{3.1.21}$$

说的就是：A 的每个列都是 B 的列的线性组合.

把某些相邻的列组合在一起，并把 $B\in\boldsymbol{M}_{n\times r}$ 表示成分划的形式

$$B=[B_1\quad B_2\quad \cdots\quad B_k]$$

有可能是有用的，其中

$$B_j\in\boldsymbol{M}_{n\times r_j}，\ j=1，2，\cdots，k\quad 且\quad r_1+r_2+\cdots+r_k=r.$$

如果 $A\in\boldsymbol{M}_{m\times n}$，那么 $AB_j\in\boldsymbol{M}_{m\times r_j}$，且

$$AB=[AB_1\quad AB_2\quad \cdots\quad AB_k]. \tag{3.1.22}$$

对行的组合作类似的分划也是可以的.

例 3.1.23　将(3.1.5)中的矩阵 B 分划成

$$B=[B_1\ B_2],\ B_1=\begin{bmatrix}4&5\\6&7\end{bmatrix},\ B_2=\begin{bmatrix}2\\1\end{bmatrix},$$

那么

58

$$AB=[AB_1\quad AB_2]=\left[\begin{bmatrix}1&2\\3&4\end{bmatrix}\begin{bmatrix}4&5\\6&7\end{bmatrix}\ \begin{bmatrix}1&2\\3&4\end{bmatrix}\begin{bmatrix}2\\1\end{bmatrix}\right]=\begin{bmatrix}16&19&4\\36&43&10\end{bmatrix}.$$

例 3.1.24　求逆矩阵的“同步”法可以用分块矩阵的计算得到确证. 如果 $A\in\boldsymbol{M}_n$ 可逆，那么其简化的行梯形阵就是 I. 设 $R=E_kE_{k-1}\cdots E_1$ 是初等矩阵 E_1，E_2，…，E_k 的乘积，这些初等矩阵就是将 A 化为 I 所做的行的初等运算. 这样就有 $RA=I$ 以及 $R=A^{-1}$(定

理 2.2.19). 于是, $R[A\ \ I]=[RA\ \ R]=[I\ \ A^{-1}]$, 所以在将分块矩阵 $[A\ \ I]$ 化简成它的简化的行梯形阵时, 就得到了 A^{-1}.

有关行与列的分划的最后一个结果对于表述行列式的性质提供了一种很方便的方法.

例 3.1.25 设 $A=[\boldsymbol{a}_1, \boldsymbol{a}_2, \cdots, \boldsymbol{a}_n]\in \boldsymbol{M}_n$, 设 $j\in\{1, 2, \cdots, n\}$, 分划 $A=[A_1\ \ \boldsymbol{a}_j\ \ A_2]$, 其中 $A_1=[\boldsymbol{a}_1\ \ \cdots\ \ \boldsymbol{a}_{j-1}]$ (如果 $j=1$ 则不出现), $A_2=[\boldsymbol{a}_{j+1}\ \ \cdots\ \ \boldsymbol{a}_n]$ (如果 $j=n$ 则不出现). 对于 $\boldsymbol{x}_1, \boldsymbol{x}_2, \cdots, \boldsymbol{x}_m\in\mathbb{C}^n$ 以及 $c_1, c_2, \cdots, c_m\in\mathbb{C}$, 我们有

$$\det\left[A_1\ \ \sum_{j=1}^{m}c_j\boldsymbol{x}_j\ \ A_2\right]=\sum_{j=1}^{m}c_j\det\left[A_1\ \ \boldsymbol{x}_j\ \ A_2\right], \tag{3.1.26}$$

它可以用按照第 j 列的子式对行列式作 Laplace 展开进行验证. 等式(3.1.26)蕴涵 $\boldsymbol{x}\mapsto\det[A_1\ \ \boldsymbol{x}\ \ A_2]$ 是 $\boldsymbol{x}$ 的线性函数. 由于 $\det A=\det A^T$, 故而对于行也有一个类似的结果.

3.2 秩

上面的分划与表示不仅是记号性质的工具. 灵活地使用分块矩阵运算有助于对一些重要的概念带来灵感. 例如, 它可以对与 $A\in\boldsymbol{M}_{m\times n}(\mathbb{F})$ 有关的两种子空间导出一个基本的结果. 其一是列空间(见(1.3.8)); 另一种是行空间(row space)

$$\text{row}\,A=\{A^{\mathrm{T}}\boldsymbol{x}: \boldsymbol{x}\in\mathbb{F}^m\}\subseteq\mathbb{F}^n,$$

它是 A^{T} 的列空间.

定理 3.2.1 如果 $A=[\boldsymbol{a}_1, \boldsymbol{a}_2, \cdots, \boldsymbol{a}_n]\in\boldsymbol{M}_{m\times n}(\mathbb{F})$, 那么

$$\dim\text{col}\,A=\dim\text{row}\,A. \tag{3.2.2}$$

证明 如果 $A=0$, 则 col A 与 row A 两者都是零维的. 假设 $A\neq 0$. 表达式(3.1.2)提醒我们有

$$\text{col}\,A=\text{span}\{\boldsymbol{a}_1, \boldsymbol{a}_2, \cdots, \boldsymbol{a}_n\}.$$

设 $\dim\text{col}\,A=r$. 在 $\boldsymbol{a}_1, \boldsymbol{a}_2, \cdots, \boldsymbol{a}_n$ 中有 r 个向量

$$\boldsymbol{a}_{j_1}, \boldsymbol{a}_{j_2}, \cdots, \boldsymbol{a}_{j_r},\ \ 1\leqslant j_1<j_2<\cdots<j_r\leqslant n,$$

它们构成 col A 的一组基, 见定理 2.2.7(a). 设 $B=[\boldsymbol{a}_{j_1}, \boldsymbol{a}_{j_2}, \cdots, \boldsymbol{a}_{j_r}]\in\boldsymbol{M}_{m\times r}$.

由于每个 $\boldsymbol{a}_1, \boldsymbol{a}_2, \cdots, \boldsymbol{a}_n$ 都是 B 的列的线性组合, (3.1.21)确保存在一个 $X\in\boldsymbol{M}_{r\times n}$, 59
使得 $A=BX$. 现在按照它的列来分划 $X^{\mathrm{T}}=[\boldsymbol{u}_1, \boldsymbol{u}_2, \cdots, \boldsymbol{u}_r]\in\boldsymbol{M}_{n\times r}$. 分解式 $A=BX$ 与表达式(3.1.19)允许我们写成

$$A^{\mathrm{T}}=X^{\mathrm{T}}B^{\mathrm{T}}=\boldsymbol{u}_1\boldsymbol{a}_{j_1}^{\mathrm{T}}+\boldsymbol{u}_2\boldsymbol{a}_{j_2}^{\mathrm{T}}+\cdots+\boldsymbol{u}_r\boldsymbol{a}_{j_r}^{\mathrm{T}}.$$

对任何 $\boldsymbol{x}\in\mathbb{F}^m$, 有

$$A^{\mathrm{T}}\boldsymbol{x}=X^{\mathrm{T}}B^{\mathrm{T}}\boldsymbol{x}=(\boldsymbol{a}_{j_1}^{\mathrm{T}}\boldsymbol{x})\boldsymbol{u}_1+(\boldsymbol{a}_{j_2}^{\mathrm{T}}\boldsymbol{x})\boldsymbol{u}_2+\cdots+(\boldsymbol{a}_{j_r}^{\mathrm{T}}\boldsymbol{x})\boldsymbol{u}_r\in\text{span}\{\boldsymbol{u}_1, \boldsymbol{u}_2, \cdots, \boldsymbol{u}_r\},$$

因此

$$\dim\text{row}\,A\leqslant r=\dim\text{col}\,A. \tag{3.2.3}$$

将(3.2.3)应用于 A^{T} 就得到

$$\dim\text{col}\,A=\dim\text{row}(A^{\mathrm{T}})\leqslant\dim\text{col}(A^{\mathrm{T}})=\dim\text{row}\,A. \tag{3.2.4}$$

现在将(3.2.3)与(3.2.4)组合起来就得到(3.2.2). ■

如果 $A\in \boldsymbol{M}_{m\times n}(\mathbb{F})$，那么 rank $A=$dim col A(定义 2.2.6). 上一定理是说 rank A 是 dim row A 与 dim col A 分别作为$\mathbb{F}^n$与$\mathbb{F}^m$的子空间的共同的值. 这些相等的量分别称为 A 的**行秩**(row rank)与**列秩**(column rank).

定理 3.2.1 告诉我们 dim col $A=$dim col A^{T}，所以

$$\operatorname{rank} A=\operatorname{rank} A^{\mathrm{T}}. \tag{3.2.5}$$

推论 3.2.6 设 $A\in \boldsymbol{M}_n(\mathbb{F})$. 那么 A 可逆当且仅当 A^{T} 可逆.

证明 rank $A=$rank A^{T}，所以 rank $A=n$ 当且仅当 rank $A^{\mathrm{T}}=n$. 结论就由推论 2.4.12 得出. ■

由于 dim row $A\leqslant m$ 以及 dim col $A\leqslant n$，因此有上界

$$\operatorname{rank} A\leqslant \min\{m,n\}.$$

这个不等式有可能是严格不等式，也可以是等式.

例 3.2.7 考虑

$$A=\begin{bmatrix}1 & 2 & -1\\ 2 & 4 & -2\end{bmatrix},\quad B=\begin{bmatrix}1 & 2 & 3\\ 4 & 5 & 6\end{bmatrix}.$$

那么 rank $A=1<\min\{2,3\}$，而 rank $B=2=\min\{2,3\}$. A 的行线性相关，而 B 的行线性无关. A 的列线性相关，而 B 的列也线性相关.

定义 3.2.8 如果 $A\in \boldsymbol{M}_{m\times n}(\mathbb{F})$且 rank $A=\min\{m,n\}$，则称 A 是**满秩的**(full rank)；如果 rank $A=n$，则称 A 是**列满秩的**(full column rank)；如果 rank $A=m$，则称 A 是**行满秩的**(full row rank).

如果 A 是列满秩的，则维数定理(推论 2.5.4)确保 null $A=\{\mathbf{0}\}$. 这个结论是如下关于矩阵乘积保持秩不变这一定理的基础. 具有这个性质的乘积在矩阵化简为各种标准型时起
60 着重要的作用.

定理 3.2.9 设 $A\in \boldsymbol{M}_{m\times n}(\mathbb{F})$. 如果 $X\in \boldsymbol{M}_{p\times m}(\mathbb{F})$是列满秩的，而 $Y\in \boldsymbol{M}_{n\times q}(\mathbb{F})$是行满秩的，那么

$$\operatorname{rank} A=\operatorname{rank} XAY. \tag{3.2.10}$$

特别地，如果$X\in \boldsymbol{M}_m(\mathbb{F})$与 $Y\in \boldsymbol{M}_n(\mathbb{F})$都是可逆阵，那么(3.2.10)成立.

证明 首先考虑乘积 $XA\in \boldsymbol{M}_{p\times n}(\mathbb{F})$. 由于 X 是列满秩的，因此维数定理保证了 null $X=\{\mathbf{0}\}$. 如果 $\boldsymbol{u}\in\mathbb{F}^n$，那么$(XA)\boldsymbol{u}=X(A\boldsymbol{u})=\mathbf{0}$ 当且仅当 $A\boldsymbol{u}=\mathbf{0}$. 于是，null $XA=$null A，且维数定理告诉我们 rank $XA=$rank A，这是因为 XA 与 A 有同样的列数. 为了分析乘积$AY\in \boldsymbol{M}_{m\times q}(\mathbb{F})$，考虑它的转置，利用(3.2.5)并应用定理 3.2.1 得到

$$\operatorname{rank} AY=\operatorname{rank}(AY)^{\mathrm{T}}=\operatorname{rank} Y^{\mathrm{T}}A^{\mathrm{T}}=\operatorname{rank} A^{\mathrm{T}}=\operatorname{rank} A.$$ ■

例 3.2.11 如果 $A=[\boldsymbol{a}_1,\boldsymbol{a}_2,\cdots,\boldsymbol{a}_n]\in \boldsymbol{M}_{m\times n}$的列线性无关，且 $X\in \boldsymbol{M}_m$ 可逆，那么 rank $XA=$rank $A=n$. 这意味着 $XA=[X\boldsymbol{a}_1,X\boldsymbol{a}_2,\cdots,X\boldsymbol{a}_n]$的列线性无关.

下面的定理对乘积的秩提供了一个上界，而对增广矩阵的秩提供了一个下界.

定理 3.2.12 如果 $A\in \boldsymbol{M}_{m\times k}$，$B\in \boldsymbol{M}_{k\times n}$，$C\in \boldsymbol{M}_{m\times p}$. 那么

$$\operatorname{rank} AB\leqslant \min\{\operatorname{rank} A,\ \operatorname{rank} B\}, \tag{3.2.13}$$

又 $\operatorname{rank} A=\operatorname{rank} AB$ 成立，当且仅当 $\operatorname{col} A=\operatorname{col} AB$. 又有

$$\max\{\operatorname{rank} A,\ \operatorname{rank} C\}\leqslant \operatorname{rank}[A\ C], \tag{3.2.14}$$

且 $\operatorname{rank} A=\operatorname{rank}[A\ C]$ 成立，当且仅当 $\operatorname{col} A=\operatorname{col} A+\operatorname{col} C$.

证明 由于 $\operatorname{col} AB\subseteq \operatorname{col} A$，因此定理 2.2.9 确保

$$\operatorname{rank} AB=\dim \operatorname{col} AB\leqslant \dim \operatorname{col} A=\operatorname{rank} A,$$

其中的等式当且仅当 $\operatorname{col} A=\operatorname{col} AB$ 时成立. 将此不等式应用于 AB 的转置，得到

$$\operatorname{rank} AB=\operatorname{rank}(AB)^{\mathrm{T}}=\operatorname{rank} B^{\mathrm{T}}A^{\mathrm{T}}\leqslant \operatorname{rank} B^{\mathrm{T}}=\operatorname{rank} B.$$

最后有

$$\operatorname{col} A\subseteq \operatorname{col} A+\operatorname{col} C=\operatorname{col}[A\ \ C],$$

所以定理 2.2.9 确保

$$\operatorname{rank} A=\dim \operatorname{col} A\leqslant \dim \operatorname{col}[A\ \ C]=\operatorname{rank}[A\ \ C],$$

其中的等式当且仅当 $\operatorname{col} A=\operatorname{col} A+\operatorname{col} C$ 时成立. 同样的方法可以证明 $\operatorname{rank} C\leqslant \operatorname{rank}[A\ \ C]$. ■

我们在定理 3.2.1 的证明中引进的分解式有许多应用，对它的性质给出清楚的表述是有用的. 61

定理 3.2.15 设 $A\in \boldsymbol{M}_{m\times n}(\mathbb{F})$，假设 $\operatorname{rank} A=r\geqslant 1$，又设 $X\in \boldsymbol{M}_{m\times r}(\mathbb{F})$ 的列是 $\operatorname{col} A$ 的一组基. 那么：

(a) 存在唯一的 $Y\in \boldsymbol{M}_{r\times n}(\mathbb{F})$，使得 $A=XY$.

(b) $\operatorname{rank} Y=\operatorname{rank} X=r$.

证明 按照列分划 $A=[\boldsymbol{a}_1,\ \boldsymbol{a}_2,\ \cdots,\ \boldsymbol{a}_n]$. 由于 X 的 r 个列是 $\operatorname{col} A$ 的一组基，因此有 $\operatorname{rank} X=r$. 对每个 $i=1,\ 2,\ \cdots,\ n$，存在唯一的 $\boldsymbol{y}_i\in \mathbb{F}^r$，使得 $\boldsymbol{a}_i=X\boldsymbol{y}_i$. 如果 $Y=[\boldsymbol{y}_1,\ \boldsymbol{y}_2,\ \cdots,\ \boldsymbol{y}_n]\in \boldsymbol{M}_{r\times n}(\mathbb{F})$，那么有

$$A=[\boldsymbol{a}_1\ \ \boldsymbol{a}_2\ \ \cdots\ \ \boldsymbol{a}_n]=[X\boldsymbol{y}_1\ \ X\boldsymbol{y}_2\ \ \cdots\ \ X\boldsymbol{y}_n]=X[\boldsymbol{y}_1\ \ \boldsymbol{y}_2\ \ \cdots\ \ \boldsymbol{y}_n]=XY$$

且有 $\operatorname{rank} Y\leqslant r$. 上面的定理确保

$$r=\operatorname{rank}(XY)\leqslant \min\{\operatorname{rank} X,\ \operatorname{rank} Y\}=\min\{r,\ \operatorname{rank} Y\}=\operatorname{rank} Y\leqslant r,$$

从而 $\operatorname{rank} Y=r$. ■

定义 3.2.16 上面定理中描述的分解式 $A=XY$ 称为**满秩分解**(full-rank factorization).

我们可以利用定理 3.2.12 对矩阵幂的秩建立某些结果.

定理 3.2.17 设 $A\in \boldsymbol{M}_n$. 那么：

(a) 对每个 $k=1,\ 2,\ \cdots$ 都有 $\operatorname{rank} A^k\geqslant \operatorname{rank} A^{k+1}$.

(b) 如果 $k\in\{0,\ 1,\ 2,\ \cdots\}$ 且 $\operatorname{rank} A^k=\operatorname{rank} A^{k+1}$，那么对每个 $p\in\{1,\ 2,\ \cdots\}$ 都有 $\operatorname{col} A^k=\operatorname{col} A^{k+p}$ 以及 $\operatorname{rank} A^k=\operatorname{rank} A^{k+p}$.

(c) 如果 A 不可逆，那么 $\operatorname{rank} A\leqslant n-1$，且存在一个最小的正整数 $q\in\{1,\ 2,\ \cdots,\ n\}$ 使得 $\operatorname{rank} A^q=\operatorname{rank} A^{q+1}$.

证明 (a)定理3.2.12确保 $\operatorname{rank} A^{k+1}\leqslant\min\{\operatorname{rank} A,\ \operatorname{rank} A^k\}\leqslant\operatorname{rank} A^k$.

(b)假设 $\operatorname{rank} A^k=\operatorname{rank} A^{k+1}$. 由于 $A^{k+1}=A^kA$，因此定理3.2.12确保

$$\operatorname{col} A^k=\operatorname{col} A^{k+1}. \tag{3.2.18}$$

我们断言：对每个 $p\in\{1,2,\cdots\}$ 都有 $\operatorname{col} A^k=\operatorname{col} A^{k+p}$(从而 $\operatorname{rank} A^k=\operatorname{rank} A^{k+p}$). 为证明此结论，对 p 用归纳法. 基本情形 $p=1$ 就是(3.2.18). 假设 $p\geqslant 1$，且

$$\operatorname{col} A^k=\operatorname{col} A^{k+p}. \tag{3.2.19}$$

设 $\boldsymbol{x},\boldsymbol{y},\boldsymbol{z}\in\mathbb{C}^n$，使得 $A^k\boldsymbol{x}=A^{k+p}\boldsymbol{y}$(归纳假设(3.2.19))，$A^k\boldsymbol{y}=A^{k+1}\boldsymbol{z}$((3.2.18)的基本情形). 这样就有

$$A^k\boldsymbol{x}=A^{k+p}\boldsymbol{y}=A^p(A^k\boldsymbol{y})=A^p(A^{k+1}\boldsymbol{z})=A^{k+p+1}\boldsymbol{z},$$

它表明 $\operatorname{col} A^k\subseteq\operatorname{col} A^{k+p+1}$. 由于 $\operatorname{col} A^{k+p+1}\subseteq\operatorname{col} A^k$，因而得出 $\operatorname{col} A^k=\operatorname{col} A^{k+p+1}$. 这就
62 完成了归纳法的证明.

(c)对每个 $k=1,2,\cdots,n$，或者有 $\operatorname{rank} A^k=\operatorname{rank} A^{k+1}$，或者有 $\operatorname{rank} A^k-\operatorname{rank} A^{k+1}\geqslant 1$. 于是

$$\underbrace{\operatorname{rank} A}_{\leqslant n-1}>\underbrace{\operatorname{rank} A^2}_{\leqslant n-2}>\cdots>\underbrace{\operatorname{rank} A^n}_{\leqslant 0}>\operatorname{rank} A^{n+1}$$

中的严格不等式不可能全都成立. 我们断言：对某个 $k\in\{1,2,\cdots,n\}$，有 $\operatorname{rank} A^k=\operatorname{rank} A^{k+1}$. 设 q 是使得它成立的 k 的最小值. ■

定义 3.2.20 设 $A\in\boldsymbol{M}_n$. 如果 A 可逆，则定义它的**指数**(index)为0. 如果 A 不可逆，则定义它的**指数**是使得 $\operatorname{rank} A^q=\operatorname{rank} A^{q+1}$ 成立的最小正整数 q.

上面的定理确保每一个 $A\in\boldsymbol{M}_n$ 的指数至多为 n. 指数等于 n 的一个例子见问题P.3.22. 我们对可逆矩阵的指数的定义与 $A^0=I$ 以及 $\operatorname{rank} A^0=n$ 这些约定是一致的.

3.3 分块分划与直和

考虑2×2分块分划

$$A=\begin{bmatrix}A_{11} & A_{12}\\ A_{21} & A_{22}\end{bmatrix}\in\boldsymbol{M}_{m\times n}(\mathbb{F}),\quad B=\begin{bmatrix}B_{11} & B_{12}\\ B_{21} & B_{22}\end{bmatrix}\in\boldsymbol{M}_{p\times q}(\mathbb{F}), \tag{3.3.1}$$

其中每个 A_{ij} 是 $m_i\times n_j$ 的，而每个 B_{ij} 则是 $p_i\times q_j$ 的，

$$m_1+m_2=m,\ n_1+n_2=n,\ p_1+p_2=p,\ q_1+q_2=q.$$

为作成 $A+B$，必须有 $m=p$，$n=q$. 为了利用分块矩阵运算来计算

$$A+B=\begin{bmatrix}A_{11}+B_{11} & A_{12}+B_{12}\\ A_{21}+B_{21} & A_{22}+B_{22}\end{bmatrix}.$$

对每个 i 必须有 $m_i=p_i$，$n_i=q_i$. 如果这些条件满足，则分划(3.3.1)称为是**对加法保形的**(conformal for addition).

为了作成 AB，必须有 $n=p$，在此情形 AB 是 $m\times q$ 的. 为了利用分块矩阵运算来计算

$$AB=\begin{bmatrix}A_{11} & A_{12}\\ A_{21} & A_{22}\end{bmatrix}\begin{bmatrix}B_{11} & B_{12}\\ B_{21} & B_{22}\end{bmatrix}=\begin{bmatrix}A_{11}B_{11}+A_{12}B_{21} & A_{11}B_{12}+A_{12}B_{22}\\ A_{21}B_{11}+A_{22}B_{21} & A_{21}B_{12}+A_{22}B_{22}\end{bmatrix},$$

对每个 i 必定有 $n_i=p_i$. 如果这些条件满足，那么分划(3.3.1)是对乘法保形的(conformal for multiplication)，或简称为保形的(conformal).

分划的矩阵(3.3.1)是分块矩阵(block matrix)的例子，子矩阵 A_{ij} 通常称为分块(block). 为记号简单起见，我们叙述 2×2 分块矩阵，但所有这些思想都可以运用到其他保形结构的分块矩阵上去. 例如

$$[A_1\ A_2]\begin{bmatrix}B_1\\B_2\end{bmatrix}=A_1B_1+A_2B_2. \tag{3.3.2}$$

如果各个分划对乘法都是保形的. 下面关于秩的定理对等式(3.3.2)作了探索. 63

定理 3.3.3 设 $A\in M_{m\times k}$，$B\in M_{k\times n}$. 那么

$$\operatorname{rank}A+\operatorname{rank}B-k\leqslant\operatorname{rank}AB. \tag{3.3.4}$$

证明 首先假设 $AB=0$. 如果 $A=0$，那么(3.3.4)等价于(正确的)不等式 $\operatorname{rank}B\leqslant k$. 如果 $\operatorname{rank}A\geqslant1$，则 B 的每一列都在 $\operatorname{null}A$ 之中，所以维数定理告诉我们

$$\operatorname{rank}B=\dim\operatorname{col}B\leqslant\dim\operatorname{null}A=k-\operatorname{rank}A.$$

这样一来，$\operatorname{rank}A+\operatorname{rank}B\leqslant k$，这就证明了 $AB=0$ 情形的结论.

现在假设 $\operatorname{rank}AB=r\geqslant1$，并设 $AB=XY$ 是满秩分解. 设

$$C=[A\ X]\in\boldsymbol{M}_{m\times(k+r)},\quad D=\begin{bmatrix}B\\-Y\end{bmatrix}\in\boldsymbol{M}_{(k+r)\times n}.$$

这样就有 $CD=AB-XY=0$，所以(3.2.14)以及前一种情形确保有

$$\operatorname{rank}A+\operatorname{rank}B\leqslant\operatorname{rank}C+\operatorname{rank}D\leqslant k+r=k+\operatorname{rank}AB.$$ ■

也能对矩阵之和的秩给出上界与下界.

定理 3.3.5 设 A，$B\in\boldsymbol{M}_{m\times n}$. 那么

$$|\operatorname{rank}A-\operatorname{rank}B|\leqslant\operatorname{rank}(A+B)\leqslant\operatorname{rank}A+\operatorname{rank}B. \tag{3.3.6}$$

证明 如果 $A=0$ 或者 $B=0$，那么结论中的不等式成立，所以我们可以假设 $\operatorname{rank}A=r\geqslant1$，$\operatorname{rank}B=s\geqslant1$. 设 $A=X_1Y_1$ 与 $B=X_2Y_2$ 是满秩分解，又设

$$C=[X_1\ X_2]\in\boldsymbol{M}_{m\times(r+s)},\quad D=\begin{bmatrix}Y_1\\Y_2\end{bmatrix}\in\boldsymbol{M}_{(r+s)\times n}.$$

那么 $A+B=X_1Y_1+X_2Y_2=CD$，故而(3.2.13)确保

$$\operatorname{rank}(A+B)=\operatorname{rank}CD\leqslant\min\{\operatorname{rank}C,\ \operatorname{rank}D\}\leqslant\min\{r+s,\ r+s\}=r+s.$$

不等式(3.3.4)说明

$$\operatorname{rank}(A+B)=\operatorname{rank}CD\geqslant\operatorname{rank}C+\operatorname{rank}D-(r+s).$$

由于 $\operatorname{rank}C\geqslant\max\{r,\ s\}$，$\operatorname{rank}D\geqslant\max\{r,\ s\}$(见(3.2.14))，因而不等式对

$$\operatorname{rank}C+\operatorname{rank}D-(r+s)\geqslant r+r-(r+s)=r-s$$

与

$$\operatorname{rank}C+\operatorname{rank}D-(r+s)\geqslant s+s-(r+s)=s-r$$

蕴涵(3.3.6)左边的不等式. ■

例 3.3.7　设 $X\in \boldsymbol{M}_{m\times n}$ 并考虑分块矩阵

64
$$\begin{bmatrix} I_m & X \\ 0 & I_n \end{bmatrix}\in M_{m+n}.$$

那么

$$\begin{bmatrix} I & -X \\ 0 & I \end{bmatrix}\begin{bmatrix} I & X \\ 0 & I \end{bmatrix}=\begin{bmatrix} I & X-X \\ 0 & I \end{bmatrix}=\begin{bmatrix} I & 0 \\ 0 & I \end{bmatrix}=I,$$

从而有

$$\begin{bmatrix} I & X \\ 0 & I \end{bmatrix}^{-1}=\begin{bmatrix} I & -X \\ 0 & I \end{bmatrix}. \tag{3.3.8}$$

下面的例子给出(3.3.8)的一个推广.

例 3.3.9　考虑 2×2 分块矩阵

$$\begin{bmatrix} Y & X \\ 0 & Z \end{bmatrix}, \tag{3.3.10}$$

其中 $Y\in \boldsymbol{M}_n$ 与 $Z\in \boldsymbol{M}_m$ 可逆. 这样就有

$$\begin{bmatrix} Y & X \\ 0 & Z \end{bmatrix}^{-1}=\begin{bmatrix} Y^{-1} & -Y^{-1}XZ^{-1} \\ 0 & Z^{-1} \end{bmatrix}, \tag{3.3.11}$$

它可以通过分块矩阵乘法加以验证:

$$\begin{bmatrix} Y & X \\ 0 & Z \end{bmatrix}\begin{bmatrix} Y^{-1} & -Y^{-1}XZ^{-1} \\ 0 & Z^{-1} \end{bmatrix}=\begin{bmatrix} YY^{-1} & Y(-Y^{-1}XZ^{-1})+XZ^{-1} \\ 0 & ZZ^{-1} \end{bmatrix}=I.$$

等式(3.3.11)蕴涵关于上三角阵一个有用的事实.

定理 3.3.12　*设 $n\geqslant 2$, 并假设 $A=[a_{ij}]\in \boldsymbol{M}_n$ 是上三角的, 且对角元素不为零. 那么 A 可逆, 它的逆也是上三角的, A^{-1} 的对角元素依次是 a_{11}^{-1}, a_{22}^{-1}, …, a_{nn}^{-1}.*

证明　对 n 用归纳法. 在基础情形 $n=2$, 等式(3.3.11)确保

$$\begin{bmatrix} a_{11} & a_{12} \\ 0 & a_{22} \end{bmatrix}^{-1}=\begin{bmatrix} a_{11}^{-1} & \star \\ 0 & a_{22}^{-1} \end{bmatrix},$$

它是上三角的, 且有结论中所说的对角元素. 符号$\star$表示一个元素或者一个分块, 它的值与讨论无关. 对于归纳步骤, 设 $n\geqslant 3$, 并假设对角元素不为零且阶小于 n 的每个上三角阵都有逆阵, 其逆阵是上三角的, 且有结论中所说的对角元素. 设 $A\in \boldsymbol{M}_n$, 并将它分划成

$$A=\begin{bmatrix} B & \star \\ 0 & a_{nn} \end{bmatrix},$$

其中 $B\in \boldsymbol{M}_{n-1}$. 由(3.3.11)得出

65
$$A^{-1}=\begin{bmatrix} B^{-1} & \star \\ 0 & a_{nn}^{-1} \end{bmatrix}.$$

归纳假设确保 B^{-1} 是上三角的, 且有结论中所说的对角元素. 于是, A^{-1} 是上三角的, 且有结论中所说的对角元素. ∎

等式(3.3.8)可以导出 2×2 分块上三角阵的一个极其有用的相似性.

定理 3.3.13 设 $B\in\boldsymbol{M}_m$, C, $X\in\boldsymbol{M}_{m\times n}$, $D\in\boldsymbol{M}_n$. 那么

$$\begin{bmatrix} B & C \\ 0 & D \end{bmatrix} \text{ 相似于 } \begin{bmatrix} B & C+XD-BX \\ 0 & D \end{bmatrix}. \tag{3.3.14}$$

证明 利用(3.3.8)并计算相似矩阵

$$\begin{bmatrix} I & X \\ 0 & I \end{bmatrix}\begin{bmatrix} B & C \\ 0 & D \end{bmatrix}\begin{bmatrix} I & -X \\ 0 & I \end{bmatrix}=\begin{bmatrix} B & C+XD-BX \\ 0 & D \end{bmatrix}.$$ ■

例 3.3.15 如果 $A\in\boldsymbol{M}_n(\mathbb{F})$, $\boldsymbol{x}$, $\boldsymbol{y}\in\mathbb{F}^n$ 以及 $c\in\mathbb{F}$, 那么

$$\begin{bmatrix} c & \boldsymbol{x}^{\mathrm{T}} \\ \boldsymbol{y} & A \end{bmatrix},\ \begin{bmatrix} \boldsymbol{x}^{\mathrm{T}} & c \\ A & \boldsymbol{y} \end{bmatrix},\ \begin{bmatrix} A & \boldsymbol{x} \\ \boldsymbol{y}^{\mathrm{T}} & c \end{bmatrix} \text{ 以及 } \begin{bmatrix} \boldsymbol{x} & A \\ c & \boldsymbol{y}^{\mathrm{T}} \end{bmatrix} \tag{3.3.16}$$

是加边矩阵(bordered matrix). 它们是对 A 加边(bordering)得到的.

例 3.3.17 分块矩阵的转置以及共轭转置(伴随)运算如下:

$$\begin{bmatrix} A_{11} & A_{12} \\ A_{21} & A_{22} \end{bmatrix}^{\mathrm{T}}=\begin{bmatrix} A_{11}^{\mathrm{T}} & A_{21}^{\mathrm{T}} \\ A_{12}^{\mathrm{T}} & A_{22}^{\mathrm{T}} \end{bmatrix},\quad \begin{bmatrix} A_{11} & A_{12} \\ A_{21} & A_{22} \end{bmatrix}^{*}=\begin{bmatrix} A_{11}^{*} & A_{21}^{*} \\ A_{12}^{*} & A_{22}^{*} \end{bmatrix}.$$

如果 $A=[A_{ij}]$是 $m\times n$ 分块矩阵, 那么就有

$$\begin{bmatrix} A_{11} & A_{12} & \cdots & A_{1n} \\ A_{21} & A_{22} & \cdots & A_{2n} \\ \vdots & \vdots & & \vdots \\ A_{m1} & A_{m2} & \cdots & A_{mn} \end{bmatrix}^{\mathrm{T}}=\begin{bmatrix} A_{11}^{\mathrm{T}} & A_{21}^{\mathrm{T}} & \cdots & A_{m1}^{\mathrm{T}} \\ A_{12}^{\mathrm{T}} & A_{22}^{\mathrm{T}} & \cdots & A_{m2}^{\mathrm{T}} \\ \vdots & \vdots & & \vdots \\ A_{1n}^{\mathrm{T}} & A_{2n}^{\mathrm{T}} & \cdots & A_{mn}^{\mathrm{T}} \end{bmatrix}$$

以及

$$\begin{bmatrix} A_{11} & A_{12} & \cdots & A_{1n} \\ A_{21} & A_{22} & \cdots & A_{2n} \\ \vdots & \vdots & & \vdots \\ A_{m1} & A_{m2} & \cdots & A_{mn} \end{bmatrix}^{*}=\begin{bmatrix} A_{11}^{*} & A_{21}^{*} & \cdots & A_{m1}^{*} \\ A_{12}^{*} & A_{22}^{*} & \cdots & A_{m2}^{*} \\ \vdots & \vdots & & \vdots \\ A_{1n}^{*} & A_{2n}^{*} & \cdots & A_{mn}^{*} \end{bmatrix}.$$

方阵的直和(direct sum)是一种分块对角的(block diagonal)分块矩阵, 也就是说, 每个位于对角线外的分块都是零:

$$A\oplus B=\begin{bmatrix} A & 0 \\ 0 & B \end{bmatrix},\ A_{11}\oplus A_{22}\oplus\cdots\oplus A_{kk}=\begin{bmatrix} A_{11} & & \\ & \ddots & \\ & & A_{kk} \end{bmatrix}. \tag{3.3.18}$$ 66

(3.3.18)中的矩阵 A_{11}, A_{22}, …, A_{kk} 称为直和项(direct summand). 约定: 如果一个直和项的阶为零, 那么就从直和中去掉它. 对任何纯量 λ_1, λ_2, …, λ_n, 1×1 矩阵的直和

$$[\lambda_1]\oplus[\lambda_2]\oplus\cdots\oplus[\lambda_n]$$

常写成

$$\mathrm{diag}(\lambda_1, \lambda_2, \cdots, \lambda_n) = \begin{bmatrix} \lambda_1 & & \\ & \ddots & \\ & & \lambda_n \end{bmatrix} \in \boldsymbol{M}_n.$$

保形分划的直和的线性组合以及乘积全都作用在每个分块上，它们的幂以及多项式亦如此. 设 A, B, C, D 是适当大小的矩阵，令 a, b 是纯量，k 是整数，而 p 是多项式.

(a) $a(A\oplus B)+b(C\oplus D)=(aA+bC)\oplus(aB+bD)$.

(b) $(A\oplus B)(C\oplus D)=AC\oplus BD$.

(c) $(A\oplus B)^k=A^k\oplus B^k$.

(d) $p(A\oplus B)=p(A)\oplus p(B)$.

下面关于用对角阵作左乘与右乘的结论在矩阵运算中时常出现. 设 $A\in\boldsymbol{M}_{m\times n}$ 按照它的元素、列以及行表示成

$$A=[a_{ij}]=[\boldsymbol{c}_1 \quad \boldsymbol{c}_2 \quad \cdots \quad \boldsymbol{c}_n]=\begin{bmatrix} \boldsymbol{r}_1^{\mathrm{T}} \\ \vdots \\ \boldsymbol{r}_m^{\mathrm{T}} \end{bmatrix} \in \boldsymbol{M}_{m\times n}.$$

设 $\Lambda=\mathrm{diag}(\lambda_1, \lambda_2, \cdots, \lambda_n)$, $M=\mathrm{diag}(\mu_1, \mu_2, \cdots, \mu_m)$. 那么就有

$$A\Lambda=[\lambda_j a_{ij}]=[\lambda_1\boldsymbol{c}_1 \quad \lambda_2\boldsymbol{c}_2 \quad \cdots \quad \lambda_n\boldsymbol{c}_n] \tag{3.3.19}$$

以及

$$MA=[\mu_i a_{ij}]=\begin{bmatrix} \mu_1\boldsymbol{r}_1^{\mathrm{T}} \\ \vdots \\ \mu_m\boldsymbol{r}_m^{\mathrm{T}} \end{bmatrix}. \tag{3.3.20}$$

于是，用一个对角阵 Λ *右乘* A 相当于用 Λ 对应的对角元素乘以 A 的列，而用一个对角阵 M *左乘* A 相当于用 M 对应的对角元素乘以 A 的行.

我们称 k 个纯量是相异的(distinct)，如果只要 $i\neq j$ 就有 $\lambda_i\neq\lambda_j$. 下面关于交换分块矩阵的引理在一些重要的结果中处于核心位置.

引理 3.3.21 设 $\lambda_1, \lambda_2, \cdots, \lambda_k$ 是纯量，而 $\Lambda=\lambda_1 I_{n_1}\oplus\lambda_2 I_{n_2}\oplus\cdots\oplus\lambda_k I_{n_k}\in\boldsymbol{M}_n$. 将分
67 块 $k\times k$ 矩阵 $A=[a_{ij}]\in\boldsymbol{M}_n$ 与 Λ 保形地分划行与列，故而每一个 $A_{ij}\in\boldsymbol{M}_{n_i\times n_j}$.

(a) 如果 A 是分块对角的，那么 $A\Lambda=\Lambda A$.

(b) 如果 $A\Lambda=\Lambda A$，且 $\lambda_1, \lambda_2, \cdots, \lambda_k$ 是相异的，那么 A 是分块对角的.

证明 利用(3.3.19)与(3.3.20)计算

$$A\Lambda=\begin{bmatrix} A_{11} & \cdots & A_{1k} \\ \vdots & & \vdots \\ A_{k1} & \cdots & A_{kk} \end{bmatrix}\begin{bmatrix} \lambda_1 I_{n_1} & & \\ & \ddots & \\ & & \lambda_k I_{n_k} \end{bmatrix}=\begin{bmatrix} \lambda_1 A_{11} & \cdots & \lambda_k A_{1k} \\ \vdots & & \vdots \\ \lambda_1 A_{k1} & \cdots & \lambda_k A_{kk} \end{bmatrix},$$

$$\Lambda A=\begin{bmatrix} \lambda_1 I_{n_1} & & \\ & \ddots & \\ & & \lambda_k I_{n_k} \end{bmatrix}\begin{bmatrix} A_{11} & \cdots & A_{1k} \\ \vdots & & \vdots \\ A_{k1} & \cdots & A_{kk} \end{bmatrix}=\begin{bmatrix} \lambda_1 A_{11} & \cdots & \lambda_k A_{1k} \\ \vdots & & \vdots \\ \lambda_1 A_{k1} & \cdots & \lambda_k A_{kk} \end{bmatrix}.$$

如果 A 是分块对角的，那么对 $i\neq j$ 有 $A_{ij}=0$，且上面的计算确认有 $A\Lambda=\Lambda A$. 如果 $A\Lambda=\Lambda A$，那么 $\lambda_j A_{ij}=\lambda_i A_{ij}$，从而对 $1\leqslant i,\ j\leqslant k$ 有 $(\lambda_i-\lambda_j)A_{ij}=0$. 如果 $\lambda_i-\lambda_j\neq 0$，那么 $A_{ij}=0$. 于是，如果 $\lambda_1,\lambda_2,\cdots,\lambda_k$ 是相异的，那么对角线之外的分块均为零矩阵. ■

例 3.3.22 引理 3.3.21(b)中假设的 $\lambda_1,\lambda_2,\cdots,\lambda_k$ 是相异的这一点至关重要. 的确，如果 $\lambda_1=\lambda_2=\cdots=\lambda_k=1$，那么 $\Lambda=I$ 与每个 $A\in\boldsymbol{M}_k$ 可交换. 在此情形，$A\Lambda=\Lambda A$ 并不能说明 A 就是与 Λ 保形分划的分块对角阵.

线性代数里的一个基本原理是：有限维向量空间中一列线性无关的向量可以拓展成为一组基，见定理 2.2.7(b). 这个原理的下述分块矩阵形式是矩阵论的一个原动力.

定理 3.3.23 如果 $X\in\boldsymbol{M}_{m\times n}(\mathbb{F})$，且 $\operatorname{rank} X=n<m$，那么存在一个 $X'\in\boldsymbol{M}_{m\times(m-n)}(\mathbb{F})$，使得 $A=[X X']\in\boldsymbol{M}_m(\mathbb{F})$ 是可逆的.

证明 按照其列分划 $X=[\boldsymbol{x}_1\ \ \boldsymbol{x}_2\ \ \cdots\ \ \boldsymbol{x}_n]$. 由于 $\operatorname{rank} X=n$，故而向量 $\boldsymbol{x}_1,\boldsymbol{x}_2,\cdots,\boldsymbol{x}_n\in\mathbb{F}^m$ 线性无关. 定理 2.2.7(b)是说，存在向量 $\boldsymbol{x}_{n+1},\boldsymbol{x}_{n+2},\cdots,\boldsymbol{x}_m\in\mathbb{F}^m$，使得向量组 $\boldsymbol{x}_1,\boldsymbol{x}_2,\cdots,\boldsymbol{x}_n,\boldsymbol{x}_{n+1},\boldsymbol{x}_{n+2},\cdots,\boldsymbol{x}_m$ 是$\mathbb{F}^m$的一组基. 推论 2.4.11 确保

$$A=[\boldsymbol{x}_1\ \ \boldsymbol{x}_2\ \ \cdots\ \ \boldsymbol{x}_n\ \ \boldsymbol{x}_{n+1}\ \ \boldsymbol{x}_{n+2}\ \ \cdots\ \ \boldsymbol{x}_m]\in\boldsymbol{M}_n(\mathbb{F})$$

是可逆的. 设 $X'=[\boldsymbol{x}_{n+1}\ \ \boldsymbol{x}_{n+2}\ \ \cdots\ \ \boldsymbol{x}_m]$，从而 $A=[X\ X']$. ■

3.4 分块矩阵的行列式

对角阵或者三角阵的行列式是它主对角线上元素的乘积，这个结论可以推广到分块对角的或者分块三角的矩阵. 关键的思想在于一个关于方阵与单位阵直和的行列式等式. 68

引理 3.4.1 设 $A\in\boldsymbol{M}_m$，且 $n\in\{0,1,2,\cdots\}$. 那么

$$\det\begin{bmatrix}I_n & 0\\ 0 & A\end{bmatrix}=\det A=\det\begin{bmatrix}A & 0\\ 0 & I_n\end{bmatrix}.$$

证明 设

$$B_n=\begin{bmatrix}I_n & 0\\ 0 & A\end{bmatrix},\quad C_n=\begin{bmatrix}A & 0\\ 0 & I_n\end{bmatrix}.$$

设 S_n 代表命题 $\det B_n=\det A=\det C_n$，下面用归纳法. 在基本情形 $n=0$，由于 $B_0=A=C_0$，故而没有什么要证明的. 对于归纳步骤，我们假设 S_n 为真，并注意到

$$\det B_{n+1}=\det\begin{bmatrix}I_{n+1} & 0\\ 0 & A\end{bmatrix}=\det\begin{bmatrix}1 & 0 & 0\\ 0 & I_n & 0\\ 0 & 0 & A\end{bmatrix}=\det\begin{bmatrix}1 & 0\\ 0 & B_n\end{bmatrix}\tag{3.4.2}$$

以及

$$\det C_{n+1}=\det\begin{bmatrix}A & 0\\ 0 & I_{n+1}\end{bmatrix}=\det\begin{bmatrix}A & 0 & 0\\ 0 & I_n & 0\\ 0 & 0 & 1\end{bmatrix}=\det\begin{bmatrix}C_n & 0\\ 0 & 1\end{bmatrix}.\tag{3.4.3}$$

对(3.4.2)中最后的行列式按照第一行的子式作 Laplace 展开(见 0.5 节)，其中仅有一

个求和项有非零的系数：

$$\det\begin{bmatrix}1 & 0\\ 0 & B_n\end{bmatrix}=1\cdot(-1)^{1+1}\det B_n=\det B_n.$$

对(3.4.3)中最后的行列式按照最后一行的子式作 Laplace 展开，其中仅有一个求和项有非零的系数：

$$\det\begin{bmatrix}C_n & 0\\ 0 & 1\end{bmatrix}=1\cdot(-1)^{(n+1)+(n+1)}\det C_n=\det C_n.$$

归纳假设确保 $\det B_n=\det A=\det C_n$，所以我们得出 $\det B_{n+1}=\det A=\det C_{n+1}$. 这就完成了归纳法的证明. ■

定理 3.4.4　设 $A\in \boldsymbol{M}_r$，$B\in \boldsymbol{M}_{r\times(n-r)}$，$D\in \boldsymbol{M}_{n-r}$. 那么

$$\det\begin{bmatrix}A & B\\ 0 & D\end{bmatrix}=(\det A)(\det D).$$

证明　记

$$\begin{bmatrix}A & B\\ 0 & D\end{bmatrix}=\begin{bmatrix}I_r & 0\\ 0 & D\end{bmatrix}\begin{bmatrix}I_r & B\\ 0 & I_{n-r}\end{bmatrix}\begin{bmatrix}A & 0\\ 0 & I_{n-r}\end{bmatrix}$$

并利用行列式的乘积法则：

69

$$\det\begin{bmatrix}A & B\\ 0 & D\end{bmatrix}=\left(\det\begin{bmatrix}I_r & 0\\ 0 & D\end{bmatrix}\right)\left(\det\begin{bmatrix}I_r & B\\ 0 & I_{n-r}\end{bmatrix}\right)\left(\det\begin{bmatrix}A & 0\\ 0 & I_{n-r}\end{bmatrix}\right).$$

上一个引理确保这个乘积中的第一和最后一个因子分别是 $\det D$ 与 $\det A$. 中间因子的矩阵是上三角阵，它的每一个主对角线上的元素都是 1，所以它的行列式为 1. ■

分块高斯消元法描述了分块矩阵技巧的用途. 假设

$$M=\begin{bmatrix}A & B\\ C & D\end{bmatrix}\in \boldsymbol{M}_n,\ A\in \boldsymbol{M}_r,\ D\in \boldsymbol{M}_{n-r},\tag{3.4.5}$$

进一步假设 A 可逆. 计算

$$\begin{bmatrix}I_r & 0\\ -CA^{-1} & I_{n-r}\end{bmatrix}\begin{bmatrix}A & B\\ C & D\end{bmatrix}=\begin{bmatrix}A & B\\ 0 & D-CA^{-1}B\end{bmatrix}\tag{3.4.6}$$

通过用一个行列式为 1 的矩阵左乘而把分块矩阵 M 变换成一个分块上三角形式. 对(3.4.6)应用定理 3.4.4 以及行列式的乘法法则，有

$$\det\begin{bmatrix}A & B\\ C & D\end{bmatrix}=\det\begin{bmatrix}A & B\\ 0 & D-CA^{-1}B\end{bmatrix}=(\det A)\det(D-CA^{-1}B).\tag{3.4.7}$$

表达式

$$M/A=D-CA^{-1}B.\tag{3.4.8}$$

称为 A 在 M 中的 Schur 补(Schur complement)，而等式

$$\det\begin{bmatrix}A & B\\ C & D\end{bmatrix}=(\det A)\det(M/A).\tag{3.4.9}$$

则称为 Schur 行列式公式(Schur determinant formula). 它使得我们可以通过计算两个较小的矩阵的行列式来计算一个大的分块矩阵的行列式，只要某个确定的子矩阵可逆即可. D 在 M 中的 Schur 补可以用类似的方式定义，见问题 P.3.7.

例 3.4.10 设 $A\in \boldsymbol{M}_n$，$\boldsymbol{x}$，$\boldsymbol{y}\in \mathbb{C}^n$，设 c 是一个非零的纯量. 则加边矩阵的行列式的简化公式(reduction formula)

$$\det\begin{bmatrix} c & \boldsymbol{x}^{\mathrm{T}} \\ \boldsymbol{y} & A \end{bmatrix}=c\det\left(A-\frac{1}{c}\boldsymbol{y}\boldsymbol{x}^{\mathrm{T}}\right). \tag{3.4.11}$$

是(3.4.7)的特殊情形.

例 3.4.12 设 $A\in \boldsymbol{M}_n$ 可逆，$\boldsymbol{x}$，$\boldsymbol{y}\in \mathbb{C}^n$，令 c 是一个纯量. 则关于加边矩阵的行列式的 Cauchy 展开式(Cauchy expansion)

$$\det\begin{bmatrix} A & \boldsymbol{x} \\ \boldsymbol{y}^{\mathrm{T}} & c \end{bmatrix}=(c-\boldsymbol{y}^{\mathrm{T}}A^{-1}\boldsymbol{x})\det A. \tag{3.4.13}$$

$$=c\det A-\boldsymbol{y}^{\mathrm{T}}(\operatorname{adj} A)\boldsymbol{x}. \tag{3.4.14}$$ 70

也是(3.4.7)的特殊情形. 即使当 A 不可逆时，公式(3.4.14)也依然成立，见(0.5.2).

我们关心将一般矩阵变换成分块三角阵的算法，因为有许多计算性的问题在经过这样的变换之后更容易求解. 例如，如果需要解一个线性方程组 $A\boldsymbol{x}=\boldsymbol{b}$，而如果 A 有分块三角的形式

$$A=\begin{bmatrix} A_{11} & A_{12} \\ 0 & A_{22} \end{bmatrix},$$

与 A 保形地分划向量 $\boldsymbol{x}=[\boldsymbol{x}_1^{\mathrm{T}} \quad \boldsymbol{x}_2^{\mathrm{T}}]^{\mathrm{T}}$ 以及 $\boldsymbol{b}=[\boldsymbol{b}_1^{\mathrm{T}} \quad \boldsymbol{b}_2^{\mathrm{T}}]^{\mathrm{T}}$，并将方程组写成一对更小一些的方程组：

$$A_{11}\boldsymbol{x}_1=\boldsymbol{b}_1-A_{12}\boldsymbol{x}_2$$

$$A_{22}\boldsymbol{x}_2=\boldsymbol{b}_2.$$

首先对 $\boldsymbol{x}_2$ 求解 $A_{22}\boldsymbol{x}_2=\boldsymbol{b}_2$，然后再解 $A_{11}\boldsymbol{x}_1=\boldsymbol{b}_1-A_{12}\boldsymbol{x}_2$.

3.5 换位子与 Shoda 定理

如果 T 与 S 是向量空间 $\mathcal{V}$ 上的线性算子，则它们的交换子(commutator)是线性算子 $[T, S]=TS-ST$. 如果 A，$B\in \boldsymbol{M}_n$，则它们的交换子是矩阵$[A, B]=AB-BA$. 算子的交换子是零，当且仅当算子可交换，所以，如果我们想要理解非交换矩阵或者非交换算子有何关系，可以首先研究它们的交换子.

例 3.5.1 在一维量子力学里，$\mathcal{V}$ 是 x(位置)与 t(时间)的适当可微复值函数构成的向量空间. 位置算子(position operator) T 由 $(Tf)(x, t)=xf(x, t)$ 定义，而动量算子(momentum operator)则由 $(Sf)(x, t)=-\mathrm{i}\hbar\frac{\partial}{\partial x}f(x, t)$ 来定义($\hbar$ 是一个物理常数). 计算

$$TSf=x\left(-\mathrm{i}\hbar\frac{\partial f}{\partial x}\right)=-\mathrm{i}\hbar x\frac{\partial f}{\partial x},$$

$$STf=-\mathrm{i}\hbar\frac{\partial}{\partial x}(xf)=-\mathrm{i}\hbar x\frac{\partial f}{\partial x}-\mathrm{i}\hbar f.$$

对所有 $f\in\mathcal{V}$ 有 $(TS-ST)f=\mathrm{i}\hbar f$，也就是说，

$$TS-ST=\mathrm{i}\hbar I.$$

已知这个交换子等式蕴涵 Heisenberg 测不准原理(Heisenberg Uncertainty Principle)，

71 该原理是说：在一维量子力学系统中，同时精确测定位置与动量是不可能的.

位置与动量算子的交换子是单位元的一个非零的纯量倍数，但是这对矩阵是不可能发生的. 如果 A，$B\in\mathbf{M}_n$，那么(0.3.5)确保

$$\operatorname{tr}(AB-BA)=\operatorname{tr}AB-\operatorname{tr}BA=\operatorname{tr}AB-\operatorname{tr}AB=0. \tag{3.5.2}$$

然而，如果 $c\neq0$，则 $\operatorname{tr}(cI_n)=nc\neq0$. 故而非零的纯量矩阵不可能是交换子.

我们怎样来决定一个给定的矩阵是否是交换子呢？它的迹必须为零，但这是必要条件也是充分条件吗？下面的引理是通向证明此结论为真的第一步.

引理 3.5.3 设 $A\in\mathbf{M}_n(\mathbb{F})$，并假设 $n\geqslant2$. 向量组 $\boldsymbol{x}$，$A\boldsymbol{x}$ 对所有 $\boldsymbol{x}\in\mathbb{F}^n$ 都是线性相关的，当且仅当 A 是纯量矩阵.

证明 如果对某个 $c\in\mathbb{F}$ 有 $A=cI_n$，那么向量组 $\boldsymbol{x}$，$A\boldsymbol{x}$ 等于 $\boldsymbol{x}$，$c\boldsymbol{x}$. 对所有 $\boldsymbol{x}\in\mathbb{F}^n$ 它都是线性相关的. 反之，假设向量组 $\boldsymbol{x}$，$A\boldsymbol{x}$ 对所有 $\boldsymbol{x}\in\mathbb{F}^n$ 都是线性相关的. 由于对每个 $i=1,2,\cdots,n$，向量组 $\boldsymbol{e}_i$，$A\boldsymbol{e}_i$ 都线性相关，故存在纯量 a_1，a_2，…，a_n，使得每一个 $A\boldsymbol{e}_i=a_i\boldsymbol{e}_i$. 由此即知，$A$ 是对角阵. 我们必须要证明它的对角元素全都相等. 对每个 $i=2,3,\cdots,n$，我们知道向量组 $\boldsymbol{e}_1+\boldsymbol{e}_i$，$A(\boldsymbol{e}_1+\boldsymbol{e}_i)$ 线性相关，所以存在纯量 $\boldsymbol{b}_i$，使得每一个 $A(\boldsymbol{e}_1+\boldsymbol{e}_i)=b_i(\boldsymbol{e}_1+\boldsymbol{e}_i)$. 这样就有

$$b_i\boldsymbol{e}_1+b_i\boldsymbol{e}_i=A(\boldsymbol{e}_1+\boldsymbol{e}_i)=A\boldsymbol{e}_1+A\boldsymbol{e}_i=a_1\boldsymbol{e}_1+a_i\boldsymbol{e}_i,\ i=2,3,\cdots,n,$$

也就是

$$(b_i-a_1)\boldsymbol{e}_1+(b_i-a_i)\boldsymbol{e}_i=\boldsymbol{0},\ i=2,3,\cdots,n.$$

$\boldsymbol{e}_1$ 与 $\boldsymbol{e}_i$ 的线性无关性确保对 $i=1,2,\cdots,n$ 有 $b_i-a_1=0$ 以及 $b_i-a_i=0$. 于是得到结论：对 $i=1,2,\cdots,n$ 有 $a_i=b_i=a_1$，所以 A 是纯量矩阵. ■

下一步是证明：任何非纯量矩阵都相似于一个至少有一个对角元素为零的矩阵.

引理 3.5.4 设 $n\geqslant2$，$A\in\mathbf{M}_n(\mathbb{F})$. 如果 A 不是纯量矩阵，那么在 $\mathbb{F}$ 上它相似于一个在 $(1,1)$ 处元素为零的矩阵.

证明 上一个引理确保存在一个 $\boldsymbol{x}\in\mathbb{F}^n$，使得向量组 $\boldsymbol{x}$，$A\boldsymbol{x}$ 线性无关. 如果 $n=2$，设 $S=[\boldsymbol{x}\ A\boldsymbol{x}]$. 如果 $n>2$，借助定理 3.3.23 并选取 $S_2\in\mathbf{M}_{n\times(n-2)}$，使得 $S=[\boldsymbol{x}\ A\boldsymbol{x}\ S_2]$ 可逆. 设 $S^{-*}=[\boldsymbol{y}\ Y]$，其中 $Y\in\mathbf{M}_{n\times(n-1)}$. $I_n=S^{-1}S$ 在位置 $(1,2)$ 处的元素为零，这个元素是 $\boldsymbol{y}^*A\boldsymbol{x}$. 此外，

$$S^{-1}AS=\begin{bmatrix}\boldsymbol{y}^*\\Y^*\end{bmatrix}A[\boldsymbol{x}\ \ A\boldsymbol{x}\ \ \boldsymbol{y}^*AS_2]=\begin{bmatrix}0&\star\\\star&A_1\end{bmatrix}.\tag{3.5.5}$$

位于(1，1)处的元素是零. ■

因为 $\mathrm{tr}\,A=\mathrm{tr}\,S^{-1}AS=0+\mathrm{tr}\,A_1$，所以(3.5.5)中的矩阵 A_1 与 A 有同样的迹，因此我们的构造对下面的论证建议采用归纳法. 72

定理 3.5.6 设 $A\in\boldsymbol{M}_n(\mathbb{F})$. 那么在$\mathbb{F}$上 A 相似于一个矩阵，这个矩阵的每个对角元素均为$\frac{1}{n}\mathrm{tr}\,A$.

证明 如果 $n=1$，则没有什么需要证明的，所以可以假设 $n\geqslant 2$. 矩阵 $B=A-\left(\frac{1}{n}\mathrm{tr}\,A\right)I_n$ 的迹为零. 如果我们能证明 B 在$\mathbb{F}$上相似于一个对角元素为零的矩阵C，那么(0.8.4)确保 $A=B+\left(\frac{1}{n}\mathrm{tr}\,A\right)I_n$ 在$\mathbb{F}$上相似于 $C+\left(\frac{1}{n}\mathrm{tr}\,A\right)I_n$，这是一个有结论中所述形式的矩阵. 引理 3.5.4 确保 B 在$\mathbb{F}$上相似于一个形如

$$\begin{bmatrix}0&\star\\\star&B_1\end{bmatrix},\quad B_1\in\boldsymbol{M}_{n-1}(\mathbb{F})$$

的矩阵，其中 $\mathrm{tr}\,B_1=0$. 我们用归纳法来证明. 设 P_k 是这样一个命题：B 在$\mathbb{F}$上相似于一个形如

$$\begin{bmatrix}C_k&\star\\\star&B_k\end{bmatrix},\quad C_k\in M_k(\mathbb{F}),\ B_k\in M_{n-k}(\mathbb{F}),\ \mathrm{tr}\,B_k=0$$

的矩阵，其中 C_k 的对角线元素为零. 我们已经确立了基础的情形 P_1. 假设 $k<n-1$ 且 P_k 为真. 如果 B_k 是纯量矩阵，那么 $B_k=0$，于是结论就证明了. 如果 B_k 不是纯量矩阵，那么存在一个可逆阵 $S_k\in\boldsymbol{M}_{n-k}(\mathbb{F})$，使得 $S_k^{-1}B_kS_k$ 在(1，1)处的元素为零. 那么

$$\begin{bmatrix}I_k&0\\0&S_k^{-1}\end{bmatrix}\begin{bmatrix}C_k&\star\\\star&B_k\end{bmatrix}\begin{bmatrix}I_k&0\\0&S_k\end{bmatrix}=\begin{bmatrix}C_k&\star\\\star&S_k^{-1}B_kS_k\end{bmatrix}=\begin{bmatrix}C_{k+1}&\star\\\star&B_{k+1}\end{bmatrix},$$

其中 $C_{k+1}\in\boldsymbol{M}_{k+1}(\mathbb{F})$的对角线元素为零，$B_{k+1}\in\boldsymbol{M}_{n-k-1}(\mathbb{F})$，且 $\mathrm{tr}\,B_{k+1}=0$. 这表明：如果 $k<n-1$，则 P_k 蕴涵 P_{k+1}，于是我们断言 P_{n-1}为真. 这就完成了归纳法的证明，所以在$\mathbb{F}$上 B 相似于一个形如

$$\begin{bmatrix}C_{n-1}&\star\\\star&b\end{bmatrix}$$

的矩阵，其中 $C_{n-1}\in\boldsymbol{M}_{n-1}(\mathbb{F})$的对角线元素均为零. 于是

$$0=\mathrm{tr}\,B=\mathrm{tr}\,C_{n-1}+b=b,$$

这表明 B 与一个对角线元素为零的矩阵相似. ■

现在可以来证明换位子的如下特征了.

定理 3.5.7(Shoda) 设 $A\in\boldsymbol{M}_n(\mathbb{F})$. 那么 A 是 $\boldsymbol{M}_n(\mathbb{F})$ 中矩阵的换位子，当且仅当 $\mathrm{tr}\,A=0$.

证明 迹条件的必要性已经在(3.5.2)中得到证明了，所以我们只考虑充分性. 假设

$\text{tr}\,A=0$. 上面的推论确保存在一个可逆阵 $S\in \boldsymbol{M}_n(\mathbb{F})$，使得 $S^{-1}AS=B=[b_{ij}]$的对角线元素均为零. 如果对某个 X，$Y\in \boldsymbol{M}_n(\mathbb{F})$有 $B=XY-YX$，那么 A 是 SXS^{-1}与 SYS^{-1}的换位子. 设 $X=\text{diag}(1,2,\cdots,n)$，$Y=[y_{ij}]$. 那么

73

$$XY-YX=[iy_{ij}]-[jy_{ij}]=[(i-j)y_{ij}].$$

如果我们设

$$y_{ij}=\begin{cases}(i-j)^{-1}b_{ij} & \text{如果 } i\neq j\\ 1 & \text{如果 } i=j\end{cases}$$

那么 $XY-YX=B$. ■

3.6 Kronecker 乘积

对于发现矩阵“乘积”在物理学、信号处理、数字图像、线性矩阵方程求解以及纯数学的许多领域中的应用，分块矩阵处于核心的位置.

定义 3.6.1 设 $A=[a_{ij}]\in \boldsymbol{M}_{m\times n}$，$B\in \boldsymbol{M}_{p\times q}$. A 与 B 的 Kronecker 乘积(Kronecker product)是指分块矩阵

$$A\otimes B=\begin{bmatrix}a_{11}B & a_{12}B & \cdots & a_{1n}B\\ a_{21}B & a_{22}B & \cdots & a_{2n}B\\ \vdots & \vdots & & \vdots\\ a_{m1}B & a_{m2}B & \cdots & a_{mn}B\end{bmatrix}\in \boldsymbol{M}_{mp\times nq}. \tag{3.6.2}$$

Kronecker 乘积也称为张量积(tensor product). 在 $n=q=1$ 的特殊情形，定义(3.6.2)说的是：$\boldsymbol{x}=[x_i]\in \mathbb{C}^m$ 与 $\boldsymbol{y}\in \mathbb{C}^p$ 的 Kronecker 乘积是

$$\boldsymbol{x}\otimes\boldsymbol{y}=\begin{bmatrix}x_1\boldsymbol{y}\\ x_2\boldsymbol{y}\\ \vdots\\ x_m\boldsymbol{y}\end{bmatrix}\in \mathbb{C}^{mp}.$$

例 3.6.3 利用(3.1.5)中的矩阵 A 与 B，我们有

$$A\otimes B=\begin{bmatrix}B & 2B\\ 3B & 4B\end{bmatrix}=\left[\begin{array}{ccc|ccc}4 & 5 & 2 & 8 & 10 & 4\\ 6 & 7 & 1 & 12 & 14 & 2\\ \hline 12 & 15 & 6 & 16 & 20 & 8\\ 18 & 21 & 3 & 24 & 28 & 4\end{array}\right]\in \boldsymbol{M}_{4\times 6}$$

以及

$$B\otimes A=\begin{bmatrix}4A & 5A & 2A\\ 6A & 7A & A\end{bmatrix}=\left[\begin{array}{cc|cc|cc}4 & 8 & 5 & 10 & 2 & 4\\ 12 & 16 & 15 & 20 & 6 & 8\\ \hline 6 & 12 & 7 & 14 & 1 & 2\\ 18 & 24 & 21 & 28 & 3 & 4\end{array}\right]\in \boldsymbol{M}_{4\times 6}.$$

尽管 $A\otimes B\neq B\otimes A$，但是这两个矩阵有同样的大小，且包含同样的元素. 74

Kronecker 乘积满足许多我们希望一个乘积应该遵从的等式：

$$c(A\otimes B)=(cA)\otimes B=A\otimes(cB) \tag{3.6.4}$$

$$(A+B)\otimes C=A\otimes C+B\otimes C \tag{3.6.5}$$

$$A\otimes(B+C)=A\otimes B+A\otimes C \tag{3.6.6}$$

$$(A\otimes B)\otimes C=A\otimes(B\otimes C) \tag{3.6.7}$$

$$(A\otimes B)^{\mathrm{T}}=A^{\mathrm{T}}\otimes B^{\mathrm{T}} \tag{3.6.8}$$

$$\overline{A\otimes B}=\overline{A}\otimes\overline{B} \tag{3.6.9}$$

$$(A\otimes B)^*=A^*\otimes B^* \tag{3.6.10}$$

$$I_m\otimes I_n=I_{mn}. \tag{3.6.11}$$

在通常的乘积与 Kronecker 乘积之间有某种关系.

定理 3.6.12(混合积性质) 设 $A\in\boldsymbol{M}_{m\times n}$，$B\in\boldsymbol{M}_{p\times q}$，$C\in\boldsymbol{M}_{n\times r}$，$D\in\boldsymbol{M}_{q\times s}$. 那么

$$(A\otimes B)(C\otimes D)=(AC)\otimes(BD)\in\boldsymbol{M}_{mp\times rs}. \tag{3.6.13}$$

证明 如果 $A=[a_{ij}]$，$C=[c_{ij}]$，那么 $A\otimes B=[a_{ij}B]$，$C\otimes D=[c_{ij}D]$. $(A\otimes B)(C\otimes D)$在位置(i, j)处的分块是

$$\sum_{k=1}^{n}(a_{ik}B)(c_{kj}D)=\Big(\sum_{k=1}^{n}a_{ik}c_{kj}\Big)BD=(AC)_{ij}BD,$$

其中$(AC)_{ij}$表示 AC 在位置(i, j)处的元素. 这个等式表明$(A\otimes B)(C\otimes D)$在位置(i, j)处的分块就是$(AC)\otimes(BD)$在位置(i, j)处的分块. ■

推论 3.6.14 如果 $A\in\boldsymbol{M}_n$ 与 $B\in\boldsymbol{M}_m$ 可逆，那么 $A\otimes B$ 可逆，且$(A\otimes B)^{-1}=A^{-1}\otimes B^{-1}$.

证明 $(A\otimes B)(A^{-1}\otimes B^{-1})=(AA^{-1})\otimes(BB^{-1})=I_n\otimes I_m=I_{nm}$. ■

下面的定义引进了一种方法，把矩阵转变成一个与 Kronecker 乘积运算相容的向量.

定义 3.6.15 设 $X=[\boldsymbol{x}_1, \boldsymbol{x}_2, \cdots, \boldsymbol{x}_n]\in\boldsymbol{M}_{m\times n}$. 算子 vec：$\boldsymbol{M}_{m\times n}\to\mathbb{C}^{mn}$ 由

$$\operatorname{vec}X=\begin{bmatrix}\boldsymbol{x}_1\\\boldsymbol{x}_2\\\vdots\\\boldsymbol{x}_n\end{bmatrix}\in\mathbb{C}^{mn}$$

定义，也就是说，vec 把 X 的列竖直地叠放在一起.

定理 3.6.16 设 $A\in\boldsymbol{M}_{m\times n}$，$X\in\boldsymbol{M}_{n\times p}$，$B\in\boldsymbol{M}_{p\times q}$. 那么 $\operatorname{vec}AXB=(B^{\mathrm{T}}\otimes A)\operatorname{vec}X$. 75

证明 设 $B=[b_{ij}]=[\boldsymbol{b}_1, \boldsymbol{b}_2, \cdots, \boldsymbol{b}_q]$，$X=[\boldsymbol{x}_1, \boldsymbol{x}_2, \cdots, \boldsymbol{x}_p]$. 则 AXB 的第 k 列是

$$AX\boldsymbol{b}_k=A\sum_{i=1}^{p}b_{ik}x_i=[b_{1k}A\ b_{2k}A\cdots b_{pk}A]\operatorname{vec}X=(\boldsymbol{b}_k^{\mathrm{T}}\otimes A)\operatorname{vec}X.$$

把这些向量竖直地叠放在一起，就得到

$$\operatorname{vec} AXB=\begin{bmatrix} \boldsymbol{b}_1^{\mathrm{T}}\otimes A \\ \boldsymbol{b}_2^{\mathrm{T}}\otimes A \\ \vdots \\ \boldsymbol{b}_q^{\mathrm{T}}\otimes A \end{bmatrix}\operatorname{vec} X=(B^{\mathrm{T}}\otimes A)\operatorname{vec} X.$$ ■

3.7 问题

P.3.1 验证外积等式(3.1.19)是正确的.

P.3.2 设 $A=[a_{ij}]\in \boldsymbol{M}_n$. 证明 A 的元素是由 A 经由单位元 $A=[\boldsymbol{e}_i^* A\boldsymbol{e}_j]$在标准基上的作用所决定的. **提示**：$A=I^* AI$，其中 $I=[\boldsymbol{e}_1, \boldsymbol{e}_2, \cdots, \boldsymbol{e}_n]$.

P.3.3 设 $X=[X_1 X_2]\in \boldsymbol{M}_{m\times n}$，其中 $X_1\in \boldsymbol{M}_{m\times n_1}$，$X_2\in \boldsymbol{M}_{m\times n_2}$，而 $n_1+n_2=n$. 计算 $X^{\mathrm{T}}X$ 与 XX^{T}.

P.3.4 设 $X\in \boldsymbol{M}_{m\times n}$. 证明$\begin{bmatrix} I & 0 \\ X & I \end{bmatrix}\in \boldsymbol{M}_{m\times n}$的逆是$\begin{bmatrix} I & 0 \\ -X & I \end{bmatrix}$.

P.3.5 (a)把

$$A=\begin{bmatrix} 2 & 2 & 3 \\ 2 & 9 & 7 \\ 4 & -3 & 8 \end{bmatrix} \tag{3.7.1}$$

分划成 2×2 分块矩阵 $A=[A_{ij}]\in M_3$，其中 $A_{11}=[2]$是 1×1 的. 验证由分块高斯消元法得到的化简的形式(3.4.6)是

$$\begin{bmatrix} 2 & 2 & 3 \\ 0 & 7 & 4 \\ 0 & -7 & 2 \end{bmatrix}. \tag{3.7.2}$$

(b)现在对(3.7.1)逐行执行标准的高斯消元法，将第 1 列中位置(1，1)以下的所有元素都变成零. 验证你得到的是同样的化简的形式(3.7.2).

(c)这个结果是偶然的，还是这两种算法总是会导出相同的化简的形式？你能证明吗？

P.3.6 设 $A=\begin{bmatrix} a & b \\ c & d \end{bmatrix}\in \boldsymbol{M}_2$，并假设 dim row $A=1$. 如果$[a\ b]=\lambda[c\ d]$，那么$[a\ c]^{\mathrm{T}}$ 与 $[b\ d]^{\mathrm{T}}$的列有怎样的联系？

P.3.7 将 $M\in \boldsymbol{M}_n$ 分划成(3.4.5)中的 2×2 分块矩阵. 如果 D 可逆，那么 D 在 M 中的 Schur 补是 $M/D=A-BD^{-1}C$.

(a)证明 $\det M=(\det D)(\det M/D)$.

76 (b)如果 A 可逆，证明加边矩阵(3.4.11)的行列式可以如下计算：

$$\det\begin{bmatrix} c & \boldsymbol{x}^{\mathrm{T}} \\ \boldsymbol{y} & A \end{bmatrix}=(c-\boldsymbol{y}^{\mathrm{T}}A^{-1}\boldsymbol{x})\det A$$

$$= c \det A - \boldsymbol{y}^{\mathrm{T}}(\operatorname{adj} A)\boldsymbol{x}. \tag{3.7.3}$$

这就是加边矩阵的行列式的 Cauchy 展开式(Cauchy expansion of the determinant). 即便当 A 不可逆时，(3.7.3)依然成立.

P.3.8 假设 A，B，C，$D \in \boldsymbol{M}_n$. 如果 A 可逆，且与 B 可交换，证明

$$\det \begin{bmatrix} A & B \\ C & D \end{bmatrix} = \det(DA - CB). \tag{3.7.4}$$

如果 D 可逆，且与 C 可交换，证明

$$\det \begin{bmatrix} A & B \\ C & D \end{bmatrix} = \det(AD - BC). \tag{3.7.5}$$

如果 $n=1$，你能得出什么结果？

P.3.9 设 $M = \begin{bmatrix} A & B \\ 0 & D \end{bmatrix} \in \boldsymbol{M}_n$ 是分块上三角的，又设 p 是一个多项式. 证明 $p(M) = \begin{bmatrix} p(A) & * \\ 0 & p(D) \end{bmatrix}$.

P.3.10 设 $\mathcal{U}$ 与 $\mathcal{V}$ 是一个向量空间的有限维子空间.

(a)证明 $\mathcal{U} + \mathcal{V} = \mathcal{U}$ 当且仅当 $\mathcal{V} \subseteq \mathcal{U}$.

(b)对(3.2.14)中等式的情形有何结论？讨论之.

P.3.11 一个 2×2 分块矩阵 $M = \begin{bmatrix} A & B \\ C & D \end{bmatrix} \in \boldsymbol{M}_{2n}(\mathbb{R})$ 称为是一个复型矩阵(matrix of complex type)，如果其中每个分块都是 $n \times n$ 的，且 $A = D$，$C = -B$. 设 $J_{2n} = \begin{bmatrix} 0 & I_n \\ -I_n & 0 \end{bmatrix}$. 证明 $M \in \boldsymbol{M}_{2n}(\mathbb{R})$ 是复型矩阵，当且仅当 J_{2n} 与 M 可交换.

P.3.12 假设 M，$N \in \boldsymbol{M}_{2n}(\mathbb{R})$ 是复型矩阵. 证明 $M + N$ 与 MN 都是复型矩阵. 如果 M 可逆，证明 M^{-1} 也是复型矩阵. **提示**：利用上一个问题里的判别法.

P.3.13 一个 2×2 分块矩阵 $M = \begin{bmatrix} A & B \\ C & D \end{bmatrix} \in \boldsymbol{M}_{2n}$ 称为是分块中心对称的(block centrosymmetric)，如果其中每一个分块都是 $n \times n$ 的，且 $A = D$，$B = C$. 设 $L_{2n} = \begin{bmatrix} 0 & I_n \\ I_n & 0 \end{bmatrix}$. 证明：$M$ 是分块中心对称的，当且仅当 L_{2n} 与 M 可交换.

P.3.14 假设 M，$N \in \boldsymbol{M}_{2n}$ 是分块中心对称的. 证明 $M + N$ 与 MN 是分块中心对称的. 如果 M 可逆，证明 M^{-1} 也是分块中心对称的. **提示**：利用上一个问题里的判别法.

P.3.15 如果对某个 X，$Y \in \boldsymbol{M}_{n \times r}$，$A \in \boldsymbol{M}_n$ 可以表示成 $A = XY^{\mathrm{T}}$，说明为什么 r 不能小于 $\operatorname{rank} A$.

P.3.16 假设 $1 \leqslant r \leqslant \min\{m, n\}$. 设 $X \in \boldsymbol{M}_{m \times r}$，$Y \in \boldsymbol{M}_{r \times n}$，假设 $\operatorname{rank} X = \operatorname{rank} Y = r$. 说

明为什么存在 $X_2\in\boldsymbol{M}_{m\times(m-r)}$ 以及 $Y_2\in\boldsymbol{M}_{(n-r)\times n}$，使得

77

$$B=[X\ X_2]\in\boldsymbol{M}_m \quad 以及 \quad C=\begin{bmatrix}Y\\Y_2\end{bmatrix}\in\boldsymbol{M}_n$$

可逆. 验证

$$XY=B\begin{bmatrix}I_r & 0\\0 & 0\end{bmatrix}C.$$

其中为零的子矩阵的阶是多少？

P.3.17 设 $A\in\boldsymbol{M}_{m\times n}$. 利用上一个问题来证明：$\operatorname{rank} A=r$ 当且仅当存在可逆矩阵 $B\in\boldsymbol{M}_m$ 以及 $C\in\boldsymbol{M}_n$，使得

$$A=B\begin{bmatrix}I_r & 0\\0 & 0\end{bmatrix}C.$$

P.3.18 设 $\boldsymbol{x}_1$，$\boldsymbol{x}_2$，…，$\boldsymbol{x}_k\in\mathbb{R}^n$. 于是 $\boldsymbol{x}_1$，$\boldsymbol{x}_2$，…，$\boldsymbol{x}_k$ 是 $\mathbb{C}^n$ 中的实向量. 证明：$\boldsymbol{x}_1$，$\boldsymbol{x}_2$，…，$\boldsymbol{x}_k$ 在 $\mathbb{R}^n$ 中线性无关，当且仅当它们在 $\mathbb{C}^n$ 中线性无关.

P.3.19 设 $A\in\boldsymbol{M}_{m\times n}(\mathbb{R})$. 定义 2.2.6 显示 A(视为 $\boldsymbol{M}_{m\times n}(\mathbb{F})$ 的元素)的秩或许与 $\mathbb{F}=\mathbb{R}$ 或是 $\mathbb{F}=\mathbb{C}$ 有关. 证明：$\operatorname{rank} A=r$(将 A 视为 $\boldsymbol{M}_{m\times n}(\mathbb{R})$ 的元素)，当且仅当 $\operatorname{rank} A=r$(将 A 视为 $\boldsymbol{M}_{m\times n}(\mathbb{C})$ 的元素).

P.3.20 设 $A\in\boldsymbol{M}_{m\times n}(\mathbb{F})$，$\boldsymbol{x}_1$，$\boldsymbol{x}_2$，…，$\boldsymbol{x}_k\in\mathbb{F}^n$.

(a) 如果 $\boldsymbol{x}_1$，$\boldsymbol{x}_2$，…，$\boldsymbol{x}_k$ 线性无关，且 $\operatorname{rank} A=n$，证明：$A\boldsymbol{x}_1$，$A\boldsymbol{x}_2$，…，$A\boldsymbol{x}_k\in\mathbb{F}^m$ 线性无关.

(b) 如果 $A\boldsymbol{x}_1$，$A\boldsymbol{x}_2$，…，$A\boldsymbol{x}_k\in\mathbb{F}^m$ 线性无关，证明 $\boldsymbol{x}_1$，$\boldsymbol{x}_2$，…，$\boldsymbol{x}_k$ 线性无关.

(c) 虽然(b)中 A 是列满秩的这一假设并不需要，试用例子来说明在(a)中这一条件不能去掉.

P.3.21 对 $X\in\boldsymbol{M}_{m\times n}$，设 $\nu(X)$ 表示 X 的零度，也就是 $\nu(X)=\dim\operatorname{null} X$.

(a) 设 $A\in\boldsymbol{M}_{m\times k}$，$B\in\boldsymbol{M}_{k\times n}$. 证明：秩的不等式(3.3.4)等价于不等式

$$\nu(AB)\leqslant\nu(A)+\nu(B). \tag{3.7.6}$$

(b) 如果 A，$B\in\boldsymbol{M}_n$，证明：秩的不等式(3.2.13)等价于不等式

$$\max\{\nu(A),\ \nu(B)\}\leqslant\nu(AB). \tag{3.7.7}$$

不等式(3.7.6)与(3.7.7)称为 Sylvester *零度法则*(Sylvester Law of Nullity).

(c) 考虑

$$A=[0\ 1] \quad 以及 \quad B=\begin{bmatrix}1\\0\end{bmatrix}.$$

证明：不等式(3.7.7)对于不是方阵的矩阵不一定成立.

P.3.22 设 $A\in\boldsymbol{M}_n$ 是双对角阵，其中主对角线元素全为零，而超对角线上的元素全是 1. 证明 A 的指数为 n.

P.3.23 设 $A\in\boldsymbol{M}_{m\times n}$，并假设 $B\in\boldsymbol{M}_{m\times n}$ 是通过恰好改变 A 的一个元素的值而得到的. 证

明 rank B 取三个值之一：rank $A-1$，rank A，或者 rank $A+1$. 给出描述这三种可能性的例子. 78

P. 3. 24 利用定理 2. 2. 10 证明(3. 3. 6)中的上界.

P. 3. 25 设 $A\in \boldsymbol{M}_{m\times k}$，$B\in \boldsymbol{M}_{k\times n}$. 利用(2. 6. 1)证明

$$\operatorname{rank} AB=\operatorname{rank} A+\operatorname{rank} B-\dim(\operatorname{null} A\cap \operatorname{null} B). \tag{3.7.8}$$

P. 3. 26 设 $A\in \boldsymbol{M}_{m\times k}$，$B\in \boldsymbol{M}_{k\times p}$，$C\in \boldsymbol{M}_{p\times n}$. 证明

$$\operatorname{null} A\cap \operatorname{col} BC\subseteq \operatorname{null} A\cap \operatorname{col} B.$$

利用(3. 7. 8)证明 Frobenius 秩不等式(Frobenius rank inequality)

$$\operatorname{rank} AB+\operatorname{rank} BC\leqslant \operatorname{rank} B+\operatorname{rank} ABC.$$

证明(3. 2. 13)与(3. 3. 4)都是 Frobenius 秩不等式的特殊情形.

P. 3. 27 如果 A，$B\in \boldsymbol{M}_n$，那么 rank AB=rank BA 吗？为什么？

P. 3. 28 如果可逆阵 M 分划成如同在(3. 4. 5)中那样的 2×2 分块矩阵，则它的逆存在一个保形分划的表示

$$M^{-1}=\begin{bmatrix} (A-BD^{-1}C)^{-1} & -A^{-1}B(D-CA^{-1}B)^{-1} \\ -D^{-1}C(A-BD^{-1}C)^{-1} & (D-CA^{-1}B)^{-1} \end{bmatrix}, \tag{3.7.9}$$

只要其中所有指出的逆阵都存在.

(a)验证：(3. 7. 9)可以写成

$$M^{-1}=\begin{bmatrix} A^{-1} & 0 \\ 0 & D^{-1} \end{bmatrix}\begin{bmatrix} A & -B \\ -C & D \end{bmatrix}\begin{bmatrix} (M/D)^{-1} & 0 \\ 0 & (M/A)^{-1} \end{bmatrix}. \tag{3.7.10}$$

(b)由(3. 7. 9)导出等式

$$\begin{bmatrix} I_k & 0 \\ X & I_{n-k} \end{bmatrix}^{-1}=\begin{bmatrix} I_k & 0 \\ -X & I_{n-k} \end{bmatrix}.$$

(c)如果(3. 7. 9)中所有的分块都是 1×1 矩阵，证明它可化简为

$$M^{-1}=\begin{bmatrix} a & b \\ c & d \end{bmatrix}^{-1}=\frac{1}{\det M}\begin{bmatrix} d & -b \\ -c & a \end{bmatrix}.$$

P. 3. 29 假设 $A\in \boldsymbol{M}_{n\times m}$，$B\in \boldsymbol{M}_{m\times n}$. 利用分块矩阵

$$\begin{bmatrix} I & -A \\ B & I \end{bmatrix}$$

推导出 Sylvester 行列式恒等式(Sylvester determinant identity)

$$\det(I+AB)=\det(I+BA), \tag{3.7.11}$$

它把一个 $n\times n$ 矩阵的行列式与一个 $m\times m$ 矩阵的行列式联系在一起.

P. 3. 30 设 $\boldsymbol{u}$，$\boldsymbol{v}\in \mathbb{C}^n$，$z\in \mathbb{C}$. (a)证明 $\det(I+z\boldsymbol{u}\boldsymbol{v}^{\mathrm{T}})=1+z\boldsymbol{v}^{\mathrm{T}}\boldsymbol{u}$. (b)如果 $A\in \boldsymbol{M}_n$ 可逆，证明

$$\det(A+z\boldsymbol{u}\boldsymbol{v}^{\mathrm{T}})=\det A+z(\det A)(\boldsymbol{v}^{\mathrm{T}}A^{-1}\boldsymbol{u}). \tag{3.7.12}$$ 79

P. 3. 31 设 $\mathcal{V}$ 是一个复向量空间. 设 T：$\boldsymbol{M}_n\to\mathcal{V}$ 是一个线性变换：对所有 X，$Y\in \boldsymbol{M}_n$ 都有

$T(XY)=T(YX)$. 证明：对所有 $A\in \boldsymbol{M}_n$ 有 $T(A)=\left(\frac{1}{n}\text{tr } A\right)T(I_n)$，且有 $\dim\ker T=n^2-1$. **提示**：$A=\left(A-\left(\frac{1}{n}\text{tr } A\right)I_n\right)+\left(\frac{1}{n}\text{tr } A\right)I_n$.

P.3.32 设 Φ：$\boldsymbol{M}_n\rightarrow\mathbb{C}$ 是一个线性变换. 证明：$\Phi=\text{tr}$ 当且仅当 $\Phi(I_n)=n$，且对所有 X，$Y\in\boldsymbol{M}_n$ 都有 $\Phi(XY)=\Phi(YX)$.

P.3.33 利用(3.1.2)与(3.1.3)(以及它们的记号)验证结合律

$$(AB)\boldsymbol{x}=A(B\boldsymbol{x}).$$

提示：$[A\boldsymbol{b}_1,A\boldsymbol{b}_2,\cdots,A\boldsymbol{b}_n]\boldsymbol{x}=\sum_i x_iA\boldsymbol{b}_i=A(\sum_i x_i\boldsymbol{b}_i)$.

P.3.34 假设 $A\in\boldsymbol{M}_{m\times r}$，$B\in\boldsymbol{M}_{r\times n}$，$C\in\boldsymbol{M}_{n\times p}$. 利用上一个问题来验证结合律 $(AB)C=A(BC)$. **提示**：设 $\boldsymbol{x}$ 是 C 的一列.

P.3.35 设 A，$B\in\boldsymbol{M}_{m\times n}$. 假设 $r=\text{rank } A\geqslant 1$，设 $s=\text{rank } B$. 证明：$\text{col } A\subseteq\text{col } B$，当且仅当存在一个满秩的 $X\in\boldsymbol{M}_{m\times r}$，使得 $A=XY$ 以及 $B=[X\ X_2]Z$，其中 $Y\in\boldsymbol{M}_{r\times n}$ 与 $Z\in\boldsymbol{M}_{s\times n}$ 满秩，$X_2\in\boldsymbol{M}_{m\times(s-r)}$，且 $\text{rank }[X\ X_2]=s$. **提示**：定理 3.2.15.

P.3.36 设 A，$B\in\text{M}_{m\times n}$，并假设 $r=\text{rank } A\geqslant 1$. 证明以下诸命题等价：

(a) $\text{col } A=\text{col } B$.

(b)存在满秩矩阵 $X\in\boldsymbol{M}_{m\times r}$ 以及 Y，$Z\in\boldsymbol{M}_{r\times n}$，使得 $A=XY$ 以及 $B=XZ$.

(c)存在一个可逆阵 $S\in\boldsymbol{M}_n$，使得 $B=AS$.

提示：如果 $A=XY$ 是满秩分解，那么 $A=[X\ \ 0_{n\times(n-r)}]W$，其中

$$W=\begin{bmatrix}Y\\Y_2\end{bmatrix}\in\boldsymbol{M}_n$$

是可逆的.

P.3.37 设 A，$C\in\boldsymbol{M}_m$，B，$D\in\boldsymbol{M}_n$. 证明：存在一个可逆的 $Z\in\boldsymbol{M}_{m+n}$，使得 $A\oplus B=(C\oplus D)Z$，当且仅当存在可逆阵 $X\in\boldsymbol{M}_m$，$Y\in\boldsymbol{M}_n$，使得 $A=CX$，$B=DY$.

P.3.38 设 $A=[\boldsymbol{a}_1,\boldsymbol{a}_2,\cdots,\boldsymbol{a}_p]\in\boldsymbol{M}_{n\times p}$，$B=[\boldsymbol{b}_1,\boldsymbol{b}_2,\cdots,\boldsymbol{b}_q]\in\boldsymbol{M}_{n\times q}$. 如果 $\boldsymbol{a}_1$，$\boldsymbol{a}_2$，$\cdots$，$\boldsymbol{a}_p$ 线性无关，$\boldsymbol{b}_1$，$\boldsymbol{b}_2$，$\cdots$，$\boldsymbol{b}_q$ 线性无关，且 $\text{span}\{\boldsymbol{a}_1,\boldsymbol{a}_2,\cdots,\boldsymbol{a}_p\}=\text{span}\{\boldsymbol{b}_1,\boldsymbol{b}_2,\cdots,\boldsymbol{b}_q\}$，利用(3.1.21)与(0.3.5)证明 $p=q$. 这与推论 2.1.10 有何关系? **提示**：$A=BX$，$B=AY$，$A(I_p-YX)=0$，$\text{tr } XY=\text{tr } YX$.

P.3.39 如果 $A\otimes B=0$，证明 $A=0$ 或者 $B=0$. 对通常矩阵的乘积 AB，此结论成立吗?

P.3.40 从 Kronecker 乘积等式(3.6.4)－(3.6.10)中选择两条予以证明.

P.3.41 如果所有矩阵都有适当的大小，说明为什么有 $(A\otimes B\otimes C)(D\otimes E\otimes F)=(AD)\otimes(BE)\otimes(CF)$?

P.3.42 如果 A，B，C，D，R，$S\in\boldsymbol{M}_n$，R 与 S 可逆，$A=RBR^{-1}$，$C=SDS^{-1}$，证明

80

$A\otimes C=(R\otimes S)(B\otimes D)(R\otimes S)^{-1}$.

P.3.43 设 $A=[a_{ij}]\in\boldsymbol{M}_m$，$B=[b_{ij}]\in\boldsymbol{M}_n$ 是上三角阵. 证明如下结论：

(a) $A\otimes B\in \boldsymbol{M}_{mn}$ 是上三角阵，对于 $i=1, 2, \cdots, m$ 以及 $j=1, 2, \cdots, n$，它的 mn 个对角元素(按照某种次序)是 mn 个纯量 $a_{ii}b_{jj}$.

(b) $A\otimes I_n+I_m\otimes B$ 是上三角阵，对于 $i=1, 2, \cdots, m$ 以及 $j=1, 2, \cdots, n$，它的 mn 个对角元素(按照某种次序)是 mn 个纯量 $a_{ii}+b_{jj}$.

P.3.43 设 $A\in \boldsymbol{M}_m$，$B\in \boldsymbol{M}_n$. 证明 $A\otimes I_n$ 与 $I_m\otimes B$ 可交换.

3.8 注记

对于与一个给定的 $A\in \boldsymbol{M}_m$ 相似的矩阵的对角线，引理 3.5.4 与定理 3.5.6 描述了可以达到的特殊的结构. 这种类型的其他结果有：如果 A 不是纯量矩阵，那么它相似于一个对角元素为 0，0，…，0，tr A 的矩阵. 如果 $A\neq 0$，那么它相似于一个对角元素全不为零的矩阵.

对于所有 $A\in \boldsymbol{M}_n$ 都成立的 P.3.30 的一种表述见[HJ13]的例 1.3.24. 有关 Kronecker 乘积及其更多性质的历史评注，见[HJ94，第 4 章].

3.9 一些重要的概念

- 矩阵的行分划与列分划
- 对矩阵加法与乘法保形的分划
- 行秩等于列秩
- 矩阵的指标
- 矩阵何时与纯量阵的直和可交换？(引理 3.3.21)
- Schur 补与 2×2 分块矩阵的行列式
- 加边矩阵的行列式(Cauchy 展开)
- Kronecker 乘积及其性质 81

第4章　内积空间

许多抽象的概念使得线性代数成为一个强有力的数学工具，而这些概念植根于平面几何，所以我们首先通过复习在实二维平面$\mathbb{R}^2$中的长度与角度的基本性质来研究内积空间. 在这些几何性质的指引下，我们总结出关于内积与范数的公理，而内积与范数在抽象的向量空间中提供了推广的长度(范数)与垂直(正交)的概念.

4.1　毕达哥拉斯定理

给定形成实的欧几里得平面上直角三角形的边的两条正交线段的长度，经典的毕达哥拉斯定理描述了如何求出它的斜边的长度.

定理 4.1.1(经典的毕达哥拉斯定理)　*如果a与b是直角三角形T的两边的长度，c是其斜边的长度，那么$a^2+b^2=c^2$.*

证明　用c为边构造一个正方形，并环绕它用四个T的拷贝构成一个边长为$a+b$的更大的正方形，见图 4.1. 大正方形的面积等于小正方形的面积加上T的面积的四倍：

$$(a+b)^2 = c^2 + 4\left(\frac{1}{2}ab\right),$$

从而

$$a^2 + 2ab + b^2 = c^2 + 2ab.$$

我们就得到结论$a^2+b^2=c^2$. ■

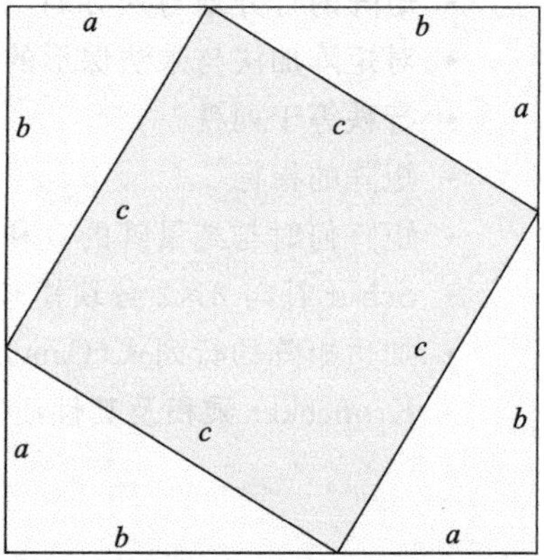

图 4.1　经典毕达哥拉斯定理的证明

4.2　余弦法则

平面三角形(不一定是直角三角形)任何一边的长度由另外两边以及它们之间夹角的余弦来确定. 这是毕达哥拉斯定理的推论.

定理 4.2.1(余弦法则)　*设a与b是一个平面三角形的两条边的长度，θ是这两边之间的夹角，而c是第三边的长度，则有$a^2+b^2-2ab\cos\theta=c^2$. 如果$\theta=\pi/2$(直角)，则有$a^2+b^2=c^2$.*

证明　见图 4.2. 毕达哥拉斯定理确保

$$\begin{aligned} c^2 &= (a - b\cos\theta)^2 + (b\sin\theta)^2 \\ &= a^2 - 2ab\cos\theta + b^2\cos^2\theta + b^2\sin^2\theta \\ &= a^2 - 2ab\cos\theta + b^2(\cos^2\theta + \sin^2\theta) \\ &= a^2 - 2ab\cos\theta + b^2. \end{aligned}$$

如果 $\theta=\pi/2$，则 $\cos\theta=0$，三角形是直角三角形，余弦法则就化简成经典的毕达哥拉斯定理. ■

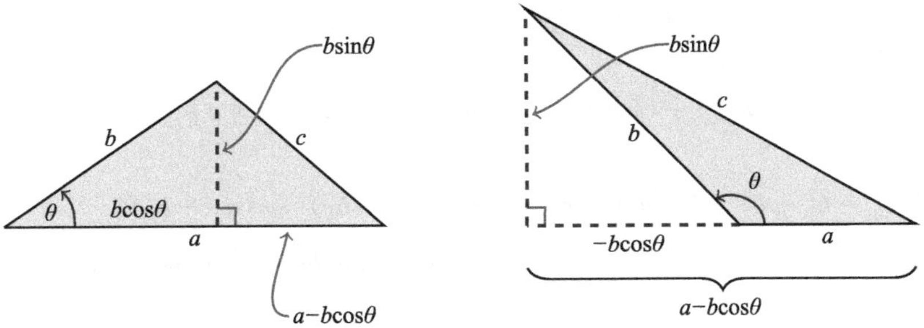

a)如果 $0<\theta<\pi/2$，$\cos\theta$ 是正数　　b)如果 $\pi/2<\theta<\pi$，$\cos\theta$ 是负数

图 4.2　余弦法则的证明

余弦法则蕴涵关于平面三角形的一个熟知的结果：一边的长度不大于另外两边的长度之和.

推论 4.2.2(三角不等式)　设 a，b 与 c 是一个平面三角形的三条边的长度，那么

$$c\leqslant a+b. \tag{4.2.3}$$ 83

证明　设 θ 是长度为 a 与 b 的两边所夹的角度. 由于 $-\cos\theta\leqslant 1$，定理 4.2.1 告诉我们有

$$c^2=a^2-2ab\cos\theta+b^2\leqslant a^2+2ab+b^2=(a+b)^2.$$

于是，$c\leqslant a+b$. ■

4.3　平面中的角与长度

考虑图 4.3 中的三角形，其顶点由 $\mathbf{0}$ 以及实笛卡儿坐标向量

$$\boldsymbol{a}=\begin{bmatrix}a_1\\a_2\end{bmatrix}\quad 以及\quad \boldsymbol{b}=\begin{bmatrix}b_1\\b_2\end{bmatrix}$$

给出. 如果我们令

$$\boldsymbol{c}=\boldsymbol{a}-\boldsymbol{b}=\begin{bmatrix}a_1-b_1\\a_2-b_2\end{bmatrix}.$$

使得起始点在 $\boldsymbol{b}$，它构成三角形的第三条边. 受毕达哥拉斯定理启发，我们引进记号

$$\|\boldsymbol{a}\|=\sqrt{a_1^2+a_2^2} \tag{4.3.1}$$

来标记向量 $\boldsymbol{a}$ 的(欧几里得)长度. 这样就有

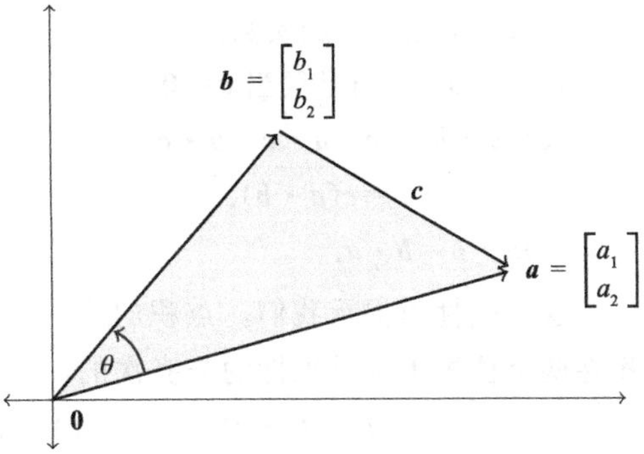

图 4.3　角度与向量

$$\|\boldsymbol{a}\|^2 = a_1^2 + a_2^2,$$
$$\|\boldsymbol{b}\|^2 = b_1^2 + b_2^2,$$
$$\|\boldsymbol{c}\|^2 = (a_1 - b_1)^2 + (a_2 - b_2)^2.$$

余弦法则告诉我们

$$\|\boldsymbol{a}\|^2 + \|\boldsymbol{b}\|^2 - 2\|\boldsymbol{a}\|\,\|\boldsymbol{b}\|\cos\theta = \|\boldsymbol{c}\|^2.$$

从而有

84 $$a_1^2 + a_2^2 + b_1^2 + b_2^2 - 2\|\boldsymbol{a}\|\,\|\boldsymbol{b}\|\cos\theta = (a_1 - b_1)^2 + (a_2 - b_2)^2 = a_1^2 - 2a_1b_1 + b_1^2 + a_2^2 - 2a_2b_2 + b_2^2,$$

于是

$$a_1b_1 + a_2b_2 = \|\boldsymbol{a}\|\,\|\boldsymbol{b}\|\cos\theta. \tag{4.3.2}$$

(4.3.2)的左边是 $\boldsymbol{a}$ 与 $\boldsymbol{b}$ 的*点积*(dot product)，我们将它记为

$$\boldsymbol{a}\cdot\boldsymbol{b} = a_1b_1 + a_2b_2. \tag{4.3.3}$$

欧几里得长度与点积通过(4.3.1)联系起来，我们可以把它写成

$$\|\boldsymbol{a}\| = \sqrt{\boldsymbol{a}\cdot\boldsymbol{a}}. \tag{4.3.4}$$

等式(4.3.2)就成了

$$\boldsymbol{a}\cdot\boldsymbol{b} = \|\boldsymbol{a}\|\,\|\boldsymbol{b}\|\cos\theta, \tag{4.3.5}$$

其中 θ 是 $\boldsymbol{a}$ 与 $\boldsymbol{b}$ 之间的角度(见图 4.4). $\theta=\pi/2$(直角)当且仅当 $\boldsymbol{a}$ 与 $\boldsymbol{b}$ 正交，在此情形有 $\boldsymbol{a}\cdot\boldsymbol{b}=0$.

因为 $|\cos\theta|\leqslant 1$，所以等式(4.3.5)蕴涵

$$|\boldsymbol{a}\cdot\boldsymbol{b}| \leqslant \|\boldsymbol{a}\|\,\|\boldsymbol{b}\|. \tag{4.3.6}$$

略经计算即可验证：对于 $\boldsymbol{a}, \boldsymbol{b}, \boldsymbol{c}\in\mathbb{R}^2$ 以及 $c\in\mathbb{R}$，点积有以下诸性质：

(a) $\boldsymbol{a}\cdot\boldsymbol{a}$ 是非负的实数. 非负性

(b) $\boldsymbol{a}\cdot\boldsymbol{a}=0$ 当且仅当 $\boldsymbol{a}=\boldsymbol{0}$. 正性

(c) $(\boldsymbol{a}+\boldsymbol{b})\cdot\boldsymbol{c}=\boldsymbol{a}\cdot\boldsymbol{c}+\boldsymbol{b}\cdot\boldsymbol{c}$. 加性

(d) $(c\boldsymbol{a})\cdot\boldsymbol{b}=c(\boldsymbol{a}\cdot\boldsymbol{b})$. 齐性

(e) $\boldsymbol{a}\cdot\boldsymbol{b}=\boldsymbol{b}\cdot\boldsymbol{a}$. 对称性

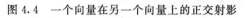

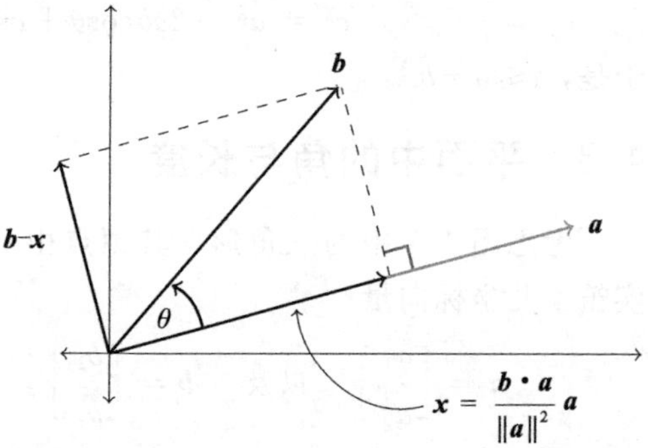

图 4.4 一个向量在另一个向量上的正交射影

这一列性质提示我们，点积的第一个位置享有优势地位，但其实不然. 对称性确保点积在两个位置上都是加性的与齐次的：

85 $$\boldsymbol{a}\cdot(\boldsymbol{b}+\boldsymbol{c}) = (\boldsymbol{b}+\boldsymbol{c})\cdot\boldsymbol{a} = \boldsymbol{b}\cdot\boldsymbol{a}+\boldsymbol{c}\cdot\boldsymbol{a} = \boldsymbol{a}\cdot\boldsymbol{b}+\boldsymbol{a}\cdot\boldsymbol{c},$$
$$\boldsymbol{a}\cdot(c\boldsymbol{b}) = (c\boldsymbol{b})\cdot\boldsymbol{a} = c(\boldsymbol{b}\cdot\boldsymbol{a}) = c(\boldsymbol{a}\cdot\boldsymbol{b}).$$

在图 4.4 中，

$$\boldsymbol{x} = \|\boldsymbol{b}\|\cos\theta\,\frac{\boldsymbol{a}}{\|\boldsymbol{a}\|} = \frac{\boldsymbol{b}\cdot\boldsymbol{a}}{\|\boldsymbol{a}\|^2}\boldsymbol{a} \tag{4.3.7}$$

是 $\boldsymbol{b}$ 在 $\boldsymbol{a}$ 上的射影(projection of $\boldsymbol{b}$ onto $\boldsymbol{a}$). 那么

$$\boldsymbol{b}-\boldsymbol{x}=\boldsymbol{b}-\frac{\boldsymbol{b}\cdot\boldsymbol{a}}{\|\boldsymbol{a}\|^2}\boldsymbol{a}$$

与 $\boldsymbol{a}$ 正交(故而也与 $\boldsymbol{x}$ 正交)，这是因为

$$\begin{aligned}(\boldsymbol{b}-\boldsymbol{x})\cdot\boldsymbol{a}&=\left(\boldsymbol{b}-\frac{\boldsymbol{b}\cdot\boldsymbol{a}}{\|\boldsymbol{a}\|^2}\boldsymbol{a}\right)\cdot\boldsymbol{a}\\&=\boldsymbol{b}\cdot\boldsymbol{a}-\frac{\boldsymbol{b}\cdot\boldsymbol{a}}{\|\boldsymbol{a}\|^2}(\boldsymbol{a}\cdot\boldsymbol{a})\\&=\boldsymbol{b}\cdot\boldsymbol{a}-\boldsymbol{b}\cdot\boldsymbol{a}\\&=0.\end{aligned}$$

于是

$$\boldsymbol{b}=\boldsymbol{x}+(\boldsymbol{b}-\boldsymbol{x})$$

把 $\boldsymbol{b}$ 分解成两个向量之和，其中一个与 $\boldsymbol{a}$ 平行，而另一个与它正交.

由点积的性质我们推出，对于 $\boldsymbol{a}$，$\boldsymbol{b}\in\mathbb{R}^2$ 以及 $c\in\mathbb{R}$，欧几里得长度函数有如下性质：

(a) $\|\boldsymbol{a}\|$ 是非负的实数. 非负性

(b) $\|\boldsymbol{a}\|=0$ 当且仅当 $\boldsymbol{a}=\boldsymbol{0}$. 正性

(c) $\|c\boldsymbol{a}\|=|c|\,\|\boldsymbol{a}\|$. 齐性

(d) $\|\boldsymbol{a}+\boldsymbol{b}\|\leqslant\|\boldsymbol{a}\|+\|\boldsymbol{b}\|$. 三角不等式

(e) $\|\boldsymbol{a}+\boldsymbol{b}\|^2+\|\boldsymbol{a}-\boldsymbol{b}\|^2=2\|\boldsymbol{a}\|^2+2\|\boldsymbol{b}\|^2$. 平行四边形等式

非负性与正性直接由点积对应的性质得出. 齐性由点积的齐性以及对称性得出：

$$\begin{aligned}\|c\boldsymbol{a}\|^2&=c\boldsymbol{a}\cdot c\boldsymbol{a}=c(\boldsymbol{a}\cdot c\boldsymbol{a})\\&=c(c\boldsymbol{a}\cdot\boldsymbol{a})=c^2(\boldsymbol{a}\cdot\boldsymbol{a})\\&=|c|^2(\boldsymbol{a}\cdot\boldsymbol{a})=|c|^2\|\boldsymbol{a}\|^2.\end{aligned}$$

三角不等式就是推论 4.2.2，它由余弦法则得出. 平行四边形等式(见图 4.5)说的是：平面平行四边形的两条对角线的平方之和等于其四条边的平方之和. 这由点积关于两个位置的加性得出： 86

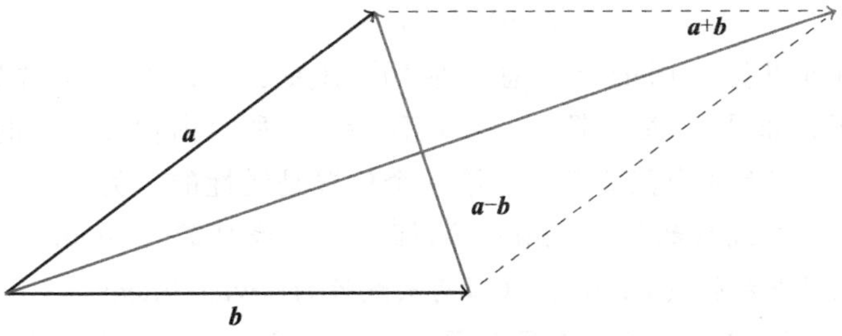

图 4.5 平行四边形等式

$$\begin{aligned}\|\boldsymbol{a}+\boldsymbol{b}\|^2+\|\boldsymbol{a}-\boldsymbol{b}\|^2 &= (\boldsymbol{a}+\boldsymbol{b})\cdot(\boldsymbol{a}+\boldsymbol{b})+(\boldsymbol{a}-\boldsymbol{b})\cdot(\boldsymbol{a}-\boldsymbol{b})\\ &= (\boldsymbol{a}\cdot\boldsymbol{a}+\boldsymbol{a}\cdot\boldsymbol{b}+\boldsymbol{b}\cdot\boldsymbol{a}+\boldsymbol{b}\cdot\boldsymbol{b})+(\boldsymbol{a}\cdot\boldsymbol{a}-\boldsymbol{a}\cdot\boldsymbol{b}-\boldsymbol{b}\cdot\boldsymbol{a}+\boldsymbol{b}\cdot\boldsymbol{b})\\ &= 2(\boldsymbol{a}\cdot\boldsymbol{a}+\boldsymbol{b}\cdot\boldsymbol{b})\\ &= 2(\|\boldsymbol{a}\|^2+\|\boldsymbol{b}\|^2).\end{aligned}$$

4.4　内积

由我们关于平面几何以及点积的经验的引导，可以给出如下定义.

定义 4.4.1　设$\mathbb{F}=\mathbb{R}$或者$\mathbb{C}$. 一个$\mathbb{F}$-向量空间$\mathcal{V}$上的**内积**(inner product)是一个如下定义的函数：

$$\langle\cdot,\cdot\rangle:\mathcal{V}\times\mathcal{V}\to\mathbb{F},$$

它对于$\boldsymbol{u}$，$\boldsymbol{v}$，$\boldsymbol{w}\in\mathcal{V}$以及$c\in\mathbb{F}$满足以下公理：

(a)$\langle\boldsymbol{v},\boldsymbol{v}\rangle$是非负的实数.　　非负性

(b)$\langle\boldsymbol{v},\boldsymbol{v}\rangle=0$当且仅当$\boldsymbol{v}=\boldsymbol{0}$.　　正性

(c)$\langle\boldsymbol{u}+\boldsymbol{v},\boldsymbol{w}\rangle=\langle\boldsymbol{u},\boldsymbol{w}\rangle+\langle\boldsymbol{v},\boldsymbol{w}\rangle$.　　加性

(d)$\langle c\boldsymbol{u},\boldsymbol{v}\rangle=c\langle\boldsymbol{u},\boldsymbol{v}\rangle$.　　齐性

(e)$\langle\boldsymbol{u},\boldsymbol{v}\rangle=\overline{\langle\boldsymbol{v},\boldsymbol{u}\rangle}$.　　共轭对称性

非负性、正性、加性以及齐性公理反映了$\mathbb{R}^2$上点积的熟悉的性质. 如果$\mathbb{F}=\mathbb{R}$，则共轭对称公理(有时称为 Hermite 公理[Hermite axiom])看起来与点积中的对称性相像；但如果$\mathbb{F}=\mathbb{C}$，则它们是不同的. 它确保

$$\langle a\boldsymbol{v},a\boldsymbol{v}\rangle=a\langle\boldsymbol{v},a\boldsymbol{v}\rangle=a\overline{\langle a\boldsymbol{v},\boldsymbol{v}\rangle}=a(\overline{a\langle\boldsymbol{v},\boldsymbol{v}\rangle})=a\overline{a}\langle\boldsymbol{v},\boldsymbol{v}\rangle=|a|^2\langle\boldsymbol{v},\boldsymbol{v}\rangle,$$

这与(a)一致.

加性、齐性以及共轭对称性公理确保

87

$$\langle a\boldsymbol{u}+b\boldsymbol{v},\boldsymbol{w}\rangle=\langle a\boldsymbol{u},\boldsymbol{w}\rangle+\langle b\boldsymbol{v},\boldsymbol{w}\rangle=a\langle\boldsymbol{u},\boldsymbol{w}\rangle+b\langle\boldsymbol{v},\boldsymbol{w}\rangle,$$

所以内积关于第一个位置是线性的(linear). 然而

$$\begin{aligned}\langle\boldsymbol{u},a\boldsymbol{v}+b\boldsymbol{w}\rangle &= \overline{\langle a\boldsymbol{v}+b\boldsymbol{w},\boldsymbol{u}\rangle}=\overline{\langle a\boldsymbol{v},\boldsymbol{u}\rangle+\langle b\boldsymbol{w},\boldsymbol{u}\rangle}\\ &= \overline{\langle a\boldsymbol{v},\boldsymbol{u}\rangle}+\overline{\langle b\boldsymbol{w},\boldsymbol{u}\rangle}=\overline{a\langle\boldsymbol{v},\boldsymbol{u}\rangle}+\overline{b\langle\boldsymbol{w},\boldsymbol{u}\rangle}\\ &= \overline{a}\langle\boldsymbol{u},\boldsymbol{v}\rangle+\overline{b}\langle\boldsymbol{u},\boldsymbol{w}\rangle.\end{aligned}$$

如果$\mathbb{F}=\mathbb{C}$，我们可以把上面的计算总结成“内积关于它的第二个位置是共轭线性的(conjugate linear)”. 如果$\mathbb{F}=\mathbb{R}$，那么$a=\overline{a}$，且$b=\overline{b}$，所以内积关于它的第二个位置是线性的. 由于复向量空间上的内积关于它的第一个位置是线性的，关于第二个位置是共轭线性的，因此称它是半双线性的(sesquilinear)(即一个半线性的[one-and-a-half linear]). 实向量空间上的内积是双线性的(bilinear)(即两次线性的[twice linear]).

定义 4.4.2　设$\mathbb{F}=\mathbb{R}$或者$\mathbb{C}$. **内积空间**(inner product space)是一个$\mathbb{F}$-向量空间$\mathcal{V}$，其上定义了一个内积$\langle\cdot,\cdot\rangle:\mathcal{V}\times\mathcal{V}\to\mathbb{F}$. 我们称$\mathcal{V}$是一个**$\mathbb{F}$-内积空间**($\mathbb{F}$-inner product space)，或者称$\mathcal{V}$是**$\mathbb{F}$上的内积空间**(inner product space over $\mathbb{F}$).

下面给出内积空间的一些例子.

例 4.4.3 把 $\mathcal{V}=\mathbb{F}^n$ 看成$\mathbb{F}$上的一个向量空间. 对于 $\boldsymbol{u}=[u_i]$，$\boldsymbol{v}=[v_i]\in\mathcal{V}$，设

$$\langle \boldsymbol{u},\boldsymbol{v}\rangle = \boldsymbol{v}^*\boldsymbol{u} = \sum_{i=1}^n u_i\bar{v}_i.$$

这是$\mathbb{F}^n$上的标准内积(standard inner product). 如果$\mathbb{F}=\mathbb{R}$，那么$\langle \boldsymbol{u}, \boldsymbol{v}\rangle=\boldsymbol{v}^{\mathrm{T}}\boldsymbol{u}$. 如果$\mathbb{F}=\mathbb{R}$且 $n=2$，那么$\langle \boldsymbol{u}, \boldsymbol{v}\rangle=\boldsymbol{u}\cdot\boldsymbol{v}$ 是$\mathbb{R}^2$ 上的点积. 如果 $n=1$，则 $\mathcal{V}=\mathbb{F}$中的“向量”是纯量，且$\langle c, d\rangle=c\bar{d}$.

例 4.4.4 设 $\mathcal{V}=\mathcal{P}_n$ 是由次数至多为 n 的多项式组成的复向量空间. 固定一个有限的非空实区间$[a, b]$，定义

$$\langle p,q\rangle = \int_a^b p(t)\,\overline{q(t)}\,\mathrm{d}t.$$

这称为区间$[a, b]$中 $\mathcal{P}_n$ 上定义的 L^2 内积(L^2 inner product on P_n over the interval $[a, b]$). 非负性、加性、齐性以及共轭对称性公理的验证是简单明了的. 正性公理的验证要求一点分析和代数的知识. 如果 p 是满足

$$\langle p,p\rangle = \int_a^b p(t)\,\overline{p(t)}\,\mathrm{d}t = \int_a^b |p(t)|^2\,\mathrm{d}t = 0$$

的多项式，我们就可以利用非负函数 $|p|$ 的积分以及连续性的性质证明：对于所有 $t\in[a, b]$，都有 $p(t)=0$. 由此推出 p 是零多项式，它是向量空间 $\mathcal{P}_n$ 的零元素.

例 4.4.5 设$\mathbb{F}=\mathbb{R}$或者$\mathbb{F}=\mathbb{C}$. 设 $\mathcal{V}=\boldsymbol{M}_{m\times n}(\mathbb{F})$是$\mathbb{F}$上 $m\times n$ 矩阵组成的$\mathbb{F}$-向量空间，设 $A=[a_{ij}]\in\mathcal{V}$，$B=[b_{ij}]\in\mathcal{V}$，并定义 Frobenius 内积(Frobenius inner product)

$$\langle A,B\rangle_F = \operatorname{tr} B^*A. \tag{4.4.6}$$ 88

设 $B^*A=[c_{ij}]\in\boldsymbol{M}_n(\mathbb{F})$，并计算出

$$\langle A,B\rangle_F = \operatorname{tr} B^*A = \sum_{j=1}^n c_{jj} = \sum_{j=1}^n\Big(\sum_{i=1}^m \overline{b_{ij}}a_{ij}\Big) = \sum_{i,j} a_{ij}\overline{b_{ij}}.$$

由于

$$\operatorname{tr} A^*A = \sum_{i,j} |a_{ij}|^2 \geqslant 0, \tag{4.4.7}$$

我们看到，$\operatorname{tr} A^*A=0$，当且仅当 $A=0$. 共轭对称性由如下事实得出：对任何 $X\in\boldsymbol{M}_n$ 有 $\operatorname{tr} X^*=\overline{\operatorname{tr} X}$. 计算给出

$$\langle A,B\rangle_F = \operatorname{tr} B^*A = \operatorname{tr}(A^*B)^* = \overline{\operatorname{tr} A^*B} = \overline{\langle B,A\rangle_F}.$$

如果 $n=1$，那么 $\mathcal{V}=\mathbb{F}^m$，且 Frobenius 内积就是$\mathbb{F}^m$上的标准内积.

在上面一些例子里，向量空间都是有限维的. 在下面的例子里，情况并非如此. 无限维内积空间在物理学(量子力学)、航空学(模式逼近)与工程学(信号分析)以及数学本身都起着重要的作用.

例 4.4.8 设 $\mathcal{V}=C_{\mathbb{F}}[a, b]$是有限非空实区间$[a, b]$上$\mathbb{F}$-值连续函数组成的$\mathbb{F}$-向量空间. 对于 f，$g\in\mathcal{V}$，定义

$$\langle f,g\rangle=\int_a^b f(t)\,\overline{g(t)}\,\mathrm{d}t. \tag{4.4.9}$$

这是 $C_{\mathbb{F}}[a,\ b]$上的 L^2 内积. 非负性、加性、齐性以及共轭对称性公理的验证非常简单明了. 正性以与例 4.4.4 同样的方式得出.

例 4.4.10　如果$\langle\cdot,\ \cdot\rangle$是$\mathcal{V}$上的内积，$c$ 是一个正的实纯量，那么 $c\langle\cdot,\ \cdot\rangle$也是$\mathcal{V}$上的内积. 例如，在 Fourier 级数的研究中，$[-\pi,\ \pi]$上的 L^2 内积(4.4.9)常以修正的形式

$$\langle f,g\rangle=\frac{1}{\pi}\int_{-\pi}^{\pi} f(t)\,\overline{g(t)}\,\mathrm{d}t \tag{4.4.11}$$

出现，见 5.8 节.

例 4.4.12　设$\mathcal{V}$是有限非零序列$\boldsymbol{v}=(v_1,\ v_2,\ \cdots)$组成的复向量空间，见例 1.2.7. 对任何 $\boldsymbol{u}$，$\boldsymbol{v}\in\mathcal{V}$，定义

$$\langle\boldsymbol{u},\boldsymbol{v}\rangle=\sum_{i=1}^{\infty}u_i\,\overline{v_i}.$$

上述和式只包含有限多个非零的被加项，因为每一个向量只有有限多个非零的元素. 非负
89 性、加性、齐性以及共轭对称性公理的验证非常简单明了. 为了验证正性，注意到如果 $\boldsymbol{u}\in\mathcal{V}$且

$$0=\langle\boldsymbol{u},\boldsymbol{u}\rangle=\sum_{i=1}^{\infty}u_i\,\overline{u_i}=\sum_{i=1}^{\infty}|\,u_i\,|^2,$$

那么每一个 $u_i=0$，所以 $\boldsymbol{u}$ 是$\mathcal{V}$中的零向量.

基于对于平面中实向量的正交直线以及点积的经验，我们来定义内积空间里的正交性.

定义 4.4.13　设$\mathcal{V}$是一个赋有内积$\langle\cdot,\ \cdot\rangle$的内积空间. 那么，称 $\boldsymbol{u}$，$\boldsymbol{v}\in\mathcal{V}$是**正交的**(othogonal)，如果$\langle\boldsymbol{u},\ \boldsymbol{v}\rangle=0$. 如果 $\boldsymbol{u}$，$\boldsymbol{v}\in\mathcal{V}$是正交的，我们就记 $\boldsymbol{u}\perp\boldsymbol{v}$. 称非空子集 $\mathscr{S}_1$，$\mathscr{S}_2\subseteq\mathcal{V}$是**正交的**，如果对每个 $\boldsymbol{u}\in\mathscr{S}_1$ 以及每个 $\boldsymbol{v}\in\mathscr{S}_2$，都有 $\boldsymbol{u}\perp\boldsymbol{v}$.

由定义以及关于内积的公理可以得出正交性的三个重要性质.

定理 4.4.14　设$\mathcal{V}$是一个赋有内积$\langle\cdot,\ \cdot\rangle$的内积空间.

(a)$\boldsymbol{u}\perp\boldsymbol{v}$ 当且仅当 $\boldsymbol{v}\perp\boldsymbol{u}$.

(b)对每个 $\boldsymbol{u}\in\mathcal{V}$ 有 $\boldsymbol{0}\perp\boldsymbol{u}$.

(c)如果对每个 $\boldsymbol{u}\in\mathcal{V}$ 有 $\boldsymbol{v}\perp\boldsymbol{u}$，那么 $\boldsymbol{v}=\boldsymbol{0}$.

证明

(a)$\langle\boldsymbol{u},\ \boldsymbol{v}\rangle=\overline{\langle\boldsymbol{v},\ \boldsymbol{u}\rangle}$，所以$\langle\boldsymbol{u},\ \boldsymbol{v}\rangle=0$ 当且仅当$\langle\boldsymbol{v},\ \boldsymbol{u}\rangle=0$.

(b)对每个 $\boldsymbol{u}\in\mathcal{V}$，$\langle\boldsymbol{0},\ \boldsymbol{u}\rangle=\langle 0\boldsymbol{0},\ \boldsymbol{u}\rangle=0\langle\boldsymbol{0},\ \boldsymbol{u}\rangle=0$.

(c)如果对每个 $\boldsymbol{u}\in\mathcal{V}$ 有 $\boldsymbol{v}\perp\boldsymbol{u}$，那么$\langle\boldsymbol{v},\ \boldsymbol{v}\rangle=0$，而正性公理就蕴涵 $\boldsymbol{v}=\boldsymbol{0}$. ■

推论 4.4.15　设$\mathcal{V}$是一个内积空间，而 $\boldsymbol{v}$，$\boldsymbol{w}\in\mathcal{V}$. 如果对所有 $\boldsymbol{u}\in\mathcal{V}$ 有$\langle\boldsymbol{u},\ \boldsymbol{v}\rangle=\langle\boldsymbol{u},\ \boldsymbol{w}\rangle$，那么 $\boldsymbol{v}=\boldsymbol{w}$.

证明 如果对所有 $\boldsymbol{u}\in\mathcal{V}$ 有 $\langle\boldsymbol{u},\ \boldsymbol{v}\rangle=\langle\boldsymbol{u},\ \boldsymbol{w}\rangle$，那么对所有 $\boldsymbol{u}$ 有 $\langle\boldsymbol{u},\ \boldsymbol{v}-\boldsymbol{w}\rangle=0$. 定理 4.4.14(c)确保 $\boldsymbol{v}-\boldsymbol{w}=\boldsymbol{0}$. ■

4.5 内积导出的范数

与点积以及平面上的欧几里得长度类似，可以在任何内积空间中定义推广的长度.

定义 4.5.1 设 $\mathcal{V}$ 是一个赋有内积 $\langle\cdot,\ \cdot\rangle$ 的内积空间. 由

$$\|\boldsymbol{v}\| = \sqrt{\langle\boldsymbol{v},\boldsymbol{v}\rangle} \tag{4.5.2}$$ 90

所定义的函数 $\|\cdot\|:\mathcal{V}\to[0,\ \infty)$ 称为**内积 $\langle\cdot,\ \cdot\rangle$ 导出的范数**(norm derived from the inner product $\langle\cdot,\ \cdot\rangle$). 为简单计，我们把(4.5.2)称为 $\mathcal{V}$ 上的**范数**(norm).

这一定义确保对所有 $\boldsymbol{v}\in\mathcal{V}$ 都有 $\|\boldsymbol{v}\|\geqslant 0$.

例 4.5.3 $\mathcal{V}=\mathbb{F}^n$ 上由标准内积导出的范数称为欧几里得范数(Euclidean norm)

$$\|\boldsymbol{u}\|_2 = (\boldsymbol{u}^*\boldsymbol{u})^{1/2} = \Big(\sum_{i=1}^{n} |u_i|^2\Big)^{1/2},\ \boldsymbol{u}=[u_i]\in\mathbb{F}^n. \tag{4.5.4}$$

欧几里得范数也称为 ℓ_2 **范数**(ℓ_2 norm)).

例 4.5.5 $\mathcal{V}=\boldsymbol{M}_{m\times n}(\mathbb{F})$ 上由 Frobenius 内积导出的范数称为 Frobenius 范数(Frobenius norm)

$$\|A\|_F^2 = \langle A,A\rangle_F = \operatorname{tr} A^*A = \sum_{i,j} |a_{ij}|^2,\quad A=[a_{ij}]\in\boldsymbol{M}_{m\times n}.$$

Frobenius 范数有时候称为 Schur 范数(Schur norm)或者称为 Hilbert-Schmidt 范数(Hilbert-Schmidt norm). 如果 $n=1$，Frobenius 范数就是 $\mathbb{F}^m$ 上的欧几里得范数.

例 4.5.6 由 $C[a,\ b]$ 上的 L^2 内积导出的范数(见例 4.4.8)是 L^2 范数(L^2 norm)

$$\|f\| = \Big(\int_a^b |f(t)|^2\mathrm{d}t\Big)^{1/2}. \tag{4.5.7}$$

如果我们把积分视为 Riemann 和的极限，在(4.5.7)与(4.5.4)之间就有一个自然的类似.

例 4.5.8 考虑具有 L^2 内积与范数的复内积空间 $\mathcal{V}=C[-\pi,\ \pi]$. 函数 $\cos t$ 与 $\sin t$ 在 $\mathcal{V}$ 中，所以

$$\begin{aligned}\|\sin t\|^2 &= \int_{-\pi}^{\pi}\sin^2 t\,\mathrm{d}t = \frac{1}{2}\int_{-\pi}^{\pi}(1-\cos 2t)\,\mathrm{d}t\\ &= \frac{1}{2}\Big(t-\frac{1}{2}\sin 2t\Big)\Big|_{-\pi}^{\pi} = \pi\\ \langle\sin t,\cos t\rangle &= \int_{-\pi}^{\pi}\sin t\,\cos t\ \mathrm{d}t = \frac{1}{2}\int_{-\pi}^{\pi}\sin 2t\ \mathrm{d}t\\ &= -\frac{1}{4}\cos 2t\Big|_{-\pi}^{\pi} = 0.\end{aligned}$$

于是，对于 $C[-\pi,\ \pi]$ 上的 L^2 范数与内积而言，$\sin t$ 有范数 $\sqrt{\pi}$，且与 $\cos t$ 正交.

导出范数(4.5.2)满足平面上的欧几里得长度的许多性质. 91

定理 4.5.9　设$\mathcal{V}$是一个赋有内积$\langle\cdot,\cdot\rangle$以及导出范数$\|\cdot\|$的$\mathbb{F}$-内积空间. 设$\boldsymbol{u}$, $\boldsymbol{v}\in\mathcal{V}$, $c\in\mathbb{F}$.

(a) $\|\boldsymbol{u}\|$是非负的实数.　　非负性

(b) $\|\boldsymbol{u}\|=0$当且仅当$\boldsymbol{u}=\boldsymbol{0}$.　　正性

(c) $\|c\boldsymbol{u}\|=|c|\,\|\boldsymbol{u}\|$.　　齐性

(d) 如果$\langle\boldsymbol{u},\boldsymbol{v}\rangle=0$，那么$\|\boldsymbol{u}+\boldsymbol{v}\|^2=\|\boldsymbol{u}\|^2+\|\boldsymbol{v}\|^2$.　　毕达哥拉斯定理

(e) $\|\boldsymbol{u}+\boldsymbol{v}\|^2+\|\boldsymbol{u}-\boldsymbol{v}\|^2=2\|\boldsymbol{u}\|^2+2\|\boldsymbol{v}\|^2$.　　平行四边形等式

证明

(a)非负性已在定义 4.5.1 中确立.

(b)正性由内积的正性得出. 如果$\|\boldsymbol{u}\|=0$，那么$\langle\boldsymbol{u},\boldsymbol{u}\rangle=0$，这蕴涵$\boldsymbol{u}=\boldsymbol{0}$.

(c)齐性由内积的齐性以及共轭对称性得出：

$$\begin{aligned}\|c\boldsymbol{u}\|&=(\langle c\boldsymbol{u},c\boldsymbol{u}\rangle)^{1/2}=(c\bar{c}\langle\boldsymbol{u},\boldsymbol{u}\rangle)^{1/2}\\&=(|c|^2\langle\boldsymbol{u},\boldsymbol{u}\rangle)^{1/2}=|c|\langle\boldsymbol{u},\boldsymbol{u}\rangle^{1/2}\\&=|c|\,\|\boldsymbol{u}\|.\end{aligned}$$

(d)计算给出

$$\begin{aligned}\|\boldsymbol{u}+\boldsymbol{v}\|^2&=\langle\boldsymbol{u}+\boldsymbol{v},\boldsymbol{u}+\boldsymbol{v}\rangle=\langle\boldsymbol{u},\boldsymbol{u}\rangle+\langle\boldsymbol{u},\boldsymbol{v}\rangle+\langle\boldsymbol{v},\boldsymbol{u}\rangle+\langle\boldsymbol{v},\boldsymbol{v}\rangle\\&=\langle\boldsymbol{u},\boldsymbol{u}\rangle+0+0+\langle\boldsymbol{v},\boldsymbol{v}\rangle=\|\boldsymbol{u}\|^2+\|\boldsymbol{v}\|^2.\end{aligned}$$

(e)利用内积关于两个位置的加性计算得出

$$\begin{aligned}\|\boldsymbol{u}+\boldsymbol{v}\|^2+\|\boldsymbol{u}-\boldsymbol{v}\|^2&=\langle\boldsymbol{u}+\boldsymbol{v},\boldsymbol{u}+\boldsymbol{v}\rangle+\langle\boldsymbol{u}-\boldsymbol{v},\boldsymbol{u}-\boldsymbol{v}\rangle\\&=\langle\boldsymbol{u},\boldsymbol{u}\rangle+\langle\boldsymbol{u},\boldsymbol{v}\rangle+\langle\boldsymbol{v},\boldsymbol{u}\rangle+\langle\boldsymbol{v},\boldsymbol{v}\rangle\\&\quad+\langle\boldsymbol{u},\boldsymbol{u}\rangle-\langle\boldsymbol{u},\boldsymbol{v}\rangle-\langle\boldsymbol{v},\boldsymbol{u}\rangle+\langle\boldsymbol{v},\boldsymbol{v}\rangle\\&=2(\langle\boldsymbol{u},\boldsymbol{u}\rangle+\langle\boldsymbol{v},\boldsymbol{v}\rangle)\\&=2(\|\boldsymbol{u}\|^2+\|\boldsymbol{v}\|^2).\end{aligned}$$

■

定义 4.5.10　设$\mathcal{V}$是一个赋有导出范数$\|\cdot\|$的内积空间. 那么$\boldsymbol{u}\in\mathcal{V}$称为**单位向量**(unit vector)，如果$\|\boldsymbol{u}\|=1$.

任何非零向量$\boldsymbol{u}\in\mathcal{V}$可以通过标准化(normalized)产生一个与$\boldsymbol{u}$成比例的单位向量$\boldsymbol{u}/\|\boldsymbol{u}\|$：

92

$$\left\|\frac{\boldsymbol{u}}{\|\boldsymbol{u}\|}\right\|=\frac{\|\boldsymbol{u}\|}{\|\boldsymbol{u}\|}=1\quad\text{如果}\quad\boldsymbol{u}\neq\boldsymbol{0}.\tag{4.5.11}$$

在内积空间$\mathcal{V}$中，(4.3.7)的推广定义了一个向量在另一个向量上的射影. 设$\boldsymbol{u}\in\mathcal{V}$是非零向量，作

$$\boldsymbol{x}=\frac{\langle\boldsymbol{v},\boldsymbol{u}\rangle}{\|\boldsymbol{u}\|^2}\boldsymbol{u}=\left\langle\boldsymbol{v},\frac{\boldsymbol{u}}{\|\boldsymbol{u}\|}\right\rangle\frac{\boldsymbol{u}}{\|\boldsymbol{u}\|},\tag{4.5.12}$$

这是$\boldsymbol{v}$与沿$\boldsymbol{u}$的方向上的单位向量的内积，再乘以沿$\boldsymbol{u}$的方向上的单位向量. 这就是$\boldsymbol{v}$在$\boldsymbol{u}$上的射影(projection of $\boldsymbol{v}$ onto $\boldsymbol{u}$)，见图 4.6. 由于

$$\langle\boldsymbol{v}-\boldsymbol{x},\boldsymbol{u}\rangle=\langle\boldsymbol{v},\boldsymbol{u}\rangle-\langle\boldsymbol{x},\boldsymbol{u}\rangle=\langle\boldsymbol{v},\boldsymbol{u}\rangle-\left\langle\frac{\langle\boldsymbol{v},\boldsymbol{u}\rangle}{\|\boldsymbol{u}\|^2}\boldsymbol{u},\boldsymbol{u}\right\rangle$$

$$= \langle \boldsymbol{v}, \boldsymbol{u} \rangle - \langle \boldsymbol{v}, \boldsymbol{u} \rangle \frac{\langle \boldsymbol{u}, \boldsymbol{u} \rangle}{\| \boldsymbol{u} \|^2} = \langle \boldsymbol{v}, \boldsymbol{u} \rangle - \langle \boldsymbol{v}, \boldsymbol{u} \rangle = 0,$$

因此 $\boldsymbol{v}-\boldsymbol{x}$ 与 $\boldsymbol{u}$ 正交(从而也与 $\boldsymbol{x}$ 正交). 由此可知，

$$\boldsymbol{v} = \boldsymbol{x} + (\boldsymbol{v} - \boldsymbol{x}) \tag{4.5.13}$$

是 $\boldsymbol{v}$ 分解成两个正交向量之和，其中一个向量与 $\boldsymbol{u}$ 成比例，另一个与之正交.

推广(4.3.6)的一个重要不等式在任何内积空间都成立.

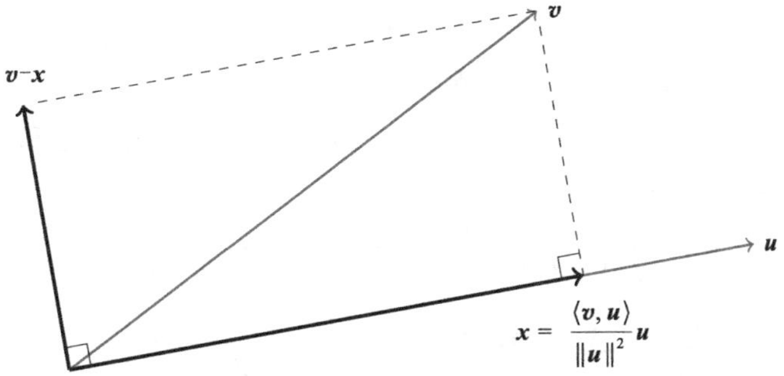

图 4.6　一个向量在另一个向量上的正交射影

定理 4.5.14(Cauchy-Schwarz 不等式)　设 $\mathcal{V}$ 是一个赋有内积 $\langle \cdot, \cdot \rangle$ 以及导出范数 $\| \cdot \|$ 的内积空间. 那么对所有 $\boldsymbol{u}$，$\boldsymbol{v} \in \mathcal{V}$ 都有

$$| \langle \boldsymbol{u}, \boldsymbol{v} \rangle | \leqslant \| \boldsymbol{u} \| \, \| \boldsymbol{v} \|, \tag{4.5.15}$$

其中的等式当且仅当 $\boldsymbol{u}$ 与 $\boldsymbol{v}$ 线性相关，也就是说，当且仅当它们中的一个是另一个的纯量倍数时成立.

证明　如果 $\boldsymbol{u}=\boldsymbol{0}$ 或者 $\boldsymbol{v}=\boldsymbol{0}$，则没有什么要证明的了，不等式(4.5.15)的两边是零且 $\boldsymbol{u}$，$\boldsymbol{v}$ 线性相关. 于是，我们可以假设 $\boldsymbol{u}$ 与 $\boldsymbol{v}$ 两者都不为零. 如在(4.5.12)中那样定义 $\boldsymbol{x}$， 93
并如同在(4.5.13)中那样记 $\boldsymbol{v}=\boldsymbol{x}+(\boldsymbol{v}-\boldsymbol{x})$. 由于 $\boldsymbol{x}$ 与 $\boldsymbol{v}-\boldsymbol{x}$ 是正交的，故而定理 4.5.9(d) 确保

$$\begin{aligned} \| \boldsymbol{v} \|^2 &= \| \boldsymbol{x} \|^2 + \| \boldsymbol{v} - \boldsymbol{x} \|^2 \\ &\geqslant \| \boldsymbol{x} \|^2 = \left\| \frac{\langle \boldsymbol{v}, \boldsymbol{u} \rangle}{\| \boldsymbol{u} \|^2} \boldsymbol{u} \right\|^2 \\ &= \frac{| \langle \boldsymbol{v}, \boldsymbol{u} \rangle |^2}{\| \boldsymbol{u} \|^4} \| \boldsymbol{u} \|^2 = \frac{| \langle \boldsymbol{v}, \boldsymbol{u} \rangle |^2}{\| \boldsymbol{u} \|^2}, \end{aligned} \tag{4.5.16}$$

所以 $\| \boldsymbol{u} \|^2 \, \| \boldsymbol{v} \|^2 \geqslant | \langle \boldsymbol{v}, \boldsymbol{u} \rangle |^2 = | \overline{\langle \boldsymbol{u}, \boldsymbol{v} \rangle} |^2 = | \langle \boldsymbol{u}, \boldsymbol{v} \rangle |^2$. 由此推出 $\| \boldsymbol{u} \| \, \| \boldsymbol{v} \| \geqslant | \langle \boldsymbol{u}, \boldsymbol{v} \rangle |$.

如果(4.5.16)中等式成立，那么 $\boldsymbol{v}-\boldsymbol{x}=\boldsymbol{0}$，且 $\boldsymbol{v}=\boldsymbol{x}=\langle \boldsymbol{v}, \boldsymbol{u} \rangle \| \boldsymbol{u} \|^{-2} \boldsymbol{u}$，所以 $\boldsymbol{v}$ 与 $\boldsymbol{u}$ 线性相关. 反之，如果 $\boldsymbol{v}$ 与 $\boldsymbol{u}$ 线性相关，那么对某个非零的纯量 c，有 $\boldsymbol{v}=c\boldsymbol{u}$，在此情形有

$$\boldsymbol{x} = \frac{\langle \boldsymbol{v}, \boldsymbol{u} \rangle}{\| \boldsymbol{u} \|^2} \boldsymbol{u} = \frac{\langle c\boldsymbol{u}, \boldsymbol{u} \rangle}{\| \boldsymbol{u} \|^2} \boldsymbol{u} = c\boldsymbol{u} = \boldsymbol{v},$$

从而(4.5.16)等号成立. ■

例 4.5.17　设 λ_1，λ_2，…，$\lambda_n \in \mathbb{C}$. 考虑全 1 向量 $\boldsymbol{e} \in \mathbb{C}^n$，向量 $\boldsymbol{u}=[\lambda_i] \in \mathbb{C}^n$，以及

$\mathbb{C}^n$ 上的标准内积. Cauchy-Schwarz 不等式确保

$$\left|\sum_{i=1}^{n}\lambda_i\right|^2=|\langle \boldsymbol{u},\boldsymbol{e}\rangle|^2\leqslant\|\boldsymbol{u}\|_2^2\|\boldsymbol{e}\|_2^2=\left(\sum_{i=1}^{n}|\lambda_i|^2\right)\left(\sum_{i=1}^{n}1^2\right)=n\sum_{i=1}^{n}|\lambda_i|^2,$$

其中的等式当且仅当 $\boldsymbol{e}$ 与 $\boldsymbol{u}$ 线性相关时成立，也即当且仅当对某个 $c\in\mathbb{C}$ 有 $\boldsymbol{u}=c\boldsymbol{e}$ 时成立. 从而

$$\left|\sum_{i=1}^{n}\lambda_i\right|\leqslant\sqrt{n}\left(\sum_{i=1}^{n}|\lambda_i|^2\right)^{1/2},\tag{4.5.18}$$

其中的等式当且仅当 $\lambda_1=\lambda_2=\cdots=\lambda_n$ 时成立.

例 4.5.19　现在考虑向量 $\boldsymbol{p}=[p_i]\in\mathbb{R}^n$，其元素非负且元素之和为 1，即 $\boldsymbol{e}^{\mathrm{T}}\boldsymbol{p}=1$. Cauchy-Schwarz 不等式确保

$$\left|\sum_{i=1}^{n}p_i\lambda_i\right|^2=\left|\sum_{i=1}^{n}\sqrt{p_i}(\sqrt{p_i}\lambda_i)\right|^2\leqslant\left(\sum_{i=1}^{n}p_i\right)\left(\sum_{i=1}^{n}p_i|\lambda_i|^2\right)=\sum_{i=1}^{n}p_i|\lambda_i|^2,$$

其中的等式当且仅当 $\boldsymbol{p}$ 与 $\boldsymbol{u}=[\lambda_i]\in\mathbb{C}^n$ 线性相关时成立.

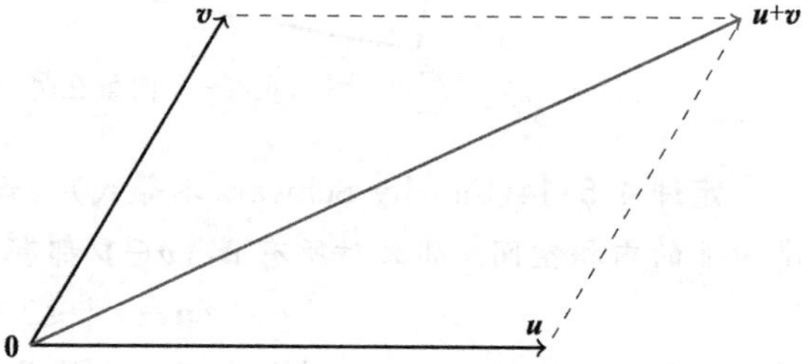

图 4.7　三角不等式

在定理 4.5.9 所列举的基本性质之外，导出范数还满足(4.2.3)的一个推广的不等式，见图 4.7.

推论 4.5.20(导出范数的三角不等式)　*设 $\mathcal{V}$ 是一个内积空间，而 $\boldsymbol{u}, \boldsymbol{v}\in\mathcal{V}$. 则有*

94 $$\|\boldsymbol{u}+\boldsymbol{v}\|\leqslant\|\boldsymbol{u}\|+\|\boldsymbol{v}\|,\tag{4.5.21}$$

其中的等式当且仅当其中一个向量是另一个的实的非负纯量倍数时成立.

证明　我们借助于内积的加性以及共轭对称性，同时利用 Cauchy-Schwarz 不等式(4.5.15)得到

$$\begin{aligned}\|\boldsymbol{u}+\boldsymbol{v}\|^2&=\langle \boldsymbol{u}+\boldsymbol{v},\boldsymbol{u}+\boldsymbol{v}\rangle\\&=\langle \boldsymbol{u},\boldsymbol{u}\rangle+\langle \boldsymbol{u},\boldsymbol{v}\rangle+\langle \boldsymbol{v},\boldsymbol{u}\rangle+\langle \boldsymbol{v},\boldsymbol{v}\rangle\\&=\langle \boldsymbol{u},\boldsymbol{u}\rangle+\langle \boldsymbol{u},\boldsymbol{v}\rangle+\overline{\langle \boldsymbol{u},\boldsymbol{v}\rangle}+\langle \boldsymbol{v},\boldsymbol{v}\rangle\\&=\|\boldsymbol{u}\|^2+2\mathrm{Re}\langle \boldsymbol{u},\boldsymbol{v}\rangle+\|\boldsymbol{v}\|^2\\&\leqslant\|\boldsymbol{u}\|^2+2|\langle \boldsymbol{u},\boldsymbol{v}\rangle|+\|\boldsymbol{v}\|^2 &(4.5.22)\\&\leqslant\|\boldsymbol{u}\|^2+2\|\boldsymbol{u}\|\|\boldsymbol{v}\|+\|\boldsymbol{v}\|^2 &(4.5.23)\\&=(\|\boldsymbol{u}\|+\|\boldsymbol{v}\|)^2.\end{aligned}$$

我们断言 $\|\boldsymbol{u}+\boldsymbol{v}\|\leqslant\|\boldsymbol{u}\|+\|\boldsymbol{v}\|$，其中等式成立，当且仅当不等式(4.5.23)与(4.5.22)中都有等式成立. Cauchy-Schwarz 不等式(4.5.23)中的等式成立，当且仅当存在一个纯量 c，使得或者 $\boldsymbol{u}=c\boldsymbol{v}$，或者 $\boldsymbol{v}=c\boldsymbol{u}$ 成立. (4.5.22)中的等式成立，当且仅当 c 是一个非负的实数. ■

在内积空间中，范数是由内积确定的，这是因为 $\| v \|^2 = \langle v, v\rangle$. 下面的结果表明，内积也是由范数所确定的.

定理 4.5.24(极化恒等式) 设 $\mathcal{V}$ 是一个 $\mathbb{F}$-内积空间，设 u, $v \in \mathcal{V}$.

(a)如果 $\mathbb{F}=\mathbb{R}$，那么

$$\langle u, v\rangle = \frac{1}{4}(\| u+v \|^2 - \| u-v \|^2). \tag{4.5.25}$$

(b)如果 $\mathbb{F}=\mathbb{C}$，那么

$$\langle u, v\rangle = \frac{1}{4}(\| u+v \|^2 - \| u-v \|^2 + \mathrm{i}\| u+\mathrm{i}v \|^2 - \mathrm{i}\| u-\mathrm{i}v \|^2). \tag{4.5.26}$$ 95

证明

(a)如果 $\mathbb{F}=\mathbb{R}$，那么

$$\begin{aligned}\| u+v \|^2 - \| u-v \|^2 &= (\| u \|^2 + 2\langle u, v\rangle + \| v \|^2) \\ &\quad - (\| u \|^2 + 2\langle u, -v\rangle + \| -v \|^2) \\ &= 2\langle u, v\rangle + \| v \|^2 + 2\langle u, v\rangle - \| v \|^2 \\ &= 4\langle u, v\rangle.\end{aligned}$$

(b)如果 $\mathbb{F}=\mathbb{C}$，那么

$$\begin{aligned}\| u+v \|^2 - \| u-v \|^2 &= (\| u \|^2 + 2\mathrm{Re}\langle u, v\rangle + \| v \|^2) \\ &\quad - (\| u \|^2 + 2\mathrm{Re}\langle u, -v\rangle + \| -v \|^2) \\ &= -2\mathrm{Re}\langle u, v\rangle + \| v \|^2 + 2\mathrm{Re}\langle u, v\rangle - \| v \|^2 \\ &= 4\mathrm{Re}\langle u, v\rangle, \\ \| u+\mathrm{i}v \|^2 - \| u-\mathrm{i}v \|^2 &= (\| u \|^2 + 2\mathrm{Re}\langle u, \mathrm{i}v\rangle + \| \mathrm{i}v \|^2) \\ &\quad - (\| u \|^2 + 2\mathrm{Re}\langle u, -\mathrm{i}v\rangle + \| -\mathrm{i}v \|^2) \\ &= -2\mathrm{Re}\,\mathrm{i}\langle u, v\rangle + \| v \|^2 - 2\mathrm{Re}\,\mathrm{i}\langle u, v\rangle - \| v \|^2 \\ &= -4\mathrm{Re}\,\mathrm{i}\langle u, v\rangle = 4\,\mathrm{Im}\langle u, v\rangle.\end{aligned}$$

于是，(4.5.26)的右边就是

$$\frac{1}{4}(4\mathrm{Re}\langle u, v\rangle + 4\mathrm{i}\,\mathrm{Im}\langle u, v\rangle) = \mathrm{Re}\langle u, v\rangle + \mathrm{i}\,\mathrm{Im}\langle u, v\rangle = \langle u, v\rangle.$$ ■

4.6 赋范向量空间

在上一节里我们指出了向量空间上一个推广的长度函数是如何由内积导出的，现在介绍一些其他种类的推广的长度函数，它们在实际应用中很有用，但有可能不是由内积导出的.

定义 4.6.1 $\mathbb{F}$-向量空间 $\mathcal{V}$ 上的范数是有如下性质的一个函数 $\| \cdot \|: \mathcal{V} \to [0, \infty)$：对任何 u, $v \in \mathcal{V}$ 以及 $c \in \mathbb{F}$：

(a) $\| u \|$ 是非负的实数. 非负性

(b) $\| u \| = 0$ 当且仅当 $u = 0$. 正性

(c) $\| c\boldsymbol{u} \| = | c | \ \| \boldsymbol{u} \|$. 齐性

(d) $\| \boldsymbol{u}+\boldsymbol{v} \| \leqslant \| \boldsymbol{u} \| + \| \boldsymbol{v} \|$. 三角不等式

在下面三个例子里，$\mathcal{V}$是$\mathbb{F}$-向量空间$\mathbb{F}^n$，$\boldsymbol{u}=[u_i]$，$\boldsymbol{v}=[v_i]\in\mathcal{V}$，$\boldsymbol{e}_1$ 与 $\boldsymbol{e}_2$ 是$\mathbb{F}^n$中头两个

96 标准单位基向量.

例 4.6.2 函数

$$\| \boldsymbol{u} \|_1 = | u_1 | + | u_2 | + \cdots + | u_n | \tag{4.6.3}$$

称为是$\mathbb{F}^n$上的 ℓ_1 范数(ℓ_1 norm)(或者称为绝对和范数[absolute sum norm])，它满足上一个范数定义中的非负性、正性以及齐性公理. 为了对(4.6.3)验证三角不等式，我们借助于$\mathbb{F}$上的模函数的三角不等式并计算

$$\begin{aligned}\| \boldsymbol{u}+\boldsymbol{v} \|_1 &= | u_1+v_1 | + | u_2+v_2 | + \cdots + | u_n+v_n | \\ &\leqslant | u_1 | + | v_1 | + | u_2 | + | v_2 | + \cdots + | u_n | + | v_n | \\ &= \| \boldsymbol{u} \|_1 + \| \boldsymbol{v} \|_1.\end{aligned}$$

由于

$$\| \boldsymbol{e}_1+\boldsymbol{e}_2 \|_1^2 + \| \boldsymbol{e}_1-\boldsymbol{e}_2 \|_1^2 = 8 > 4 = 2\| \boldsymbol{e}_1 \|_1^2 + 2\| \boldsymbol{e}_2 \|_1^2,$$

因此 ℓ_1 范数并不满足平行四边形等式，见定理 4.5.9(e). 因此，它不是由内积导出的.

例 4.6.4 函数

$$\| \boldsymbol{u} \|_\infty = \max\{ | u_i | : 1 \leqslant i \leqslant n \} \tag{4.6.5}$$

称为$\mathbb{F}^n$上的 ℓ_∞ 范数(ℓ_∞ norm)(也称极大范数[max norm]). 非负性、正性以及齐性公理的验证简单明了. 为验证三角不等式，设 k 是满足 $\| \boldsymbol{u}+\boldsymbol{v} \|_\infty = | u_k+v_k |$ 的任何一个指数. 利用$\mathbb{F}$上的模函数的三角不等式计算出

$$\| \boldsymbol{u}+\boldsymbol{v} \|_\infty = | u_k+v_k | \leqslant | u_k | + | v_k | \leqslant \| \boldsymbol{u} \|_\infty + \| \boldsymbol{v} \|_\infty.$$

计算

$$\| \boldsymbol{e}_1+\boldsymbol{e}_2 \|_\infty^2 + \| \boldsymbol{e}_1-\boldsymbol{e}_2 \|_\infty^2 = 2 < 4 = 2\| \boldsymbol{e}_1 \|_\infty^2 + 2\| \boldsymbol{e}_2 \|_\infty^2$$

表明 ℓ_∞ 范数不满足平行四边形等式，因此它也不是由内积导出的.

例 4.6.6 $\mathbb{F}^n$上的欧几里得范数

$$\| \boldsymbol{u} \|_2 = (| u_1 |^2 + | u_2 |^2 + \cdots + | u_n |^2)^{1/2} \tag{4.6.7}$$

是由标准内积导出的，见(4.5.4).

定义 4.6.8 一个实的或者复的向量空间$\mathcal{V}$与一个范数$\| \cdot \|: \mathcal{V}\rightarrowtail[0, \infty)$合在一起，称为一个**赋范向量空间**(normal vector space). 赋范向量空间的**单位球**(unit ball)是指$\{\boldsymbol{v}\in\mathcal{V}: \| \boldsymbol{v} \| \leqslant 1\}$.

$\mathbb{R}^2$ 上 ℓ_1、ℓ_2(欧几里得)以及 ℓ_∞ 范数的单位球描述在图 4.8 中.

例 4.6.9 在$\mathbb{F}^n$上可以借助一个可逆矩阵从旧有的范数构造出新的范数. 设$\| \cdot \|$是$\mathbb{F}^n$上一个范数，$A\in\boldsymbol{M}_n(\mathbb{F})$，并由$\| \boldsymbol{u} \|_A = \| A\boldsymbol{u} \|$来定义函数$\| \cdot \|_A: \mathcal{V}\rightarrowtail[0, \infty)$. 有关范数的非负性、齐性以及三角不等式公理总是满足的，但正性公理满足当且仅当 A 可逆，

97 见问题 P.4.26.

定义 4.6.10 设 $\mathcal{V}$ 是一个具有范数 $\|\cdot\|$ 的赋范向量空间. 那么 $v\in\mathcal{V}$ 称为**单位向量**(unit vector), 如果 $\|v\|=1$.

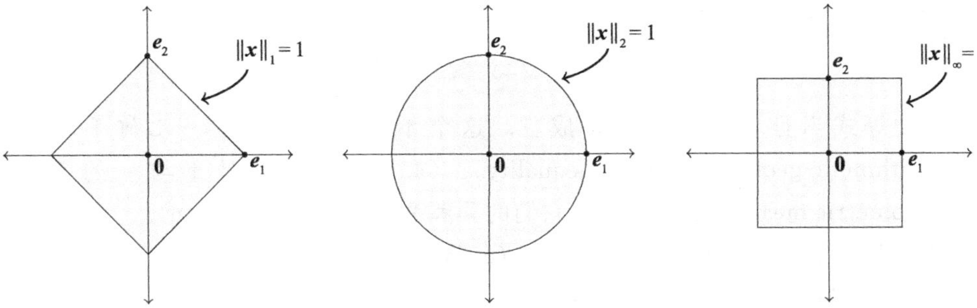

a) $\mathbb{R}^2$ 上范数 $\|\cdot\|_1$ 的单位球　b) $\mathbb{R}^2$ 上范数 $\|\cdot\|_2$ 的单位球　c) $\mathbb{R}^2$ 上范数 $\|\cdot\|_\infty$ 的单位球

图 4.8　ℓ_1、ℓ_2、ℓ_∞ 范数

赋范向量空间中任何非零向量 v 都可以按比例转变成一个单位向量 $v/\|v\|$:

$$\text{如果 } v\neq \mathbf{0}\text{, 那么}\left\|\frac{v}{\|v\|}\right\|=\frac{\|v\|}{\|v\|}=1.$$

将一个向量转变成单位向量的过程称为标准化(normalization).

4.7 问题

P.4.1 设 $\mathcal{V}$ 是一个实内积空间, 而 $x, y\in\mathcal{V}$. 证明: $\langle x, y\rangle=0$ 当且仅当 $\|x+y\|=\|x-y\|$.

P.4.2 设 $\mathcal{V}$ 是一个复内积空间, 而 $x, y\in\mathcal{V}$.

(a)如果 $\langle x, y\rangle=0$, 证明 $\|x+y\|=\|x-y\|$.

(b)关于其逆, 你有什么结论? 考虑 $y=\mathrm{i}x$ 的情况.

P.4.3 对实内积空间 $\mathcal{V}$ 中的 Cauchy-Schwarz 不等式的下面另一种方式的证明给出了证明的细节. 对非零向量 $u, v\in\mathcal{V}$, 考虑实变量 t 的函数 $p(t)=\|tu+v\|^2$.

(a)为什么对所有实数 t 都有 $p(t)\geqslant 0$?

(b)如果 $p(t)=0$ 有一个实根, 为什么 u 与 v 线性相关?

(c)证明 p 是一个实系数的二次多项式

$$p(t)=\|u\|^2t^2+2\langle u,v\rangle t+\|v\|^2.$$

(d)如果 u 与 v 线性无关, 为什么 $p(t)=0$ 没有实根?

(e)利用二次公式推导出实内积空间的 Cauchy-Schwarz 不等式.

P.4.4 修改上一个问题中的论证, 以证明在一个复内积空间 $\mathcal{V}$ 上的 Cauchy-Schwarz 不等式. 重新定义 $p(t)=\|tu+\mathrm{e}^{\mathrm{i}\theta}v\|^2$, 其中 θ 是一个实参数, 它使得 $\mathrm{e}^{-\mathrm{i}\theta}\langle u, v\rangle=|\langle u, v\rangle|$.

(a)说明为什么可以这样选择 θ 以及为什么

$$p(t)=\|u\|^2t^2+2|\langle u,v\rangle|t+\|v\|^2$$ 98

是一个实系数的二次多项式.

(b)如果 $\boldsymbol{u}$ 与 $\boldsymbol{v}$ 线性无关，为什么 $p(t)=0$ 没有实根?

(c)利用二次公式推导出复内积空间的 Cauchy-Schwarz 不等式.

P.4.5 设 x 与 y 是非负实数. 利用对实数 a，b 有 $(a-b)^2\geqslant 0$ 来证明

$$\sqrt{xy}\leqslant\frac{x+y}{2},\tag{4.7.1}$$

其中等式当且仅当 $x=y$ 时成立. 这个不等式称为**算术-几何平均不等式**(arithmetic-geometric mean inequality). (4.7.1)的左边是 x 与 y 的**几何平均**(geometric mean)，而右边则是它们的**算术平均**(arithmetic mean).

P.4.6 设 $\mathcal{V}$ 是一个内积空间，而 $\boldsymbol{u}$，$\boldsymbol{v}\in\mathcal{V}$. (a)将不等式 $0\leqslant\|\boldsymbol{x}-\boldsymbol{y}\|^2$ 展开，选择适当的 $\boldsymbol{x}$，$\boldsymbol{y}\in\mathcal{V}$ 以得到：对所有 $\lambda>0$ 都有

$$|\langle\boldsymbol{u},\boldsymbol{v}\rangle|\leqslant\frac{\lambda^2}{2}\|\boldsymbol{u}\|^2+\frac{1}{2\lambda^2}\|\boldsymbol{v}\|^2.\tag{4.7.2}$$

确认你的证明已经覆盖了 $\mathbb{F}=\mathbb{R}$ 与 $\mathbb{F}=\mathbb{C}$ 这两种情形. (b)利用(4.7.2)证明算术-几何平均不等式(4.7.1). (c)利用(4.7.2)证明 Cauchy-Schwarz 不等式.

P.4.7 设 x，$y\geqslant 0$，考虑 $\mathbb{R}^2$ 中的向量 $\boldsymbol{u}=[\sqrt{x}\ \ \sqrt{y}]^{\mathrm{T}}$，$\boldsymbol{v}=[\sqrt{y}\ \ \sqrt{x}]^{\mathrm{T}}$. 利用 Cauchy-Schwarz 不等式证明算术-几何平均不等式(4.7.1).

P.4.8 设 $\mathcal{V}$ 是一个内积空间，而 $\boldsymbol{u}$，$\boldsymbol{v}\in\mathcal{V}$. 证明

$$2|\langle\boldsymbol{u},\boldsymbol{v}\rangle|\leqslant\|\boldsymbol{u}\|^2+\|\boldsymbol{v}\|^2.$$

P.4.9 设 $\mathcal{V}$ 是一个内积空间，而 $\boldsymbol{u}$，$\boldsymbol{v}\in\mathcal{V}$. 证明

$$\|\boldsymbol{u}+\boldsymbol{v}\|\ \|\boldsymbol{u}-\boldsymbol{v}\|\leqslant\|\boldsymbol{u}\|^2+\|\boldsymbol{v}\|^2.$$

P.4.10 设 $\mathcal{V}$ 是一个 $\mathbb{F}$-内积空间，而 $\boldsymbol{u}$，$\boldsymbol{v}\in\mathcal{V}$. 证明：$\boldsymbol{u}$ 与 $\boldsymbol{v}$ 正交，当且仅当对所有 $c\in\mathbb{F}$ 都有 $\|\boldsymbol{v}\|\leqslant\|c\boldsymbol{u}+\boldsymbol{v}\|$. 确认你的证明已经覆盖了 $\mathbb{F}=\mathbb{R}$ 与 $\mathbb{F}=\mathbb{C}$ 这两种情形. 如果 $\mathcal{V}=\mathbb{R}^2$，请画出图表来说明其含义.

P.4.11 (a)设 f，$g\in C_{\mathbb{R}}[0,1]$(见例 4.4.8)是图 4.9 中描述的函数. 是否存在 $c\in\mathbb{R}$，使得 $\|f+cg\|<\|f\|$?

(b)考虑 $C_{\mathbb{R}}[0,1]$中的函数 $f(x)=x(1-x)$以及 $g(x)=\sin(2\pi x)$. 是否存在 $c\in\mathbb{R}$，使得 $\|f+cg\|<\|f\|$?

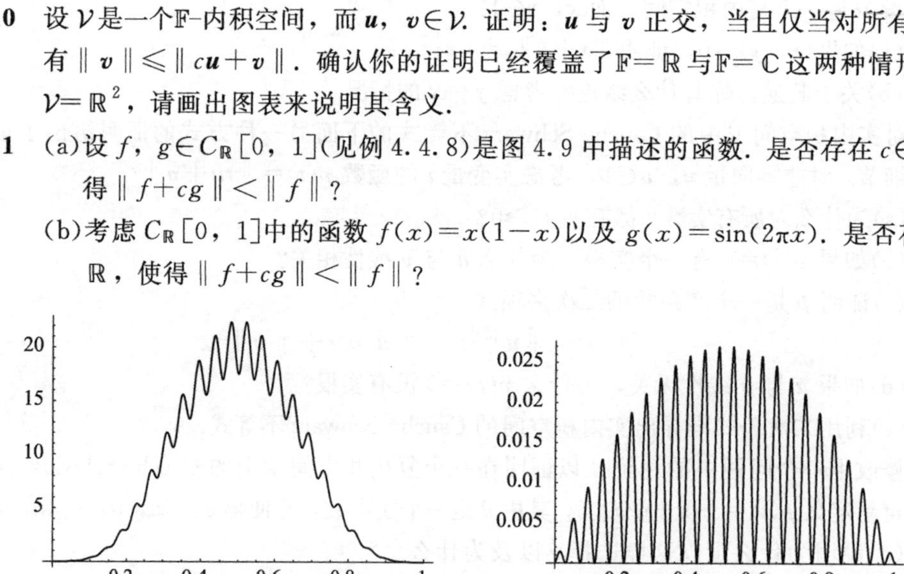

99

图 4.9 $f(z)$的图(左边)与 $g(x)$的图(右边)

P.4.12 设$\mathcal{V}$是一个复内积空间，而$\boldsymbol{u}$，$\boldsymbol{v}\in\mathcal{V}$. 证明

$$\langle \boldsymbol{u},\boldsymbol{v}\rangle=\frac{1}{2\pi}\int_{-\pi}^{\pi}\mathrm{e}^{\mathrm{i}\theta}\,\|\boldsymbol{u}+\mathrm{e}^{\mathrm{i}\theta}\boldsymbol{v}\|^2\,\mathrm{d}\theta.$$

P.4.13 设$\mathcal{V}$是实内积空间$C_{\mathbb{R}}[0,1]$，而$f\in\mathcal{V}$是实值且严格为正的函数. 利用 Cauchy-Schwarz 不等式推导出结论

$$\frac{1}{\int_0^1 f(t)\,\mathrm{d}t}\leqslant\int_0^1\frac{1}{f(t)}\mathrm{d}t.$$

P.4.14 设$\mathcal{V}$是实内积空间$C_{\mathbb{R}}[0,1]$，设$a\in[0,1]$. 证明不存在非负函数$f\in\mathcal{V}$使得

$$\int_0^1 f(x)\,\mathrm{d}x=1,\quad\int_0^1 xf(x)\,\mathrm{d}x=a,\quad\int_0^1 x^2f(x)\,\mathrm{d}x=a^2.$$

P.4.15 设$\langle\cdot,\cdot\rangle$是$\mathbb{F}^n$上的内积，并假设$A\in\boldsymbol{M}_n(\mathbb{F})$可逆. 定义$\langle\boldsymbol{u},\boldsymbol{v}\rangle_A=\langle A\boldsymbol{u},A\boldsymbol{v}\rangle$. 证明$\langle\cdot,\cdot\rangle_A$是$\mathbb{F}^n$上的一个内积.

P.4.16 设$\boldsymbol{x}\in\mathbb{C}^n$，$A\in\boldsymbol{M}_n$. 设$\|\cdot\|_F$表示 Frobenius 范数.

(a) 证明$\|A\boldsymbol{x}\|_2\leqslant\|A\|_F\ \|\boldsymbol{x}\|_2$，$\|AB\|_F\leqslant\|A\|_F\ \|B\|_F$. 特别地，$\|A^2\|_F\leqslant\|A\|_F^2$.

(b)如果$A^2=A\neq0$，证明$\|A\|_F\geqslant1$，并给出一个例子来证明等式有可能成立.

P.4.17 设$\boldsymbol{u}$，$\boldsymbol{v}$与$\boldsymbol{w}$是一个内积空间中的向量.

(a)如果$\boldsymbol{u}\perp\boldsymbol{v}$且$\boldsymbol{v}\perp\boldsymbol{w}$，是否有$\boldsymbol{u}\perp\boldsymbol{w}$?

(b)如果$\boldsymbol{u}\perp\boldsymbol{v}$且$\boldsymbol{u}\perp\boldsymbol{w}$，是否有$\boldsymbol{u}\perp(\boldsymbol{v}+\boldsymbol{w})$?

P.4.18 设$\boldsymbol{u}$与$\boldsymbol{v}$是一个实内积空间$\mathcal{V}$中的向量. 如果$\|\boldsymbol{u}+\boldsymbol{v}\|^2=\|\boldsymbol{u}\|^2+\|\boldsymbol{v}\|^2$，证明$\boldsymbol{u}\perp\boldsymbol{v}$. 如果$\mathcal{V}$是一个复内积空间，会有什么结论?

P.4.19 设$\boldsymbol{u}_1$，$\boldsymbol{u}_2$，…，$\boldsymbol{u}_k$是一个内积空间中的向量，设c_1，c_2，…，c_k是纯量. 假设对所有$i\neq j$都有$\boldsymbol{u}_i\perp\boldsymbol{u}_j$. 证明

$$\|c_1\boldsymbol{u}_1+c_2\boldsymbol{u}_2+\cdots+c_k\boldsymbol{u}_k\|^2=|c_1|^2\|\boldsymbol{u}_1\|^2+|c_2|^2\|\boldsymbol{u}_2\|^2+\cdots+|c_k|^2\|\boldsymbol{u}_k\|^2.$$

P.4.20 证明：推论 4.2.2 中的三角不等式$a+b\geqslant c$是严格不等式，如果边a与b之间的夹角小于π. 概述何时可能有等式成立.

P.4.21 设$\mathcal{V}$是一个内积空间，且$\boldsymbol{u}$，$\boldsymbol{v}$，$\boldsymbol{w}\in\mathcal{V}$. 证明

$$\|\boldsymbol{u}+\boldsymbol{v}+\boldsymbol{w}\|^2+\|\boldsymbol{u}\|^2+\|\boldsymbol{v}\|^2+\|\boldsymbol{w}\|^2=\|\boldsymbol{u}+\boldsymbol{v}\|^2+\|\boldsymbol{u}+\boldsymbol{w}\|^2+\|\boldsymbol{v}+\boldsymbol{w}\|^2.$$

P.4.22 设$\mathcal{V}$是一个内积空间，且$\boldsymbol{u}$，$\boldsymbol{v}\in\mathcal{V}$. 证明

$$\|\boldsymbol{u}\|-\|\boldsymbol{v}\|\leqslant\|\boldsymbol{u}-\boldsymbol{v}\|.$$

P.4.23 设$\mathcal{V}=P_n$. 如果$p(z)=\sum_{k=0}^n p_kz^k$，$q(z)=\sum_{k=0}^n q_kz^k$，定义

$$\langle p,q\rangle=\sum_{i,j=0}^n\frac{p_i\overline{q_j}}{i+j+1}.$$

(a)证明：$\langle\cdot,\cdot\rangle:\mathcal{V}\times\mathcal{V}\to\mathbb{C}$是一个内积.

(b)推导出矩阵 $A=[(i+j-1)^{-1}]\in \boldsymbol{M}_n$ 有如下性质：对所有 $\boldsymbol{x}\in\mathbb{C}^n$ 都有
100 $\langle A\boldsymbol{x}, \boldsymbol{x}\rangle \geqslant 0$.

P.4.24 设 $\mathcal{V}$ 是带有范数 $\|\cdot\|$ 的赋范向量空间，其范数是由 $\mathcal{V}\times\mathcal{V}$ 上的一个内积 $\langle\cdot,\cdot\rangle_1$ 导出的. 在 $\mathcal{V}\times\mathcal{V}$ 上是否存在不同的内积 $\langle\cdot,\cdot\rangle_2$，使得对所有 $\boldsymbol{u}\in\mathcal{V}$，都有 $\|\boldsymbol{u}\|=\langle\boldsymbol{u},\boldsymbol{u}\rangle_2^{1/2}$？

P.4.25 考虑由 $\|\boldsymbol{u}\|=|u_1|$ 定义的函数 $\|\cdot\|: \mathbb{R}^2\to[0,\infty)$. 证明它满足定义 4.6.1 中范数的三个公理. 证明它不满足其余的公理.

P.4.26 验证例 4.6.9 中关于范数的四个公理以及 $\mathbb{F}^n$ 上函数 $\|\cdot\|_A$ 的结论.

P.4.27 设 $\mathcal{V}$ 是实向量空间空间 $\mathbb{R}^2$，并令 $\boldsymbol{u}=[u_1 u_2]^{\mathrm{T}}\in\mathcal{V}$. 证明：函数 $\|\boldsymbol{u}\|=2|u_1|+5|u_2|$ 是 $\mathcal{V}$ 上的范数. 它是否是由内积导出的？如果是，这个内积是什么？概述此范数对应的单位球.

P.4.28 设 $\mathcal{V}$ 是实向量空间 $\mathbb{R}^2$，并令 $\boldsymbol{u}=[u_1 u_2]^{\mathrm{T}}\in\mathcal{V}$. 证明：函数 $\|\boldsymbol{u}\|=(2u_1^2+5u_2^2)^{1/2}$ 是 $\mathcal{V}$ 上的范数. 它是否是由内积导出的？如果是，那个内积是什么？概述此范数对应的单位球.

P.4.29 设 $\mathscr{B}$ 是一个赋范向量空间的单位球. 如果 $\boldsymbol{u}, \boldsymbol{v}\in\mathscr{B}$ 且 $0\leqslant t\leqslant 1$，证明 $t\boldsymbol{u}+(1-t)\boldsymbol{v}\in\mathscr{B}$. 这表明 $\mathscr{B}$ 是一个凸集(convex set).

4.8 注记

范数是由内积导出的，当且仅当它满足平行四边形等式(定理 4.5.9(e))，见[HJ13, 5.1.P12].

4.9 一些重要的概念

- 内积空间的公理
- 正交性
- 平行四边形等式与导出范数
- Cauchy-Schwarz 不等式
- 三角不等式
- 极化恒等式与导出范数
- 赋范向量空间的公理
- 101 标准化与单位球

第5章　标准正交向量

$\mathbb{R}^3$ 中的标准基向量相互正交且具有单位长度，这两个性质使许多计算得以简化．在这一章里，我们研究在一个具有内积 $\langle\cdot,\ \cdot\rangle$ 以及导出范数 $\|\cdot\|$ 的 $\mathbb{F}$-内积空间 $\mathcal{V}$($\mathbb{F}=\mathbb{R}$ 或者 $\mathbb{C}$)的一般架构中标准正交(正交且标准化的)向量的作用．

线性变换关于标准正交基的基表示有特殊的重要性，且与伴随变换这一重要概念有密切的联系．在这一章的最后一节，我们会扼要介绍一下 Fourier 级数，Fourier 级数探索了正弦与余弦函数的正交性．

5.1　标准正交组

定义 5.1.1　内积空间中一列(有限或无限的)向量 $\boldsymbol{u}_1$，$\boldsymbol{u}_2$，… 称为是**标准正交的**(orthonormal)，如果

$$\langle \boldsymbol{u}_i, \boldsymbol{u}_j\rangle = \delta_{ij} \quad 对所有\ i,j. \tag{5.1.2}$$

一列标准正交向量称为一个**标准正交组**(orthonormal system)．

如果 $\boldsymbol{u}_1$，$\boldsymbol{u}_2$，…是一个标准正交组，且 $1\leqslant i_1<i_2<\cdots$，那么 $\boldsymbol{u}_{i_1}$，$\boldsymbol{u}_{i_2}$，…满足条件(5.1.2)，所以它也是一个标准正交组．

标准正交组中的向量都是相互正交的，且有单位范数．任何一列非零且相互正交的向量 $\boldsymbol{v}_1$，$\boldsymbol{v}_2$，…都可以通过将每个向量 $\boldsymbol{v}_i$ 标准化来转变成一个标准正交组，见(4.5.11)．

例 5.1.3　向量

$$\boldsymbol{u}_1=\begin{bmatrix}\frac{1}{\sqrt{2}}\\[2mm] \frac{1}{\sqrt{2}}\end{bmatrix} \quad 和 \quad \boldsymbol{u}_2=\begin{bmatrix}-\frac{1}{\sqrt{2}}\\[2mm] \frac{1}{\sqrt{2}}\end{bmatrix}$$

在 $\mathbb{F}^2$ 中是标准正交的，在其上具有标准的内积．

例 5.1.4　向量

$$\boldsymbol{u}_1=(1,0,0,0,\cdots),\ \boldsymbol{u}_2=(0,1,0,0,\cdots),\ \boldsymbol{u}_3=(0,0,1,0,\cdots),\cdots$$

构成有限非零序列组成的内积空间的一个标准正交组，见例 4.4.12． 102

例 5.1.5　我们断言：多项式

$$f_1(x)=1,\ f_2(x)=2x-1 \quad 以及 \quad f_3(x)=6x^2-6x+1$$

是 $C[0,\ 1]$中相互正交的向量，具有 L^2 内积

$$\langle f,g\rangle=\int_0^1 f(t)\,\overline{g(t)}\,\mathrm{d}t. \tag{5.1.6}$$

为验证它，计算给出

$$\langle f_1, f_2\rangle = \int_0^1 (1)\,\overline{(2x-1)}\,\mathrm{d}x = \int_0^1 (2x-1)\,\mathrm{d}x = x^2 - x\Big|_0^1 = 0,$$

$$\begin{aligned}\langle f_1, f_3\rangle &= \int_0^1 (1)\,\overline{(6x^2-6x+1)}\,\mathrm{d}x = \int_0^1 (6x^2-6x+1)\,\mathrm{d}x \\ &= 2x^3 - 3x^2 + x\Big|_0^1 = 2-3+1 = 0,\end{aligned}$$

$$\begin{aligned}\langle f_2, f_3\rangle &= \int_0^1 (2x-1)\,\overline{(6x^2-6x+1)}\,\mathrm{d}x = \int_0^1 (12x^3-18x^2+8x-1)\,\mathrm{d}x \\ &= 3x^4 - 6x^3 + 4x^2 - x\Big|_0^1 = 3-6+4-1 = 0.\end{aligned}$$

进一步的计算表明

$$\| f_1 \| = 1,\ \| f_2 \| = \frac{1}{\sqrt{3}},\ \| f_3 \| = \frac{1}{\sqrt{5}}.$$

将向量 f_i 标准化以得到 $C[0,1]$中的一个标准正交组：

$$u_1 = 1,\quad u_2 = \sqrt{3}(2x-1),\quad u_3 = \sqrt{5}(6x^2-6x+1). \tag{5.1.7}$$

下面的定理将定理 4.5.9(d)推广成包含 n 个标准正交向量的等式.

定理 5.1.8 如果 $\boldsymbol{u}_1, \boldsymbol{u}_2, \cdots, \boldsymbol{u}_n$ 是标准正交组，那么对所有 $a_1, a_2, \cdots, a_n \in \mathbb{F}$ 都有

$$\Big\| \sum_{i=1}^n a_i \boldsymbol{u}_i \Big\|^2 = \sum_{i=1}^n |a_i|^2. \tag{5.1.9}$$

证明 计算给出

$$\begin{aligned}\Big\| \sum_{i=1}^n a_i \boldsymbol{u}_i \Big\|^2 &= \Big\langle \sum_{i=1}^n a_i \boldsymbol{u}_i, \sum_{j=1}^n a_j \boldsymbol{u}_j \Big\rangle = \sum_{i=1}^n a_i \Big\langle \boldsymbol{u}_i, \sum_{j=1}^n a_j \boldsymbol{u}_j \Big\rangle \\ &= \sum_{i=1}^n a_i \sum_{j=1}^n \overline{a_j} \langle \boldsymbol{u}_i, \boldsymbol{u}_j \rangle = \sum_{i=1}^n a_i \sum_{j=1}^n \overline{a_j}\delta_{ij} \\ &= \sum_{i=1}^n a_i \overline{a_i} = \sum_{i=1}^n |a_i|^2.\end{aligned}$$

103 ■

一个线性无关的向量组不一定是标准正交组，它的向量不一定是标准化的，也不一定是正交的. 然而，有限的标准正交组一定是线性无关的.

定理 5.1.10 如果 $\boldsymbol{u}_1, \boldsymbol{u}_2, \cdots, \boldsymbol{u}_n$ 是标准正交组，那么 $\boldsymbol{u}_1, \boldsymbol{u}_2, \cdots, \boldsymbol{u}_n$ 是线性无关向量组.

证明 如果 $a_1, a_2, \cdots, a_n \in \mathbb{F}$，且 $a_1\boldsymbol{u}_1 + a_2\boldsymbol{u}_2 + \cdots + a_n\boldsymbol{u}_n = \boldsymbol{0}$，那么(5.1.9)确保

$$|a_1|^2 + |a_2|^2 + \cdots + |a_n|^2 = \|\boldsymbol{0}\|^2 = 0,$$

故而 $a_1 = a_2 = \cdots = a_n = 0$. ■

5.2　标准正交基

定义 5.2.1　有限维内积空间的一组**标准正交基**(orthonormal basis)是一个标准正交组构成的基.

由于内积空间 $\mathcal{V}$ 中的一个有限标准正交组是线性无关的(定理 5.1.10)，因而它对于它的生成空间而言就是一组基. 如果这个生成空间是整个 $\mathcal{V}$，那么该标准正交组是 $\mathcal{V}$ 的一组基.

例 5.2.2　在具有 Frobenius 内积的$\mathbb{F}$-内积空间 $\mathcal{V}=\boldsymbol{M}_{m\times n}(\mathbb{F})$中，例 2.2.3 中定义的矩阵 E_{pq} 组成的基是 $\mathcal{V}$ 的一组标准正交基.

例 5.2.3　我们断言：向量

$$\boldsymbol{u}_1=\frac{1}{2}\begin{bmatrix}1\\1\\1\\1\end{bmatrix},\quad \boldsymbol{u}_2=\frac{1}{2}\begin{bmatrix}1\\\mathrm{i}\\-1\\-\mathrm{i}\end{bmatrix},\quad \boldsymbol{u}_3=\frac{1}{2}\begin{bmatrix}1\\-1\\1\\-1\end{bmatrix},\quad \boldsymbol{u}_4=\frac{1}{2}\begin{bmatrix}1\\-\mathrm{i}\\1\\\mathrm{i}\end{bmatrix}\tag{5.2.4}$$

构成$\mathbb{C}^4$ 的一组标准正交基. 因为对于 $1\leqslant i$，$j\leqslant 4$ 有$\langle \boldsymbol{u}_i, \boldsymbol{u}_j\rangle=\delta_{ij}$，所以 $\boldsymbol{u}_1$，$\boldsymbol{u}_2$，$\boldsymbol{u}_3$，$\boldsymbol{u}_4$ 是标准正交组. 定理 5.1.10 确保它们是线性无关的. 因为它也是$\mathbb{C}^4$ 中最大的线性无关组，所以推论 2.2.8 确保它是一组基. 向量(5.2.4)是这个 4×4 Fourier 矩阵的列，见(6.2.15).

上一个例子里借用的原理很重要. 如果 $\mathcal{V}$ 是一个 n 维内积空间，那么，任何一组 n 个标准正交的向量都构成 $\mathcal{V}$ 的一组标准正交基. 基于许多原因，我们希望有一组标准正交基，其中原因之一就是确定一个给定的向量关于它的基表示是一项简单的工作.

定理 5.2.5　设 $\mathcal{V}$ 是一个有限维内积空间，$\beta=\boldsymbol{u}_1, \boldsymbol{u}_2, \cdots, \boldsymbol{u}_n$ 是一组标准正交基，设 $\boldsymbol{v}\in\mathcal{V}$. 那么 104

$$\boldsymbol{v}=\sum_{i=1}^{n}\langle \boldsymbol{v},\boldsymbol{u}_i\rangle \boldsymbol{u}_i,\tag{5.2.6}$$

$$\|\boldsymbol{v}\|^2=\sum_{i=1}^{n}|\langle \boldsymbol{v},\boldsymbol{u}_i\rangle|^2,\tag{5.2.7}$$

而 $\boldsymbol{v}$ 关于β 的基表示是

$$[\boldsymbol{v}]_\beta=\begin{bmatrix}\langle \boldsymbol{v},\boldsymbol{u}_1\rangle\\\langle \boldsymbol{v},\boldsymbol{u}_2\rangle\\\vdots\\\langle \boldsymbol{v},\boldsymbol{u}_n\rangle\end{bmatrix}.\qquad (5.2.8))$$

证明　由于β是 $\mathcal{V}$ 的基，故而存在纯量 $a_i\in\mathbb{F}$，使得

$$\boldsymbol{v}=\sum_{i=1}^{n}a_i\boldsymbol{u}_i.\tag{5.2.9}$$

(5.2.9)两边与 $\boldsymbol{u}_j$ 的内积是

$$\langle \boldsymbol{v},\boldsymbol{u}_j \rangle = \left\langle \sum_{i=1}^{n} a_i \boldsymbol{u}_i,\boldsymbol{u}_j \right\rangle = \sum_{i=1}^{n} a_i \langle \boldsymbol{u}_i,\boldsymbol{u}_j \rangle = \sum_{i=1}^{n} a_i \delta_{ij} = a_j,$$

它蕴涵(5.2.6). 等式(5.2.7)由(5.2.6)以及定理5.1.8推出. 基表示(5.2.8)是(5.2.6)的复述. ■

例 5.2.10 向量

$$\boldsymbol{u}_1 = \frac{1}{3}[1\ 2\ 2]^{\mathrm{T}},\quad \boldsymbol{u}_2 = \frac{1}{3}[-2\ 2\ -1]^{\mathrm{T}},\quad \boldsymbol{u}_3 = \frac{1}{3}[-2\ -1\ 2]^{\mathrm{T}}$$

构成 $\mathbb{R}^3$ 的一组标准正交基. 我们怎样将 $\boldsymbol{v}=[1\ 2\ 3]^{\mathrm{T}}$ 表为这些基向量的线性组合呢？上面的定理告诉我们 $\boldsymbol{v}=\sum_{i=1}^{3}\langle \boldsymbol{v},\ \boldsymbol{u}_i\rangle \boldsymbol{u}_i$，所以我们计算得到

$$\langle \boldsymbol{v},\boldsymbol{u}_1 \rangle = \frac{1}{3}(1+4+6) = \frac{11}{3},$$

$$\langle \boldsymbol{v},\boldsymbol{u}_2 \rangle = \frac{1}{3}(-2+4-3) = -\frac{1}{3},$$

$$\langle \boldsymbol{v},\boldsymbol{u}_3 \rangle = \frac{1}{3}(-2-2+6) = \frac{2}{3},$$

于是求得 $\boldsymbol{v}=\frac{11}{3}\boldsymbol{u}_1-\frac{1}{3}\boldsymbol{u}_2+\frac{2}{3}\boldsymbol{u}_3$.

5.3 Gram-Schmidt 方法

例 5.3.1 考虑 $\mathbb{R}^3$ 中由方程

105 $$x+2y+3z=0 \tag{5.3.2}$$

定义的集合 $\mathcal{U}$. 如果 $A=[1\ 2\ 3]\in \boldsymbol{M}_{1\times 3}$ 且 $\boldsymbol{x}=[x\ y\ z]^{\mathrm{T}}$，那么(5.3.2)等价于 $A\boldsymbol{x}=\boldsymbol{0}$，这告诉我们 $\mathcal{U}=\operatorname{null} A$. 于是，$\mathcal{U}$ 是 $\mathbb{R}^3$ 的一个子空间. 由于 $\operatorname{rank} A=1$，因此维数定理(推论2.5.4)确保 $\dim \mathcal{U}=2$.

线性无关向量 $\boldsymbol{v}_1=[3\ 0\ -1]^{\mathrm{T}}$ 与 $\boldsymbol{v}_2=[-2\ 1\ 0]^{\mathrm{T}}$ 在 $\operatorname{null} A$ 中，所以它们构成 $\mathcal{U}$ 的一组基. 由于 $\|\boldsymbol{v}_1\|_2=\sqrt{10}$，$\|\boldsymbol{v}_2\|_2=\sqrt{5}$，且 $\langle \boldsymbol{v}_1,\ \boldsymbol{v}_2\rangle=-6$，故而基向量不是标准化的，且它们也不是正交的，但是我们可以利用它们来构造 $\mathcal{U}$ 的一组标准正交基.

首先将 $\boldsymbol{v}_1$ 标准化得到一个单位向量 $\boldsymbol{u}_1$：

$$\boldsymbol{u}_1 = \frac{1}{\sqrt{10}}\boldsymbol{v}_1 = \frac{1}{\sqrt{10}}\begin{bmatrix} 3 \\ 0 \\ -1 \end{bmatrix}. \tag{5.3.3}$$

我们在导出(4.5.13)时，发现了如何利用 $\boldsymbol{v}_2$ 来构造一个与 $\boldsymbol{u}_1$ 正交的向量：求 $\boldsymbol{v}_2$ 在 $\boldsymbol{u}_1$ 上的射影，并从 $\boldsymbol{v}_2$ 中减去它. 向量

$$\boldsymbol{x}_2 = \boldsymbol{v}_2 - \underbrace{\langle \boldsymbol{v}_2,\boldsymbol{u}_1 \rangle \boldsymbol{u}_1}_{\boldsymbol{v}_2\text{在}\boldsymbol{u}_1\text{上的射影}} \tag{5.3.4}$$

属于$\mathcal{U}$，因为它是$\mathcal{U}$中向量的线性组合. 利用(5.3.3)，我们算出

$$\boldsymbol{x}_2=\boldsymbol{v}_2-\frac{1}{10}(\boldsymbol{v}_2,\boldsymbol{v}_1)\boldsymbol{v}_1=\boldsymbol{v}_2+\frac{3}{5}\boldsymbol{v}_1=\begin{bmatrix}-2\\1\\0\end{bmatrix}+\frac{3}{5}\begin{bmatrix}3\\0\\-1\end{bmatrix}=\frac{1}{5}\begin{bmatrix}-1\\5\\-3\end{bmatrix}.$$

我们有$\|\boldsymbol{x}_2\|_2^2=\frac{35}{25}$，所以它的单位向量$\boldsymbol{u}_2=\boldsymbol{x}_2/\|\boldsymbol{x}_2\|_2$是

$$\boldsymbol{u}_2=\frac{1}{\sqrt{35}}\begin{bmatrix}-1\\5\\-3\end{bmatrix}.$$

根据构造有$\|\boldsymbol{u}_2\|_2=1$，且$\boldsymbol{u}_2$与$\boldsymbol{u}_1$正交. 作为验算，我们算出$\langle\boldsymbol{u}_1,\boldsymbol{u}_2\rangle=\frac{1}{\sqrt{350}}(-3+0+3)=0$.

Gram-Schmidt 方法是在上面例子里用到的想法的系统实现. 它从一列线性无关的向量开始，产生出一组标准正交的向量组，它与原来的向量组有相同的生成空间. 方法的细节在下面定理的证明之中给出.

定理 5.3.5(Gram-Schmidt) *设$\mathcal{V}$是一个内积空间，并假设$\boldsymbol{v}_1$，$\boldsymbol{v}_2$，…，$\boldsymbol{v}_n\in\mathcal{V}$线性无关. 则存在标准正交组$\boldsymbol{u}_1$，$\boldsymbol{u}_2$，…，$\boldsymbol{u}_n$，使得*

$$\operatorname{span}\{\boldsymbol{v}_1,\boldsymbol{v}_2,\cdots,\boldsymbol{v}_k\}=\operatorname{span}\{\boldsymbol{u}_1,\boldsymbol{u}_2,\cdots,\boldsymbol{u}_k\},\quad k=1,2,\cdots,n. \tag{5.3.6}$$

证明 我们对n用归纳法证明. 在$n=1$的情形，$\boldsymbol{u}_1=\boldsymbol{v}_1/\|\boldsymbol{v}_1\|$是单位向量，且$\operatorname{span}\{\boldsymbol{v}_1\}=\operatorname{span}\{\boldsymbol{u}_1\}$.

对于归纳步骤，设$2\leqslant m\leqslant n$. 假设给定$m-1$个线性无关的向量$\boldsymbol{v}_1$，$\boldsymbol{v}_2$，…，$\boldsymbol{v}_{m-1}$，存在标准正交的向量$\boldsymbol{u}_1$，$\boldsymbol{u}_2$，…，$\boldsymbol{u}_{m-1}$，使得

$$\operatorname{span}\{\boldsymbol{v}_1,\boldsymbol{v}_2,\cdots,\boldsymbol{v}_k\}=\operatorname{span}\{\boldsymbol{u}_1,\boldsymbol{u}_2,\cdots,\boldsymbol{u}_k\},\quad k=1,2,\cdots,m-1. \tag{5.3.7}$$ 106

由于$\boldsymbol{v}_1$，$\boldsymbol{v}_2$，…，$\boldsymbol{v}_m$线性无关，故而

$$\boldsymbol{v}_m\notin\operatorname{span}\{\boldsymbol{v}_1,\boldsymbol{v}_2,\cdots,\boldsymbol{v}_{m-1}\}=\operatorname{span}\{\boldsymbol{u}_1,\boldsymbol{u}_2,\cdots,\boldsymbol{u}_{m-1}\},$$

所以

$$\boldsymbol{x}_m=\boldsymbol{v}_m-\sum_{i=1}^{m-1}\langle\boldsymbol{v}_m,\boldsymbol{u}_i\rangle\boldsymbol{u}_i\neq\boldsymbol{0},$$

可以定义$\boldsymbol{u}_m=\boldsymbol{x}_m/\|\boldsymbol{x}_m\|$.

我们断定$\boldsymbol{x}_m$(从而$\boldsymbol{u}_m$)与$\boldsymbol{u}_1$，$\boldsymbol{u}_2$，…，$\boldsymbol{u}_{m-1}$正交. 的确，如果$1\leqslant j\leqslant m-1$，那么

$$\begin{aligned}\langle\boldsymbol{u}_j,\boldsymbol{x}_m\rangle&=\left\langle\boldsymbol{u}_j,\boldsymbol{v}_m-\sum_{i=1}^{m-1}\langle\boldsymbol{v}_m,\boldsymbol{u}_i\rangle\boldsymbol{u}_i\right\rangle=\langle\boldsymbol{u}_j,\boldsymbol{v}_m\rangle-\left\langle\boldsymbol{u}_j,\sum_{i=1}^{m-1}\langle\boldsymbol{v}_m,\boldsymbol{u}_i\rangle\boldsymbol{u}_i\right\rangle\\&=\langle\boldsymbol{u}_j,\boldsymbol{v}_m\rangle-\sum_{i=1}^{m-1}\overline{\langle\boldsymbol{v}_m,\boldsymbol{u}_i\rangle}\langle\boldsymbol{u}_j,\boldsymbol{u}_i\rangle=\langle\boldsymbol{u}_j,\boldsymbol{v}_m\rangle-\sum_{i=1}^{m-1}\langle\boldsymbol{u}_i,\boldsymbol{v}_m\rangle\delta_{ij}\\&=\langle\boldsymbol{u}_j,\boldsymbol{v}_m\rangle-\langle\boldsymbol{u}_j,\boldsymbol{v}_m\rangle=0.\end{aligned}$$

由于$\boldsymbol{u}_m$是$\boldsymbol{v}_1$，$\boldsymbol{v}_2$，…，$\boldsymbol{v}_m$的线性组合，因而归纳假设(5.3.6)确保

$$\operatorname{span}\{\boldsymbol{u}_1,\boldsymbol{u}_2,\cdots,\boldsymbol{u}_m\} \subseteq \operatorname{span}\{\boldsymbol{v}_1,\boldsymbol{v}_2,\cdots,\boldsymbol{v}_m\}. \tag{5.3.8}$$

向量 $\boldsymbol{u}_1$，$\boldsymbol{u}_2$，…，$\boldsymbol{u}_m$ 是标准正交的，从而也是线性无关的. 由此 $\dim \operatorname{span}\{\boldsymbol{u}_1, \boldsymbol{u}_2, \cdots, \boldsymbol{u}_m\}=m$. 而包含关系(5.3.8)是一个等式，因为两个生成空间都是 m 维的向量空间，见定理 2.2.9. ■

Gram-Schmidt 方法取一个线性无关的向量组 $\boldsymbol{v}_1$，$\boldsymbol{v}_2$，…，$\boldsymbol{v}_n\in\mathcal{V}$，并利用下面的算法构造出标准正交向量组 $\boldsymbol{u}_1$，$\boldsymbol{u}_2$，…，$\boldsymbol{u}_n$. 首先令 $\boldsymbol{x}_1=\boldsymbol{v}_1$，然后将它标准化得到

$$\boldsymbol{u}_1 = \frac{\boldsymbol{x}_1}{\|\boldsymbol{x}_1\|}.$$

接下来，对每个 $k=2$，3，…，n，计算

$$\boldsymbol{x}_k = \boldsymbol{v}_k - \langle \boldsymbol{v}_k,\boldsymbol{u}_1\rangle \boldsymbol{u}_1 - \cdots - \langle \boldsymbol{v}_k,\boldsymbol{u}_{k-1}\rangle \boldsymbol{u}_{k-1} \tag{5.3.9}$$

并将其标准化：

$$\boldsymbol{u}_k = \frac{\boldsymbol{x}_k}{\|\boldsymbol{x}_k\|}.$$

对于一列正交的向量，Gram-Schmidt 方法会做些什么呢？

引理 5.3.10 *设 $\mathcal{V}$ 是一个内积空间，并假设 $\boldsymbol{v}_1$，$\boldsymbol{v}_2$，…，$\boldsymbol{v}_n\in\mathcal{V}$ 是非零且相互正交的向量. 则 Gram-Schmidt 方法构造出标准正交组*

$$\boldsymbol{u}_1 = \frac{\boldsymbol{v}_1}{\|\boldsymbol{v}_1\|},\quad \boldsymbol{u}_2 = \frac{\boldsymbol{v}_2}{\|\boldsymbol{v}_2\|},\quad \cdots,\quad \boldsymbol{u}_n = \frac{\boldsymbol{v}_n}{\|\boldsymbol{v}_n\|}.$$

107 *如果 $\boldsymbol{v}_1$，$\boldsymbol{v}_2$，…，$\boldsymbol{v}_n\in\mathcal{V}$ 是标准正交组，那么每一个 $\boldsymbol{u}_i=\boldsymbol{v}_i$.*

证明 只需证明由 Gram-Schmidt 方法构造的向量(5.3.9)是 $\boldsymbol{x}_i=\boldsymbol{v}_i$ 即可. 我们用归纳法. 在 $n=1$ 的情形，我们有 $\boldsymbol{x}_1=\boldsymbol{v}_1$. 对于归纳步骤，假设对 $1\leqslant i\leqslant m<n$ 有 $\boldsymbol{x}_i=\boldsymbol{v}_i$，那么

$$\begin{aligned}\boldsymbol{x}_{m+1} &= \boldsymbol{v}_{m+1} - \sum_{i=1}^{m}\langle \boldsymbol{v}_{m+1},\boldsymbol{u}_i\rangle \boldsymbol{u}_i = \boldsymbol{v}_{m+1} - \sum_{i=1}^{m}\left\langle \boldsymbol{v}_{m+1},\frac{\boldsymbol{v}_i}{\|\boldsymbol{v}_i\|}\right\rangle \frac{\boldsymbol{v}_i}{\|\boldsymbol{v}_i\|} \\ &= \boldsymbol{v}_{m+1} - \sum_{i=1}^{m}\langle \boldsymbol{v}_{m+1},\boldsymbol{v}_i\rangle \frac{\boldsymbol{v}_i}{\|\boldsymbol{v}_i\|^2} = \boldsymbol{v}_{m+1}.\end{aligned}$$

■

例 5.3.11 对每个 $n=1$，2，…，$C[0, 1]$上的多项式 1，x，x^2，x^3，…，x^n 线性无关(见例 1.6.7)，但它们关于 L^2 内积(5.1.6)并不是标准正交的. 例如，$\|x\|=\frac{1}{\sqrt{3}}$，且 $\langle x, x^2\rangle=\frac{1}{4}$. 为了构造出一标准正交组，使得它与 1，$x$，$x^2$，$x^3$，…，$x^n$ 有同样的生成空间，我们标记 $v_1=1$，$v_2=x$，$v_3=x^2$，…，应用 Gram-Schmidt 方法，就得到一组标准正交的多项式

$$u_1 = 1,\quad u_2 = \sqrt{3}(2x-1),\quad u_3 = \sqrt{5}(6x^2-6x+1),\cdots.$$

这就是例 5.1.5 中的正交多项式是如何构造的.

Gram-Schmidt 方法的一个重要推论如下.

推论 5.3.12 *每个有限维内积空间都有标准正交基.*

证明　首先取任意一组基 $\boldsymbol{v}_1$，$\boldsymbol{v}_2$，…，$\boldsymbol{v}_n$，并应用 Gram-Schmidt 方法得到一组标准正交组 $\boldsymbol{u}_1$，$\boldsymbol{u}_2$，…，$\boldsymbol{u}_n$，它是线性无关的，且与 $\boldsymbol{v}_1$，$\boldsymbol{v}_2$，…，$\boldsymbol{v}_n$ 有相同的生成空间. ■

推论 5.3.13　*有限维内积空间中每个标准正交组都可以扩展成为一组标准正交基.*

证明　给定一个标准正交组 $\boldsymbol{v}_1$，$\boldsymbol{v}_2$，…，$\boldsymbol{v}_r$，将它扩充成一组基 $\boldsymbol{v}_1$，$\boldsymbol{v}_2$，…，$\boldsymbol{v}_n$. 对这组基应用 Gram-Schmidt 方法得到一组标准正交基 $\boldsymbol{u}_1$，$\boldsymbol{u}_2$，…，$\boldsymbol{u}_n$. 由于向量 $\boldsymbol{v}_1$，$\boldsymbol{v}_2$，…，$\boldsymbol{v}_r$ 已经是标准正交的，引理 5.3.10 确保 Gram-Schmidt 方法保持它们不变，也就是说，对 $i=1$，2，…，r，有 $\boldsymbol{u}_i=\boldsymbol{v}_i$. ■

5.4　Riesz 表示定理

现在我们知道有限维$\mathbb{F}$-内积空间$\mathcal{V}$有标准正交基，对于从$\mathcal{V}$到$\mathbb{F}$的任意一个线性变换，我们可以利用(5.2.6)得到一个非同寻常的表示.

定义 5.4.1　*设$\mathcal{V}$是一个$\mathbb{F}$-向量空间.* **线性泛函**(linear functional)*是一个线性变换 ϕ：$\mathcal{V}\to\mathbb{F}$.*

例 5.4.2　设$\mathcal{V}$是一个$\mathbb{F}$-内积空间. 如果 $\boldsymbol{w}\in\mathcal{V}$，那么 $\phi(\boldsymbol{v})=\langle\boldsymbol{v},\boldsymbol{w}\rangle$就定义了$\mathcal{V}$上一个线性泛函. 108

例 5.4.3　设$\mathcal{V}=C[0,1]$. 那么 $\phi(f)=f\left(\frac{1}{2}\right)$定义了$\mathcal{V}$上一个线性泛函.

定理 5.4.4(Riesz 表示定理)　*设$\mathcal{V}$是一个有限维$\mathbb{F}$-内积空间，而 ϕ：$\mathcal{V}\to\mathbb{F}$是一个线性泛函. 那么*

(a)存在一个唯一的 $\boldsymbol{w}\in\mathcal{V}$，使得

$$\phi(\boldsymbol{v})=\langle\boldsymbol{v},\boldsymbol{w}\rangle\quad\text{对所有 }\boldsymbol{v}\in\mathcal{V}.\tag{5.4.5}$$

(b)设 $\boldsymbol{u}_1$，$\boldsymbol{u}_2$，…，$\boldsymbol{u}_n$ 是$\mathcal{V}$的一组标准正交基. 则(a)中的向量 $\boldsymbol{w}$ 是

$$\boldsymbol{w}=\overline{\phi(\boldsymbol{u}_1)}\boldsymbol{u}_1+\overline{\phi(\boldsymbol{u}_2)}\boldsymbol{u}_2+\cdots+\overline{\phi(\boldsymbol{u}_n)}\boldsymbol{u}_n.\tag{5.4.6}$$

证明　对任何 $\boldsymbol{v}\in\mathcal{V}$以及对$\mathcal{V}$的任何一组标准正交基$\boldsymbol{u}_1$，$\boldsymbol{u}_2$，…，$\boldsymbol{u}_n$，利用(5.2.6)计算出

$$\begin{aligned}\phi(\boldsymbol{v})&=\phi\Big(\sum_{i=1}^{n}\langle\boldsymbol{v},\boldsymbol{u}_i\rangle\boldsymbol{u}_i\Big)=\sum_{i=1}^{n}\phi(\langle\boldsymbol{v},\boldsymbol{u}_i\rangle\boldsymbol{u}_i)=\sum_{i=1}^{n}\langle\boldsymbol{v},\boldsymbol{u}_i\rangle\phi(\boldsymbol{u}_i)\\&=\sum_{i=1}^{n}\langle\boldsymbol{v},\overline{\phi(\boldsymbol{u}_i)}\boldsymbol{u}_i\rangle=\Big\langle\boldsymbol{v},\sum_{i=1}^{n}\overline{\phi(\boldsymbol{u}_i)}\boldsymbol{u}_i\Big\rangle.\end{aligned}$$

这样一来，(5.4.6)中的 $\boldsymbol{w}$ 就满足(5.4.5). 如果 $\boldsymbol{y}\in\mathcal{V}$，且对所有 $\boldsymbol{v}\in\mathcal{V}$都有 $\phi(\boldsymbol{v})=\langle\boldsymbol{v},\boldsymbol{y}\rangle$，那么对所有 $\boldsymbol{v}\in\mathcal{V}$，都有$\langle\boldsymbol{v},\boldsymbol{y}\rangle=\langle\boldsymbol{v},\boldsymbol{w}\rangle$. 推论 4.4.15 确保 $\boldsymbol{y}=\boldsymbol{w}$. ■

定义 5.4.7　*(5.4.6)中的向量 $\boldsymbol{w}$ 称为对线性泛函 ϕ 的* **Riesz 向量**(Riesz vector).

公式(5.4.6)有可能给我们这样的印象：关于 ϕ 的 Riesz 向量与标准正交基 $\boldsymbol{u}_1$，$\boldsymbol{u}_2$，…，$\boldsymbol{u}_n$ 的选择有关，但事实并非如此.

例 5.4.8　关于 $\boldsymbol{M}_n$ 上的线性泛函 $A\mapsto\operatorname{tr}A$ 的 Riesz 向量(具有 Frobenius 内积)是单位

阵，这是因为 $\operatorname{tr} A=\operatorname{tr} I^* A=\langle A, I\rangle_F$.

5.5 基表示

设 $\mathcal{V}$ 与 $\mathcal{W}$ 是同一个域 $\mathbb{F}$ 上的有限维向量空间，并设 $T\in\mathfrak{L}(\mathcal{V},\mathcal{W})$. 下面的定理提供了一种方便的方法来计算 T 关于 $\mathcal{V}$ 的一组基 $\beta=\boldsymbol{v}_1, \boldsymbol{v}_2, \cdots, \boldsymbol{v}_n$ 以及关于 $\mathcal{W}$ 的一组标准正交基 $\gamma=\boldsymbol{w}_1, \boldsymbol{w}_2, \cdots, \boldsymbol{w}_m$ 的基表示.

如果

$$\boldsymbol{v}=a_1\boldsymbol{v}_1+a_2\boldsymbol{v}_2+\cdots+a_n\boldsymbol{v}_n$$

是 $\boldsymbol{v}\in\mathcal{V}$ 作为基 β 中向量的线性组合的唯一表示法，那么 $\boldsymbol{v}$ 的 β-坐标向量就是 $[\boldsymbol{v}]_\beta=[a_1\ a_2\cdots\ a_n]^{\mathrm{T}}$. $\boldsymbol{v}$ 关于任何一组基都有一个坐标向量. $\boldsymbol{v}$ 关于一组标准正交基的坐标向量有
109 特殊的形式(5.2.8). 这个特殊的形式对于线性变换的基表示告诉了我们什么呢？

关于基 β 和 γ 表示 $T\in\mathfrak{L}(\mathcal{V},\mathcal{W})$ 的 $m\times n$ 矩阵是

$$_\gamma[T]_\beta=[[T\boldsymbol{v}_1]_\gamma[T\boldsymbol{v}_2]_\gamma\cdots[T\boldsymbol{v}_n]_\gamma]. \tag{5.5.1}$$

它是下述性质的线性性的一个推论：对每个 $\boldsymbol{v}\in\mathcal{V}$ 有

$$[T\boldsymbol{v}]_\gamma={}_\gamma[T]_\beta[\boldsymbol{v}]_\beta, \tag{5.5.2}$$

见(2.3.18).

定理 5.5.3 设 $\mathcal{V}$ 与 $\mathcal{W}$ 是同一个域 $\mathbb{F}$ 上的有限维向量空间. 设 $\beta=\boldsymbol{v}_1, \boldsymbol{v}_2, \cdots, \boldsymbol{v}_n$ 是 $\mathcal{V}$ 的一组基，而 $\gamma=\boldsymbol{w}_1, \boldsymbol{w}_2, \cdots, \boldsymbol{w}_m$ 是 $\mathcal{W}$ 的一组标准正交基.

(a)如果 $T\in\mathfrak{L}(\mathcal{V},\mathcal{W})$，那么

$$_\gamma[T]_\beta=[\langle T\boldsymbol{v}_j,\boldsymbol{w}_i\rangle]=\begin{bmatrix}\langle T\boldsymbol{v}_1,\boldsymbol{w}_1\rangle & \langle T\boldsymbol{v}_2,\boldsymbol{w}_1\rangle & \cdots & \langle T\boldsymbol{v}_n,\boldsymbol{w}_1\rangle\\ \langle T\boldsymbol{v}_1,\boldsymbol{w}_2\rangle & \langle T\boldsymbol{v}_2,\boldsymbol{w}_2\rangle & \cdots & \langle T\boldsymbol{v}_n,\boldsymbol{w}_2\rangle\\ \vdots & \vdots & & \vdots\\ \langle T\boldsymbol{v}_1,\boldsymbol{w}_m\rangle & \langle T\boldsymbol{v}_2,\boldsymbol{w}_m\rangle & \cdots & \langle T\boldsymbol{v}_n,\boldsymbol{w}_m\rangle\end{bmatrix}. \tag{5.5.4}$$

(b)设 $A\in\boldsymbol{M}_{m\times n}(\mathbb{F})$. 则存在唯一的 $T\in\mathfrak{L}(\mathcal{V},\mathcal{W})$，使得 $_\gamma[T]_\beta=A$.

证明 (a)只需证明 $_\gamma[T]_\beta$ 的每一列都有结论中所述的形式即可. 由于 γ 是 $\mathcal{W}$ 的一组标准正交基，故而定理 5.2.5 确保

$$T\boldsymbol{v}_j=\langle T\boldsymbol{v}_j,\boldsymbol{w}_1\rangle\boldsymbol{w}_1+\langle T\boldsymbol{v}_j,\boldsymbol{w}_2\rangle\boldsymbol{w}_2+\cdots+\langle T\boldsymbol{v}_j,\boldsymbol{w}_m\rangle\boldsymbol{w}_m,$$

从而

$$[T\boldsymbol{v}_j]_\gamma=\begin{bmatrix}\langle T\boldsymbol{v}_j,\boldsymbol{w}_1\rangle\\ \langle T\boldsymbol{v}_j,\boldsymbol{w}_2\rangle\\ \vdots\\ \langle T\boldsymbol{v}_j,\boldsymbol{w}_m\rangle\end{bmatrix}.$$

(b)设 $A=[\boldsymbol{a}_1, \boldsymbol{a}_2, \cdots, \boldsymbol{a}_n]$. 由于 $\mathcal{W}$ 中的向量是由它的 γ-坐标向量唯一确定的，因而可以用 $[T\boldsymbol{v}]_\gamma=A[\boldsymbol{v}]_\beta$ 来定义一个函数 $T: \mathcal{V}\to\mathcal{W}$. 这样就有

$$[T(a\boldsymbol{v}+\boldsymbol{u})]_\gamma=A[a\boldsymbol{v}+\boldsymbol{u}]_\beta=A(a[\boldsymbol{v}]_\beta+[\boldsymbol{u}]_\beta)$$

$$= aA[\boldsymbol{v}]_\beta + A[\boldsymbol{u}]_\beta = a[T\boldsymbol{v}]_\gamma + [T\boldsymbol{u}]_\gamma,$$

所以 T 是线性变换. 由于

$$[T\boldsymbol{v}_i]_\gamma = A[\boldsymbol{v}_i]_\beta = A\boldsymbol{e}_i = \boldsymbol{a}_i, \quad i = 1,2,\cdots,n,$$

我们有$_\gamma[T]_\beta = A$. 如果 $S\in\mathfrak{L}(\mathcal{V},\mathcal{W})$且$_\gamma[S]_\beta=A$，那么

$$[S\boldsymbol{v}_i]_\gamma = {}_\gamma[S]_\beta[\boldsymbol{v}_i]_\beta = A[\boldsymbol{v}_i]_\beta = [T\boldsymbol{v}_i]_\gamma,$$

从而对 $i=1，2，\cdots，n$ 有 $S\boldsymbol{v}_i=T\boldsymbol{v}_i$. 于是 S 与 T 是相等的线性变换，因为它们在一组基上是重合的. ■ 110

5.6 线性变换与矩阵的伴随

在这一节里，$\mathcal{V}$ 与 $\mathcal{W}$ 是同一个域$\mathbb{F}$上的内积空间. 我们分别用$\langle\cdot,\cdot\rangle_\mathcal{V}$ 与$\langle\cdot,\cdot\rangle_\mathcal{W}$ 表示 $\mathcal{V}$ 与 $\mathcal{W}$ 上的内积.

定义 5.6.1 函数 f：$\mathcal{W}\to\mathcal{V}$ 称为是线性变换 T：$\mathcal{V}\to\mathcal{W}$ 的**伴随**(adjoint)变换，如果对所有 $\boldsymbol{v}\in\mathcal{V}$ 以及所有 $\boldsymbol{w}\in\mathcal{W}$ 都有$\langle T\boldsymbol{v},\boldsymbol{w}\rangle_\mathcal{W}=\langle\boldsymbol{v},f(\boldsymbol{w})\rangle_\mathcal{V}$.

伴随变换出现在微分方程、积分方程以及泛函分析中. 我们的第一个结论是：如果伴随变换存在，那么它是唯一的.

引理 5.6.2 设 f 与 g 是 $\mathcal{W}$ 到 $\mathcal{V}$ 的函数. 如果对所有 $\boldsymbol{v}\in\mathcal{V}$ 以及所有 $\boldsymbol{w}\in\mathcal{W}$ 都有$\langle\boldsymbol{v},f(\boldsymbol{w})\rangle_\mathcal{V}=\langle\boldsymbol{v},g(\boldsymbol{w})\rangle_\mathcal{V}$，那么 $f=g$. 特别地，如果 $T\in\mathfrak{L}(\mathcal{V},\mathcal{W})$，那么它至多只有一个伴随变换.

证明 推论 4.4.15 确保对所有 $\boldsymbol{w}\in\mathcal{W}$ 都有 $f(\boldsymbol{w})=g(\boldsymbol{w})$. ■

由于线性变换 T 至多只有一个伴随变换，因此把它称为 T 的伴随，并记之为 T^*. 我们的第二个结论是：如果一个线性变换有伴随变换，那么其伴随变换也是线性变换.

定理 5.6.3 如果 $T\in\mathfrak{L}(\mathcal{V},\mathcal{W})$有伴随变换 T^*：$\mathcal{W}\to\mathcal{V}$，那么 T^* 是线性变换.

证明 设 $\boldsymbol{u}$，$\boldsymbol{w}\in\mathcal{W}$，$a\in\mathbb{F}$. 那么对所有 $\boldsymbol{v}\in\mathcal{V}$，有

$$\begin{aligned}\langle\boldsymbol{v},T^*(a\boldsymbol{u}+\boldsymbol{w})\rangle &= \langle T\boldsymbol{v},a\boldsymbol{u}+\boldsymbol{w}\rangle = \overline{a}\langle T\boldsymbol{v},\boldsymbol{u}\rangle + \langle T\boldsymbol{v},\boldsymbol{w}\rangle\\ &= \overline{a}\langle\boldsymbol{v},T^*(\boldsymbol{u})\rangle + \langle\boldsymbol{v},T^*(\boldsymbol{w})\rangle = \langle\boldsymbol{v},aT^*(\boldsymbol{u})\rangle + \langle\boldsymbol{v},T^*(\boldsymbol{w})\rangle\\ &= \langle\boldsymbol{v},aT^*(\boldsymbol{u})+T^*(\boldsymbol{w})\rangle.\end{aligned}$$

推论 4.4.15 确保 $T^*(a\boldsymbol{u}+\boldsymbol{w})=aT^*(\boldsymbol{u})+T^*(\boldsymbol{w})$. ■

例 5.6.4 设$\mathcal{V}=\mathbb{F}^n$，$\mathcal{W}=\mathbb{F}^m$，两者都具有标准内积. 设$A\in\boldsymbol{M}_{m\times n}(\mathbb{F})$，并考虑由 A 导出的线性变换 T_A：$\mathcal{V}\to\mathcal{W}$，见定义 2.3.9. 对所有 $\boldsymbol{x}\in\mathcal{V}$ 以及 $\boldsymbol{y}\in\mathcal{W}$，有

$$\langle A\boldsymbol{x},\boldsymbol{y}\rangle = \boldsymbol{y}^*(A\boldsymbol{x}) = (A^*\boldsymbol{y})^*\boldsymbol{x} = \langle\boldsymbol{x},A^*\boldsymbol{y}\rangle, \tag{5.6.5}$$

见例 4.4.3. 我们断言 T_{A^*} 是 T_A 的伴随. 术语矩阵的伴随阵(adjoint)与共轭转置阵(conjugate transpose)是同义词.

例 5.6.6 如果$\mathbb{F}=\mathbb{C}$，$m=n=1$，且 $A=[a]$，则线性变换 T_A：$\mathbb{C}\to\mathbb{C}$是 $T_A(z)=az$. 它的伴随变换是 $T_{A^*}(z)=\overline{a}z$.

定义涉及的伴随阵的重要矩阵类包括正规阵(它们与其伴随阵可交换，见第 12 章)、

Hermite 矩阵(它们与其伴随阵相等，见定义 5.6.9)以及酉阵(它们的伴随阵就是它们的逆
111 阵，见第6章).

例 5.6.7 设 $\mathcal{V}=\mathcal{W}=\mathcal{P}$ 是所有多项式组成的内积空间，赋有$[0,1]$上的 L^2 内积(5.1.6)，设给定 $p\in\mathcal{P}$. 对每个 $f\in\mathcal{P}$，考虑由 $Tf=pf$ 定义的 $T\in\mathfrak{L}(\mathcal{P})$. 那么，对所有 $g\in\mathcal{P}$有

$$\langle Tf,g\rangle=\int_0^1 p(t)f(t)\overline{g(t)}\mathrm{d}t=\int_0^1 f(t)\overline{\overline{p(t)}g(t)}\mathrm{d}t=\langle f,\bar{p}g\rangle. \qquad (5.6.8)$$

由 $\Phi g=\bar{p}g$ 定义函数 Φ：$\mathcal{P}\to\mathcal{P}$. 那么(5.6.8)表明：对所有 $g\in\mathcal{P}$，都有$(Tf,g)=(f,\Phi g)$. 我们断定 T 必有伴随变换，且 $T^*=\Phi$. 如果 p 是实多项式，那么 $\bar{p}=p$ 且 $T^*=T$，反之亦然.

定义 5.6.9 假设 T^* 是 $T\in\mathfrak{L}(\mathcal{V})$的伴随变换. 如果 $T^*=T$，则称 T 是**自伴随的**(self-adjoint). 方阵 A 称为是 **Hermite 的**(Hermitian)，如果 $A^*=A$. 术语“Hermite 的”与“自伴随的”对线性变换以及矩阵是交替使用的.

例 5.6.7 中的线性变换 $f\mapsto pf$ 是自伴随的，当且仅当 p 是一个实多项式. 在例 5.6.4 中，线性变换 $\boldsymbol{x}\mapsto A\boldsymbol{x}$ 是自伴随的，当且仅当 $A=A^*$，也就是说，当且仅当 A 是方阵且是 Hermite 阵. 说一个算子 $T\in\mathfrak{L}(\mathcal{V},\mathcal{W})$是自伴随的没有任何意义，除非 $\mathcal{V}=\mathcal{W}$. 同样，说一个矩阵 $A\in\boldsymbol{M}_{m\times n}$是 Hermite 的也毫无意义，除非 $m=n$.

当伴随存在时，它们是唯一的，但其存在性不可能事先得到保证. 下面的例子表明，某些线性变换没有伴随变换.

例 5.6.10 设 $\mathcal{P}$与例 5.6.7 中相同. 用 $Tf=f'$定义 $T\in\mathfrak{L}(\mathcal{P})$，也就是说，$T$ 在多项式上的作用是求导. 假设 T 有伴随 T^*，设 g 是常数多项式 $g(t)=1$，设 $T^*g=h$. 那么，对每个 $f\in\mathcal{P}$，微分学的基本定理确保

$$\langle Tf,g\rangle=\int_0^1 f'(t)\mathrm{d}t=f(t)\Big|_0^1=f(1)-f(0),$$

于是

$$f(1)-f(0)=\langle Tf,g\rangle=\langle f,T^*g\rangle=\langle f,h\rangle=\int_0^1 f(t)\overline{h(t)}\mathrm{d}t.$$

现在设 $f(t)=t^2(t-1)^2h(t)$，故而 $f(0)=f(1)=0$，且有

$$0=\int_0^1 f(t)\overline{h(t)}\mathrm{d}t=\int_0^1 t^2(t-1)^2\,|h(t)|^2\mathrm{d}t=\|t(t-1)h(t)\|^2.$$

我们断定 $t(t-1)h(t)$是零多项式(见问题 P.0.14)，这意味着 h 是零多项式. 由此推出，对每个 $p\in\mathcal{P}$有

$$p(1)-p(0)=\langle Tp,g\rangle=\langle p,T^*g\rangle=\langle p,h\rangle=0,$$

而它对 $p(t)=t$ 是错误的. 于是得出 T 没有伴随的结论.

作为没有伴随的线性泛函的一个例子，见问题 P.5.13. 我们这个没有伴随的线性变换的例子与无限维内积空间有关，这不是一个偶然的现象：有限维内积空间之间的每一个线
112 性变换都有伴随变换.

定理 5.6.11 设$\mathcal{V}$与$\mathcal{W}$是同一个域$\mathbb{F}$上的有限维内积空间，且$T\in\mathfrak{L}(\mathcal{V},\mathcal{W})$. 设$\beta=\boldsymbol{v}_1,\boldsymbol{v}_2,\cdots,\boldsymbol{v}_n$是$\mathcal{V}$的一组标准正交基，而$\gamma=\boldsymbol{w}_1,\boldsymbol{w}_2,\cdots,\boldsymbol{w}_m$是$\mathcal{W}$的一组标准正交基，设${}_{\gamma}[T]_{\beta}=[\langle T\boldsymbol{v}_j,\boldsymbol{w}_i\rangle]$是$T$的如同在(5.5.4)中那样的$\beta$-$\gamma$基表示. 那么

(a) T有伴随变换.

(b) T^*的基表示是${}_{\gamma}[T]_{\beta}^*$，即

$$ {}_{\beta}[T^*]_{\gamma}={}_{\gamma}[T]_{\beta}^*. \tag{5.6.12}$$

证明 (a)对每个$\boldsymbol{w}\in\mathcal{W}$，$\phi_{\boldsymbol{w}}(\boldsymbol{v})=\langle T\boldsymbol{v},\boldsymbol{w}\rangle$定义了$\mathcal{V}$上的一个线性泛函，所以定理5.4.4确保存在唯一的向量$S(\boldsymbol{w})\in\mathcal{V}$，使得对所有$\boldsymbol{v}\in\mathcal{V}$都有$\langle T\boldsymbol{v},\boldsymbol{w}\rangle=\langle\boldsymbol{v},S\boldsymbol{w}\rangle$. 这个构造定义了一个函数$S:\mathcal{W}\to\mathcal{V}$，根据定义5.6.1，此函数是$T$的伴随. 定理5.6.3确保$S\in\mathfrak{L}(\mathcal{W},\mathcal{V})$，$S=T^*$.

(b)定理5.5.3以及S的定义告诉我们

$$ {}_{\beta}[T^*]_{\gamma}={}_{\beta}[S]_{\gamma}=[\langle S\boldsymbol{w}_j,\boldsymbol{v}_i\rangle]=[\overline{\langle\boldsymbol{v}_i,S\boldsymbol{w}_j\rangle}]=[\overline{\langle T\boldsymbol{v}_i,\boldsymbol{w}_j\rangle}]={}_{\gamma}[T]_{\beta}^*. \qquad \blacksquare$$

如果涉及的两组基都是标准正交的，等式(5.6.12)就确保线性变换T的伴随变换的基表示是T的基表示的共轭转置. 对于标准正交基这一限制是本质的，见问题P.5.19.

在(5.6.12)中记号“$*$”以两种不同的方式使用. 在表达式${}_{\beta}[T^*]_{\gamma}$中，它表示一个线性变换的伴随变换，而在表达式${}_{\beta}[T]_{\gamma}^*$中，它表示矩阵的共轭转置. 可以允许这样的记号混杂使用，因为它提醒我们：一个$m\times n$矩阵A的共轭转置即表示线性变换$T_A:\mathbb{F}^m\to\mathbb{F}^n$的伴随变换.

矩阵的共轭转置运算与求逆矩阵运算共享*乘积逆转*(product reversing)的性质：$(AB)^*=B^*A^*$，$(AB)^{-1}=B^{-1}A^{-1}$. 请不要让这个共同的性质使得你把这两个运算搞混淆了，它们仅对酉矩阵才是重合的，见第6章. 共轭转置的其他基本性质列举在0.3节中.

例 5.6.13 设$\mathcal{V}$是一个有限维$\mathbb{F}$-内积空间，$\phi:\mathcal{V}\to\mathbb{F}$是一个线性泛函. 上面的定理确保$\phi$有伴随$\phi^*\in\mathfrak{L}(\mathbb{F},\mathcal{V})$. 它是什么？定理5.4.4是说，存在一个$\boldsymbol{w}\in\mathcal{V}$，使得对所有$\boldsymbol{v}\in\mathcal{V}$，都有$\phi(\boldsymbol{v})=\langle\boldsymbol{v},\boldsymbol{w}\rangle_{\mathcal{V}}$. 利用伴随的这一定义计算

$$\langle\boldsymbol{v},\phi^*(c)\rangle_{\mathcal{V}}=\langle\phi(\boldsymbol{v}),c\rangle_{\mathbb{F}},=\bar{c}\phi(\boldsymbol{v})=\bar{c}\langle\boldsymbol{v},\boldsymbol{w}\rangle_{\mathcal{V}}=\langle\boldsymbol{v},c\boldsymbol{w}\rangle_{\mathcal{V}},$$

它对所有$\boldsymbol{v}\in\mathcal{V}$成立. 我们断言：对所有$c\in\mathbb{F}$都有$\phi^*(c)=c\boldsymbol{w}$，其中$\boldsymbol{w}$是$\phi$的Riesz向量.

例 5.6.14 设$\mathcal{V}=\boldsymbol{M}_n$，它具有Frobenius内积，设$A\in\boldsymbol{M}_n$. 由$T(X)=AX$所定义的线性算子的伴随是什么呢？计算给出

$$\langle T(X),Y\rangle_F=\langle AX,Y\rangle_F=\operatorname{tr}(Y^*AX)=\operatorname{tr}((A^*Y)^*X)=\langle X,A^*Y\rangle_F.$$ 113

我们断言$T^*(Y)=A^*Y$. 对于线性变换$S(X)=XA$，我们有

$$\langle S(X),Y\rangle_F=\langle XA,Y\rangle_F=\operatorname{tr}(Y^*XA)=\operatorname{tr}(AY^*X)=\operatorname{tr}((YA^*)^*X)=\langle X,YA^*\rangle_F,$$

从而$S^*(Y)=YA^*$.

5.7 Parseval 等式与 Bessel 不等式

Parseval 等式是(5.2.7)的推广，它在Fourier级数论中有用. 它是说有限维内积空间

中两个抽象的向量的内积可以作为它们的坐标向量的标准内积计算出来，如果那些坐标向量能对于一组标准正交基进行计算.

定理 5.7.1(Parseval 等式)　设 $\beta=\boldsymbol{u}_1, \boldsymbol{u}_2, \cdots, \boldsymbol{u}_n$ 是内积空间 $\mathcal{V}$ 的一组标准正交基. 那么，对所有 $\boldsymbol{v}$，$\boldsymbol{w}\in\mathcal{V}$ 都有

$$\langle \boldsymbol{v},\boldsymbol{w}\rangle = \sum_{i=1}^{n}\langle \boldsymbol{v},\boldsymbol{u}_i\rangle\overline{\langle \boldsymbol{w},\boldsymbol{u}_i\rangle} = \langle [\boldsymbol{v}]_\beta,[\boldsymbol{w}]_\beta\rangle_{\mathbb{F}^n}. \tag{5.7.2}$$

证明　定理 5.2.5 确保

$$\boldsymbol{v} = \sum_{i=1}^{n}\langle \boldsymbol{v},\boldsymbol{u}_i\rangle\boldsymbol{u}_i,\quad \boldsymbol{w} = \sum_{j=1}^{n}\langle \boldsymbol{w},\boldsymbol{u}_j\rangle\boldsymbol{u}_j.$$

计算给出

$$\begin{aligned}\langle \boldsymbol{v},\boldsymbol{w}\rangle &= \left\langle\sum_{i=1}^{n}\langle \boldsymbol{v},\boldsymbol{u}_i\rangle\boldsymbol{u}_i,\sum_{j=1}^{n}\langle \boldsymbol{w},\boldsymbol{u}_j\rangle\boldsymbol{u}_j\right\rangle = \sum_{i,j=1}^{n}\langle \boldsymbol{v},\boldsymbol{u}_i\rangle\overline{\langle \boldsymbol{w},\boldsymbol{u}_j\rangle}\langle \boldsymbol{u}_i,\boldsymbol{u}_j\rangle \\ &= \sum_{i,j=1}^{n}\langle \boldsymbol{v},\boldsymbol{u}_i\rangle\overline{\langle \boldsymbol{w},\boldsymbol{u}_j\rangle}\delta_{ij} = \sum_{i=1}^{n}\langle \boldsymbol{v},\boldsymbol{u}_i\rangle\overline{\langle \boldsymbol{w},\boldsymbol{u}_i\rangle} = \langle [\boldsymbol{v}]_\beta,[\boldsymbol{w}]_\beta\rangle_{\mathbb{F}^n}.\end{aligned}$$

■

推论 5.7.3　设 $\beta=\boldsymbol{u}_1, \boldsymbol{u}_2, \cdots, \boldsymbol{u}_n$ 是内积空间 $\mathcal{V}$ 的一组标准正交基，$T\in\mathfrak{L}(\mathcal{V})$. 那么，对所有 $\boldsymbol{v}$，$\boldsymbol{w}\in\mathcal{V}$ 都有

$$\langle T\boldsymbol{v},\boldsymbol{w}\rangle_{\mathcal{V}} = [\boldsymbol{w}]_\beta^*\,{}_\beta[T]_\beta[\boldsymbol{v}]_\beta = \langle {}_\beta[T]_\beta[\boldsymbol{v}]_\beta,[\boldsymbol{w}]_\beta\rangle_{\mathbb{F}^n}.$$

证明　结论由(5.7.2)以及(5.5.2)得出. ■

Bessel 不等式是(5.2.7)的另一种推广. 它对所有内积空间都成立，而且对无限维空间有特殊的意义.

定理 5.7.4(Bessel 不等式)　设 $\boldsymbol{u}_1, \boldsymbol{u}_2, \cdots, \boldsymbol{u}_n$ 是内积空间 $\mathcal{V}$ 的一组标准正交组. 那

114 么，对每个 $\boldsymbol{v}\in\mathcal{V}$ 都有

$$\sum_{i=1}^{n}|\langle \boldsymbol{v},\boldsymbol{u}_i\rangle|^2 \leqslant \|\boldsymbol{v}\|^2. \tag{5.7.5}$$

证明　利用定理 5.1.8 并计算

$$\begin{aligned}0 &\leqslant \left\|\boldsymbol{v}-\sum_{i=1}^{n}\langle \boldsymbol{v},\boldsymbol{u}_i\rangle\boldsymbol{u}_i\right\|^2 \\ &= \|\boldsymbol{v}\|^2-\left\langle \boldsymbol{v},\sum_{i=1}^{n}\langle \boldsymbol{v},\boldsymbol{u}_i\rangle\boldsymbol{u}_i\right\rangle-\left\langle\sum_{i=1}^{n}\langle \boldsymbol{v},\boldsymbol{u}_i\rangle\boldsymbol{u}_i,\boldsymbol{v}\right\rangle+\left\|\sum_{i=1}^{n}\langle \boldsymbol{v},\boldsymbol{u}_i\rangle\boldsymbol{u}_i\right\|^2 \\ &= \|\boldsymbol{v}\|^2-2\mathrm{Re}\left\langle \boldsymbol{v},\sum_{i=1}^{n}\langle \boldsymbol{v},\boldsymbol{u}_i\rangle\boldsymbol{u}_i\right\rangle+\sum_{i=1}^{n}|\langle \boldsymbol{v},\boldsymbol{u}_i\rangle|^2 \\ &= \|\boldsymbol{v}\|^2-2\mathrm{Re}\sum_{i=1}^{n}\langle \boldsymbol{v},\langle \boldsymbol{v},\boldsymbol{u}_i\rangle\boldsymbol{u}_i\rangle+\sum_{i=1}^{n}|\langle \boldsymbol{v},\boldsymbol{u}_i\rangle|^2 \\ &= \|\boldsymbol{v}\|^2-2\sum_{i=1}^{n}|\langle \boldsymbol{v},\boldsymbol{u}_i\rangle|^2+\sum_{i=1}^{n}|\langle \boldsymbol{v},\boldsymbol{u}_i\rangle|^2\end{aligned}$$

$$= \| \boldsymbol{v} \|^2 - \sum_{i=1}^{n} |\langle \boldsymbol{v}, \boldsymbol{u}_i \rangle|^2.$$

这就是(5.7.5). ■

如果$\mathcal{V}$是无限维的，且$\boldsymbol{u}_1$，$\boldsymbol{u}_2$，…是$\mathcal{V}$中一标准正交组，那么(5.7.5)(以及有界单调实数序列必收敛这一事实)蕴涵：对每个$\boldsymbol{v} \in \mathcal{V}$，无穷级数$\sum_{i=1}^{\infty} |\langle \boldsymbol{v}, \boldsymbol{u}_i \rangle|^2$均收敛．(5.7.5)的一个较弱(但更容易证明)的推论是如下的推论．

推论 5.7.6 设$\boldsymbol{u}_1$，$\boldsymbol{u}_2$，…，$\boldsymbol{u}_n$是内积空间$\mathcal{V}$的一组标准正交组．那么，对每个$\boldsymbol{v} \in \mathcal{V}$都有

$$\lim_{n \to \infty} \langle \boldsymbol{v}, \boldsymbol{u}_n \rangle = 0.$$

证明 设给定$\boldsymbol{v} \in \mathcal{V}$以及$\varepsilon > 0$．只需证明仅存在有限多个指标$i = 1, 2, \cdots$使得$|\langle \boldsymbol{v}, \boldsymbol{u}_i \rangle| \geqslant \varepsilon$即可．令$N(n, \varepsilon, \boldsymbol{v})$表示使得$|\langle \boldsymbol{v}, \boldsymbol{u}_i \rangle| \geqslant \varepsilon$成立的指标$i \in \{1, 2, \cdots, n\}$的个数．那么

$$\| \boldsymbol{v} \|^2 \geqslant \sum_{i=1}^{n} |\langle \boldsymbol{v}, \boldsymbol{u}_i \rangle|^2 \geqslant N(n, \varepsilon, \boldsymbol{v}) \varepsilon^2,$$

所以对所有$n = 1, 2, \cdots$都有

$$N(n, \varepsilon, \boldsymbol{v}) \leqslant \frac{\| \boldsymbol{v} \|^2}{\varepsilon^2}.$$

■ 115

5.8 Fourier 级数

在这一节里，我们利用内积空间来讨论 Fourier 级数，Fourier 级数试图将周期函数表示成(或近似表示成)正弦与余弦函数的线性组合．

定义 5.8.1 函数$f: \mathbb{R} \to \mathbb{C}$称为是**周期的**(periodic)，如果存在一个非零的$\tau \in \mathbb{R}$，使得对所有$x \in \mathbb{R}$，都有$f(x) = f(x + \tau)$．τ称为f的一个**周期**(period)．

如果f关于周期τ以及$n \in \mathbb{N}$是周期的，那么

$$f(x) = f(x + \tau) = f(x + \tau + \tau) = f(x + 2\tau) = \cdots = f(x + n\tau),$$

$$f(x - n\tau) = f(x - n\tau + \tau) = f(x - (n-1)\tau) = \cdots = f(x - 2\tau) = f(x - \tau) = f(x).$$

于是，对每个非零的$n \in \mathbb{Z}$，$n\tau$也是f的周期．

例 5.8.2 因为对所有$x \in \mathbb{R}$以及$n \in \mathbb{Z}$都有$\sin(x + 2\pi n) = \sin x$，故而函数$\sin x$是周期函数，且对每个非零的$n \in \mathbb{Z}$，$\tau = 2\pi n$都是一个周期．

例 5.8.3 如果$n \in \mathbb{Z}$且$n \neq 0$，那么$\sin nx = \sin(nx + 2\pi) = \sin(n(x + 2\pi/n))$．于是，$\sin nx$是以$\tau = 2\pi/n$为周期的周期函数．它也是以$n\tau = 2\pi$为周期的周期函数．

周期函数在自然界无处不在：任何振动的物体(乐器)、震颤(地震)、震荡(钟摆)或者以任何方式与涉及周期函数的电磁相关的现象．

三角函数$\sin nx$与$\cos nx$都是我们很熟悉的周期函数的例子．它们都有周期$\tau = 2\pi$，所以它们的性状处处都是由它们在任何一个长度为2π的实区间里的性状所决定的．比较方便

的是在区间$[-\pi, \pi]$上研究它们，重新规定它在$[-\pi, \pi]$上的 L^2 内积，以使其范数为 1，见例 4.4.10. 在下面引理的证明中，我们反复使用了对整数 n 有 $\sin n\pi=\sin(-n\pi)$ 以及 $\cos n\pi=\cos(-n\pi)$ 这些事实.

引理 5.8.4 关于 $C_{\mathbb{R}}[-\pi, \pi]$上的内积

$$\langle f,g\rangle=\frac{1}{\pi}\int_{-\pi}^{\pi} f(x)g(x)\mathrm{d}x, \tag{5.8.5}$$

$$\frac{1}{\sqrt{2}},\cos x,\cos 2x,\cos 3x,\cdots,\sin x,\sin 2x,\sin 3x,\cdots \tag{5.8.6}$$

是一组标准正交组.

证明 我们首先验证

116

$$\left\langle\frac{1}{\sqrt{2}},\frac{1}{\sqrt{2}}\right\rangle=\frac{1}{\pi}\int_{-\pi}^{\pi}\left(\frac{1}{\sqrt{2}}\right)^2\mathrm{d}x=1.$$

如果 $n\neq 0$，那么

$$\left\langle\frac{1}{\sqrt{2}},\sin nx\right\rangle=\frac{1}{\pi\sqrt{2}}\int_{-\pi}^{\pi}\sin nx\,\mathrm{d}x=-\frac{1}{\pi n\sqrt{2}}\cos nx\Big|_{-\pi}^{\pi}=0.$$

类似的计算表明，对 $n=1, 2, \cdots$有$\left\langle\frac{1}{\sqrt{2}}, \cos nx\right\rangle=0$. 剩余的结论是，如果 m 与 n 是正整数，那么

$$\langle\sin mx,\cos nx\rangle=\frac{1}{\pi}\int_{-\pi}^{\pi}\sin mx\cos nx\,\mathrm{d}x=0, \tag{5.8.7}$$

$$\langle\sin mx,\sin nx\rangle=\frac{1}{\pi}\int_{-\pi}^{\pi}\sin mx\sin nx\,\mathrm{d}x=\delta_{mn}, \tag{5.8.8}$$

$$\langle\cos mx,\cos nx\rangle=\frac{1}{\pi}\int_{-\pi}^{\pi}\cos mx\cos nx\,\mathrm{d}x=\delta_{mn}. \tag{5.8.9}$$

(a)等式(5.8.7)由以下事实得出：$\sin mx\cos nx$ 是奇函数，而区间$[-\pi, \pi]$是关于 0 对称的区间.

(b)为验证(5.8.8)，假设 $m\neq n$，并计算

$$\begin{aligned}\langle\sin mx,\sin nx\rangle&=\frac{1}{\pi}\int_{-\pi}^{\pi}\sin mx\sin nx\,\mathrm{d}x\\&=\frac{1}{\pi}\int_{-\pi}^{\pi}\frac{1}{2}[\cos(m-n)x-\cos(m+n)x]\mathrm{d}x\\&=\frac{\sin(m-n)x}{2\pi(m-n)}-\frac{\sin(m+n)x}{2\pi(m+n)}\Big|_{-\pi}^{\pi}=0.\end{aligned}$$

如果 $m=n$，则有

$$\langle\sin mx,\sin nx\rangle=\frac{1}{\pi}\int_{-\pi}^{\pi}\sin^2 nx\,\mathrm{d}x=\frac{1}{\pi}\int_{-\pi}^{\pi}\left(\frac{1-\cos 2nx}{2}\right)\mathrm{d}x$$

$$= \frac{1}{2\pi}\int_{-\pi}^{\pi} \mathrm{d}x - \frac{1}{2\pi}\int_{-\pi}^{\pi} \cos 2nx \, \mathrm{d}x$$

$$= 1 - \frac{1}{4\pi n}\sin 2nx \Big|_{-\pi}^{\pi} = 1.$$

(c)等式(5.8.9)可以用同样的方式验证. ■

等式(5.8.7)、(5.8.8)以及(5.8.9)是关于正弦以及余弦函数的标准正交关系(orthonormality relation). 在这些关于 $\cos nx$ 以及 $\sin nx$ 的表达式中，n 是整数这一点至关重要，它确保这些函数有周期 2π.

由于向量(5.8.6)构成一组标准正交组，为了与5.1节中的记号一致，我们对它们加以标注. 令

$$\boldsymbol{u}_0 = \frac{1}{\sqrt{2}}, \quad \boldsymbol{u}_n = \cos nx, \quad \boldsymbol{u}_{-n} = \sin nx, \quad n = 1,2,\cdots.$$

上面的引理说的是：$\beta = \cdots, \boldsymbol{u}_{-2}, \boldsymbol{u}_{-1}, \boldsymbol{u}_0, \boldsymbol{u}_1, \boldsymbol{u}_2, \cdots$ 是内积空间 $C_{\mathbb{R}}[-\pi, \pi]$ 中的一组标准正交组，其上有内积(5.8.5). 117

对 $N=1, 2, \cdots$, $2N+1$ 个向量 $\boldsymbol{u}_{-N}, \boldsymbol{u}_{-N+1}, \cdots, \boldsymbol{u}_N$ 构成子空间 $\mathcal{V}_N = \mathrm{span}\{\boldsymbol{u}_{-N}, \boldsymbol{u}_{-N+1}, \cdots, \boldsymbol{u}_N\}$ 的一组标准正交基. 考虑

$$f = \frac{a_0}{\sqrt{2}} + \sum_{n=1}^{N}(a_n \cos nx + a_{-n} \sin nx) = \sum_{n=-N}^{N} a_n \boldsymbol{u}_n.$$

那么 $f \in C_{\mathbb{R}}[-\pi, \pi]$，且(5.2.6)确保这些系数可以作为

$$a_{\pm n} = \langle f, \boldsymbol{u}_{\pm n} \rangle, \quad n = 0,1,2,\cdots \tag{5.8.10}$$

来计算. 这些内积是积分，也就是如果 $1 \leqslant n \leqslant N$，那么

$$a_{-n} = \langle f, \boldsymbol{u}_{-n} \rangle = \frac{1}{\pi}\int_{-\pi}^{\pi} f(x) \sin nx \, \mathrm{d}x, \tag{5.8.11}$$

$$a_0 = \langle f, \boldsymbol{u}_0 \rangle = \frac{1}{\pi}\int_{-\pi}^{\pi} \frac{f(x)}{\sqrt{2}} \mathrm{d}x, \tag{5.8.12}$$

$$a_n = \langle f, \boldsymbol{u}_n \rangle = \frac{1}{\pi}\int_{-\pi}^{\pi} f(x) \cos nx \, \mathrm{d}x. \tag{5.8.13}$$

这些积分不仅对 $f \in \mathcal{V}_N$ 有定义，也对任何 $f \in C_{\mathbb{R}}[-\pi, \pi]$ 有定义. 我们或许会问(如同 Fourier 做过的那样)：函数

$$f_N = \sum_{n=-N}^{N} \langle f, \boldsymbol{u}_n \rangle \boldsymbol{u}_n, \quad f \in C_{\mathbb{R}}[-\pi, \pi] \tag{5.8.14}$$

与 f 有何关系？我们知道，如果 $f \in \mathcal{V}_N$，则有 $f_N = f$，所以如果 $f \notin \mathcal{V}$，那么 f_N 是 f 的某种程度的近似吗？答案见例 7.4.5. 当 $N \to \infty$ 时又会怎样呢？

定义 5.8.15 设 $f: [-\pi, \pi] \to \mathbb{R}$，假设积分(5.8.11)、(5.8.12)以及(5.8.13)存在且都是有限的. 那么与 f 相关联的 **Fourier 级数**(Fourier series)是指无穷级数

$$\frac{a_0}{\sqrt{2}}+\sum_{n=1}^{\infty}(a_n\cos nx+a_{-n}\sin nx). \tag{5.8.16}$$

关于这样一个级数会有许多问题要问. 它收敛吗? 如果收敛, 它收敛于 f 吗? 函数项级数的"收敛"的含义是什么? 如果 f 不连续但积分(5.8.10)有定义, 会发生什么? 在 Fourier 生活的时代, 他无法回答这些问题, 自从那时以来, 数学家们一直致力于研究这些问题. 他们谋求解答的努力引导出有关集合、函数、测度、积分以及收敛性的重大发现.

定义 5.8.17 称函数 f: $[a, b]\to\mathbb{R}$ 在 $c\in(a, b)$ 有**跳跃间断**(jump discontinuity), 如果单边极限 $f(c^+)=\lim_{x\to c^+}f(x)$ 与 $f(c^-)=\lim_{x\to c^-}f(x)$ 两者都存在, 但至少其中有一个异于 $f(c)$. 函数 f: $[a, b]\to\mathbb{R}$ 称为是**逐段连续的**(piecewise continuous), 如果 f 在$[a,$
118 $b]$上除了可能有限多个点之外都是连续的, 而在这有限多个点处它是跳跃间断的.

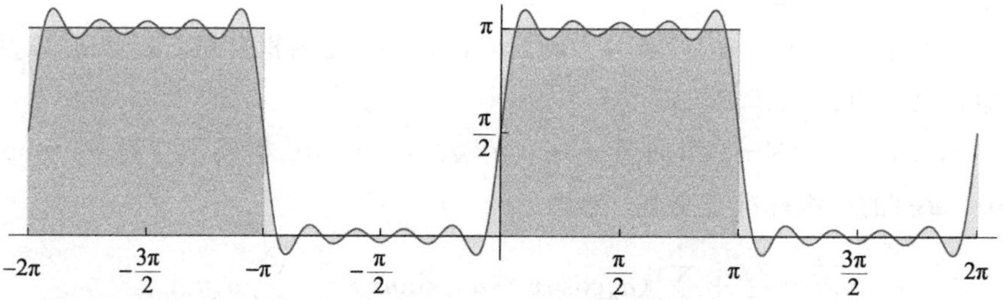

图 5.1 例 5.8.19 的函数以及它的 Fourier 逼近 $\frac{\pi}{2}+2\sin x+\frac{2}{3}\sin 3x+\frac{2}{5}\sin 5x+\frac{2}{7}\sin 7x+\frac{2}{9}\sin 9x$ 的图形

下面重要的定理对前面的一些问题给出了部分解答, 其证明见[Bha05, 2.3.10].

定理 5.8.18 设 f: $\mathbb{R}\to\mathbb{R}$ 是一个周期为 2π 的周期函数. 假设 f 与 f' 两者均在$[-\pi, \pi]$逐段连续. 如果 f 在点 x 连续, 则其 Fourier 级数(5.8.16)收敛于 $f(x)$. 如果 f 在 x 有一个跳跃间断点, 则其 Fourier 级数(5.8.16)收敛于 $\frac{1}{2}(f(x^+)+f(x^-))$.

例 5.8.19 考虑由

$$f(x)=\begin{cases}0 & 如果 -\pi<x<0\\ \pi & 如果 0<x<\pi\\ \dfrac{\pi}{2} & 如果 x=0 或者 x=\pm\pi\end{cases}$$

定义的函数 f: $[-\pi, \pi]\to\mathbb{R}$, 见图 5.1. 对于 $n=1, 2, 3, \cdots$, 利用公式(5.8.11)、(5.8.12)以及(5.8.13)计算

$$a_0=\left\langle f,\frac{1}{\sqrt{2}}\right\rangle=\frac{1}{\pi}\int_{-\pi}^{\pi}\frac{f(x)\mathrm{d}x}{\sqrt{2}}=\frac{1}{\pi}\int_0^{\pi}\frac{\pi}{\sqrt{2}}\mathrm{d}x=\frac{\pi}{\sqrt{2}},$$

$$a_n=\langle f,\cos nx\rangle=\frac{1}{\pi}\int_{-\pi}^{\pi}f(x)\cos nx\,\mathrm{d}x=\frac{1}{\pi}\int_0^{\pi}\pi\cos nx\,\mathrm{d}x=\int_0^{\pi}\cos nx\,\mathrm{d}x=0,$$

$$a_{-n}=\langle f,\sin nx\rangle=\frac{1}{\pi}\int_0^{\pi}\pi\sin nx\,\mathrm{d}x=\frac{1}{n}(1-\cos n\pi)=\begin{cases}0 & \text{如果 } n \text{ 是偶数,}\\ \dfrac{2}{n} & \text{如果 } n \text{ 是奇数.}\end{cases}$$

由于 f 与 f' 是逐段连续的，定理 5.8.18 确保对所有 x 都有

$$f(x)=\frac{a_0}{\sqrt{2}}+\sum_{n=1}^{\infty}(a_n\cos nx+a_{-n}\sin nx)=\frac{\pi}{2}+\sum_{n=1}^{\infty}\frac{2\sin[(2n-1)x]}{2n-1}.$$

由于 $f\left(\frac{\pi}{2}\right)=\pi$，因而得到

$$\pi=\frac{\pi}{2}+2\sum_{n=1}^{\infty}\frac{(-1)^{n+1}}{(2n-1)},$$ 119

它蕴涵 Leibniz 于 1674 年发现的公式

$$1-\frac{1}{3}+\frac{1}{5}-\frac{1}{7}+\cdots=\frac{\pi}{4}$$

5.9 问题

P.5.1 证明：

$$\boldsymbol{u}_1=\begin{bmatrix}\frac{1}{\sqrt{2}}\\ \frac{1}{\sqrt{2}}\\ 0\end{bmatrix},\quad \boldsymbol{u}_2=\begin{bmatrix}\frac{1}{\sqrt{3}}\\ -\frac{1}{\sqrt{3}}\\ \frac{1}{\sqrt{3}}\end{bmatrix},\quad \boldsymbol{u}_3=\begin{bmatrix}-\frac{1}{\sqrt{6}}\\ \frac{1}{\sqrt{6}}\\ \frac{2}{\sqrt{6}}\end{bmatrix}$$

构成 $\mathbb{R}^3$ 的一组标准正交基，并求出纯量 a_1，a_2，a_3，使得 $a_1\boldsymbol{u}_1+a_2\boldsymbol{u}_2+a_3\boldsymbol{u}_3=[2\ 1\ 3]^{\mathrm{T}}$. 不要求解 3×3 方程组！

P.5.2 利用例 5.2.2 证明：对所有 A，$B\in\boldsymbol{M}_{m\times n}(\mathbb{F})$，都有 $\operatorname{tr} AB=\operatorname{tr} BA$.

P.5.3 设 $\mathcal{V}=\mathbb{R}^3$，$\mathcal{W}=\mathbb{R}^2$，每一个都有标准内积. 设 $\beta=\boldsymbol{v}_1$，$\boldsymbol{v}_2$，$\boldsymbol{v}_3$，其中 $\boldsymbol{v}_1=[2\ 3\ 5]^{\mathrm{T}}$，$\boldsymbol{v}_2=[7\ 11\ 13]^{\mathrm{T}}$，$\boldsymbol{v}_3=[17\ 19\ 23]^{\mathrm{T}}$，设 $\gamma=\boldsymbol{u}_1$，$\boldsymbol{u}_2$，其中 $\boldsymbol{u}_1=\left[\frac{1}{\sqrt{2}}\ \frac{1}{\sqrt{2}}\right]^{\mathrm{T}}$，$\boldsymbol{u}_2=\left[-\frac{1}{\sqrt{2}}\ \frac{1}{\sqrt{2}}\right]^{\mathrm{T}}$. 设 $T\in\mathfrak{L}(\mathcal{V},\mathcal{W})$ 是满足

$$T\boldsymbol{v}_1=\begin{bmatrix}2\\3\end{bmatrix},\quad T\boldsymbol{v}_2=\begin{bmatrix}7\\11\end{bmatrix},\quad T\boldsymbol{v}_3=\begin{bmatrix}17\\19\end{bmatrix}$$

的线性变换. 证明

$$_{\gamma}[T]_{\beta}=\begin{bmatrix}\frac{5}{\sqrt{2}} & 9\sqrt{2} & 18\sqrt{2}\\ \frac{1}{\sqrt{2}} & 2\sqrt{2} & \sqrt{2}\end{bmatrix}.$$

P.5.4 在内积空间 $\mathcal{V}$ 中，对一列线性相关的非零向量 $\boldsymbol{v}_1$，$\boldsymbol{v}_2$，…，$\boldsymbol{v}_n$，Gram-Schmidt 方法会做出什么么呢？假设 $q\in\{2, 3, \cdots, n\}$，$\boldsymbol{v}_1$，$\boldsymbol{v}_2$，…，$\boldsymbol{v}_{q-1}$ 线性无关，而 $\boldsymbol{v}_1$，$\boldsymbol{v}_2$，…，$\boldsymbol{v}_q$ 线性相关.

(a)证明：可以对 $k=2, 3, \cdots, q-1$ 计算(5.3.9)中的正交向量 x_k，但是 $x_q=\mathbf{0}$，所以Gram-Schmidt方法无法进行下去. 为什么不能进行下去呢？

(b)描述如何计算线性组合 $c_1\boldsymbol{v}_1+c_2\boldsymbol{v}_2+\cdots+c_{q-1}\boldsymbol{v}_{q-1}+\boldsymbol{v}_q=\mathbf{0}$ 中的系数. 为什么这些系数是唯一的呢？

P.5.5 设 $A=[\boldsymbol{a}_1, \boldsymbol{a}_2, \cdots, \boldsymbol{a}_n]\in \boldsymbol{M}_n(\mathbb{F})$ 是可逆阵. 令 $\mathcal{V}=\mathbb{F}^n$ 具有内积 $\langle \boldsymbol{u}, \boldsymbol{v}\rangle_{A^{-1}}=\langle A^{-1}\boldsymbol{u}, A^{-1}\boldsymbol{v}\rangle$，见问题 P.4.15. 设 $A_i(\boldsymbol{u})=[\boldsymbol{a}_1\ \cdots\ \boldsymbol{a}_{i-1}\ \boldsymbol{u}\ \boldsymbol{a}_{i+1}\ \cdots\ \boldsymbol{a}_n]$ 表示用 $\boldsymbol{u}\in\mathbb{F}^n$ 代替 A 的第 i 列得到的矩阵. 设 $\phi_i: \mathcal{V}\to\mathbb{F}$ 是线性泛函

$$\phi_i(\boldsymbol{u})=\frac{\det A_i(\boldsymbol{u})}{\det A}\quad i=1,2,\cdots,n,$$

见例 3.1.25.

(a)证明 $\boldsymbol{a}_1$，$\boldsymbol{a}_2$，…，$\boldsymbol{a}_n$ 是 $\mathcal{V}$ 的一组标准正交基.

120 (b)证明对所有 $i, j=1, 2, \cdots, n$ 有 $\phi_i(\boldsymbol{a}_j)=\delta_{ij}$.

(c)对每个 $i=1, 2, \cdots, n$，证明 $\boldsymbol{a}_i$ 是 ϕ_i 的 Riesz 向量.

(d)设 $\boldsymbol{x}, \boldsymbol{y}\in\mathcal{V}$，$\boldsymbol{x}=[x_1, x_2, \cdots, x_n]^{\mathrm{T}}$. 假设 $A\boldsymbol{x}=\boldsymbol{y}$. 证明：对每个 $i=1, 2, \cdots, n$，有 $\phi_i(\boldsymbol{y})=\langle \boldsymbol{y}, \boldsymbol{a}_i\rangle_{A^{-1}}=x_i$. **提示**：(5.2.6).

(e)得出结论 $\boldsymbol{x}=[\phi_1(\boldsymbol{y})\ \phi_2(\boldsymbol{y})\ \cdots\ \phi_n(\boldsymbol{y})]^{\mathrm{T}}$. 这是 Cramer 法则.

P.5.6 设 $\boldsymbol{u}_1$，$\boldsymbol{u}_2$，…，$\boldsymbol{u}_n$ 是一个$\mathbb{F}$-内积空间 $\mathcal{V}$ 中的一个标准正交组.

(a)证明：对所有 $a_1, a_2, \cdots, a_n\in\mathbb{F}$ 有

$$\left\|\boldsymbol{v}-\sum_{i=1}^{n}a_i\boldsymbol{u}_i\right\|^2=\|\boldsymbol{v}\|^2-\sum_{i=1}^{n}|\langle \boldsymbol{v},\boldsymbol{u}_i\rangle|^2+\sum_{i=1}^{n}|\langle \boldsymbol{v},\boldsymbol{u}_i\rangle-a_i|^2. \quad (5.9.1)$$

(b)给定 $\boldsymbol{v}\in\mathcal{V}$，设 $\mathcal{W}=\operatorname{span}\{\boldsymbol{u}_1, \boldsymbol{u}_2, \cdots, \boldsymbol{u}_n\}$. 证明：存在唯一的 $\boldsymbol{x}\in\mathcal{W}$，使得对所有 $\boldsymbol{w}\in\mathcal{W}$ 都有 $\|\boldsymbol{v}-\boldsymbol{x}\|\leqslant\|\boldsymbol{v}-\boldsymbol{w}\|$. 为什么是 $\boldsymbol{x}=\sum_{i=1}^{n}\langle \boldsymbol{v}, \boldsymbol{u}_i\rangle\boldsymbol{u}_i$ 呢？这个向量 $\boldsymbol{x}$ 是 $\boldsymbol{v}$ 在子空间 $\mathcal{W}$ 上的正交射影，见 7.3 节.

(c)由(5.9.1)导出 Bessel 不等式(5.7.5).

P.5.7 设 $\boldsymbol{u}_1$，$\boldsymbol{u}_2$，…，$\boldsymbol{u}_n$ 是一个$\mathbb{F}$-内积空间 $\mathcal{V}$ 中的一个标准正交组，设 $\mathcal{U}=\operatorname{span}\{\boldsymbol{u}_1, \boldsymbol{u}_2, \cdots, \boldsymbol{u}_n\}$，设 $\boldsymbol{v}\in\mathcal{V}$. 对于如下证明 Bessel 不等式(5.7.5)的方法补充证明的细节：

(a)如果 $\boldsymbol{v}\in\mathcal{U}$，为什么 $\|\boldsymbol{v}\|^2=\sum_{i=1}^{n}|\langle \boldsymbol{v}, \boldsymbol{u}_i\rangle|^2$？

(b)假设 $\boldsymbol{v}\notin\mathcal{U}$，设 $\mathcal{W}=\operatorname{span}\{\boldsymbol{u}_1, \boldsymbol{u}_2, \cdots, \boldsymbol{u}_n, \boldsymbol{v}\}$，并对线性无关向量组 $\boldsymbol{u}_1$，$\boldsymbol{u}_2$，…，$\boldsymbol{u}_n$，$\boldsymbol{v}$ 应用 Gram-Schmidt 方法. 为什么你能得到 $\mathcal{W}$ 的一个形如 $\boldsymbol{u}_1$，$\boldsymbol{u}_2$，…，$\boldsymbol{u}_n$，$\boldsymbol{u}_{n+1}$ 的标准正交基？

(c)为什么 $\| \boldsymbol{v} \|^2 = \sum_{i=1}^{n+1} |\langle \boldsymbol{v}, \boldsymbol{u}_i \rangle|^2 \geqslant \sum_{i=1}^{n} |\langle \boldsymbol{v}, \boldsymbol{u}_i \rangle|^2$?

P.5.8 由 Bessel 不等式推导出 Cauchy-Schwarz 不等式.

P.5.9 证明：函数 1，$e^{\pm ix}$，$e^{\pm 2ix}$，$e^{\pm 3ix}$，…是内积空间 $C[-\pi, \pi]$的一个标准正交组，它赋有内积

$$\langle f, g \rangle = \frac{1}{2\pi}\int_{-\pi}^{\pi} f(x)\,\overline{g(x)}\,dx.$$

P.5.10 设 $A \in \boldsymbol{M}_n$ 可逆. 证明$(A^{-1})^* = (A^*)^{-1}$. **提示**：计算$(A^{-1}A)^*$.

P.5.11 设 $\mathcal{V} = C[0, 1]$，它赋有 L^2 内积(5.1.6)，设 T 是 $\mathcal{V}$上由

$$(Tf)(t) = \int_0^t f(s)\,ds \tag{5.9.2}$$

定义的 Volterra 算子(Volterra operator). 证明：T 的伴随算子是 $\mathcal{V}$上由

$$(T^* g)(s) = \int_s^1 g(t)\,dt \tag{5.9.3}$$

定义的线性算子.

P.5.12 设 $K(s, t)$是$[0, 1] \times [0, 1]$上的连续复值函数，设 $\mathcal{V} = C[0, 1]$具有 L^2 内积(5.1.6). 定义 $Tf = \int_0^1 K(s,t)f(t)\,dt$. 为什么 T 有伴随算子，它的伴随算子又是 121
什么？要使得 T 是自伴随的，需要对它做出什么样的假设？

P.5.13 设 $\mathcal{P}$是所有次数的多项式构成的复内积空间，赋有 L^2 内积(5.1.6). 设 ϕ：$\mathcal{P} \to \mathbb{C}$ 是由 $\phi(p) = p(0)$定义的线性泛函. 假设 ϕ 有伴随，令 $p \in \mathcal{P}$，且 $g = \phi^*(1)$.

(a)说明为什么 $p(0) = \langle p, \phi^*(1) \rangle = \int_0^1 p(t)\,\overline{g(t)}\,dt$.

(b)设 $p(t) = t^2 g(t)$，说明为什么 $0 = \int_0^1 t^2 |g(t)|^2 dt = \| tg(t) \|^2$. 为什么 g 必定是零多项式？

(c)说明为什么 ϕ 没有伴随算子. **提示**：设 $p = 1$.

P.5.14 设 $\mathcal{V}$是$\mathbb{F}$上的一个有限维内积空间，令 $\phi \in \mathfrak{L}(\mathcal{V}, \mathbb{F})$是一个线性泛函，设 $\boldsymbol{w}$ 是关于 ϕ 的 Riesz 向量(5.4.6).

(a)指出 $\phi(\boldsymbol{w})$与 $\| \boldsymbol{w} \|^2$.

(b)证明 $\max\{\phi(\boldsymbol{v}): \| \boldsymbol{v} \| = 1\} = \| \boldsymbol{w} \|$.

P.5.15 设 $\mathcal{V} = \mathcal{P}_2$ 是由至多二次的实多项式组成的实内积空间，其上赋有 L^2 内积(5.1.6). 设 $\phi \in \mathfrak{L}(\mathcal{V}, \mathbb{R})$是由 $\phi(p) = p(0)$定义的线性泛函.

(a)利用(5.1.7)中的标准正交基 $\beta = u_1, u_2, u_3$ 证明：关于 ϕ 的 Riesz 向量是 $w(x) = 30x^2 - 36x + 9$.

(b)如果 $p(x) = ax^2 + bx + c \in \mathcal{V}$，验证 $\phi(p) = \langle p, w \rangle$.

P.5.16 设 $\mathcal{V} = \mathcal{P}_2$ 与在上一个问题中相同. 设 $\psi \in \mathfrak{L}(\mathcal{V}, \mathbb{R})$是由 $\psi(p) = \int_0^1 \sqrt{x}\,p(x)\,dx$ 定义

的线性泛函.

(a)证明：关于 ψ 的 Riesz 向量是 $w(x)=-\frac{4}{7}x^2+\frac{48}{35}x+\frac{6}{35}$.

(b)如果 $p(x)=ax^2+bx+c\in\mathcal{V}$，验证 $\psi(p)=\langle p, w\rangle$.

P. 5. 17 是否存在一个函数 $g: \mathbb{R}\to\mathbb{R}$，使得对所有形如 $f(x)=a_1\mathrm{e}^x+a_2x\mathrm{e}^x\cos x+a_3x^2\mathrm{e}^x\sin x$ 的函数 $f: \mathbb{R}\to\mathbb{R}$ 都有

$$f(-47)-3f'(0)+5f''(\pi)=\int_{-2}^{2}f(x)g(x)\mathrm{d}x.$$

P. 5. 18 设 ϕ 是内积空间 $\boldsymbol{M}_n$ 上的一个线性泛函(赋有 Frobenius 内积)，并假设对每个换位子 $C\in\boldsymbol{M}_n$，都有 $\phi(C)=0$.

(a)证明：对所有 $A, B\in M_n$，都有 $\phi(AB)=\phi(BA)$.

(b)如果 Y 是关于 ϕ 的 Riesz 向量，证明 Y 与 $\boldsymbol{M}_n$ 中每个矩阵可交换.

(c)导出结论：Y 是纯量矩阵，而 ϕ 是迹泛函的纯量倍数.

(d)如果 $\phi(I)=1$，证明对所有 $A\in\boldsymbol{M}_n$，都有 $\phi(A)=\frac{1}{n}\operatorname{tr}A$.

P. 5. 19 设 $\mathcal{V}$ 是一个二维的内积空间，有标准正交基 $\beta=\boldsymbol{u}_1, \boldsymbol{u}_2$. 用 $T\boldsymbol{u}_1=2\boldsymbol{u}_1+\boldsymbol{u}_2$ 以及 $T\boldsymbol{u}_2=\boldsymbol{u}_1-\boldsymbol{u}_2$ 定义 $T\in\mathfrak{L}(\mathcal{V})$.

(a)用定义(5.6.1)证明 T 是自伴随的.

(b)计算 T 关于标准正交基 β 的基表示 ${}_\beta[T]_\beta$. 它是 Hermite 的吗？

(c)定义 $\boldsymbol{v}_1=\boldsymbol{u}_1$，$\boldsymbol{v}_2=\frac{1}{2}\boldsymbol{u}_1+\frac{1}{2\sqrt{3}}\boldsymbol{u}_2$. 证明 $\gamma=\boldsymbol{v}_1, \boldsymbol{v}_2$ 是 $\mathcal{V}$ 的一组基.

122 (d)计算 T 关于基 γ 的基表示 ${}_\gamma[T]_\gamma$. 它是 Hermite 的吗？

(e)设 $\mathcal{V}=\mathcal{P}_2$ (见 P. 5. 15 以及 P. 5. 16)赋有 L^2 内积(5.16)，设 $\boldsymbol{u}_1=1$ 与 $\boldsymbol{u}_2=\sqrt{3}(2x-1)$ 与在(5.1.7)中一样. $\boldsymbol{v}_1$ 与 $\boldsymbol{v}_2$ 是什么？T 与 T^* 在多项式 $ax+b\in\mathcal{V}$ 上的作用是什么？

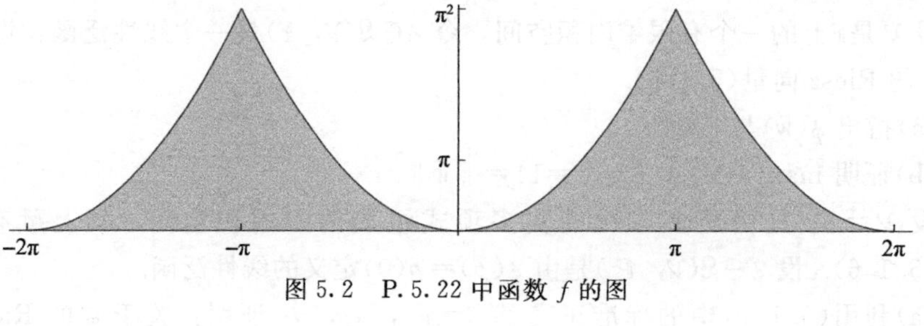

图 5.2　P. 5.22 中函数 f 的图

P. 5. 20 设 $f\in C_{\mathbb{R}}[-\pi, \pi]$. 证明

$$\text{当 } n\to\infty \text{ 时，}\int_{-\pi}^{\pi}f(x)\sin nx\,\mathrm{d}x\to 0\text{，}\quad n\in\mathbb{N}.$$

这个引人注目的事实是 Riemann-Lebesgue 引理(Riemann-Lebesgue Lemma)的一

个例子. 如果用 $\cos nx$ 代替 $\sin nx$，会发生什么? **提示**：推论 5.7.6.

P.5.21 设 f 是 $[-\pi, \pi]$ 上可微的实值函数. 假设 $f(-\pi)=f(\pi)$，且 f' 连续. 证明

$$n\int_{-\pi}^{\pi} f(x)\sin nx\,dx \to 0 \quad 当\ n\to\infty\ 时.$$

如果 f 在 $[-\pi, \pi]$ 上是二次可微的，$f(-\pi)=f(\pi)$，$f'(-\pi)=f'(\pi)$，且 f'' 连续，你能得出什么结论? 如果用 $\cos nx$ 代替 $\sin nx$，会发生什么? **提示**：分部积分.

P.5.22 设 $f: \mathbb{R}\to\mathbb{R}$ 是周期为 2π 的周期函数，假设对 $x\in[-\pi, \pi]$ 有 $f(x)=x^2$，见图 5.2.

(a)利用定理 5.8.18 证明

$$f(x)=\frac{\pi^2}{3}+4\sum_{n=1}^{\infty}\frac{(-1)^n}{n^2}\cos nx, \qquad x\in\mathbb{R}. \tag{5.9.4}$$

(b)利用(5.9.4)推导出 Euler 于 1735 年发现的结果：$\sum_{n=1}^{\infty} 1/n^2 = \pi^2/6$.

P.5.23 设 $\mathcal{V}$ 是一个 n 维 $\mathbb{F}$-内积空间. 如果 $\boldsymbol{v}_1, \boldsymbol{v}_2, \cdots, \boldsymbol{v}_n\in\mathcal{V}$ 线性无关，证明：存在 $\mathcal{V}$ 上一个内积 $\langle\cdot, \cdot\rangle$，使得在这个内积下，$\boldsymbol{v}_1, \boldsymbol{v}_2, \cdots, \boldsymbol{v}_n$ 是一组标准正交基.

P.5.24 设 $\boldsymbol{v}_1, \boldsymbol{v}_2, \cdots, \boldsymbol{v}_n$ 是在一个内积空间 $\mathcal{V}$ 中的一组线性无关向量. *修改的 Gram-Schmidt 方法*(Modified Gram-Schmidt process)通过如下的算法产生出 $\operatorname{span}\{\boldsymbol{v}_1, \boldsymbol{v}_2, \cdots, \boldsymbol{v}_n\}$ 的一组标准正交基. 对 $k=1, 2, \cdots, n$，首先用 $\boldsymbol{v}_k/\|\boldsymbol{v}_k\|$ 代替 $\boldsymbol{v}_k$，然后对 $j=k+1, k+2, \cdots, n$，用 $\boldsymbol{v}_j-\langle\boldsymbol{v}_j, \boldsymbol{v}_k\rangle\boldsymbol{v}_k$ 代替 $\boldsymbol{v}_j$. 在算法的结尾，诸向量 $\boldsymbol{v}_1, \boldsymbol{v}_2, \cdots, \boldsymbol{v}_n$ 是标准正交的.

(a)设 $n=3$，遵循修改的 Gram-Schmidt 方法去做.

(b)对定理 5.3.5 的证明中所描述的 Gram-Schmidt 方法做同样的事.

(c)说明为什么前者包含与后者同样的计算，但却是按照不同的次序在做. 123

5.10 注记

Fourier 级数是以 Jean Bastiste Joseph Fourier(1768－1830)的名字命名的，他受训成为牧师，在法国大革命期间被投入监狱，曾担任拿破仑的科学顾问. 有关 Fourier 级数基础的阐述，见[Bha05].

Gram-Schmidt 方法是一个强有力的理论工具，但在对大批量向量作正交化时不选用这一算法. 基于 QR 分解以及奇异值分解的算法(见第 6 章以及第 14 章)被证明更为可靠实用.

在精确运算中，P.5.24 中的两个算法产生完全一模一样的标准正交向量组，但是在浮点运算中，修改的 Gram-Schmidt 算法有时可以得到比经典算法更好的结果. 然而，有时会存在一些问题，修改的 Gram-Schmidt 算法以及浮点算术有时最终并不能产生出一组几乎标准正交的向量.

5.11 一些重要的概念

- 标准正交向量与线性无关性
- 一列线性无关向量的正交化(Gram-Schmidt 方法)
- 线性泛函与 Riesz 表示定理
- 线性变换的标准正交基表示(定理 5.5.3)
- 线性变换以及矩阵的伴随
- Parseval 等式，Bessel 不等式以及 Cauchy-Schwarz 不等式
- 124 Fourier 级数与定理 5.8.18

第6章 酉 矩 阵

伴随阵与逆阵相等的矩阵在理论和计算两方面都起着重要的作用. 在这一章里，我们要探讨它们的性质，并详细研究一个重要的特殊情形：Householder 矩阵. 我们要利用 Householder 矩阵对一些矩阵的分解给出构造性的证明.

6.1 内积空间中的等距

在这一节里，$\mathcal{V}$是一个$\mathbb{F}$-内积空间($\mathbb{F}=\mathbb{R}$或者$\mathbb{C}$)，赋有内积$\langle\cdot,\cdot\rangle$以及导出范数$\|\cdot\|$.

定义 6.1.1 设 $T\in\mathfrak{L}(\mathcal{V})$. 定义 T 是一个**等距**(isometry)，如果对所有 $\boldsymbol{u}\in\mathcal{V}$，都有 $\|T\boldsymbol{u}\|=\|\boldsymbol{u}\|$.

例 6.1.2 如果$\mathbb{F}=\mathbb{C}$，那么对所有 $\theta\in\mathbb{R}$，复旋转算子(complex rotation operator) $e^{i\theta}I$ 都是等距算子，因为 $\|e^{i\theta}\boldsymbol{u}\|=|e^{i\theta}|\ \|\boldsymbol{u}\|=\|\boldsymbol{u}\|$. 如果$\mathbb{F}=\mathbb{R}$，则算子$\pm I$是等距算子.

定理 6.1.3 设$\mathcal{V}$是一个内积空间，并设 S，$T\in\mathfrak{L}(\mathcal{V})$是等距算子. 那么

(a)ST 是等距算子.

(b)T 是一对一的.

(c)如果$\mathcal{V}$是有限维的，那么 T 可逆，且 T^{-1}也是等距算子.

证明

(a)对所有 $\boldsymbol{u}\in\mathcal{V}$，有 $\|ST\boldsymbol{u}\|=\|T\boldsymbol{u}\|=\|\boldsymbol{u}\|$.

(b)如果 $T\boldsymbol{u}=\boldsymbol{0}$，那么 $0=\|T\boldsymbol{u}\|=\|\boldsymbol{u}\|$，所以，范数的正性性质确保 $\boldsymbol{u}=\boldsymbol{0}$. 于是，$\ker T=\{\boldsymbol{0}\}$.

(c)如果$\mathcal{V}$是有限维的，且 T 是一对一的，那么 T 是映上的且是可逆的，见推论 2.5.3. 这样一来，对每一个 $\boldsymbol{u}\in\mathcal{V}$，存在唯一的 $\boldsymbol{v}\in\mathcal{V}$，使得 $\boldsymbol{u}=T\boldsymbol{v}$. 这样就有 $T^{-1}\boldsymbol{u}=\boldsymbol{v}$ 以及

$$\|T^{-1}\boldsymbol{u}\|=\|\boldsymbol{v}\|=\|T\boldsymbol{v}\|=\|\boldsymbol{u}\|$$

所以 T^{-1}是一个等距. ■

例 6.1.4 考虑有限非零序列组成的复内积空间$\mathcal{V}$(见例 4.4.12)以及右平移算子 $T(v_1, v_2, \cdots)=(0, v_1, v_2, \cdots)$. 那么

$$\|T\boldsymbol{v}\|^2=0^2+|v_1|^2+|v_2|^2+\cdots=|v_1|^2+|v_2|^2+\cdots=\|\boldsymbol{v}\|^2$$

所以 T 是等距. 定理 6.1.3(b)确保 T 是一对一的. 然而，不存在 $\boldsymbol{v}\in\mathcal{V}$使得 $T\boldsymbol{v}=(1, 0, 0, \cdots)$，

所以 T 不是映上的. 由此推出它不可逆. 定理 6.1.3(c)中有限维的假设是必要的.

极化恒等式使我们可以证明等距与内积有值得注意的相互作用.

定理 6.1.5　设 $\mathcal{V}$ 是一个内积空间且 $T\in\mathfrak{L}(\mathcal{V})$. 那么对所有 $\boldsymbol{u}$, $\boldsymbol{v}\in\mathcal{V}$, 都有 $\langle T\boldsymbol{u}, T\boldsymbol{v}\rangle=\langle\boldsymbol{u}, \boldsymbol{v}\rangle$, 当且仅当 T 是等距.

证明　如果对所有 $\boldsymbol{u}$, $\boldsymbol{v}\in\mathcal{V}$ 都有 $\langle T\boldsymbol{u}, T\boldsymbol{v}\rangle=\langle\boldsymbol{u}, \boldsymbol{v}\rangle$, 那么对所有 $\boldsymbol{u}\in\mathcal{V}$ 都有

$$\|T\boldsymbol{u}\|^2=\langle T\boldsymbol{u},T\boldsymbol{u}\rangle=\langle\boldsymbol{u},\boldsymbol{u}\rangle=\|\boldsymbol{u}\|^2,$$

故而 T 是等距.

反之, 假设 T 是等距, 设 $\boldsymbol{u}$, $\boldsymbol{v}\in\mathcal{V}$. 如果 $\mathbb{F}=\mathbb{R}$, 则实极化恒等式(4.5.25)给出

$$\begin{aligned}\langle T\boldsymbol{u},T\boldsymbol{v}\rangle&=\frac{1}{4}(\|T\boldsymbol{u}+T\boldsymbol{v}\|^2-\|T\boldsymbol{u}-T\boldsymbol{v}\|^2)=\frac{1}{4}(\|T(\boldsymbol{u}+\boldsymbol{v})\|^2-\|T(\boldsymbol{u}-\boldsymbol{v})\|^2)\\&=\frac{1}{4}(\|\boldsymbol{u}+\boldsymbol{v}\|^2-\|\boldsymbol{u}-\boldsymbol{v}\|^2)=\langle\boldsymbol{u},\boldsymbol{v}\rangle.\end{aligned}$$

如果 $\mathbb{F}=\mathbb{C}$, 则复极化恒等式(4.5.26)给出

$$\begin{aligned}\langle T\boldsymbol{u},T\boldsymbol{v}\rangle&=\frac{1}{4}\sum_{k=1}^{4}\mathrm{i}^k\|T\boldsymbol{u}+\mathrm{i}^kT\boldsymbol{v}\|^2=\frac{1}{4}\sum_{k=1}^{4}\mathrm{i}^k\|T(\boldsymbol{u}+\mathrm{i}^k\boldsymbol{v})\|^2\\&=\frac{1}{4}\sum_{k=1}^{4}\mathrm{i}^k\|\boldsymbol{u}+\mathrm{i}^k\boldsymbol{v}\|^2=\langle\boldsymbol{u},\boldsymbol{v}\rangle.\end{aligned}$$

■

内积空间 $\mathcal{V}$ 上的算子 T 有伴随算子 T^*, 如果 $\mathcal{V}$ 是有限维的(定理 5.6.11). 在此情形, 下面的定理是说: $T\in\mathfrak{L}(\mathcal{V})$ 是等距, 当且仅当 T^*T 是恒等算子.

定理 6.1.6　设 $\mathcal{V}$ 是一个有限维内积空间且 $T\in\mathfrak{L}(\mathcal{V})$. 那么 T 是等距, 当且仅当 $T^*T=I$.

证明　如果 $T^*T=I$, 那么, 对每个 $\boldsymbol{u}\in\mathcal{V}$ 都有

$$\|T\boldsymbol{u}\|^2=\langle T\boldsymbol{u},T\boldsymbol{u}\rangle=\langle T^*T\boldsymbol{u},\boldsymbol{u}\rangle=\langle\boldsymbol{u},\boldsymbol{u}\rangle=\|\boldsymbol{u}\|^2,$$

所以 T 是等距. 反之, 假设 T 是等距, 利用上面的定理算出

$$\langle T^*T\boldsymbol{u},\boldsymbol{v}\rangle=\langle T\boldsymbol{u},T\boldsymbol{v}\rangle=\langle\boldsymbol{u},\boldsymbol{v}\rangle\quad\text{对所有 }\boldsymbol{u},\boldsymbol{v}\in\mathcal{V}.$$

126 推论 4.4.15 确保 $T^*T=I$. ■

6.2　酉矩阵

我们对矩阵 $U\in\boldsymbol{M}_n$ 很感兴趣: 它诱导出的算子 T_U: $\mathbb{F}^n\to\mathbb{F}^n$ 关于欧几里得范数是等距算子. 定理 6.1.5 与定理 6.1.6 揭示了这些矩阵的某些特征.

定义 6.2.1　称方阵 U 为**酉矩阵**(unitary), 如果 $U^*U=I$. 一个实的酉矩阵称为**实正交阵**(real orthogonal), 它满足 $U^{\mathrm{T}}U=I$.

一个 1×1 的酉矩阵是一个复数 u, 它满足 $|u|^2=\overline{u}u=1$. 酉矩阵可以看成是模为 1 的复数在矩阵中的类似对象.

由于 $U^*U=I$ 当且仅当 U 可逆, 而且 U^* 就是它的逆, 所以求酉矩阵的逆是很简单的.

例 6.2.2　在量子力学的 Pauli 方程中出现三个 2×2 的酉矩阵. Pauli 方程是对于在外

电磁场中自旋$-\frac{1}{2}$的粒子的 Schrödinger 方程的非相对论表达形式. 它包含三个 Pauli 自旋矩阵(Pauli spin matrix)

$$\sigma_x=\begin{bmatrix}0 & 1\\ 1 & 0\end{bmatrix},\quad \sigma_y=\begin{bmatrix}0 & -\mathrm{i}\\ \mathrm{i} & 0\end{bmatrix},\quad \sigma_z=\begin{bmatrix}1 & 0\\ 0 & -1\end{bmatrix}.$$

这些矩阵也出现在量子信息论中，其中这三个矩阵分别称为 Pauli-X 门(Pauli-X gate)、Pauli-Y 门(Pauli-Y gate)以及 Pauli-Z 门(Pauli-Z gate).

例 6.2.3 Hadamard 门(Hadamard gate)

$$H=\begin{bmatrix}\frac{1}{\sqrt{2}} & \frac{1}{\sqrt{2}}\\ \frac{1}{\sqrt{2}} & -\frac{1}{\sqrt{2}}\end{bmatrix}$$

是实正交阵，它出现在量子信息论中.

例 6.2.4 对任何 $\theta_1, \theta_2, \cdots, \theta_n\in\mathbb{R}$，矩阵 $\mathrm{diag}(\mathrm{e}^{\mathrm{i}\theta_1}, \mathrm{e}^{\mathrm{i}\theta_2}, \cdots, \mathrm{e}^{\mathrm{i}\theta_n})$都是酉矩阵. 特别地，对任何 $\theta\in\mathbb{R}$，复旋转矩阵 $\mathrm{e}^{\mathrm{i}\theta}I\in\boldsymbol{M}_n$ 都是酉矩阵.

例 6.2.5 平面旋转(plane rotation)矩阵(见图 6.1)

$$U(\theta)=\begin{bmatrix}\cos\theta & -\sin\theta\\ \sin\theta & \cos\theta\end{bmatrix},\quad \theta\in\mathbb{R} \tag{6.2.6}$$

是实正交阵：

$$\begin{aligned}U(\theta)^{\mathrm{T}}U(\theta)&=\begin{bmatrix}\cos\theta & \sin\theta\\ -\sin\theta & \cos\theta\end{bmatrix}\begin{bmatrix}\cos\theta & -\sin\theta\\ \sin\theta & \cos\theta\end{bmatrix}\\ &=\begin{bmatrix}\cos^2\theta+\sin^2\theta & -\cos\theta\sin\theta+\sin\theta\cos\theta\\ -\sin\theta\cos\theta+\cos\theta\sin\theta & \cos^2\theta+\sin^2\theta\end{bmatrix}\\ &=\begin{bmatrix}1 & 0\\ 0 & 1\end{bmatrix}.\end{aligned}$$

用平面旋转所做的计算可以用来证明许多三角恒等式，见问题 P.6.10. 127

关于酉矩阵的一个重要的事实是：酉矩阵的乘积以及直和都是酉矩阵.

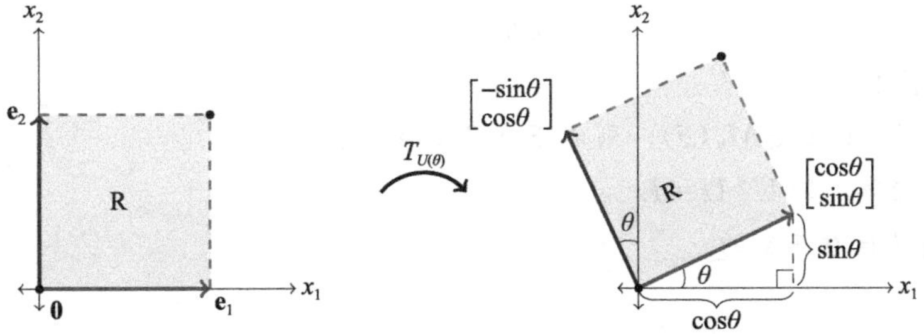

图 6.1 由(6.2.6)定义的矩阵 $U(\theta)$所诱导的线性变换 $T_{U(\theta)}: \mathbb{R}^2\to\mathbb{R}^2$ 是绕原点旋转角度 θ 的一个旋转

定理 6.2.7　设 U，$V\in \boldsymbol{M}_n$，$W\in \boldsymbol{M}_m$. 那么

(a)如果 U 与 V 是酉矩阵，那么 UV 也是酉矩阵.

(b)$V\oplus W$ 是酉矩阵，当且仅当 V 与 W 都是酉矩阵.

(c)如果 U 是酉矩阵，那么 $|\det U|=1$.

证明　(a)利用定义(6.2.1)计算

$$(UV)^*(UV)=V^*U^*UV=V^*IV=V^*V=I.$$

(b)计算给出

$$(V\oplus W)^*(V\oplus W)=(V^*\oplus W^*)(V\oplus W)=V^*V\oplus W^*W.$$

如果 V 与 W 是酉矩阵，那么

$$V^*V\oplus W^*W=I_n\oplus I_m=I_{n+m},$$

所以 $V\oplus W$ 是酉矩阵. 反之，如果 $V\oplus W$ 是酉矩阵，那么

$$(V\oplus W)^*(V\oplus W)=I_{n+m}=V^*V\oplus W^*W,$$

所以 $V^*V=I_n$，且 $W^*W=I_m$.

(c)利用定义 6.2.1 以及行列式的乘积法则来计算

$$1=\det I=\det(U^*U)=(\det U^*)(\det U)=\overline{(\det U)}(\det U)=|\det U|^2.\qquad\blacksquare$$

例 6.2.8　$n\times n$ 反序矩阵(reversal matrix)

$$K_n=\begin{bmatrix} & & & 1\\ & & \iddots & \\ & 1 & & \\ 1 & & & \end{bmatrix}\tag{6.2.9}$$

是实对称的酉对合矩阵：$K_n^{\mathrm{T}}K_n=K_n^2=I$. 它在 $\mathbb{R}^n$ 的标准基上的作用是：对 $j=1,2,\cdots,n$，

128 有 $K_n\boldsymbol{e}_j=\boldsymbol{e}_{n-j+1}$.

例 6.2.10　将例 6.2.8、定理 6.2.7(a)以及例 6.2.4 组合起来推导出如下结论：对任何 $\theta_1,\theta_2,\cdots,\theta_n\in\mathbb{R}$，形如

$$DK_n=\begin{bmatrix} & & & \mathrm{e}^{\mathrm{i}\theta_n}\\ & & \iddots & \\ & \mathrm{e}^{\mathrm{i}\theta_2} & & \\ \mathrm{e}^{\mathrm{i}\theta_1} & & & \end{bmatrix}$$

的矩阵都是酉矩阵.

定理 6.2.11　设 $U\in\boldsymbol{M}_n(\mathbb{F})$，则以下诸命题等价：

(a)U 是酉矩阵，即 $U^*U=I$.

(b)U 的列是标准正交的.

(c)$UU^*=I$.

(d)U^* 是酉矩阵.

(e)U 的行是标准正交的.

(f)U 可逆，且 $U^{-1}=U^*$.

(g)对每个 $\boldsymbol{x}\in\mathbb{F}^n$，$\|\boldsymbol{x}\|=\|U\boldsymbol{x}\|$.

(h)对每个 $\boldsymbol{x}$，$\boldsymbol{y}\in\mathbb{F}^n$，$(U\boldsymbol{x})^*(U\boldsymbol{y})=\boldsymbol{x}^*\boldsymbol{y}$.

证明 (a)⇔(b) 设 $U=[\boldsymbol{u}_1\quad \boldsymbol{u}_2\quad \cdots\quad \boldsymbol{u}_n]$. 那么 $U^*U=[\boldsymbol{u}_i^*\boldsymbol{u}_j]$，所以，$U^*U=I=[\delta_{ij}]$ 当且仅当 $\boldsymbol{u}_i^*\boldsymbol{u}_j=\delta_{ij}$.

(a)⇔(c) U^* 是 U 的左逆，当且仅当它是右逆，见定理 2.2.19.

(c)⇔(d) 把(c)写成 $(U^*)^*(U^*)=I$. 则结论中的等价性由定义 6.2.1 得出.

(d)⇔(e) U 的行是 U^* 的列的共轭，所以(d)与(e)的等价性由(a)与(b)的等价性得出.

(f)⇔(a) 如果 $U^*U=I$，那么 U^* 是左逆，从而也是 U 的逆元. 如果 $U^*=U^{-1}$，那么 $I=U^{-1}U=U^*U$.

(g)⇔(a) 这是定理 6.1.6.

(g)⇔(h) $\mathbb{F}^n$ 上的内积是 $\langle \boldsymbol{y}, \boldsymbol{x}\rangle=\boldsymbol{x}^*\boldsymbol{y}$，所以它们的等价性由定理 6.1.5 得出. ■

例 6.2.12 3×3 实矩阵

$$\frac{1}{3}\begin{bmatrix}1 & -2 & -2\\ 2 & 2 & -1\\ 2 & -1 & 2\end{bmatrix}$$

的列是标准正交的，所以它是实正交的.

例 6.2.13 $n\times n$ Fourier 矩阵(Fourier matrix)由

$$F_n=\frac{1}{\sqrt{n}}[\omega^{(j-1)(k-1)}]_{j,k=1}^n,\quad \omega=e^{2\pi i/n} \tag{6.2.14}$$

定义. 129

例如，

$$F_2=\frac{1}{\sqrt{2}}\begin{bmatrix}\omega^0 & \omega^0\\ \omega^0 & \omega^1\end{bmatrix}=\frac{1}{\sqrt{2}}\begin{bmatrix}1 & 1\\ 1 & -1\end{bmatrix},\quad \omega=e^{\pi i}=-1,$$

$$F_4=\frac{1}{2}\begin{bmatrix}\omega^0 & \omega^0 & \omega^0 & \omega^0\\ \omega^0 & \omega^1 & \omega^2 & \omega^3\\ \omega^0 & \omega^2 & \omega^4 & \omega^6\\ \omega^0 & \omega^3 & \omega^6 & \omega^9\end{bmatrix}=\frac{1}{2}\begin{bmatrix}1 & 1 & 1 & 1\\ 1 & i & -1 & -i\\ 1 & -1 & 1 & -1\\ 1 & -i & -1 & i\end{bmatrix},\ \omega=e^{\pi i/2}=i. \tag{6.2.15}$$

这些例子描述了定义(6.2.14)中显然可见的某些东西：每个 F_n 是对称的.

对有限的几何级数的等式

$$\sum_{k=1}^n z^k=\begin{cases}\dfrac{1-z^n}{1-z} & \text{如果 } z\neq 1\\ n & \text{如果 } z=1\end{cases}$$

是问题 P.0.8. 由于 $\omega^\ell=(e^{2\pi i/n})^\ell=1$ 当且仅当 ℓ 是 n 的整数倍，我们有

$$\sum_{k=1}^{n}\omega^{(k-1)\ell}=\sum_{k=1}^{n}(\omega^{\ell})^{k-1}=\begin{cases}0 & \text{如果 } \ell\neq pn,\\ n & \text{如果 } \ell=pn,\end{cases}\quad \omega=e^{2\pi i/n},\quad p=0,\pm 1,\pm 2,\cdots.$$

记 $F_n=[\boldsymbol{f}_1\ \boldsymbol{f}_2\cdots\boldsymbol{f}_n]$，其中 F_n 的第 j 列是

$$\boldsymbol{f}_j=\frac{1}{\sqrt{n}}[1\quad \omega^{j-1}\quad \omega^{2(j-1)}\quad \omega^{3(j-1)}\quad \cdots\quad \omega^{(n-1)(j-1)}]^{\mathrm{T}},\quad j=1,2,\cdots,n.$$

$F_n^*F_n$ 的位于$(i,\ j)$处的元素是

$$\begin{aligned}\boldsymbol{f}_i^*\boldsymbol{f}_j&=\frac{1}{n}\sum_{k=1}^{n}\overline{\omega^{(i-1)(k-1)}}\omega^{(j-1)(k-1)}\\&=\frac{1}{n}\sum_{k=1}^{n}\omega^{-(i-1)(k-1)}\omega^{(j-1)(k-1)}\\&=\frac{1}{n}\sum_{k=1}^{n}(\omega^{1-i})^{k-1}(\omega^{j-1})^{k-1}\\&=\frac{1}{n}\sum_{k=1}^{n}(\omega^{j-i})^{k-1}=\begin{cases}0 & \text{如果 } i\neq j\\ 1 & \text{如果 } i=j\end{cases}\quad 1\leqslant i,j\leqslant n.\end{aligned}$$

这个计算表明 $F_n^*F_n=I$，所以 F_n 是酉矩阵. 由于 F_n 是对称的，故而

$$F_n^{-1}=F_n^*=\overline{F_n}.$$

特别地，

130

$$F_2^{-1}=\frac{1}{\sqrt{2}}\begin{bmatrix}1&1\\1&-1\end{bmatrix},\quad F_4^{-1}=\frac{1}{2}\begin{bmatrix}1&1&1&1\\1&-\mathrm{i}&-1&\mathrm{i}\\1&-1&1&-1\\1&\mathrm{i}&-1&-\mathrm{i}\end{bmatrix}.$$

因为使用酉矩阵的算法在与浮点运算相关的误差传播以及误差分析方面有良好的性状，所以它们被广泛应用于现代数值线性代数之中. 求酉矩阵的逆(在时间与精度上)几乎不需要花费任何代价，所以涉及矩阵求逆的算法(例如相似变换)如果能用到酉矩阵的话，会更加有效与稳定.

定义 6.2.16 $A,\ B\in \boldsymbol{M}_n$ 称为是**酉相似的**(unitarily similar)，如果存在一个酉矩阵 $U\in\boldsymbol{M}_n$，使得 $A=UBU^*$. 称它们是**实正交相似的**(real orthogonally similar)，如果存在一个实正交阵 $Q\in\boldsymbol{M}_n$，使得 $A=QBQ^{\mathrm{T}}$.

有限维内积空间里的一组标准正交向量组可以被扩展成一组标准正交基，见推论 5.3.13. 下面的定理是这个原理的分块矩阵形式.

定理 6.2.17 如果 $X\in\boldsymbol{M}_{m\times n}(\mathbb{F})$，且 $X^*X=I_n$，那么存在一个 $X'\in\boldsymbol{M}_{m\times(m-n)}(\mathbb{F})$，使得 $A=[X\ X']\in\boldsymbol{M}_m(\mathbb{F})$是酉矩阵.

证明 按照列分划 $X=[\boldsymbol{x}_1,\ \boldsymbol{x}_2,\ \cdots,\ \boldsymbol{x}_n]$. 由于 $X^*X=[\boldsymbol{x}_i^*\boldsymbol{x}_j]=I_n$，因此诸向量 $\boldsymbol{x}_1$，$\boldsymbol{x}_2$，…，$\boldsymbol{x}_n\in\mathbb{F}^m$是标准正交的. 推论 5.3.13 是说，必存在 $\boldsymbol{x}_{n+1}$，$\boldsymbol{x}_{n+2}$，…，$\boldsymbol{x}_m\in\mathbb{F}^m$，使得向量组 $\boldsymbol{x}_1$，$\boldsymbol{x}_2$，…，$\boldsymbol{x}_n$，$\boldsymbol{x}_{n+1}$，…，$\boldsymbol{x}_m$ 是$\mathbb{F}^m$的一组标准正交基. 设 $X'=[\boldsymbol{x}_{n+1}$，$\boldsymbol{x}_{n+2}$，…，

$\boldsymbol{x}_m]$. 定理 6.2.11 确保 $A=[X\ X']\in \boldsymbol{M}_m(\mathbb{F})$是酉矩阵. ■

6.3 置换矩阵

定义 6.3.1 方阵 A 称为是一个**置换矩阵**(permutation matrix)，如果恰好每一行以及每一列中都只有一个元素为 1，而所有其他元素均为 0.

用置换矩阵左乘一个矩阵等于对它的行进行排列：

$$\begin{bmatrix}0&1&0\\0&0&1\\1&0&0\end{bmatrix}\begin{bmatrix}1&2&3\\4&5&6\\7&8&9\end{bmatrix}=\begin{bmatrix}4&5&6\\7&8&9\\1&2&3\end{bmatrix}.$$

用置换矩阵右乘一个矩阵等于对它的列进行排列：

$$\begin{bmatrix}1&2&3\\4&5&6\\7&8&9\end{bmatrix}\begin{bmatrix}0&1&0\\0&0&1\\1&0&0\end{bmatrix}=\begin{bmatrix}3&1&2\\6&4&5\\9&7&8\end{bmatrix}.$$

一个 $n\times n$ 置换矩阵的列是$\mathbb{R}^n$ 中标准基向量的一个排列. 如果 σ：$\{1, 2, \cdots, n\}\to\{1, 2, \cdots, n\}$是一个函数，那么

$$P=[\boldsymbol{e}_{\sigma(1)}\ \boldsymbol{e}_{\sigma(2)}\cdots\boldsymbol{e}_{\sigma(n)}]\in \boldsymbol{M}_n \tag{6.3.2}$$

131

是一个置换矩阵，当且仅当 σ 是 1，2，…，n 的一个排列.

置换矩阵的转置还是置换矩阵. 如果 P 是置换矩阵(6.3.2)，那么

$$P^{\mathrm{T}}P=[\boldsymbol{e}_{\sigma(i)}^{\mathrm{T}}\boldsymbol{e}_{\sigma(j)}]=[\delta_{ij}]=I_n.$$

这就是说，P^{T} 是 P 的逆，所以置换矩阵是实正交阵.

定义 6.3.3 方阵 A，B 称为是**置换相似的**(permutation similar)，如果存在一个置换矩阵 P，使得 $A=PBP^{\mathrm{T}}$.

置换相似性对列与行做了重新排列：

$$\begin{bmatrix}0&1&0\\0&0&1\\1&0&0\end{bmatrix}\begin{bmatrix}1&2&3\\4&5&6\\7&8&9\end{bmatrix}\begin{bmatrix}0&0&1\\1&0&0\\0&1&0\end{bmatrix}=\begin{bmatrix}5&6&4\\8&9&7\\2&3&1\end{bmatrix}.$$

对角线上的元素仍留在对角线上，只是在对角线上的位置重新做了排列. 在同一行的元素依然在同一行，不过这一行的位置可能发生了变动，且在这同一行的元素也可能做了重新排列. 在同一列的元素依然在同一列，不过这一列的位置可能发生了变动，且在这同一列的元素也可能做了重新排列.

置换相似可以用来给出对角元素的排列以达到一种特殊的样子. 例如，我们或许会想把相等的对角元素放到一起. 如果矩阵对角元素是实数，我们或许会想将它们按照递增的次序排列. 如果 $\Lambda=\mathrm{diag}(\lambda_1, \lambda_2, \cdots, \lambda_n)$，那么检查置换相似性

$$\begin{aligned}P^{\mathrm{T}}\Lambda P&=[\boldsymbol{e}_{\sigma(1)}\ \boldsymbol{e}_{\sigma(2)}\cdots\boldsymbol{e}_{\sigma(n)}]^{\mathrm{T}}\mathrm{diag}(\lambda_1,\lambda_2,\cdots,\lambda_n)[\boldsymbol{e}_{\sigma(1)}\ \boldsymbol{e}_{\sigma(2)}\cdots\boldsymbol{e}_{\sigma(n)}]\\&=[\lambda_{\sigma(1)}\boldsymbol{e}_{\sigma(1)}\ \lambda_{\sigma(2)}\boldsymbol{e}_{\sigma(2)}\cdots\lambda_{\sigma(n)}\boldsymbol{e}_{\sigma(n)}]^{\mathrm{T}}[\boldsymbol{e}_{\sigma(1)}\ \boldsymbol{e}_{\sigma(2)}\cdots\boldsymbol{e}_{\sigma(n)}]\end{aligned}$$

$$= [\lambda_{\sigma(i)} e_{\sigma(i)}^{\mathrm{T}} e_{\sigma(j)}] = [\lambda_{\sigma(i)} \delta_{ij}]$$
$$= \mathrm{diag}(\lambda_{\sigma(1)}, \lambda_{\sigma(2)}, \cdots, \lambda_{\sigma(n)}) \tag{6.3.4}$$

揭示怎样来安排 P 的列中的标准基向量，以便重新排列一个方阵的对角元素(这个方阵的对角线是 Λ).

例 6.3.5 通过(6.2.9)中的置换矩阵 $K_n=[e_n\ e_{n-1}\ \cdots\ e_1]$的置换相似性将对角线元素进行了反向排列：

$$K_n^{\mathrm{T}}\Lambda K_n = K_n\Lambda K_n = \mathrm{diag}(\lambda_n, \lambda_{n-1}, \cdots, \lambda_1).$$

置换矩阵可以用来重新安排矩阵的对角分块.

例 6.3.6 设 $A=B\oplus C$，其中 $B\in \boldsymbol{M}_p$，而 $C\in \boldsymbol{M}_q$. 设

132 $$P = \begin{bmatrix} 0_{p\times q} & I_p \\ I_q & 0_{q\times p} \end{bmatrix} \in \boldsymbol{M}_{p+q}.$$

那么 P 是置换矩阵且

$$P^{\mathrm{T}}AP = \begin{bmatrix} 0_{q\times p} & I_q \\ I_p & 0_{p\times q} \end{bmatrix} \begin{bmatrix} B & 0 \\ 0 & C \end{bmatrix} \begin{bmatrix} 0_{p\times q} & I_p \\ I_q & 0_{q\times p} \end{bmatrix}$$
$$= \begin{bmatrix} 0_{q\times p} & C \\ B & 0_{p\times q} \end{bmatrix} \begin{bmatrix} 0_{p\times q} & I_p \\ I_q & 0_{q\times p} \end{bmatrix}$$
$$= \begin{bmatrix} C & 0 \\ 0 & B \end{bmatrix}.$$

另一个有用的置换相似性涉及对角矩阵的 2×2 分块对角阵.

例 6.3.7 矩阵

$$\begin{bmatrix} a & 0 & c & 0 \\ 0 & b & 0 & d \\ e & 0 & g & 0 \\ 0 & f & 0 & h \end{bmatrix} \quad 与 \quad \begin{bmatrix} a & c & 0 & 0 \\ e & g & 0 & 0 \\ 0 & 0 & b & d \\ 0 & 0 & f & h \end{bmatrix}$$

通过 $P=[e_1\ e_3\ e_2\ e_4]$而成为置换相似的. 一般来说，如果 $\Lambda=\mathrm{diag}(\lambda_1, \lambda_2, \cdots, \lambda_n)$，$M=\mathrm{diag}(\mu_1, \mu_2, \cdots, \mu_n)$，$N=\mathrm{diag}(\nu_1, \nu_2, \cdots, \nu_n)$，$T=\mathrm{diag}(\tau_1, \tau_2, \cdots, \tau_n)$，那么

$$\begin{bmatrix} \Lambda & M \\ N & T \end{bmatrix} \quad 与 \quad \begin{bmatrix} \lambda_1 & \mu_1 \\ \nu_1 & \tau_1 \end{bmatrix} \oplus \cdots \oplus \begin{bmatrix} \lambda_n & \mu_n \\ \nu_n & \tau_n \end{bmatrix} \tag{6.3.8}$$

是置换相似的.

6.4 Householder 矩阵与秩 1 射影

Householder 矩阵是一类重要的酉矩阵，它们用在许多数值线性代数算法之中.

定义 6.4.1 设 $u\in \mathbb{F}^n$是单位向量. 那么称 $P_u=uu^*\in \boldsymbol{M}_n(\mathbb{F})$是**秩 1 射影矩阵**(rank-1 projection matrix).

对任何 $\boldsymbol{x}\in\mathbb{F}^n$，

$$P_{\boldsymbol{u}}\boldsymbol{x}=\boldsymbol{u}\boldsymbol{u}^*\boldsymbol{x}=(\boldsymbol{u}^*\boldsymbol{x})\boldsymbol{u}=\langle\boldsymbol{x},\boldsymbol{u}\rangle\boldsymbol{u}$$

是 $\boldsymbol{x}$ 在单位向量 $\boldsymbol{u}$ 上的射影，见(4.5.12)以及图 6.2. 秩 1 射影矩阵有如下性质：

(a) $\mathrm{col}\ P_{\boldsymbol{u}}=\mathrm{span}\{\boldsymbol{u}\}$ 是一维的，所以 $\mathrm{rank}\ P_{\boldsymbol{u}}=1$.

(b) 如果 $\boldsymbol{n}$ 与 $\boldsymbol{u}$ 是正交的，那么 $P_{\boldsymbol{u}}\boldsymbol{n}=\langle\boldsymbol{n},\boldsymbol{u}\rangle\boldsymbol{u}=\boldsymbol{0}$.

(c) 如果 $\boldsymbol{v}=c\boldsymbol{u}$，那么 $P_{\boldsymbol{u}}\boldsymbol{v}=\langle\boldsymbol{v},\boldsymbol{u}\rangle\boldsymbol{u}=c\langle\boldsymbol{u},\boldsymbol{u}\rangle\boldsymbol{u}=c\boldsymbol{u}=\boldsymbol{v}$.

(d) $P_{\boldsymbol{u}}^*=(\boldsymbol{u}^*)^*\boldsymbol{u}^*=\boldsymbol{u}\boldsymbol{u}^*=P_{\boldsymbol{u}}$，所以 $P_{\boldsymbol{u}}$ 是 Hermite 阵. 如果 $\boldsymbol{u}\in\mathbb{R}^n$，则它是实对称的.

(e) $P_{\boldsymbol{u}}^2=\boldsymbol{u}\boldsymbol{u}^*\boldsymbol{u}\boldsymbol{u}^*=\boldsymbol{u}(\boldsymbol{u}^*\boldsymbol{u})\boldsymbol{u}^*=\boldsymbol{u}(1)\boldsymbol{u}^*=\boldsymbol{u}\boldsymbol{u}^*=P_{\boldsymbol{u}}$，所以 $P_{\boldsymbol{u}}$ 是幂等的. 133

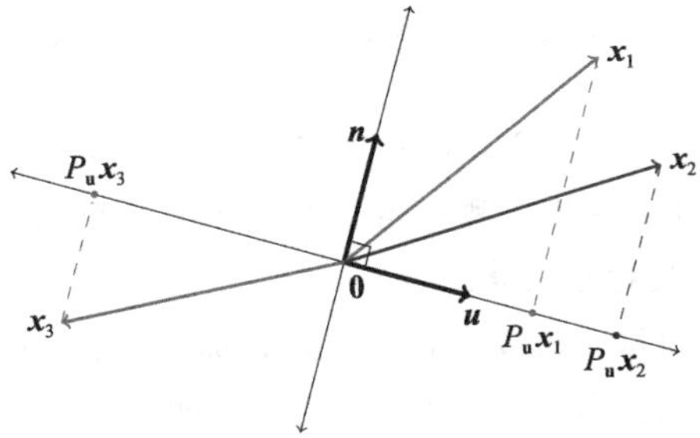

图 6.2 $\mathbb{R}^2$ 中 $\boldsymbol{x}_1$，$\boldsymbol{x}_2$，$\boldsymbol{x}_3$ 在 $\boldsymbol{u}$ 上的射影

例 6.4.2 设 $\boldsymbol{u}=\frac{1}{\sqrt{5}}[1\ 2]^{\mathrm{T}}\in\mathbb{R}^2$. 那么

$$P_{\boldsymbol{u}}=\frac{1}{5}\begin{bmatrix}1\\2\end{bmatrix}[1\ 2]=\begin{bmatrix}\frac{1}{5}&\frac{2}{5}\\\frac{2}{5}&\frac{4}{5}\end{bmatrix}$$

是一个秩 1 射影矩阵.

定义 6.4.3 设 $\boldsymbol{w}\in\mathbb{F}^n$ 是非零向量，$\boldsymbol{u}=\boldsymbol{w}/\|\boldsymbol{w}\|_2$，$P_{\boldsymbol{u}}=\boldsymbol{u}\boldsymbol{u}^*=\boldsymbol{w}\boldsymbol{w}^*/\|\boldsymbol{w}\|_2^2$. 对应的 **Householder 矩阵**(Householder matrix)定义为

$$U_{\boldsymbol{w}}=I-2P_{\boldsymbol{u}}\in\boldsymbol{M}_n(\mathbb{F}),\tag{6.4.4}$$

而对应的 **Householder 变换**(Householder transformation)则定义为 $T_{U_{\boldsymbol{w}}}$，即

$$\boldsymbol{x}\mapsto U_{\boldsymbol{w}}\boldsymbol{x}=\boldsymbol{x}-2\langle\boldsymbol{x},\boldsymbol{u}\rangle\boldsymbol{u}.$$

如果 $\boldsymbol{w}\in\mathbb{R}^n$，那么秩 1 射影 $P_{\boldsymbol{u}}$ 与 Householder 矩阵 $U_{\boldsymbol{w}}$ 两者都是实的. Householder 变换 $U_{\boldsymbol{w}}$ 在 $\boldsymbol{x}\in\mathbb{R}^3$ 上的作用描述在图 6.3 中. 变换 $U_{\boldsymbol{w}}$ 将 $\boldsymbol{x}$ 越过与 $\boldsymbol{w}$ 正交且包含 $\boldsymbol{0}$ 的平面进行反射.

在 $\mathbb{C}^n$ 中，Householder 变换 $U_{\boldsymbol{w}}$ 作用在 $\boldsymbol{x}$ 上是通过将它越过一个与 $\boldsymbol{w}$ 正交的 $(n-1)$ 维子空间(即 $\mathrm{null}\ \boldsymbol{w}^*$)进行反射. 计算

$$\begin{aligned}U_{\boldsymbol{w}}\boldsymbol{x}&=(I-2P_{\boldsymbol{u}})\boldsymbol{x}=\boldsymbol{x}-2P_{\boldsymbol{u}}\boldsymbol{x}\\&=-P_{\boldsymbol{u}}\boldsymbol{x}+(\boldsymbol{x}-P_{\boldsymbol{u}}\boldsymbol{x})\end{aligned}$$

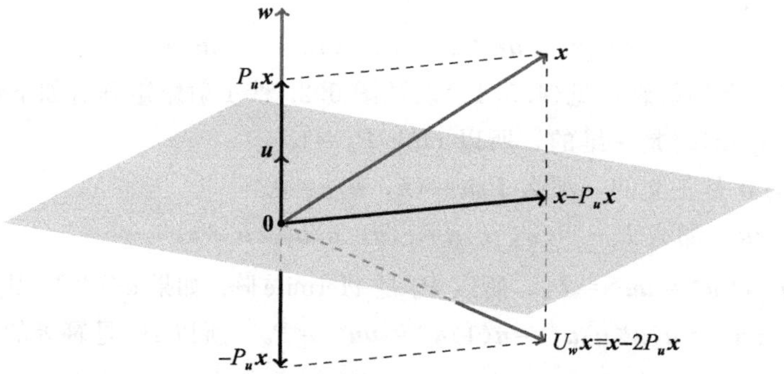

图 6.3　Householder 变换 $x\mapsto U_W x\in\mathbb{R}^3$，$u=w/\|w\|_2$

将 $U_W x$ 分解成两个正交向量之和：$P_u x$ 是 w 的纯量倍数，而 $x-P_u x$ 则与 w 正交.

定理 6.4.5　Householder 矩阵是酉矩阵、Hermite 阵以及对合矩阵. 实 Householder

134 矩阵是实正交阵、对称阵以及对合矩阵.

证明　设 $w\in\mathbb{F}^n$ 是非零向量，设 $u=w/\|w\|_2$. 那么 $U_w^*=(I-2P_u)^*=I-2P_u^*=I-2P_u=U_W$，且 $U_w^*U_W=U_w^2=I$. 由于 P_u 是幂等的，故而

$$\begin{aligned}U_w^2&=(I-2P_u)(I-2P_u)=I-2P_u-2P_u+4P_u^2\\&=I-4P_u+4P_u=I\end{aligned}$$

于是 U_W 是一个对合矩阵. ■

如果 $x,y\in\mathbb{F}^n$，且 $\|x\|_2=\|y\|_2\neq 0$，则 Householder 矩阵可以用来构造 $M_n(\mathbb{F})$ 中的酉矩阵，它把 x 映射成 y，见图 6.4. 下面的例子描述了在一个特殊情形中应该如何去做.

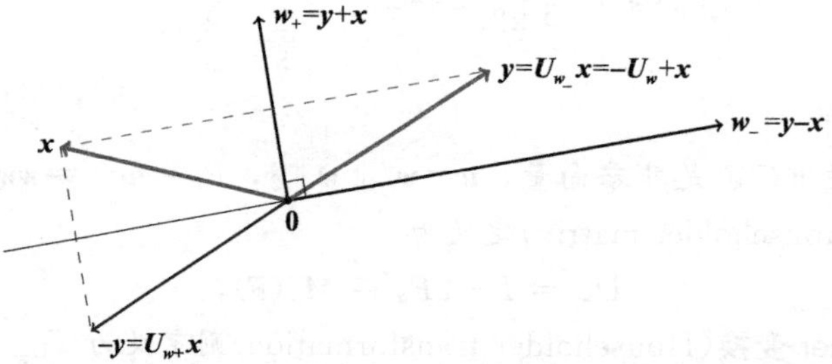

图 6.4　$\mathbb{R}^2$ 中的定理 6.4.7. w_+ 与 w_- 是正交的. U_{w_-} 越过由 $y+x$ 生成的直线对 x 进行反射. 而 U_{w_+} 越过由 $y-x$ 生成的直线对 x 进行反射. $U_{w_-}x=y$，且 $-U_{w_+}x=y$

例 6.4.6　设 $x=[4\ 0\ -3]^{\mathrm{T}}\in\mathbb{R}^3$，所以 $\|x\|_2=5$. 我们怎样来构造出一个实正交阵，它把 x 映射成 $y=5e_1$ 呢？设 $w_\pm=y\pm x$. 那么

135
$$w_+=y+x=[9\quad 0\quad -3]^{\mathrm{T}},\quad w_-=y-x=[1\quad 0\quad 3]^{\mathrm{T}},$$

且有

$$\|w_\pm\|_2^2=\|y\|_2^2\pm 2\langle y,x\rangle+\|x\|_2^2=25\pm 40+25=50\pm 40.$$

在此情形有$\langle \boldsymbol{x}, \boldsymbol{y}\rangle > 0$以及$\|\boldsymbol{w}_+\|_2 > \|\boldsymbol{w}_-\|_2$. 计算给出

$$\boldsymbol{u}_+ = \frac{1}{\|\boldsymbol{w}_+\|_2}\boldsymbol{w}_+ = \frac{1}{\sqrt{90}}[9\quad 0\quad -3]^{\mathrm{T}},\quad \boldsymbol{u}_- = \frac{1}{\|\boldsymbol{w}_-\|_2}\boldsymbol{w}_- = \frac{1}{\sqrt{10}}[1\quad 0\quad 3]^{\mathrm{T}}.$$

那么

$$U_{\boldsymbol{w}_+} = I - \frac{2}{90}\begin{bmatrix} 9 \\ 0 \\ -3 \end{bmatrix}[9\quad 0\quad 3] = \begin{bmatrix} -\frac{4}{5} & 0 & \frac{3}{5} \\ 0 & 1 & 0 \\ \frac{3}{5} & 0 & \frac{4}{5} \end{bmatrix},$$

$$U_{\boldsymbol{w}_-} = I - \frac{2}{10}\begin{bmatrix} 1 \\ 0 \\ 3 \end{bmatrix}[1\quad 0\quad 3] = \begin{bmatrix} \frac{4}{5} & 0 & -\frac{3}{5} \\ 0 & 1 & 0 \\ -\frac{3}{5} & 0 & -\frac{4}{5} \end{bmatrix},$$

这样

$$U_{\boldsymbol{w}_-}\boldsymbol{x} = \begin{bmatrix} \frac{4}{5} & 0 & -\frac{3}{5} \\ 0 & 1 & 0 \\ -\frac{3}{5} & 0 & -\frac{4}{5} \end{bmatrix}\begin{bmatrix} 4 \\ 0 \\ -3 \end{bmatrix} = \begin{bmatrix} 5 \\ 0 \\ 0 \end{bmatrix} = \boldsymbol{y},$$

$$-U_{\boldsymbol{w}_+}\boldsymbol{x} = \begin{bmatrix} \frac{4}{5} & 0 & -\frac{3}{5} \\ 0 & -1 & 0 \\ -\frac{3}{5} & 0 & -\frac{4}{5} \end{bmatrix}\begin{bmatrix} 4 \\ 0 \\ -3 \end{bmatrix} = \begin{bmatrix} 5 \\ 0 \\ 0 \end{bmatrix} = \boldsymbol{y}.$$

理论上没有宁取$-U_{\boldsymbol{w}_+}$而不取$U_{\boldsymbol{w}_-}$的理由，不过，在这种情形中喜欢采用$-U_{\boldsymbol{w}_+}$却有一个计算上的原因. 为了构造$U_{\boldsymbol{w}_\pm}$，我们必须标准化$\boldsymbol{w}_\pm / \|\boldsymbol{w}_\pm\|_2$. 如果分母很小(由于向量$\boldsymbol{y}+\boldsymbol{x}$与$\boldsymbol{y}-\boldsymbol{x}$中有一个接近于零)，我们必须用另一个数来除一个很小的数. 为了减弱数值的不稳定性，在$\|\boldsymbol{w}_+\|_2 > \|\boldsymbol{w}_-\|_2$时，最好是用$-U_{\boldsymbol{w}_+}$，而在$\|\boldsymbol{w}_-\|_2 > \|\boldsymbol{w}_+\|_2$时，最好是用$U_{\boldsymbol{w}_-}$. 由于

$$\|\boldsymbol{w}\pm\|_2^2 = \|\boldsymbol{x}\pm\boldsymbol{y}\|_2^2 = \|\boldsymbol{x}\|_2^2 \pm 2\langle \boldsymbol{x},\boldsymbol{y}\rangle + \|\boldsymbol{y}\|_2^2,$$

故而当$\langle \boldsymbol{x}, \boldsymbol{y}\rangle > 0$时出现前一种情况，而当$\langle \boldsymbol{x}, \boldsymbol{y}\rangle < 0$时则出现后一种情况.

例 6.4.6 描述了一种算法，此算法用 Householder 矩阵的一个纯量倍数将$\mathbb{F}^n$中一个给定的向量映射成$\mathbb{F}^n$中另外一个有相同欧几里得范数的向量. 下面的定理讲述了在实的情形下的算法，它用到实的 Householder 矩阵并结合符号的选择，以提高数值的稳定性.

定理 6.4.7 令$\boldsymbol{x}, \boldsymbol{y} \in \mathbb{R}^n$，并假设$\|\boldsymbol{x}\|_2 = \|\boldsymbol{y}\|_2 \neq 0$. 令

$$\sigma=\begin{cases}1 & \text{如果}\langle \boldsymbol{x},\boldsymbol{y}\rangle \leqslant 0,\\ -1 & \text{如果}\langle \boldsymbol{x},\boldsymbol{y}\rangle > 0,\end{cases}$$

136 并设 $\boldsymbol{w}=\boldsymbol{y}-\sigma\boldsymbol{x}$. 那么 σU_W 是实正交阵，且 $\sigma U_W\boldsymbol{x}=\boldsymbol{y}$.

证明　注意到 $\sigma\langle \boldsymbol{x},\ \boldsymbol{y}\rangle=-|\langle \boldsymbol{x},\ \boldsymbol{y}\rangle|$ 并由计算得出

$$\begin{aligned}\|\boldsymbol{w}\|_2^2=\|\boldsymbol{y}-\sigma\boldsymbol{x}\|_2^2&=\|\boldsymbol{y}\|_2^2-2\sigma\langle \boldsymbol{x},\boldsymbol{y}\rangle+\|\boldsymbol{x}\|_2^2\\ &=2(\|\boldsymbol{x}\|_2^2-\sigma\langle \boldsymbol{x},\boldsymbol{y}\rangle)\\ &=2(\|\boldsymbol{x}\|_2^2+|\langle \boldsymbol{x},\boldsymbol{y}\rangle|)>0.\end{aligned}$$

于是

$$\begin{aligned}\sigma U_w\boldsymbol{x}=\sigma(I-2P_u)\boldsymbol{x}&=\sigma\boldsymbol{x}-2\sigma\frac{\boldsymbol{w}\boldsymbol{w}^{\mathrm{T}}}{\|\boldsymbol{w}\|_2^2}\boldsymbol{x}\\ &=(\boldsymbol{y}-\boldsymbol{w})-2\sigma\frac{\langle \boldsymbol{x},\boldsymbol{w}\rangle}{\|\boldsymbol{w}\|_2^2}\boldsymbol{w}\\ &=\boldsymbol{y}-\left(\frac{\|\boldsymbol{w}\|_2^2+2\sigma\langle \boldsymbol{x},\boldsymbol{w}\rangle}{\|\boldsymbol{w}\|_2^2}\right)\boldsymbol{w}.\end{aligned}\tag{6.4.8}$$

然而，

$$2\sigma\langle \boldsymbol{x},\boldsymbol{w}\rangle=2\sigma\langle \boldsymbol{x},\boldsymbol{y}-\sigma\boldsymbol{x}\rangle=-2(\|\boldsymbol{x}\|_2^2+|\langle \boldsymbol{x},\boldsymbol{y}\rangle|)=-\|\boldsymbol{w}\|_2^2,$$

所以(6.4.8)中的第二项变为零，且 $\sigma U_W\boldsymbol{x}=\boldsymbol{y}$. ■

复 Householder 矩阵可以用来构造这样的酉矩阵：它把 $\mathbb{C}^n$ 中的向量映射成 $\mathbb{C}^n$ 中另一个有相同欧几里得范数的向量. 下述定理中的算法用到了复的旋转，它与在实的情形中选择符号有异曲同工之处. 一旦定义了旋转，算法的验证过程就与实的情形相同.

定理 6.4.9　设 $\boldsymbol{x},\ \boldsymbol{y}\in\mathbb{C}^n$，并假设 $\|\boldsymbol{x}\|_2=\|\boldsymbol{y}\|_2\neq 0$. 令

$$\sigma=\begin{cases}1 & \text{如果}\langle \boldsymbol{x},\boldsymbol{y}\rangle=0,\\ -\overline{\langle \boldsymbol{x},\boldsymbol{y}\rangle}/|\langle \boldsymbol{x},\boldsymbol{y}\rangle| & \text{如果}\langle \boldsymbol{x},\boldsymbol{y}\rangle\neq 0,\end{cases}$$

设 $\boldsymbol{w}=\boldsymbol{y}-\sigma\boldsymbol{x}$. 那么 σU_W 是酉矩阵，且 $\sigma U_W\boldsymbol{x}=\boldsymbol{y}$.

证明　注意到 $\sigma\langle \boldsymbol{x},\ \boldsymbol{y}\rangle=-|\langle \boldsymbol{x},\ \boldsymbol{y}\rangle|$ 并由计算得出

$$\begin{aligned}\|\boldsymbol{w}\|_2^2=\|\boldsymbol{y}-\sigma\boldsymbol{x}\|_2^2&=\|\boldsymbol{y}\|_2^2-2\mathrm{Re}(\sigma\langle \boldsymbol{x},\boldsymbol{y}\rangle)+\|\boldsymbol{x}\|_2^2\\ &=2(\|\boldsymbol{x}\|_2^2+|\langle \boldsymbol{x},\boldsymbol{y}\rangle|)>0.\end{aligned}$$

于是

$$\begin{aligned}\sigma U_w\boldsymbol{x}=\sigma(I-2P_u)\boldsymbol{x}&=\sigma\boldsymbol{x}-2\sigma\frac{\boldsymbol{w}\boldsymbol{w}^*}{\|\boldsymbol{w}\|_2^2}\boldsymbol{x}\\ &=(\boldsymbol{y}-\boldsymbol{w})-2\sigma\frac{\langle \boldsymbol{x},\boldsymbol{w}\rangle}{\|\boldsymbol{w}\|_2^2}\boldsymbol{w}\\ &=\boldsymbol{y}-\left(\frac{\|\boldsymbol{w}\|_2^2+2\sigma\langle \boldsymbol{x},\boldsymbol{w}\rangle}{\|\boldsymbol{w}\|_2^2}\right)\boldsymbol{w}.\end{aligned}$$

然而，

$$2\sigma\langle \boldsymbol{x},\boldsymbol{w}\rangle = 2\sigma\langle \boldsymbol{x},\boldsymbol{y}-\sigma\boldsymbol{x}\rangle = -2(\|\boldsymbol{x}\|_2^2+|\langle \boldsymbol{x},\boldsymbol{y}\rangle|) = -\|\boldsymbol{w}\|_2^2,$$

所以 $\sigma U_{\boldsymbol{w}}\boldsymbol{x}=\boldsymbol{y}$. ■ 137

定理 6.4.7 与定理 6.4.9 都是强有力的工具. 下面的推论提供了这样一种容易计算的酉矩阵(Householder 矩阵的纯量倍数)：要么(a)把一个给定的非零向量映射成标准基向量 $\boldsymbol{e}_1$ 的正的纯量倍数，要么(b)以一个给定的单位向量作为它的第一列. 这些矩阵在许多数值线性代数算法中都要用到.

推论 6.4.10 设 $\boldsymbol{x}=[x_i]\in\mathbb{F}^n$ 是非零向量，令

$$\sigma=\begin{cases}1 & \text{如果 } x_1=0,\\ -\overline{x_1}/|x_1| & \text{如果 } x_1\neq 0,\end{cases}$$

设 $\boldsymbol{w}=\|\boldsymbol{x}\|_2\boldsymbol{e}_1-\sigma\boldsymbol{x}$. 那么

(a) $\sigma U_{\boldsymbol{w}}\boldsymbol{x}=\|\boldsymbol{x}\|_2\boldsymbol{e}_1$.

(b)如果 $\boldsymbol{x}$ 是单位向量，那么它是酉矩阵 $\overline{\sigma}U_{\boldsymbol{w}}$ 的第一列.

(c)如果 $\boldsymbol{x}\in\mathbb{R}^n$，那么 σ、$\boldsymbol{w}$ 以及 $U_{\boldsymbol{w}}$ 是实的.

证明 (a)这是上面两个定理的特殊情形 $\boldsymbol{y}=\|\boldsymbol{x}\|_2\boldsymbol{e}_1$.

(b)如果 $\boldsymbol{x}$ 是单位向量，那么(a)确保酉矩阵 $\sigma U_{\boldsymbol{w}}$ 将 $\boldsymbol{x}$ 映射成 $\boldsymbol{e}_1$. 这样一来，$(\sigma U_{\boldsymbol{w}})^{-1}$ 就将 $\boldsymbol{e}_1$ 映射成 $\boldsymbol{x}$，也就是说，$\boldsymbol{x}$ 是 $(\sigma U_{\boldsymbol{w}})^{-1}=(\sigma U_{\boldsymbol{w}})^*=\overline{\sigma}U_{\boldsymbol{w}}^*=\overline{\sigma}U_{\boldsymbol{w}}$ 的第一列. 在这一计算中，我们用到这样一些事实：$|\sigma|=1$，$U_{\boldsymbol{w}}$ 是酉矩阵且 $U_{\boldsymbol{w}}$ 是 Hermite 阵.

(c)检查每一项. ■

上面推论的(a)中描述的矩阵 $\sigma U_{\boldsymbol{w}}$ 常被称为 $\boldsymbol{x}$ 的下位元素的酉零化子(unitary annihilator of the lower entries)，见例 6.4.6.

6.5 QR 分解

$m\times n$ 矩阵 A 的 QR 分解(QR factorization 或者 QR decomposition)将它表示成为一个 $m\times n$ 矩阵 Q(其列向量为标准正交的)与一个上三角方阵 R 的乘积，这种表达式要求 $m\geqslant n$. 如果 A 是方阵，则因子 Q 是酉矩阵. 如果 A 是实的，则两个因子 Q 与 R 都可以取为实矩阵.

QR 分解是求最小平方问题的数值解、把一组基变为标准正交基以及计算特征值的一个重要工具.

例 6.5.1 计算验证

$$A=\begin{bmatrix}3 & 1\\ 4 & 2\end{bmatrix}=\begin{bmatrix}\frac{3}{5} & -\frac{4}{5}\\ \frac{4}{5} & \frac{3}{5}\end{bmatrix}\begin{bmatrix}5 & \frac{11}{5}\\ 0 & \frac{2}{5}\end{bmatrix}$$

是 A 的 QR 分解.

Householder 变换对 QR 分解的计算提供了一个稳定的方法. 此算法描述在下面的定理中，它用到 Householder 矩阵来使得一列向量的下位元素都变成零，这样就把一个给定矩

138 阵变换成一个上三角阵了.

定理 6.5.2（QR 分解）　设 $A\in \mathbf{M}_{m\times n}(\mathbb{F})$，并假设 $m\geqslant n$. 那么

(a)存在酉矩阵 $V\in \mathbf{M}_m(\mathbb{F})$ 与一个对角元素为非负实数的上三角阵 $R\in \mathbf{M}_n(\mathbb{F})$，使得

$$A = V\begin{bmatrix} R \\ 0 \end{bmatrix}. \tag{6.5.3}$$

如果 $V=[Q\ Q']$，其中 $Q\in \mathbf{M}_{m\times n}(\mathbb{F})$ 包含 V 的前 n 列，那么 Q 的列是标准正交的，且有

$$A = QR. \tag{6.5.4}$$

(b)如果 $\operatorname{rank} A=n$，那么(6.5.4)中的因子 Q 与 R 都是唯一的，且 R 的对角元素皆为正数.

证明　(a)设 $\boldsymbol{a}_1$ 是 A 的第一列. 如果 $\boldsymbol{a}_1=\mathbf{0}$，令 $U_1=I$. 如果 $\boldsymbol{a}_1\neq\mathbf{0}$，利用推论 6.4.10(a)构造一个酉矩阵 $U_1\in \mathbf{M}_m(\mathbb{F})$，使得 $U_1\boldsymbol{a}_1=\|\boldsymbol{a}_1\|_2\boldsymbol{e}_1\in\mathbb{F}^m$，设 $r_{11}=\|\boldsymbol{a}_1\|_2$. 那么 $r_{11}\geqslant 0$，且

$$U_1A = \begin{bmatrix} r_{11} & \star \\ \mathbf{0} & A' \end{bmatrix},\quad A'\in \mathbf{M}_{(m-1)\times(n-1)}(\mathbb{F}). \tag{6.5.5}$$

设 $\boldsymbol{a}_1'$ 是 A' 的第一列. 令 $U'\in \mathbf{M}_{m-1}(\mathbb{F})$ 是一个酉矩阵，它满足 $U'\boldsymbol{a}_1'=\|\boldsymbol{a}_1'\|_2\boldsymbol{e}_1\in F^{m-1}$，设 $r_{22}=\|\boldsymbol{a}_1'\|_2$，$U_2=I_1\oplus U'$. 那么 $r_{22}\geqslant 0$ 且

$$U_2U_1A = \begin{bmatrix} r_{11} & \star & \star \\ 0 & r_{22} & \star \\ \mathbf{0} & \mathbf{0} & A'' \end{bmatrix},\quad A''\in \mathbf{M}_{(m-2)\times(n-2)}(\mathbb{F}). \tag{6.5.6}$$

U_2 的直和构造确保(6.5.6)中得到的化简仅仅影响(6.5.5)中 A' 的右下分块. 经过 n 步化简之后，我们得到

$$U_n\cdots U_2U_1A = \begin{bmatrix} R \\ 0 \end{bmatrix},$$

其中

$$R = \begin{bmatrix} r_{11} & \star & \star & \star \\ & r_{22} & \star & \star \\ & & \ddots & \star \\ 0 & & & r_{nn} \end{bmatrix}\in \mathbf{M}_n(\mathbb{F})$$

是上三角的，且对角元素均为非负数(每个元素都是某个向量的欧几里得长度). 设 $U=U_n\cdots U_2U_1$，它是酉矩阵，令 $V=U^*$，分划 $V=[Q\ Q']$，其中 $Q\in \mathbf{M}_{m\times n}$. 分块 Q 的列是标准正交的，因为它构成酉矩阵 V 的前 n 列. 那么

$$A = V\begin{bmatrix} R \\ 0 \end{bmatrix} = [Q\ Q']\begin{bmatrix} R \\ 0 \end{bmatrix} = QR.$$

(b)如果 $\operatorname{rank} A=n$，则上三角阵 R 可逆，于是其对角元素并不只是非负的，它们还是

139 正的. 假设 $A=Q_1R_1=Q_2R_2$，其中 Q_1 与 Q_2 的列都是标准正交的，R_1 与 R_2 都是上三角

阵，且有正的对角元素．这样就有 $A^* = R_1^* Q_1^* = R_2^* Q_2^*$，所以

$$A^* A = R_1^* Q_1^* Q_1 R_1 = R_1^* R_1,$$
$$A^* A = R_2^* Q_2^* Q_2 R_2 = R_2^* R_2.$$

这意味着 $R_1^* R_1 = R_2^* R_2$，从而

$$R_1 R_2^{-1} = R_1^{-*} R_2^* = (R^2 R_1^{-1})^*. \tag{6.5.7}$$

我们知道，R_1^{-1} 与 R_2^{-1} 都是上三角阵，且都有正的对角元素(定理 3.3.12)．于是，$R_1 R_2^{-1}$ 与 $R_2 R_1^{-1}$(具有正的对角元素的上三角阵的乘积)是上三角阵．等式(6.5.7)是说，上三角阵等于一个下三角阵．于是，

$$R_1 R_2^{-1} = R_1^{-*} R_2^* = D$$

是一个有正的对角元素的对角阵．这样就有

$$D = R_1^{-*} R_2^* = (DR_2)^{-*} R_2^* = D^{-1} R_2^{-*} R_2^* = D^{-1},$$

所以 $D^2 = I$．由于 D 是对角阵且有正的对角元素，因此我们断定 $D = I$．这样就有 $R_1 = R_2$，$Q_1 = Q_2$． ■

上面的定理的陈述里一个重要而巧妙之处在于：如果 $A \in \mathbf{M}_{m\times n}(\mathbb{R})$，则(6.5.3)和(6.5.4)中的矩阵 V，R 以及 Q 都是实的．推论 6.4.10 的最后一行是理解其缘由的关键所在．如果 A 是实的，则定理 6.5.2 的构造性证明的每一步都只与实向量以及实矩阵有关．

定义 6.5.8　分解式(6.5.3)称为 A 的**宽 QR 分解**(wide QR factorization)，而(6.5.4)则称为 A 的**(窄)QR 分解**([narrow] QR factorization)．

例 6.5.9　分解式

$$A = \begin{bmatrix} 1 & -5 \\ -2 & 4 \\ 2 & 2 \end{bmatrix} = \begin{bmatrix} \frac{1}{3} & -\frac{2}{3} & \frac{2}{3} \\ -\frac{2}{3} & \frac{1}{3} & \frac{2}{3} \\ \frac{2}{3} & \frac{2}{3} & \frac{1}{3} \end{bmatrix} \begin{bmatrix} 3 & -3 \\ 0 & 6 \\ 0 & 0 \end{bmatrix} = V \begin{bmatrix} R \\ 0 \end{bmatrix} \tag{6.5.10}$$

与

$$A = \begin{bmatrix} 1 & -5 \\ -2 & 4 \\ 2 & 2 \end{bmatrix} = \begin{bmatrix} \frac{1}{3} & -\frac{2}{3} \\ -\frac{2}{3} & \frac{1}{3} \\ \frac{2}{3} & \frac{2}{3} \end{bmatrix} \begin{bmatrix} 3 & -3 \\ 0 & 6 \end{bmatrix} = QR \tag{6.5.11}$$

分别是宽与窄的 QR 分解的例子．

例 6.5.12　图示(6.5.13)用一个 4×3 矩阵 A 描述了上一定理中的算法．其中的符号 $\star$ 代表一个不必为零的元素；$\bigstar$ 指的是一个刚刚改变的元素，它不一定是零；$\tilde{r}_{ii}$ 代表刚刚产 140

生的一个非负的对角元素. $\widetilde{0}$ 代表的是一个刚刚产生的为零的元素.

$$\underset{A}{\begin{bmatrix} \star & \star & \star \\ \star & \star & \star \\ \star & \star & \star \\ \star & \star & \star \end{bmatrix}} \xrightarrow{U_1} \underset{U_1A}{\begin{bmatrix} \tilde{r}_{11} & \star & \star \\ \widetilde{0} & \star & \star \\ \widetilde{0} & \star & \star \\ \widetilde{0} & \star & \star \end{bmatrix}} \xrightarrow{U_2} \underset{U_2U_1A}{\begin{bmatrix} r_{11} & \star & \star \\ 0 & \tilde{r}_{22} & \star \\ 0 & \widetilde{0} & \star \\ 0 & \widetilde{0} & \star \end{bmatrix}} \xrightarrow{U_3} \underset{U_3U_2U_1A}{\begin{bmatrix} r_{11} & \star & \star \\ 0 & r_{22} & \star \\ 0 & 0 & \tilde{r}_{33} \\ 0 & 0 & \widetilde{0} \end{bmatrix}}. \qquad (6.5.13)$$

4×4 的酉矩阵 U_1，$U_2=I_1\oplus U'$ 以及 $U_3=I_2\oplus U''$ 都是如同在定理 6.4.10(c)中那样由 Householder 矩阵以及复旋转构造出来的. 它们使得 A 的连贯的列的下位元素变成零，而且并不干扰先前产生的下位列的零. 变换 $A\mapsto U_3U_2U_1A$ 产生一个上三角阵，它的对角元素非负. 如果 A 是列满秩的，其对角元素还是正数. 在 A 的 QR 分解中，

- Q 是 4×4 酉矩阵$(U_3U_2U_1)^*$ 的前三列，
- R 是 4×3 矩阵 $U_3U_2U_1A$ 的上 3×3 分块.

例 6.5.14　我们应用定理 6.5.2 中的算法来求

$$A=\begin{bmatrix} 3 & 1 \\ 4 & 2 \end{bmatrix}$$

的 QR 分解.

第一步是用推论 6.4.10(a)中的算法将 $\boldsymbol{x}=[3\ 4]^{\mathrm{T}}=[x_i]$ 映射成 $\boldsymbol{y}=[5\ 0]^{\mathrm{T}}$. 由于 x_1 是实的正数，因此 $\sigma=-1$，$\boldsymbol{w}=5\boldsymbol{e}_1+\boldsymbol{x}=[8\ 4]^{\mathrm{T}}$，$\|\boldsymbol{w}\|_2^2=80$，$\boldsymbol{u}=[8\ 4]^{\mathrm{T}}/\sqrt{80}$. 于是

$$U_1=-(I-2\boldsymbol{u}\boldsymbol{u}^{\mathrm{T}})=\begin{bmatrix} \frac{3}{5} & \frac{4}{5} \\ \frac{4}{5} & -\frac{3}{5} \end{bmatrix},$$

$$U_1A=\begin{bmatrix} 5 & \frac{11}{5} \\ 0 & -\frac{2}{5} \end{bmatrix}.$$

为使得位于(2，2)处的元素为正数，用 $U_2=[1]\oplus[-1]$左乘就得到

$$U_2U_1A=\begin{bmatrix} \frac{3}{5} & \frac{4}{5} \\ -\frac{4}{5} & \frac{3}{5} \end{bmatrix}A=\begin{bmatrix} 5 & \frac{11}{5} \\ 0 & \frac{2}{5} \end{bmatrix}=R.$$

其 QR 分解是

$$A=(U_2U_1)^{\mathrm{T}}R=\begin{bmatrix} \frac{3}{5} & -\frac{4}{5} \\ \frac{4}{5} & \frac{3}{5} \end{bmatrix}\begin{bmatrix} 5 & \frac{11}{5} \\ 0 & \frac{2}{5} \end{bmatrix}.$$

它是唯一的，因为 $\operatorname{rank} A=2$.

关于 QR 分解在线性方程组的最小平方解的数值计算中的作用见 7.5 节. 它们在使得线性无关向量组正交化的过程中所起的作用披露在下面的推论中. 141

推论 6.5.15 设 $A\in \boldsymbol{M}_{m\times n}(\mathbb{F})$. 假设 $m\geqslant n$，rank $A=n$. 设 $A=QR$，其中 $Q\in \boldsymbol{M}_{m\times n}(\mathbb{F})$ 的列是标准正交的，而 $R\in \boldsymbol{M}_n(\mathbb{F})$是上三角的，且对角元素为正数. 对每个 $k=1, 2, \cdots, n$，用 A_k 与 Q_k 分别表示 A 与 Q 的前 k 列组成的子矩阵. 那么

$$\operatorname{col} A_k = \operatorname{col} Q_k,\quad k = 1,2,\cdots,n,$$

也就是说，每个子矩阵 Q_k 的列都是 col A_k 的一组标准正交基.

证明 上面的定理确保了所说形式的分解存在. 设 R_k 表示 R 的首 $k\times k$ 主子矩阵，它有正的对角元素，所以它是可逆的. 这样就有

$$[A_k\ \star] = A = [Q_k\ \star]\begin{bmatrix} R_k & \star \\ 0 & \star \end{bmatrix} = [Q_kR_k\ \star],$$

所以，对每个 $k=1, 2, \cdots, n$ 都有 $A_k=Q_kR_k$，col $A_k\subseteq$col Q_k. 由于 $Q_k=A_kR_k^{-1}$，由此推出对每个 $k=1, 2, \cdots, n$，都有 col $Q_k\subseteq$col A_k. ■

例 6.5.16 (窄)QR 分解(6.5.11)对 col A 提供了一组标准正交基. 在某些应用中，这可能是所有人都需要的东西. 宽 QR 分解(6.5.10)则对 $\mathbb{R}^3$ 提供了一组标准正交基，它包含了 col A 的标准正交基.

6.6 上 Hessenberg 矩阵

将矩阵化简成包含多个零元素的某种标准形式是数值线性代数算法中常用的方法. 在下面的定义里给出其中一种标准型.

定义 6.6.1 设 $A=[a_{ij}]$. 那么称 A 是**上 Hessenberg(矩阵)**(upper Hessenberg)，如果只要 $i>j+1$，就有 $a_{ij}=0$.

例 6.6.2 一个 5×5 的上 Hessenberg 矩阵的零元素有如下的模式：

$$\begin{bmatrix} \star & \star & \star & \star & \star \\ \star & \star & \star & \star & \star \\ 0 & \star & \star & \star & \star \\ 0 & 0 & \star & \star & \star \\ 0 & 0 & 0 & \star & \star \end{bmatrix}.$$

其位于第一次对角线之下的所有元素皆为零.

每一个方阵都与一个上 Hessenberg 矩阵酉相似，且该酉相似可以通过一列 Householder 矩阵以及复旋转构造出来. 如果该矩阵是实的，则所有酉相似矩阵以及旋转都可以取为实正交相似阵以及实旋转. 恰与我们在构造 QR 分解时的情形一样，其基本思想在于将向量组位于下部的元素进行酉零化. 然而，现在必须对那些向量用略微不同的方法进行选取，因为我们需要确认前面做的零化不会受到后面的酉相似的影响. 142

定理 6.6.3 设 $A\in \boldsymbol{M}_n(\mathbb{F})$. 那么 A 与一个上 Hessenberg 矩阵 $B=[b_{ij}]\in \boldsymbol{M}_n$ 酉相似，该矩阵中每个次对角线元素 $b_{2,1}$，$b_{3,2}$，$\cdots$，$b_{n,n-1}$都是非负实数.

证明 我们不关心 A 中第一行的元素. 设

$$A=\begin{bmatrix}\star\\A'\end{bmatrix},\quad A'\in\boldsymbol{M}_{(n-1)\times n}.$$

设 $\boldsymbol{a}'_1\in F^{n-1}$ 是 A' 的第一列. 设 $V_1\in\boldsymbol{M}_{n-1}(\mathbb{F})$ 是酉矩阵，它使得 A' 的第一列下部的元素零化，也就是说

$$V_1\boldsymbol{a}'_1=\begin{bmatrix}\|\boldsymbol{a}'_1\|_2\\\boldsymbol{0}\end{bmatrix}.$$

如果 $\boldsymbol{a}'_1=\boldsymbol{0}$，则取 $V_1=I$；如果 $\boldsymbol{a}'_1\neq\boldsymbol{0}$，就利用推论 6.4.10(a). 设 $U_1=I_1\oplus V_1$，计算

$$U_1A=\begin{bmatrix}\star&\star\\\|\boldsymbol{a}'_1\|_2&\star\\\boldsymbol{0}&\star\end{bmatrix},\quad U_1AU_1^*=\begin{bmatrix}\star&\star\\\|\boldsymbol{a}'_1\|_2&\star\\\boldsymbol{0}&A''\end{bmatrix},\quad A''\in\boldsymbol{M}_{(n-2)\times(n-1)}.$$

我们的构造确保右边用 $U_1^*=I_1\oplus V_1^*$ 所做的乘积不会影响 U_1A 的第一列.

现在构造一个酉矩阵 $V_2\in\boldsymbol{M}_{n-2}(\mathbb{F})$，它使得 A'' 的第一列的下部元素零化. 设 $U_2=I_2\oplus V_2$，并作 $U_2(U_1AU_1^*)U_2^*$. 这样做并不影响第一列的任何元素，在(3, 2)处放置一个非负的元素，并将它下面的元素均放置零. 经过 $n-2$ 步之后，这个算法产生出一个上 Hessenberg 矩阵，在它的第一次对角线上，除了可能在位置$(n, n-1)$处之外，其他都是非负的元素，而在$(n, n-1)$处的元素可能不是非负的实数. 如果需要，用 $I_{n-1}\oplus[\mathrm{e}^{i\theta}]$做一个酉相似(对适当的实数 θ)，使得位于$(n, n-1)$处的元素成为非负的实数. 所做的每一步都是酉相似，故而整个化简就用酉相似得到了. ■

我们用一个 4×4 矩阵 A 来描述上面定理中所说的算法，并使用与(6.5.13)的图示中用到过的同样的符号约定.

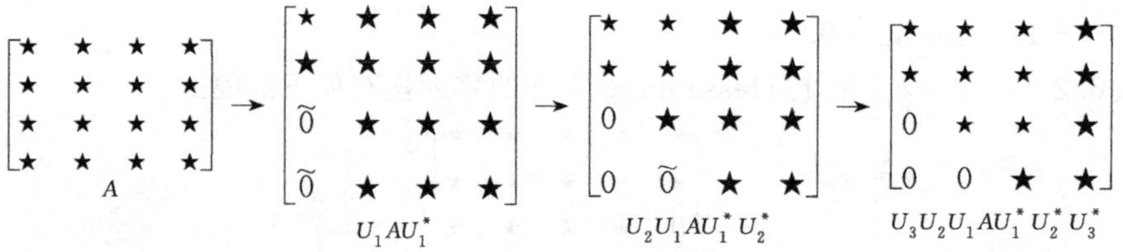

其中第三个以及最后一个酉相似用到一个形如 $U_3=I_3\oplus[e^{i\theta}]$的矩阵，如果需要的话，它把位于(4, 3)处的元素旋转到非负的实轴上.

6.7 问题

P.6.1 设 U，$V\in\boldsymbol{M}_n$ 是酉矩阵. 那么 $U+V$ 是酉矩阵吗？

P.6.2 假设 $U\in M_n(\mathbb{F})$是酉矩阵. 如果存在非零的 $\boldsymbol{x}\in F^n$ 以及一个 $\lambda\in\mathbb{F}$，使得 $U\boldsymbol{x}=\lambda\boldsymbol{x}$，

143 证明 $|\lambda|=1$.

P.6.3 设 $\mathcal{V}$ 是一个内积空间，T 是 $\mathcal{V}$ 上的一个等距映射，又设 $\boldsymbol{u}_1$，$\boldsymbol{u}_2$，…，$\boldsymbol{u}_n$ 是 $\mathcal{V}$ 中的标准正交向量组. 证明：诸向量 $T\boldsymbol{u}_1$，$T\boldsymbol{u}_2$，…，$T\boldsymbol{u}_n$ 是标准正交的.

P.6.4 设 $\boldsymbol{u}_1$，$\boldsymbol{u}_2$，…，$\boldsymbol{u}_n$ 是内积空间 $\mathcal{V}$ 的一组标准正交基，设 $T\in\mathfrak{L}(\mathcal{V})$. 如果对每个 $i=$

1，2，…，n，有 $\| T\boldsymbol{u}_i \| = 1$，$T$ 必定是等距吗？

P.6.5 证明：$U \in \boldsymbol{M}_2$ 是酉矩阵，当且仅当存在 $a, b \in \mathbb{C}$ 以及 $\phi \in \mathbb{R}$，使得 $|a|^2 + |b|^2 = 1$ 且

$$U = \begin{bmatrix} a & b \\ -\mathrm{e}^{\mathrm{i}\phi}\bar{b} & \mathrm{e}^{\mathrm{i}\phi}\bar{a} \end{bmatrix}.$$

P.6.6 证明：$Q \in \boldsymbol{M}_2(\mathbb{R})$ 是实正交阵，当且仅当存在一个 $\theta \in \mathbb{R}$，使得或者

$$Q = \begin{bmatrix} \cos\theta & \sin\theta \\ -\sin\theta & \cos\theta \end{bmatrix}, \quad \text{或者} \quad Q = \begin{bmatrix} \cos\theta & \sin\theta \\ \sin\theta & -\cos\theta \end{bmatrix}.$$

P.6.7 证明：$U \in \boldsymbol{M}_2$ 是酉矩阵，当且仅当存在 $\alpha, \beta, \theta, \phi \in \mathbb{R}$，使得

$$U = \begin{bmatrix} \mathrm{e}^{\mathrm{i}\alpha} & 0 \\ 0 & \mathrm{e}^{\mathrm{i}(\phi-\alpha)} \end{bmatrix} \begin{bmatrix} \cos\theta & \sin\theta \\ -\sin\theta & \cos\theta \end{bmatrix} \begin{bmatrix} \mathrm{e}^{\mathrm{i}\beta} & 0 \\ 0 & \mathrm{e}^{-\mathrm{i}\beta} \end{bmatrix}. \tag{6.7.1}$$

P.6.8 模为 1 的复数 z(即 $|z|=1$)可以用等式 $\bar{z}z=1$ 来刻画. 根据这个思想，说明为什么将酉矩阵视为模为 1 的复数的类似物是合理的.

P.6.9 设 $\mathcal{V}$ 是一个有限维 $\mathbb{F}$-内积空间，$f: \mathcal{V} \to \mathcal{V}$ 是一个函数. 如果对所有 $\boldsymbol{u}, \boldsymbol{v} \in \mathcal{V}$，有 $\langle f(\boldsymbol{u}), f(\boldsymbol{v}) \rangle = \langle \boldsymbol{u}, \boldsymbol{v} \rangle$，证明：$f$ 是(a)一对一的，(b)线性的，(c)映上的，(d)等距. **提示**：证明对所有 $\boldsymbol{u}, \boldsymbol{v}, \boldsymbol{w} \in \mathcal{V}$ 以及所有 $c \in \mathbb{F}$，都有 $\langle f(\boldsymbol{u}+c\boldsymbol{v}), f(\boldsymbol{w}) \rangle = \langle f(\boldsymbol{u}) + cf(\boldsymbol{v}), f(\boldsymbol{w}) \rangle$. 计算 $\| f(\boldsymbol{u}+c\boldsymbol{v}) - f(\boldsymbol{u}) - cf(\boldsymbol{v}) \|^2$.

P.6.10 平面旋转矩阵 $U(\theta)$ 与 $U(\phi)$(见(6.2.6))与 $U(\theta+\phi)$ 有何关系？利用这三个矩阵来证明加法公式 $\cos(\theta+\phi) = \cos\theta\cos\phi - \sin\theta\sin\phi$ 以及关于正弦函数的类似的性质.

P.6.11 设 $\boldsymbol{u}_1, \boldsymbol{u}_2, \cdots, \boldsymbol{u}_n$ 是 $\mathbb{C}^n$ 关于标准内积的标准正交基，设 $c_1, c_2, \cdots, c_n$ 是模为 1 的复纯量. 证明 $P_{\boldsymbol{u}_1} + P_{\boldsymbol{u}_2} + \cdots + P_{\boldsymbol{u}_n} = I$，并证明 $c_1 P_{\boldsymbol{u}_1} + c_2 P_{\boldsymbol{u}_2} + \cdots + c_n P_{\boldsymbol{u}_n}$ 是酉矩阵，见(6.4.1).

P.6.12 设 $\boldsymbol{a}_1, \boldsymbol{a}_2, \cdots, \boldsymbol{a}_n$ 与 $\boldsymbol{b}_1, \boldsymbol{b}_2, \cdots, \boldsymbol{b}_n$ 是 $\mathbb{F}^n$ 的标准正交基. 描述怎样构造一个酉矩阵 U，使得对每个 $k=1, 2, \cdots, n$，都有 $U\boldsymbol{b}_k = \boldsymbol{a}_k$.

P.6.13 实对角的 $n \times n$ 酉矩阵所有可能的元素是什么？一共有多少个这样的矩阵？

P.6.14 如果 $U \in \boldsymbol{M}_n$ 是酉矩阵，证明：矩阵 U^*、U^{T} 以及 $\bar{U}$ 都是酉矩阵. $\bar{U}$ 的逆呢？

P.6.15 回顾等式(3.1.21)的讨论. 假设每一个矩阵 $A, B \in \boldsymbol{M}_{m \times n}$ 的列都是标准正交的. 证明：$\operatorname{col} A = \operatorname{col} B$ 当且仅当存在一个酉矩阵 $U \in \boldsymbol{M}_n$，使得 $A = BU$.

P.6.16 如果 $U \in \boldsymbol{M}_n$ 是酉矩阵，计算 U 的 Frobenius 范数 $\| U \|_F$. 见例 4.5.5.

P.6.17 证明：$\beta = I_2$，σ_x，σ_y，σ_z(单位阵以及 Pauli 的三个自旋矩阵)是 2×2 复 Hermite 矩阵组成的实向量空间的一组标准正交基，其上赋有 Frobenius 内积. 144

P.6.18 证明：酉相似是 $\boldsymbol{M}_n$ 上的一个等价关系，而实正交相似则是 $\boldsymbol{M}_n(\mathbb{R})$ 上的一个等价关系. 实正交相似是 $\boldsymbol{M}_n(\mathbb{C})$ 上的等价关系吗？

P.6.19 假设 $U = [u_{ij}] \in \boldsymbol{M}_2$ 是酉矩阵，且 $u_{21} = 0$，关于其余三个元素你有何结论？

P.6.20 如果 $U \in \boldsymbol{M}_n$ 是上三角阵且为酉矩阵，对于它的元素，你有何结论？

P. 6. 21　如果定理 6.4.7 与定理 6.4.9 中的向量 $\boldsymbol{x}$ 与 $\boldsymbol{y}$ 线性相关，会发生什么呢？(a)设 $\boldsymbol{y}=\pm\boldsymbol{x}\in\mathbb{R}^n$ 是非零向量. 证明：由定理 6.4.7 中算法所产生的实正交阵是 $\sigma U_{\boldsymbol{W}}=\mp U_{\boldsymbol{X}}$. (b)设 $\theta\in\mathbb{R}$，且令 $\boldsymbol{y}=\mathrm{e}^{\mathrm{i}\theta}\boldsymbol{x}\in\mathbb{C}^n$ 为非零向量. 证明：由定理 6.4.9 中的算法所产生的酉矩阵是 $\sigma U_{\boldsymbol{W}}=-\mathrm{e}^{\mathrm{i}\theta}U_{\boldsymbol{X}}$. (c)在每一种情形，计算 $\sigma U_{\boldsymbol{W}}\boldsymbol{x}$ 以验证它达到结论中的值.

P. 6. 22　设 $\boldsymbol{x}$，$\boldsymbol{y}\in\mathbb{R}^n$，并假设 $\|\boldsymbol{x}\|_2=\|\boldsymbol{y}\|_2$，但 $\boldsymbol{x}\neq\pm\boldsymbol{y}$.

(a)如果 $n=2$，证明 $U_{\boldsymbol{y}-\boldsymbol{x}}=-U_{\boldsymbol{y}+\boldsymbol{x}}$.

(b)如果 $n\geqslant 3$，证明 $-U_{\boldsymbol{y}+\boldsymbol{x}}\neq U_{\boldsymbol{y}-\boldsymbol{x}}$.

P. 6. 23　利用定理 6.4.9 中的算法构造一个酉矩阵，使得它把 $\boldsymbol{x}=[1\ \ \mathrm{i}]^{\mathrm{T}}$ 映射成 $\boldsymbol{y}=[1\ \ 1]^{\mathrm{T}}$.

P. 6. 24　设 $\boldsymbol{w}\in\mathbb{F}^n$不是零向量，设 $U_{\boldsymbol{W}}$ 是 Householder 矩阵(6.4.4)，且 $X=[\boldsymbol{x}_1, \boldsymbol{x}_2, \cdots, \boldsymbol{x}_n]\in\boldsymbol{M}_n(\mathbb{F})$. 证明 $U_{\boldsymbol{W}}X=X-[\langle\boldsymbol{x}_1, \boldsymbol{u}\rangle\boldsymbol{u}\ \ \langle\boldsymbol{x}_2, \boldsymbol{u}\rangle\boldsymbol{u}\ \ \cdots\ \ \langle\boldsymbol{x}_n, \boldsymbol{u}\rangle\boldsymbol{u}]$.

P. 6. 25　设 $A\in\boldsymbol{M}_n$，$A=QR$ 是 QR 分解. 令 $A=[\boldsymbol{a}_1, \boldsymbol{a}_2, \cdots, \boldsymbol{a}_n]$，$Q=[\boldsymbol{q}_1, \boldsymbol{q}_2, \cdots, \boldsymbol{q}_n]$，$R=[\boldsymbol{r}_1, \boldsymbol{r}_2, \cdots, \boldsymbol{r}_n]=[r_{ij}]$.

(a)说明为什么 $|\det A|=\det R=r_{11}r_{22}\cdots r_{nn}$.

(b)证明：对每个 $i=1, 2, \cdots, n$，都有 $\|\boldsymbol{a}_i\|_2=\|\boldsymbol{r}_i\|_2\geqslant r_{ii}$，其中的等式对某个 i 成立，当且仅当 $\boldsymbol{a}_i=r_{ii}\boldsymbol{q}_i$.

(c)导出结论

$$|\det A|\leqslant\|\boldsymbol{a}_1\|_2\|\boldsymbol{a}_2\|_2\cdots\|\boldsymbol{a}_n\|_2, \tag{6.7.2}$$

其中等式成立当且仅当或者 A 有一列为零，或者 A 的列是正交的(即 $A^*A=\mathrm{diag}(\|\boldsymbol{a}_1\|_2^2, \|\boldsymbol{a}_2\|_2^2, \cdots, \|\boldsymbol{a}_n\|_2^2)$). 这是 Hadamard 不等式(Hadamard Inequality).

P. 6. 26　假设 $A\in\boldsymbol{M}_{m\times n}(\mathbb{F})$且 $\mathrm{rank}\,A=n$. 如果 $A=QR$ 是 QR 分解，那么 Q 的列是 $\mathrm{col}\,A$ 的一组标准正交基. 说明为什么这组标准正交基与对 A 的列向量用 Gram-Schmidt 方法得到的标准正交基是一样的.

P. 6. 27　如果 $A\in\boldsymbol{M}_n(\mathbb{F})$的行是标准正交的，且在 $B\in\boldsymbol{M}_n(\mathbb{F})$的宽 QR 分解中的上三角因子是 I，证明 $|\mathrm{tr}\,ABAB|\leqslant n$.

P. 6. 28　设 $A\in\boldsymbol{M}_n$ 是 Hermite 阵. 由定理 6.6.3 导出结论：A 与一个具有非负超对角线元素以及非负次对角线元素的实对称的三对角阵酉相似.

P. 6. 29　设 $A\in\boldsymbol{M}_n$ 并令 $A_0=A=Q_0R_0$ 是 QR 分解. 定义 $A_1=R_0Q_0$，并令 $A_1=Q_1R_1$ 是 QR 分解. 定义 $A_2=R_1Q_1$. 继续这一构造，在第 k 步，$A_k=Q_kR_k$ 是 QR 分解，而 $A_{k+1}=R_kQ_k$. 证明：对 $k=1, 2, \cdots$，每个 A_k 都与 A 酉相似. 这一构造在计算特征值的 QR 算法(QR algorithm)中处于核心位置，见第 8 章. 实际上，定理 6.6.3 中的算法常用来在开始使用 QR 算法之前将 A 化简成为上 Hessenberg 型.

P. 6. 30 设 x，$y\in\mathbb{C}^n$. 如果存在一个非零向量 $w\in\mathbb{C}^n$，使得 $U_w x=y$，证明：$\|x\|_2=\|y\|_2$ 且 y^*x 是实的. 其逆命题如何？ 145

P. 6. 31 设 $u\in\mathbb{C}^n$ 是单位向量，而 c 是模为 1 的纯量. 证明 $P_u=P_{cu}$，$P_{\bar{u}}=P_u^{\mathrm{T}}$.

P. 6. 32 设 $a\in\mathbb{F}^m$ 是单位向量，而 $A=[a]\in M_{m\times 1}(\mathbb{F})$. 令

$$A=V\begin{bmatrix}R\\ \mathbf{0}\end{bmatrix} \tag{6.7.3}$$

是 A 的宽 QR 分解. 说明为什么 $R=[1]$ 以及为什么 $V\in M_m(\mathbb{F})$ 是以 a 为第一列的酉矩阵.

P. 6. 33 设 a_1，a_2，…，$a_n\in\mathbb{F}^m$ 是标准正交向量组，而 $A=[a_1,\ a_2,\ \cdots,\ a_n]\in M_{m\times n}(\mathbb{F})$. 设(6.7.3)是 A 的宽 QR 分解. 证明：$R=I_n$，且 $V\in M_m(\mathbb{F})$ 是一个酉矩阵，它的前 n 列是 A 的列. 说明怎样才可以用这个结果生成一个算法，以便将给定的标准正交向量组扩展成为一组标准正交基.

P. 6. 34 如果 $A\in M_{m\times n}(\mathbb{R})$ 且 $m\geqslant n$，为什么证明定理 6.5.2 时用到的算法产生出实的矩阵 V，Q，R 作为宽与窄的 QR 分解式(6.5.3)以及(6.5.4)的因子？

P. 6. 35 设 $A\in M_{m\times n}(\mathbb{R})$ 且 $m\geqslant n$，又设与在(6.5.4)中那样有 $A=QR$. 设 $R=[r_{ij}]\in M_n$，$Q=[q_1,\ q_2,\ \cdots,\ q_n]$，$A=[a_1,\ a_2,\ \cdots,\ a_n]$. 证明：对所有 i，$j=1$，2，…，n 都有 $r_{ij}=\langle a_i,\ q_j\rangle$. 为什么 $i>j$ 时 $r_{ij}=0$？

P. 6. 36 证明：方阵与一个上三角阵相似，当且仅当它与某个上三角阵酉相似. **提示**：如果 $A=SBS^{-1}$，考虑 S 的 QR 分解.

P. 6. 37 考虑(6.2.15)中定义的 4×4 Fourier 矩阵.

(a)验证

$$F_4^2=\begin{bmatrix}1&0&0&0\\0&0&0&1\\0&0&1&0\\0&1&0&0\end{bmatrix}=\begin{bmatrix}1&0\\0&K_3\end{bmatrix},$$

见(6.2.9).

(b)推导出 $F_4^4=I$.

P. 6. 38 考虑(6.2.14)中定义的 Fourier 矩阵 F_n. (a)证明

$$F_n^2=\frac{1}{n}\Big[\sum_{k=1}^{n-1}(\omega^{i+j-2})^k\Big]_{i,j=1}^{n-1}=\begin{bmatrix}1&0\\0&K_{n-1}\end{bmatrix},$$

见(6.2.9). (b)推导出 $F_n^4=I$.

P. 6. 39 验证下面的等式，该等式将 Fourier 矩阵 F_4 与 F_2 联系起来：

$$F_4=\frac{1}{\sqrt{2}}\begin{bmatrix}I&D_2\\I&-D_2\end{bmatrix}\begin{bmatrix}F_2&0\\0&F_2\end{bmatrix}P_4, \tag{6.7.4}$$

其中 $D_2=\mathrm{diag}(1,\ \omega)$，$\omega=\mathrm{e}^{\pi\mathrm{i}/2}=\mathrm{i}$，$P_4=[e_1,\ e_2,\ e_3,\ e_4]$ 是置换矩阵，满足 $P_4[x_1,\ x_2,\ x_3,\ x_4]^{\mathrm{T}}=[x_1,\ x_3,\ x_2,\ x_4]^{\mathrm{T}}$.

P. 6. 40 设 $A\in \boldsymbol{M}_n$. 如果 B 与 A 置换相似，证明：A 的每个元素都是 B 的元素，且在两个矩阵中它在不同位置出现相同的次数.

P. 6. 41 设 $A\in \boldsymbol{M}_n$. A 的每个元素都是 A^{T} 的元素，且在两个矩阵中它在不同位置出现相同的次数. A 与 A^{T} 总是置换相似的吗？为什么？ 146

P. 6. 42 设 $A\in \boldsymbol{M}_n$ 且 $A\neq 0$.

(a)如果 $\operatorname{rank} A=r$，证明 A 有一个 $r\times r$ 的可逆的子矩阵. **提示**：为什么存在一个置换矩阵 P，使得 $PA=\begin{bmatrix}A_1\\A_2\end{bmatrix}$，且 $A_1\in \boldsymbol{M}_{r\times n}$ 的行是线性无关的？为什么存在一个置换矩阵 Q，使得 $A_1Q=[A_{11}\ A_{22}]$，且使得 $A_{11}\in \boldsymbol{M}_r$ 的列线性无关？

(b)如果 $k\geqslant 1$，且 A 有一个 $k\times k$ 可逆子矩阵，证明 $\operatorname{rank} A\geqslant k$. **提示**：为何 A 至少有 k 行线性无关？

(c)证明：$\operatorname{rank} A$ 等于 A 的有非零行列式的最大子方阵的阶，即

$$\operatorname{rank} A=\max\{k:B \text{ 是 } A \text{ 的 } k\times k \text{ 子矩阵且 } \det B\neq 0\}. \tag{6.7.5}$$

(d)如果 $E\in \boldsymbol{M}_n$ 是全1矩阵，利用(6.7.5)证明 $\operatorname{rank} E=1$.

(e)如果 $n\geqslant 3$，且 $\operatorname{rank} A\leqslant n-2$，利用(6.7.5)证明 $\operatorname{adj} A=0$，见(0.5.2).

(f)如果 $n\geqslant 2$，且 $\operatorname{rank} A=n-1$，利用(6.7.5)证明 $\operatorname{rank} \operatorname{adj} A\geqslant 1$. 利用(0.5.2)证明：$\operatorname{adj} A$ 的零度至少为 $n-1$，并导出结论 $\operatorname{rank} \operatorname{adj} A=1$.

P. 6. 43 如果 $U\in \boldsymbol{M}_m$ 与 $V\in \boldsymbol{M}_n$ 是酉矩阵，证明 $U\otimes V\in \boldsymbol{M}_{mn}$ 是酉矩阵.

6.8 注记

利用 Gram-Schmidt 方法，用计算机上的浮点算术运算将一列线性无关的向量正交化有可能产生出一组远非正交的向量组. 无论 P. 6. 26 中的结果如何，经由 Householder 变换得到的 QR 分解所给出的数值正交化方法都会令人满意得多，见[GVL13].

等式(6.7.4)是等式

$$F_{2n}=\frac{1}{\sqrt{2}}\begin{bmatrix}I & D_n\\ I & -D_n\end{bmatrix}\begin{bmatrix}F_n & 0\\ 0 & F_n\end{bmatrix}P_{2n} \tag{6.8.1}$$

的特殊情形，其中 $D_n=\operatorname{diag}(1,\ \omega,\ \omega^2,\ \cdots,\ \omega^{n-1})$，$\omega=\mathrm{e}^{\mathrm{i}\pi/n}$，而 P_{2n} 则是置换矩阵，它满足

$$P_{2n}[x_1\ x_2\cdots x_{2n-1}\ x_{2n}]^{\mathrm{T}}=[x_1\ x_3\ x_5\cdots x_{2n-1}\ x_2\ x_4\ x_6\cdots x_{2n}]^{\mathrm{T}},$$

它首先将奇数指标的元素放好，再放置偶数指标的元素. 等式(6.8.1)给我们指出一种递归的格式来计算矩阵向量的乘积 $F_{2^m}\boldsymbol{x}$，其中 $\boldsymbol{x}$ 是一个大小为2的幂次的向量. 在著名的快速 Fourier 变换(FFT)算法中，这种格式占据中心的地位.

2×2 酉矩阵的分解(6.7.1)是 $n\times n$ 酉矩阵(它表示成 2×2 分块矩阵的形式)的 CS 分解

147 的特殊情形，见[HJ13，2.7节].

6.9 一些重要的概念

- 酉矩阵的伴随阵是它的逆阵
- 酉矩阵的特征刻画(定理 6.2.11)
- 酉相似与置换相似
- Fourier 矩阵，Householder 矩阵以及置换矩阵都是酉矩阵
- Householder 矩阵可以用来构造一个酉矩阵，它把一个给定的向量映射成另外任何一个有相同欧几里得范数的向量
- *QR* 分解与线性无关向量组的正交化
- 每个方阵都酉相似于一个上 Hessenberg 矩阵 148

第 7 章　正交补与正交射影

应用数学中的许多问题都涉及在某种限制条件下求最小范数解或者求最佳逼近. 在求解这样的问题时，常会遇到正交子空间，所以我们要在这一章里来仔细研究它们. 其中要讨论相容线性方程组的极小范数解、不相容线性方程组的最小平方解以及正交射影.

7.1　正交补

正交射影是简单的运算，它们用来作为其他大量运算的基本载体(见 12.9 节). 它们也是真实世界最优化问题以及许多应用的基本工具. 为了定义正交射影，我们需要下面的记号.

定义 7.1.1　设 $\mathscr{U}$ 是一个内积空间 $\mathcal{V}$ 的子集. 如果 $\mathscr{U}$ 非空，那么

$$\mathscr{U}^{\perp} = \{\boldsymbol{v} \in \mathcal{V}: 对所有\ \boldsymbol{u} \in \mathscr{U}, 有 \langle \boldsymbol{u}, \boldsymbol{v} \rangle = 0\}.$$

如果 $\mathscr{U}=\varnothing$，那么 $\mathscr{U}^{\perp}=\mathcal{V}$. 集合 $\mathscr{U}^{\perp}$(读作“$\mathscr{U}$ 垂直”)称为 $\mathscr{U}$ 在 $\mathcal{V}$ 中的**正交补**(orthogonal complement).

图 7.1 与下面的例子描述了正交补的一些基本性质.

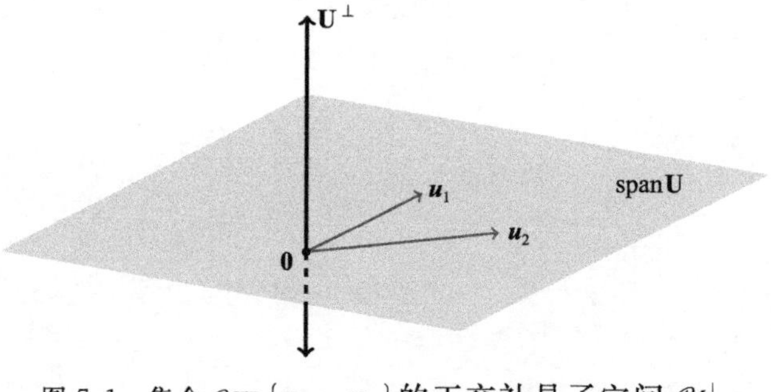

图 7.1　集合 $\mathscr{U}=\{\boldsymbol{u}_1, \boldsymbol{u}_2\}$ 的正交补是子空间 $\mathscr{U}^{\perp}$

例 7.1.2　设 $\mathcal{V}=\mathbb{R}^3$，$\mathscr{U}=\{[1\ 2\ 3]^{\mathrm{T}}\}$. 那么，$\boldsymbol{x}=[x_1 x_2 x_3]^{\mathrm{T}} \in \mathscr{U}^{\perp}$，当且仅当 $x_1+2x_2+3x_3=0$. 于是，

$$\mathscr{U}^{\perp} = \{[x_1\ x_2\ x_3]^{\mathrm{T}}: x_1 + 2x_2 + 3x_3 = 0\} \tag{7.1.3}$$

是 $\mathbb{R}^3$ 中通过点 $\mathbf{0}=[0\ 0\ 0]^{\mathrm{T}}$ 且以 $[1\ 2\ 3]^{\mathrm{T}}$ 作为法向量的平面. 注意到 $\mathscr{U}^{\perp}$ 是 $\mathbb{R}^n$ 的子空间，尽管 $\mathscr{U}$ 仅仅是 $\mathbb{R}^n$ 的一个子集，见定理 7.1.5.

例 7.1.4　考虑 $\mathcal{V}=\boldsymbol{M}_n$，它赋有 Frobenius 内积. 如果 $\mathscr{U}$ 是由所有上三角阵组成的子空间，那么 $\mathscr{U}^{\perp}$ 就是由所有严格下三角阵组成的子空间. 见 P.7.11.

下面的定理列举了正交补的一些重要性质. 149

定理 7.1.5 设 $\mathscr{U}$ 与 $\mathscr{W}$ 是内积空间 $\mathcal{V}$ 的非空子集. 那么

(a) $\mathscr{U}^{\perp}$ 是 $\mathcal{V}$ 的子空间. 特别有 $\mathbf{0}\in\mathscr{U}^{\perp}$.

(b) 如果 $\mathscr{U}\subseteq\mathscr{W}$, 那么 $\mathscr{W}^{\perp}\subseteq\mathscr{U}^{\perp}$.

(c) $\mathscr{U}^{\perp}=(\operatorname{span}\mathscr{U})^{\perp}$.

(d) 如果 $\mathscr{U}\cap\mathscr{U}^{\perp}\neq\varnothing$, 那么 $\mathscr{U}\cap\mathscr{U}^{\perp}=\{\mathbf{0}\}$.

(e) 如果 $\mathbf{0}\in\mathscr{U}$, 那么 $\mathscr{U}\cap\mathscr{U}^{\perp}=\{\mathbf{0}\}$.

(f) $\{\mathbf{0}\}^{\perp}=\mathcal{V}$.

(g) $\mathcal{V}^{\perp}=\{\mathbf{0}\}$.

(h) $\mathscr{U}\subseteq\operatorname{span}\mathscr{U}\subseteq(\mathscr{U}^{\perp})^{\perp}$.

证明 (a) 如果 $\boldsymbol{u}$, $\boldsymbol{v}\in\mathscr{U}^{\perp}$, 且 a 是纯量, 那么, 对所有 $\boldsymbol{w}\in\mathscr{U}$ 都有 $\langle\boldsymbol{w}, \boldsymbol{u}+a\boldsymbol{v}\rangle=\langle\boldsymbol{w}, \boldsymbol{u}\rangle+\bar{a}\langle\boldsymbol{w}, \boldsymbol{v}\rangle=0$. 于是 $\boldsymbol{u}+a\boldsymbol{v}\in\mathscr{U}^{\perp}$, 这就证明了 $\mathscr{U}^{\perp}$ 是子空间.

(b) 如果 $\boldsymbol{v}\in\mathcal{W}^{\perp}$, 那么对所有 $\boldsymbol{u}\in\mathcal{U}$ 都有 $\langle\boldsymbol{u}, \boldsymbol{v}\rangle=0$, 这是因为 $\mathcal{U}\subseteq\mathcal{W}$. 于是, $v\in\mathcal{U}^{\perp}$, 我们得出结论 $\mathcal{W}^{\perp}\subseteq\mathcal{U}^{\perp}$.

(c) 由于 $\mathscr{U}\subseteq\operatorname{span}\mathscr{U}$, (b) 确保 $(\operatorname{span}\mathscr{U})^{\perp}\subseteq\mathscr{U}^{\perp}$. 如果 $\boldsymbol{v}\in\mathscr{U}^{\perp}$, 那么对任何纯量 c_1, c_2, …, c_r 以及任何 $\boldsymbol{u}_1$, $\boldsymbol{u}_2$, …, $\boldsymbol{u}_r\in\mathcal{U}$, 都有 $\langle\sum_{i=1}^{r}c_i\boldsymbol{u}_i, \boldsymbol{v}\rangle=\sum_{i=1}^{r}c_i\langle\boldsymbol{u}_i, \boldsymbol{v}\rangle=0$. 于是 $\mathscr{U}^{\perp}\subseteq(\operatorname{span}\mathscr{U})^{\perp}$. 我们断定 $\mathscr{U}^{\perp}=(\operatorname{span}\mathscr{U})^{\perp}$.

(d) 如果 $\boldsymbol{u}\in\mathscr{U}\cap\mathscr{U}^{\perp}$, 那么, $\boldsymbol{u}$ 与自己正交. 这样就有 $\|\boldsymbol{u}\|^2=\langle\boldsymbol{u}, \boldsymbol{u}\rangle=0$, 从而 $\boldsymbol{u}=\mathbf{0}$.

(e) 由于 $\mathbf{0}\in\mathscr{U}^{\perp}$ (根据(a)), 因此 $\mathscr{U}\cap\mathscr{U}^{\perp}\neq\varnothing$, 从而根据(d)有 $\mathscr{U}\cap\mathscr{U}^{\perp}=\{\mathbf{0}\}$.

(f) 由于对所有 $\boldsymbol{v}\in\mathcal{V}$ 都有 $\langle\boldsymbol{v}, \mathbf{0}\rangle=0$, 我们看出 $\mathcal{V}\subseteq\{\mathbf{0}\}^{\perp}\subseteq\mathcal{V}$, 所以 $\mathcal{V}=\{\mathbf{0}\}^{\perp}$.

(g) 由于 $\mathbf{0}\in\mathcal{V}^{\perp}$ (根据(a)), 因此由(d)有 $\mathcal{V}^{\perp}=\mathcal{V}\cap\mathcal{V}^{\perp}=\{\mathbf{0}\}$.

(h) 由于 span $\mathscr{U}$ 中的每一个向量都与 $(\operatorname{span}\mathscr{U})^{\perp}$ 中的每一个向量正交, 因此(c)确保 $\mathscr{U}\subseteq\operatorname{span}\mathscr{U}\subseteq((\operatorname{span}\mathscr{U})^{\perp})^{\perp}=(\mathscr{U}^{\perp})^{\perp}$. ■

下面的定理断言：内积空间总可以分解成任意一个有限维子空间与它的正交补的直和. 150

定理 7.1.6 如果 $\mathcal{U}$ 是内积空间 $\mathcal{V}$ 的一个有限维子空间, 那么 $\mathcal{V}=\mathcal{U}\oplus\mathcal{U}^{\perp}$. 因此, 对每个 $\boldsymbol{v}\in\mathcal{V}$, 存在唯一的 $\boldsymbol{u}\in\mathcal{U}$, 使得 $\boldsymbol{v}-\boldsymbol{u}\in\mathscr{U}^{\perp}$.

证明 设 $\boldsymbol{u}_1$, $\boldsymbol{u}_2$, …, $\boldsymbol{u}_r$ 是 $\mathcal{U}$ 的一组标准正交基. 对 $\mathcal{V}$ 中任意的 $\boldsymbol{v}$, 记

$$\boldsymbol{v}=\underbrace{\Big(\sum_{i=1}^{r}\langle\boldsymbol{v},\boldsymbol{u}_i\rangle\boldsymbol{u}_i\Big)}_{\boldsymbol{u}}+\underbrace{\Big(\boldsymbol{v}-\sum_{i=1}^{r}\langle\boldsymbol{v},\boldsymbol{u}_i\rangle\boldsymbol{u}_i\Big)}_{\boldsymbol{v}-\boldsymbol{u}},\tag{7.1.7}$$

其中 $\boldsymbol{u}\in\mathcal{U}$. 我们断言 $\boldsymbol{v}-\boldsymbol{u}\in\mathcal{U}^{\perp}$. 的确, 这是由于

$$\begin{aligned}\langle\boldsymbol{v}-\boldsymbol{u},\boldsymbol{u}_j\rangle&=\langle\boldsymbol{v},\boldsymbol{u}_j\rangle-\langle\boldsymbol{u},\boldsymbol{u}_j\rangle\\&=\langle\boldsymbol{v},\boldsymbol{u}_j\rangle-\Big\langle\sum_{i=1}^{r}\langle\boldsymbol{v},\boldsymbol{u}_i\rangle\boldsymbol{u}_i,\boldsymbol{u}_j\Big\rangle\end{aligned}$$

$$= \langle \boldsymbol{v}, \boldsymbol{u}_j \rangle - \sum_{i=1}^{r} \langle \boldsymbol{v}, \boldsymbol{u}_i \rangle \langle \boldsymbol{u}_i, \boldsymbol{u}_j \rangle$$
$$= \langle \boldsymbol{v}, \boldsymbol{u}_j \rangle - \langle \boldsymbol{v}, \boldsymbol{u}_j \rangle$$
$$= 0.$$

定理 7.1.5(c)确保

$$\boldsymbol{v} - \boldsymbol{u} \in \{\boldsymbol{u}_1, \boldsymbol{u}_2, \cdots, \boldsymbol{u}_r\}^{\perp} = (\operatorname{span}\{\boldsymbol{u}_1, \boldsymbol{u}_2, \cdots, \boldsymbol{u}_r\})^{\perp} = \mathcal{U}^{\perp}.$$

于是 $\mathcal{V}=\mathcal{U}+\mathcal{U}^{\perp}$. 由于 $\mathcal{U}$ 是子空间，因此 $\boldsymbol{0}\in\mathcal{U}$，且定理 7.1.5(e)确保 $\mathcal{U}\cap\mathcal{U}^{\perp}=\{\boldsymbol{0}\}$. 我们得出结论 $\mathcal{V}=\mathcal{U}\oplus\mathcal{U}^{\perp}$. $\boldsymbol{u}$ 的唯一性则由定理 1.5.9 得出. ■

定理 7.1.8 如果 $\mathcal{U}$ 是内积空间的有限维子空间，那么 $(\mathcal{U}^{\perp})^{\perp}=\mathcal{U}$.

证明 定理 7.1.5(g)断言 $\mathcal{U}\subseteq(\mathcal{U}^{\perp})^{\perp}$. 设 $\boldsymbol{v}\in(\mathcal{U}^{\perp})^{\perp}$，利用定理 7.1.6 记 $\boldsymbol{v}=\boldsymbol{u}+(\boldsymbol{v}-\boldsymbol{u})$，其中 $\boldsymbol{u}\in\mathcal{U}$，而 $(\boldsymbol{v}-\boldsymbol{u})\in\mathcal{U}^{\perp}$. 由于

$$0 = \langle \boldsymbol{v}, \boldsymbol{v}-\boldsymbol{u} \rangle = \langle \boldsymbol{u}+(\boldsymbol{v}-\boldsymbol{u}), \boldsymbol{v}-\boldsymbol{u} \rangle = \langle \boldsymbol{u}, \boldsymbol{v}-\boldsymbol{u} \rangle + \| \boldsymbol{v}-\boldsymbol{u} \|^2 = \| \boldsymbol{v}-\boldsymbol{u} \|^2,$$

由此推出 $\boldsymbol{v}=\boldsymbol{u}$. 于是，$\boldsymbol{v}\in\mathcal{U}$，且 $(\mathcal{U}^{\perp})^{\perp}\subseteq\mathcal{U}$. ■

推论 7.1.9 如果 $\mathscr{U}$ 是内积空间的一个非空子集，而 span $\mathscr{U}$ 是有限维的，那么 $(\mathscr{U}^{\perp})^{\perp}=\operatorname{span}\mathscr{U}$.

证明 由于 span $\mathscr{U}$ 是一个有限维子空间，定理 7.1.8 以及定理 7.1.5(c)告诉我们 $\operatorname{span}\mathscr{U}=((\operatorname{span}\mathscr{U})^{\perp})^{\perp}=(\mathscr{U}^{\perp})^{\perp}$. ■

例 7.1.10 设 $\mathcal{U}$ 是例 7.1.2 中定义的集合. 为什么 $(\mathscr{U}^{\perp})^{\perp}=\operatorname{span}\mathscr{U}$? 由于 $\mathscr{U}^{\perp}$ 是秩 1 矩阵 $[1\ 2\ 3]$ 的零空间，因而维数定理确保 $\dim\mathscr{U}^{\perp}=2$. 于是，$\mathscr{U}^{\perp}$ 中任何两个像 $\boldsymbol{v}_1=[3\ 0\ -1]^{\mathrm{T}}$ 与 $\boldsymbol{v}_2=[2\ -1\ 0]^{\mathrm{T}}$ 这样的线性无关的向量都构成 $\mathscr{U}^{\perp}$ 的一组基. 于是，$(\mathscr{U}^{\perp})^{\perp}=$
151 $(\operatorname{span}\{\boldsymbol{v}_1, \boldsymbol{v}_2\})^{\perp}=\{\boldsymbol{v}_1, \boldsymbol{v}_2\}^{\perp}$. 然而，$\{\boldsymbol{v}_1, \boldsymbol{v}_2\}^{\perp}$ 是 2×3 矩阵 $[\boldsymbol{v}_1\ \boldsymbol{v}_2]^{\mathrm{T}}$ 的零空间，行的化简确认它就是 span $\mathscr{U}$.

如果 $\mathcal{V}$ 是无限维的，且 $\mathscr{U}\subseteq\mathcal{V}$，那么 span $\mathscr{U}$ 有可能是 $(\mathscr{U}^{\perp})^{\perp}$ 的一个真子集，见 P.7.33.

7.2 相容线性方程组的极小范数解

定义 7.2.1 设 $A\in\boldsymbol{M}_{m\times n}(\mathbb{F})$，假设 $\boldsymbol{y}\in\operatorname{col}A$. 相容线性方程组 $A\boldsymbol{x}=\boldsymbol{y}$ 的一组解 $\boldsymbol{s}$ 称为是**极小范数解**(minimum norm solution)，如果只要有 $A\boldsymbol{u}=\boldsymbol{y}$，就有 $\|\boldsymbol{s}\|_2\leqslant\|\boldsymbol{u}\|_2$.

我们为什么对寻求有无穷多组解的相容线性方程组的极小范数解感兴趣? 这其中有许多理由. 例如，如果解向量的元素表达的是经济的量值，似乎总的消耗就可以用极小范数解来极小化. 幸运的是，每一个相容的线性方程组都有唯一的极小范数解. 为证明此结论，我们首先给出下面的引理.

引理 7.2.2 如果 $\mathcal{V}$ 与 $\mathcal{W}$ 是有限维内积空间，且 $T\in\mathfrak{L}(\mathcal{V}, \mathcal{W})$. 那么

$$\ker T = (\operatorname{ran} T^*)^{\perp}, \quad \operatorname{ran} T = (\ker T^*)^{\perp}. \tag{7.2.3}$$

证明 等价关系

$$\begin{aligned} v \in \ker T & \Leftrightarrow T v = \mathbf{0} \\ & \Leftrightarrow \langle T v, w \rangle_{\mathcal{W}} = 0 \text{ 对所有 } w \in \mathcal{W} \\ & \Leftrightarrow \langle v, T^{*} w \rangle_{\mathcal{V}} = 0 \text{ 对所有 } w \in \mathcal{W} \\ & \Leftrightarrow v \in (\operatorname{ran} T^{*})^{\perp} \end{aligned}$$

告诉我们 $\ker T=(\operatorname{ran} T^{*})^{\perp}$. 为了看出 $\operatorname{ran} T=(\ker T^{*})^{\perp}$，用 T^{*} 代替 T，并利用定理 7.1.8. ■

如果 $\mathcal{V}=\mathbb{F}^{n}$ 且 $\mathcal{W}=\mathbb{F}^{m}$，而 $T_{A} \in \mathfrak{L}(\mathcal{V}, \mathcal{W})$ 是由 $A \in \mathbf{M}_{m \times n}(\mathbb{F})$ 诱导的线性算子(见定义 2.3.9)，则上面的引理确保

$$\operatorname{null} A=(\operatorname{col} A^{*})^{\perp}. \tag{7.2.4}$$

现在可以来证明我们关于极小范数解的结论了，见图 7.2.

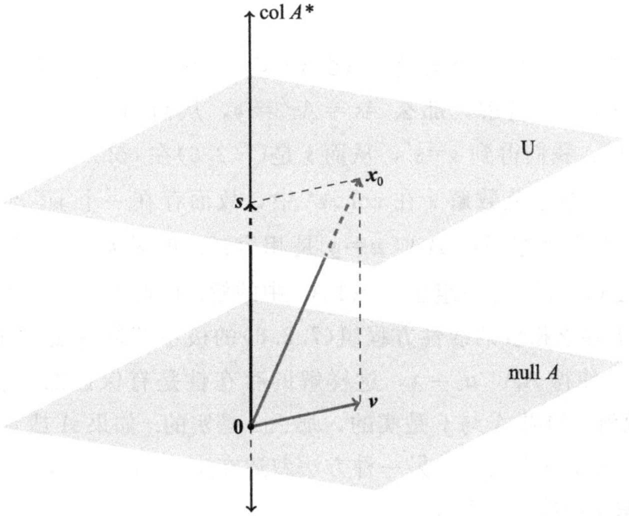

图 7.2 定理 7.2.5 的图示. $A\boldsymbol{x}=\boldsymbol{y}$ 的解集是 $\mathscr{U}$，它是 null A 做了平移 $\boldsymbol{x}_0$($A\boldsymbol{x}=\boldsymbol{y}$ 的一个解)的一个拷贝. 集合 $\mathscr{U}$ 不是 $\mathbb{F}^n$ 的子空间，除非 $\boldsymbol{y}=0$，在此情形有 $\mathscr{U}=\operatorname{null} A$. $A\boldsymbol{x}=\boldsymbol{y}$ 的极小范数解 $\boldsymbol{s}$ 是 $\mathscr{U}$ 中属于 $\operatorname{col} A^{*}=(\operatorname{null} A)^{\perp}$ 的唯一的向量

定理 7.2.5 假设 $\boldsymbol{y} \in \mathbb{F}^{m}$，$A \in \mathbf{M}_{m \times n}(\mathbb{F})$，且

$$A \boldsymbol{x}=\boldsymbol{y} \tag{7.2.6}$$

是相容的. 那么

(a)方程(7.2.6)有唯一的极小范数解 $\boldsymbol{s} \in \mathbb{F}^{n}$. 此外，$\boldsymbol{s} \in \operatorname{col} A^{*}$.

(b)$\boldsymbol{s}$ 是(7.2.6)在 $\operatorname{col} A^{*}$ 中仅有的解.

(c)$AA^{*}\boldsymbol{u}=\boldsymbol{y}$ 是相容的，如果 $\boldsymbol{u}_{0} \in \mathbb{F}^{m}$，且 $AA^{*}\boldsymbol{u}_{0}=\boldsymbol{y}$，那么 $\boldsymbol{s}=A^{*}\boldsymbol{u}_{0}$.

证明 (a)由(7.2.4)我们得到正交的直和

$$\mathbb{F}^{n}=\operatorname{col} A^{*} \oplus \underbrace{\operatorname{null} A}_{=(\operatorname{col} A^{*})^{\perp}}.$$

设 $\boldsymbol{x}_0$ 是(7.2.6)的一组解(任何一组解都行)，并记 $\boldsymbol{x}_0=\boldsymbol{s}+\boldsymbol{v}$，其中 $\boldsymbol{s}\in \operatorname{col} A^*$，而 $\boldsymbol{v}\in \operatorname{null} A$. 由此推出

$$\boldsymbol{y}=A\boldsymbol{x}_0=A(\boldsymbol{s}+\boldsymbol{v})=A\boldsymbol{s}+A\boldsymbol{v}=A\boldsymbol{s},$$

所以 $\boldsymbol{s}$ 是(7.2.6)的一组解. (7.2.6)的每一个解 $\boldsymbol{x}$ 都有形式 $\boldsymbol{x}=\boldsymbol{s}+\boldsymbol{v}$(对某个 $\boldsymbol{v}\in \operatorname{null} A$). 毕达哥拉斯定理确保

$$\|\boldsymbol{x}\|_2^2=\|\boldsymbol{s}+\boldsymbol{v}\|_2^2=\|\boldsymbol{s}\|_2^2+\|\boldsymbol{v}\|_2^2\geqslant\|\boldsymbol{s}\|_2^2,$$

所以 $\boldsymbol{s}$ 是(7.2.6)的极小范数解.

如果 $\boldsymbol{s}'$是(7.2.6)的任意一组极小范数解，那么 $\boldsymbol{s}'=\boldsymbol{s}+\boldsymbol{v}$，其中 $\boldsymbol{v}\in \operatorname{null} A$，且 $\|\boldsymbol{s}\|_2=\|\boldsymbol{s}'\|_2$. 毕达哥拉斯定理确保

$$\|\boldsymbol{s}\|_2^2=\|\boldsymbol{s}'\|_2^2=\|\boldsymbol{s}+\boldsymbol{v}\|_2^2=\|\boldsymbol{s}\|_2^2+\|\boldsymbol{v}\|_2^2.$$

由此推出 $\boldsymbol{v}=\boldsymbol{0}$，$\boldsymbol{s}=\boldsymbol{s}'$.

(b)设 $\boldsymbol{s}'$是 $\operatorname{col} A^*$ 中任意一个向量. 那么 $\boldsymbol{s}-\boldsymbol{s}'\in \operatorname{col} A^*$，这是因为 $\operatorname{col} A^*$ 是$\mathbb{F}^n$的子空
152~153 间. 如果 $\boldsymbol{s}'$是(7.2.6)的一组解，那么 $A\boldsymbol{s}=A\boldsymbol{s}'=\boldsymbol{y}$，从而 $A(\boldsymbol{s}-\boldsymbol{s}')=\boldsymbol{0}$. 于是，$\boldsymbol{s}-\boldsymbol{s}'\in \operatorname{col} A^*\cap \operatorname{null} A=\{\boldsymbol{0}\}$. 我们得到 $\boldsymbol{s}=\boldsymbol{s}'$，从而 $\boldsymbol{s}$ 是(7.2.6)在 $\operatorname{col} A^*$ 中仅有的解.

(c)由于(7.2.6)的极小范数解 $\boldsymbol{s}$ 在 $\operatorname{col} A^*$ 中，故而存在一个 $\boldsymbol{w}$，使得 $\boldsymbol{s}=A^*\boldsymbol{w}$. 由于 $AA^*\boldsymbol{w}=A\boldsymbol{s}=\boldsymbol{y}$，故而线性方程组 $AA^*\boldsymbol{u}=\boldsymbol{y}$ 是相容的. 如果 $\boldsymbol{u}_0$ 是 $AA^*\boldsymbol{u}=\boldsymbol{y}$ 的任意一组解，那么 $A^*\boldsymbol{u}_0$ 就是(7.2.6)的一组位于 $\operatorname{col} A^*$ 中的解. 由此根据(b)就推出 $A^*\boldsymbol{u}_0=\boldsymbol{s}$. ■

定理 7.2.5 对于寻求相容的线性方程组(7.2.6)的极小范数解提供了一个解决的方略. 首先求一个 $\boldsymbol{u}_0\in\mathbb{F}^n$，使得 $AA^*\boldsymbol{u}_0=\boldsymbol{y}$，这样解的存在性是有保证的. 于是 $\boldsymbol{s}=A^*\boldsymbol{u}_0$ 就是(7.2.6)的极小范数解. 如果 A 与 $\boldsymbol{y}$ 是实的，那么 $\boldsymbol{s}$ 是实的. 如果 A 或者 $\boldsymbol{y}$ 不是实的，那么 $\boldsymbol{s}$ 也不一定是实的. 求极小范数解的另一种方法叙述在定理 15.5.9 中.

例 7.2.7　考虑实的线性方程组

$$\begin{aligned} x_1 &+ 2x_2 + 3x_3 = 3,\\ 4x_1 &+ 5x_2 + 6x_3 = 3,\\ 7x_1 &+ 8x_2 + 9x_3 = 3,\end{aligned}\tag{7.2.8}$$

它可以写成 $A\boldsymbol{x}=\boldsymbol{y}$ 的形式，其中

$$A=\begin{bmatrix}1&2&3\\4&5&6\\7&8&9\end{bmatrix},\quad \boldsymbol{x}=\begin{bmatrix}x_1\\x_2\\x_3\end{bmatrix},\quad \boldsymbol{y}=\begin{bmatrix}3\\3\\3\end{bmatrix}.$$

增广矩阵$[A\quad \boldsymbol{y}]$的简化的行梯形阵是

$$\begin{bmatrix}1&0&-1&-3\\0&1&2&3\\0&0&0&0\end{bmatrix},$$

由此我们得到通解为

$$\boldsymbol{x}(t)=\begin{bmatrix}x_1\\x_2\\x_3\end{bmatrix}=\begin{bmatrix}-3\\3\\0\end{bmatrix}+t\begin{bmatrix}1\\-2\\1\end{bmatrix},\quad t\in\mathbb{R}.$$

这里想一想 $t=0$ 的解或许就是极小范数解是颇有些诱惑力的. 我们有 $\boldsymbol{x}(0)=[-3\ 3\ 0]^{\mathrm{T}}$, $\|\boldsymbol{x}\|_2=3\sqrt{2}\approx4.242\ 64$. 然而, 我们还可以做得更好一些.

为求(7.2.8)的极小范数解, 首先来求(不一定相容的)线性方程组$(AA^*)\boldsymbol{u}=\boldsymbol{y}$的一组解. 我们有

$$AA^*=\begin{bmatrix}14&32&50\\32&77&122\\50&122&194\end{bmatrix}.$$

线性方程组

$$\begin{aligned}14u_1+32u_2+50u_3&=3,\\32u_1+77u_2+122u_3&=3,\\50u_1+122u_2+194u_3&=3.\end{aligned}\tag{7.2.9}$$ 154

有无穷多组解, 其中一组解是 $\boldsymbol{u}_0=\left[0\ 4\ -\frac{5}{2}\right]^{\mathrm{T}}$. (7.2.8)的极小范数解就是

$$\boldsymbol{s}=A^*\boldsymbol{u}_0=\begin{bmatrix}1&4&7\\2&5&8\\3&6&9\end{bmatrix}\begin{bmatrix}0\\4\\-\frac{5}{2}\end{bmatrix}=\begin{bmatrix}-\frac{3}{2}\\0\\\frac{3}{2}\end{bmatrix}.$$

注意到 $\|\boldsymbol{s}\|_2=\frac{3\sqrt{2}}{2}\approx2.121\ 32$. 向量 $\boldsymbol{u}_1=\left[2\ \ 0\ \ -\frac{1}{2}\right]^{\mathrm{T}}$ 也是(7.2.9)的一组解, 但是 $A^*\boldsymbol{u}_1=\boldsymbol{s}$, 与定理 7.2.5 所预测的一样.

7.3 正交射影

在整个这一节里, $\mathcal{V}$都表示以$\langle\cdot,\cdot\rangle$为内积的内积空间, 而$\mathcal{U}$则是$\mathcal{V}$的一个子空间. 在定理 7.1.6 中我们指出, 如果$\mathcal{U}$是$\mathcal{V}$的一个有限维子空间, 那么$\mathcal{V}=\mathcal{U}\oplus\mathcal{U}^{\perp}$. 于是, $\boldsymbol{v}\in\mathcal{V}$可以唯一地表示成

$$\boldsymbol{v}=\boldsymbol{u}+(\boldsymbol{v}-\boldsymbol{u}),\tag{7.3.1}$$

其中$\boldsymbol{u}\in\mathcal{U}$, 而$\boldsymbol{v}-\boldsymbol{u}\in\mathcal{U}^{\perp}$(定理 7.1.6). 向量$\boldsymbol{u}=P_{\mathcal{U}}\boldsymbol{v}$就是$\boldsymbol{v}$在$\mathcal{U}$上的正交射影(orthogonal projection), 见图 7.3.

定理 7.3.2 设$\mathcal{U}$是$\mathcal{V}$的有限维子空间, 并假设$\boldsymbol{u}_1, \boldsymbol{u}_2, \cdots, \boldsymbol{u}_r$是$\mathcal{U}$的一组标准正交基. 那么, 对每个$\boldsymbol{v}\in\mathcal{V}$都有

$$P_{\mathcal{U}}\boldsymbol{v}=\sum_{i=1}^{r}\langle\boldsymbol{v},\boldsymbol{u}_i\rangle\boldsymbol{u}_i.\tag{7.3.3}$$

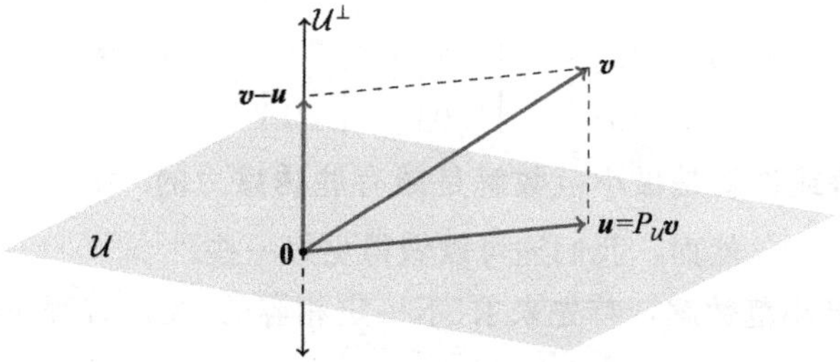

图 7.3 分解式(7.3.1)的图示

证明 这由(7.1.7)以及分解式(7.3.1)的唯一性得出. ■

表达式(7.3.1)的唯一性确保了 $P_{\mathcal{U}}v$ 与 $\mathcal{U}$ 的标准正交基的选择无关，这一点从(7.3.3)并不能马上很明显地看出来. 此外，(7.3.3)还告诉我们：映射 $v \mapsto P_{\mathcal{U}}v$ 是一个线性变换，
155 这是因为每一个内积 $\langle v, u_i \rangle$ 关于 v 都是线性的.

定义 7.3.4 由(7.3.3)定义的线性算子 $P_{\mathcal{U}} \in \mathfrak{L}(\mathcal{V})$ 称为从 $\mathcal{V}$ 到 $\mathcal{U}$ 上的**正交射影**(orthogonal projection).

例 7.3.5 假设 $u_1, u_2, \cdots, u_r$ 是 $\mathbb{F}^n$ 的子空间 $\mathcal{U}$ 的一组标准正交基，令 $U=[u_1\, u_2 \cdots u_r] \in M_{n\times r}$. 对任何 $v \in \mathbb{F}^n$ 有

$$
\begin{aligned}
P_{\mathcal{U}}v &= \sum_{i=1}^{r} \langle v, u_i \rangle u_i = \sum_{i=1}^{r} u_i (u_i^* v) = \sum_{i=1}^{r} (u_i u_i^*) v \\
&= \Big(\sum_{i=1}^{r} u_i u_i^*\Big) v = UU^* v,
\end{aligned} \tag{7.3.6}
$$

对于其中最后那个等式，我们借助了(3.1.19). 例如，如果 $A \in M_{m\times n}(\mathbb{F})$ 是列满秩的，且 $A=QR$ 是 QR 分解，那么 $\operatorname{col} A = \operatorname{col} Q$(推论 6.5.15). 这样一来

$$
P_{\operatorname{col} A} = QQ^* \tag{7.3.7}
$$

就是在 A 的列空间上的正交射影.

设 $\beta = e_1, e_2, \cdots, e_n$ 是 $\mathbb{F}^n$ 的标准基. 定理 5.5.3 告诉我们 ${}_{\beta}[P_{\mathcal{U}}]_{\beta} = [\langle P_{\mathcal{U}} e_j, e_i \rangle]$. 利用(7.3.6)计算出

$$
[\langle P_{\mathcal{U}} e_j, e_i \rangle] = [\langle UU^* e_j, e_i \rangle] = [e_i^* UU^* e_j] = UU^*.
$$

于是，UU^* 就是正交射影 $P_{\mathcal{U}}$ 的标准基表示.

例 7.3.8 如果 $u \neq \mathbf{0}$，那么 $u / \| u \|_2$ 是关于 $\mathcal{U}=\operatorname{span}\{u\} \subseteq \mathbb{F}^n$ 的一组标准正交基. 上一个例子将公式(4.5.12)作为一个特例，这个公式把 $\mathbb{F}^n$ 中的一个向量映射到另一个向量的生成空间之上. 的确，对任何 $v \in \mathbb{F}^n$，我们有

$$
P_{\mathcal{U}}v = \frac{uu^*}{\| u \|_2^2} v = \frac{u(u^* v)}{\| u \|_2^2} = \frac{\langle v, u \rangle u}{\| u \|_2^2}.
$$

如果 $\mathbb{F}^n$ 的子空间 $\mathcal{U}$ 的一组标准正交基不容易得到，我们就可以对 $\mathcal{U}$ 的一组基用 QR 分解或者其他的正交化算法来得到 $P_{\mathcal{U}}$ 的矩阵表示. 即使在某些应用中能够避免这种正交化

(见 7.4 节以及 7.5 节)，在实际的数值计算工作中还是建议做这种正交化，以此提高计算的稳定性.

下一个定理回到在 P.6.15 中以不同的方式说过的东西.

定理 7.3.9 设 $X, Y\in \mathbf{M}_{n\times r}$ 的列是标准正交的. 那么 $\operatorname{col} X=\operatorname{col} Y$，当且仅当存在一个酉矩阵 $U\in \mathbf{M}_r$，使得 $X=YU$.

证明 如果 $\operatorname{col} X=\operatorname{col} Y$，那么例 7.3.5 表明 $XX^*=YY^*$，这是由于两个矩阵都表示在 $\mathbb{C}^n$ 的同一个子空间上的射影. 令 $U=Y^*X$ 并计算出

$$X = XX^*X = YY^*X = YU.$$

这样就有

$$I = X^*X = (YU)^*(YU) = U^*Y^*YU = U^*U,$$ 156

所以 U 是酉矩阵. 反之，如果对某个酉矩阵 $U\in \mathbf{M}_r$ 有 $X=YU$，那么 $\operatorname{col} X\subseteq \operatorname{col} Y$，见(3.1.21). 由于 U 是酉矩阵，我们也有 $Y=XU^*$，这蕴涵 $\operatorname{col} Y\subseteq \operatorname{col} X$. ■

正交射影使我们可以把一个算子(代数对象)与内积空间的一个有限维子空间(几何对象)联系起来. 关于子空间以及它们之间的关系的许多命题都可以翻译成关于对应的正交射影的命题. 此外，正交射影构成基本的结构，由它们可以构造出许多其他的算子(见 12.9 节). 它们的某些性质列在下面两个定理之中.

定理 7.3.10 设 $\mathcal{U}$ 是 $\mathcal{V}$ 的有限维子空间. 那么

(a) $P_{\{\mathbf{0}\}}=0$，且 $P_{\mathcal{V}}=I$.

(b) $\operatorname{ran} P_{\mathcal{U}}=\mathcal{U}$.

(c) $\ker P_{\mathcal{U}}=\mathcal{U}^{\perp}$.

(d) 对所有 $\boldsymbol{v}\in\mathcal{V}$，都有 $\boldsymbol{v}-P_{\mathcal{U}}\boldsymbol{v}\in\mathcal{U}^{\perp}$.

(e) 对所有 $\boldsymbol{v}\in\mathcal{V}$，都有 $\|P_{\mathcal{U}}\boldsymbol{v}\|\leqslant\|\boldsymbol{v}\|$，其中等式当且仅当 $\boldsymbol{v}\in\mathcal{U}$ 时成立.

证明 (a)、(b)、(c)以及(d)由如下事实得出：如果如同在(7.3.1)中那样来表示 $\boldsymbol{v}\in\mathcal{V}$，那么 $P_{\mathcal{U}}\boldsymbol{v}=\boldsymbol{u}$. 利用(7.3.1)中的 $\boldsymbol{u}$ 与 $\boldsymbol{v}-\boldsymbol{u}$ 正交这一事实，(e)可由毕达哥拉斯定理以及如下的计算得出：

$$\|P_{\mathcal{U}}\boldsymbol{v}\|^2 = \|\boldsymbol{u}\|^2 \leqslant \|\boldsymbol{u}\|^2+\|\boldsymbol{v}-\boldsymbol{u}\|^2 = \|\boldsymbol{u}+(\boldsymbol{v}-\boldsymbol{u})\|^2 = \|\boldsymbol{v}\|^2.$$

最后，$\|P_{\mathcal{U}}\boldsymbol{v}\|=\|\boldsymbol{v}\|$ 当且仅当 $\boldsymbol{v}-\boldsymbol{u}=0$ 时成立，这也当且仅当 $\boldsymbol{v}\in\mathcal{U}$ 时才会发生. ■

定理 7.3.11 设 $\mathcal{V}$ 是有限维的，而 $\mathcal{U}$ 是 $\mathcal{V}$ 的一个子空间. 那么

(a) $P_{\mathcal{U}^{\perp}}=I-P_{\mathcal{U}}$.

(b) $P_{\mathcal{U}}P_{\mathcal{U}^{\perp}}=P_{\mathcal{U}^{\perp}}P_{\mathcal{U}}=0$

(c) $P_{\mathcal{U}}^2=P_{\mathcal{U}}$.

(d) $P_{\mathcal{U}}=P_{\mathcal{U}}^*$.

证明 设 $\boldsymbol{v}\in\mathcal{V}$，并记 $\boldsymbol{v}=\boldsymbol{u}+\boldsymbol{w}$，其中 $\boldsymbol{u}\in\mathcal{U}$，$\boldsymbol{w}=\boldsymbol{v}-\boldsymbol{u}\in\mathcal{U}^{\perp}$.

(a)计算

$$P_{\mathcal{U}^{\perp}}\boldsymbol{v} = \boldsymbol{v}-\boldsymbol{u} = \boldsymbol{v}-P_{\mathcal{U}}\boldsymbol{v} = (I-P_{\mathcal{U}})\boldsymbol{v}.$$

由此有 $P_{\mathcal{U}^\perp}=I-P_{\mathcal{U}}$.

(b)由于 $\boldsymbol{w}\in\mathcal{U}^\perp$，因此有 $P_{\mathcal{U}}P_{\mathcal{U}^\perp}\boldsymbol{v}=P_{\mathcal{U}}\boldsymbol{w}=\boldsymbol{0}$. 类似地有 $P_{\mathcal{U}^\perp}P_{\mathcal{U}}\boldsymbol{v}=P_{\mathcal{U}^\perp}\boldsymbol{u}=\boldsymbol{0}$，这是因为 $\boldsymbol{u}\in\mathcal{U}$. 于是有 $P_{\mathcal{U}}P_{\mathcal{U}^\perp}=P_{\mathcal{U}^\perp}P_{\mathcal{U}}=0$.

(c)由(a)与(b)我们看出 $0=P_{\mathcal{U}}P_{\mathcal{U}^\perp}=P_{\mathcal{U}}(I-P_{\mathcal{U}})=P_{\mathcal{U}}-P_{\mathcal{U}}^2$，所以 $P_{\mathcal{U}}^2=P_{\mathcal{U}}$.

(d)设 $\boldsymbol{v}_1$，$\boldsymbol{v}_2\in\mathcal{V}$，记 $\boldsymbol{v}_1=\boldsymbol{u}_1+\boldsymbol{w}_1$，$\boldsymbol{v}_2=\boldsymbol{u}_2+\boldsymbol{w}_2$，其中 $\boldsymbol{u}_1$，$\boldsymbol{u}_2\in\mathcal{U}$，$\boldsymbol{w}_1$，$\boldsymbol{w}_2\in\mathcal{U}^\perp$. 这样就有

$$\langle P_{\mathcal{U}}\boldsymbol{v}_1,\boldsymbol{v}_2\rangle=\langle\boldsymbol{u}_1,\boldsymbol{u}_2+\boldsymbol{w}_2\rangle=\langle\boldsymbol{u}_1,\boldsymbol{u}_2\rangle=\langle\boldsymbol{u}_1+\boldsymbol{w}_1,\boldsymbol{u}_2\rangle=\langle\boldsymbol{v}_1,P_{\mathcal{U}}\boldsymbol{v}_2\rangle,$$

157 所以有 $P_{\mathcal{U}}=P_{\mathcal{U}}^*$. ■

例 7.3.12　假设 $\mathcal{V}$ 是 n 维的，设 $\boldsymbol{u}_1$，$\boldsymbol{u}_2$，…，$\boldsymbol{u}_r$ 是 $\mathcal{U}$ 的一组标准正交基，$\boldsymbol{u}_{r+1}$，$\boldsymbol{u}_{r+2}$，…，$\boldsymbol{u}_n$ 是 $\mathcal{U}^\perp$ 的一组标准正交基. 设 $\beta=\boldsymbol{u}_1$，$\boldsymbol{u}_2$，…，$\boldsymbol{u}_r$，$\boldsymbol{u}_{r+1}$，$\boldsymbol{u}_{r+2}$，…，$\boldsymbol{u}_n$. $P_{\mathcal{U}}$ 的 β-β 基表示是

$${}_\beta[P_{\mathcal{U}}]_\beta=[\langle P_{\mathcal{U}}\boldsymbol{u}_j,\boldsymbol{u}_i\rangle]=\begin{bmatrix}I_r & 0\\ 0 & 0_{n-r}\end{bmatrix},$$

而 $P_{\mathcal{U}^\perp}$ 的 β-β 基表示是

$${}_\beta[P_{\mathcal{U}^\perp}]_\beta={}_\beta[I-P_{\mathcal{U}}]_\beta=I-{}_\beta[P_{\mathcal{U}}]_\beta=\begin{bmatrix}0_r & 0\\ 0 & I_{n-r}\end{bmatrix}.$$

例 7.3.13　设 $\mathcal{U}$ 是 $\mathbb{F}^n$ 的非零子空间，而 $\boldsymbol{u}_1$，$\boldsymbol{u}_2$，…，$\boldsymbol{u}_r$ 是 $\mathcal{U}$ 的一组标准正交基. 设 $\mathcal{U}=[\boldsymbol{u}_1\ \boldsymbol{u}_2\cdots\boldsymbol{u}_r]\in\boldsymbol{M}_{n\times r}(\mathbb{F})$. 那么 $P_{\mathcal{U}}=UU^*$ (见例 7.3.5)，所以 $I-UU^*$ 表示 $P_{\mathcal{U}^\perp}$ 在 $\mathcal{U}$ 的正交补上的射影.

定理 7.3.14　*设 $\mathcal{V}$ 是有限维的，且 $P\in\mathfrak{L}(\mathcal{V})$. 那么 P 是在 $\operatorname{ran}P$ 上的正交射影，当且仅当它是自伴随的且是幂等的.*

证明　鉴于定理 7.3.10(b)、定理 7.3.11(c)以及定理 7.3.11(d)，只要证明相反的蕴涵关系就够了. 设 $P\in\mathfrak{L}(\mathcal{V})$，$\mathcal{U}=\operatorname{ran}P$. 对任何 $\boldsymbol{v}\in\mathcal{V}$，有

$$\boldsymbol{v}=P\boldsymbol{v}+(\boldsymbol{v}-P\boldsymbol{v}),\tag{7.3.15}$$

其中 $P\boldsymbol{v}\in\operatorname{ran}P$. 现在假设 $P^2=P$ 并计算出

$$P(\boldsymbol{v}-P\boldsymbol{v})=P\boldsymbol{v}-P^2\boldsymbol{v}=P\boldsymbol{v}-P\boldsymbol{v}=\boldsymbol{0}.$$

这表明 $\boldsymbol{v}-P\boldsymbol{v}\in\ker P$，根据引理 7.2.2 此式等于$(\operatorname{ran}P^*)^\perp$. 如果现在假设 $P=P^*$，那么 $\boldsymbol{v}-P\boldsymbol{v}\in(\operatorname{ran}P)^\perp$. 如果 P 既是幂等的，又是自伴随的，则分解式(7.3.15)将 $\boldsymbol{v}$ 表示成 $\mathcal{U}$ 中某个元素(即 $P\boldsymbol{v}$)与 $\mathcal{U}^\perp$ 中某个元素(即 $\boldsymbol{v}-P\boldsymbol{v}$)之和. 由此再根据正交射影的定义就推出，对所有 $\boldsymbol{v}\in\mathcal{V}$，都有 $P\boldsymbol{v}=P_{\mathcal{U}}\boldsymbol{v}$，所以 $P=P_{\mathcal{U}}$. ■

上面定理的证明体现了两个关键的假设条件中每一个条件的作用. P 的幂等性确保(7.3.15)能提供一种方法将 $\mathcal{V}$ 表示成直和，即

$$\mathcal{V}=\operatorname{ran}P\oplus\ker P=\operatorname{ran}P\oplus(\operatorname{ran}P^*)^\perp.$$

然而，这个直和里的各被加项不一定是正交的. 正交性则由 P 的自伴随性予以保证，因为这样我们就有

$$\mathcal{V} = \operatorname{ran} P \oplus (\operatorname{ran} P)^{\perp}.$$

例 7.3.16 设 $\mathcal{V}=\mathbb{R}^2$，令 158

$$A = \begin{bmatrix} -1 & 1 \\ -2 & 2 \end{bmatrix},$$

并设 $P=T_A$：$\mathcal{V}\to\mathcal{V}$. 由于 $A^2=A$，故算子 P 是幂等的. 这样就有 $\ker P=\operatorname{span}\{[1\ 1]^{\mathrm{T}}\}$，$\operatorname{ran} P=\operatorname{span}\{[1\ 2]^{\mathrm{T}}\}$. 向量 $[1\ 1]^{\mathrm{T}}$ 与 $[1\ 2]^{\mathrm{T}}$ 线性无关，所以 $\operatorname{ran} P\oplus\ker P=\mathbb{R}^2$，但其直和项并不正交，见图 7.4 以及 P.7.4.

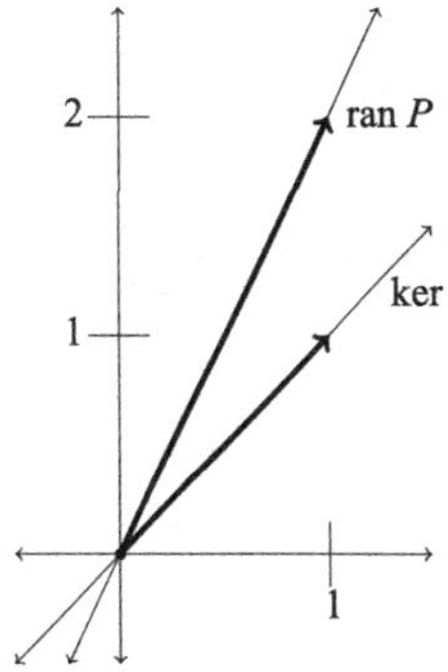

图 7.4 例 7.3.16 中幂等算子的值域与核

7.4 最佳逼近

正交射影的许多实际应用植根于下面的定理. 该定理是说：用位于有限维子空间 $\mathcal{U}$ 里的一个向量对一个给定向量 $\boldsymbol{v}$ 所做的最佳逼近就是 $\boldsymbol{v}$ 在 $\mathcal{U}$ 上的正交射影.

定理 7.4.1(最佳逼近定理) *设 $\mathcal{U}$ 是内积空间 $\mathcal{V}$ 的一个有限维子空间，令 $P_{\mathcal{U}}$ 是它在 $\mathcal{U}$ 上的正交射影. 那么对所有 $\boldsymbol{v}\in\mathcal{V}$ 以及 $\boldsymbol{u}\in\mathcal{U}$，都有*

$$\|\boldsymbol{v}-P_{\mathcal{U}}\boldsymbol{v}\| \leqslant \|\boldsymbol{v}-\boldsymbol{u}\|,$$

其中的等式当且仅当 $\boldsymbol{u}=P_{\mathcal{U}}\boldsymbol{v}$ 时成立，见图 7.5.

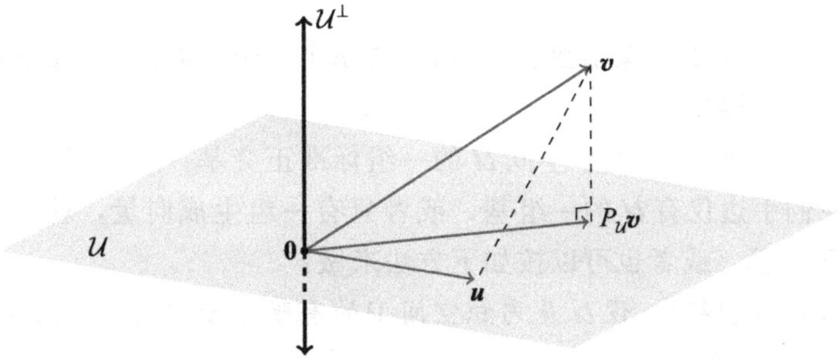

图 7.5 定理 7.4.1 的图示. $P_{\mathcal{U}}\boldsymbol{v}$ 是 $\mathcal{U}$ 中离 $\boldsymbol{v}$ 最接近的向量

证明 对每个 $\boldsymbol{v}\in\mathcal{V}$，我们有正交分解

$$\boldsymbol{v} = \underbrace{P_{\mathcal{U}}\boldsymbol{v}}_{\in\mathcal{U}} + \underbrace{(\boldsymbol{v}-P_{\mathcal{U}}\boldsymbol{v})}_{\in\mathcal{U}^{\perp}}.$$

毕达哥拉斯定理断言

$$\begin{aligned} \|\boldsymbol{v}-P_{\mathcal{U}}\boldsymbol{v}\|^2 &\leqslant \|\boldsymbol{v}-P_{\mathcal{U}}\boldsymbol{v}\|^2+\|P_{\mathcal{U}}\boldsymbol{v}-\boldsymbol{u}\|^2 \qquad (7.4.2)\\ &= \|(\boldsymbol{v}-P_{\mathcal{U}}\boldsymbol{v})+(P_{\mathcal{U}}\boldsymbol{v}-\boldsymbol{u})\|^2 \\ &= \|\boldsymbol{v}-\boldsymbol{u}\|^2, \end{aligned}$$

这是因为 $P_{\mathcal{U}}\boldsymbol{v}-\boldsymbol{u}$ 属于 $\mathcal{U}$，(7.4.2)中的等式当且仅当 $\boldsymbol{u}=P_{\mathcal{U}}\boldsymbol{v}$ 时成立. ■ 159

上面的定理可以解释成关于与子空间距离的一个命题.

设

$$\mathrm{d}(\boldsymbol{v},\mathcal{U}) = \min_{\boldsymbol{u}\in\mathcal{U}} \| \boldsymbol{v}-\boldsymbol{u} \| \tag{7.4.3}$$

表示 $\boldsymbol{v}$ 与子空间 $\mathcal{U}$ 的距离. 最佳逼近定理告诉我们 $\mathrm{d}(\boldsymbol{v}, \mathcal{U}) = \| \boldsymbol{v}-P_{\mathcal{U}}\boldsymbol{v} \|$.

例 7.4.4　设 $A\in\boldsymbol{M}_{m\times n}(\mathbb{F})$ 的秩为 $\operatorname{rank} A=r\geqslant 1$. 假设 $m<n$, 并设 $\mathcal{U}=\operatorname{null} A$. 如果 $\boldsymbol{v}\in\mathbb{F}^n$, 那么

$$\boldsymbol{v} = P_{\mathcal{U}}\boldsymbol{v} + P_{\mathcal{U}^\perp}\boldsymbol{v},$$

而从 $\boldsymbol{v}$ 到 $\mathcal{U}$ 的距离为

$$\| \boldsymbol{v} - P_{\mathcal{U}}\boldsymbol{v} \|^2 = \| P_{\mathcal{U}^\perp}\boldsymbol{v} \|_2,$$

等式(7.2.4)告诉我们 $\mathcal{U}\perp=\operatorname{col} A^*$. 如果 $\beta=\boldsymbol{u}_1, \boldsymbol{u}_2, \cdots, \boldsymbol{u}_r$ 是 $\operatorname{col} A^*$ 的一组标准正交基, 那么(7.3.3)确保

$$\mathrm{d}(\boldsymbol{v},\mathcal{U})^2 = \sum_{i=1}^{r} | \boldsymbol{u}_i^* \boldsymbol{v} |^2.$$

我们可以用 Gram-Schmidt 方法或者其他的正交化算法使 A^* 的列正交化来得到 β. 例如, 如果 A 是行满秩的, 且 $A^*=QR$ 是 QR 分解, 那么我们可以取 β 作为 Q 的列. 在这种情形中, 就有 $\mathrm{d}(\boldsymbol{v}, \mathcal{U})=\| Q^*\boldsymbol{v} \|_2$. 有关这个例子的几何应用见 P.7.7.

例 7.4.5　设 $\mathcal{V}=C_{\mathbb{R}}[-\pi, \pi]$ 具有(5.8.5)给出的内积, 又设

$$\mathcal{U} = \operatorname{span}\left\{\frac{1}{\sqrt{2}}, \cos x, \cos 2x, \cdots, \cos Nx, \sin x, \sin 2x, \cdots, \sin Nx\right\}.$$

定理 7.3.2 以及定理 7.4.1 确保函数(5.8.14)(有限 Fourier 级数[finite Fourier series])就

160 是 $\mathcal{U}$ 中离 f 最接近的函数.

如果 $\boldsymbol{u}_1, \boldsymbol{u}_2, \cdots, \boldsymbol{u}_r$ 是 $\mathcal{V}$ 的子空间 $\mathcal{U}$ 的一组标准正交基, 那么(7.3.3)给出在 $\mathcal{U}$ 上的正交射影. 如果我们手边仅有 $\mathcal{U}$ 的一组基, 或者只有一组生成向量, 就可以用正交化算法来求得一组标准正交基, 或者也可以按如下方法来做:

定理 7.4.6(正规方程组)　设 $\mathcal{U}$ 是内积空间 $\mathcal{V}$ 的有限维子空间, 假设 $\operatorname{span}\{\boldsymbol{u}_1, \boldsymbol{u}_2, \cdots, \boldsymbol{u}_n\}=\mathcal{U}$. $\boldsymbol{v}\in\mathcal{V}$ 在 $\mathcal{U}$ 上的射影是

$$P_{\mathcal{U}}\boldsymbol{v} = \sum_{j=1}^{n} c_j \boldsymbol{u}_j, \tag{7.4.7}$$

其中 $[c_1 \quad c_2 \quad \cdots \quad c_n]^{\mathrm{T}}$ 是正规方程组

$$\begin{bmatrix} \langle \boldsymbol{u}_1,\boldsymbol{u}_1\rangle & \langle \boldsymbol{u}_2,\boldsymbol{u}_1\rangle & \cdots & \langle \boldsymbol{u}_n,\boldsymbol{u}_1\rangle \\ \langle \boldsymbol{u}_1,\boldsymbol{u}_2\rangle & \langle \boldsymbol{u}_2,\boldsymbol{u}_2\rangle & \cdots & \langle \boldsymbol{u}_n,\boldsymbol{u}_2\rangle \\ \vdots & \vdots & & \vdots \\ \langle \boldsymbol{u}_1,\boldsymbol{u}_n\rangle & \langle \boldsymbol{u}_2,\boldsymbol{u}_n\rangle & \cdots & \langle \boldsymbol{u}_n,\boldsymbol{u}_n\rangle \end{bmatrix} \begin{bmatrix} c_1 \\ c_2 \\ \vdots \\ c_n \end{bmatrix} = \begin{bmatrix} \langle \boldsymbol{v},\boldsymbol{u}_1\rangle \\ \langle \boldsymbol{v},\boldsymbol{u}_2\rangle \\ \vdots \\ \langle \boldsymbol{v},\boldsymbol{u}_n\rangle \end{bmatrix} \tag{7.4.8}$$

的解. 方程组(7.4.8)是相容的. 如果 $\boldsymbol{u}_1, \boldsymbol{u}_2, \cdots, \boldsymbol{u}_n$ 线性无关, 那么(7.4.8)有唯一一组解.

证明 由于 $P_{\mathcal{U}}\boldsymbol{v}\in\mathcal{U}$，且 $\operatorname{span}\{\boldsymbol{u}_1, \boldsymbol{u}_2, \cdots, \boldsymbol{u}_n\}=\mathcal{U}$，故而存在纯量 $c_1, c_2, \cdots, c_n$，使得

$$P_{\mathcal{U}}\boldsymbol{v}=\sum_{j=1}^{n}c_j\boldsymbol{u}_j. \tag{7.4.9}$$

这样一来，对 $i=1, 2, \cdots, n$ 就有

$$\langle \boldsymbol{v},\boldsymbol{u}_i\rangle=\langle \boldsymbol{v},P_{\mathcal{U}}\boldsymbol{u}_i\rangle=\langle P_{\mathcal{U}}\boldsymbol{v},\boldsymbol{u}_i\rangle=\left\langle\sum_{j=1}^{n}c_j\boldsymbol{u}_j,\boldsymbol{u}_i\right\rangle=\sum_{j=1}^{n}c_j\langle \boldsymbol{u}_j,\boldsymbol{u}_i\rangle.$$

这些方程就是方程组(7.4.8)，它之所以相容，是因为由(7.4.9)已经知道 $c_1, c_2, \cdots, c_n$ 的存在. 如果向量组 $\boldsymbol{u}_1, \boldsymbol{u}_2, \cdots, \boldsymbol{u}_n$ 线性无关，它就是 $\mathcal{U}$ 的一组基. 在此情形，(7.4.8)有唯一解，这是因为 $\mathcal{U}$ 中的每一个向量都可以用唯一一种方式表示成为基向量的线性组合. ■

例 7.4.10 设 $\boldsymbol{v}=[1\ 1\ 1]^{\mathrm{T}}$，并令

$$\mathcal{U}=\{[x_1\ x_2\ x_3]^{\mathrm{T}}\in\mathbb{R}^3: x_1+2x_2+3x_3=0\},$$

它是由向量 $\boldsymbol{u}_1=[3\ 0\ -1]^{\mathrm{T}}$ 与 $\boldsymbol{u}_2=[2\ -1\ 0]^{\mathrm{T}}$ 所生成的(见例 7.1.2 与例 7.1.10). 为了求出 $\boldsymbol{v}$ 在 $\mathcal{U}$ 上的射影，求解正规方程组(7.4.8)，也就是

$$\begin{bmatrix}10 & 6\\ 6 & 5\end{bmatrix}\begin{bmatrix}c_1\\ c_2\end{bmatrix}=\begin{bmatrix}2\\ 1\end{bmatrix}.$$

我们得到 $c_1=\frac{2}{7}$，$c_2=-\frac{1}{7}$，所以(7.4.7)确保

$$P_{\mathcal{U}}\boldsymbol{v}=\frac{2}{7}\boldsymbol{u}_1-\frac{1}{7}\boldsymbol{u}_2=\begin{bmatrix}\frac{4}{7} & \frac{1}{7} & -\frac{2}{7}\end{bmatrix}^{\mathrm{T}}.$$ 161

例 7.4.11 设 $\mathcal{U}$，$\boldsymbol{v}$，$\boldsymbol{u}_1$ 以及 $\boldsymbol{u}_2$ 如上一个例子所述. 令 $\boldsymbol{u}_3=\boldsymbol{u}_1+\boldsymbol{u}_2$，并考虑向量组 $\boldsymbol{u}_1, \boldsymbol{u}_2, \boldsymbol{u}_3$，它们生成 $\mathcal{U}$，但并不是一组基. 正规方程组(7.4.8)是

$$\begin{bmatrix}10 & 6 & 16\\ 6 & 5 & 11\\ 16 & 11 & 27\end{bmatrix}\begin{bmatrix}c_1\\ c_2\\ c_3\end{bmatrix}=\begin{bmatrix}2\\ 1\\ 3\end{bmatrix}.$$

一组解是 $c_1=\frac{5}{21}$，$c_2=-\frac{4}{21}$，$c_3=\frac{1}{21}$. 于是

$$P_{\mathcal{U}}\boldsymbol{v}=\frac{5}{21}\boldsymbol{u}_1-\frac{4}{21}\boldsymbol{u}_2+\frac{1}{21}\boldsymbol{u}_3=\begin{bmatrix}\frac{4}{7} & \frac{1}{7} & -\frac{2}{7}\end{bmatrix}^{\mathrm{T}}.$$

另一组解是 $c_1=\frac{1}{3}$，$c_2=-\frac{2}{21}$，$c_3=-\frac{1}{21}$，它也给出

$$P_{\mathcal{U}}\boldsymbol{v}=\frac{1}{3}\boldsymbol{u}_1-\frac{2}{21}\boldsymbol{u}_2-\frac{1}{21}\boldsymbol{u}_3=\begin{bmatrix}\frac{4}{7} & \frac{1}{7} & -\frac{2}{7}\end{bmatrix}^{\mathrm{T}}.$$

$\boldsymbol{v}$ 在 $\mathcal{U}$ 上的射影是唯一的，即使正规方程组没有唯一解.

例 7.4.12 考虑区间$[-\pi, \pi]$上的函数 $f(x)=\sin x$. 它能怎样用不高于 5 次的实多项

式来逼近呢？Taylor 多项式 $x-\frac{x^3}{6}+\frac{x^5}{120}$是一种可能性. 然而，Taylor 多项式仅仅只在靠近 Taylor 展开式的中心位置附近才能逼近得很好，见图 7.6. 我们可以通过把 f 看成内积空间 $\mathcal{V}=C_{\mathbb{R}}[-\pi, \pi]$ 中的元素来做得更好，在该空间中的内积由(4.4.9)给出，其导出的范数为(4.5.7).

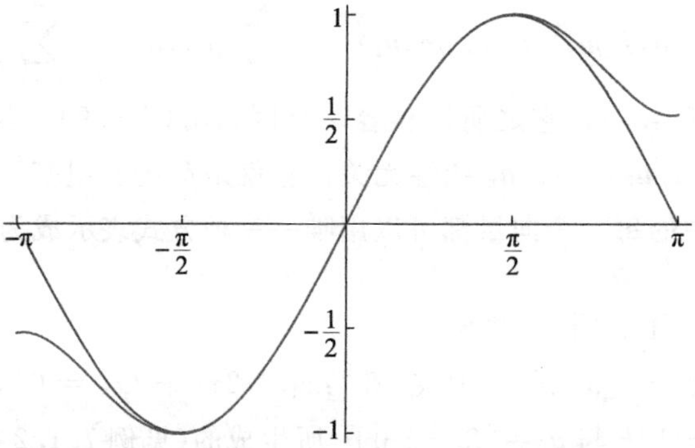

图 7.6　$\sin x$ 及其 Taylor 逼近 $x-\frac{x^3}{6}+\frac{x^5}{120}$的图. 在离开 $x=0$ 之外逼近的质量迅速变坏

设 $\mathcal{U}=\operatorname{span}\{1, x, x^2, x^3, x^4, x^5\}$表示 $\mathcal{V}$ 的由所有至多 5 次多项式组成的子空间. 我们想要来求唯一的多项式 $p(x)\in\mathcal{U}$，使得

$$\| \sin x - p(x) \| = \min_{p(x)\in\mathcal{U}} \| \sin x - p(x) \|$$

162

$$= \min_{p(x)\in\mathcal{U}} \sqrt{\int_{-\pi}^{\pi} | \sin x - p(x) |^2 \mathrm{d}x}.$$

定理 7.4.1 告诉我们

$$p(x) = P_{\mathcal{U}}(\sin x).$$

我们可以用正规方程组(定理 7.4.6)来计算 $p(x)$. 对 $j=1, 2, \cdots, 6$，令 $\boldsymbol{u}_j=x^{j-1}$，从而

$$\langle \boldsymbol{u}_j, \boldsymbol{u}_i \rangle = \int_{-\pi}^{\pi} x^{i+j-2}\mathrm{d}x = \frac{x^{i+j-1}}{i+j-1}\bigg|_{-\pi}^{\pi} = \begin{cases} 0 & \text{如果 } i+j \text{ 是奇数}, \\ \dfrac{2\pi^{i+j-1}}{i+j-1} & \text{如果 } i+j \text{ 是偶数}. \end{cases}$$

我们有

$$\langle \sin x, 1 \rangle = \int_{-\pi}^{\pi} (\sin x)(1)\mathrm{d}x = -\cos x \,|_{-\pi}^{\pi} = 0,$$

无须计算，只需要注意到函数 $1\cdot\sin x$ 是奇函数就可以得出这个结果. 这个事实告诉我们：也有$\langle \sin x, x^2\rangle=\langle \sin x, x^4\rangle=0$，这是因为 $x^2\sin x$ 与 $x^4\sin x$ 都是奇函数. 经过一些计算给出

$$\langle \sin x, x \rangle = 2\pi, \quad \langle \sin x, x^3 \rangle = 2\pi(\pi^2-6), \quad \langle \sin x, x^5 \rangle = 120 - 20\pi^2 + \pi^4.$$

现在我们手边已经有了 6×6 系数矩阵的所有元素以及线性方程组(7.4.8)的右边. 它的解是

$$P_{\mathcal{U}}(\sin x)=\frac{105(1485-153\pi^2+\pi^4)}{8\pi^6}x-\frac{315(1155-125\pi^2+\pi^4)}{4\pi^8}x^3$$
$$+\frac{693(945-105\pi^2+\pi^4)}{8\pi^{10}}x^5$$
$$\approx 0.987\,862x-0.155\,271x^3+0.005\,643\,12x^5. \tag{7.4.13}$$

图 7.7 表明：在整个区间$[-\pi,\pi]$中(7.4.13)都是 $\sin x$ 的非常出色的近似.

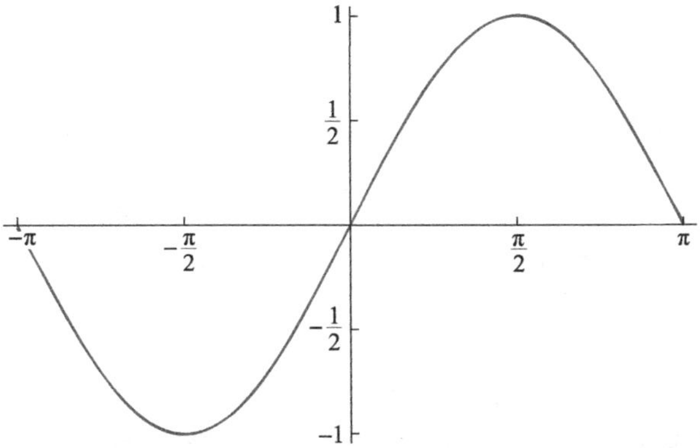

图 7.7 $\sin x$ 与 $p(x)=P_{\mathcal{U}}(\sin x)$在$[-\pi,\pi]$上几乎无法分辨开来 163

出现在正规方程组(7.4.8)中的矩阵是很重要的矩阵.

定义 7.4.14 如果 $\boldsymbol{u}_1, \boldsymbol{u}_2, \cdots, \boldsymbol{u}_n$ 是内积空间中的向量，那么

$$G(\boldsymbol{u}_1,\boldsymbol{u}_2,\cdots,\boldsymbol{u}_n)=\begin{bmatrix}\langle\boldsymbol{u}_1,\boldsymbol{u}_1\rangle & \langle\boldsymbol{u}_2,\boldsymbol{u}_1\rangle & \cdots & \langle\boldsymbol{u}_n,\boldsymbol{u}_1\rangle\\ \langle\boldsymbol{u}_1,\boldsymbol{u}_2\rangle & \langle\boldsymbol{u}_2,\boldsymbol{u}_2\rangle & \cdots & \langle\boldsymbol{u}_n,\boldsymbol{u}_2\rangle\\ \vdots & \vdots & & \vdots\\ \langle\boldsymbol{u}_1,\boldsymbol{u}_n\rangle & \langle\boldsymbol{u}_2,\boldsymbol{u}_n\rangle & \cdots & \langle\boldsymbol{u}_n,\boldsymbol{u}_n\rangle\end{bmatrix}$$

称为 $\boldsymbol{u}_1, \boldsymbol{u}_2, \cdots, \boldsymbol{u}_n$ 的 **Gram 矩阵**(Gram matrix 或者 Grammian). 向量组 $\boldsymbol{u}_1, \boldsymbol{u}_2, \cdots, \boldsymbol{u}_n$ 的 **Gram 行列式**(Gram determinant)定义为

$$g(\boldsymbol{u}_1,\boldsymbol{u}_2,\cdots,\boldsymbol{u}_n)=\det G(\boldsymbol{u}_1,\boldsymbol{u}_2,\cdots,\boldsymbol{u}_n).$$

Gram 矩阵是 Hermite 阵($G=G^*$)且是半正定的(见第 13 章). Gram 矩阵与统计学中的协方差矩阵有密切的联系. 如果向量 $\boldsymbol{u}_1, \boldsymbol{u}_2, \cdots, \boldsymbol{u}_n$ 是中心随机变量，那么 $G(\boldsymbol{u}_1, \boldsymbol{u}_2, \cdots, \boldsymbol{u}_n)$就是对应的协方差矩阵.

7.5 不相容线性方程组的最小平方解

假设 $A\boldsymbol{x}=\boldsymbol{y}$ 是一个不相容的 $m\times n$ 线性方程组. 由于对$\mathbb{F}^n$中所有 $\boldsymbol{x}$ 都有 $\boldsymbol{y}-A\boldsymbol{x}\neq\boldsymbol{0}$，因此希望找出一个向量 $\boldsymbol{x}_0$，它使得 $\|\boldsymbol{y}-A\boldsymbol{x}_0\|_2$ 有尽可能小的值. 如果我们能求得这样一个向量，就可以把它视为不相容方程组 $A\boldsymbol{x}=\boldsymbol{y}$ 的“最佳逼近解”，见图 7.8.

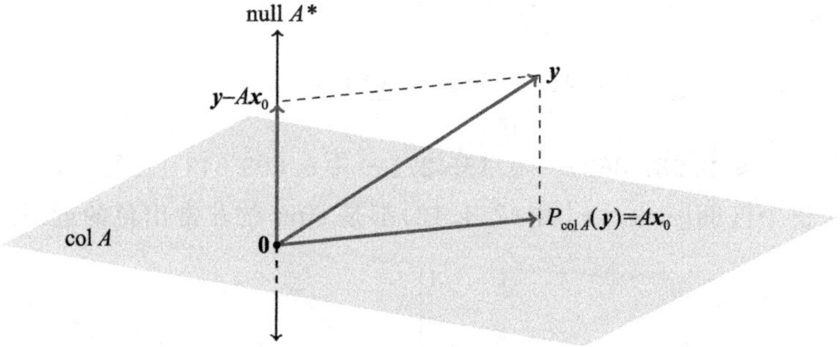

图 7.8　$\mathbb{R}^3$ 中定理 7.5.1 的图示. col A 中与 y 最接近的向量是 $P_{\mathrm{col}\,A}(y)$，它对某个 $\boldsymbol{x}_0\in\mathbb{R}^3$ 有 $A\boldsymbol{x}_0$ 的形状

定理 7.5.1　如果 $A\in\boldsymbol{M}_{m\times n}(\mathbb{F})$，$\boldsymbol{y}\in\mathbb{F}^m$，那么 $\boldsymbol{x}_0\in\mathbb{F}^n$ 满足

$$\min_{x\in\mathbb{F}^n}\|\boldsymbol{y}-A\boldsymbol{x}\|_2=\|\boldsymbol{y}-A\boldsymbol{x}_0\|_2 \tag{7.5.2}$$

当且仅当

$$A^*A\boldsymbol{x}_0=A^*\boldsymbol{y}. \tag{7.5.3}$$

164 方程组(7.5.3)总是相容的. 如果 rank $A=n$，那么它有唯一解.

证明　按照列作分划 $A=[\boldsymbol{a}_1,\ \boldsymbol{a}_2,\ \cdots,\ \boldsymbol{a}_n]$，并设 $\mathcal{U}=\mathrm{col}\,A=\mathrm{span}\{\boldsymbol{a}_1,\ \boldsymbol{a}_2,\ \cdots,\ \boldsymbol{a}_n\}$. 我们要寻求 $\mathcal{U}$ 中的一个 $A\boldsymbol{x}_0$，它在欧几里得范数之下与 $\boldsymbol{y}$ 最接近. 定理 7.4.1 确保 $P_{\mathcal{U}}\boldsymbol{y}$ 是有此性质的唯一向量，而定理 7.4.6 则告诉我们怎样计算它. 首先求正规方程组

$$\begin{bmatrix}\boldsymbol{a}_1^*\boldsymbol{a}_1 & \boldsymbol{a}_1^*\boldsymbol{a}_2 & \cdots & \boldsymbol{a}_1^*\boldsymbol{a}_n\\ \boldsymbol{a}_2^*\boldsymbol{a}_1 & \boldsymbol{a}_2^*\boldsymbol{a}_2 & \cdots & \boldsymbol{a}_2^*\boldsymbol{a}_n\\ \vdots & \vdots & & \vdots\\ \boldsymbol{a}_n^*\boldsymbol{a}_1 & \boldsymbol{a}_n^*\boldsymbol{a}_2 & \cdots & \boldsymbol{a}_n^*\boldsymbol{a}_n\end{bmatrix}\begin{bmatrix}c_1\\ c_2\\ \vdots\\ c_n\end{bmatrix}=\begin{bmatrix}\boldsymbol{a}_1^*\boldsymbol{y}\\ \boldsymbol{a}_2^*\boldsymbol{y}\\ \vdots\\ \boldsymbol{a}_n^*\boldsymbol{y}\end{bmatrix},$$

即 $A^*A\boldsymbol{x}_0=A^*\boldsymbol{y}$ 的一组解 $\boldsymbol{x}_0=[c_1c_2\ldots\ c_n]^{\mathrm{T}}$. 这样就有

$$P_{\mathcal{U}}\boldsymbol{y}=\sum_{i=1}^{n}c_i\boldsymbol{a}_i=A\boldsymbol{x}_0.$$

定理 7.4.6 确保正规方程组(7.5.3)是相容的. 如果 A 的列线性无关，即 rank $A=n$，那么它有唯一解. ■

如果 A 的零空间是非平凡的，就可能有多个向量 $\boldsymbol{x}_0$ 满足(7.5.3). 幸运的是，对它们全体来说，$P_{\mathcal{U}}\boldsymbol{y}=A\boldsymbol{x}_0$ 都是同样的.

如果 rank $A=n$，则 $A^*A\in\boldsymbol{M}_n$ 是可逆的(见 P.7.25 或者定理 13.1.10(a)). 我们就得出结论：(7.5.3)有唯一解 $\boldsymbol{x}_0=(A^*A)^{-1}A^*\boldsymbol{y}$. 在此情形有 $P_{\mathcal{U}}\boldsymbol{y}=A\boldsymbol{x}_0=A(A^*A)^{-1}A^*\boldsymbol{y}$，也就是说，在 A 的列空间上的正交射影是

$$P_{\mathrm{col}\,A}=A(A^*A)^{-1}A^*. \tag{7.5.4}$$

假设在平面上给定了一些实的数据点$(x_1,\ y_1)$，$(x_2,\ y_2)$，…，$(x_n,\ y_n)$，我们希望

将它们建立一个(可能是近似的)线性关系模型. 如果所有的点都在一条垂直线 $x=c$ 上，则没有什么要做的了. 如果这些点不在一条垂直线上，则考虑线性方程组

$$\begin{aligned} y_1 &= ax_1+b, \\ y_2 &= ax_2+b, \\ &\vdots \\ y_n &= ax_n+b, \end{aligned} \tag{7.5.5}$$

我们把它记成 $A\boldsymbol{x}=\boldsymbol{y}$，其中

$$A=\begin{bmatrix} x_1 & 1 \\ x_2 & 1 \\ \vdots & \vdots \\ x_n & 1 \end{bmatrix},\quad \boldsymbol{x}=\begin{bmatrix} a \\ b \end{bmatrix},\quad \boldsymbol{y}=\begin{bmatrix} y_1 \\ y_2 \\ \vdots \\ y_n \end{bmatrix}.$$

因为这些数据点不在一条垂直线上，故而 A 的列线性无关，从而 rank $A=2$. 方程组 $A\boldsymbol{x}=\boldsymbol{y}$ 有 n 个方程和 2 个未知数，所以，如果 $n>2$，则它有可能没有解. 然而，定理 7.5.1 确保 165
正规方程组 $A^*A\boldsymbol{x}=A^*\boldsymbol{y}$ 的任何一组解都使得

$$\|\boldsymbol{y}-A\boldsymbol{x}\|_2=\Big(\sum_{i=1}^{n}(y_i-(ax_i+b))^2\Big)^{1/2} \tag{7.5.6}$$

极小化，见图 7.9. 这个正规方程组有唯一解，这是因为 rank $A=2$.

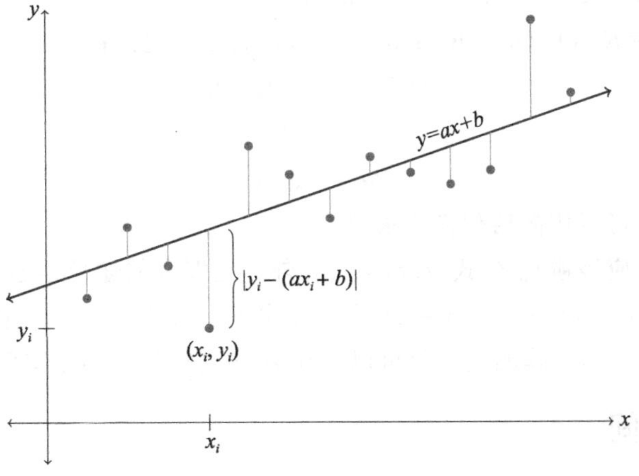

图 7.9 $|y_i-(ax_i+b)|$ 是数据点$(x_i,\ y_i)$与直线 $y=ax+b$ 的图之间的垂直距离

例 7.5.7 求最小平方直线 $y=ax+b$ 以给出数据

$$(0,1),\ (1,1),\ (2,3),\ (3,3),\ (4,4)$$

的模型.

按照上面的方法，我们有

$$A=\begin{bmatrix}0&1\\1&1\\2&1\\3&1\\4&1\end{bmatrix},\quad \boldsymbol{x}=\begin{bmatrix}a\\b\end{bmatrix},\quad \boldsymbol{y}=\begin{bmatrix}1\\1\\3\\3\\4\end{bmatrix},$$

求解

$$\underbrace{\begin{bmatrix}30&10\\10&5\end{bmatrix}}_{A^*A}\begin{bmatrix}a\\b\end{bmatrix}=\underbrace{\begin{bmatrix}32\\12\end{bmatrix}}_{A^*\boldsymbol{y}}$$

得到 $a=b=\frac{4}{5}$. 于是，其最小平方直线就是 $y=\frac{4}{5}x+$
166 $\frac{4}{5}$，见图 7.10.

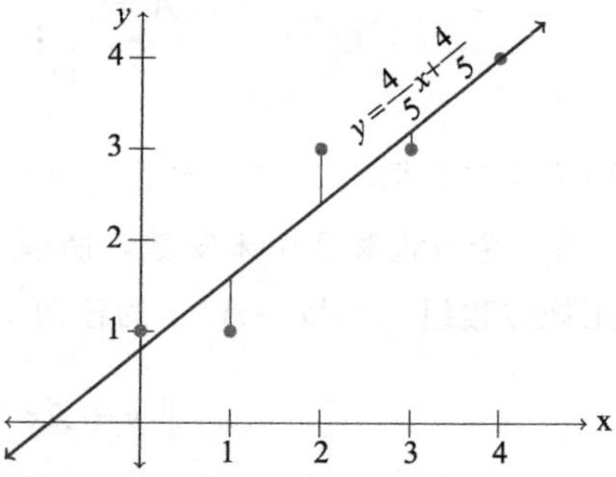

图 7.10 与例 7.5.7 中数据对应的最小平方直线

在实际的数值工作中，在构造正规方程组并在此后直接求解正规方程组(7.5.3)或者(7.4.8)从而得到最小平方问题(7.5.2)的解的过程中会有一些令人迷茫的东西，见 15.6 节. 较为安全的路径是通过 A 的 QR 分解，见定理 6.5.2. 如果 $m\geqslant n$ 且 $A\in\boldsymbol{M}_{m\times n}(\mathbb{F})$ 是列满秩的，那么 $A=QR$，其中 $Q\in\boldsymbol{M}_{m\times n}(\mathbb{F})$ 的列是标准正交的，而 $R\in\boldsymbol{M}_n(\mathbb{F})$ 是上三角的，且有正的对角元素. 这样就有 $A^*A=R^*Q^*QR=R^*I_nR=R^*R$，故而正规方程组(7.5.3)就是

$$R^*R\boldsymbol{u}=R^*Q^*\boldsymbol{y}. \tag{7.5.8}$$

由于 R 可逆，因此方程组(7.5.8)与上三角方程组

$$R\boldsymbol{u}=Q^*\boldsymbol{y} \tag{7.5.9}$$

有同样的解，而后者可以用向后代换法求解.

在实际计算中也应该避免 公式(7.5.4). 此外，更安全的途径是通过 A 的 QR 分解. 如果 $A\in\boldsymbol{M}_{m\times n}(\mathbb{F})$，rank $A=n$，且 $A=QR$ 是 QR 分解，那么(7.3.7)确保 $P_{\mathrm{col}\,A}=QQ^*$. 手中握有 QR 分解，无须用矩阵的逆，就可以对在 A 的列空间上的正交射影进行计算.

7.6 不变子空间

如果 $\mathcal{V}=\mathbb{F}^n$，那么定理 7.3.14 说的是：$P\in\boldsymbol{M}_n(\mathbb{F})$ 是正交射影关于 $\mathbb{F}^n$ 的一组标准正交基的矩阵表示，当且仅当 P 是 Hermite 阵，且是幂等阵. 于是我们给出如下的定义.

定义 7.6.1 方阵称为**正交射影**(矩阵)(orthogonal projection)，如果它是 Hermite 阵且是幂等的.

如果一个正交射影阵 $P\in\boldsymbol{M}_n(\mathbb{F})$ 与它所诱导的一个线性算子 T_P：$\mathbb{F}^n\to\mathbb{F}^n$ 等同起来，那么 P 就是在 col P 上的正交射影.

假设$\mathcal{U}$是$\mathbb{F}^n$的一个r维子空间，$1\leqslant r\leqslant n-1$. 设$\boldsymbol{u}_1$，$\boldsymbol{u}_2$，…，$\boldsymbol{u}_r$是$\mathcal{U}$的一组标准正交基，$U_1=[\boldsymbol{u}_1\ \ \boldsymbol{u}_2\ \ \cdots\ \ \boldsymbol{u}_r]\in\boldsymbol{M}_{n\times r}$. 那么例 7.3.5 告诉我们：$P_1=U_1U_1^*$ 是在$\mathcal{U}$上的正交射 167
影. 类似地，如果$\boldsymbol{u}_{r+1}$，$\boldsymbol{u}_{r+2}$，…，$\boldsymbol{u}_n$是$\mathcal{U}^\perp$的一组标准正交基，而$U_2=[\boldsymbol{u}_{r+1}\ \ \boldsymbol{u}_{r+2}\ \ \cdots\ \ \boldsymbol{u}_n]\in\boldsymbol{M}_{n\times(n-r)}$，那么$P_2=U_2U_2^*$ 是在$\mathcal{U}^\perp$上的正交射影. 矩阵$U=[U_1\ U_2]$是酉矩阵，因为它的列构成$\mathbb{F}^n$的一组标准正交基.

用分块矩阵来重新推导出定理 7.3.11 中那些正交射影的代数性质是富有教益的. 例如，

$$P_1+P_2=U_1U_1^*+U_2U_2^*=[U_1\ U_2]\begin{bmatrix}U_1^*\\U_2^*\end{bmatrix}=UU^*=I_n,$$

这就是定理 7.3.11(a). 现在注意到分块矩阵等式

$$\begin{bmatrix}I_r & 0\\0 & I_{n-r}\end{bmatrix}=U^*U=\begin{bmatrix}U_1^*\\U_2^*\end{bmatrix}[U_1\ U_2]=\begin{bmatrix}U_1^*U_1 & U_1^*U_2\\U_2^*U_1 & U_2^*U_2\end{bmatrix}$$

蕴涵矩阵等式

$$U_1^*U_1=I_r,\quad U_2^*U_2=I_{n-r},\quad U_1^*U_2=0,\quad U_2^*U_1=0. \tag{7.6.2}$$

由此得出

$$P_1P_2=(U_1U_1^*)(U_2U_2^*)=U_1(U_1^*U_2)U_2^*=0,$$

$$P_2P_1=(U_2U_2^*)(U_1U_1^*)=U_2(U_2^*U_1)U_1^*=0,$$

这蕴涵定理 7.3.11(b). 此外

$$P_1^2=(U_1U_1^*)(U_1U_1^*)=U_1(U_1^*U_1)U_1^*=U_1I_rU_1^*=U_1U_1^*=P_1,$$

这就是定理 7.3.11(c). 矩阵$P_1=U_1U_1^*$ 与$P_2=U_2U_2^*$ 都是 Hermite 阵，这是定理 7.3.11(d).

正交射影的另一个有用的表示来自以下结果：

$$U\begin{bmatrix}I_r & 0\\0 & 0\end{bmatrix}U^*=[U_1\quad U_2]\begin{bmatrix}I_r & 0\\0 & 0\end{bmatrix}\begin{bmatrix}U_1^*\\U_2^*\end{bmatrix}=U_1U_1^*=P_1. \tag{7.6.3}$$

它的重要性足以让我们把它总结成一个定理.

定理 7.6.4 正交射影$P\in\boldsymbol{M}_n$与$I_r\oplus 0_{n-r}$酉相似，其中$r=\dim\operatorname{col}P$.

例 7.6.5 考虑$\mathbb{R}^3$中由方程$-2x_1+2x_2-x_3=0$确定的平面$\mathcal{U}$. $\mathcal{U}$的一组标准正交基是$\boldsymbol{u}_1=\frac{1}{3}[1\ \ 2\ \ 2]^{\mathrm{T}}$，$\boldsymbol{u}_2=\frac{1}{3}[-2\ \ -1\ \ 2]^{\mathrm{T}}$，$\mathcal{U}^\perp$的一组标准正交基是$\boldsymbol{u}_3=\frac{1}{3}[-2\ \ 2\ \ -1]^{\mathrm{T}}$. 我们有

$$U=\frac{1}{3}\begin{bmatrix}1 & -2 & -2\\2 & -1 & 2\\2 & 2 & -1\end{bmatrix},\quad U_1=\frac{1}{3}\begin{bmatrix}1 & -2\\2 & -1\\2 & 2\end{bmatrix},\quad U_2=\frac{1}{3}\begin{bmatrix}-2\\2\\-1\end{bmatrix}.$$ 168

由此推出

$$P_1 = U_1U_1^* = \frac{1}{9}\begin{bmatrix} 5 & 4 & -2 \\ 4 & 5 & 2 \\ -2 & 2 & 8 \end{bmatrix}, \quad P_2 = U_2U_2^* = \frac{1}{9}\begin{bmatrix} 4 & -4 & 2 \\ -4 & 4 & -2 \\ 2 & -2 & 1 \end{bmatrix}.$$

定义 7.6.6 设 $A \in \boldsymbol{M}_n(\mathbb{F})$，假设 $\mathcal{U}$ 是 $\mathbb{F}^n$ 的一个子空间，设 $A\mathcal{U} = \{A\boldsymbol{x} : \boldsymbol{x} \in \mathcal{U}\}$（见例 1.3.13）. 如果 $A\mathcal{U} \subseteq \mathcal{U}$，那么称 $\mathcal{U}$ **是在** A **的作用下不变的**（invariant under A），有时也称 $\mathcal{U}$ 是 A-**不变的**（A-invariant）.

子空间 $\{\boldsymbol{0}\}$ 以及 $\mathbb{F}^n$ 对任何 $A \in \boldsymbol{M}_n(\mathbb{F})$ 都是 A-不变的.

定理 7.6.7 设 $A \in \boldsymbol{M}_n(\mathbb{F})$，假设 $\mathcal{U}$ 是 $\mathbb{F}^n$ 的一个 r 维子空间，$1 \leqslant r \leqslant n-1$. 设 $U = [U_1\ U_2] \in \boldsymbol{M}_n(\mathbb{F})$ 是酉矩阵，其中 $U_1 \in \boldsymbol{M}_{n\times r}(\mathbb{F})$ 的列与 $U_2 \in \boldsymbol{M}_{n\times(n-r)}(\mathbb{F})$ 的列分别构成 $\mathcal{U}$ 与 $\mathcal{U}^\perp$ 的一组标准正交基. 令 $P = U_1U_1^*$ 表示在 $\mathcal{U}$ 上的正交射影. 那么以下结论等价：

(a) $\mathcal{U}$ 是 A-不变的.

(b) $\mathcal{U}^* AU = \begin{bmatrix} B & X \\ 0 & C \end{bmatrix}$，其中 $B \in \boldsymbol{M}_r(\mathbb{F})$，$C \in \boldsymbol{M}_{n-r}(\mathbb{F})$.

(c) $PAP = AP$.

证明 (a)⇔(b) 由于

$$U^* AU = \begin{bmatrix} U_1^* \\ U_2^* \end{bmatrix} A[U_1\ U_2] = \begin{bmatrix} U_1^* \\ U_2^* \end{bmatrix}[AU_1\ AU_2] = \begin{bmatrix} U_1^* AU_1 & U_1^* AU_2 \\ U_2^* AU_1 & U_2^* AU_2 \end{bmatrix},$$

故而只要证明以下结论即可：$U_2^* AU_1 = 0$，当且仅当 $A\mathcal{U} \subseteq \mathcal{U}$. 设 $U_1 = [\boldsymbol{u}_1\ \boldsymbol{u}_2 \cdots \boldsymbol{u}_r] \in \boldsymbol{M}_{n\times r}(\mathbb{F})$. 利用(7.2.4)我们有

$$\operatorname{null} U_2^* = (\operatorname{col} U_2)^\perp = (\mathcal{U}^\perp)^\perp = \mathcal{U},$$

所以

$$\begin{aligned} U_2^* AU_1 = 0 \quad &\Leftrightarrow \quad U_2^* [A\boldsymbol{u}_1\ A\boldsymbol{u}_2 \cdots A\boldsymbol{u}_r] = 0 \\ &\Leftrightarrow \quad [U_2^*(A\boldsymbol{u}_1)\ \ U_2^*(A\boldsymbol{u}_2)\ \ \cdots\ \ U_2^*(A\boldsymbol{u}_r)] = 0 \\ &\Leftrightarrow \quad \operatorname{span}\{A\boldsymbol{u}_1, A\boldsymbol{u}_2, \cdots, A\boldsymbol{u}_r\} \subseteq \operatorname{null} U_2^* \\ &\Leftrightarrow \quad A\mathcal{U} \subseteq \mathcal{U}. \end{aligned}$$

(b)⇔(c) 表达式(7.6.3)确保 $U^* PU = I_r \oplus 0_{n-r}$. 与 $I_r \oplus I_{n-r}$ 保形地分划

169

$$U^* AU = \begin{bmatrix} B & X \\ Y & C \end{bmatrix}.$$

现在只要证明：$PAP = AP$ 当且仅当 $Y = 0$，而这由如下的分块矩阵计算得出：

$$\begin{aligned} PAP = AP \quad &\Leftrightarrow \quad (U^* PU)(U^* AU)(U^* PU) = (U^* AU)(U^* PU) \\ &\Leftrightarrow \quad \begin{bmatrix} I_r & 0 \\ 0 & 0_{n-r} \end{bmatrix}\begin{bmatrix} B & X \\ Y & C \end{bmatrix}\begin{bmatrix} I_r & 0 \\ 0 & 0_{n-r} \end{bmatrix} = \begin{bmatrix} B & X \\ Y & C \end{bmatrix}\begin{bmatrix} I_r & 0 \\ 0 & 0_{n-r} \end{bmatrix} \\ &\Leftrightarrow \quad \begin{bmatrix} B & 0 \\ 0 & 0_{n-r} \end{bmatrix} = \begin{bmatrix} B & 0 \\ Y & 0_{n-r} \end{bmatrix} \end{aligned}$$

$$\Leftrightarrow \quad Y = 0.$$ ■

推论 7.6.8 保持定理 7.6.7 中的记号. 则以下诸命题等价：

(a)$\mathcal{U}$ 在 A 及 A^* 的作用下不变.

(b)$U^*AU=B\oplus C$，其中 $B\in \boldsymbol{M}_r(\mathbb{F})$，$C\in \boldsymbol{M}_{n-r}(\mathbb{F})$.

(c)$PA=AP$.

证明 (a)⇔(b) 定理 7.6.7 确保：$\mathcal{U}$ 在 A 以及 A^* 的作用下不变，当且仅当

$$U^*AU=\begin{bmatrix} B & X \\ 0 & C \end{bmatrix},\quad U^*A^*U=\begin{bmatrix} B' & X' \\ 0 & C' \end{bmatrix}, \tag{7.6.9}$$

其中 B，$B'\in M_r(\mathbb{F})$，C，$C'\in \boldsymbol{M}_{n-r}(\mathbb{F})$，而 X，$X'\in M_{r\times(n-r)}(\mathbb{F})$. 由于(7.6.9)中的分块矩阵必定是相互伴随的，故而 $B'=B^*$，$C'=C^*$，且 $X=X'=0$. 于是，U 在 A 及 A^* 的作用下不变，当且仅当 $U^*AU=B\oplus C$.

(a)⇒(c) 由于 $\mathcal{U}$ 在 A 及 A^* 的作用下不变，定理 7.6.7 确保有 $PAP=AP$，$PA^*P=A^*P$. 这样一来就有 $PA=(A^*P)^*=(PA^*P)^*=PAP=AP$.

(c)⇒(a) 假设 $PA=AP$. 那么 $PAP=AP^2=AP$，而定理 7.6.7 确保 $\mathcal{U}$ 是 A-不变的. 此外，$A^*P=PA^*$，所以 $PA^*P=A^*P^2=A^*P$. 从而 $\mathcal{U}$ 是 A^*-不变的(再次利用定理 7.6.7). ■

7.7 问题

P.7.1 考虑

$$A_1=\begin{bmatrix} 1 & 0 \\ 0 & 0 \end{bmatrix},\quad A_2=\begin{bmatrix} \frac{1}{2} & \frac{1}{2} \\ \frac{1}{2} & \frac{1}{2} \end{bmatrix},\quad A_3=\begin{bmatrix} 1 & 1 \\ 0 & 0 \end{bmatrix}.$$

(a)验证 A_1，A_2，A_3 是幂等的. 对于 $i=1$，2，3，绘图描述 null A_i.

(b)如果有的话，A_1，A_2，A_3 中哪些是正交射影？

(c)验证：例 7.3.5 的方法生成(b)中找到的正交射影. 170

P.7.2 如果 $A\in \boldsymbol{M}_n$，证明

$$M=\begin{bmatrix} A & A \\ I-A & I-A \end{bmatrix} \tag{7.7.1}$$

是幂等的. 什么时候 M 是一个正交射影？

P.7.3 如果 $A\in \boldsymbol{M}_n$，证明

$$M=\begin{bmatrix} I & A \\ 0 & 0 \end{bmatrix} \tag{7.7.2}$$

是幂等的. 什么时候 M 是一个正交射影？

P.7.4 验证例 7.3.16 中的矩阵 A 是幂等的，它不是形如(7.7.1)或者(7.7.2)的，而且也不是正交射影.

P.7.5 设 $\mathcal{V}$ 是有限维的内积空间，且 $P\in\mathfrak{L}(\mathcal{V})$，假设 $P^2=P$.

(a)证明 $\mathcal{V}=\operatorname{ran} P\oplus\ker P$.

(b)证明：$\operatorname{ran} P\perp\ker P$，当且仅当 $P=P^*$. **提示**：见定理 7.3.11(d)的证明.

P.7.6 设 $\boldsymbol{u}=[a\ b\ c]^{\mathrm{T}}\in\mathbb{R}^3$ 是单位向量，用 U 表示 $\mathbb{R}^3$ 中由方程 $ax_1+bx_2+cx_3=0$ 定义的平面. 求一个显式 3×3 矩阵 P，它表示从 $\mathbb{R}^3$ 到 $\mathcal{U}$ 上的正交射影(关于 $\mathbb{R}^3$ 的标准基). 验证 $P\boldsymbol{u}=\boldsymbol{0}$，且 P 是 Hermite 阵与幂等阵.

P.7.7 设 $A=[a\ b\ c]\in\boldsymbol{M}_{1\times 3}(\mathbb{R})$是非零的，用 $\mathscr{P}$ 表示 $\mathbb{R}^3$ 中由方程 $ax_1+bx_2+cx_3+d=0$ 所确定的平面，令 $\boldsymbol{x}_0\in\mathscr{P}$，设 $\boldsymbol{v}=[v_1\ v_2\ v_3]^{\mathrm{T}}\in\mathbb{R}^3$. 回顾例 7.4.4 并证明如下结论：

(a)从 $\boldsymbol{v}$ 到 $\mathscr{P}$ 的距离是 $\boldsymbol{v}-\boldsymbol{x}_0$ 在子空间 $\operatorname{col} A^{\mathrm{T}}$ 上的射影.

(b)向量$(a^2+b^2+c^2)^{-1/2}[a\ b\ c]^{\mathrm{T}}$ 是 $\operatorname{col} A^{\mathrm{T}}$ 的一组标准正交基.

(c)从 $\boldsymbol{v}$ 到 $\mathscr{P}$ 的距离是$(a^2+b^2+c^2)^{-1/2}\,|\,av_1+bv_2+cv_3+d\,|$.

P.7.8 在例 7.2.7 中用微分学方法使 $\|\boldsymbol{x}(t)\|_2$ 极小化，由此来求方程组(7.2.8)的极小范数解. 你的答案与由定理 7.2.5 得到的答案一致吗？

P.7.9 设

$$A=\begin{bmatrix}1&2&1\\2&4&2\\0&1&0\end{bmatrix},\quad \boldsymbol{y}=\begin{bmatrix}1\\2\\1\end{bmatrix}.$$

证明 $A\boldsymbol{x}=\boldsymbol{y}$ 是相容的，并证明 $\boldsymbol{s}=\left[-\frac{1}{2}\ 1\ -\frac{1}{2}\right]^{\mathrm{T}}$ 是它的极小范数解.

P.7.10 假设 $A\in\boldsymbol{M}_{m\times n}$是行满秩的，设 $A^*=QR$ 是窄 QR 分解. 证明：$A\boldsymbol{x}=\boldsymbol{y}$ 的极小范数解是 $\boldsymbol{s}=QR^{-*}\boldsymbol{y}$.

P.7.11 设 $\mathcal{V}=\boldsymbol{M}_n(\mathbb{R})$赋有 Frobenius 内积. 那么

(a)设 $\mathcal{U}_+$ 表示由 $\mathcal{V}$ 中所有对称矩阵组成的子空间，而 $\mathcal{U}_-$ 表示由 $\mathcal{V}$ 中所有斜对称矩阵组成的子空间. 证明：对任何 $A\in\mathcal{V}$ 都有

$$A=\frac{1}{2}(A+A^{\mathrm{T}})+\frac{1}{2}(A-A^{\mathrm{T}}),$$

并推导出 $\mathcal{V}=\mathcal{U}_+\oplus\mathcal{U}_-$.

(b)证明 $\mathcal{U}_-=\mathcal{U}_+^{\perp}$，$\mathcal{U}_+=\mathcal{U}_-^{\perp}$.

171 (c)证明：对所有 $A\in\boldsymbol{M}_n(\mathbb{R})$，有 $P_{\mathcal{U}_+}A=\frac{1}{2}(A+A^{\mathrm{T}})$，$P_{\mathcal{U}_-}A=\frac{1}{2}(A-A^{\mathrm{T}})$.

P.7.12 设 $\mathcal{V}=\boldsymbol{M}_n(\mathbb{R})$赋有 Frobenius 内积. 令 $\mathcal{U}_1$ 表示 $\mathcal{V}$ 中上三角矩阵组成的子空间，$\mathcal{U}_2$ 表示 $\mathcal{V}$ 中严格下三角矩阵组成的子空间. 证明 $\mathcal{V}=\mathcal{U}_1\oplus\mathcal{U}_2$，$\mathcal{U}_2=\mathcal{U}_1^{\perp}$.

P.7.13 设 $\mathcal{V}=\boldsymbol{M}_n(\mathbb{R})$赋有 Frobenius 内积. 将每一个 $M\in\boldsymbol{M}_n(\mathbb{R})$分划成 $M=\begin{bmatrix}A&B\\C&D\end{bmatrix}$，

其中 $A\in \boldsymbol{M}_{p\times q}$，令 $P(M)=\begin{bmatrix}A & 0\\ 0 & 0\end{bmatrix}$. 证明 $P\in \mathfrak{L}(\boldsymbol{M}_n(\mathbb{R}))$是一个正交射影.

P. 7. 14　设 $A\in \boldsymbol{M}_n$ 是正交射影. 证明：由 $T(\boldsymbol{x})=A\boldsymbol{x}$ 定义的算子 $T\in \mathfrak{L}(F^n)$是在 ran T 上的正交射影.

P. 7. 15　设 $P\in \boldsymbol{M}_n$ 是正交射影. 证明 tr $P=$dim col P.

P. 7. 16　设$\mathcal{V}$是一个有限维$\mathbb{F}$-内积空间，P，$Q\in \mathfrak{L}(\mathcal{V})$是可交换的正交射影. 证明：$PQ$是在 ran $P\cap$ran Q 上的正交射影. **提示**：首先证明 PQ 是 Hermite 阵且是幂等的.

P. 7. 17　设$\mathcal{V}$是一个有限维$\mathbb{F}$-内积空间，而 P，$Q\in \mathfrak{L}(\mathcal{V})$是正交射影. 证明如下诸结论等价：

(a)ran $P\perp$ran Q.

(b)ran $P\subseteq$ker P.

(c)$PQ=0$.

(d)$PQ+QP=0$.

(e)$P+Q$ 是正交射影.

提示：(d)蕴涵$-PQP=QP^2=QP$ 是 Hermite 阵.

P. 7. 18　设 $\mathcal{V}$ 是一个有限维 $\mathbb{F}$-内积空间，而 P，$Q\in \mathfrak{L}(\mathcal{V})$ 是正交射影. 证明：(ran $P\cap$ran $Q)^{\perp}=$ker $P+$ker Q.

P. 7. 19　设$\mathcal{V}$是一个有限维$\mathbb{F}$-内积空间，而 $P\in \mathfrak{L}(\mathcal{V})$是幂等的. 证明 $\mathcal{V}=$ker$P\oplus$ran P.

P. 7. 20　设 $\mathcal{V}$ 是一个有限维$\mathbb{F}$-内积空间，而 $P\in \mathfrak{L}(\mathcal{V})$是幂等的. 证明：如果 ker$P\subset$(ran $P)^{\perp}$，那么 P 是在 ran P 上的正交射影.

P. 7. 21　设$\mathcal{V}$是一个有限维$\mathbb{F}$-内积空间，而 $P\in \mathfrak{L}(\mathcal{V})$是幂等的. 证明：对每个 $\boldsymbol{v}\in \mathcal{V}$ 有 $\|P\boldsymbol{v}\|\leqslant\|\boldsymbol{v}\|$，当且仅当 P 是一个正交射影. **提示**：利用上一个问题以及 P. 4. 10.

P. 7. 22　如果 $P=[p_{ij}]\in \boldsymbol{M}_n$ 是幂等的，且满足 $p_{11}=p_{22}=\cdots=p_{nn}=0$. 证明 $P=0$.

P. 7. 23　设 $A\in \boldsymbol{M}_{m\times n}$，假设 rank $A=n$，设 $A=QR$ 是 QR 分解. 如果 $\boldsymbol{y}\in$ col A，证明：$\boldsymbol{x}_0=R^{-1}Q^*\boldsymbol{y}$ 是线性方程组 $A\boldsymbol{x}=\boldsymbol{y}$ 的唯一解.

P. 7. 24　设 $A\in \boldsymbol{M}_{m\times n}$，假设 rank $A=n$，设 $A=QR$ 是 QR 分解. 证明 $A(A^*A)^{-1}A^*=QQ^*$.

P. 7. 25　设$\mathcal{V}$是一个内积空间，$\boldsymbol{u}_1$，$\boldsymbol{u}_2$，…，$\boldsymbol{u}_n\in \mathcal{V}$线性无关. 证明 $G(\boldsymbol{u}_1, \boldsymbol{u}_2, \cdots, \boldsymbol{u}_n)$可逆. **提示**：$\boldsymbol{x}^*G(\boldsymbol{u}_1, \boldsymbol{u}_2, \cdots, \boldsymbol{u}_n)\boldsymbol{x}=\left\|\sum_{i=1}^{n}x_i\boldsymbol{u}_i\right\|^2$.

P. 7. 26　设$\mathcal{U}$是$\mathbb{F}$-内积空间$\mathcal{V}$的有限维子空间，并如同(7. 4. 3)中那样定义了 $d(\boldsymbol{v}, \mathcal{U})$. 设 $\boldsymbol{u}_1$，$\boldsymbol{u}_2$，…，$\boldsymbol{u}_n$ 是$\mathcal{U}$的一组基，$\boldsymbol{v}\in \mathcal{V}$，并假设 $P_{\mathcal{U}}\boldsymbol{v}=\sum_{i-1}^{n}c_i\boldsymbol{u}_i$. 172

(a)证明：对所有 $\boldsymbol{v}\in \mathcal{V}$ 有

$$d(\boldsymbol{v},\mathcal{U})^2=\|\boldsymbol{v}\|^2-\sum_{i=1}^{n}c_i\langle \boldsymbol{u}_i,\boldsymbol{v}\rangle.$$

提示：$v-P_{\mathcal{U}}v\in\mathcal{U}^{\perp}$.

(b)将(a)与正规方程组(7.4.8)组合起来得到一个以 c_1，c_2，…，c_n，$d(\boldsymbol{v},\mathcal{U})^2$ 为未知量的$(n+1)\times(n+1)$线性方程组. 利用 Cramer 法则得到

$$d(\boldsymbol{v},\mathcal{U})^2=\frac{g(\boldsymbol{v},\boldsymbol{u}_1,\boldsymbol{u}_2,\cdots,\boldsymbol{u}_n)}{g(\boldsymbol{u}_1,\boldsymbol{u}_2,\cdots,\boldsymbol{u}_n)},$$

它将 $d(\boldsymbol{v},\mathcal{U})^2$ 表示成两个 Gram 行列式之商.

(c)设 $\boldsymbol{u}$，$\boldsymbol{v}\in\mathcal{V}$，并假设 $\boldsymbol{u}\neq\boldsymbol{0}$. 证明

$$d(\boldsymbol{v},\operatorname{span}\{\boldsymbol{u}\})^2=\frac{g(\boldsymbol{v},\boldsymbol{u})}{g(\boldsymbol{u})},$$

并导出结论 $g(\boldsymbol{v},\boldsymbol{u})\geqslant 0$. 推导出 $\|(\boldsymbol{u},\boldsymbol{v})\|\leqslant\|\boldsymbol{u}\|\|\boldsymbol{v}\|$，这就是 Cauchy-Schwarz 不等式.

P.7.27 在这个问题里，我们从一个不同的视角来近观最小平方逼近理论. 设 $\mathcal{V}$，$\mathcal{W}$ 是有限维$\mathbb{F}$-内积空间，$\dim\mathcal{V}\leqslant\dim\mathcal{W}$，且 $T\in\mathfrak{L}(\mathcal{V},\mathcal{W})$.

(a)证明 $\ker T=\ker T^*T$.

(b)证明：如果 $\dim\operatorname{ran}T=\dim\mathcal{V}$，那么 T^*T 可逆.

(c)证明：如果 $\dim\operatorname{ran}T=\dim\mathcal{V}$，那么 $P=T(T^*T)^{-1}T^*\in\mathfrak{L}(\mathcal{W})$是在 $\operatorname{ran}T$ 上的正交射影.

(d)如果 $T\in\mathfrak{L}(\mathcal{V},\mathcal{W})$且 $\dim\operatorname{ran}T=\dim\mathcal{V}$，证明：存在唯一的向量 $\boldsymbol{x}\in\mathcal{V}$ 使得 $\|T\boldsymbol{x}-\boldsymbol{y}\|$ 极小化. 证明：这个向量 $\boldsymbol{x}$ 满足 $T^*T\boldsymbol{x}=T^*\boldsymbol{y}$.

P.7.28 对数据$(-2,-3)$，$(-1,-1)$，$(0,1)$，$(1,1)$，$(2,3)$计算其最小平方直线.

P.7.29 求二次函数 $y=ax^2+bx+c$，使得对于数据$(-2,3)$，$(-1,1)$，$(0,1)$，$(1,2)$，$(2,4)$能使 $\sum_{i=1}^{5}(y_i-(ax_i^2+bx_i+c))^2$ 极小化.

P.7.30 在线性回归中，给定数据点(x_1,y_1)，(x_2,y_2)，…，(x_m,y_m)，我们需要求得参数 a 与 b，使得 $\sum_{i=1}^{m}(y_i-ax_i-b)^2$ 极小化. 这是与例 7.5.7 中同样的问题. 对于包含诸个数量

$$S_x=\frac{1}{m}\sum_{i=1}^{m}x_i,\quad S_y=\frac{1}{m}\sum_{i=1}^{m}y_i,$$

$$S_{x^2}=\frac{1}{m}\sum_{i=1}^{m}x_i^2,\quad S_{xy}=\frac{1}{m}\sum_{i=1}^{m}x_iy_i$$

173 的 a 与 b 导出其显式公式.

P.7.31 设 $A\in\boldsymbol{M}_{m\times n}$，并假设 $\operatorname{rank}A=n$.

(a)证明 $P=A(A^*A)^{-1}A^*$ 有良好的定义.

(b)证明 P 是 Hermite 阵，且是幂等的.

(c)证明 col P=col A，并导出结论：P 是在 col A 上的正交射影.

P. 7. 32 设 $\boldsymbol{u}_1$，$\boldsymbol{u}_2$，…，$\boldsymbol{u}_n\in\mathbb{F}^m$线性无关. 设 $A=[\boldsymbol{u}_1\ \boldsymbol{u}_2\cdots\boldsymbol{u}_n]\in\boldsymbol{M}_{m\times n}(\mathbb{F})$，并设 $A=QR$ 是(窄)QR 分解，其中 $R=[r_{ij}]\in\boldsymbol{M}_n(\mathbb{F})$是上三角的. 对每个 $k=2$，3，…，n，证明 r_{kk} 是从 $\boldsymbol{u}_k$ 到 span$\{\boldsymbol{u}_1$，$\boldsymbol{u}_2$，…，$\boldsymbol{u}_{k-1}\}$的距离. 讨论如何应用 QR 分解来求解极小化问题(7.4.3).

P. 7. 33 设 $\mathcal{V}=C_{\mathbb{R}}[0,1]$，令 $\mathcal{P}$ 是 $\mathcal{V}$ 的由所有实多项式组成的子空间.

(a)设 $f\in\mathcal{V}$. Weierstrass 逼近定理(Weierstrass Approximation Theorem)是说：对任何给定的 $\varepsilon>0$，存在一个多项式 $p_\varepsilon\in\mathcal{P}$，使得对所有 $t\in[0,1]$都有 $|f(t)-p_\varepsilon(t)|\leqslant\varepsilon$. 如果 $f\in\mathcal{P}^\perp$，证明 f 的 L^2 范数满足不等式：对每个 $\varepsilon>0$ 有 $\|f\|\leqslant\varepsilon$，见(4.5.7). **提示**：考虑 $\|p_\varepsilon-f\|^2$.

(b)证明 $\mathcal{P}^\perp=\{0\}$，并推导出 $\mathcal{P}\neq(\mathcal{P}^\perp)^\perp$. 这与推论 7.1.9 并不矛盾，因为 span$\mathcal{P}$ 不是有限维的.

P. 7. 34 设 $A\in\boldsymbol{M}_{m\times n}(\mathbb{F})$且 $\boldsymbol{y}\in\mathbb{F}^m$. 利用(7.2.4)证明 Fredholm 择一性(Fredholm Alternative)：存在某个 $\boldsymbol{x}_0\in\mathbb{F}^m$，使得 $A\boldsymbol{x}_0=\boldsymbol{y}$，当且仅当对每个满足 $A^*\boldsymbol{z}=0$ 的 $\boldsymbol{z}\in\mathbb{F}^m$都有 $\boldsymbol{z}^*\boldsymbol{y}=0$.

P. 7. 35 设 A，$B\in M_n$. 证明：null A=null B，当且仅当存在一个可逆的 $S\in\boldsymbol{M}_n$，使得 $A=SB$. **提示**：P. 3. 36 以及(7.2.4).

7.8 注记

关于 P. 7. 33 中提到的 Weiestrass 逼近定理的一个证明，见[Dav63，Thm. 6. 1. 1]或者见[Dur12，Ch. 6].

7.9 一些重要的概念

- 集合与子空间的正交补
- 相容线性方程组的极小范数解
- 怎样利用标准正交基来构造正交射影
- 用给定子空间的向量对一个给定的向量作最佳逼近
- 不相容线性方程组的最小平方解
- 正交射影矩阵是 Hermite 阵且是幂等阵
- 不变子空间与分块三角阵(定理 7.6.7) 174

第8章 特征值、特征向量与几何重数

在下面四章里，我们要建立一些工具来证明(第11章)：每个复方阵本质上都唯一地相似于特殊的双对角矩阵的直和. 第一步是要证明每个复方阵有一维的不变子空间，并探讨这一结果的某些推论.

8.1 特征值-特征向量对

定义 8.1.1 设 $A\in \boldsymbol{M}_n(\mathbb{F})$，$\lambda\in\mathbb{C}$，设 $\boldsymbol{x}$ 是一个非零向量. 那么$(\lambda, \boldsymbol{x})$是 A 的一个**特征对**(eigenpair)，如果

$$\boldsymbol{x}\neq \boldsymbol{0} \quad , \quad A\boldsymbol{x}=\lambda\boldsymbol{x}. \tag{8.1.2}$$

如果$(\lambda, \boldsymbol{x})$是 A 的一个特征对，那么称 λ 是 A 的一个**特征值**(eigenvalue)，$\boldsymbol{x}$ 是 A 的一个**特征向量**(eigenvector).

我们已经特别强调了特征向量必须是非零向量.

尽管特征对方程 $A\boldsymbol{x}=\lambda\boldsymbol{x}$ 看起来与线性方程组 $A\boldsymbol{x}=\boldsymbol{b}$ 有那么一点相像，但它们在本质上是完全不同的. 在线性方程组中，右边的 $\boldsymbol{b}$ 是已知的，但在特征对等式中，$\boldsymbol{x}$ 与 λ 两者都是未知的.

对于一个给定的特征值，可能有多个不同的向量都是 A 的特征向量. 例如，如果$(\lambda, \boldsymbol{x})$是 A 的一个特征对，且 $c\neq\boldsymbol{0}$，那么 $c\boldsymbol{x}\neq 0$，$A(c\boldsymbol{x})=cA\boldsymbol{x}=c\lambda\boldsymbol{x}=\lambda(c\boldsymbol{x})$，所以$(\lambda, c\boldsymbol{x})$也是 A 的特征对. 然而，一个给定的特征向量仅能有一个纯量是 A 的特征值. 如果$(\lambda, \boldsymbol{x})$与$(\mu, \boldsymbol{x})$都是 A 的特征对，那么 $\lambda\boldsymbol{x}=A\boldsymbol{x}=\mu\boldsymbol{x}$，所以$(\lambda-\mu)\boldsymbol{x}=\boldsymbol{0}$. 由于 $\boldsymbol{x}\neq 0$，由此即得 $\lambda=\mu$.

特征值与特征向量是重要的工具，通过将矩阵化解成简单的分支，我们可以研究算法、数据分析、逼近论、数据压缩以及其他目的，而特征值与特征向量有助于我们理解矩阵的性状.

这一章的剩余部分回答了一些问题：$A\in\boldsymbol{M}_n$ 有特征值吗？A 可能有多少个不同的特征值？如果它有最大数目的不同的特征值，那么这样的 A 有某种特别之处吗？如果 A 有特征值，我们应当怎样在复平面上寻找(或者不寻找)它们？

在探究特征向量的理论以及应用之前，我们首先来考察一些例子.

例 8.1.3 由于对所有 $\boldsymbol{x}$ 都有 $I\boldsymbol{x}=1\boldsymbol{x}$，由此推出：对任何非零向量 $\boldsymbol{x}$，$(1, \boldsymbol{x})$都是 I 的一个特征对. 此外，对 $\boldsymbol{x}\neq\boldsymbol{0}$ 有 $I\boldsymbol{x}=\lambda\boldsymbol{x}$ 蕴涵 $\boldsymbol{x}=\lambda\boldsymbol{x}$，从而 $\lambda=1$.

175

例 8.1.4 由于

$$A=\begin{bmatrix}-3 & 0\\ 0 & 2\end{bmatrix}=[-3\boldsymbol{e}_1\ 2\boldsymbol{e}_2] \tag{8.1.5}$$

满足 $A\boldsymbol{e}_1=-3\boldsymbol{e}_1$，$A\boldsymbol{e}_2=2\boldsymbol{e}_2$，我们看出$(-3,\ \boldsymbol{e}_1)$与$(2,\ \boldsymbol{e}_2)$是 A 的特征对. 对实矩阵来说，通过研究与之相关的线性变换以将特征向量与特征值形象化是很有助益的(见图 8.1).

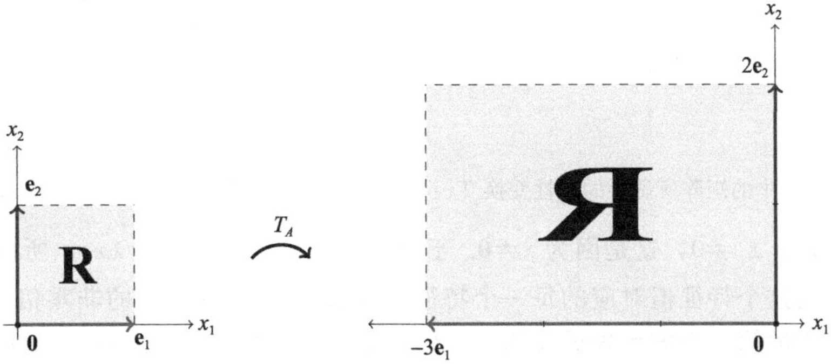

图 8.1 例 8.1.4 中的矩阵所诱导的线性变换 T_A：$\mathbb{R}^2\to\mathbb{R}^2$ 的图形表示. $(-3,\ \boldsymbol{e}_1)$与$(2,\ \boldsymbol{e}_2)$是特征对

例 8.1.6 考虑

$$A=\begin{bmatrix}1 & 1\\ 1 & 1\end{bmatrix}$$

并注意到与例 8.1.4 的情形不同，$\boldsymbol{e}_1$ 与 $\boldsymbol{e}_2$ 不是 A 的特征向量. 设 $\boldsymbol{x}=[x_1\ x_2]^{\mathrm{T}}$ 是非零向量并检查(8.1.2). 我们得到

$$\begin{aligned}x_1+x_2&=\lambda x_1,\\ x_1+x_2&=\lambda x_2.\end{aligned} \tag{8.1.7}$$

这两个方程告诉我们 $\lambda x_1=\lambda x_2$，即 $\lambda(x_1-x_2)=0$. 这里有两种情形. 如果 $\lambda=0$，那么$x_1+x_2=0$ 是(8.1.7)施加的唯一的限制条件，从而任何非零向量 $\boldsymbol{x}$ 只要它的元素满足这个方程(比方 $\boldsymbol{v}_1=[-1\ 1]$)，就都是与特征值 0 对应的特征向量. 如果 $x_1-x_2=0$，由于$\boldsymbol{x}\neq\boldsymbol{0}$，所以 x_1 与 x_2 相等且不为零. 回到(8.1.7)，我们看到 $2x_1=\lambda x_1$，由此得到 $\lambda=2$. 任何非零的 $\boldsymbol{x}$ 只要它的元素满足 $x_1=x_2$(比方 $\boldsymbol{v}_2=[1\ 1]$)，就都是与特征值 2 对应的特征向量. 这些观察的结论描述在图 8.2 中. 这个例子表明，尽管特征向量永远不可能是零向量，但特征值可以是纯量零.

例 8.1.8 考虑

$$A=\begin{bmatrix}1 & 1\\ 0 & 2\end{bmatrix}.$$ 176

设 $\boldsymbol{x}=[x_1\ x_2]^{\mathrm{T}}$ 是非零向量并检查(8.1.2). 我们得到

$$\begin{aligned}x_1+x_2&=\lambda x_1,\\ 2x_2&=\lambda x_2.\end{aligned} \tag{8.1.9}$$

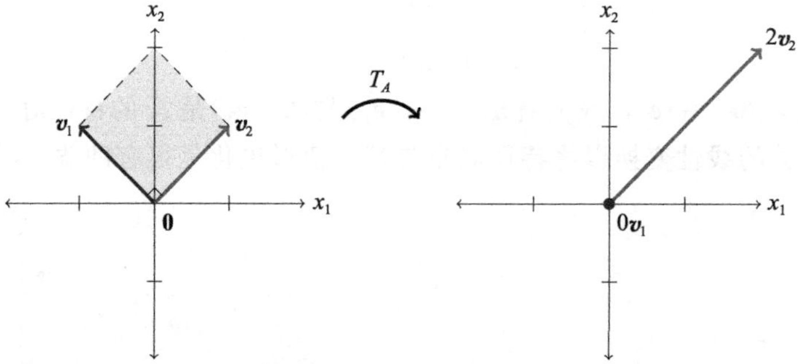

图 8.2 例 8.1.6 中的矩阵所诱导的线性变换 T_A：$\mathbb{R}^2 \to \mathbb{R}^2$ 的图形表示．(0，v_1)与(2，v_2)是特征对

如果 $x_2=0$，那么 $x_1 \neq 0$，这是因为 $\boldsymbol{x} \neq \boldsymbol{0}$. 于是，方程组化简为 $x_1=\lambda x_1$，所以 1 是 A 的一个特征值，且与这个特征值对应的每一个特征向量都是 $\boldsymbol{v}_1=[1\ 0]^{\mathrm{T}}$ 的非零倍数．如果$x_2 \neq 0$，则(8.1.9)中的第二个方程告诉我们 $\lambda=2$．(8.1.9)中的第一个方程显示 $x_1=x_2$，也就是说，与特征值 2 对应的每一个特征向量都是 $\boldsymbol{v}_2=[1\ 1]^{\mathrm{T}}$ 的非零倍数，见图 8.3.

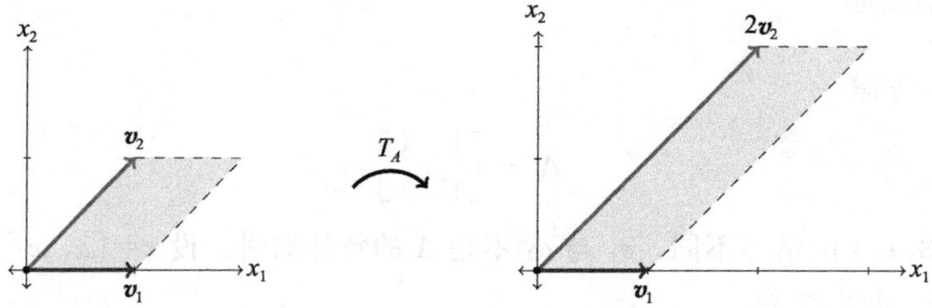

图 8.3 例 8.1.8 中的矩阵所诱导的线性变换 T_A：$\mathbb{R}^2 \to \mathbb{R}^2$ 的图形表示．(1，v_1)与(2，v_2)是特征对

例 8.1.10 考虑

$$A=\begin{bmatrix}1 & 1\\0 & 1\end{bmatrix}. \tag{8.1.11}$$

设 $\boldsymbol{x}=[x_1\ x_2]^{\mathrm{T}}$ 是非零向量并检查(8.1.2)．我们得到

$$\begin{aligned} x_1+x_2&=\lambda x_1,\\ x_2&=\lambda x_2. \end{aligned} \tag{8.1.12}$$

177

如果 $x_2 \neq 0$，那么(8.1.12)中的第二个方程告诉我们 $\lambda=1$．将它代入第一个方程就得到 $x_1+x_2=x_1$．我们得出 $x_2=0$，这是一个矛盾．这样一来就有 $x_2=0$，由此我们得出 $x_1 \neq 0$，这是因为 $\boldsymbol{x} \neq \boldsymbol{0}$．(8.1.12)的第一个方程确保 $x_1=\lambda x_1$，故而 $\lambda=1$ 是 A 仅有的特征值．其对应的特征向量是 $\boldsymbol{e}_1$ 的非零倍数$[x_1\ 0]^{\mathrm{T}}$(见图 8.4).

例 8.1.13 考虑

$$A=\begin{bmatrix}1 & \mathrm{i}\\-\mathrm{i} & 1\end{bmatrix}.$$

设 $\boldsymbol{x}=[x_1\ x_2]^{\mathrm{T}}$ 是非零向量并检查(8.1.2)．我们得到方程组

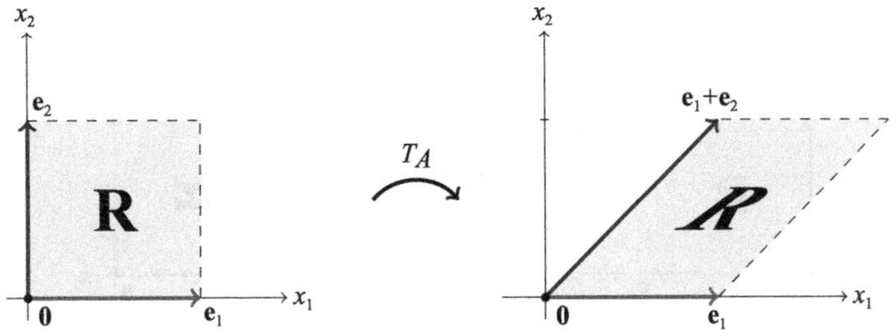

图 8.4 例 8.1.10 中的矩阵所诱导的线性变换 T_A：$\mathbb{R}^2 \to \mathbb{R}^2$ 是沿 x_1-方向的一个切变(shear). A 仅有的特征值是 1，而对应的特征向量是 $\boldsymbol{e}_1$ 的非零倍数

$$x_1 + \mathrm{i}x_2 = \lambda x_1,$$
$$-\mathrm{i}x_1 + x_2 = \lambda x_2.$$

用 i 乘第一个方程，并将结果加到第二个方程得到

$$0 = \lambda(x_2 + \mathrm{i}x_1).$$

定理 1.1.2 确保有两种情形：或者 $\lambda=0$，或者 $\lambda\neq 0$ 且 $x_2+\mathrm{i}x_1=0$. 在第一种情形，原来的方程组化简为单个的方程 $x_2=\mathrm{i}x_1$，所以$(0,\ [1\ \mathrm{i}]^{\mathrm{T}})$是 A 的一个特征对. 在第二种情形，$x_2=-\mathrm{i}x_1$，于是$[1\ -\mathrm{i}]^{\mathrm{T}}$ 是一组解. 将它代入原来的方程组，得到 $\lambda=2$. 于是，$(2,\ [1\ -\mathrm{i}]^{\mathrm{T}})$就是 A 的一个特征对.

例 8.1.14 考虑

$$A = \begin{bmatrix} 0 & -1 \\ 1 & 0 \end{bmatrix}.$$

设 $\boldsymbol{x}=[x_1\ x_2]^{\mathrm{T}}$ 是非零向量并检查(8.1.2). 我们得到方程组

$$-x_2 = \lambda x_1, \tag{8.1.15}$$
$$x_1 = \lambda x_2. \tag{8.1.16}$$

如果 $x_1\neq 0$，将第一个方程代入第二个方程，得到 $x_1=-\lambda^2 x_1$，由此推出，A 的任何特征值 λ 都满足 $\lambda^2=-1$. 如果 $x_2\neq 0$，则将(8.1.16)代入(8.1.15)得到同样的结论. 由此推出 178
A 没有实的特征值(见图 8.5). 方程 $\lambda^2=-1$ 确实有两个非实的解 $\lambda_{\pm}=\pm\mathrm{i}$. 将 $\lambda=\mathrm{i}$ 代入(8.1.16)和(8.1.15). 我们得出 $-x_2=\mathrm{i}x_1$ 以及 $x_1=\mathrm{i}x_2$. 这两个方程互为对方的倍数，用 $-\mathrm{i}$ 乘第一个方程就得到第二个. 这些方程的一组非零解是$[1\ -\mathrm{i}]^{\mathrm{T}}$，所以$(\mathrm{i},\ [1\ -\mathrm{i}]^{\mathrm{T}})$是 A 的一个特征对. 类似地，$(-\mathrm{i},\ [1\ \mathrm{i}]^{\mathrm{T}})$也是 A 的一个特征对. 这两个特征对是复共轭的，有关这个现象的说明，见 P.8.4.

上面的例子说明实矩阵的特征值与特征向量不一定是实的. 这就是为什么复数在线性代数里起中心作用的一个原因. 例 8.1.14 也提示我们，方阵的特征值也可以通过求一个关联的多项式的零点来得到. 在下一章里我们要研究这种可能性.

定义 8.1.1 的下述变形在我们的论述中有用.

定理 8.1.17 设 $A\in \boldsymbol{M}_n$，$\lambda\in\mathbb{C}$. 则下列诸命题等价：

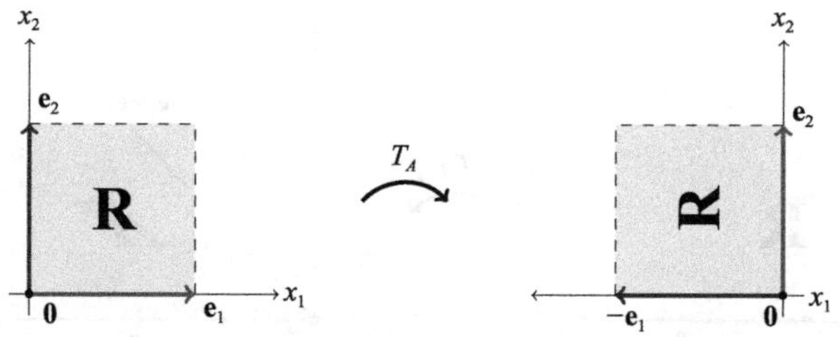

图 8.5　例 8.1.14 中的矩阵所诱导的线性变换 T_A：$\mathbb{R}^2 \to \mathbb{R}^2$ 是绕原点旋转$\frac{\pi}{2}$的一个旋转. A 没有实的特征值，尽管它的确有非实的特征对$(\mathrm{i}, [1\ \ -\mathrm{i}]^{\mathrm{T}})$以及$(-\mathrm{i}, [1\ \ \mathrm{i}]^{\mathrm{T}})$

(a)λ 是 A 的一个特征值.

(b)对某个非零向量 $\boldsymbol{x} \in \mathbb{C}^n$ 有 $A\boldsymbol{x} = \lambda \boldsymbol{x}$.

(c)$(A-\lambda I)\boldsymbol{x} = \mathbf{0}$ 有非平凡解.

(d)$A-\lambda I$ 不可逆.

(e)$A^{\mathrm{T}}-\lambda I$ 不可逆.

(f)λ 是 A^{T} 的一个特征值.

证明　(a)⇔(b) 这是定义 8.1.1.

(b)⇔(c) 它们是互相重复的.

(c)⇔(d) 见推论 2.5.4.

(d)⇔(e) 见推论 3.2.6.

179 (e)⇔(f) 将(a)⇔(d)应用到 A^{T} 得出.

推论 8.1.18　设 $A \in \boldsymbol{M}_n$. 那么 A 可逆，当且仅当 0 不是 A 的特征值.

证明　这由上一个定理中(a)与(d)的等价性得出. ■

8.2　每个方阵有一个特征值

这一节的标题明确了我们的目标. 我们要证明每个方阵都有一个特征值. 矩阵、特征值以及多项式之间的关系对此目的是至关重要的. 对于多项式

$$p(z) = c_k z^k + c_{k-1} z^{k-1} + \cdots + c_1 z + c_0$$

以及 $A \in \boldsymbol{M}_n$，有

$$p(A) = c_k A^k + c_{k-1} A^{k-1} + \cdots + c_1 A + c_0 I, \tag{8.2.1}$$

见 0.8 节.

例 8.2.2　例 8.1.14 中的矩阵

$$A = \begin{bmatrix} 0 & -1 \\ 1 & 0 \end{bmatrix}$$

满足 $A^2 = -I$. 由 A 诱导的线性变换是$\mathbb{R}^2$ 中绕原点转动$\frac{\pi}{2}$的旋转，见图 8.5. 于是，A^2 诱

导出一个绕原点 π 角的旋转，它由矩阵 $-I$ 来表示. 如果 $p(z)=z^2+1$，那么 $p(A)=A^2+I=0$.

上一个例子诱导出如下定义.

定义 8.2.3 如果 $A\in \boldsymbol{M}_n$，而 p 是一个使得 $p(A)=0$ 成立的多项式，则称 p 使得 A **零化**(annihilate)，p 称为 A 的**零化多项式**(annihilating polynomial).

下面的引理表明：每一个 $A\in \boldsymbol{M}_n$ 都可以被某个非常数的多项式零化，它基于如下的事实：$\boldsymbol{M}_n$ 是 n^2 维的向量空间.

引理 8.2.4 设 $A\in \boldsymbol{M}_n$. 则存在一个次数不超过 n^2 的非常数的多项式 p 使得 A 零化. 如果 A 是实的，则可以选取 p 是实系数的多项式.

证明 $\mathbb{F}$-向量空间 $\boldsymbol{M}_n(\mathbb{F})$ 的维数是 n^2，所以 n^2+1 个矩阵 I，A，A^2，…，A^{n^2} 是线性相关的. 由此存在不全为零的数 c_0，c_1，c_2，…，$c_{n^2}\in\mathbb{F}$，使得

$$c_0 I+c_1 A+c_2 A^2+\cdots+c_{n^2} A^{n^2}=0. \tag{8.2.5}$$

如果 $c_1=c_2=\cdots=c_{n^2}=0$，那么 $c_0 I=0$，从而 $c_0=0$，这是一个矛盾. 令 $r=\max\{k：1\leqslant k\leqslant n^2$ 且 $c_k\neq 0\}$. 那么 $c_r\neq 0$，且有

$$c_0 I+c_1 A+c_2 A^2+\cdots+c_r A^r=0,$$ 180

所以，非常数多项式

$$p(z)=c_r z^r+c_{r-1}z^{r-1}+\cdots+c_1 z+c_0$$

的次数至多为 n^2 且使 A 零化. 它的系数属于$\mathbb{F}$. ■

在 2×2 的情形，存在显式多项式 p 使得 $p(A)=0$，它是一般原理的一个特殊情形，而一般性的原理要在 10.2 节里讲述.

例 8.2.6 考虑 2×2 矩阵

$$A=\begin{bmatrix} a & b \\ c & d \end{bmatrix}.$$

引理 8.2.4 的证明启发我们在矩阵 I，A，A^2，A^3，A^4 之间有线性关系.

计算给出

$$A^2=\begin{bmatrix} a & b \\ c & d \end{bmatrix}\begin{bmatrix} a & b \\ c & d \end{bmatrix}=\begin{bmatrix} a^2+bc & ab+bd \\ ac+cd & bc+d^2 \end{bmatrix}=\begin{bmatrix} a^2+bc & b(a+d) \\ c(a+d) & bc+d^2 \end{bmatrix},$$

所以

$$A^2-(a+d)A=\begin{bmatrix} a^2+bc & b(a+d) \\ c(a+d) & bc+d^2 \end{bmatrix}-\begin{bmatrix} a(a+d) & b(a+d) \\ c(a+d) & d(a+d) \end{bmatrix}=\begin{bmatrix} bc-ad & 0 \\ 0 & bc-ad \end{bmatrix},$$

由此推出

$$A^2-(a+d)A+(ad-bc)I=0. \tag{8.2.7}$$

于是，

$$p(z)=z^2-(\operatorname{tr}A)z+\det A=0$$

使 A 零化.

我们对于使给定的矩阵零化的多项式的兴趣源于下面的结果.

引理 8.2.8　设 $A\in \mathbf{M}_n$，而 p 是一个使得 $p(A)=0$ 成立的非常数的多项式. 那么 $p(z)=0$ 的某个根就是 A 的一个特征值.

证明　假设

$$p(z)=c_k z^k+c_{k-1}z^{k-1}+\cdots+c_1 z+c_0,\quad c_k\neq 0 \tag{8.2.9}$$

使 A 零化，并将它分解成

$$p(z)=c_k(z-\lambda_1)(z-\lambda_2)\cdots(z-\lambda_k). \tag{8.2.10}$$

(8.2.9)与(8.2.10)这两个表达式相等加上 A 的幂可交换这一事实确保我们可以将 $p(A)=0$ 写成因子分解的形式

$$0=p(A)=c_k(A-\lambda_1 I)(A-\lambda_2 I)\cdots(A-\lambda_k I). \tag{8.2.11}$$

由于 $p(A)=0$ 是不可逆的，因此它的因子 $A-\lambda_i I$ 中至少有一个是不可逆的. 于是，根据

181 定理 8.1.17，这个 λ_i 就是 A 的一个特征值. ■

例 8.2.12　等式(8.2.7)告诉我们：例 8.1.6 中的矩阵

$$A=\begin{bmatrix}1 & 1\\ 1 & 1\end{bmatrix}$$

(其特征值是 0 与 2)被多项式 $p(z)=z^2-2z=z(z-2)$ 所零化. 在此情形，$p(z)=0$ 的根是 A 的特征值. 然而，并非使得 A 零化的多项式的每一个零点都一定是 A 的特征值. 例如，$q(z)=z^3-3z^2+2z=z(z-1)(z-2)=(z-1)p(z)$ 满足

$$q(A)=A^3-3A^2+2A=(A-I)p(A)=(A-I)0=0,$$

但 $q(1)=0$ 而 1 不是 A 的特征值.

例 8.2.13　例 8.2.6 确保 $p(z)=z^2-(a+d)z+(ad-bc)$ 使

$$A=\begin{bmatrix}a & b\\ c & d\end{bmatrix}$$

零化. $p(z)=0$ 的根是

$$\lambda_{\pm}=\frac{a+d\pm\sqrt{s}}{2},\quad s=(a-d)^2+4bc. \tag{8.2.14}$$

引理 8.2.8 确保 λ_+ 与 λ_- 中至少有一个是 A 的特征值. 如果 $s=0$，那么 $\lambda_+=\lambda_-=\frac{1}{2}(a+d)$ 是一个特征值. 如果 $s\neq 0$，则 λ_+ 是一个特征值，而 λ_- 则不是，这样定理 8.1.17 确保 $A-\lambda_- I$ 是可逆的. 由等式

$$0=p(A)=(A-\lambda_- I)(A-\lambda_+ I)$$

得出

$$0=(A-\lambda_- I)^{-1}p(A)=A-\lambda_+ I.$$

由此推出 $A=\lambda_+ I$，故而 $b=c=0$，$a=d$，且 $s=0$，这是一个矛盾. 如果 $s\neq 0$，而 λ_- 是 A 的特征值，但 λ_+ 不是，那么类似的推理导出另一个矛盾. 于是，λ_+ 与 λ_- 两者都是 A 的特征值.

下面的定理是这一节的主要结果.

定理 8.2.15　每个方阵都有一个特征值.

证明　设 $A\in \boldsymbol{M}_n$. 引理 8.2.4 确保存在一个非常数的多项式 p，使得 $p(A)=0$. 引理 8.2.8 是说，在 $p(z)=0$ 的根中间至少有一个是 A 的特征值. ■

尽管每个方阵都至少有一个特征值，但还有更多的东西需要学习. 例如，(8.2.14)是关于 2×2 矩阵的特征值的公式，但这些是它仅有的特征值吗？一个 $n\times n$ 矩阵有多少个特征值呢？ 182

8.3　有多少个特征值

定义 8.3.1　$A\in \boldsymbol{M}_n$ 的特征值的集合称为 A 的**谱**(spectrum)，记为 $\operatorname{spec}A$.

矩阵的谱是一个集合，所以它用其中相异的元素来刻画. 例如，集合{1，2}与{1，1，2}是相同的.

定理 8.2.15 说的是：方阵的谱非空. $\operatorname{spec}A$ 中有多少个元素呢？下面的引理帮助解答了这个问题.

引理 8.3.2　设$(\lambda,\ \boldsymbol{x})$是 $A\in \boldsymbol{M}_n$ 的一个特征对，而 p 是一个多项式. 那么

$$p(A)\boldsymbol{x}=p(\lambda)\boldsymbol{x},$$

也就是说，$(p(\lambda),\ \boldsymbol{x})$是 $p(A)$的一个特征对.

证明　如果$(\lambda,\ \boldsymbol{x})$是 $A\in \boldsymbol{M}_n$ 的一个特征对，用归纳法来证明：对所有 $j\geqslant 0$ 都有 $A^j\boldsymbol{x}=\lambda^j\boldsymbol{x}$. 在基础情形 $j=0$，注意到 $A^0=I$ 以及 $\lambda^0=1$ 即可. 对于归纳步骤，假设对某个 $j\geqslant 0$，有 $A^j\boldsymbol{x}=\lambda^j\boldsymbol{x}$. 那么

$$A^{j+1}\boldsymbol{x}=A(A^j\boldsymbol{x})=A(\lambda^j\boldsymbol{x})=\lambda^j(A\boldsymbol{x})=\lambda^j(\lambda\boldsymbol{x})=\lambda^{j+1}\boldsymbol{x},$$

这就完成了归纳法的证明. 如果 p 由(8.2.9)给出，那么

$$\begin{aligned}p(A)\boldsymbol{x}&=(c_kA^k+c_{k-1}A^{k-1}+\cdots+c_1A+c_0I)\boldsymbol{x}\\&=c_kA^k\boldsymbol{x}+c_{k-1}A^{k-1}\boldsymbol{x}+\cdots+c_1A\boldsymbol{x}+c_0I\boldsymbol{x}\\&=c_k\lambda^k\boldsymbol{x}+c_{k-1}\lambda^{k-1}\boldsymbol{x}+\cdots+c_1\lambda\boldsymbol{x}+c_0\boldsymbol{x}\\&=(c_k\lambda^k+c_{k-1}\lambda^{k-1}+\cdots+c_1\lambda+c_0)\boldsymbol{x}\\&=p(\lambda)\boldsymbol{x}.\end{aligned}$$

■

上述引理的一个应用是对引理 8.2.8 提供了一点补充. 如果 $A\in \boldsymbol{M}_n$，而 p 是使 A 零化的一个多项式，那么不仅仅 $p(z)=0$ 的某个根是 A 的特征值，而且 A 的每个特征值也都是 $p(z)=0$ 的根. 这里给出这一结果的正式表述.

定理 8.3.3　设 $A\in \boldsymbol{M}_n$，而 p 是使 A 零化的一个多项式. 那么

(a) A 的每个特征值都是 $p(z)=0$ 的根.

(b) A 有有限多个不同的特征值.

证明　(a)设$(\lambda,\ \boldsymbol{x})$是 A 的一个特征对. 那么

$$\boldsymbol{0}=0\boldsymbol{x}=p(A)\boldsymbol{x}=p(\lambda)\boldsymbol{x},$$

所以 $p(\lambda)=0$.

(b)引理 8.2.4 确保存在一个次数不超过 n^2 的多项式使 A 零化. 这样的多项式至多有
183 n^2 个零点，所以 A 至多有 n^2 个不同的特征值. ■

引理 8.3.2 的下一个应用导出矩阵不同特征值个数的一个非常好的界限.

定理 8.3.4 设$(\lambda_1, \boldsymbol{x}_1)$，$(\lambda_2, \boldsymbol{x}_2)$，…，$(\lambda_d, \boldsymbol{x}_d)$是 $A\in\boldsymbol{M}_n$ 的特征对，其中 λ_1，λ_2，…，λ_d 是相异的. 那么 $\boldsymbol{x}_1$，$\boldsymbol{x}_2$，…，$\boldsymbol{x}_d$ 线性无关.

证明 Lagrange 插值定理(定理 0.7.6)确保存在多项式 p_1，p_2，…，p_d，使得对每个 $i=1, 2, \cdots, d$ 都有

$$p_i(\lambda_j)=\begin{cases}1 & \text{如果 } i=j, \\ 0 & \text{如果 } i\neq j.\end{cases}$$

假设 c_1，c_2，…，c_d 是纯量，且

$$c_1\boldsymbol{x}_1+c_2\boldsymbol{x}_2+\cdots+c_d\boldsymbol{x}_d=\boldsymbol{0}.$$

我们必须证明每个 $c_i=0$. 定理 8.3.2 确保 $p_i(A)\boldsymbol{x}_j=p_i(\lambda_j)\boldsymbol{x}_j$，所以对每个 $i=1, 2, \cdots, d$ 都有

$$\begin{aligned}\boldsymbol{0}=p_i(A)\boldsymbol{0}&=p_i(A)(c_1\boldsymbol{x}_1+c_2\boldsymbol{x}_2+\cdots+c_d\boldsymbol{x}_d)\\&=c_1p_i(A)\boldsymbol{x}_1+c_2p_i(A)\boldsymbol{x}_2+\cdots+c_dp_i(A)\boldsymbol{x}_d\\&=c_1p_i(\lambda_1)\boldsymbol{x}_1+c_2p_i(\lambda_2)\boldsymbol{x}_2+\cdots+c_dp_i(\lambda_d)\boldsymbol{x}_d\\&=c_i\boldsymbol{x}_i.\end{aligned}$$

这样就有每个 $c_i=0$.

推论 8.3.5 每个 $A\in\boldsymbol{M}_n$ 有至多 n 个相异的特征值. 如果 A 有 n 个相异的特征值，那么 $\mathbb{C}^n$ 有由 A 的特征向量组成的基.

证明 上面的定理是说：如果$(\lambda_1, \boldsymbol{x}_1)$，$(\lambda_2, \boldsymbol{x}_2)$，…，$(\lambda_d, \boldsymbol{x}_d)$是 A 的特征对，且诸 λ_1，λ_2，…，λ_d 是相异的，那么 $\boldsymbol{x}_1$，$\boldsymbol{x}_2$，…，$\boldsymbol{x}_d$ 线性无关. 由此推出 $d\leqslant n$. 如果 $d=n$，那么 $\boldsymbol{x}_1$，$\boldsymbol{x}_2$，…，$\boldsymbol{x}_n$ 是 $\mathbb{C}^n$ 中的一组极大线性无关组，故而它是一组基，见推论 2.2.8. ■

定义 8.3.6 如果 $A\in\boldsymbol{M}_n$ 有 n 个不同的特征值，那么称 A 有**相异的特征值**(distinct eigenvalue).

例 8.3.7 公式(8.2.14)确保

$$A=\begin{bmatrix}9 & 8\\2 & -6\end{bmatrix} \tag{8.3.8}$$

有特征值 $\lambda_+=10$ 以及 $\lambda_-=-7$. 推论 8.3.5 是说这些就是 A 仅有的特征值了，所以 $\operatorname{spec}A=\{10, -7\}$，且 A 有相异的特征值. 为求出对应的特征向量，求解齐次方程组

184 $$(A-10I)\boldsymbol{x}=\boldsymbol{0}, \quad (A+7I)\boldsymbol{x}=\boldsymbol{0}.$$

这对于 A 以及 $\mathbb{C}^2$ 的基 $\beta=[8\ 1]^{\mathrm{T}}$，$[-1\ 2]^{\mathrm{T}}$ 就产生出特征对$(10, [8\ 1]^{\mathrm{T}})$以及$(-7, [-1\ 2]^{\mathrm{T}})$. 现在用 β 来构造(必定可逆的)矩阵

$$S=\begin{bmatrix}8 & -1\\1 & 2\end{bmatrix}.$$

T_A：$\mathbb{C}^2 \to \mathbb{C}^2$ 关于$\mathbb{C}^2$ 的标准基的基表示是 A，见定义 2.3.9. 它关于β的表示是

$$\begin{aligned}S^{-1}AS&=\frac{1}{17}\begin{bmatrix}2 & 1\\-1 & 8\end{bmatrix}\begin{bmatrix}9 & 8\\2 & -6\end{bmatrix}\begin{bmatrix}8 & -1\\1 & 2\end{bmatrix}\\&=\frac{1}{17}\begin{bmatrix}2 & 1\\-1 & 8\end{bmatrix}\begin{bmatrix}80 & 7\\10 & -14\end{bmatrix}=\frac{1}{17}\begin{bmatrix}170 & 0\\0 & -119\end{bmatrix}\\&=\begin{bmatrix}10 & 0\\0 & -7\end{bmatrix}.\end{aligned}$$

于是，存在由 A 的特征向量组成的基，这表明 A 与对角阵相似，此对角阵的对角元素就是 A 的特征值. 一个等价的命题是说：线性算子 T_A 的β-基表示是对角阵. 关于这点我们在 9.4 节中还有更多的内容要说.

例 8.3.9　矩阵

$$A_\theta=\begin{bmatrix}\cos\theta & -\sin\theta\\\sin\theta & \cos\theta\end{bmatrix},\quad 0<\theta\leqslant\frac{\pi}{2}$$

在$\mathbb{R}^2$ 中产生一个绕原点逆时针转动 θ 角的旋转(见图 8.6). 公式(8.2.14)确保

$$\lambda_{\pm}=\frac{2\cos\theta\pm\sqrt{-4\sin^2\theta}}{2}=\cos\theta\pm\mathrm{i}\sin\theta=\mathrm{e}^{\pm\mathrm{i}\theta}$$

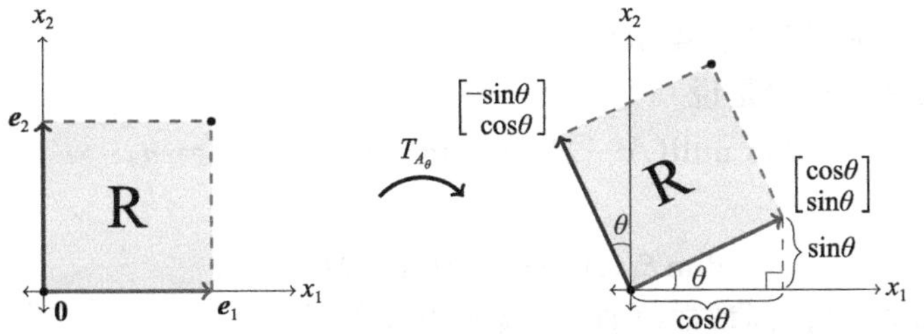

图 8.6　由例 8.3.9 中的矩阵 A_θ 所诱导的线性变换 T_{A_θ}：$\mathbb{R}^2\to\mathbb{R}^2$ 是绕原点逆时针转动角度 θ 的旋转，$0<\theta\leqslant\frac{\pi}{2}$. 矩阵 A_θ 有相异的非实特征值$\lambda_{\pm}=\mathrm{e}^{\pm\mathrm{i}\theta}$以及特征对$(\mathrm{e}^{\mathrm{i}\theta}, [1\ -\mathrm{i}]^{\mathrm{T}})$与$(\mathrm{e}^{-\mathrm{i}\theta}, [1\ \ \mathrm{i}]^{\mathrm{T}})$ 185

是 A 的相异的特征值. 推论 8.3.5 使我们可以得出结论 spec $A=\{\mathrm{e}^{\mathrm{i}\theta}, \mathrm{e}^{-\mathrm{i}\theta}\}$. 为求出与$\lambda_+=\mathrm{e}^{\mathrm{i}\theta}$ 对应的特征向量，计算齐次方程组$(A-\lambda_+I)\boldsymbol{x}=\mathbf{0}$ 的非零解：

$$-\mathrm{i}(\sin\theta)x_1-(\sin\theta)x_2=0,$$

$$(\sin\theta)x_1-\mathrm{i}(\sin\theta)x_2=0,$$

其中 $\boldsymbol{x}=[x_1\ x_2]^{\mathrm{T}}$. 由于用 i 乘第一个方程就得到第二个方程，且 $\sin\theta\neq0$，因此这个方程组等价于单个的方程 $x_1=\mathrm{i}x_2$，于是$(\mathrm{e}^{\mathrm{i}\theta}, [1\ -\mathrm{i}]^{\mathrm{T}})$是 A 的一个特征对. 类似的计算(或者见 P.8.4)表明$(\mathrm{e}^{-\mathrm{i}\theta}, [1\ \mathrm{i}]^{\mathrm{T}})$也是 A 的一个特征对. 注意到$[1\ \mathrm{i}]^{\mathrm{T}}$，$[1\ -\mathrm{i}]^{\mathrm{T}}$ 是$\mathbb{C}^2$ 的一组基.

值得注意的是：A_θ 的特征值与$\theta\in\left(0,\ \frac{\pi}{2}\right)$有关，但是相关的特征向量并不与$\theta$相关. 向量$[1\pm\mathrm{i}]^{\mathrm{T}}$中每一个都是所有矩阵$A_\theta$的特征向量. 推论 8.5.4 对此现象提供了一种解释.

例 8.3.10　如果$n\geqslant 2$，那么I_n没有相异的特征值. 尽管如此，$\mathbb{C}^n$有一组由I_n的特征向量组成的基. $\mathbb{C}^n$的任何一组基都构成I_n的特征向量，这是因为$\mathbb{C}^n$中任何非零向量都是I_n的与特征值$\lambda=1$对应的特征向量.

定义 8.3.11　设$A\in\boldsymbol{M}_n$，$\lambda\in\mathbb{C}$. 那么

$$\mathcal{E}_\lambda(A)=\operatorname{null}(A-\lambda I)$$

是A**的与**λ**相伴的特征空间**(eigenspace of A associated with λ).

术语特征空间提示我们$\mathcal{E}_\lambda(A)$是$\mathbb{C}^n$的一个子空间，这的确如此. 任何$n\times n$矩阵的零空间都是$\mathbb{C}^n$的一个子空间. 如果$\lambda\notin\operatorname{spec}A$，那么$A-\lambda I$可逆(定理 8.1.17)，从而$\mathcal{E}_\lambda(A)=\{\mathbf{0}\}$是零子空间. 如果$\lambda\in\operatorname{spec}A$，那么$\mathcal{E}_\lambda(A)$由零向量以及$A$的所有与$\lambda$相伴的特征向量组成(定理 8.1.17). 于是，$\mathcal{E}_\lambda(A)\neq\{\mathbf{0}\}$，当且仅当$\lambda\in\operatorname{spec}A$.

如果$\lambda\in\operatorname{spec}A$，则$\mathcal{E}_\lambda(A)$中每个非零向量都是$A$的与$\lambda$相伴的特征向量. 由此推出，$\mathcal{E}_\lambda(A)$的任意一组基都是$A$的与$\lambda$相伴且线性无关的特征向量组.

定义 8.3.12　设$A\in\boldsymbol{M}_n$. 作为A的特征值的λ的**几何重数**(geometric multiplicity)就是子空间$\mathcal{E}_\lambda(A)$的维数.

如果$\lambda\notin\operatorname{spec}A$，则它的几何重数为零. 如果$A\in\boldsymbol{M}_n$，则$\lambda\in\operatorname{spec}A$的几何重数在 1 与$n$之间，因为$\mathcal{E}_\lambda(A)$是$\mathbb{C}^n$的非零子空间.

维数定理(推论 2.5.4)是说

$$\dim\operatorname{null}(A-\lambda I)+\dim\operatorname{col}(A-\lambda I)=n,$$

即

$$\dim\mathcal{E}_\lambda(A)+\operatorname{rank}(A-\lambda I)=n.$$

这样一来，λ作为$A\in\boldsymbol{M}_n$的特征值的几何重数就是

186

$$\dim\mathcal{E}_\lambda(A)=n-\operatorname{rank}(A-\lambda I).\tag{8.3.13}$$

例 8.3.14　考虑

$$A=\begin{bmatrix}1&1\\0&1\end{bmatrix}.$$

例 8.1.10 的结果表明$\operatorname{spec}A=\{1\}$，$\mathcal{E}_1(A)=\operatorname{span}\{[1\ 0]^{\mathrm{T}}\}$. 于是，1 作为$A$的特征值的几何重数是 1. 作为核查，注意有$\operatorname{rank}(A-I)=1$，所以(8.3.13)告诉我们特征值$\lambda=1$的几何重数是 1.

例 8.3.15　考虑

$$A=\begin{bmatrix}1&\mathrm{i}\\\mathrm{i}&-1\end{bmatrix}.$$

设$\boldsymbol{x}=[x_1\ x_2]^{\mathrm{T}}$是非零向量，假设$A\boldsymbol{x}=\lambda\boldsymbol{x}$. 用 i 乘方程组

$$x_1 + \mathrm{i}x_2 = \lambda x_1, \tag{8.3.16}$$

$$\mathrm{i}x_1 - x_2 = \lambda x_2, \tag{8.3.17}$$

中的第二个方程，并加到第一个方程上，结果是 $0=\lambda(x_1+\mathrm{i}x_2)$，这样要么 $\lambda=0$，要么 $x_1+\mathrm{i}x_2=0$. 如果 $\lambda=0$，(8.3.16)就化简为 $x_1+\mathrm{i}x_2=0$. 如果 $x_1+\mathrm{i}x_2=0$，那么(8.3.16)与(8.3.17)化简为 $0=\lambda x_1$ 和 $0=-\mathrm{i}\lambda x_2$. 这样就有 $\lambda=0$，这是因为 $\boldsymbol{x}\neq 0$. 于是，$\mathrm{spec}A=\{0\}$ 且 $\mathcal{E}_0(A)=\mathrm{span}\{[1\ \mathrm{i}]^{\mathrm{T}}\}$. 0 作为 A 的特征值的几何重数是 1. 作为核查，注意有 $\mathrm{rank}A=1$(它的第二列是 i 乘以它的第一列)，所以(8.3.13)告诉我们特征值 $\lambda=0$ 的几何重数是 1.

定理 8.1.17 是说：方阵与它的转置有同样的特征值. 下面的引理改进了这个结果.

引理 8.3.18 设 $A\in\boldsymbol{M}_n$，$\lambda\in\mathrm{spec}A$. 那么 $\dim\mathcal{E}_\lambda(A)=\dim\mathcal{E}_\lambda(A^{\mathrm{T}})$.

证明 计算给出

$$\begin{aligned}\dim\mathcal{E}_\lambda(A) &= \dim\,\mathrm{null}(A-\lambda I) = n-\mathrm{rank}(A-\lambda I)\\ &= n-\mathrm{rank}(A-\lambda I)^{\mathrm{T}} = n-\mathrm{rank}(A^{\mathrm{T}}-\lambda I)\\ &= \dim\,\mathrm{null}(A^{\mathrm{T}}-\lambda I) = \dim\mathcal{E}_\lambda(A^{\mathrm{T}}).\end{aligned}$$ ■

8.4 特征值在何处

如同例 8.1.3 与例 8.1.4 描述的那样，对角阵的对角元素就是其特征值，其所相伴的特征向量即其标准基向量. 如果通过插入某些非零的对角线之外的元素，我们是否能对每个对角元素与特征值的偏差的大小给出量值的界限？下面的定理对此问题给出了回答. 187

定理 8.4.1(Geršgorin) 如果 $n\geqslant 2$ 且 $A=[a_{ij}]\in\boldsymbol{M}_n$，那么

$$\mathrm{spec}A\subseteq G(A)=\bigcup_{k=1}^{n}G_k(A), \tag{8.4.2}$$

其中

$$G_k(A)=\{z\in\mathbb{C}: |z-a_{kk}|\leqslant R'_k(A)\} \tag{8.4.3}$$

是复平面上一个圆盘，其中心在点 a_{kk} 而半径是删掉的绝对行和

$$R'_k(A)=\sum_{j\neq k}|a_{kj}|. \tag{8.4.4}$$

证明 设 $(\lambda, \boldsymbol{x})$ 是 $A=[a_{ij}]\in\boldsymbol{M}_n$ 的一个特征对，设 $\boldsymbol{x}=[x_i]$，并假设 $n\geqslant 2$. 等式(8.1.2)等价于方程组

$$\lambda x_i=\sum_{j=1}^{n}a_{ij}x_j=a_{ii}x_i+\sum_{j\neq i}a_{ij}x_j,\quad i=1,2,\cdots,n,$$

我们将它表示成

$$(\lambda-a_{ii})x_i=\sum_{j\neq i}a_{ij}x_j,\quad i=1,2,\cdots,n. \tag{8.4.5}$$

设 $k\in\{1, 2, \cdots, n\}$是任何一个满足 $|x_k|=\|\boldsymbol{x}\|_\infty$ 的指标，这个范数不为零，因为 $\boldsymbol{x}\neq\boldsymbol{0}$，见(4.6.5). 在(8.4.5)中令 $i=k$，并用 $\|\boldsymbol{x}\|_\infty$ 来除即得

$$\lambda - a_{kk} = \sum_{j\neq k} a_{kj} \frac{x_j}{\|\boldsymbol{x}\|_\infty}. \tag{8.4.6}$$

k 的选取保证了(8.4.6)中的每一个商的模至多为 1. 三角不等式确保有

$$|\lambda - a_{kk}| = \left|\sum_{j\neq k} a_{kj} \frac{x_j}{\|\boldsymbol{x}\|_\infty}\right| \leqslant \sum_{j\neq k} |a_{kj}| \left|\frac{x_j}{\|\boldsymbol{x}\|_\infty}\right| \leqslant \sum_{j\neq k} |a_{kj}| = R'_k(A), \tag{8.4.7}$$

从而有 $\lambda \in G_k(A) \subseteq G(A)$. ■

圆盘 $G_k(A)$ 称为 Geršgorin 圆盘(Geršgorin disk)，它的边界称为 Geršgorin 圆(Geršgorin circle). (8.4.2)中定义的集合 $G(A)$ 称为 A 的 Geršgorin 区域(Geršgorin region of A). 每一个 Geršgorin 圆盘 $G_k(A)$ 都包含在中心在原点、半径为

$$R_k(A) = \sum_{j=1}^{n} |a_{kj}| = R'_k(A) + |a_{kk}|$$

的圆盘内，这个半径称为 A 的第 k 个绝对行和(kth absolute row sum of A). 这样一来，Geršgorin 区域(从而 A 的所有特征值)都包含在单独一个圆盘内，这个圆盘的中心在原点，而其半径

$$R_{\max}(A) = \max_{1\leqslant k\leqslant n} R_k(A) = \max\left\{\sum_{j=1}^{n} |a_{kj}| : 1 \leqslant k \leqslant n\right\} \tag{8.4.8}$$

188 则是 A 的最大的绝对行和.

如果我们对 A^{T} 应用上面的定理，就得到中心在 A 的对角元素而半径是 A^{T} 的删去的绝对行和的诸个 Geršgorin 圆盘.

推论 8.4.9 如果 $A \in \boldsymbol{M}_n$，那么

$$\operatorname{spec} A \subseteq G(A) \cap G(A^{\mathrm{T}}) \subseteq \{z \in \mathbb{C} : |z| \leqslant \min\{R_{\max}(A), R_{\max}(A^{\mathrm{T}})\}\}. \tag{8.4.10}$$

证明 定理 8.4.1 说的是 $\operatorname{spec} A \subseteq G(A)$，而定理 8.1.17 确保 $\operatorname{spec} A = \operatorname{spec} A^{\mathrm{T}} \subseteq G(A^{\mathrm{T}})$. 现在对 A 以及 A^{T} 应用(8.4.8)即可. ■

例 8.4.11 考虑例 8.1.8 中的矩阵

$$A = \begin{bmatrix} 1 & 1 \\ 0 & 2 \end{bmatrix}, \tag{8.4.12}$$

对它有 $\operatorname{spec} A = \{1, 2\}$. 这样就有

$$R'_1(A) = 1, \quad R'_2(A) = 0, \quad R'_1(A^{\mathrm{T}}) = 0, \quad R'_2(A^{\mathrm{T}}) = 1.$$

由此得出

$$G_1(A) = \{z \in \mathbb{C} : |z - 1| \leqslant 1\}, \quad G_1(A^{\mathrm{T}}) = \{1\},$$
$$G_2(A) = \{2\}, \quad G_2(A^{\mathrm{T}}) = \{z \in \mathbb{C} : |z - 2| \leqslant 1\}.$$

区域 $G(A) \cap G(A^{\mathrm{T}})$ 包含了 $\operatorname{spec} A$，而且要比 $G(A)$ 以及 $G(A^{\mathrm{T}})$ 都要小得多. 又有

$$R_1(A) = R_2(A) = R_1(A^{\mathrm{T}}) = 2, \quad R_2(A^{\mathrm{T}}) = 3,$$

所以 $R_{\max}(A) = 2$，$R_{\max}(A^{\mathrm{T}}) = 3$. 由于 $\min\{R_{\max}(A), R_{\max}(A^{\mathrm{T}})\} = 2$，因此 $\operatorname{spec} A$ 包含在

圆盘$\{z\in\mathbb{C}: |z|\leqslant R_{\max}(A)=2\}$中，见图 8.7.

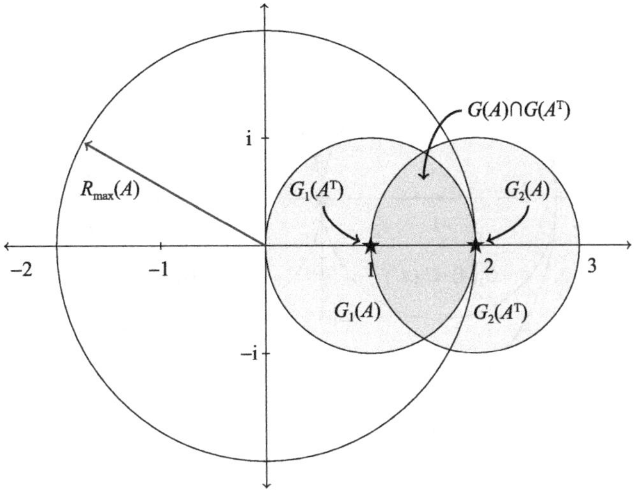

图 8.7 矩阵(8.4.12)的 $G(A)$以及 $G(A^{\mathrm{T}})$. 棱镜形状的区域是 $G(A)\cap G(A^{\mathrm{T}})$. A 的特征值 $z=1$ 与 $z=2$ 用符号★来标记 189

例 8.4.13 例 8.3.15 中的矩阵

$$A=\begin{bmatrix}1 & \mathrm{i}\\ \mathrm{i} & -1\end{bmatrix} \tag{8.4.14}$$

有 $\operatorname{spec}A=\{0\}$. 这里 $R'_1(A)=R'_2(A)=1$，$R'_1(A^{\mathrm{T}})=R'_2(A^{\mathrm{T}})=1$，所以

$$G_1(A)=G_1(A^{\mathrm{T}})=\{z\in\mathbb{C}: |z-1|\leqslant 1\},$$

$$G_2(A)=G_2(A^{\mathrm{T}})=\{z\in\mathbb{C}: |z+1|\leqslant 1\}.$$

我们还有 $R_1(A)=R_2(A)=2$，$R_1(A^{\mathrm{T}})=R_2(A^{\mathrm{T}})=2$，所以 $R_{\max}(A)=R_{\max}(A^{\mathrm{T}})=2$，见图 8.8.

例 8.4.15 考虑

$$A=\begin{bmatrix}9 & 8\\ 2 & -6\end{bmatrix}, \tag{8.4.16}$$

对它有 $\operatorname{spec}A=\{10,-7\}$，见例 8.3.7. 这样就有

$$R'_1(A)=8,\quad R'_2(A)=2,\quad R'_1(A^{\mathrm{T}})=2,\quad R'_2(A^{\mathrm{T}})=8,$$

从而有

$$G_1(A)=\{z\in\mathbb{C}: |z-9|\leqslant 8\},\quad G_1(A^{\mathrm{T}})=\{z\in\mathbb{C}: |z-9|\leqslant 2\},$$

$$G_2(A)=\{z\in\mathbb{C}: |z+6|\leqslant 2\},\quad G_2(A^{\mathrm{T}})=\{z\in\mathbb{C}: |z+6|\leqslant 8\},$$

$R_{\max}(A)=17$，$R_{\max}(A^{\mathrm{T}})=14$. 于是有 $\operatorname{spec}A\subseteq\{z\in\mathbb{C}: |z|\leqslant 14\}$，而且甚至有更好的结果：

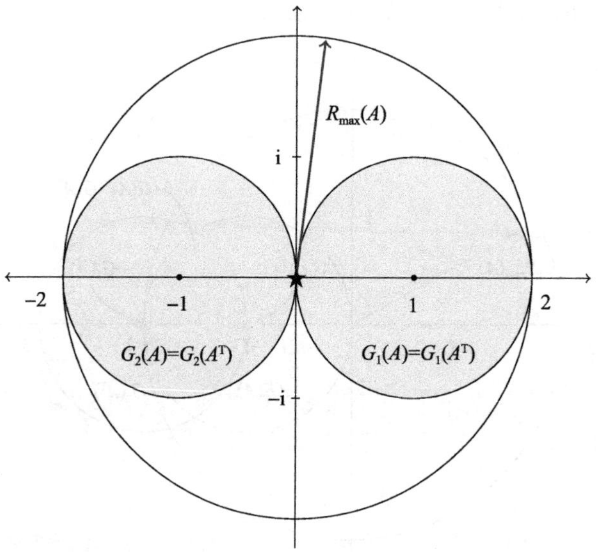

190

图 8.8　矩阵(8.4.14)的 $G(A)$，$z=0$ 是一个特征值，$R_{\max}(A)=2$

$$\operatorname{spec} A \subseteq G(A) \cap G(A^{T}) = G_2(A) \cup G_1(A^{T}) \cup (G_1(A) \cap G_2(A^{T})),$$

见图 8.9. Geršgorin 圆盘 $G_1(A)$与 $G_2(A)$并不包含 0，所以 0 不是 A 的特征值. 推论 8.1.18 确保 A 是可逆的.

定义 8.4.17　称 $A=[a_{ij}]\in \boldsymbol{M}_n$ 是**对角占优的**(diagonally dominant)，如果对每个 $k=1$,

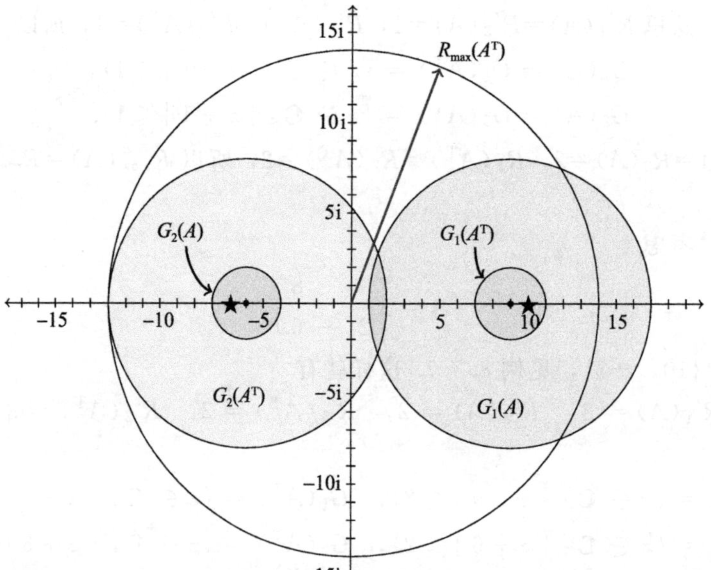

图 8.9　矩阵(8.4.16)的 $G(A)$与 $G(A^{T})$. A 的特征值是 $z=10$ 与 $z=-7$

2，…，n，都有 $|a_{kk}|\geqslant R'_k(A)$. 称 A 为**严格对角占优的**(strictly diagonally dominant)，如果对每个 $k=1$，2，…，n，都有 $|a_{kk}|>R'_k(A)$.

推论 8.4.18 设 $A\in\boldsymbol{M}_n$. 那么

(a)如果 A 是严格对角占优的，那么它是可逆的.

(b)假设 A 有实的特征值以及实的非负的对角元素. 如果 A 是对角占优的，那么它所有的特征值都是非负的. 如果 A 是严格对角占优的，那么它所有的特征值都是正的.

证明 (a)A 的严格对角占优性确保对每个 $k=1$，2，…，n，都有 $0\notin G_k(A)$. 定理 8.4.1 告诉我们：0 不是 A 的特征值，而推论 8.1.18 则告诉我们 A 是可逆的.

(b)假设条件确保 $G_k(A)$ 是右半平面中的一个圆盘. 定理 8.4.1 确保 A 的特征值在右半平面. 由于它们全都是实数，因此它们必定都是非负的. 如果 A 是严格对角占优的，那么它是可逆的，所以 0 不是它的特征值. ■ 191

例 8.4.19 (8.4.16)中的矩阵是严格对角占优且可逆的. 矩阵(8.4.14)是对角占优且不可逆的. 矩阵

$$\begin{bmatrix}1 & \mathrm{i}\\ 1 & 2\end{bmatrix}$$

是对角占优的，但不是严格对角占优的，不过下面的定理确保它是可逆的.

定理 8.4.20 设 $n\geqslant 2$，$A=[a_{ij}]\in\boldsymbol{M}_n$ 是对角占优的. 如果对所有 i，$j\in\{1,2,\cdots,n\}$，都有 $a_{ij}\neq 0$，且对至少一个 $k\in\{1,2,\cdots,n\}$有 $|a_{kk}|>R'_k(A)$，那么 A 是可逆的.

证明 假设 A 是对角占优的，且元素中没有零. 如果 $0\in\operatorname{spec}A$，那么存在一个非零向量 $\boldsymbol{x}=[x_i]\in\mathbb{C}^n$，使得 $A\boldsymbol{x}=\boldsymbol{0}$，即对每个 $i=1$，2，…，n 有

$$-a_{ii}x_i=\sum_{j\neq i}a_{ij}x_j.$$

设 $k\in\{1,2,\cdots,n\}$是任何一个满足 $|x_k|=\|\boldsymbol{x}\|_\infty$ 的指数，那么

$$\begin{aligned}|a_{kk}|\,\|\boldsymbol{x}\|_\infty&=|a_{kk}|\,|x_k|=|-a_{kk}x_k|=\Big|\sum_{j\neq i}a_{kj}x_j\Big|\\&\leqslant\sum_{j\neq i}|a_{kj}|\,|x_j|\leqslant\sum_{j\neq i}|a_{kj}|\,\|\boldsymbol{x}\|_\infty=R'_k(A)\,\|\boldsymbol{x}\|_\infty.\end{aligned}\tag{8.4.21}$$

由于 $\|\boldsymbol{x}\|_\infty\neq 0$，由此推出 $|a_{kk}|\leqslant R'_k(A)$. 然而，对每个 $i=1$，2，…，n 有 $|a_{kk}|\geqslant R'_i(A)$($A$ 是对角占优的)，所以 $|a_{kk}|=R'_k(A)$，且(8.4.21)中的不等式有等式成立. 这样一来，每一个不等式

$$|a_{kj}|\,|x_j|\leqslant|a_{kj}|\,\|\boldsymbol{x}\|_\infty$$

都有等式成立，即

$$|a_{kj}|\,|x_j|=|a_{kj}|\,\|\boldsymbol{x}\|_\infty,\quad j=1,2,\cdots,n.$$

因为 $a_{kj}\neq 0$(A 没有为零的元素)，由此推出对每个 $j=1$，2，…，n，都有 $|x_j|=\|\boldsymbol{x}\|_\infty$. 上面的讨论表明对所有 $j=1$，2，…，n，都有 $|a_{jj}|=R'_j(A)$.

如果对某个 $k\in\{1,2,\cdots,n\}$有 $|a_{kk}|>R'_k(A)$，我们就得出结论 $0\notin\operatorname{spec}A$，于是定理 8.1.17 确保 A 是可逆的. ■

例 8.4.22　矩阵

$$A=\begin{bmatrix}3&1&1\\0&1&1\\0&1&1\end{bmatrix} \tag{8.4.23}$$

192 是对角占优的，且 $|a_{11}|>R'_1(A)$. 然而，A 有一些为零的元素，且它不可逆. 见图 8.10.

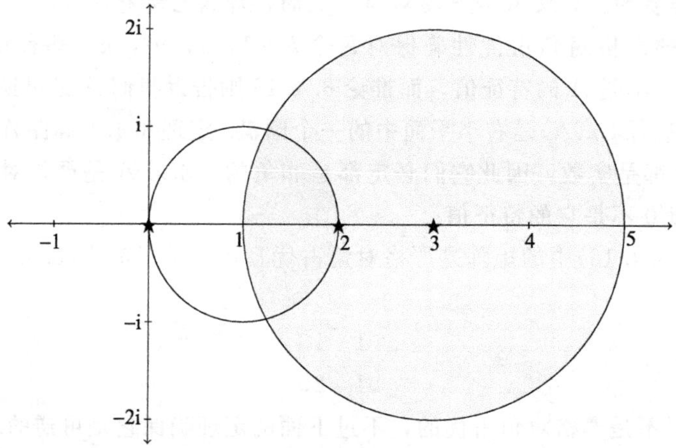

图 8.10　矩阵(8.4.23)的 $G(A)$. A 是对角占优的且 $|a_{11}|>R'_1(A)$. 它的特征值是 0，2 与 3

例 8.4.24　矩阵

$$A=\begin{bmatrix}3&1&1\\1&2&1\\1&1&2\end{bmatrix} \tag{8.4.25}$$

是对角占优的，且 $|a_{11}|>R'_1(A)$，所以定理 8.4.20 确保它是可逆的. 见图 8.11.

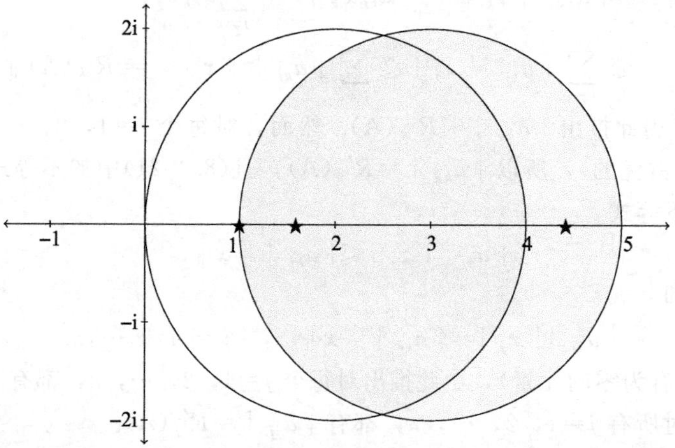

图 8.11　矩阵(8.4.25)的 $G(A)$. A 是对角占优的且 $|a_{11}|>R'_1(A)$. 精确到十进制两位数，

193 它的特征值是 1，$3-\sqrt{2}=1.59$ 以及 $3+\sqrt{2}=4.41$

8.5 特征向量与交换矩阵

交换矩阵常具有一些有意思的性质. 定理 8.2.15 的下述推广是说：交换族里的矩阵有一个共同的特征向量.

定理 8.5.1 设 $k\geqslant 2$，令 $A_1, A_2, \cdots, A_k\in \boldsymbol{M}_n$，假设对所有 $i, j\in\{1, 2, \cdots, k\}$，都有 $A_iA_j=A_jA_i$，又设 λ 是 A_1 的一个特征值.

(a) $\mathcal{E}_\lambda(A_1)$ 中存在一个非零的向量 $\boldsymbol{x}$，它是每一个 $A_2, A_3, \cdots, A_k$ 的特征向量.

(b) 如果每个 A_i 是实的，且只有实的特征值，那么存在一个实的非零向量 $\boldsymbol{x}\in\mathcal{E}_\lambda(A_1)$，它是每一个 $A_2, A_3, \cdots, A_k$ 的特征向量.

证明 (a) 用归纳法来证明. 设 $k=2$，并假设 λ 作为 A_1 的特征值的几何重数是 r. 令 $\boldsymbol{x}_1, \boldsymbol{x}_2, \cdots, \boldsymbol{x}_r$ 是 $\mathcal{E}_\lambda(A_1)$ 的一组基，设 $X=[\boldsymbol{x}_1, \boldsymbol{x}_2, \cdots, \boldsymbol{x}_r]\in\boldsymbol{M}_{n\times r}$. 对每一个 $j=1, 2, \cdots, r$，有

$$A_1(A_2\boldsymbol{x}_j) = A_1A_2\boldsymbol{x}_j = A_2A_1\boldsymbol{x}_j = A_2\lambda\boldsymbol{x}_j = \lambda(A_2\boldsymbol{x}_j),$$

所以 $A_2\boldsymbol{x}_j\in\mathcal{E}_\lambda(A_1)$. 由此推出，对每一个 $j=1, 2, \cdots, r$，$A_2\boldsymbol{x}_j$ 是 X 的列的线性组合. 这样一来，(3.1.21)就确保存在一个 $C_2\in\boldsymbol{M}_r$，使得 $A_2X=XC_2$. 借助定理 8.2.15，并令 $(\mu, \boldsymbol{u})$ 是 C_2 的一个特征对. 注意 $X\boldsymbol{u}\neq\boldsymbol{0}$，这是因为 X 的列是线性无关的，且 $\boldsymbol{u}\neq 0$. 于是

$$A_2(X\boldsymbol{u}) = A_2X\boldsymbol{u} = XC_2\boldsymbol{u} = X\mu\boldsymbol{u} = \mu(X\boldsymbol{u}).$$

最后有

$$A_1(X\boldsymbol{u}) = \lambda(X\boldsymbol{u}),$$

这是因为 $X\boldsymbol{u}\in\mathcal{E}_\lambda(A_1)$. 这样 $\boldsymbol{x}=X\boldsymbol{u}$ 就是 A_1 与 A_2 的公共特征向量，它具有结论中所说的性质.

假设对某个 $m\geqslant 2$，定理已经对由不超过 m 个矩阵组成的交换族得到了证明. 令 $A_1, A_2, \cdots, A_{m+1}\in\boldsymbol{M}_n$，假设对所有 $i, j\in\{1, 2, \cdots, m+1\}$，都有 $A_iA_j=A_jA_i$，又设 λ 是 A_1 的一个特征值. 令 $\boldsymbol{x}_1, \boldsymbol{x}_2, \cdots, \boldsymbol{x}_r$ 是 $\mathcal{E}_\lambda(A_1)$ 的一组基，$X=[\boldsymbol{x}_1, \boldsymbol{x}_2, \cdots, \boldsymbol{x}_r]\in\boldsymbol{M}_{n\times r}$. 对每一个 $j=1, 2, \cdots, m+1$，同样的论证方法表明：存在一个 $C_j\in\boldsymbol{M}_r$，使得 $A_jX=XC_j$. 由此得出

$$A_iA_jX = A_iXC_j = XC_iC_j = A_jA_iX = A_jXC_i = XC_jC_i,$$

从而有

$$X(C_iC_j - C_jC_i) = 0.$$

X 的列的线性无关性确保 $C_iC_j-C_jC_i=0$，所以 m 个矩阵 $C_2, C_3, \cdots, C_{m+1}$ 是交换族. 归纳假设确保存在一个非零的向量 $\boldsymbol{u}$，它是 $C_2, C_3, \cdots, C_{m+1}$ 中每一个的特征向量. 由此推出：$\boldsymbol{x}=X\boldsymbol{u}\in\mathcal{E}_\lambda(A_1)$ 是 $A_1, A_2, \cdots, A_{m+1}$ 的一个公共特征向量，且具有所要求的性质.

(b) (a)部分确保 $A_1, A_2, \cdots, A_k$ 有一个公共的特征向量 $\boldsymbol{x}\in\mathbb{C}^n$. 记 $\boldsymbol{x}=\boldsymbol{u}+\mathrm{i}\boldsymbol{v}$，其中 $\boldsymbol{u}, \boldsymbol{v}\in\mathbb{R}^n$，$\boldsymbol{u}$ 与 $\boldsymbol{v}$ 中至少有一个是非零向量. 对每个 $j=1, 2, \cdots, k$，存在一个 $\lambda_j\in\mathbb{R}$，使得 194

$$\lambda_j \boldsymbol{u} + \mathrm{i}\lambda_j \boldsymbol{v} = \lambda_j \boldsymbol{x} = A_j \boldsymbol{x} = A_j \boldsymbol{u} + \mathrm{i}A_j \boldsymbol{v}.$$

这样一来，对所有 $j=1, 2, \cdots, k$ 都有 $A_j\boldsymbol{u}=\lambda_j\boldsymbol{u}$ 以及 $A_j\boldsymbol{v}=\lambda_j\boldsymbol{v}$. 如果 $\boldsymbol{u}\neq\boldsymbol{0}$，它就是 A_1，A_2，…，A_k 的一个公共的实特征向量；如果 $\boldsymbol{u}=\boldsymbol{0}$，那么 $\boldsymbol{v}$ 就是它们的一个公共的实特征向量. ■

上面的定理关心的是有限的交换矩阵族，但有时候我们会遇到无限的交换矩阵族.

例 8.5.2　考虑例 8.3.9 中的矩阵 A_θ，对于区间$(0, \pi/2]$中的每一个 θ 都有这样一个矩阵. 计算显示有

$$A_\theta A_\phi = \begin{bmatrix} \cos\theta\cos\phi - \sin\theta\sin\phi & -(\sin\theta\cos\phi + \cos\theta\sin\phi) \\ \sin\theta\cos\phi + \cos\theta\sin\phi & \cos\theta\cos\phi - \sin\theta\sin\phi \end{bmatrix} = A_\phi A_\theta$$

它反映了这样一个几何事实：$\mathbb{R}^2$ 中绕原点的任何两个旋转都是可交换的. 从而 $\mathcal{F}=\{A_\theta: 0<\theta\leqslant\pi/2\}$ 是一个无限的交换族. 此外，向量$[1\pm\mathrm{i}]^{\mathrm{T}}$ 中的每一个都是每一个 $A_\theta\in\mathcal{F}$ 的特征向量，即使定理 8.5.1 中一个关键假设不满足也依然如此. 而这并不是一个偶然的现象.

将定理 8.5.1 推广到无限族的关键在于下面的引理，它依赖于基于 $\boldsymbol{M}_n$ 的有限维度的本质形态.

引理 8.5.3　*设 $\mathcal{F}\in\boldsymbol{M}_n$ 是由矩阵组成的一个非空集合.*

(a) $\mathcal{F}$ 中存在无穷多个矩阵，其生成空间包含 $\mathcal{F}$.

(b) 设 $A_1, A_2, \cdots, A_k\in\boldsymbol{M}_n$. 如果一个非零向量 $\boldsymbol{x}\in\mathbb{C}^n$ 是 $A_1, A_2, \cdots, A_k$ 中每一个的特征向量，那么，它也是 $\mathrm{span}\{A_1, A_2, \cdots, A_k\}$ 中每一个矩阵的特征向量.

证明　(a)如果 $\mathcal{F}$ 是一个有限集合，就没有什么要证明的了. 如果 $\mathcal{F}$ 有无穷多个元素，注意到 $\mathcal{F}\subseteq\mathrm{span}\,\mathcal{F}\subseteq\boldsymbol{M}_n$. 定理 2.2.9 确保 $\mathcal{F}$ 中存在至多 n^2 个元素组成 $\mathrm{span}\,\mathcal{F}$ 的一组基.

(b)如果对每个 $i=1, 2, \cdots k$ 有 $A_i\boldsymbol{x}=\lambda_i\boldsymbol{x}$，那么

$$\begin{aligned}(c_1A_1 + c_2A_2 + \cdots + c_kA_k)\boldsymbol{x} &= c_1A_1\boldsymbol{x} + c_2A_2\boldsymbol{x} + \cdots + c_kA_k\boldsymbol{x} \\ &= c_1\lambda_1\boldsymbol{x} + c_2\lambda_2\boldsymbol{x} + \cdots + c_k\lambda_k\boldsymbol{x} \\ &= (c_1\lambda_1 + c_2\lambda_2 + \cdots + c_k\lambda_k)\boldsymbol{x},\end{aligned}$$

所以 $\boldsymbol{x}$ 是 $\mathrm{span}\{A_1, A_2, \cdots, A_k\}$ 中每一个矩阵的特征向量. ■

推论 8.5.4　*设 $\mathcal{F}\in\boldsymbol{M}_n$ 是由交换矩阵组成的一个非空集合. 设给定 $A\in\mathcal{F}$，令 λ 是 A 的一个特征值.*

(a) $\mathcal{E}_\lambda(A)$ 中某个非零向量是 $\mathcal{F}$ 中每个矩阵的特征向量.

(b)如果 $\mathcal{F}$ 中每个矩阵都是实的且仅有实的特征值，那么 $\mathcal{E}_\lambda(A)$ 中某个实向量是 $\mathcal{F}$ 中
195
每个矩阵的特征向量.

证明　借助于引理 8.5.3(a)得到有限多个矩阵 $A_2, A_3, \cdots, A_k\in\mathcal{F}$，它们的生成空间包含 $\mathcal{F}$. 那么

$$\mathcal{F}\subseteq\mathrm{span}\{A_2, A_3, \cdots, A_k\}\subseteq\mathrm{span}\{A, A_2, \cdots, A_k\},$$

且对所有 $i, j=1, 2, \cdots k$，都有 $A_iA_j=A_jA_i$. 定理 8.5.1 确保存在一个非零的向量 $\boldsymbol{x}$(根

据(b)的假设条件，它还是实的)，使得 $A\boldsymbol{x}=\lambda\boldsymbol{x}$，且 $\boldsymbol{x}$ 是 A_2，A_3，…，A_k 中每一个的特征向量. 最后，引理 8.5.3(b)确保 $\boldsymbol{x}$ 是 $\text{span}\{A, A_2, \cdots, A_k\}$(它包含了 $\mathcal{F}$中的每个矩阵)中每一个矩阵的特征向量. ■

在定理 8.5.1 以及推论 8.5.4 这两者中，矩阵 A 及其特征值 λ 的起始选择没有任何限制. 一旦做出了这些选择，我们关于公共特征向量所已知的东西就是它在 $\mathcal{E}_\lambda(A)$之中. 然而，如果 $\dim\mathcal{E}_\lambda(A)=1$，那么它除了非零的纯量因子之外是唯一的.

例 8.5.5 在例 8.3.9 所定义的矩阵 A_θ 中，

$$A_{\frac{\pi}{2}}=\begin{bmatrix}0 & -1\\1 & 0\end{bmatrix}$$

有特征值 $\lambda_\pm=\pm\mathrm{i}$ 以及对应的特征向量 $\boldsymbol{x}_\pm=[1\quad \mp\mathrm{i}]^{\mathrm{T}}$. 因为 $A_{\pi/2}$的特征空间是一维的，所以所有矩阵 A_θ 的公共特征向量只可能是 $\boldsymbol{x}_\pm$ 的纯量倍数.

例 8.5.6 矩阵

$$A_1=\begin{bmatrix}1 & 0 & 0\\0 & 1 & 0\\0 & 0 & 2\end{bmatrix}\quad 与\quad A_2=\begin{bmatrix}3 & 1 & 0\\0 & 3 & 0\\0 & 0 & 1\end{bmatrix}$$

可交换，且 $\mathcal{E}_1(A_1)=\text{span}\{\boldsymbol{e}_1, \boldsymbol{e}_2\}$. 然而，并非 $\mathcal{E}_1(A_1)$中每个非零向量都是 A_2 的特征向量. 例如，$A_2\boldsymbol{e}_2=[1\ 3\ 0]^{\mathrm{T}}$ 就不是 $\boldsymbol{e}_2$ 的纯量倍数. $\mathcal{E}_1(A_1)$中仅有的是 A_2 的特征向量的向量是 $\text{span}\{\boldsymbol{e}_1\}$中的非零向量.

8.6 实矩阵的实相似

设

$$A=\begin{bmatrix}1 & 1\\0 & 1\end{bmatrix},\quad B=\begin{bmatrix}1 & 2\\0 & 1\end{bmatrix} \tag{8.6.1}$$

$$S=\begin{bmatrix}1 & 1+\mathrm{i}\\0 & 2\end{bmatrix},\quad S^{-1}=\begin{bmatrix}1 & -\frac{1}{2}(1+\mathrm{i})\\0 & \frac{1}{2}\end{bmatrix}. \tag{8.6.2}$$

这样就有 $A=SBS^{-1}$，所以实矩阵 A 与 B 通过非实的相似矩阵 S 而相似. 它们可以通过一个实的相似矩阵相似吗?

定理 8.6.3 如果两个实矩阵相似，那么它们通过一个实矩阵相似. 196

证明 设 A，$B\in\boldsymbol{M}_n(\mathbb{R})$. 令 $S\in\boldsymbol{M}_n$ 可逆且使得 $A=SBS^{-1}$. 对任何 $\theta\in(-\pi, \pi]$，有

$$A=(\mathrm{e}^{\mathrm{i}\theta}S)B(\mathrm{e}^{-\mathrm{i}\theta}S^{-1})=S_\theta BS_\theta^{-1},$$

其中 $S_\theta=\mathrm{e}^{\mathrm{i}\theta}S$. 这样就有 $AS_\theta=S_\theta B$. 此等式的复共轭是 $A\overline{S_\theta}=\overline{S_\theta}B$，这是因为 A 与 B 都是实的. 把上面两个等式相加得到

$$A(S_\theta+\overline{S_\theta})=(S_\theta+\overline{S_\theta})B.$$

由于 $R_\theta=S_\theta+\overline{S_\theta}=2\mathrm{Re}S_\theta$ 对所有 $\theta\in(-\pi,\ \pi]$ 都是实的，计算

$$S_\theta^{-1}R_\theta=I+S_\theta^{-1}\overline{S_\theta}=I+\mathrm{e}^{-2\mathrm{i}\theta}S^{-1}\overline{S}=\mathrm{e}^{-2\mathrm{i}\theta}(\mathrm{e}^{2\mathrm{i}\theta}I+S^{-1}\overline{S})$$

表明：如果 $-\mathrm{e}^{-2\mathrm{i}\theta}$ 不是 $S^{-1}\overline{S}$ 的特征值，那么 R_θ 可逆. 由于 $S^{-1}\overline{S}$ 至多有 n 个相异的特征值(推论 8.3.5)，故而存在一个 $\phi\in(-\pi,\ \pi]$，使得 $-\mathrm{e}^{-2\mathrm{i}\phi}$ 不是 $S^{-1}\overline{S}$ 的特征值. 于是 $AR_\phi=R_\phi B$，$A=R_\phi BR_\phi^{-1}$.

例 8.6.4　对于(8.6.1)与(8.6.2)中的矩阵，我们有

$$S^{-1}\overline{S}=\begin{bmatrix}1&-2\mathrm{i}\\0&1\end{bmatrix},\quad \mathrm{spec}\,S^{-1}\overline{S}=\{1\},$$

所以 $R_\theta=S_\theta+\overline{S_\theta}$ 对除了 $\pm\pi/2$ 之外的每个 $\theta\in(-\pi,\ \pi]$ 都是可逆的. 选取 $\phi=0$，我们有

$$R_0=\begin{bmatrix}2&2\\0&4\end{bmatrix},\quad R_0^{-1}=\frac{1}{4}\begin{bmatrix}2&-1\\0&1\end{bmatrix}.$$

计算确认有 $A=R_0BR_0^{-1}$.

8.7　问题

P.8.1　设 $A\in\boldsymbol{M}_8$，并假设 $A^5+2A+I=0$. A 是否可逆？

P.8.2　A 的幂的交换性对于等式(8.2.11)是很关键的. 考虑两个变量的多项式的两种表达式 $z^2-w^2=(z+w)(z-w)$ 及其矩阵

$$A=\begin{bmatrix}0&1\\0&0\end{bmatrix}\quad,\quad B=\begin{bmatrix}0&0\\1&0\end{bmatrix}.$$

计算 A^2-B^2 以及 $(A+B)(A-B)$，验证它们不相等. 讨论之.

P.8.3　假设 $A\in\boldsymbol{M}_n$ 可逆，设 $(\lambda,\ \boldsymbol{x})$ 是 A 的一个特征对. 说明为什么 $\lambda\neq0$，并证明 $(\lambda^{-1},\ \boldsymbol{x})$ 是 A^{-1} 的一个特征对.

P.8.4　假设 $A\in\boldsymbol{M}_n(\mathbb{R})$ 有一个非实的特征值 λ. (a)证明：与 λ 相伴的特征向量没有实向量. (b)如果 $(\lambda,\ \boldsymbol{x})$ 是 A 的一个特征对，那么 $(\overline{\lambda},\ \overline{x})$ 也是它的一个特征对.

P.8.5　假设 $A\in\boldsymbol{M}_n(\mathbb{R})$ 有一个实的特征值 λ 以及一个与之相伴的非实的特征向量 $\boldsymbol{x}$. 记 $\boldsymbol{x}=\boldsymbol{u}+\mathrm{i}\boldsymbol{v}$，其中 $\boldsymbol{u}$ 与 $\boldsymbol{v}$ 是实向量. 证明 $(\lambda,\ \boldsymbol{u})$ 与 $(\lambda,\ \boldsymbol{v})$ 中至少有一个是 A 的实特征对.

P.8.6　假设 $A\in\boldsymbol{M}_n(\mathbb{R})$ 且 $k\geqslant1$. 证明：λ 是 A 的几何重数为 k 的特征值，当且仅当 $\overline{\lambda}$ 是
197 A 的几何重数为 k 的特征值.

P.8.7　设 $A=[a_{ij}]\in\boldsymbol{M}_n$，$\boldsymbol{e}=[1\ 1\ \cdots\ 1]^{\mathrm{T}}\in\mathbb{C}^n$，令 γ 是纯量. 证明：对每个 $i=1,\ 2,\ \cdots,\ n$ 有 $\sum_{j=1}^{n}a_{ij}=\gamma$(所有的行和都等于 γ)，当且仅当 $(\gamma,\ \boldsymbol{e})$ 是 A 的一个特征对. 如果 $(\gamma,\ \boldsymbol{e})$ 是 A^{T} 的一个特征对，对于 A 的列和你有何结论？

P.8.8　设 $n\geqslant2$，令 $c\in\mathbb{C}$，考虑 $A_c\in\boldsymbol{M}_n$，它在对角线之外的元素全都是 1，而对角元素皆为 c. 概述 Geršgorin 区域 $G(A_c)$. 如果 $|c|>n-1$，为什么 A_c 是可逆的？证明

A_{1-n}不可逆.

P.8.9 设 $E=\boldsymbol{e}\boldsymbol{e}^{\mathrm{T}}\in\boldsymbol{M}_n$.

(a)为什么$(n, \boldsymbol{e})$是 E 的一个特征对？

(b)如果 $\boldsymbol{v}$ 与 $\boldsymbol{e}$ 正交，为什么$(0, \boldsymbol{v})$是 E 的一个特征对？

(c)设 $p(z)=z^2-nz$，证明 $p(E)=0$.

(d)利用定理 8.3.3 说明为什么 0 与 n 是 E 的仅有的特征值？它们各自的几何重数是多少？

P.8.10 考虑 $A=[a_{ij}]\in\boldsymbol{M}_n$，其中对每一个 $i=1, 2, \cdots n$ 都有 $a_{ii}=a$，而 $i\neq j$ 时则有 $a_{ij}=b$. 求 A 的特征值以及它们的几何重数. **提示**：利用上面的定理.

P.8.11 设 A 是(8.4.14)中的矩阵. 如果$(\lambda, \boldsymbol{x})$是 A 的一个特征对，简化 $A(A\boldsymbol{x})$并证明$(\lambda^2, \boldsymbol{x})$是 A^2 的一个特征对. 计算 A^2 并推导出 $\lambda^2=0$，并说明为什么有 $\operatorname{spec}A=\{0\}$.

P.8.12 矩阵

$$A=\begin{bmatrix}5 & 1 & 2 & 1 & 0\\ 1 & 7 & 1 & 0 & 1\\ 1 & 1 & 12 & 1 & 1\\ 1 & 0 & 1 & 13 & 1\\ 0 & 1 & 2 & 1 & 14\end{bmatrix}$$

是可逆的吗？为什么？不要作行的化简，也不要计算 $\det A$.

P.8.13 假设 $A\in\boldsymbol{M}_{n+1}$ 的每一行与每一列都以某种次序包含所有的元素 $1, 2, 2^2, \cdots, 2^n$. 证明 A 是可逆的.

P.8.14 设 $A=[a_{ij}]\in\boldsymbol{M}_n$，令 $\lambda\in\mathbb{C}$. 假设只要 $i\neq j$，就有 $a_{ij}\neq 0$，设 $A-\lambda I$ 是对角占优的，且对某个 $k\in\{1, 2, \cdots, n\}$有 $|a_{kk}-\lambda|>\sum\limits_{j\neq k}|a_{kj}|$. 证明 $\lambda\notin\operatorname{spec}A$.

P.8.15 设 $A\in\boldsymbol{M}_n$，$B\in\boldsymbol{M}_m$，$C=A\oplus B\in\boldsymbol{M}_{n+m}$. 利用特征对证明以下结论：

(a)如果 λ 是 A 的特征值，那么它要也是 C 的特征值.

(b)如果 λ 是 B 的特征值，那么它也是 C 的特征值.

(c)如果 λ 是 C 的特征值，那么它要么是 A 的特征值，要么是 B 的特征值(也可能是它们两者的特征值). 导出结论 $\operatorname{spec}C=\operatorname{spec}A\cup\operatorname{spec}B$.

P.8.16 设 $A\in\boldsymbol{M}_n$，并假设 A 是幂等的，设$(\lambda, \boldsymbol{x})$是 A 的一个特征对. 证明 $\lambda=1$ 或者 $\lambda=0$.

P.8.17 求下列矩阵的特征值：

$$\begin{bmatrix}1 & 2\\ 3 & 4\end{bmatrix},\quad \begin{bmatrix}1 & 3\\ 2 & 4\end{bmatrix},\quad \begin{bmatrix}3 & 4\\ 1 & 2\end{bmatrix},\quad \begin{bmatrix}2 & 1\\ 4 & 3\end{bmatrix},\quad \begin{bmatrix}4 & 3\\ 2 & 1\end{bmatrix}.$$

对你的答案里出现的任何模式进行讨论.

P.8.18 考虑矩阵

198

$$A=\begin{bmatrix}1 & 1\\0 & 1\end{bmatrix},\quad B=\begin{bmatrix}1 & 0\\1 & 1\end{bmatrix},$$

并设 λ 是 A 的一个特征值.

(a)证明：不存在 B 的特征值 μ，使得 $\lambda+\mu$ 是 $A+B$ 的特征值.

(b)证明：不存在 B 的特征值 μ，使得 $\lambda\mu$ 是 AB 的特征值.

(c)A 与 B 可交换吗？

P.8.19 考虑矩阵

$$A=\begin{bmatrix}1 & 2\\0 & 4\end{bmatrix},\quad B=\begin{bmatrix}2 & 3\\0 & 1\end{bmatrix}.$$

(a)证明：1是 A 的一个特征值，而2是 B 的一个特征值.

(b)证明：$1+2=3$ 是 $A+B$ 的一个特征值.

(c)证明：$1\cdot 2=2$ 是 AB 的一个特征值.

(d)A 与 B 可交换吗？

P.8.20 设 A，$B\in\boldsymbol{M}_n$，假设 A 与 B 可交换，又设 λ 是 A 的一个特征值. 证明以下结论：

(a)存在 B 的一个特征值 μ，使得 $\lambda+\mu$ 是 $A+B$ 的一个特征值.

(b)存在 B 的一个特征值 μ，使得 $\lambda\mu$ 是 AB 的一个特征值.

P.8.21 利用例8.3.9中的记号，证明 $A_\theta A_\phi=A_{\theta+\phi}$. 导出结论：$A_\theta$ 与 A_ϕ 可交换.

P.8.22 设 A_1，A_2，…，$A_k\in\boldsymbol{M}_n$，并假设对所有 i，$j\in\{1, 2, \cdots k\}$，都有 $A_iA_j=A_jA_i$. 证明：$\operatorname{span}\{A_1, A_2, \cdots, A_k\}$是矩阵的一个交换族.

P.8.23 设 A_1 是例8.1.14中的矩阵，令 $A_2=I\in\boldsymbol{M}_2$. 证明

$$\operatorname{span}\{A_1,A_2\}=\{Z_{a,b}:a,b\in\mathbb{C}\},$$

其中 $Z_{a,b}=\begin{bmatrix}a & -b\\b & a\end{bmatrix}$，说明为什么 $\operatorname{span}\{A_1, A_2\}$是一个交换族. 证明：与特征向量 $\boldsymbol{x}_\pm=[1\quad \mp\mathrm{i}]^{\mathrm{T}}$ 相伴的谱是 $\operatorname{spec}Z_{a,b}=\{a\quad \pm\mathrm{i}b\}$. $Z_{\cos\theta,\sin\theta}$是什么？

P.8.24 考虑(6.2.14)中定义的Fourier矩阵 F_n. 证明：$\operatorname{spec}F_n\subseteq\{\pm1, \pm\mathrm{i}\}$. **提示**：定理8.3.3与P.6.38.

P.8.25 设 $n\geqslant 2$，令 $n\geqslant m\geqslant 1$，且 $X=[\boldsymbol{x}_1, \boldsymbol{x}_2, \cdots, \boldsymbol{x}_m]\in\boldsymbol{M}_{n\times m}$是列满秩的. 证明：存在一个可逆矩阵 $B\in\boldsymbol{M}_m$ 以及相异的指标 i_1，i_2，…，$i_m\in\{1, 2, \cdots, n\}$，使得对每个 $j=1, 2, \cdots, m$，

$$XB=Y=[\boldsymbol{y}_1\ \boldsymbol{y}_2\ \cdots\ \boldsymbol{y}_m] \tag{8.7.1}$$

的列有如下性质：

(a)$\boldsymbol{y}_j$ 在位置 i_j 处有一个模为1的元素.

(b)如果 $m\geqslant 2$，则对每个 $k\neq j$，$\boldsymbol{y}_j$ 在位置 i_k 处有一个为0的元素.

(c)$\|\boldsymbol{y}_j\|_\infty=1$. **提示**：设 j_1 是 $\boldsymbol{x}_1$ 的任何有最大模的元素的指标. 令 $\boldsymbol{y}_1=\boldsymbol{x}_1/\|\boldsymbol{x}_1\|_\infty$，并将 $\boldsymbol{y}_1$ 的合适的纯量倍数加到其他列上以得到在位置 j_1 处元素为0的列. 从第二列开始重复这个过程.

P.8.26 设 $A\in\boldsymbol{M}_n$，并假设 $\lambda\in\operatorname{spec}A$ 至少有几何重数 $m\geqslant 1$. 采用定理8.4.1的记号.

(a)证明：存在相异的指标 k_1，k_2，…，$k_m\in\{1, 2, \cdots, n\}$，使得对于每个 $i=$

1，2，…，m 都有 $\lambda\in G_{k_i}$.

(b)证明：λ 包含在任意 $n-m+1$ 个圆盘 G_k 的并集之中.

(c)如果 $m=1$，$m=2$ 或者 $m=n$，那么(a)与(b)有何结论？**提示**：设 $X\in\mathbf{M}_{n\times m}$ 的列是 $\mathcal{E}_\lambda(A)$ 的一组基并构造(8.7.1)中的矩阵 Y. 利用 Y 的一列作为定理 8.4.1 的证明中的特征向量.

P.8.27 Volterra 算子(Volterra operator)是由 $(Tf)(t)=\int_0^t f(s)\mathrm{d}s$ 定义的线性算子 T：$C[0,1]\to C[0,1]$. 元素对(λ,f)称为 T 的特征对(eigenpair)，如果 $\lambda\in\mathbb{C}$，$f\in C[0,1]$不是零函数，且对所有 $t\in[0,1]$有$(Tf)(t)=\lambda f(t)$. 199

(a)证明：0 不是 T 的特征值.

(b)求 Volterra 算子的特征对. 把你的结果与矩阵特征值的情形作比较. **提示**：考虑方程 $Tf=\lambda f$ 并利用微积分基本定理.

P.8.28 假设$(\lambda,\mathbf{x})$与$(\mu,\mathbf{y})$分别为 $A\in\mathbf{M}_n$ 和 $B\in\mathbf{M}_m$ 的特征对. 证明：$(\lambda\mu,\mathbf{x}\otimes\mathbf{y})$是 $A\otimes B\in\mathbf{M}_{nm}$ 的一个特征对，而$(\lambda+\mu,\mathbf{x}\otimes\mathbf{y})$则是$(A\otimes I_m)+(I_n\otimes B)\in\mathbf{M}_{nm}$ 的一个特征对.

8.8 注记

S. A. Geršgorin(1901—1933)出生在现在称为 Belarus 的地方. 定理 8.4.1 是于 1931 年(在德国时)发表在一份苏联杂志上的一篇文章. 那时他是圣彼得堡机器构造学院的一名教授. Geršgorin 的照片、关于他的生平与研究的评论以及他 1931 年的论文的拷贝见[Var04, Appendix A].

(在特征值部分出现的)谱这个术语是由 D. Hilbert 在他 1912 年关于积分方程的一本书里引进的. 在 20 世纪 20 年代中期，W. Heissenberg、M. Born 以及 P. Jordan 发现了量子力学的矩阵力学构造，此后 W. Pauli 很快就用能量矩阵的特征值确定了氢的谱线的波长(Balmer 级数).

有关定理 8.4.20 的变形的改进，见[HJ13, 6.2 以及 6.3 节].

8.9 一些重要的概念

- 矩阵的特征对
- 特征向量必须是非零向量
- 特征值的刻画(定理 8.1.17)
- 每个复方阵都有特征值
- 与相异的特征值对应的特征向量线性无关
- $n\times n$ 复矩阵至多有 n 个相异的特征值
- 特征值的几何重数
- 矩阵的 Geršgorin 区域包含其所有特征值
- 严格对角占优的矩阵是可逆的
- 没有元素为零的对角占优矩阵是可逆的，如果在某一行的占优是严格占优(定理 8.4.20)
- 交换矩阵有共同的特征向量 200

第 9 章 特征多项式与代数重数

在这一章里，我们要证实复方阵的特征值是它的特征多项式的零点. 我们要证明，$n\times n$ 复方阵可对角化(与对角阵相似)，当且仅当它有 n 个线性无关的特征向量. 如果 A 是一个可对角化的矩阵，且如果 f 是 A 的谱上的一个复值函数，我们要讨论一种方法来定义 $f(A)$，它有许多我们希望的性质.

9.1 特征多项式

确定 $A=[a_{ij}]\in\boldsymbol{M}_n$ 的所有特征值的一种系统的方法以如下的事实作为基础：定理 8.1.17 中的条件等价于

$$\det(\lambda I-A)=0. \tag{9.1.1}$$

这一结果促使我们领悟到，仔细研究函数

$$p_A(z)=\det(zI-A) \tag{9.1.2}$$

会是富有成果的，因为 $p_A(z)=0$ 的根是 A 的特征值. $p_A(z)$是什么样的函数呢？

对 $n=1$ 有

$$p_A(z)=\det(zI-A)=\det[z-a_{11}]=z-a_{11},$$

所以 $p_A(z)$是关于 z 的 1 次首一多项式.

如果 $n=2$，那么

$$\begin{aligned}p_A(z)&=\det(zI-A)=\det\begin{bmatrix}z-a_{11} & -a_{12}\\ -a_{21} & z-a_{22}\end{bmatrix}\\&=(z-a_{11})(z-a_{22})-a_{21}a_{12}\\&=z^2-(a_{11}+a_{22})z+(a_{11}a_{22}-a_{21}a_{12})\\&=z^2-(\mathrm{tr}A)z+\det A,\end{aligned} \tag{9.1.3}$$

所以 $p_A(z)$是关于 z 的 2 次首一多项式，其系数是 A 的元素的多项式.

$n=3$ 的情形有更大的挑战性，但是值得一试：

$$\begin{aligned}p_A(z)&=\det(zI-A)=\det\begin{bmatrix}z-a_{11} & -a_{12} & -a_{13}\\ -a_{21} & z-a_{22} & -a_{23}\\ -a_{31} & -a_{32} & z-a_{33}\end{bmatrix}\\&=(z-a_{11})(z-a_{22})(z-a_{33})-a_{12}a_{23}a_{31}-a_{21}a_{32}a_{13}\\&\quad-(z-a_{22})a_{31}a_{13}-(z-a_{11})a_{32}a_{23}-(z-a_{33})a_{21}a_{12}\end{aligned}$$

201

$$= z^3 + c_2 z^2 + c_1 z + c_0, \tag{9.1.4}$$

其中的计算显示

$$c_2 = -(a_{11} + a_{22} + a_{33}) = -\operatorname{tr} A,$$

$$c_1 = a_{11}a_{22} - a_{12}a_{21} + a_{11}a_{33} - a_{13}a_{31} + a_{22}a_{33} - a_{23}a_{32},$$

$$c_0 = -\det A.$$

(9.1.4)中两个最高次项的系数只需从被加项就能得到：

$$(z-a_{11})(z-a_{22})(z-a_{33}) = z^3 - (a_{11}+a_{22}+a_{33})z^2 + \cdots.$$

其他的被加项只对较低次的项有作用.

定理 9.1.5 设 $A \in \boldsymbol{M}_n$. 函数 $p_A(z) = \det(zI - A)$ 是关于 z 的 n 次首一多项式

$$p_A(z) = z^n + c_{n-1}z^{n-1} + \cdots + c_1 z + c_0, \tag{9.1.6}$$

其中每一个系数都是 A 的元素的一个多项式函数，$c_{n-1} = -\operatorname{tr} A$，而 $c_0 = (-1)^n \det A$. 此外，$p_A(\lambda) = 0$，当且仅当 λ 是 A 的一个特征值.

证明 函数 $p_A(z)$ 是若干项之和，它的每一项是 ± 1 乘以矩阵 $zI - A$ 的元素的一个乘积. 每一个乘积中都恰好包含 n 个因子，这些因子是从 $zI - A$ 的相异的行与列中选出来的元素. 每个这样的元素或者是 $-a_{ij}$ 的形式($i \neq j$)，或者是 $z - a_{ii}$ 的形式，所以元素的每一个乘积(从而也有它们的和)都是关于 z 的一个次数最多为 n 的多项式，它的系数是 A 的元素的多项式函数. 提供给 z^n 这一项的系数的仅有的乘积是

$$(z-a_{11})(z-a_{22})\cdots(z-a_{nn}) = z^n + \cdots, \tag{9.1.7}$$

它告诉我们：多项式 $p_A(z)$ 是首一的且次数为 n. 提供系数 c_{n-1} 的任何一个乘积都必定包含(9.1.7)中至少 $n-1$ 个因子($z - a_{ii}$). 这些因子来自主对角线上 $n-1$ 个不同的位置(相异的行与相异的列)，所以第 n 个因子只来自剩下的对角线位置. 于是，只有一个乘积(9.1.7)贡献给了 $c_{n-1} = -a_{11} - a_{22} - \cdots - a_{nn} = -\operatorname{tr} A$. 表达式(9.1.6)确保

$$c_0 = p_A(0) = \det(0I - A) = \det(-A) = (-1)^n \det A.$$

最后这个结论是(9.1.1)与定理 8.1.17 中条件的等价的复述. ■

定义 9.1.8 多项式(9.1.6)称为 A 的**特征多项式**(characteristic polynomial).

例 9.1.9 在(9.1.3)中我们发现：

$$A = \begin{bmatrix} a & b \\ c & d \end{bmatrix}$$

202

的特征多项式是 $p_A(z) = z^2 - (a+d)z + (ad - bc) = z^2 - (\operatorname{tr} A)z + \det A$. 这与在例 8.2.13 中出现的多项式是相同的. 我们曾经指出，$p_A(z) = 0$ 的两个根(见(8.2.14))是 A 的特征值. 定理 9.1.5 确保这两个根是 A 的仅有的特征值.

例 9.1.10 假设 $A = [a_{ij}] \in \boldsymbol{M}_n$ 是上三角的. 它的行列式是它的主对角线元素的乘积：

$$\det A = a_{11}a_{22}\cdots a_{nn}.$$

矩阵 $zI - A$ 也是上三角的，故而它的行列式是

$$p_A(z) = \det(zI - A) = (z - a_{11})(z - a_{22})\cdots(z - a_{nn}).$$

从而可知，λ 是一个上三角阵的特征值，当且仅当它是一个主对角元素. 下三角阵以及对角阵有同样的性质. 对于没有这些特殊构造的矩阵，主对角线上的元素不一定是特征值，见例 8.4.15.

9.2 代数重数

$A\in\boldsymbol{M}_n$ 的特征多项式次数为 n 且是首一的，所以

$$p_A(z)=(z-\lambda_1)(z-\lambda_2)\cdots(z-\lambda_n) \tag{9.2.1}$$

$$=(z-\mu_1)^{n_1}(z-\mu_2)^{n_2}\cdots(z-\mu_d)^{n_d}, \quad \mu_i\neq\mu_j \text{ 如果 } i\neq j, \tag{9.2.2}$$

其中 λ_1，λ_2，…，λ_n 是 $p_A(z)=0$ 的一列根，而 $\operatorname{spec} A=\{\mu_1, \mu_2, \cdots, \mu_d\}$.

定义 9.2.3 (9.2.2)中的纯量 μ_1，μ_2，…，μ_d 称为 A 的**相异的特征值**(distinct eigenvalue). (9.2.2)中的指数 n_i 是每一个 μ_i 在 λ_1，λ_2，…，λ_n 中出现的次数. n_i 称为特征值 μ_i 的**代数重数**(algebraic multiplicity). 如果 $n_i=1$，则称 μ_i 是**单重特征值**(simple eigenvalue). (9.2.1)中的纯量 λ_1，λ_2，…，λ_n 是 A 的**包含重数**(including multiplicity)的特征值.

如果我们倾向于考虑特征值的重数，而不是其(代数的或几何的)特性，我们指的就是代数重数.

(9.2.1)中的最高次项是 z^n，(9.2.2)中的最高次项是 $z^{n_1+n_2+\cdots+n_d}$. 这两项必须相等，所以

$$n=n_1+n_2+\cdots+n_d. \tag{9.2.4}$$

也就是说，$A\in\boldsymbol{M}_n$ 的特征值的重数之和是 n.

例 9.2.5 (8.1.11)中的矩阵的特征多项式是 $p_A(z)=(z-1)^2$，所以 $\lambda=1$ 是仅有的特征值. 它的代数重数为 2，但我们在例 8.1.10 中看到它的几何重数是 1. 于是，一个特征值的几何重数有可能小于它的代数重数.

A^{T}，$\overline{A}$ 以及 A^* 的特征值与 A 的特征值有何关系？这种关系是等式 $\det A^{\mathrm{T}}=\det A$ 与

203 $\det\overline{A}=\overline{\det A}$的一个推论.

定理 9.2.6 设 λ_1，λ_2，…，λ_n 是 $A\in\boldsymbol{M}_n$ 的特征值.

(a) A^{T} 的特征值是 λ_1，λ_2，…，λ_n.

(b) $\overline{A}$ 与 A^* 的特征值是 $\overline{\lambda_1}$，$\overline{\lambda_2}$，…，$\overline{\lambda_n}$.

(c) 如果 A 的元素是实数，λ 是 A 的一个非实的特征值，其重数为 k，那么 $\overline{\lambda}$ 也是 A 的重数为 k 的特征值.

证明 (a)计算给出

$$p_{A^{\mathrm{T}}}(z)=\det(zI-A^{\mathrm{T}})=\det(zI-A)^{\mathrm{T}}=\det(zI-A)=p_A(z),$$

所以 A 与 A^{T} 有同样的特征多项式. 于是它们有同样的特征值，且有相同的重数.

(b)注意到

$$p_{\overline{A}}(z)=\det(zI-\overline{A})=\det(\overline{\overline{z}I-A})=\overline{\det(\overline{z}I-A)}=\overline{p_A(\overline{z})}.$$

利用表达式(9.2.1)计算得到

$$p_{\overline{A}}(z)=\overline{p_A(\overline{z})}=\overline{(\overline{z}-\lambda_1)(\overline{z}-\lambda_2)\cdots(\overline{z}-\lambda_n)}$$
$$=(z-\overline{\lambda_1})(z-\overline{\lambda_2})\cdots(z-\overline{\lambda_n}),$$

它表明 $\overline{A}$ 的特征值是$\overline{\lambda_1}$，$\overline{\lambda_2}$，…，$\overline{\lambda_n}$. $A^*=\overline{A}^{\mathrm{T}}$ 则与 $\overline{A}$ 有相同的特征值.

(c)如果 $A\in\boldsymbol{M}_n(\mathbb{R})$，那么 $A=\overline{A}$ 且由(b)得出：λ_1，λ_2，…，λ_n 与$\overline{\lambda_1}$，$\overline{\lambda_2}$，…，$\overline{\lambda_n}$这两列元素是相同的，尽管有一列或许会与另一列的排列次序不同. 这样一来，A 的任何非实的特征值都共轭成对出现，且有相同的重数.

在矩阵的元素与其特征值之间有两个有用的等式可以从特征多项式表达式(9.1.6)与(9.2.1)的比较中得出. ■

定理 9.2.7 设 λ_1，λ_2，…，λ_n 是 $A\in\boldsymbol{M}_n$ 的特征值. 那么 $\operatorname{tr}A=\lambda_1+\lambda_2+\cdots+\lambda_n$，$\det A=\lambda_1\lambda_2\cdots\lambda_n$.

证明 展开(9.2.1)得到

$$p_A(z)=z^n-(\lambda_1+\lambda_2+\cdots+\lambda_n)z^{n-1}+\cdots+(-1)^n\lambda_1\lambda_2\cdots\lambda_n,$$

借助定理 9.1.5，将它写成

$$p_A(z)=z^n-(\operatorname{tr}A)z^{n-1}+\cdots+(-1)^n\det A.$$ ■

分块的上三角阵频繁出现，所以，搞清楚它们的特征值与它们的对角分块的特征值之间有何关联非常重要，在例 9.1.10 中讨论了一种特殊的情形. 204

定理 9.2.8 考虑分块上三角阵

$$A=\begin{bmatrix}B & C\\0 & D\end{bmatrix},\tag{9.2.9}$$

其中 B 与 D 是方阵. 那么 $\operatorname{spec}A=\operatorname{spec}B\cup\operatorname{spec}D$. 此外，$p_A(z)=p_B(z)p_D(z)$. 所以，$A$ 的特征值是由 B 的特征值与 D 的特征值合在一起得到的，在每种情形重数包含在内.

证明 利用定理 3.4.4 并计算得出

$$p_A(z)=\det\begin{bmatrix}zI-B & -C\\0 & zI-D\end{bmatrix}$$
$$=\det(zI-B)\det(zI-D)=p_B(z)p_D(z).$$

$p_A(z)=0$ 的根就是 $p_B(z)=0$ 的根与 $p_D(z)=0$ 的根合在一起，并包含它们各自的重数在内所得到的. $p_A(z)=0$ 的每个相异的根要么是 $p_B(z)=0$ 的根，要么是 $p_D(z)=0$ 的根. ■

例 9.2.10 考虑(9.2.9)中的分块矩阵 A，其中

$$B=\begin{bmatrix}1 & 1\\1 & 1\end{bmatrix}\quad 与\quad D=\begin{bmatrix}1 & \mathrm{i}\\\mathrm{i} & -1\end{bmatrix}$$

分别是例 8.1.6 以及例 8.3.15 中的矩阵. B 的特征值是 2 与 0，而 D 只有特征值 0(重数为 2). 于是，A 的特征值是 2(重数为 1)与 0(重数为 3)，至于 C 则可以忽略不予考虑.

9.3 相似与特征值重数

相似的矩阵关于不同的基表示同一个线性变换，见推论 2.4.17. 这样一来，相似的矩阵就可以期待有许多重要的性质. 例如，它们有同样的特征多项式、特征值以及特征值重数.

定理 9.3.1 设 $A, S\in \boldsymbol{M}_n$，假设 S 可逆，设 $B=SAS^{-1}$. 那么 A 与 B 有同样的特征多项式以及特征值. 此外，它们的特征值有同样的代数重数以及几何重数.

证明 计算给出

$$\begin{aligned} p_B(z) &= \det(zI-B)=\det(zI-SAS^{-1})\\ &=\det(zSS^{-1}-SAS^{-1})=\det(S(zI-A)S^{-1})\\ &=(\det S)\det(zI-A)(\det S^{-1})=(\det S)\det(zI-A)(\det S)^{-1}\\ &=\det(zI-A)=p_A(z). \end{aligned}$$

205 由于 A 与 B 有同样的特征多项式，因此它们有同样的特征值以及同样的代数重数.

定理 2.4.18 以及定理 3.2.9 确保 $A-\lambda I$ 与 $B-\lambda I$ 相似，且有同样的秩. 等式(8.3.13)蕴涵

$$\dim\mathcal{E}_\lambda(A)=n-\operatorname{rank}(A-\lambda I)=n-\operatorname{rank}(B-\lambda I)=\dim\mathcal{E}_\lambda(B),$$

这就是几何重数的结论对应的等式. ■

上面的结果提供给我们一种策略，这种策略在证明关于特征值的定理时常常行之有效：通过相似性变换成一个新的矩阵，对于它定理更容易证明. 我们要用这一方法来证明关于特征值的代数重数与几何重数之间的一个不等式，例 9.2.5 是它的一个特例.

定理 9.3.2 特征值的几何重数不超过它的代数重数.

证明 设 λ 是 $A\in\boldsymbol{M}_n$ 的一个特征值，假设 $\dim\mathcal{E}_\lambda(A)=k$. 设 $\boldsymbol{x}_1, \boldsymbol{x}_2, \cdots, \boldsymbol{x}_k$ 是 $\mathcal{E}_\lambda(A)$ 的一组基，令 $X=[\boldsymbol{x}_1, \boldsymbol{x}_2, \cdots, \boldsymbol{x}_k]\in\boldsymbol{M}_{n\times k}$，计算

$$AX=[A\boldsymbol{x}_1\ A\boldsymbol{x}_2\cdots A\boldsymbol{x}_k]=[\lambda\boldsymbol{x}_1\ \lambda\boldsymbol{x}_2\cdots\lambda\boldsymbol{x}_k]=\lambda X.$$

设 $S=[X\ \ X']\in\boldsymbol{M}_n$ 是可逆的(见定理 3.3.23). 那么

$$[S^{-1}X\,S^{-1}X']=S^{-1}S=I_n=\begin{bmatrix} I_k & 0\\ 0 & I_{n-k}\end{bmatrix},$$

所以

$$S^{-1}X=\begin{bmatrix} I_k\\ 0\end{bmatrix}.$$

计算给出

$$\begin{aligned} S^{-1}AS &= S^{-1}[AX\ AX']=S^{-1}[\lambda X\ AX']=[\lambda S^{-1}X\ \ S^{-1}AX']\\ &=\begin{bmatrix}\lambda I_k & *\\ 0 & C\end{bmatrix}, \end{aligned} \tag{9.3.3}$$

其中 $C\in \boldsymbol{M}_{n-k}$. 由于相似矩阵有相同的特征多项式，因此定理 9.2.8 确保

$$p_A(z)=p_{S^{-1}AS}(z)=p_{\lambda I_k}(z)p_C(z)=(z-\lambda)^k p_C(z).$$

由此推出，λ 是 $p_A(\lambda)=0$ 的一个重数至少为 k 的根. ■

9.4 对角化与特征值重数

如果一个矩阵的每个特征值都有相等的几何重数与代数重数，那么这个矩阵有何特别之处呢?

引理 9.4.1 设 $A\in \boldsymbol{M}_n$，并假设对每个 $\lambda\in \operatorname{spec}A$，$\lambda$ 的代数重数与几何重数都相等. 那么 $\mathbb{C}^n$ 有一组由 A 的特征向量组成的基. 206

证明 设 $\mu_1, \mu_2, \cdots, \mu_d$ 是 A 的相异的特征值，$n_1, n_2, \cdots, n_d$ 是它们各自的代数重数. 假设每一个特征空间 $\mathcal{E}_{\mu_i}(A)$ 的维数是 n_i，所以 $n_1+n_2+\cdots+n_d=n$，见(9.2.4). 对每个 $i=1, 2, \cdots, d$，设 $X_i\in \boldsymbol{M}_{n\times n_i}$ 的列是 $\mathcal{E}_{\mu_i}(A)$ 的一组基. 由于 $AX_i=\mu_i X_i$，因此对任何 $\boldsymbol{y}_i\in \mathbb{C}^{n_i}$ 都有 $AX_i\boldsymbol{y}_i=\mu_i X_i\boldsymbol{y}_i$. 此外，$X_i$ 是列满秩的，所以，只有 $\boldsymbol{y}_i=\boldsymbol{0}$ 时才有 $X_i\boldsymbol{y}_i=\boldsymbol{0}$，也就是说，只要 $\boldsymbol{y}_i\neq\boldsymbol{0}$，$(\mu_i, X_i\boldsymbol{y}_i)$ 就是 A 的一个特征对.

设 $X=[\boldsymbol{X}_1, \boldsymbol{X}_2, \cdots, \boldsymbol{X}_d]\in \boldsymbol{M}_n$. 我们断言 $\operatorname{rank}X=n$，它确保 X 的列是 $\mathbb{C}^n$ 的由 A 的特征向量组成的一组基. 令 $\boldsymbol{y}\in \mathbb{C}^n$，并假设 $X\boldsymbol{y}=\boldsymbol{0}$. 我们必须证明 $\boldsymbol{y}=0$. 与 X 保形地分划 $\boldsymbol{y}=[\boldsymbol{y}_1^{\mathrm{T}}\boldsymbol{y}_2^{\mathrm{T}}\cdots\boldsymbol{y}_d^{\mathrm{T}}]^{\mathrm{T}}$. 则有

$$\boldsymbol{0}=X\boldsymbol{y}=X_1\boldsymbol{y}_1+X_2\boldsymbol{y}_2+\cdots+X_d\boldsymbol{y}_d. \tag{9.4.2}$$

如果并非每个被加项都是零，那么(9.4.2)等于 A 的与相异的特征值对应的特征向量的一个非平凡的线性组合. 这与定理 8.3.4 矛盾，所以每一个 $X_i\boldsymbol{y}_i=\boldsymbol{0}$，从而每一个 $\boldsymbol{y}_i=\boldsymbol{0}$. 故而 $\boldsymbol{y}=\boldsymbol{0}$. ■

现在，如果 $\mathbb{C}^n$ 能有一组由 A 的特征向量组成的基，对于这样的矩阵 $A\in \boldsymbol{M}_n$，我们可以给出其刻画：它们是与对角阵相似的.

定理 9.4.3 设 $A\in \boldsymbol{M}_n$. 那么 $\mathbb{C}^n$ 有一组由 A 的特征向量组成的基，当且仅当存在 S，$\Lambda\in \boldsymbol{M}_n$，使得 S 可逆，Λ 是对角阵，且

$$A=S\Lambda S^{-1}. \tag{9.4.4}$$

证明 假设 $\boldsymbol{s}_1, \boldsymbol{s}_2, \cdots, \boldsymbol{s}_n$ 组成 $\mathbb{C}^n$ 的一组基，而对每个 $j=1, 2, \cdots, n$ 有 $A\boldsymbol{s}_j=\lambda_j\boldsymbol{s}_j$. 设 $\Lambda=\operatorname{diag}(\lambda_1, \lambda_2, \cdots, \lambda_n)$，$S=[\boldsymbol{s}_1\boldsymbol{s}_2\cdots\boldsymbol{s}_n]$. 那么 S 可逆，且有

$$\begin{aligned} AS &= [A\boldsymbol{s}_1\ A\boldsymbol{s}_2\cdots\ A\boldsymbol{s}_n] = [\lambda_1\boldsymbol{s}_1\ \lambda_2\boldsymbol{s}_2\cdots\lambda_n\boldsymbol{s}_n] \\ &= [\boldsymbol{s}_1\ \boldsymbol{s}_2\cdots\boldsymbol{s}_n]\begin{bmatrix}\lambda_1 & & 0\\ & \ddots & \\ 0 & & \lambda_n\end{bmatrix} \\ &= S\Lambda. \end{aligned}$$

于是 $A=S\Lambda S^{-1}$. 反之，如果 $S=[\boldsymbol{s}_1\boldsymbol{s}_2\cdots\boldsymbol{s}_n]$ 可逆，$\Lambda=\operatorname{diag}(\lambda_1, \lambda_2, \cdots, \lambda_n)$，且 $A=S\Lambda S^{-1}$，那么 S 的列就是 $\mathbb{C}^n$ 的一组基，且有

$$[As_1\ As_2 \cdots As_n]=AS=S\Lambda=[\lambda_1 s_1\ \lambda_2 s_2 \cdots \lambda_n s_n].$$

于是，对每个 $j=1, 2, \cdots, n$ 有 $As_j=\lambda_j s_j$. 由于 S 没有为零的列，因此对每个 $j=1, 2, \cdots, n$，s_j 都是 A 的一个特征向量. ■

定义 9.4.5　方阵 A 称为是**可对角化的**(diagonalizable)，如果它与一个对角阵相似，即它可以被分解成(9.4.4)的形式.

推论 9.4.6　如果 $A \in \boldsymbol{M}_n$ 有相异的特征值，那么它可以对角化.

证明　如果 $A \in \boldsymbol{M}_n$ 有相异的特征值，则推论 8.3.5 确保 $\mathbb{C}^n$ 有一组由 A 的特征向量组
207 成的基. 上面的定理说的是 A 与一个对角阵相似. ■

并非每个矩阵都可以对角化. 做出这种例子的一种方法是通过下面的定理，它提供了引理 9.4.1 的逆命题.

定理 9.4.7　设 $A \in \boldsymbol{M}_n$. 那么，A 是可以对角化的，当且仅当对每个 $\lambda \in \operatorname{spec} A$，$\lambda$ 的代数重数与几何重数都相等.

证明　如果代数重数与几何重数都相等，引理 9.4.1 与定理 9.4.3 就确保 A 是可对角化的. 反之，假设 $A=S\Lambda S^{-1}$，其中 S 可逆且 $\Lambda=\operatorname{diag}(\lambda_1, \lambda_2, \cdots, \lambda_n)$，则 λ 的几何重数是

$$\begin{aligned}
\dim \mathcal{E}_\lambda(A) &= \dim \operatorname{null}(A-\lambda I)\\
&= \dim \operatorname{null}(S\Lambda S^{-1}-\lambda SIS^{-1})\\
&= \dim \operatorname{null}(S(\Lambda-\lambda I)S^{-1})\\
&= \dim \operatorname{null}(\Lambda-\lambda I)\quad (\text{定理 } 3.2.9)\\
&= \dim \operatorname{null} \operatorname{diag}(\lambda_1-\lambda, \lambda_2-\lambda, \cdots, \lambda_n-\lambda)\\
&= A \text{ 的与 } \lambda \text{ 相等的特征值的个数}\\
&= \lambda \text{ 的代数重数}.
\end{aligned}$$

■

例 9.4.8　例 8.1.10 中的矩阵 A 是不可对角化的. 其特征值 $\lambda=1$ 的几何重数为 1，而代数重数为 2. 我们可以换一种方式讨论如下：如果 A 可对角化且 $A=S\Lambda S^{-1}$，那么，由于作为相似矩阵的 A 与 Λ 的 $\lambda=1$ 的代数重数相同，因此有 $\Lambda=I$，$A=S\Lambda S^{-1}=SIS^{-1}=I$，而这是不可能的.

推论 9.4.9　假设 $A \in \boldsymbol{M}_n$ 可对角化，$\lambda_1, \lambda_2, \cdots, \lambda_n$ 是它的按照任意给定次序排列的一列特征值，设 $D=\operatorname{diag}(\lambda_1, \lambda_2, \cdots, \lambda_n)$. 那么存在一个可逆阵 $R \in \boldsymbol{M}_n$，使得 $A=RDR^{-1}$.

证明　假设条件是 $A=S\Lambda S^{-1}$，其中 S 可逆，且 Λ 是对角阵. 此外，存在一个置换矩阵 P，使得 $\Lambda=PDP^{-1}$，见(6.3.4). 那么 $A=S\Lambda S^{-1}=SPDP^{-1}S^{-1}=(SP)D(SP)^{-1}$. 令 $R=SP$ 即可. ■

例 9.4.10　如果 $A \in \boldsymbol{M}_n$ 可对角化且有 d 个相异的特征值 $\mu_1, \mu_2, \cdots, \mu_d$，相应的重数分别为 $n_1, n_2, \cdots, n_d$，那么存在一个可逆矩阵 $S \in \boldsymbol{M}_n$，使得 $A=S\Lambda S^{-1}$，$\Lambda=\mu_1 I_{n_1} \oplus \mu_2 I_{n_2} \oplus \cdots \oplus \mu_d I_{n_d}$. 于是，我们可以把相等的特征值组合在一起作为 Λ 的对角元素.

定理 9.4.11 设 $A=A_1\oplus A_2\oplus\cdots\oplus A_k\in\boldsymbol{M}_n$，其中每个 $A_i\in\boldsymbol{M}_{n_i}$. 那么，$A$ 可对角化，当且仅当每一个直和项 A_i 都可对角化.

证明 如果每个 A_i 都可对角化，那么存在可逆矩阵 $R_i\in\boldsymbol{M}_{n_i}$ 以及对角阵 $\Lambda_i\in\boldsymbol{M}_{n_i}$，使得 $A_i=R_i\Lambda_iR_i^{-1}$. 令 $R=R_1\oplus R_2\oplus\cdots\oplus R_k$，$\Lambda=\Lambda_1\oplus\Lambda_2\oplus\cdots\oplus\Lambda_k$，则有$A=R\Lambda R^{-1}$. 208

反之，如果 A 可对角化，如在(9.4.4)中那样设 $A=S\Lambda S^{-1}$并作分划

$$S=\begin{bmatrix}S_1\\S_2\\\vdots\\S_k\end{bmatrix},\ S_i\in\boldsymbol{M}_{n_i\times n}\text{对每个 } i=1,\ 2,\ \cdots,\ k.$$

那么 S 的行就是线性无关的(因为它可逆)，所以每个 S_i 的行都是线性无关的. 计算给出

$$\begin{bmatrix}A_1S_1\\A_2S_2\\\vdots\\A_kS_k\end{bmatrix}=AS-S\Lambda=\begin{bmatrix}S_1\Lambda\\S_2\Lambda\\\vdots\\S_k\Lambda\end{bmatrix}.$$

每一个等式 $AS_i=S_i\Lambda$ 都表明 S_i 的每个非零的列都是 A_i 的一个特征向量. 为证明 A_i 可对角化，只需证明 S_i 有 n_i 个线性无关的列即可. 但是 $S_i\in\boldsymbol{M}_{n_i\times n}$的行是线性无关的，所以等式(3.2.2)确保它有 n_i 个线性无关的列. ■

相似矩阵有相同的秩，对角阵的秩就是它的对角线上非零元素的个数. 这些结果综述进下面的定理中.

定理 9.4.12 假设 $A\in\boldsymbol{M}_n$ 可对角化，那么 A 的非零特征值的个数等于它的秩.

证明 按照维数定理，只需证明 $\dim\operatorname{null}A$(A 的特征值$\lambda=0$ 的几何重数)等于 A 的为零的特征值的个数($\lambda=0$ 的代数重数)即可. 但是可对角化矩阵的每一个(等于零或不等于零的)特征值有相等的几何重数以及代数重数，见定理 9.4.7. ■

定义 9.4.13 A，$B\in\boldsymbol{M}_n$ 称为可同时对角化(simultaneously diagonalizable)，如果存在可逆阵 $S\in\boldsymbol{M}_n$，使得 $S^{-1}AS$ 与 $S^{-1}BS$ 均为对角阵.

A 与 B 同时对角化意味着存在 $\mathbb{C}^n$ 的一组基，其中每一个基向量都是 A 与 B 两者的特征向量.

引理 9.4.14 设 A，B，S，X，$Y\in\boldsymbol{M}_n$. 设 S 可逆，假设 $A=SXS^{-1}$，$B=SYS^{-1}$. 那么，$AB=BA$ 当且仅当 $XY=YX$.

证明 $AB=(SXS^{-1})(SYS^{-1})=SXYS^{-1}$，而 $BA=(SYS^{-1})(SXS^{-1})=SYXS^{-1}$. 于是，$AB=BA$ 当且仅当 $SXYS^{-1}=SYXS^{-1}$，这等价于 $XY=YX$. ■

定理 9.4.15 设 A，$B\in\boldsymbol{M}_n$ 可对角化. 那么 A 与 B 可交换，当且仅当它们可同时对角化. 209

证明 假设 $A=SXS^{-1}$，$B=SYS^{-1}$，其中 $S\in\boldsymbol{M}_n$ 可逆，且 X，$Y\in\boldsymbol{M}_n$ 是对角阵. 那

么 $XY=YX$，所以上面的引理确保 $AB=BA$.

反之，假设 $AB=BA$，设 μ_1，μ_2，…，μ_d 是 A 的相异的特征值，分别有重数 n_1，n_2，…，n_d. 由于 A 可对角化，因此推论 9.4.9 以及例 9.4.10 确保存在一个可逆阵 S，使得 $A=S\Lambda S^{-1}$ 且

$$\Lambda=\mu_1 I_{n_1}\oplus\mu_2 I_{n_2}\oplus\cdots\oplus\mu_d I_{n_d}.$$

由于 A 与 B 可交换，因此有 $S\Lambda S^{-1}B=BS\Lambda S^{-1}$，且有

$$\Lambda(S^{-1}BS)=(S^{-1}BS)\Lambda.$$

现在借助于引理 3.3.21(b)便可导出结论：$S^{-1}BS$ 是分块对角的且与 Λ 保形. 记 $S^{-1}BS=B_1\oplus B_2\oplus\cdots\oplus B_d$，其中每一个 $B_i\in\boldsymbol{M}_{n_i}$. 由于 B 可对角化，故而 $S^{-1}BS$ 也可对角化，且定理 9.4.11 确保每一个 B_i 都可对角化. 对每一个 $i=1, 2, \cdots, d$，记 $B_i=R_iD_iR_i^{-1}$，其中每一个 $D_i\in\boldsymbol{M}_{n_i}$ 都是对角阵，而每一个 $R_i\in\boldsymbol{M}_{n_i}$ 都是可逆阵. 定义 $R=R_1\oplus R_2\oplus\cdots\oplus R_d$，$D=D_1\oplus D_2\oplus\cdots\oplus D_d$. 这样就有

$$\begin{aligned}S^{-1}BS&=B_1\oplus B_2\oplus\cdots\oplus B_d\\&=R_1D_1R_1^{-1}\oplus R_2D_2R_2^{-1}\oplus\cdots\oplus R_dD_dR_d^{-1}\\&=RDR^{-1},\end{aligned}$$

所以

$$B=(SR)D(SR)^{-1}.$$

因为 R 是分块对角的，且与 Λ 保形，因此有 $R\Lambda=\Lambda R$，从而

$$\begin{aligned}A&=S\Lambda S^{-1}=S\Lambda RR^{-1}S^{-1}\\&=SR\Lambda R^{-1}S^{-1}=(SR)\Lambda(SR)^{-1}.\end{aligned}$$

这样一来，A 与 B 中每一个都通过 SR 而与一个对角阵相似. ■

9.5　可对角化矩阵的函数计算

下面的定理陈述了可对角化矩阵的多项式函数计算.

定理 9.5.1　设 $A\in\boldsymbol{M}_n$ 是可对角化的，并记 $A=S\Lambda S^{-1}$，其中 $S\in\boldsymbol{M}_n$ 可逆，且 $\Lambda=\operatorname{diag}(\lambda_1, \lambda_2, \cdots, \lambda_n)$. 如果 p 是一个多项式，那么

$$p(A)=S\operatorname{diag}(p(\lambda_1), p(\lambda_2), \cdots, p(\lambda_n))S^{-1}. \tag{9.5.2}$$

证明　定理 0.8.1 与(0.8.3)确保有 $p(A)=Sp(\Lambda)S^{-1}$ 以及

$$p(\Lambda)=\operatorname{diag}(p(\lambda_1), p(\lambda_2), \cdots, p(\lambda_n)).$$ ■

例 9.5.3　考虑下面的实对称矩阵以及它的几个幂：

210

$$A=\begin{bmatrix}1&1\\1&0\end{bmatrix},\ A^2=\begin{bmatrix}2&1\\1&1\end{bmatrix},\ A^3=\begin{bmatrix}3&2\\2&1\end{bmatrix},\ A^4=\begin{bmatrix}5&3\\3&2\end{bmatrix}.$$

令 f_k 表示 A^{k-1} 的位于(1, 1)处的元素. 则对 $k=2, 3, 4, 5$ 有 $f_1=1$，$f_2=1$，

$$A^{k-1}=\begin{bmatrix}f_k&f_{k-1}\\f_{k-1}&f_{k-2}\end{bmatrix}. \tag{9.5.4}$$

由于

$$A^k=AA^{k-1}=\begin{bmatrix}1 & 1\\ 1 & 0\end{bmatrix}\begin{bmatrix}f_k & f_{k-1}\\ f_{k-1} & f_{k-2}\end{bmatrix}=\begin{bmatrix}f_k+f_{k-1} & f_{k-1}+f_{k-2}\\ f_k & f_{k-1}\end{bmatrix},$$

我们看出

$$f_1=1,\ f_2=1,\ f_{k+1}=f_k+f_{k-1},\ k=2,\ 3,\ \cdots,$$

这就是定义 Fibonacci 数

$$1,\ 1,\ 2,\ 3,\ 5,\ 8,\ 13,\ 21,\ 34,\ 55,\ \cdots$$

的递归关系．如果 A 可对角化，则定理 9.5.1 提供了计算 A 的多项式的一种解决方案．

A 的特征多项式是 $p(z)=z^2-z-1$，所以 A 的特征值是 $\lambda_\pm=\frac{1}{2}(1\pm\sqrt{5})$．推论 9.4.6 确保 A 是可对角化的，其特征对方程 $A\boldsymbol{x}=\lambda\boldsymbol{x}$ 是

$$\begin{bmatrix}1 & 1\\ 1 & 0\end{bmatrix}\begin{bmatrix}x_1\\ x_2\end{bmatrix}=\begin{bmatrix}x_1+x_2\\ x_1\end{bmatrix}=\begin{bmatrix}\lambda_\pm x_1\\ \lambda_\pm x_2\end{bmatrix}.$$

它有解 $\boldsymbol{x}_\pm=[\lambda_\pm\ 1]^{\mathrm{T}}$，所以(9.4.4)告诉我们 $A=S\Lambda S^{-1}$，其中

$$S=\begin{bmatrix}\lambda_+ & \lambda_-\\ 1 & 1\end{bmatrix},\ \Lambda=\begin{bmatrix}\lambda_+ & 0\\ 0 & \lambda_-\end{bmatrix},\ S^{-1}=\frac{1}{\sqrt{5}}\begin{bmatrix}1 & -\lambda_-\\ -1 & \lambda_+\end{bmatrix}.$$

定理 9.5.1 指出怎样将 A 的幂表示成 Λ 的幂的函数：

$$\begin{aligned}\begin{bmatrix}f_k & \star\\ \star & \star\end{bmatrix}&=A^{k-1}=S\Lambda^{k-1}S^{-1}\\ &=\frac{1}{\sqrt{5}}\begin{bmatrix}\lambda_+ & \lambda_-\\ 1 & 1\end{bmatrix}\begin{bmatrix}\lambda_+^{k-1} & 0\\ 0 & \lambda_-^{k-1}\end{bmatrix}\begin{bmatrix}1 & -\lambda_-\\ -1 & \lambda_+\end{bmatrix}\\ &=\frac{1}{\sqrt{5}}\begin{bmatrix}\lambda_+ & \lambda_-\\ \star & \star\end{bmatrix}\begin{bmatrix}\lambda_+^{k-1} & \star\\ -\lambda_-^{k-1} & \star\end{bmatrix}\\ &=\begin{bmatrix}\frac{1}{\sqrt{5}}(\lambda_+^k-\lambda_-^k) & \star\\ \star & \star\end{bmatrix}.\end{aligned}$$

这个等式揭示了关于 Fibonacci 数的 Binet 公式(Binet formula)

$$f_k=\frac{(1+\sqrt{5})^k-(1-\sqrt{5})^k}{2^k\sqrt{5}},\ k=1,\ 2,\ \cdots. \tag{9.5.5}$$

数 $\phi=\frac{1}{2}(1+\sqrt{5})=1.618\cdots$称为黄金比值(golden ratio)．

对于可对角化的矩阵，有可能开发出一套更加广泛的函数计算，其中像 $\sin A$，$\cos A$ 以及 e^A 这样的表达式都有清晰的定义． 211

设 $A\in\boldsymbol{M}_n$ 是可对角化的并记 $A=S\Lambda S^{-1}$，其中 S 可逆，而 $\Lambda=\mathrm{diag}(\lambda_1,\lambda_2,\cdots,\lambda_n)$．设 f 是 $\mathrm{spec}A$ 上的任意一个复值函数，并定义

$$f(\Lambda)=\operatorname{diag}(f(\lambda_1),\ f(\lambda_2),\ \cdots,\ f(\lambda_n)).$$

Lagrange 插值定理(定理 0.7.6)提供了一种算法，使得对于每个 $i=1,\ 2,\ \cdots,\ n$ 都能构造出满足 $f(\lambda_i)=p(\lambda_i)$ 的多项式 p. 这样就有 $f(\Lambda)=p(\Lambda)$. 此外，如果 M 是通过重新排列 Λ 的对角元素而得到的对角阵，那么 $f(M)=p(M)$.

假设 A 可以用两种方式进行对角化：

$$A=S\Lambda S^{-1}=RMR^{-1},$$

其中 R，$S\in \boldsymbol{M}_n$ 是可逆阵，而 Λ，$M\in \boldsymbol{M}_n$ 是对角阵. 那么定理 0.8.1 确保

$$\begin{aligned} S\Lambda S^{-1}=RMR^{-1} &\Rightarrow (R^{-1}S)\Lambda = M(R^{-1}S)\\ &\Rightarrow (R^{-1}S)p(\Lambda) = p(M)(R^{-1}S)\\ &\Rightarrow (R^{-1}S)f(\Lambda) = f(M)(R^{-1}S)\\ &\Rightarrow Sf(\Lambda)S^{-1} = Rf(M)R^{-1}. \end{aligned}$$

于是，我们可以定义

$$f(A)=Sf(\Lambda)S^{-1}. \tag{9.5.6}$$

无论对 A 选择如何对角化，我们都得到同样的矩阵. 由于 $f(A)$ 是关于 A 的多项式，因此定理 0.8.1 确保它与任何与 A 可交换的矩阵都是可交换的. 定理 9.5.1 确保：如果 f 是一个多项式，那么(9.5.6)以及(8.2.1)中 $f(A)$ 的定义都不会有冲突.

例 9.5.7 假设 $A\in \boldsymbol{M}_n$ 可对角化，且它的特征值是实数. 考虑 $\operatorname{spec}A$ 上的函数 $\sin t$ 以及 $\cos t$. 令 $A=S\Lambda S^{-1}$，其中 $\Lambda=\operatorname{diag}(\lambda_1,\ \lambda_2,\ \cdots,\ \lambda_n)$ 是实的. 因为对每个 i 都有 $\cos^2\lambda_i+\sin^2\lambda_i=1$，所以定义(9.5.6)允许我们计算

$$\begin{aligned} \cos^2 A+\sin^2 A &= S(\cos^2\Lambda)S^{-1}+S(\sin^2\Lambda)S^{-1}=S(\cos^2\Lambda+\sin^2\Lambda)S^{-1}\\ &= S\operatorname{diag}(\cos^2\lambda_1+\sin^2\lambda_1,\ \cdots,\ \cos^2\lambda_n+\sin^2\lambda_n)S^{-1}\\ &= SIS^{-1}=SS^{-1}=I. \end{aligned}$$

例 9.5.8 设 $A\in \boldsymbol{M}_n$ 是可对角化的并假设 $A=S\Lambda S^{-1}$，其中 $\Lambda=\operatorname{diag}(\lambda_1,\ \lambda_2,\ \cdots,\ \lambda_n)$. 考虑 $\operatorname{spec}A$ 上的函数 $f(z)=\mathrm{e}^z$. 利用定义 9.5.6，我们计算出

$$\mathrm{e}^A=S\mathrm{e}^\Lambda S^{-1}=S\operatorname{diag}(\mathrm{e}^{\lambda_1},\ \mathrm{e}^{\lambda_2},\ \cdots,\ \mathrm{e}^{\lambda_n})S^{-1},$$

所以定理 9.2.7 确保

$$\det \mathrm{e}^A=(\det S)(\mathrm{e}^{\lambda_1}\mathrm{e}^{\lambda_2}\cdots\mathrm{e}^{\lambda_n})(\det S^{-1})=\mathrm{e}^{\lambda_1+\lambda_2+\cdots+\lambda_n}=\mathrm{e}^{\operatorname{tr}A}.$$

作为函数计算的一个重要应用(其中的函数是在$[0,\ \infty)$上定义的 $f(t)=\sqrt{t}$)，见
212 13.2 节.

9.6 换位集

由于 $p(A)$ 是关于 A 的多项式，因此它与 A 可交换. 这个结果以及定理 9.4.15 启发我们给出如下的定义.

定义 9.6.1 设 $\mathcal{F}$ 是 M_n 的一个非空子集. $\mathcal{F}$ 的**换位集**(commutant)是其中能够与 $\mathcal{F}$ 的每个元素可交换的矩阵组成的子集 $\mathcal{F}'$，即

$$\mathcal{F}'=\{X\in \boldsymbol{M}_n: AX=XA \text{ 对所有 } A\in \mathcal{F}\}.$$

M_n 的任意一个非空子集 $\mathcal{F}$ 的换位集是 M_n 的一个子空间. 的确，如果 $X, Y\in \mathcal{F}'$，且 $c\in \mathbb{C}$，那么对所有 $A\in \mathcal{F}$，都有 $(X+cY)A=XA+cYA=AX+cAY=A(X+cY)$(也可见 P.9.30).

定理 9.6.2 设 $A\in \boldsymbol{M}_n$ 是可对角化的，并假设 A 的相异的特征值是 $\mu_1, \mu_2, \cdots, \mu_d$，其重数为 $n_1, n_2, \cdots, n_d$. 记 $A=S\Lambda S^{-1}$，其中 $S\in \boldsymbol{M}_n$ 可逆，而 $\Lambda=\mu_1 In_1\oplus\cdots\oplus\mu_d In_d$.

(a) $B\in\{A\}'$，当且仅当 $B=SXS^{-1}$，其中 $X=X_{11}\oplus\cdots\oplus X_{dd}$，且每个 $X_{ii}\in \boldsymbol{M}_{n_i}$.

(b) $\dim\{A\}'=n_1^2+n_2^2+\cdots+n_d^2$.

证明 引理 9.4.14 确保 A 与 B 可交换，当且仅当 Λ 与 $S^{-1}BS$ 可交换. 由引理 3.3.21 推出 $S^{-1}BS=X_{11}\oplus X_{22}\oplus\cdots\oplus X_{kk}$，其中对 $i=1, 2, \cdots, k$，有 $X_{ii}\in \boldsymbol{M}_{n_i}$. 由于 $\dim M_{n_i}=n_i^2$，(b)的结论由此得出. ■

推论 9.6.3 假设 $A\in \boldsymbol{M}_n$ 的特征值是相异的.

(a) $\{A\}'=\{p(A): p \text{ 是多项式}\}$.

(b) $\dim\{A\}'=n$.

证明 由于 A 有相异的特征值，故而它可对角化(推论 9.4.6). 记 $A=S\Lambda S^{-1}$，其中 $S\in \boldsymbol{M}_n$ 可逆，而 $\Lambda=\operatorname{diag}(\lambda_1, \lambda_2, \cdots, \lambda_n)$有相异的对角元素.

(a)定理 9.6.2 确保 B 与 A 可交换，当且仅当 $B=SXS^{-1}$，其中对某一组 $\xi_1, \xi_2, \cdots, \xi_n\in\mathbb{C}$ 有 $X=\operatorname{diag}(\xi_1, \xi_2, \cdots, \xi_n)$. Lagrange 插值定理(定理 0.7.6)给出一个多项式 p，使得对 $i=1, 2, \cdots, n$，有 $p(\lambda_i)=\xi_i$. 从而有 $p(A)=Sp(\Lambda)S^{-1}=SXS^{-1}=B$. 反之，对任意多项式 p，都有 $p(A)\in\{A\}'$.

(b)设 E_{ii} 表示在位置(i, i)处的元素为 1 而其他元素皆为零的 $n\times n$ 矩阵. (a)中的讨论表明：每一个 $B\in\{A\}'$都有 $B=\xi_1 SE_{11}S^{-1}+\cdots+\xi_n SE_{nn}S^{-1}$ 的形式，它是 M_n 的线性无关元素的一个线性组合. ■

例 9.6.4 在推论 9.6.3 中，A 有相异特征值的假设条件不能被去掉. 例如，$\{I_n\}'=M_n$，它的维数是 n^2. 任何一个不是 I_n 的纯量倍数的矩阵都属于$\{I_n\}'$，然而它不是 I_n 的多项式. 213

9.7 *AB* 与 *BA* 的特征值

等式

$$\begin{bmatrix} I_k & 0 \\ X & I_{n-k} \end{bmatrix}^{-1}=\begin{bmatrix} I_k & 0 \\ -X & I_{n-k} \end{bmatrix},\quad X\in \boldsymbol{M}_{(n-k)\times k} \tag{9.7.1}$$

可以用计算来加以验证：

$$\begin{bmatrix} I_k & 0 \\ -X & I_{n-k} \end{bmatrix}\begin{bmatrix} I_k & 0 \\ X & I_{n-k} \end{bmatrix}=\begin{bmatrix} I_k & 0 \\ 0 & I_{n-k} \end{bmatrix}=I_n.$$

我们可以用(9.7.1)来捋清 AB 与 BA 的特征值之间一个似乎意料之外的关系. 这两个乘积不一定是有同样大小的矩阵，即便它们有同样的大小，它们也不一定相等. 尽管如此，它们的非零的特征值是相同的.

定理 9.7.2 假设 $A\in \mathbf{M}_{m\times n}$，$B\in \mathbf{M}_{n\times m}$ 且 $n\geqslant m$.

(a) $AB\in \mathbf{M}_m$ 与 $BA\in \mathbf{M}_n$ 的非零的特征值相同，且有同样的代数重数.

(b) 如果 0 是 AB 的代数重数为 $k\geqslant 0$ 的特征值，那么 0 是 BA 的代数重数为 $k+n-m$ 的特征值.

(c) 如果 $m=n$，则 AB 与 BA 的特征值相同，且有相同的代数重数.

证明 设

$$X=\begin{bmatrix} AB & A \\ 0 & 0_n \end{bmatrix},\ Y=\begin{bmatrix} 0_m & A \\ 0 & BA \end{bmatrix},$$

并考虑对 X 所应用的如下的相似变换：

$$\begin{aligned}\begin{bmatrix} I_m & 0 \\ B & I_n \end{bmatrix}\begin{bmatrix} AB & A \\ 0 & 0_n \end{bmatrix}\begin{bmatrix} I_m & 0 \\ B & I_n \end{bmatrix}^{-1} &= \begin{bmatrix} I_m & 0 \\ B & I_n \end{bmatrix}\begin{bmatrix} AB & A \\ 0 & 0_n \end{bmatrix}\begin{bmatrix} I_m & 0 \\ -B & I_n \end{bmatrix} \\ &= \begin{bmatrix} AB & A \\ BAB & BA \end{bmatrix}\begin{bmatrix} I_m & 0 \\ -B & I_n \end{bmatrix} \\ &= \begin{bmatrix} AB-AB & A \\ BAB-BAB & BA \end{bmatrix} \\ &= \begin{bmatrix} 0_m & A \\ 0 & BA \end{bmatrix} \\ &= Y.\end{aligned}$$

因为 X 与 Y 相似，所以 $p_X(z)=p_Y(z)$. 由于

214 $$p_x(z)=p_{AB}(z)p_{0_n}(z)=z^n p_{AB}(z),$$
$$p_Y(z)=p_{0_m}(z)p_{BA}(z)=z^m p_{BA}(z),$$

由此推出 $p_{BA}(z)=z^{n-m}p_{AB}(z)$. 于是，如果

$$\lambda_1,\ \lambda_2,\ \cdots,\ \lambda_m \tag{9.7.3}$$

是 $p_{AB}(z)=0$ 的根(AB 的特征值)，那么 $p_{BA}(z)=0$ 的 n 个根(BA 的特征值)就是

$$\lambda_1,\ \lambda_2,\ \cdots,\ \lambda_m,\ \underbrace{0,\ \cdots,\ 0}_{n-m}. \tag{9.7.4}$$

(9.7.3)与(9.7.4)的两列数中非零的特征值是相同的，且具有相同的重数. 然而，如果 k 是 0 作为 AB 的特征值的重数，它作为 BA 的特征值的重数就是 $k+n-m$. ■

例 9.7.5 考虑

$$A=\begin{bmatrix} 1 & 0 \\ 0 & 0 \end{bmatrix},\ B=\begin{bmatrix} 0 & 1 \\ 0 & 0 \end{bmatrix},\ AB=\begin{bmatrix} 0 & 1 \\ 0 & 0 \end{bmatrix},\ BA=\begin{bmatrix} 0 & 0 \\ 0 & 0 \end{bmatrix}.$$

虽然 0 是 AB 与 BA 两者的特征值，且代数重数为 2，但是它有不同的几何重数(分别为 1 与 2). 而对于非零的特征值，这种现象就不会发生，见定理 11.9.1.

例 9.7.6 考虑 $e=[1, 1, \cdots, 1]^{\mathrm{T}} \in \mathbb{R}^n$. $n\times n$ 矩阵 ee^{T} 的每一个元素都是1. 它的特征值是什么？定理 9.7.2 告诉我们，它们就是 1×1 矩阵 $e^{\mathrm{T}}e=[n]$(即 n)的特征值，加上 $n-1$ 个零.

例 9.7.7 设 $r=[1, 2, \cdots n]^{\mathrm{T}} \in \mathbb{R}^n$.

$$A=re^{\mathrm{T}}=\begin{bmatrix}1 & 1 & \cdots & 1\\ 2 & 2 & \cdots & 2\\ \vdots & \vdots & & \vdots\\ n & n & \cdots & n\end{bmatrix}\in \boldsymbol{M}_n \tag{9.7.8}$$

的每一列都等于 r. 定理 9.7.2 告诉我们：A 的特征值是 $n-1$ 个零加上 $e^{\mathrm{T}}r=1+2+\cdots+n=n(n+1)/2$.

例 9.7.9 设 A 是矩阵(9.7.8)，并注意到

$$A+A^{\mathrm{T}}=[i+j]=\begin{bmatrix}2 & 3 & 4 & \cdots & n+1\\ 3 & 4 & 5 & \cdots & n+2\\ 4 & 5 & 6 & \cdots & n+3\\ \vdots & \vdots & \vdots & & \vdots\\ n+1 & n+2 & n+3 & \cdots & 2n\end{bmatrix}. \tag{9.7.10}$$

现在利用(3.1.19)中矩阵乘积的表达式写成

$$A+A^{\mathrm{T}}=re^{\mathrm{T}}+er^{\mathrm{T}}=XY^{\mathrm{T}},$$ 215

其中 $X=[r\ e]\in \boldsymbol{M}_{n\times 2}$，$Y=[e\ r]\in \boldsymbol{M}_{n\times 2}$. 定理 9.7.2 告诉我们：$XY^{\mathrm{T}}$ 的 n 个特征值是

$$Y^{\mathrm{T}}X=\begin{bmatrix}e^{\mathrm{T}}r & e^{\mathrm{T}}e\\ r^{\mathrm{T}}r & r^{\mathrm{T}}e\end{bmatrix} \tag{9.7.11}$$

的两个特征值加上 $n-2$ 个零，见 P.9.17.

上面这三个例子给出一种求特征值的办法. 如果 $A\in \boldsymbol{M}_n$，且对某个 $X, Y\in \boldsymbol{M}_{n\times r}$ 有 $\operatorname{rank} A\leqslant r$，$A=XY^{\mathrm{T}}$，那么 A 的 n 个特征值就是 $Y^{\mathrm{T}}X\in \boldsymbol{M}_r$ 的 r 个特征值加上 $n-r$ 个零. 如果 r 比 n 小得多，我们有可能更愿意计算 $Y^{\mathrm{T}}X$ 的特征值以代替计算 A 的特征值. 例如，$A=XY^{\mathrm{T}}$ 可以是一个满秩分解.

9.8 问题

记住：特征值的"重数"如果不带修饰语，指的是代数重数. "几何重数"总会有修饰语.

P.9.1 假设 $A\in \boldsymbol{M}_5$ 有特征值 $-4, -1, 0, 1, 4$. 是否存在一个 $B\in \boldsymbol{M}_5$，使得 $B^2=A$？判断你的解答.

P.9.2 设 $\lambda_1, \lambda_2, \cdots, \lambda_n$ 是(9.2.1)中的纯量，而 $\mu_1, \mu_2, \cdots, \mu_d$ 是(9.2.2)中的纯量. 说明为什么 $\{\lambda_1, \lambda_2, \cdots, \lambda_n\}=\{\mu_1, \mu_2, \cdots, \mu_d\}$.

P.9.3 设 $A, B\in \boldsymbol{M}_n$.

(a)如果 $\mathrm{spec}A=\mathrm{spec}B$，那么 A 与 B 有相同的特征多项式吗？为什么？

(b)如果 A 与 B 有相同的特征多项式，那么 $\mathrm{spec}A=\mathrm{spec}B$ 吗？为什么？

P.9.4 假设 $A\in\boldsymbol{M}_n$ 可对角化.

(a)证明：$\mathrm{rank}A$ 等于它的非零特征值的个数(包括重数).

(b)考虑矩阵

$$B=\begin{bmatrix}0&1\\0&0\end{bmatrix}.$$

它的秩是多少？它有多少个非零的特征值？它可对角化吗？

P.9.5 证明：$n\times n$ 幂零阵的特征值是 0，0，…，0. 幂零阵的特征多项式是什么？如果 $n\geqslant 2$，给出 M_n 中一个非零的幂零阵的例子.

P.9.6 假设 $A\in\boldsymbol{M}_n$ 可对角化. 证明：A 是幂零的，当且仅当 $A=0$.

P.9.7 设 λ_1，λ_2，…，λ_n 是 $A\in\boldsymbol{M}_n$ 的特征值，且 $c\in\mathbb{C}$. 证明：$p_{A+cI}(z)=p_A(z-c)$，并导出结论：$A+cI$ 的特征值是 λ_1+c，λ_2+c，…，λ_n+c.

P.9.8 证明：$A\in\boldsymbol{M}_2$ 的两个特征值可以表示成 $\lambda_{\pm}=\frac{1}{2}(\mathrm{tr}A\pm\sqrt{r})$，其中 $r=(\mathrm{tr}A)^2-4\det A$称为 A 的判别式(discriminant). 如果 A 的元素是实数，证明：它的特征值是实数，当且仅当它的判别式是非负的.

P.9.9 验证例 9.5.3 的结论中 $\lambda_{\pm}$，$\boldsymbol{x}_{\pm}$，S，Λ 以及 S^{-1} 的数值都是正确的，并证明第 k 个 Fibonacci 数是

216

$$f_k=\frac{1}{\sqrt{5}}(\phi^k+(-1)^{k+1}\phi^{-k}),\ k=1,\ 2,\ 3,\ \cdots.$$

由于 $\phi\approx1.6180$，因此当 $k\to\infty$时有 $\phi^{-k}\to0$，从而对于很大的 k，$\frac{1}{\sqrt{5}}\phi^k$ 就是 f_k 的很好的近似值. 例如，$f_{10}=55$，$\frac{1}{\sqrt{5}}\phi^{10}\approx55.004$，$f_{11}=89$，而$\frac{1}{\sqrt{5}}\phi^{11}\approx88.998$.

P.9.10 设 A，$B\in\boldsymbol{M}_n$.

(a)利用(3.7.4)与(3.7.5)来解释为什么分块矩阵

$$C=\begin{bmatrix}0&A\\B&0\end{bmatrix}\in\boldsymbol{M}_{2n}\tag{9.8.1}$$

的特征多项式通过等式

$$p_C(z)=\det(zI_{2n}-C)=p_{AB}(z^2)=p_{BA}(z^2)$$

能与 AB 以及 BA 的特征多项式联系起来.

(b)从这个等式导出结论：AB 与 BA 有相同的特征值. 这是定理 9.7.2 在矩阵为方阵的情形的结论.

(c)如果 λ 是 C 的重数为 k 的特征值，为什么 $-\lambda$ 也是 C 的重数为 k 的特征值？如

果 0 是 C 的特征值，为什么它的重数一定是偶数？

(d)设 $\pm\lambda_1$，$\pm\lambda_2$，…，$\pm\lambda_n$ 是 C 的 $2n$ 个特征值. 说明为什么 AB 的 n 个特征值是 λ_1^2，λ_2^2，…，λ_n^2？

(e)设 μ_1，μ_2，…，μ_n 是 AB 的特征值. 证明 C 的特征值是 $\pm\sqrt{\mu_1}$，$\pm\sqrt{\mu_2}$，…，$\pm\sqrt{\mu_n}$.

(f)证明 $\det C=(-1)^n(\det A)(\det B)$.

P. 9. 11 设 $A\in \boldsymbol{M}_n$. 令 $A_1=\mathrm{Re}A$，$A_2=\mathrm{Im}A$，所以 A_1，$A_2\in\boldsymbol{M}_n(\mathbb{R})$，且 $A=A_1+\mathrm{i}A_2$. 设

$$V=\frac{1}{\sqrt{2}}\begin{bmatrix}-\mathrm{i}I_n & -\mathrm{i}I_n\\ I_n & -I_n\end{bmatrix}\in\boldsymbol{M}_{2n}\quad,\qquad C=\begin{bmatrix}A_1 & A_2\\ A_2 & -A_1\end{bmatrix}\in\boldsymbol{M}_{2n}(\mathbb{R}).$$

(a)证明 V 是酉矩阵，且

$$V^*CV=\begin{bmatrix}0 & A\\ \overline{A} & 0\end{bmatrix}$$

(b)证明：C，$A\overline{A}$以及$\overline{A}A$ 的特征多项式通过等式

$$p_C(z)=p_{A\overline{A}}(z^2)=p_{\overline{A}A}(z^2)$$

联系在一起.

(c)如果 λ 是 C 的一个重数为 k 的特征值，为什么 $-\lambda$ 和 $\overline{\lambda}$ 也是 C 的重数为 k 的特征值？如果 0 是 C 的特征值，为什么它的重数一定是偶数？

(d)如果 $\pm\lambda_1$，$\pm\lambda_2$，…，$\pm\lambda_n$ 是 C 的 $2n$ 个特征值，说明为什么 $A\overline{A}$的 n 个特征值是 λ_1^2，λ_2^2，…，λ_n^2. 为什么 $A\overline{A}$的非实的特征值必定共轭成对出现？

P. 9. 12 设 $A\in\boldsymbol{M}_n$. 令 $A_1=\mathrm{Re}A$，$A_2=\mathrm{Im}A$，所以 A_1，$A_2\in\boldsymbol{M}_n(\mathbb{R})$，且 $A=A_1+\mathrm{i}A_2$. 设 $B=B_1+\mathrm{i}B_2\in\boldsymbol{M}_n$，其中 B_1，$B_2\in\boldsymbol{M}_n(\mathbb{R})$. 令 $U=\frac{1}{\sqrt{2}}\begin{bmatrix}I_n & \mathrm{i}I_n\\ \mathrm{i}I_n & I_n\end{bmatrix}$，并考虑

$$C(A)=\begin{bmatrix}A_1 & -A_2\\ A_2 & A_1\end{bmatrix},\tag{9.8.2}$$

它是一个复矩阵，见 P. 3. 11 以及 P. 3. 12.

(a)证明 U 是酉矩阵，且 $U^*C(A)U=A\oplus\overline{A}$.

(b)如果 λ_1，λ_2，…，λ_n 是 A 的特征值，证明：λ_1，λ_2，…，λ_n，$\overline{\lambda_1}$，$\overline{\lambda_2}$，…，$\overline{\lambda_n}$ 是 $C(A)$的特征值.

(c)为什么 $\det C(A)\geqslant 0$？

(d)证明：$C(A)$，A 以及 $\overline{A}$ 的特征多项式满足等式 $p_C(z)=p_A(z)p_{\overline{A}}(z)$. 217

(e)如果 $n=1$，你有何结论？

(f)证明$C(A+B)=C(A)+C(B)$，$C(A)C(B)=C(AB)$.

(g)证明 $C(I_n)=I_{2n}$.

(h)如果 A 可逆，说明为什么 A^{-1}的实部与虚部分别是2×2 分块矩阵 $C(A)^{-1}$在(1，1)与(1，2)处的分块？

P.9.13　设 A，$B\in\boldsymbol{M}_n$，并令 $Q=\frac{1}{\sqrt{2}}\begin{bmatrix}I_n & I_n\\ I_n & -I_n\end{bmatrix}\in\boldsymbol{M}_{2n}$. 考虑

$$C=\begin{bmatrix}A & B\\ B & A\end{bmatrix}\in\boldsymbol{M}_{2n},\tag{9.8.3}$$

它是一个分块中心对称的矩阵，见 P.3.13 以及 P.3.14.（a）证明 Q 是实正交阵，而 $Q^{\mathrm{T}}CQ=(A+B)\oplus(A-B)$.（b）证明：$A+B$ 与 $A-B$ 的每个特征值都是 C 的特征值. 其逆命题如何？（c）证明 $\det C=\det(A^2-AB+BA-B^2)$. 如果 A 与 B 可交换，将这个等式与(3.7.4)以及(3.7.5)作比较.

P.9.14　设 λ_1，λ_2，…，λ_n 是 $A\in\boldsymbol{M}_n$ 的特征值. 利用上一个问题来确定 $C=\begin{bmatrix}A & A\\ A & A\end{bmatrix}\in\boldsymbol{M}_{2n}$ 的特征值. P.8.28 对于 C 的特征值有何结论？讨论之.

P.9.15　设 A，$B\in\boldsymbol{M}_n$，并假设 A 或者 B 可逆. 证明：AB 相似于 BA，并导出结论：这两个乘积有同样的特征值.

P.9.16　(a)考虑 2×2 矩阵 $A=\begin{bmatrix}0 & 1\\ 0 & 0\end{bmatrix}$与 $B=\begin{bmatrix}0 & 0\\ 1 & 0\end{bmatrix}$. AB 与 BA 相似吗？这两个乘积有同样的特征值吗？

(b)对 $A=\begin{bmatrix}0 & 1\\ 0 & 0\end{bmatrix}$与 $B=\begin{bmatrix}1 & 0\\ 0 & 0\end{bmatrix}$回答同样的问题.

P.9.17　验证：矩阵(9.7.11)等于

$$\begin{bmatrix}\frac{1}{2}n(n+1) & n\\ \frac{1}{6}n(n+1)(2n+1) & \frac{1}{2}n(n+1)\end{bmatrix},$$

且它的特征值是

$$n(n+1)\left(\frac{1}{2}\pm\sqrt{\frac{2n+1}{6(n+1)}}\right).$$

矩阵(9.7.10)的特征值是什么？

P.9.18　利用例 9.7.9(a)中的向量 $\boldsymbol{e}$ 与 $\boldsymbol{r}$.

(a)验证

$$A=[i-j]=\begin{bmatrix}0 & -1 & -2 & \cdots & -n+1\\ 1 & 0 & -1 & \cdots & -n+2\\ 2 & 1 & 0 & \cdots & -n+3\\ \vdots & \vdots & \vdots & & \vdots\\ n-1 & n-2 & n-3 & \cdots & 0\end{bmatrix}$$

$$=\boldsymbol{r}\boldsymbol{e}^{\mathrm{T}}-\boldsymbol{e}\boldsymbol{r}^{\mathrm{T}}=ZY^{\mathrm{T}},$$

其中 $Y=[\boldsymbol{e}\ \boldsymbol{r}]$，$Z=[\boldsymbol{r}\ -\boldsymbol{e}]$.

(b)证明：A 的特征值是

$$Y^{\mathrm{T}}Z=\begin{bmatrix}\boldsymbol{e}^{\mathrm{T}}\boldsymbol{r} & -\boldsymbol{e}^{\mathrm{T}}\boldsymbol{e}\\ \boldsymbol{r}^{\mathrm{T}}\boldsymbol{r} & -\boldsymbol{r}^{\mathrm{T}}\boldsymbol{e}\end{bmatrix}=\begin{bmatrix}\frac{1}{2}n(n+1) & -n\\ \frac{1}{6}n(n+1)(2n+1) & -\frac{1}{2}n(n+1)\end{bmatrix}$$

的两个特征值加上 $n-2$ 个零.

(c)证明：Y^TZ 的判别式是负的(见 P. 9. 8)，并说明这对其特征值有何含义？

(d)证明：Y^TZ 的特征值是

$$\pm\mathrm{i}\,\frac{n}{2}\sqrt{\frac{n^2-1}{3}}.$$

P. 9. 19　设 $n\geqslant 3$ 并考虑

$$A=\begin{bmatrix}a & a & a & \cdots & a\\ a & b & b & \cdots & b\\ \vdots & \vdots & \vdots & & \vdots\\ a & b & b & \cdots & b\\ a & a & a & \cdots & a\end{bmatrix}\in\boldsymbol{M}_n,\ B=\begin{bmatrix}1 & 0\\ 0 & 1\\ \vdots & \vdots\\ 0 & 1\\ 1 & 0\end{bmatrix}\in\boldsymbol{M}_{n,2},\ C^{\mathrm{T}}=\begin{bmatrix}a & a\\ a & b\\ \vdots & \vdots\\ a & b\\ a & b\end{bmatrix}\in\boldsymbol{M}_{n,2}.$$

(a)证明 $A=BC$.

(b)证明 A 的特征值是 $n-2$ 个零加上

$$\begin{bmatrix}2a & (n-2)a\\ a+b & (n-2)b\end{bmatrix}$$

的特征值.

(c)如果 a 与 b 是实数，证明 A 所有的特征值都是实数.

P. 9. 20　令 $n\geqslant 2$，$A=[(i-1)n+j]\in\boldsymbol{M}_n$. 如果 $n=3$，则

$$A=\begin{bmatrix}1 & 2 & 3\\ 4 & 5 & 6\\ 7 & 8 & 9\end{bmatrix}.$$

(a)如果 $n=4$，A 是什么？

(b)设 $\boldsymbol{v}=[0,\ 1,\ 2,\ \cdots n-1]^{\mathrm{T}}$，$\boldsymbol{r}=[1,\ 2,\ 3,\ \cdots n]^{\mathrm{T}}$. 设 $X=[\boldsymbol{v}\ \boldsymbol{e}]^{\mathrm{T}}$，$Y=[n\boldsymbol{e}\ \boldsymbol{r}]^{\mathrm{T}}$. 证明 $A=XY^{\mathrm{T}}$，且 $\operatorname{rank}A=2$.

(c)证明：A 的特征值是 $n-2$ 个零加上

$$\begin{bmatrix}n\boldsymbol{e}^{\mathrm{T}}\boldsymbol{v} & n^2\\ \boldsymbol{r}^{\mathrm{T}}\boldsymbol{v} & \boldsymbol{e}^{\mathrm{T}}\boldsymbol{r}\end{bmatrix}$$

的特征值.

(d)为什么 A 的特征值全是实数？

P. 9. 21　设 $n\geqslant 2$. 令 λ 与 μ 是 $A\in\boldsymbol{M}_n$ 的特征值. 设$(\lambda,\ \boldsymbol{x})$是 A 的一个特征对，而$(\overline{\mu},\ \boldsymbol{y})$则是 A^* 的一个特征对.

(a)证明 $y^*A=\mu y^*$.

(b)如果 $\lambda\neq\mu$，证明 $y^*x=0$. 这被称为是双正交原理(principle of biorthogonality).

P.9.22 假设 A，$B\in M_n$ 可交换，而 A 有相异的特征值. 利用定理 8.5.1 证明 B 可对角化. 此外，证明存在一个可逆的 $S\in M_n$，使得 $S^{-1}AS$ 与 $S^{-1}BS$ 两者都是对角阵.

P.9.23 利用引理 3.3.21 给出上一个问题中结论的另一个证明. **提示**：如果 $A=S\Lambda S^{-1}$

219 与 B 可交换，那么 Λ 与 $S^{-1}BS$ 可交换，从而 $S^{-1}BS$ 是对角阵.

P.9.24 求一个 $A\in M_3$，它有特征值 0，1 以及 -1，而相伴的特征向量分别是 $[0\ 1\ -1]^T$，$[1\ -1\ 1]^T$ 以及 $[0\ 1\ 1]^T$.

P.9.25 如果 $A\in M_n(\mathbb{R})$ 且 n 为奇数，证明：A 至少有一个实的特征值.

P.9.26 设 $f(z)=z^n+c_{n-1}z^{n-1}+\cdots+c_1z+c_0$，设

$$C_f=\begin{bmatrix}0&0&\cdots&0&-c_0\\1&0&\cdots&0&-c_1\\0&1&\cdots&0&-c_2\\\vdots&\vdots&&\vdots&\vdots\\0&0&\cdots&1&-c_{n-1}\end{bmatrix}.$$

(a)证明 $p_{C_f}=f$. 如下法开始：将 $zI-C_f$ 的第 n 行的 z 倍加到第 $n-1$ 行，然后将第 $n-1$ 行的 z 倍加到第 $n-2$ 行.

(b)用归纳法以及(3.4.11)证明 $p_{C_f}=f$.

(c)关于矩阵特征值位置的定理可以用来对多项式 f 的零点得出某些结果. 例如，f 的每个零点都在一个圆盘内，这个圆盘的中心在原点，而半径为 $\max\{|c_0|,1+|c_1|,\cdots,1+|c_{n-1}|\}$. 它也在中心在原点、半径为 $\max\{1,|c_0|+|c_1|+\cdots+|c_{n-1}|\}$的圆盘内. 为什么？你能给出更好的界限吗？

P.9.27 设 $A\in M_3$.

(a)利用关于 $p_A(z)$ 的表达式(9.2.1)来证明：表达式(9.1.6)中的系数 c_1 等于 $\lambda_2\lambda_3+\lambda_1\lambda_3+\lambda_1\lambda_2$(这是从 $\lambda_1\lambda_2\lambda_3$ 中每次略去一个因子得到的三项之和).

(b)现在检查(9.1.4)的计算中得到的 c_1 的表达式. 证明：c_1 等于三个矩阵的行列式之和，这三个矩阵是从 A 中略去第 i 行与第 i 列之后所得到的(对 $i=1$，2，3).

(c)当 $n=3$ 时，列出 $p_A(z)$ 的所有系数其他形式的(但仍然相等的)表达式集合. 其中一个集合仅包含 A 的特征值，其他集合只包含 A 的元素的函数，这些函数是阶为 1，2 以及 3 的子矩阵的行列式. 对此加以说明. 对于 $n=4$ 甚至更大的值，你认为会发生什么？这个问题的其他内容见[HJ13，1.2 节].

P.9.28 某人给你一个 $n\times n$ 矩阵，并告诉你它是一个正交射影矩阵. 描述如何只用 n 次加法、乘法以及纯量除法运算计算出这个矩阵的秩.

P.9.29 利用定理 9.2.7 与 9.7.2 证明 Sylvester 行列式等式(3.7.11). **提示**：$I+AB$ 与

$I+BA$ 的特征值是什么？

P.9.30 设 $\mathcal{F}$ 是 M_n 的非空子集，设 $\mathcal{F}'$ 是它的换位集. 如果 A，$B\in\mathcal{F}'$，证明 $AB\in\mathcal{F}'$.

P.9.31 设 $A\in\boldsymbol{M}_n$ 可对角化. 证明 e^A 可逆，且 e^{-A} 就是它的逆.

P.9.32 我们称 $B\in\boldsymbol{M}_n$ 是 $A\in\boldsymbol{M}_n$ 的一个平方根(square root)，如果 $B^2=A$.

(a)证明：$\begin{bmatrix}1&1\\0&1\end{bmatrix}$ 是 $\begin{bmatrix}1&2\\0&1\end{bmatrix}$ 的一个平方根.

(b)证明：$\begin{bmatrix}0&1\\0&0\end{bmatrix}$ 没有平方根.

(c)证明：(a)与(b)中三个矩阵中的每一个都不可对角化.

P.9.33 证明：每一个可对角化的矩阵都有一个平方根. 220

P.9.34 设 $A\in\boldsymbol{M}_n$ 并假设 $\operatorname{tr}A=0$. 将下面的想法糅合进 A 是 M_n 中矩阵的换位子的证明之中(Shoda 定理，定理 3.5.7).

(a)利用归纳法以及引理 3.5.4 证明：只需要考虑形如

$$A=\begin{bmatrix}0&\boldsymbol{x}^*\\\boldsymbol{y}&BC-CB\end{bmatrix}\text{ 以及 }B,\ C\in\boldsymbol{M}_{n-1}$$

的一个分块矩阵就够了.

(b)考虑 $B+\lambda I$ 并证明：B 可以假设是可逆阵.

(c)设

$$X=\begin{bmatrix}0&0\\0&B\end{bmatrix},\quad Y=\begin{bmatrix}0&\boldsymbol{u}^*\\\boldsymbol{v}&C\end{bmatrix}.$$

证明：存在向量 $\boldsymbol{u}$ 与 $\boldsymbol{v}$，使得 $A=XY-YX$.

P.9.35 设 $A\in\boldsymbol{M}_n$ 是幂等的. 证明：(a)$\operatorname{tr}A\in\{0,1,2,\cdots,n\}$，(b)$\operatorname{tr}A=n$，当且仅当 $A=I$，(c)$\operatorname{tr}A=0$，当且仅当 $A=0$.

P.9.36 设 $A\in\boldsymbol{M}_2$，并令 f 是 $\operatorname{spec}A=\{\lambda,\mu\}$ 上的复值函数.

(a)如果 $\lambda\neq\mu$ 且 $f(A)$ 由(9.5.6)定义，证明

$$f(A)=\frac{f(\lambda)-f(\mu)}{\lambda-\mu}A+\frac{\lambda f(\mu)-\mu f(\lambda)}{\lambda-\mu}I. \tag{9.8.4}$$

(b)如果 $\lambda=\mu$ 且 A 可对角化，为什么会有 $f(A)=f(\lambda)I$？

9.9 注记

在这一章里没有规划对真实世界的数值矩阵的特征对进行计算. 从概念方面来说它们是很重要的，但是对于数值计算会用其他不同的方略来实施. 对于数值分析来说，自从 20 世纪中期以来，改进特征值的数值计算的算法一直是一个有极高优先级的研究目标[GVL13，第 7 章以及第 8 章].

例 9.6.4 仅仅揭示了推论 9.6.3(a)的一部分内容. A 的换位子是关于 A 的所有多项式的集合，当且仅当 A 的每个特征值的几何重数皆为 1，见[HJ13，定理 3.2.4.2].

P. 9.26 给出有关给定多项式零点的两个界限. 许多其他的结果参见[HJ13，5.6.P27—35].

如果 P. 9.36 中的 2×2 矩阵不可以对角化且 f 在 $\operatorname{spec}A=\{\lambda\}$ 上可微，就说明

$$f(A)=f'(\lambda)A+(f(\lambda)-\lambda f'(\lambda))I. \tag{9.9.1}$$

关于这个不同寻常的公式的一个说明，见[HJ94，P.11，6.1节].

9.10 一些重要的概念

- 矩阵的特征多项式
- 特征值的代数重数
221 • 迹、行列式以及特征值(定理 9.2.7)
- 可对角化矩阵以及特征值重数(定理 9.4.7)
- 可交换矩阵的同时对角化(定理 9.4.15)
- 可对角化矩阵(9.5.6)的函数计算
222 • AB 与 BA 的特征值(定理 9.7.2)

第 10 章　酉三角化与分块对角化

通过将矩阵用适当的变换将它们变成一种特殊的形式，可以使矩阵的许多事实(或者关于它们的问题)被揭示出来. 一种典型的形式是在关键的位置有许多个零. 例如，定理 9.4.3 说的是某些矩阵与对角阵相似，而定理 6.6.3 说的是每个方阵酉相似于一个上 Hessenberg 矩阵. 在这一章里，我们要指出每一个复方阵都酉相似于一个上三角阵. 这是一个有众多重要推论的强有力的结论.

10.1　Schur 三角化定理

定理 10.1.1(Schur 三角化)　设 $A\in \boldsymbol{M}_n$ 的特征值以任意给定的次序排列 λ_1，λ_2，…，λ_n(包括重数)，又设(λ_1，$\boldsymbol{x}$)是 A 的一个特征对，其中 $\boldsymbol{x}$ 是单位向量. 那么

(a)存在一个酉矩阵 $U=[\boldsymbol{x}\ U_2]\in \boldsymbol{M}_n$，使得 $A=UTU^*$，其中 $T=[t_{ij}]$是上三角阵，且对 $i=1$，2，…，n，其对角元素为 $t_{ii}=\lambda_i$.

(b)如果 A 是实的，则每一个特征值 λ_1，λ_2，…，λ_n 都是实的，且 $\boldsymbol{x}$ 也是实的，那么存在一个实正交阵 $\boldsymbol{Q}=[\boldsymbol{x}\ \boldsymbol{Q}_2]\in \boldsymbol{M}_n(\mathbb{R})$，使得 $A=QTQ^{\mathrm{T}}$，其中 $T=[t_{ij}]$是实的上三角阵，且对 $i=1$，2，…，n，其对角元素为 $t_{ii}=\lambda_i$.

证明　(a)我们对 n 用归纳法. 在 $n=1$ 的基础情形，没有什么需要证明的. 对于归纳假设，假定 $n\geqslant 2$ 且 $\boldsymbol{M}_{n-1}$ 中每个矩阵都可以分解成结论中所说的样子. 假设 $A\in \boldsymbol{M}_n$ 有特征值 λ_1，λ_2，…，λ_n，又设 $\boldsymbol{x}$ 是 A 的与特征值 λ_1 相伴的单位特征向量. 推论 6.4.10 确保存在一个酉矩阵 $V=[\boldsymbol{x}\ V_2]\in \boldsymbol{M}_n$，它的第一列是 $\boldsymbol{x}$. 由于 V 的列是标准正交的，因此 $V_2^*\boldsymbol{x}=0$. 这样就有

$$AV=[A\boldsymbol{x}\quad AV2]=[\lambda_1\boldsymbol{x}\quad AV_2]$$

$$V^*AV=\begin{bmatrix}\boldsymbol{x}^*\\ V_2^*\end{bmatrix}[\lambda_1\boldsymbol{x}\,AV_2]=\begin{bmatrix}\lambda_1\boldsymbol{x}^*\boldsymbol{x} & \boldsymbol{x}^*AV_2\\ \lambda_1V_2^*\boldsymbol{x} & V_2^*AV_2\end{bmatrix}=\begin{bmatrix}\lambda_1 & \star\\ \boldsymbol{0} & A'\end{bmatrix}. \tag{10.1.2}$$

由于 A 与 V^*AV 是(酉)相似的，所以它们有相同的特征值. 1×1 分块$[\lambda_1]$是(10.1.2)的两个对角分块之一，它的另一个对角分块 $A'\in \boldsymbol{M}_{n-1}$ 有特征值 λ_2，λ_3，…，λ_n(见定理 9.2.8).

归纳假设确保存在一个酉矩阵 $W\in \boldsymbol{M}_{n-1}$，使得 $W^*A'W=T'$，其中 $T'=[\tau_{ij}]\in \boldsymbol{M}_{n-1}$ 是一个上三角阵，且对 $i=1$，2，…，$n-1$，其对角元素为 $\tau_{ii}=\lambda_{i+1}$. 这样一来，

$$U=V\begin{bmatrix}1 & 0\\ 0 & W\end{bmatrix}$$

就是一个酉矩阵(它是酉矩阵的乘积)，它与 V 有相同的第一列，且满足

$$
\begin{aligned}
U^*AU &= \begin{bmatrix} 1 & 0 \\ 0 & W \end{bmatrix}^* V^*AV \begin{bmatrix} 1 & 0 \\ 0 & W \end{bmatrix} \\
&= \begin{bmatrix} 1 & 0 \\ 0 & W^* \end{bmatrix} \begin{bmatrix} \lambda_1 & \star \\ 0 & A' \end{bmatrix} \begin{bmatrix} 1 & 0 \\ 0 & W \end{bmatrix} \\
&= \begin{bmatrix} \lambda_1 & \star \\ 0 & W^*A'W \end{bmatrix} \\
&= \begin{bmatrix} \lambda_1 & \star \\ 0 & T' \end{bmatrix},
\end{aligned}
$$

它有结论中所要求的形式. 这就完成了归纳法的证明.

(b)如果实矩阵有一个实的特征值，那么它有一个与之相伴的实的单位特征向量(见 P.8.5). 推论 6.4.10 指出了怎样来构造一个实的酉矩阵，使之具有给定的实的第一列. 现在可以如同(a)中那样往下进行. ■

作为定理 10.1.1 的第一个应用，我们有以下结论的一个透彻明了的证明(与特征多项式无关，见定理 9.2.7)：矩阵的迹与行列式分别是它的特征值的和与乘积.

推论 10.1.3 设 $\lambda_1, \lambda_2, \cdots, \lambda_n$ 是 $A \in \boldsymbol{M}_n$ 的特征值. 那么

$$\operatorname{tr} A = \lambda_1 + \lambda_2 + \cdots + \lambda_n, \quad \det A = \lambda_1 \lambda_2 \cdots \lambda_n.$$

证明 如同在上一个定理中那样，设 $A = UTU^*$. 那么

$$
\begin{aligned}
\operatorname{tr} A &= \operatorname{tr} UTU^* = \operatorname{tr} U(TU^*) = \operatorname{tr}(TU^*)U = \operatorname{tr} T(U^*U) \\
&= \operatorname{tr} T = \lambda_1 + \lambda_2 + \cdots + \lambda_n, \\
\det A &= \det(UTU^*) = (\det U)(\det T)(\det U^{-1}) \\
&= (\det U)(\det T)(\det U)^{-1} = \det T = \lambda_1 \lambda_2 \cdots \lambda_n.
\end{aligned}
$$
■

引理 8.3.2 是说：如果 λ 是 $A \in \boldsymbol{M}_n$ 的特征值，而 p 是一个多项式，那么 $p(\lambda)$ 是 $p(A)$ 的一个特征值. 它的代数重数是多少呢? Schur 三角化定理使我们可以回答这个问题. 其中关键要点在于：如果 $T = [t_{ij}] \in \boldsymbol{M}_n$ 是上三角的，则 $p(T)$ 的对角元素是 $p(t_{11}), p(t_{22}), \cdots, p(t_{nn})$. 这些全都是 $p(T)$ 的特征值，包含重数在内.

推论 10.1.4 设 $A \in \boldsymbol{M}_n$，而 p 是一个多项式. 如果 $\lambda_1, \lambda_2, \cdots, \lambda_n$ 是 A 的特征值，
224 那么 $p(\lambda_1), p(\lambda_2), \cdots, p(\lambda_n)$ 是 $p(A)$ 的特征值(这两种情形都包含重数在内).

证明 如同在定理 10.1.1 中那样，设 $A = UTU^*$. 由于 $U^* = U^{-1}$，因此(0.8.2)确保

$$p(A) = p(UTU^*) = Up(T)U^*,$$

所以 $p(A)$ 的特征值与 $p(T)$ 的特征值相同，它们是

$$p(\lambda_1), p(\lambda_2), \cdots, p(\lambda_n).$$
■

推论 10.1.5 设 $A \in \boldsymbol{M}_n$，而 p 是一个多项式. 如果对每个 $\lambda \in \operatorname{spec} A$ 有 $p(\lambda) \neq 0$，那么 $p(A)$ 是可逆的.

证明 上面的推论告诉我们 $0\notin \operatorname{spec} p(A)$. 定理 8.1.17(d)确保 $p(A)$是可逆的. ■

如果$(\lambda, \boldsymbol{x})$是可逆矩阵 $A\in \boldsymbol{M}_n$ 的一个特征对，那么 $A\boldsymbol{x}=\lambda\boldsymbol{x}$ 蕴涵 $A^{-1}\boldsymbol{x}=\lambda^{-1}\boldsymbol{x}$. 我们得出结论：$\lambda^{-1}$是 A^{-1}的特征值，但是它的代数重数是多少呢？Schur 三角化定理使我们也可以回答这个问题.

推论 10.1.6 设 $A\in \boldsymbol{M}_n$ 可逆. 如果 $\lambda_1, \lambda_2, \cdots, \lambda_n$ 是 A 的特征值，那么 $\lambda_1^{-1}, \lambda_2^{-1}, \cdots, \lambda_n^{-1}$ 是 A^{-1}的特征值(这两种情形都包含重数在内).

证明 如同在定理 10.1.1 中那样，设 $A=UTU^*$. 则有 $A^{-1}=UT^{-1}U^*$. 定理 3.3.12 确保 T^{-1}是上三角阵，且它的对角元素是 $\lambda_1^{-1}, \lambda_2^{-1}, \cdots, \lambda_n^{-1}$. 这些就是 A^{-1}的特征值. ■

10.2 Cayley-Hamilton 定理

我们对特征值以及特征向量理论的发展有赖于零化多项式的存在. 现在就来利用 Schur 定理对 $A\in \boldsymbol{M}_n$ 构造一个 n 次的零化多项式.

定理 10.2.1(Cayley-Hamilton) 设

$$p_A(z)=\det(zI-A)=z^n+c_{n-1}z^{n-1}+\cdots+c_1z+c_0 \tag{10.2.2}$$

是 $A\in \boldsymbol{M}_n$ 的特征多项式. 那么

$$p_A(A)=A^n+c_{n-1}A^{n-1}+c_{n-2}A^{n-2}+\cdots+c_1A+c_0I_n=0.$$

证明 设 $\lambda_1, \lambda_2, \cdots, \lambda_n$ 是 $A\in \boldsymbol{M}_n$ 的特征值并如同在(9.2.1)中那样记

$$p_A(z)=(z-\lambda_1)(z-\lambda_2)\cdots(z-\lambda_n). \tag{10.2.3}$$

Schur 三角化定理是说：存在一个酉矩阵 $U\in \boldsymbol{M}_n$ 以及一个上三角阵 $T=[t_{ij}]\in \boldsymbol{M}_n$，使得 $A=UTU^*$，且对 $i=1, 2, \cdots, n$ 有 $t_{ii}=\lambda_i$. 由于(0.8.2)确保

$$p_A(A)=p_A(UTU^*)=Up_A(T)U^*,$$ 225

故而只要证明

$$p_A(T)=(T-\lambda_1I)(T-\lambda_2I)\cdots(T-\lambda_nI)=0, \tag{10.2.4}$$

即可. 我们的做法是证明：对每个 $j=1, 2, \cdots, n$,

$$P_j=(T-\lambda_1I)(T-\lambda_2I)\cdots(T-\lambda_jI)$$

是一个形如

$$P_j=[0_{n\times j}\star] \tag{10.2.5}$$

的分块矩阵. 如果能做到这一点，则(10.2.4)就能作为(10.2.5)中 $j=n$ 的情形而得出.

我们用归纳法来证明. 在基本情形，T 的上三角性以及在位置(1, 1)处的元素是 λ_1 这两点确保 $P_1=(T-\lambda_1I)=[\mathbf{0}\ \star]$的第 1 列是零. 归纳假设是：对某个 $j\in\{1, 2, \cdots, n-1\}$，有

$$P_j=\begin{bmatrix}0_{j\times j} & \star\\ 0_{(n-j)\times j} & \star\end{bmatrix}.$$

上三角阵 $T-\lambda_{j+1}I$ 在它的第$(j+1, j+1)$对角位置及其以下的元素皆为零，所以

$$P_{j+1}=P_j(T-\lambda_{j+1}I)=\begin{bmatrix}0_{j\times j} & \star\\ 0_{(n-j)\times j} & \star\end{bmatrix}\begin{bmatrix}\star & \star & \star\\ 0_{(n-j)\times j} & \mathbf{0} & \star\end{bmatrix}$$

$$=\begin{bmatrix}0_{j\times j} & \mathbf{0} & \star\\ 0_{(n-j)\times j} & \mathbf{0} & \star\end{bmatrix}=[0_{n\times(j+1)}\ \star].$$

这就完成了归纳法的证明. ■

例 10.2.6　如果 $A\in\boldsymbol{M}_n$，那么 p_A 是使 A 零化的 n 次首一多项式. 但是较低次数的首一多项式也有可能使 A 零化. 例如，

$$A=\begin{bmatrix}0 & 1 & 0\\ 0 & 0 & 0\\ 0 & 0 & 0\end{bmatrix}$$

的特征多项式是 $p_A(z)=z^3$，但是 z^2 也使 A 零化.

例 10.2.7　考虑

$$A=\begin{bmatrix}1 & 2\\ 3 & 4\end{bmatrix}\tag{10.2.8}$$

以及它的特征多项式 $p_A(z)=z^2-5z-2$. 那么

226

$$A^2-5A-2I=\begin{bmatrix}7 & 10\\ 15 & 22\end{bmatrix}-\begin{bmatrix}5 & 10\\ 15 & 20\end{bmatrix}-\begin{bmatrix}2 & 0\\ 0 & 2\end{bmatrix}=\begin{bmatrix}0 & 0\\ 0 & 0\end{bmatrix}.$$

将 $p_A(A)=0$ 改写成 $A^2=5A+2I$ 提供了另外的等式，例如

$$\begin{aligned}A^3&=A(A^2)=A(5A+2I)\\&=5A^2+2A=5(5A+2I)+2A\\&=27A+10I,\\A^4&=(A^2)^2=(5A+2I)^2=25A^2+20A+4I\\&=25(5A+2I)+20A+4I\\&=145A+54I.\end{aligned}$$

我们关于 Cayley-Hamilton 定理的第一个推论对于推导以及理解类似于上面例子里的等式提供了一种系统的方法. 它依赖于辗转相除法(见 0.7 节).

推论 10.2.9　设 $A\in\boldsymbol{M}_n$，f 是一个至少 n 次的多项式. 设 q 与 r 是满足 $f=p_Aq+r$ 的多项式，其中 r 的次数小于 n. 则有 $f(A)=r(A)$.

证明　p_A 的次数是 n，所以辗转相除法确保存在(唯一的)多项式 q 与 r，使得 $f=p_Aq+r$，且 r 的次数小于 n. 这样就有

$$f(A)=p_A(A)q(A)+r(A)=0q(A)+r(A)=r(A).$$ ■

例 10.2.10　设 A 是(10.2.8)中的矩阵. 如果 $f(z)=z^3$，那么 $f=p_Aq+r$，其中 $q(z)=z+5$，而 $r(z)=27z+10$. 由此推出，$A^3=27A+10I$. 如果 $f(z)=z^4$，则有 $f=p_Aq+r$，其中 $q(z)=z^2+5z+27$，$r(z)=145z+54I$，所以 $A^4=145A+54I$. 这些计算结果与例 10.2.7 中的等式一致.

推论 10.2.11 设 $A\in \boldsymbol{M}_n$，$\mathcal{S}=\operatorname{span}\{I, A, A^2, \cdots\}\subseteq \boldsymbol{M}_n$. 那么 $\mathcal{S}=\operatorname{span}\{I, A, A^2, \cdots, A^{n-1}\}$且 $\dim\mathcal{S}\leqslant n$.

证明 对每个整数 $k\geqslant 0$，上面的推论确保存在一个次数至多为 $n-1$ 的多项式 r_k，使得 $A^{n+k}=r_k(A)$. ■

如果 A 可逆，则 Cayley-Hamilton 定理允许我们将 A^{-1}表示成 A 的多项式，这个多项式与其特征多项式密切相关.

推论 10.2.12 设 $A\in\boldsymbol{M}_n$ 有特征多项式(10.2.2). 如果 A 可逆，那么

$$A^{-1}=-c_0^{-1}(A^{n-1}+c_{n-1}A^{n-2}+\cdots+c_2A+c_1I). \tag{10.2.13}$$

证明 定理 9.1.5 确保 $c_0=(-1)^n\det A$，由于 A 可逆，所以这个数不为零. 于是，我们可以把

$$A^n+c_{n-1}A^{n-1}+\cdots+c_2A^2+c_1A+c_0I=0$$ 227

改写成

$$\begin{aligned} I&=A(-c_0^{-1}(A^{n-1}+c_{n-1}A^{n-2}+\cdots+c_2A+c_1I))\\ &=(-c_0^{-1}(A^{n-1}+c_{n-1}A^{n-2}+\cdots+c_2A+c_1I))A \end{aligned}$$ ■

例 10.2.14 设 A 是矩阵(10.2.8)，对它有 $p_A(z)=z^2-5z-2$. 那么(10.2.13)确保

$$A^{-1}=\frac{1}{2}(A-5I)=\begin{bmatrix}-2 & 1\\ 3/2 & -1/2\end{bmatrix}.$$

10.3 极小多项式

例 10.2.6 表明：方阵有可能被一个次数小于特征多项式次数的首一多项式零化. 下面的定理确立了极小次数的零化多项式的基本性质.

定理 10.3.1 设 $A\in\boldsymbol{M}_n$，而 $\lambda_1, \lambda_2, \cdots, \lambda_d$ 是相异的特征值.

(a)存在一个唯一的次数极小的正次数首一多项式 m_A，它使 A 零化.

(b)m_A 的次数至多为 n.

(c)如果 p 是一个使 A 零化的非常数多项式，则存在一个多项式 f，使得 $p=m_Af$. 特别地，m_A 整除 p_A.

(d)存在正整数 $q_1, q_2, \cdots, q_d$，使得

$$m_A(z)=(z-\lambda_1)^{q_1}(z-\lambda_2)^{q_2}\cdots(z-\lambda_d)^{q_d}. \tag{10.3.2}$$

每一个 q_i 至少是 1，至多是 λ_i 的代数重数. 特别地，m_A 的次数至少是 d.

证明 (a) 引理 8.2.4 以及定理 10.2.1 确保使 A 零化的首一非常数多项式的集合非空. 设 ℓ是使 A 零化的极小正次数的首一多项式的次数，设 g 与 h 是次数为 ℓ且使 A 零化的首一多项式. 辗转相除法确保存在一个多项式 f 与一个次数小于 ℓ的多项式 r，使得 $g=hf+r$. 这样就有

$$0=g(A)=h(A)f(A)+r(A)=0+r(A)=r(A),$$

所以 r 是一个次数小于 ℓ 且使 A 零化的多项式. ℓ 的定义确保 r 的次数为零，故而对某个纯量 a 有 $r(z)=a$. 这样就有 $aI=r(A)=0$，从而 $a=0$，因而 $g=hf$. 但是 g 与 h 两者都是有同样次数的首一多项式，所以 $f(z)=1$ 且 $g=h$. 令 $m_A=h$.

(b) p_A 使 A 零化且次数为 n，所以 $\ell\leqslant n$.

(c)如果 p 是一个使 A 零化的非常数多项式，那么它的次数必定至少等于 m_A 的次数. 辗转相除法确保存在多项式 f 与 r，使得 $p=m_Af+r$，且 r 的次数小于 m_A 的次数. (a)中

228 的讨论表明：r 是零多项式，从而 $p=m_Af$.

(d)因为 m_A 整除 p_A，所以因式分解(10.3.2)就由(9.2.2)得出. 每一个次数 q_i 都不可能大于对应的代数重数 n_i. 定理 8.3.3 告诉我们：对每个 $i=1, 2, \cdots, d$，$z-\lambda_i$ 都是 m_A 的一个因子，所以每个 q_i 至少是 1. ■

定义 10.3.3　设 $A\in\boldsymbol{M}_n$. 唯一的使 A 零化的极小正次数的首一多项式称为**极小多项式**(minimal polynomial) m_A.

方程(10.3.2)显示：A 的每个特征值都是 m_A 的一个零点，且 m_A 的每一个零点也都是 A 的一个特征值.

定理 10.3.4　如果 A, $B\in\boldsymbol{M}_n$ 相似，那么 $p_A=p_B$ 且 $m_A=m_B$.

证明　第一个结论就是定理 9.3.1. 如果 p 是一个多项式，$S\in\boldsymbol{M}_n$ 可逆，且 $A=SBS^{-1}$，那么(0.8.2)确保 $p(A)=Sp(B)S^{-1}$. 于是，$p(A)=0$ 当且仅当 $p(B)=0$. 定理 10.3.1(c)确保 m_A 整除 m_B 以及 m_B 整除 m_A. 由于两个多项式都是首一的，所以 $m_A=m_B$. ■

例 10.3.5　相似矩阵有相同的极小多项式，但两个有相同极小多项式的矩阵不一定相似. 设

$$A=\begin{bmatrix}1&1&0&0\\0&1&0&0\\0&0&1&1\\0&0&0&1\end{bmatrix},\quad B=\begin{bmatrix}1&1&0&0\\0&1&0&0\\0&0&1&0\\0&0&0&1\end{bmatrix}.$$

那么 $p_A(z)=p_B(z)=(z-1)^4$，$m_A(z)=m_B(z)=(z-1)^2$. 然而，$\operatorname{rank}(A-I)=2$，而 $\operatorname{rank}(B-I)=1$，所以 A 与 B 并不相似，见(0.8.4).

例 10.3.6　设 A 是例 10.2.6 中的矩阵. 只有三个非常数的首一多项式可以整除 p_A，即 z，z^2 以及 z^3. 由于 z 不能使 A 零化，但 z^2 能，所以 $m_A(z)=z^2$.

例 10.3.7　设 $A\in\boldsymbol{M}_5$，并假设 $p_A(z)=(z-1)^3(z+1)^2$. 有六个形如 $(z-1)^{q_1}(z+1)^{q_2}$ 的相异的多项式满足 $1\leqslant q_1\leqslant 3$ 以及 $1\leqslant q_2\leqslant 2$：一个 2 次的，两个 3 次的，两个 4 次的以及一个 5 次的. 这六个多项式中有一个是 m_A. 如果 $(A-I)(A+I)=0$，那么 $m_A(z)=(z-1)(z+1)$. 如若不然，就检查是否有

$$\text{(a)}(A-I)^2(A+I)=0,\quad \text{(b)}(A-I)(A+I)^2=0. \tag{10.3.8}$$

定理 10.3.1(a)确保等式(10.3.8)中至多有一个成立. 如果(a)为真，则有 $m_A(z)=(z-1)^2(z+1)$；如果(b)为真，则有 $m_A(z)=(z-1)(z+1)^2$. 如果(a)与(b)都不成立，那么再检查

$$(c)(A-I)^3(A+I)=0, \quad (d)(A-I)^2(A+I)^2=0. \tag{10.3.9}$$

(10.3.9)中也至多只有一个等式成立. 如果(c)为真，则有 $m_A(z)=(z-1)^3(z+1)$；如果(d)为真，则有 $m_A(z)=(z-1)^2(z+1)^2$. 如果(c)与(d)皆不成立，则有 $m_A(z)=(z-1)^3(z+1)^2$. 229

原则上讲，在上面这个例子里，对于其特征值以及代数重数都已经知道的矩阵来说，试错法也能有用. 然而，随着矩阵大小的增加，需要做的最大尝试次数增加得很快. 计算极小多项式的另外的算法，见 P.10.30.

给定一个矩阵，我们可以确定它的极小多项式. 给定一个首一多项式 p，存在一个以 p 作为其极小多项式的矩阵吗？

定义 10.3.10 如果 $n\geqslant 2$，则首一多项式 $f(z)=z^n+c_{n-1}z^{n-1}+\cdots+c_1z+c_0$ 的**友矩阵**(companion matrix)定义为

$$C_f=\begin{bmatrix}0 & 0 & \cdots & 0 & -c_0\\ 1 & 0 & \cdots & 0 & -c_1\\ 0 & 1 & \cdots & 0 & -c_2\\ \vdots & \vdots & & \vdots & \vdots\\ 0 & 0 & 0 & 1 & -c_{n-1}\end{bmatrix}=[\boldsymbol{e}_2\,\boldsymbol{e}_3\cdots\boldsymbol{e}_n\,-\boldsymbol{c}], \tag{10.3.11}$$

其中 $\boldsymbol{e}_1$，$\boldsymbol{e}_2$，…，$\boldsymbol{e}_n$ 是 $\mathbb{C}^n$ 的标准基，$\boldsymbol{c}=[c_0\,c_1\cdots c_{n-1}]^{\mathrm{T}}$. $f(z)=z+c_0$ 的友矩阵就是 $C_f=[-c_0]$.

定理 10.3.12 多项式 $f(z)=z^n+c_{n-1}z^{n-1}+\cdots+c_1z+c_0$ 既是它的友矩阵(10.3.11)的极小多项式，也是它的友矩阵的特征多项式，即 $f=p_{C_f}=m_{C_f}$.

证明 我们有 $C_f\boldsymbol{e}_n=-\boldsymbol{c}$，且对每个 $j=2,3,\cdots,n$ 有 $C_f\boldsymbol{e}_{j-1}=\boldsymbol{e}_j$，所以，对每个 $j=1,2,\cdots,n$，有 $\boldsymbol{e}_j=C_f\boldsymbol{e}_{j-1}=C_f^2\boldsymbol{e}_{j-2}=\cdots=C_f^{j-1}\boldsymbol{e}_1$. 这样就有

$$\begin{aligned}C_f^n\boldsymbol{e}_1&=C_fC_f^{n-1}\boldsymbol{e}_1=C_f\boldsymbol{e}_n=-\boldsymbol{c}\\&=-c_0\boldsymbol{e}_1-c_1\boldsymbol{e}_2-c_2\boldsymbol{e}_3-\cdots-c_{n-1}\boldsymbol{e}_n\\&=-c_0I\boldsymbol{e}_1-c_1C_f\boldsymbol{e}_1-c_2C_f^2\boldsymbol{e}_1-\cdots-c_{n-1}C_f^{n-1}\boldsymbol{e}_1,\end{aligned}$$

这表明

$$f(C_f)\boldsymbol{e}_1=C_f^n\boldsymbol{e}_1+c_{n-1}C_f^{n-1}\boldsymbol{e}_1+\cdots+c_1C_f\boldsymbol{e}_1+c_0I\boldsymbol{e}_1=\boldsymbol{0}.$$

对每个 $j=2,3,\cdots,n$，

$$f(C_f)\boldsymbol{e}_j=f(C_f)C_f^{j-1}\boldsymbol{e}_1=C_f^{j-1}f(C_f)\boldsymbol{e}_1=\boldsymbol{0}.$$

于是 $f(C_f)=0$. 如果 $g(z)=z^m+b_{m-1}z^{m-1}+\cdots+b_1z+b_0$，且 $m<n$，则有

$$g(C_f)\boldsymbol{e}_1=C_f^m\boldsymbol{e}_1+b_{m-1}C_f^{m-1}\boldsymbol{e}_1+\cdots+b_1C_f\boldsymbol{e}_1+b_0\boldsymbol{e}_1$$

$$= \boldsymbol{e}_{m+1} + b_{m-1}\boldsymbol{e}_m + \cdots + b_1\boldsymbol{e}_2 + b_0\boldsymbol{e}_1.$$

$\boldsymbol{e}_1$，$\boldsymbol{e}_2$，…，$\boldsymbol{e}_{m+1}$的线性无关性确保 $g(C_f)\boldsymbol{e}_1 \neq 0$，所以 g 不可能使 C_f 零化. 我们得出结论 $f=m_{C_f}$. 由于 p_A 是使得 C_f 零化的首一多项式(定理 10.2.1)，且与 m_{C_f} 有同样的次数，因此它必定是 m_{C_f}. ■

这一节里最后的结果给出可对角化矩阵的极小多项式，并对不能对角化的矩阵给出一
230 个判别法.

定理 10.3.13　设 λ_1，λ_2，…，λ_d 是 $A \in \boldsymbol{M}_n$ 的相异的特征值，设

$$p(z) = (z - \lambda_1)(z - \lambda_2)\cdots(z - \lambda_d). \tag{10.3.14}$$

如果 A 可对角化，那么 $p(A)=0$，且 p 是 A 的极小多项式.

证明　设 n_1，n_2，…，n_d 分别是 λ_1，λ_2，…，λ_d 的重数. 则存在可逆矩阵 $S \in \boldsymbol{M}_n$，使得 $A=S\Lambda S^{-1}$ 且

$$\Lambda = \lambda_1 I_{n_1} \oplus \lambda_2 I_{n_2} \oplus \cdots \oplus \lambda_d I_{n_d}.$$

定理 9.5.1 告诉我们

$$p(A) = Sp(\Lambda)S^{-1} = Sp(\lambda_1)I_{n_1} \oplus p(\lambda_2)I_{n_2} \oplus \cdots \oplus p(\lambda_d)I_{n_d}S^{-1}. \tag{10.3.15}$$

由于对每个 $j=1, 2, \cdots, d$ 有 $p(\lambda_j)=0$，故(10.3.15)中的每一个直和项都是零矩阵. 于是 $p(A)=0$. 定理 10.3.1(d)说的是：没有任何次数小于 d 的正次数的首一多项式能使 A 零化. 由于 p 是次数为 d 的使 A 零化的首一多项式，因此它就是 A 的极小多项式. ■

在下一节里我们获知定理 10.3.13 的逆为真. 现在我们知道，如果 p 是多项式(10.3.14)且 $p(A) \neq 0$，那么 A 是不可对角化的.

例 10.3.16

$$A = \begin{bmatrix} 3 & \mathrm{i} \\ \mathrm{i} & 1 \end{bmatrix}$$

的特征多项式是 $p_A(z)=z^2-4z+4=(z-2)^2$. 由于 $p(z)=z-2$ 不使 A 零化，我们断定 A 不能对角化.

10.4　线性矩阵方程与分块对角化

如果一个矩阵有两个或者更多相异的特征值，它就相似于一个上三角阵，这个上三角阵在对角线之外的某些分块是零分块. 为证明这一点，我们要用到一个定理，这个定理以更加明智的方式用到 Cayley-Hamilton 定理.

定理 10.4.1(关于线性矩阵方程的 Sylvester 定理)　设 $A \in \boldsymbol{M}_m$，$B \in \boldsymbol{M}_n$，并假设 $\operatorname{spec} A \cap \operatorname{spec} B = \varnothing$. 那么对每一个 $C \in \boldsymbol{M}_{m\times n}$，

$$AX - XB = C \tag{10.4.2}$$

有一个唯一解 $X \in \boldsymbol{M}_{m\times n}$. 特别地，$AX-XB=0$ 仅有的解是 $X=0$.

证明　由 $T(X)=AX-XB$ 定义线性算子 T：$\boldsymbol{M}_{m\times n} \to \boldsymbol{M}_{m\times n}$. 我们断言 T 是映上的，且是一对一的. 由于 $\boldsymbol{M}_{m\times n}$是有限维向量空间，因此推论 2.5.3 给出 T 是映上的，当且仅

当它是一对一的. 于是，只需要证明当 $T(X)=0$ 时必有 $X=0$ 即可.

如果 $AX=XB$，那么定理 0.8.1 以及定理 10.2.1 确保

$$p_B(A)X = Xp_B(B) = X0 = 0. \tag{10.4.3}$$ 231

p_B 的零点是 B 的特征值，所以假设条件蕴涵：对所有 $\lambda\in \operatorname{spec} A$ 都有 $p_B(\lambda)\neq 0$. 推论 10.1.5 告诉我们 $p_B(A)$是可逆的，所以由(10.4.3)推出 $X=0$. ■

下面是关于分块对角化的定理.

定理 10.4.4 设 $\lambda_1,\lambda_2,\cdots,\lambda_d$ 是以任意给定次序给出的 $A\in \boldsymbol{M}_n$ 的相异的特征值，它们分别具有代数重数 $n_1,n_2,\cdots,n_d$. 那么 A 酉相似于一个分块上三角阵

$$T=\begin{bmatrix} T_{11} & T_{12} & \cdots & T_{1d} \\ 0 & T_{22} & \cdots & T_{2d} \\ \vdots & \vdots & & \vdots \\ 0 & 0 & \cdots & T_{dd} \end{bmatrix},\quad T_{ii}\in \boldsymbol{M}_{n_i},\quad i=1,2,\cdots,d, \tag{10.4.5}$$

(10.4.5)中的每一个对角分块 T_{ii} 都是上三角的，且它所有的对角元素都等于 λ_i. 此外，A 相似于分块对角阵

$$T_{11}\oplus T_{22}\oplus\cdots\oplus T_{dd}, \tag{10.4.6}$$

它包含(10.4.5)中的对角分块.

证明 Schur 三角化定理确保 A 与一个具有所述性质的上三角阵 T 酉相似，所以必须证明 T 相似于分块对角阵(10.4.6). 我们对 d 用归纳法来证明. 在 $d=1$ 的基础情形，没有什么需要证明的. 对于归纳步骤，假设 $d\geqslant 2$ 且结论中的分块对角化已经对于有至多 $d-1$ 个相异特征值的矩阵确定成立.

如同

$$T=\begin{bmatrix} T_{11} & C \\ 0 & T' \end{bmatrix},\quad C=[T_{12}\,T_{13}\cdots T_{1d}]\in \boldsymbol{M}_{n_1\times(n-n_1)}$$

来分划(10.4.5). 则有 $\operatorname{spec} T_{11}=\{\lambda_1\}$以及 $\operatorname{spec} T'=\{\lambda_2,\lambda_3,\cdots,\lambda_d\}$，所以 $\operatorname{spec} T_{11}\cap \operatorname{spec} T'=\varnothing$. 定理 10.4.1 确保存在一个 $X\in \boldsymbol{M}_{n_1\times(n-n_1)}$，使得 $T_{11}X-XT'=C$. 定理 3.3.13 是说：T 相似于

$$\begin{bmatrix} T_{11} & -T_{11}X+XT'+C \\ 0 & T' \end{bmatrix}=\begin{bmatrix} T_{11} & 0 \\ 0 & T' \end{bmatrix}.$$

归纳假设是说，存在一个可逆矩阵 $S\in \boldsymbol{M}_{n-n_1}$，使得 $S^{-1}T'S=T_{22}\oplus T_{33}\oplus\cdots\oplus T_{dd}$. 从而 T 相似于

$$\begin{bmatrix} I & 0 \\ 0 & S \end{bmatrix}^{-1}\begin{bmatrix} T_{11} & 0 \\ 0 & T' \end{bmatrix}\begin{bmatrix} I & 0 \\ 0 & S \end{bmatrix}=T_{11}\oplus T_{22}\oplus\cdots\oplus T_{dd}.$$ ■

定义 10.4.7 $A\in \boldsymbol{M}_n$ 称为**是单谱的**(unispectral)，如果对某个纯量 λ 有 $\operatorname{spec} A=\{\lambda\}$. 232

定理 10.4.4 所说的结果有极其重要的意义. 有 d 个相异特征值的方阵相似(但并不一定酉相似)于 d 个单谱矩阵的直和，这些单谱矩阵的谱是两两不相交的. 这些直和项不一定

是唯一的，但是可以选择只用酉相似计算它们；它们就是分块上三角阵(10.4.5)的对角分块.

引理 10.4.8 方阵是单谱的且可对角化，当且仅当它是纯量矩阵.

证明 如果 $A\in\boldsymbol{M}_n$ 可对角化，那么存在一个可逆阵 $S\in\boldsymbol{M}_n$ 以及一个对角阵$\Lambda\in\boldsymbol{M}_n$，使得 $A=S\Lambda S^{-1}$. 如果 A 还是单谱的，那么对某个纯量 λ 有 $\Lambda=\lambda I$，所以 $A=S\Lambda S^{-1}=S(\lambda I)S^{-1}=\lambda SS^{-1}=\lambda I$. 反之，如果对某个纯量 λ 有 $A=\lambda I$，那么它是对角阵，且 $\operatorname{spec}A=\{\lambda\}$. ■

定理 10.4.9 假设 $A\in\boldsymbol{M}_n$ 酉相似于一个分块上三角阵(10.4.5)，其中的对角分块 T_{ii} 是单谱的，且有两两不相交的谱. 那么，A 可对角化，当且仅当每一个 T_{ii} 都是一个纯量矩阵.

证明 定理 10.4.4 是说，A 相似于 $T_{11}\oplus T_{22}\oplus\cdots\oplus T_{dd}$，其中每一个直和项都是单谱的. 如果每个 T_{ii} 都是一个纯量矩阵，那么 A 相似于一个对角阵. 反之，如果 A 可对角化，那么定理 9.4.11 告诉我们每一个 T_{ii} 都是可对角化的. 但是 T_{ii} 也是单谱的，所以上面的引理确保它是纯量矩阵. ■

上面的定理对于给定的复方阵 A 是否可对角化给出了一个判别法. 通过一系列的酉相似(例如，利用 Schur 三角化定理中的算法)，可以将 A 化简成为上三角型，其中相等的特征值组合在一起. 检查有两两不相交的谱的单谱对角分块. 它们全都是对角的，当且仅当 A 可对角化.

我们可以用不同的方式来利用同样的思想，以此总结出一个关于对角化的判别法，这个判别法与极小多项式而不是与酉相似有关.

定理 10.4.10 设 $\lambda_1,\lambda_2,\cdots,\lambda_d$ 是 $A\in\boldsymbol{M}_n$ 的相异的特征值，设

$$p(z)=(z-\lambda_1)(z-\lambda_2)\cdots(z-\lambda_d). \tag{10.4.11}$$

那么，A 可对角化，当且仅当 $p(A)=0$.

证明 如果 A 可对角化，那么定理 10.3.13 告诉我们 $p(A)=0$. 反之，假设$p(A)=0$. 如果 $d=1$，则 $p(z)=z-\lambda_1$，$p(A)=A-\lambda_1 I=0$，所以 $A=\lambda_1 I$. 如果 $d>1$，令

$$p_i(z)=\frac{p(z)}{z-\lambda_i},\quad i=1,2,\cdots,d.$$

于是，p_i 是 $d-1$ 次多项式，它是通过略去其中的因子 $z-\lambda_i$ 而从 p 得到的. 这样一来，对每个 $i=1,2,\cdots,d$ 就有 $p(z)=(z-\lambda_i)p_i(z)$且

233

$$p_i(\lambda_i)=\prod_{j\neq i}(\lambda_j-\lambda_i)\neq 0,\quad i=1,2,\cdots,d.$$

定理 10.4.4 确保 A 与 $T_{11}\oplus T_{22}\oplus\cdots\oplus T_{dd}$ 相似，其中对每个 $i=1,2,\cdots,d$ 都有 $\operatorname{spec}T_{ii}=\{\lambda_{ii}\}$. 因此 $p(A)$相似于

$$p(T_{11})\oplus p(T_{22})\oplus\cdots\oplus p(T_{dd}),$$

见(0.8.3). 由于 $p(A)=0$，因此对于每个 $i=1,2,\cdots,d$ 必定有 $p(T_{ii})=0$. 因为 $p_i(\lambda_i)\neq 0$，所以推论 10.1.5 确保每个矩阵 $p_i(T_{ii})$都是可逆的. 但是 $p_i(T_{ii})$的可逆性以及等式

$$0 = p(T_{ii}) = (T_{ii} - \lambda_i I)p_i(T_{ii})$$

蕴涵 $T_{ii}-\lambda_i I=0$，即 $T_{ii}=\lambda_i I$. 由于 A 相似于一个纯量矩阵的直和，因此它是可对角化的. ■

推论 10.4.12　设 $A\in \boldsymbol{M}_n$，并令 f 是一个多项式，它的每个零点的重数都是 1. 如果 $f(A)=0$，那么 A 可对角化.

证明　m_A 整除 f，所以它的零点的重数也为 1. 这样一来，(10.3.2)中的次数全都等于 1，而 m_A 就是(10.4.11)中的多项式. ■

例 10.4.13　如果 $A\in \boldsymbol{M}_n$ 是幂等阵，那么 $A^2=A$. 于是 $f(A)=0$，其中 $f(z)=z^2-z=z(z-1)$. 上面的推论确保 A 可对角化. 定理 10.4.4 以及定理 10.4.9 告诉我们：A 酉相似于一个 2×2 分块的上三角阵，其对角分块都是单谱的. 也就是说，任何秩为 $r\geqslant 1$ 的幂等阵都酉相似于

$$\begin{bmatrix} I_r & X \\ 0 & 0_{n-r} \end{bmatrix},\quad X \in \boldsymbol{M}_{r\times(n-r)}.$$

由于每个复方阵都相似于单谱矩阵的一个直和，自然会问：单谱矩阵是否会以某种有用的方式相似于更简单的单谱矩阵的直和？我们要在下一章里来回答这个问题.

(10.4.6)中的直和启发我们给出如下的结果.

定理 10.4.14　设 $A=A_1\oplus A_2\oplus\cdots\oplus A_d$，其中对每个 $i=1, 2, \cdots, d$ 有 $\operatorname{spec} A_i=\{\lambda_i\}$，又对所有 $i\neq j$，有 $\lambda_i\neq\lambda_j$. 那么 $m_A=m_{A_1}m_{A_2}\cdots m_{A_d}$.

证明　设 $f=m_{A_1}m_{A_2}\cdots m_{A_d}$. 那么对每一个 $i=1, 2, \cdots, d$，都有 $f(A_i)=0$，从而

$$f(A) = f(A_1)\oplus f(A_2)\oplus\cdots\oplus f(A_d) = 0.$$

此外，存在正整数 q_i，使得对每一个 $i=1, 2, \cdots, d$，都有 $m_{A_i}=(z-\lambda_i)^{q_i}$. 由于 m_A 整除 f，所以

$$m_A(z) = (z-\lambda_1)^{r_1}(z-\lambda_2)^{r_2}\cdots(z-\lambda_d)^{r_d},$$

其中对每一个 $i=1, 2, \cdots, d$，都有 $1\leqslant r_i\leqslant q_i$. 定义

$$h_i(z) = \frac{m_A(z)}{(z-\lambda_i)^{r_i}},\quad i=1,2,\cdots,d.$$ 234

那么 $h_i(\lambda_i)\neq 0$，所以 $h_i(A_i)$ 可逆，见推论 10.1.5. 由于

$$0 = m_A(A_i) = (A_i-\lambda_i I)^{r_i} h_i(A_i),\quad i=1,2,\cdots,d,$$

由此推出每一个 $(A_i-\lambda_i I)^{r_i}=0$. 极小多项式的定义确保每一个 $r_i=q_i$，所以 $f=m_A$. ■

定理 10.4.1 的最后一个推论是引理 3.3.21 的推广.

推论 10.4.15　设 $A=A_{11}\oplus A_{22}\oplus\cdots\oplus A_{dd}$，其中每个 $A_{ii}\in \boldsymbol{M}_{n_i}$，且 $n_1+n_2+\cdots+n_d=n$. 与 A 保形地分划 $B=[B_{ij}]\in \boldsymbol{M}_n$. 假设对所有 $i\neq j$，都有 $\operatorname{spec}A_{ii}\cap\operatorname{spec}A_{jj}=\varnothing$. 如果 $AB=BA$，那么对所有 $i\neq j$，都有 $B_{ij}=0$.

证明　使等式 $AB=BA$ 两边位于(i, j)处的分块相等，就得到

$$A_{ii}B_{ij} - B_{ij}A_{jj} = 0 \quad 对所有\ i\neq j.$$

这是一个形如(10.4.2)的线性矩阵方程，其中 $C=0$. 定理 10.4.1 确保对所有 $i\neq j$，都有 $B_{ij}=0$. ■

10.5 交换矩阵与三角化

在 Schur 三角化定理中描述的算法可以对两个甚至更多的矩阵同时进行，只要它们有共同的特征向量. 交换矩阵有共同的特征向量(推论 8.5.4). 这两个结果就是我们下面定理的基础，下面的定理对于一族矩阵可否同时酉上三角化给出一个充分条件.

定理 10.5.1 设 $n\geqslant 2$，并令 $\mathcal{F}\subseteq \boldsymbol{M}_n$ 是由交换矩阵组成的一个非空集合.

(a)存在一个酉矩阵 $U\in\boldsymbol{M}_n$，使得对所有 $A\in\mathcal{F}$，U^*AU 都是上三角阵.

(b)如果 $\mathcal{F}$ 中每个矩阵都是实的，且都只有实的特征值，那么存在一个实的正交阵 $Q\in\boldsymbol{M}_n(\mathbb{R})$，使得对所有 $A\in\mathcal{F}$，$Q^{\mathrm{T}}AQ$ 都是上三角阵.

证明 (a)推论 8.5.4 确保存在一个单位向量 $\boldsymbol{x}$，它是 $\mathcal{F}$ 中每个矩阵的特征向量. 设 $V\in\boldsymbol{M}_n$ 是任意一个以 $\boldsymbol{x}$ 为其第一列的酉矩阵(推论 6.4.10(b)). 如果 A，$B\in\mathcal{F}$，那么对某个纯量 λ 与 μ 有 $A\boldsymbol{x}=\lambda\boldsymbol{x}$，$B\boldsymbol{x}=\mu\boldsymbol{x}$. 恰如在 Schur 三角化定理的证明中那样，我们有

$$V^*AV=\begin{bmatrix}\lambda & \star\\ 0 & A'\end{bmatrix},\quad V^*BV=\begin{bmatrix}\mu & \star\\ 0 & B'\end{bmatrix},$$

所以 V 达成 $\mathcal{F}$ 中每个矩阵的同时化简. 现在计算给出

$$\begin{bmatrix}\lambda\mu & \star\\ 0 & A'B'\end{bmatrix}=V^*ABV=V^*BAV=\begin{bmatrix}\lambda\mu & \star\\ 0 & B'A'\end{bmatrix},$$

235 它告诉我们，对所有 A，$B\in\mathcal{F}$，都有 $A'B'=B'A'$. 归纳法就完成了证明.

(b)如果 $\mathcal{F}$ 中每个矩阵都是实的且只有实的特征值，那么推论 8.5.4 确保存在一个实的单位向量 $\boldsymbol{x}$，它是 $\mathcal{F}$ 中每个矩阵的特征向量. 推论 6.4.10(b)说的是存在一个实的酉矩阵 V，它以 $\boldsymbol{x}$ 作为它的第一列. 剩下的论证与在(a)中相同，这里所有涉及的矩阵都是实矩阵. ■

交换矩阵有令人愉快的性质：它们的和与积的特征值分别是其特征值按照某种次序的和与乘积.

推论 10.5.2 设 A，$B\in\boldsymbol{M}_n$，并假设 $AB=BA$. 存在 A 的特征值的某种排序 λ_1，λ_2，…，λ_n 以及 B 的特征值的某种排序 μ_1，μ_2，…，μ_n，使得 $\lambda_1+\mu_1$，$\lambda_2+\mu_2$，…，$\lambda_n+\mu_n$ 是 $A+B$ 的特征值，而 $\lambda_1\mu_1$，$\lambda_2\mu_2$，…，$\lambda_n\mu_n$ 则是 AB 的特征值.

证明 上一个定理说的是存在一个酉矩阵 U，使得 $U^*AU=T=[t_{ij}]$ 与 $U^*BU=R=[r_{ij}]$ 是上三角阵. 元素 t_{11}，t_{22}，…，t_{nn} 是 A 的按照某种次序排列的特征值，而 r_{11}，r_{22}，…，r_{nn} 则是 B 的按照某种次序排列的特征值. 这样一来就有

$$A+B=U(T+R)U^*=U[t_{ij}+r_{ij}]U^*,$$

所以 $A+B$ 与上三角阵 $T+R$ 相似. 对 $i=1$，2，…，n，它的对角元素是 $t_{ii}+r_{ii}$. 它们都是 $A+B$ 的特征值. 又有

$$AB=U(TR)U^*,$$

所以 AB 与上三角阵 TR 相似. 对 $i=1, 2, \cdots, n$, 它的对角元素是 $t_{ii}r_{ii}$. 它们都是 AB 的特征值. ■

例 10.5.3 如果 A 与 B 不可交换, 那么 $A+B$ 的特征值不一定是 A 与 B 的特征值之和. 例如, 不可交换的矩阵

$$A=\begin{bmatrix}0&1\\0&0\end{bmatrix} \quad 与 \quad B=\begin{bmatrix}0&0\\1&0\end{bmatrix}$$

的所有特征值都是零. 而 $A+B$ 的特征值是 ±1, 其中任何一个都不是 A 与 B 的特征值之和. AB 的特征值 1 也不是 A 与 B 的特征值之积.

例 10.5.4 如果 A 与 B 不可交换, 则 $A+B$ 的特征值也有可能是 A 与 B 的特征值之和. 考虑不可交换的矩阵

$$A=\begin{bmatrix}1&1\\0&2\end{bmatrix} \quad 与 \quad B=\begin{bmatrix}3&2\\0&6\end{bmatrix}.$$

$A+B$ 的特征值是 $1+3=4$ 和 $2+6=8$. AB 的特征值则是 $1\cdot3=3$ 和 $2\cdot6=12$.

10.6 特征值调节与 Google 矩阵

在某些应用中, 我们希望能通过添加一个合适的秩 1 矩阵来调整一个矩阵的特征值. 下面的定理描述了这样做的一个方法. 236

定理 10.6.1(Brauer) 设$(\lambda, \boldsymbol{x})$是 $A\in\boldsymbol{M}_n$ 的一个特征对, 又设 $\lambda_1, \lambda_2, \cdots, \lambda_n$ 是它的特征值. 对任何 $\boldsymbol{y}\in\mathbb{F}^n$, $A+\boldsymbol{x}\boldsymbol{y}^*$ 的特征值是 $\lambda+\boldsymbol{y}^*\boldsymbol{x}, \lambda_2, \cdots, \lambda_n$, 而$(\lambda+\boldsymbol{y}^*\boldsymbol{x}, \boldsymbol{x})$则是 $A+\boldsymbol{x}\boldsymbol{y}^*$ 的一个特征对.

证明 设 $\boldsymbol{u}=\boldsymbol{x}/\|\boldsymbol{x}\|_2$. 则$(\lambda, \boldsymbol{u})$是 A 的一个特征对, 其中 $\boldsymbol{u}$ 是单位向量. Schur 三角化定理是说: 存在一个酉矩阵 $U=[\boldsymbol{u}\ U_2]\in\boldsymbol{M}_n$, 它的第一列是 $\boldsymbol{u}$, 且使得

$$U^*AU=T=\begin{bmatrix}\lambda&\star\\0&T'\end{bmatrix}$$

是上三角阵. T'的特征值(对角元素)是 $\lambda_2, \lambda_3, \cdots, \lambda_n$. 计算给出

$$\begin{aligned}U^*(\boldsymbol{x}\boldsymbol{y}^*)U&=(U^*\boldsymbol{x})(\boldsymbol{y}^*U)=\begin{bmatrix}\boldsymbol{u}^*\boldsymbol{x}\\U_2^*\boldsymbol{x}\end{bmatrix}[\boldsymbol{y}^*\boldsymbol{u}\quad \boldsymbol{y}^*U_2]\\&=\begin{bmatrix}\|\boldsymbol{x}\|_2\\0\end{bmatrix}[\boldsymbol{y}^*\boldsymbol{u}\quad \boldsymbol{y}^*U_2]=\begin{bmatrix}\boldsymbol{y}^*\boldsymbol{x}&\star\\\boldsymbol{0}&0\end{bmatrix}.\end{aligned}$$

这样就有

$$U^*(A+\boldsymbol{x}\boldsymbol{y}^*)U=\begin{bmatrix}\lambda&\star\\\boldsymbol{0}&T'\end{bmatrix}+\begin{bmatrix}\boldsymbol{y}^*\boldsymbol{x}&\star\\\boldsymbol{0}&0\end{bmatrix}=\begin{bmatrix}\lambda+\boldsymbol{y}^*\boldsymbol{x}&\star\\\boldsymbol{0}&T'\end{bmatrix},$$

它有特征值 $\lambda+\boldsymbol{y}^*\boldsymbol{x}, \lambda_2, \cdots, \lambda_n$. 这些也是 $A+\boldsymbol{x}\boldsymbol{y}^*$ 的特征值, 且$(A+\boldsymbol{x}\boldsymbol{y}^*)\boldsymbol{x}=A\boldsymbol{x}+\boldsymbol{x}\boldsymbol{y}^*\boldsymbol{x}=(\lambda+\boldsymbol{y}^*\boldsymbol{x})\boldsymbol{x}$. ■

Brauer 定理的一个值得注意的应用出现在对一个著名矩阵的解读中, 这个矩阵在早期

的网站排名方法中起着关键的作用.

推论 10.6.2 设$(\lambda, \boldsymbol{x})$是$A \in \boldsymbol{M}_n$的一个特征对，又设$\lambda, \lambda_2, \cdots, \lambda_n$是$A$的特征值. 设$\boldsymbol{y} \in \mathbb{C}^n$，使得$\boldsymbol{y}^* \boldsymbol{x}=1$，令$\tau \in \mathbb{C}$. 则$A_\tau=\tau A+(1-\tau)\lambda \boldsymbol{x}\boldsymbol{y}^*$的特征值是$\lambda, \tau\lambda_2, \cdots, \tau\lambda_n$.

证明 τA的特征值是$\tau\lambda_1, \tau\lambda_2, \cdots, \tau\lambda_n$. 上面的定理说的是，

$$A_\tau = \tau A + \boldsymbol{x}((1-\bar{\tau})\bar{\lambda}\boldsymbol{y})^*$$

的特征值是

$$\tau\lambda + ((1-\bar{\tau})\bar{\lambda}\boldsymbol{y})^* \boldsymbol{x} = \tau\lambda + (1-\tau)\lambda = \lambda$$

再加上$\tau\lambda_2, \tau\lambda_3 \cdots, \tau\lambda_n$. ■

例 10.6.3 设$A=[a_{ij}] \in \boldsymbol{M}_n(\mathbb{R})$的元素非负，并假设它所有的行和都等于 1. 那么$(1, \boldsymbol{e})$是$A$的一个特征对. 设$1, \lambda_2, \cdots, \lambda_n$是$A$的特征值. 推论 8.4.9 确保对每个$i=2, 3, \cdots, n$有$|\lambda_i| \leqslant 1$. 特征值$\lambda_2, \lambda_3, \cdots, \lambda_n$中的某一些的模可能为 1. 例如，

237

$$\begin{bmatrix} 0 & 0 & 1 \\ 1 & 0 & 0 \\ 0 & 1 & 0 \end{bmatrix} \tag{10.6.4}$$

的元素均为非负数，且行和均为 1，它的特征值是 1 与$\mathrm{e}^{\pm 2\pi\mathrm{i}/3}$，它们的模全都为 1. 为了计算的原因，我们或许希望这样来调整矩阵A，使得$\lambda=1$是它仅有的有最大模的特征值，并希望能调整矩阵，使之继续有非负的元素，且行和仍均为 1. 设$\boldsymbol{x}=\boldsymbol{e}$，$\boldsymbol{y}=\boldsymbol{e}/n$，令$E=\boldsymbol{e}\boldsymbol{e}^{\mathrm{T}}$，并假设$0<\tau<1$. 那么$\boldsymbol{y}^{\mathrm{T}}\boldsymbol{x}=1$，所以上面的推论指出，

$$A_\tau = \tau A + (1-\tau)\boldsymbol{x}\boldsymbol{y}^{\mathrm{T}} = \tau A + \frac{1-\tau}{n}E \tag{10.6.5}$$

的特征值是$1, \tau\lambda_2, \cdots, \tau\lambda_n$. 从而$A_\tau \in \boldsymbol{M}_n(\mathbb{R})$有正的元素，且行和均为 1. 它仅有的最大模特征值是$\lambda=1$(代数重数为 1)，而它其他$n-1$个特征值的模至多为$\tau<1$.

(10.6.5)中的矩阵$A_\tau \in \boldsymbol{M}_n(\mathbb{R})$常被称为 Google 矩阵(Google matrix)，这是由于它与网页排序问题的关系. 据传 Google 的奠基人用到了$\tau=0.85$这个值.

10.7 问题

P.10.1 设$A \in \boldsymbol{M}_3$，并假设$\operatorname{spec} A=\{1\}$. 证明$A$可逆，并将$A^{-1}$表示成$I$，$A$以及$A^2$的线性组合.

P.10.2 设$A \in \boldsymbol{M}_n$. 用两种方法证明：A是幂零的，当且仅当$\operatorname{spec} A=\{0\}$.

(a)利用定理 10.1.1 并考虑严格上三角阵的幂.

(b)利用定理 10.2.1 以及定理 8.3.3.

P.10.3 设$A \in \boldsymbol{M}_n$. 证明以下命题等价：

(a)A是幂零的.

(b)A酉相似于一个严格上三角阵.

(c)A相似于一个严格上三角阵.

P. 10. 4 假设一个上三角阵 $T\in \boldsymbol{M}_n$ 有 ν 个非零的对角元素. 证明 $\operatorname{rank} T\geqslant\nu$，并给出一个使得 $\operatorname{rank} T>\nu$ 成立的例子.

P. 10. 5 假设 $A\in \boldsymbol{M}_n$ 有 ν 个非零的特征值. 说明为什么 $\operatorname{rank} A\geqslant\nu$，并给出一个使得 $\operatorname{rank} A>\nu$ 成立的例子.

P. 10. 6 设 $A=[a_{ij}]\in \boldsymbol{M}_n$，并记 $A=UTU^*$，其中 U 是酉矩阵，$T=[t_{ij}]$是上三角阵，且有 $|t_{11}|\geqslant|t_{22}|\geqslant\cdots\geqslant|t_{nn}|$. 假设 A 恰有 $k\geqslant1$ 个非零的特征值 λ_1，λ_2，…，λ_k(重数包含在内). 说明为什么

$$\left|\sum_{i=1}^{k}\lambda_i\right|^2\leqslant k\sum_{i=1}^{k}|\lambda_i|^2=k\sum_{i=1}^{k}|t_{ii}|^2\leqslant k\sum_{i,j=1}^{n}|t_{ij}|^2=k\sum_{i,j=1}^{n}|a_{ij}|^2$$

并推导出结论：$\operatorname{rank} A\geqslant k\geqslant|\operatorname{tr} A|^2/(\operatorname{tr} A^*A)$，等式当且仅当对某个非零的纯量 c 有 $T=cI_k\oplus 0_{n-k}$成立时才成立.

P. 10. 7 设 λ_1，λ_2，…，λ_n 是 $A\in \boldsymbol{M}_n$ 的特征值. 238

(a)证明：对每个 $k=1$，2，…都有 $\operatorname{tr} A^k=\lambda_1^k+\lambda_2^k+\cdots+\lambda_n^k$.

(b)利用特征多项式(10.2.2)的表达式(10.2.3)证明：z^{n-2} 项的系数是 $c_{n-2}=\sum_{i<j}\lambda_i\lambda_j$.

(c)证明 $c_{n-2}=\frac{1}{2}((\operatorname{tr} A)^2-\operatorname{tr} A^2)$.

(d)如果 $A\in \boldsymbol{M}_3$，证明 $\det A=\frac{1}{6}(2\operatorname{tr} A^3-3(\operatorname{tr} A)(\operatorname{tr} A^2)+(\operatorname{tr} A)^3)$. **提示**：计算 $\operatorname{tr} p_A(A)$.

P. 10. 8 如果 $A\in \boldsymbol{M}_n$ 可逆且有特征多项式(10.2.2)，证明：A^{-1} 的特征多项式是 $z^n p_A(z^{-1})/c_0$.

P. 10. 9 假设 $A\in \boldsymbol{M}_n$ 可逆，且 $\mathcal{S}=\operatorname{span}\{I, A, A^{-1}, A^2, A^{-2}, \cdots\}\subseteq \boldsymbol{M}_n$. 证明 $\mathcal{S}=\operatorname{span}\{I, A, A^2, \cdots, A^{n-1}\}$，且 $\dim\mathcal{S}\leqslant n$.

P. 10. 10 设 $A\in \boldsymbol{M}_m$，$B\in \boldsymbol{M}_n$. 证明：如果 $\operatorname{spec} A\cap\operatorname{spec} B\neq\varnothing$，那么存在一个非零的 $X\in \boldsymbol{M}_{m\times n}$，使得 $AX-XB=0$. **提示**：你会发现，研究 $X=\boldsymbol{x}\boldsymbol{y}^*$ 是有助益的，这里$(\lambda, \boldsymbol{x})$是 A 的一个特征对，而$(\bar{\lambda}, \boldsymbol{y})$则是 B^* 的一个特征对.

P. 10. 11 证明：(10.6.5)中的 Google 矩阵 A_τ 的元素为非负实数，且行和等于 1. 对于(10.6.4)中的矩阵 A_τ 呢？如果 $\tau=0.85$，它的特征值是什么？这些特征值的模呢？

P. 10. 12 如果你想利用定理 10.6.1 中的方法来调整 A 的一个特征值 λ，总是需要设法选取一个向量 $\boldsymbol{y}$. 为什么你会避开选取 A^* 与 A^* 的异于 $\bar{\lambda}$ 的特征值相伴的特征向量呢？为什么将 $\boldsymbol{y}$ 取为 $\boldsymbol{x}$ 的非零的纯量倍数永远是安全的做法呢？**提示**：P. 9. 21.

P. 10. 13 假设 A，$B\in \boldsymbol{M}_n$ 可交换，且 $\operatorname{spec} A\cap\operatorname{spec}(-B)=\varnothing$. 说明为什么 $A+B$ 可逆.

P. 10. 14 考虑

$$A=\begin{bmatrix}1&0\\2&1\end{bmatrix},\quad B=\begin{bmatrix}1&2\\0&1\end{bmatrix}.$$

证明 $\operatorname{spec}A\cap\operatorname{spec}(-B)=\varnothing$，但是 $A+B$ 不可逆. 这与上一个问题矛盾吗?

P. 10. 15 设 $A=[a_{ij}]\in\boldsymbol{M}_n$ 是上三角阵且是可逆的. 利用推论 10.2.12 来证明 A^{-1} 是上三角阵. 它的对角元素是什么?

P. 10. 16 设 A，$B\in\boldsymbol{M}_n$，并假设存在一个可逆阵 $S\in\boldsymbol{M}_n$，使得 $S^{-1}AS$ 与 $S^{-1}BS$ 都是上三角阵. 证明：存在一个酉矩阵 $U\in\boldsymbol{M}_n$，使得 U^*AU 与 U^*BU 均为上三角阵. **提示**：考虑 S 的 QR 分解.

P. 10. 17 说明 Cayley-Hamilton 定理的下述"证明"错在哪儿：$p_A(z)=\det(zI-A)$，所以 $p_A(A)=\det(AI-A)=\det(A-A)=\det 0=0$.

P. 10. 18 如果 $A\in\boldsymbol{M}_n$，$\operatorname{spec}A=\{-1,1\}$，$p(z)=(z-1)^{n-1}(z+1)^{n-1}$，证明 $p(A)=0$.

P. 10. 19 设 A，$B^T\in\boldsymbol{M}_{m\times n}$. 利用推论 10.1.3 以及定理 9.7.2 说明为什么 $\operatorname{tr}AB=\operatorname{tr}BA$. 你可否用初等方法而不涉及特征值的概念来解释这个等式?

P. 10. 20 设 $A\in\boldsymbol{M}_{10}$，令 $f(z)=z^4+11z^3-7z^2+5z+3$，并假设 $f(A)=0$. 证明 A 可逆，并且求一个至多三次的多项式 g，使得 $A^{-1}=g(A)$.

P. 10. 21 设 A，$B\in\boldsymbol{M}_n$，并假设 $AB=BA$. 定义 $\operatorname{spec}A+\operatorname{spec}B=\{\lambda+\mu:\lambda\in\operatorname{spec}A$ 且 $\mu\in$
239 $\operatorname{spec}B\}$以及$(\operatorname{spec}A)(\operatorname{spec}B)=\{\lambda\mu:\lambda\in\operatorname{spec}A$ 且 $\mu\in\operatorname{spec}B\}$.

(a)证明 $\operatorname{spec}(A+B)\subseteq\operatorname{spec}A+\operatorname{spec}B$.

(b)给出对角矩阵 A，B 的例子，使得 $\operatorname{spec}(A+B)\neq\operatorname{spec}A+\operatorname{spec}B$.

(c)关于$(\operatorname{spec}A)(\operatorname{spec}B)$你有什么结论?

P. 10. 22 设 $A=A_1\oplus A_2\oplus\cdots\oplus A_d$，$B=B_1\oplus B_2\oplus\cdots\oplus B_d$ 是保形分划且分块对角的$n\times n$ 矩阵，假设对所有 $i\neq j$，都有 $\operatorname{spec}A_i\cap\operatorname{spec}B_j=\varnothing$. 如果 $C\in\boldsymbol{M}_n$，且 $AC=CB$，证明：$C=C_1\oplus C_2\oplus\cdots\oplus C_d$ 是与 A 以及 B 保形的分块对角阵.

P. 10. 23 假设 A，$B\in\boldsymbol{M}_n$ 可交换，并设 μ_1，μ_2，…，μ_d 是 A 的相异的特征值. 证明：存在一个可逆阵 $S\in\boldsymbol{M}_n$，使得 $S^{-1}AS=T_1\oplus T_2\oplus\cdots\oplus T_d$ 与 $S^{-1}BS=B_1\oplus B_2\oplus\cdots\oplus B_d$ 是保形分划的，且是分块对角的，每一个 T_j 都是上三角阵，且对每一个$j=1,2,\cdots,d$，都有 $\operatorname{spec}T_j=\{\mu_j\}$

P. 10. 24 设 $A\in\boldsymbol{M}_n$ 可对角化. 证明：对于 $k=1,2,\cdots$，有 $\operatorname{rank}A=\operatorname{rank}A^k$.

P. 10. 25 设 $C=\begin{bmatrix}0 & I_n\\ I_n & 0\end{bmatrix}$. 利用 P. 10.39(f)以及 P. 9.10(e)来计算 $\det C$.

P. 10. 26 利用定理 10.4.14 证明：极小多项式的分解式(10.3.2)中的每个次数 q_i 就是 $A-\lambda_i I$ 的指数.

P. 10. 27 如果 $A\in\boldsymbol{M}_5$ 可对角化，且 $p_A(z)=(z-2)^3(z-3)^2$，证明 $m_A(z)=(z-2)(z-3)$.

P. 10. 28 设 λ_1，λ_2，…，λ_d 是 $A\in\boldsymbol{M}_n$ 的相异的特征值. 证明：(10.4.11)是 A 的极小多项式，当且仅当 A 可对角化.

P. 10. 29 如果 $A\in\boldsymbol{M}_n$ 是一个对合矩阵，证明：它与一个形如

$$\begin{bmatrix}I_k & X\\ 0 & -I_{n-k}\end{bmatrix},\quad X\in\boldsymbol{M}_{k\times(n-k)}$$

的分块矩阵酉相似.

P. 10. 30 不知道矩阵的特征值或者特征多项式也有可能确定它的极小多项式. 设 $A\in \boldsymbol{M}_n$，令 m_A 为它的极小多项式，并假设 m_A 的次数为 ℓ. 设 $\boldsymbol{v}_1=\operatorname{vec} I$，$\boldsymbol{v}_2=\operatorname{vec} A$，$\boldsymbol{v}_3=\operatorname{vec} A^2$，…，$\boldsymbol{v}_{n+1}=\operatorname{vec} A^n$.

(a)证明：$\boldsymbol{v}_1$，$\boldsymbol{v}_2$，…，$\boldsymbol{v}_{n+1}$是$\mathbb{C}^{n^2}$中的线性相关的向量组.

(b)证明

$$\min\{k: \boldsymbol{v}_1, \boldsymbol{v}_2, \cdots, \boldsymbol{v}_{k+1}\text{线性相关，且 } 1\leqslant k\leqslant n\}$$

等于 ℓ，并设 c_1，c_2，…，c_{k+1}是不全为零的纯量，使得 $c_1\boldsymbol{v}_1+c_2\boldsymbol{v}_2+\cdots+c_{\ell+1}\boldsymbol{v}_{\ell+1}=0$.

(c)为什么 $c_{\ell+1}\neq 0$？m_A 的系数是什么？

(d)总结出一个算法来计算 m_A，它以(b)以及正交化过程作为基础，见 P. 5. 4.

P. 10. 31 利用上一个问题中的算法来计算

$$\begin{bmatrix}0 & 1\\0 & 1\end{bmatrix},\begin{bmatrix}1 & 1\\0 & 1\end{bmatrix},\begin{bmatrix}1 & 0\\0 & 1\end{bmatrix}$$

的极小多项式.

P. 10. 32 设 $A\in \boldsymbol{M}_n$，$B\in \boldsymbol{M}_m$. 240

(a)证明：$A\oplus B$ 的极小多项式是 m_A 与 m_B 的最小公倍式(即是可以被 m_A 与 m_B 两者都整除的最小次数的首一多项式).

(b)如果 $A\oplus B$ 可对角化，利用(a)证明 A 与 B 都可对角化.

P. 10. 33 如果 $A\in \boldsymbol{M}_n$ 且 m_A 的次数为 ℓ，证明 $\dim\operatorname{span}\{I, A, A^2, \cdots\}=\ell$.

P. 10. 34 设 $p(z)=z^2+4$. 是否存在一个满足 $m_A(z)=p(z)$的 $A\in \boldsymbol{M}_3(\mathbb{R})$？是否存在一个满足 $m_A(z)=p(z)$的 $A\in \boldsymbol{M}_2(\mathbb{R})$？是否存在一个满足 $m_A(z)=p(z)$的 $A\in \boldsymbol{M}_3(\mathbb{C})$？在每一种情形，要么给出证明，要么给出一个反例.

P. 10. 35 设 $A\in \boldsymbol{M}_n$. 利用定理 10. 4. 4 证明：存在一个可对角化的 $B\in \boldsymbol{M}_n$ 以及一个幂零阵 $C\in \boldsymbol{M}_n$，使得 $A=B+C$ 以及 $BC=CB$ 成立. **提示**：$T_{ii}=\lambda_i I+(T_{ii}-\lambda_i I)$.

P. 10. 36 设 f 是 n 次的首一多项式，令 $\lambda\in\mathbb{C}$，$\boldsymbol{x}_\lambda=[1\ \lambda\ \lambda^2\cdots\ \lambda^{n-1}]^{\mathrm{T}}$.

(a)证明：$\boldsymbol{x}_\lambda$是 C_f^{T} 的一个特征向量，当且仅当 $\lambda\in\operatorname{spec} C_f$.

(b)证明：$\boldsymbol{y}\in\mathbb{C}^n$ 是 C_f^{T} 的一个特征向量，当且仅当对某个 $\lambda\in\operatorname{spec} C_f$，$\boldsymbol{y}$ 是 $\boldsymbol{x}_\lambda$ 的一个非零的纯量倍数.

(c)由(b)导出结论：C_f 的每个特征值的几何重数皆为 1.

P. 10. 37 设 f 与 g 是有相同次数的首一多项式. 证明：C_f 与 C_g 可交换，当且仅当 $f=g$. **提示**：C_fC_g 的第 $n-1$ 列是什么？

P. 10. 38 利用友矩阵证明代数基本定理等价于如下命题：每个复方阵都有一个特征值.

P. 10. 39 这个问题与 P. 3. 42、P. 3. 43、P. 3. 44 以及 P. 6. 43 中的结果有关. 设 $A\in \boldsymbol{M}_m$ 以及 $B\in \boldsymbol{M}_n$ 分别有特征值 λ_1，λ_2，…，λ_m 以及 μ_1，μ_2，…，μ_n. 分解式 $A=UTU^*$ 与 $B=VT'V^*$ 如同在定理 10. 1. 1 中那样，其中 U，V 是酉矩阵，而 T，

T'是上三角阵.

(a)说明为什么$(U\otimes V)^*(A\otimes B)(U\otimes V)=T\otimes T'$是上三角阵，且它的对角元素是$A\otimes B$的特征值.

(b)导出结论：$A\otimes B$的mn个特征值是$\lambda_i\mu_j(i=1, 2, \cdots, m, j=1, 2, \cdots, n)$.

(c)证明$(U\otimes V)^*(A\otimes I_n)(U\otimes V)=T\otimes I_n$，$(U\otimes V)^*(I_m\otimes B)(U\otimes V)=I_m\otimes T'$，其中谁是上三角阵?

(d)导出结论：$A\otimes I_n+I_m\otimes B$(称为$A$与$B$的 Kronecker 和[Kronecker sum])的mn个特征值是$\lambda_i+\mu_j(i=1, 2, \cdots, m, j=1, 2, \cdots, n)$.

(e)将推论 10.5.2 应用到可交换矩阵$A\otimes I_n$与$I_m\otimes B$时你能得出什么结果？这个结果与(d)中的结果相比，孰优孰劣？说明你的理由.

(f)由(b)导出结论：$\det(A\otimes B)=(\det A)^n(\det B)^m=\det(B\otimes A)$.

P. 10. 40　设A，B，X，C如在定理 10.4.1 中所述.

(a)利用定理 3.6.16 证明：$\operatorname{vec}(AX-XB)=(A^{\mathrm{T}}\otimes I_n-I_m\otimes B)\operatorname{vec}X=\operatorname{vec}C$.

(b)设$K=A^{\mathrm{T}}\otimes I_n-I_m\otimes B$，并说明：为什么$K$的$mn$个特征值是$\lambda_i-\mu_j$(对所有$i=1, 2, \cdots, m, j=1, 2, \cdots, n$). **提示**：P. 10.39.

(c)导出结论：K可逆，当且仅当$\operatorname{spec}A\cap\operatorname{spec}(-B)=\varnothing$.

(d)由(c)推导出定理 10.4.1. **提示**：线性矩阵方程(10.4.2)等价于线性方程组
241 $K\operatorname{vec}X=\operatorname{vec}C$.

10.8　注记

P. 10.35 中描述的分解式是唯一的. 如果$A=B+C=D+E$，其中B与D是可对角化的，C与E是幂零的，$BC=CB$，而且$DE=ED$，那么$B=D$，$C=E$. 作为证明，见[HJ13，3.2.P18].

关于 Kronecker 和以及算子 vec 的更多信息，见[HJ94，第 4 章].

10.9　一些重要的概念

- 每个复方阵都与一个上三角阵酉相似
- 每个复方阵都被它的特征多项式零化
- 极小多项式
- 相似矩阵有相同的特征多项式以及相同的极小多项式
- 友矩阵
- 关于线性矩阵方程的 Sylvester 定理
- 每个复方阵都相似于单谱矩阵的直和
- 复方阵可对角化，当且仅当它的极小多项式的每个零点的重数都为 1
- 242 交换矩阵可以同时进行酉上三角化

第 11 章　Jordan 标准型

在第 10 章里我们发现，每个复方阵 A 都相似于一个单谱矩阵的直和，这些单谱矩阵可以取为上三角阵. 现在我们来证明，A 相似于一个 Jordan 分块的直和(这些分块都是单谱上双对角矩阵，其位于超对角线上的元素皆为 1)，除了这些直和项的排列次序之外，它们是唯一的. 这个直和(A 的 Jordan 标准型)揭示出 A 的许多有意思的性质. 例如，A 相似于 A^{T}；当 $p\to\infty$ 时 $A^p\to 0$ 的充分必要条件是 A 的每个特征值的模都小于 1；AB 与 BA 的可逆 Jordan 块相同(定理 9.7.2 的推广).

11.1　Jordan 块与 Jordan 矩阵

我们怎样才能判断两个方阵是否相似呢？相似矩阵有同样的特征多项式以及同样的极小多项式，但是某些不相似的矩阵也可能有同样的特征多项式以及同样的极小多项式(见定理 10.3.4 以及例 10.3.5). 判断相似性的一个确定的判别法必定含有比特征多项式以及极小多项式更多的东西.

发现相似性判别法的一个有希望的方法可由上一章里一个重要的结果给出提示：每一个复方阵都相似于有两两不相交的谱的单谱矩阵的直和(定理 10.4.4). 这个结果使我们可以关注更具体的问题：两个单谱矩阵何时相似？

如果 A，$B\in\boldsymbol{M}_n$ 且 $\operatorname{spec}A=\operatorname{spec}B=\{\lambda\}$，那么 A 与 B 相似，当且仅当$(A-\lambda I)$与$(B-\lambda I)$相似(定理 2.4.18(b)). 由于 $\operatorname{spec}(A-\lambda I)=\operatorname{spec}(B-\lambda I)=\{0\}$，我们得以专注于甚至更为明确具体的问题：两个幂零阵何时相似？

定理 11.1.1　设 $A\in\boldsymbol{M}_n$. 则以下诸命题等价：

(a)A 是幂零阵，也就是说，对某个正整数 k，有 $A^k=0$.

(b)$\operatorname{spec}A=\{0\}$.

(c)$p_A(z)=z^n$.

(d)$A^n=0$.

(e)对某个 $q\in\{1,2,\cdots,n\}$，有 $m_A(z)=z^q$.

证明　(a)⇒(b) 设$(\lambda,\boldsymbol{x})$是 A 的一个特征对. 假设 $k\geqslant 1$ 且 $A^k=0$. 引理 8.3.2 确保 $\boldsymbol{0}=0_n\boldsymbol{x}=A^k\boldsymbol{x}=\lambda^k\boldsymbol{x}$，所以 $\lambda^k=0$，从而 $\lambda=0$.

(b)⇒(c) 由于 0 是 A 仅有的特征值，因此它的代数重数是 n，(9.2.2)给出 $p_A(z)=z^n$.

(c)⇒(d) Cayley-Hamilton 定理确保 $A^n=p_A(A)=0$.

(d)⇒(e) 多项式 $p(z)=z^n$ 使 A 零化，且 m_A 整除 p，所以对某个 $q\in\{1,2,\cdots,n\}$，

有 $m_A(z)=z^q$.

(e)⇒(a) 在(a)中取 $k=q$. ■

假设 $A\in \boldsymbol{M}_n$ 是幂零阵. 定理 3.2.17 确保

$$n-1\geqslant \operatorname{rank} A\geqslant \operatorname{rank} A^2\geqslant \cdots \geqslant \operatorname{rank} A^n=0$$

它还保证

$$\operatorname{rank} A^k=\operatorname{rank} A^{k+1}\quad\Rightarrow\quad \operatorname{rank} A^k=\operatorname{rank} A^{k+1}=\cdots=\operatorname{rank} A^n=0.$$

根据定义 3.2.20，A 的指数指的是使得 $\operatorname{rank} A^k=0$ 成立的最小的 k. $m_A(z)=z^q$ 中的次数是使得 $A^r=0$ 成立的最小正整数 $r\in\{1, 2, \cdots, n\}$. 由于 $A^k=0$ 当且仅当 $\operatorname{rank} A^k=0$，所以 $m_A(z)=z^q$ 中的次数 q 就是 A 的指数.

例 11.1.2 一个严格上三角阵是特征值为零的单谱矩阵，所以是幂零阵. 这样的矩阵有许多个零，但某些幂零阵没有零元素. 例如,

$$A=\begin{bmatrix}1 & \mathrm{i}\\ \mathrm{i} & -1\end{bmatrix}\quad 和\quad B=\begin{bmatrix}1 & 1\\ -1 & -1\end{bmatrix}\tag{11.1.3}$$

就是幂零阵且指数为 2.

定义 11.1.4 特征值为 $\boldsymbol{\lambda}$ 的 $\boldsymbol{k\times k}$ Jordan 块(Jordan block with eigenvalue λ)是上双对角阵

$$J_k(\lambda)=\begin{bmatrix}\lambda & 1 & & & \\ & \lambda & 1 & & \\ & & \ddots & \ddots & \\ & & & \lambda & 1\\ & & & & \lambda\end{bmatrix}\in \boldsymbol{M}_k.\tag{11.1.5}$$

$J_k(\lambda)$的每个主对角元素全为 λ，位于第一条超对角线上的每个元素皆为 1，而其他元素皆为 0.

定义 11.1.6 Jordan 矩阵(Jordan matrix)J 是 Jordan 块的直和. 如果 J 有 r 个直和项，那么

$$J=J_{n_1}(\lambda_1)\oplus J_{n_2}(\lambda_2)\oplus\cdots\oplus J_{n_r}(\lambda_r),\tag{11.1.7}$$

其中 n_1, n_2, …, n_r 是正整数. 如果 $r>1$，则纯量 λ_1, λ_2, …, λ_r 不一定是相异的. 直和(11.1.7)中 Jordan 块 $J_k(\lambda)$的重复次数称为它的**重数**(multiplicity).

例 11.1.8 阶为 1，2 以及 3 的 Jordan 块是

$$J_1(\lambda)=[\lambda],\quad J_2(\lambda)=\begin{bmatrix}\lambda & 1\\ 0 & \lambda\end{bmatrix},\quad J_3(\lambda)=\begin{bmatrix}\lambda & 1 & 0\\ 0 & \lambda & 1\\ 0 & 0 & \lambda\end{bmatrix}.$$

244

例 11.1.9 在 9×9 Jordan 矩阵

$$J_3(1)\oplus J_2(0)\oplus J_3(1)\oplus J_1(4)$$

中，Jordan 块 $J_3(1)$的重数为 2，$J_2(0)$与 $J_1(4)=[4]$中的每一个分块的重数都是 1.

例 11.1.10 $r\times r$ 对角阵是一个 Jordan 矩阵(11.1.7)，其中对 $i=1, 2, \cdots, r$ 有 $n_i=1$.

形如 $J_k(0)$ 的 Jordan 块以及由这种 Jordan 块的直和组成的 Jordan 矩阵有特别重要的意义.

定义 11.1.11 **幂零 Jordan 块**(nilpotent Jordan block)是特征值为零的 Jordan 块. 我们常用 J_k 来记 $k\times k$ 幂零 Jordan 块 $J_k(0)$. **幂零 Jordan 矩阵**(nilpotent Jordan matrix)J 则是幂零 Jordan 块的直和

$$J = J_{n_1} \oplus J_{n_2} \oplus \cdots \oplus J_{n_r}. \tag{11.1.12}$$

我们断定每个幂零矩阵都相似于一个幂零 Jordan 矩阵，这个幂零 Jordan 矩阵除了直和项的排列次序之外是唯一的. 在证明这个结论之前，我们还有一些事情要做.

每个 Jordan 块

$$J_k(\lambda) = \lambda I_k + J_k$$

都是一个纯量矩阵与一个幂零 Jordan 块之和. 如果按照它的列来分划 J_k，那么

$$J_k = [\mathbf{0}\ \boldsymbol{e}_1\ \boldsymbol{e}_2\ \cdots\ \boldsymbol{e}_{k-1}] \in \boldsymbol{M}_k. \tag{11.1.13}$$

这有助于对左平移等式(left-shift identity)

$$J_k\boldsymbol{e}_1 = \mathbf{0}, \quad J_k\boldsymbol{e}_j = \boldsymbol{e}_{j-1}, \quad j = 2,3,\cdots,k \tag{11.1.14}$$

有形象化的了解.

例 11.1.15 如果 $k=3$，那么

$$J_3\boldsymbol{e}_2 = \begin{bmatrix} 0 & 1 & 0 \\ 0 & 0 & 1 \\ 0 & 0 & 0 \end{bmatrix}\begin{bmatrix} 0 \\ 1 \\ 0 \end{bmatrix} = \begin{bmatrix} 1 \\ 0 \\ 0 \end{bmatrix} = \boldsymbol{e}_1.$$

引理 11.1.16 对每个 $p=1, 2, \cdots, k-1$，有

$$J_k^p = [\underbrace{\mathbf{0}\ \cdots\ \mathbf{0}}_{p}\ \boldsymbol{e}_1\ \cdots\ \boldsymbol{e}_{k-p}] \tag{11.1.17}$$

$$\operatorname{rank} J_k^p = \begin{cases} k-p & \text{如果 } p = 1,2,\cdots,k, \\ 0 & \text{如果 } p = k,k+1,\cdots. \end{cases} \tag{11.1.18}$$ 245

J_k 的指数是 k. 0 作为 J_k 的特征值的几何重数是 1，而它的代数重数是 k.

证明 我们用归纳法来证明(11.1.17). 表达式(11.1.13)确立了初始情形 $p=1$ 结论成立. 对于归纳步骤，假设(11.1.17)对 $p<k$ 成立. 计算得到

$$\begin{aligned} J_k^{p+1} = J_kJ_k^p &= J_k[\underbrace{\mathbf{0}\ \cdots\ \mathbf{0}}_{p}\ \boldsymbol{e}_1\ \boldsymbol{e}_2\ \cdots\ \boldsymbol{e}_{k-p}] \\ &= [\underbrace{\mathbf{0}\ \cdots\ \mathbf{0}}_{p}\ J_k\boldsymbol{e}_1\ J_k\boldsymbol{e}_2\ \cdots\ J_k\boldsymbol{e}_{k-p}] \\ &= [\underbrace{\mathbf{0}\ \cdots\ \mathbf{0}\ \mathbf{0}}_{p+1}\ \boldsymbol{e}_1\ \cdots\ \boldsymbol{e}_{k-(p+1)}]. \end{aligned}$$

对于 $p=k$ 的情形，计算给出 $J_k^k=J_kJ_k^{k-1}=[\mathbf{0}\ \cdots\ \mathbf{0}\ J_k\boldsymbol{e}_1]=0$.

结论(11.1.18)由 $\boldsymbol{e}_1$，$\boldsymbol{e}_2$，…，$\boldsymbol{e}_{k-p}$ 线性无关这一结果推出. J_k 的指数是 k，是因为 $J_k^{k-1}=[\boldsymbol{0}\ \cdots\ \boldsymbol{0}\ \boldsymbol{e}_1]\neq 0$ 而 $J_k^k=0$. 由于 J_k 是单谱的，且其阶为 k，因此它的特征值 0 的代数重数是 k. 0 的几何重数是 $\dim \operatorname{null} J_k=k-\operatorname{rank} J_k=1$. ■

对每个 $i=1, 2, \cdots, r$，(11.1.12)中的直和项 J_{n_i} 的指数是 n_i. 由于

$$J^p = J_{n_1}^p \oplus J_{n_2}^p \oplus \cdots \oplus J_{n_r}^p, \quad p=1,2,\cdots,$$

故而 $J^p=0$，当且仅当 $J_{n_i}^p=0$.

(a)J 的指数是 $q=\max\{n_1, n_2, \cdots, n_r\}$，所以 $m_J(z)=z^q$.

(b)0 作为的 J 的特征值的几何重数是 r(每个分块重数为 1).

(c)0 作为的 J 的特征值的代数重数是 $n_1+n_2+\cdots+n_r$.

在涉及幂零 Jordan 矩阵的计算中，把它们作为加边矩阵有可能带来方便.

例 11.1.19 有两种方法把 J_3 分划成为加边矩阵：

$$\left[\begin{array}{c|cc} 0 & 1 & 0 \\ \hline 0 & 0 & 1 \\ 0 & 0 & 0 \end{array}\right]=\begin{bmatrix} 0 & \boldsymbol{e}_1^{\mathrm{T}} \\ \boldsymbol{0} & J_2 \end{bmatrix}, \quad \left[\begin{array}{cc|c} 0 & 1 & 0 \\ 0 & 0 & 1 \\ \hline 0 & 0 & 0 \end{array}\right]=\begin{bmatrix} \boldsymbol{0} & I_2 \\ 0 & \boldsymbol{0}^{\mathrm{T}} \end{bmatrix}, \quad \boldsymbol{0},\boldsymbol{e}_1\in\mathbb{R}^2.$$

对(11.1.15)进行检查揭示出任意的幂零 Jordan 块有类似的分划：

$$J_{k+1}=\begin{bmatrix} 0 & \boldsymbol{e}_1^{\mathrm{T}} \\ \boldsymbol{0} & J_k \end{bmatrix}=\begin{bmatrix} \boldsymbol{0} & I_k \\ 0 & \boldsymbol{0}^{\mathrm{T}} \end{bmatrix}, \quad \boldsymbol{0},\boldsymbol{e}_1\in\mathbb{R}^k, \quad k=1,2,\cdots. \tag{11.1.20}$$

11.2 Jordan 型的存在性

我们的下一个目标是要证明每个幂零阵相似于一个幂零 Jordan 矩阵. 首先给出一些技
246 术性的引理.

引理 11.2.1 对每个 $k=2, 3, \cdots$，有

$$I_k-J_k^{\mathrm{T}}J_k=\operatorname{diag}(1,0,0,\cdots,0). \tag{11.2.2}$$

证明 利用(11.1.20)计算出

$$J_k^{\mathrm{T}}J_k=\begin{bmatrix} \boldsymbol{0}^{\mathrm{T}} & 0 \\ I_{k-1} & \boldsymbol{0} \end{bmatrix}\begin{bmatrix} \boldsymbol{0} & I_{k-1} \\ 0 & \boldsymbol{0}^{\mathrm{T}} \end{bmatrix}=\begin{bmatrix} 0 & \boldsymbol{0}^{\mathrm{T}} \\ \boldsymbol{0} & I_{k-1} \end{bmatrix}=\operatorname{diag}(0,1,1,\cdots,1).$$

那么 $I_k-J_k^{\mathrm{T}}J_k=I_k-\operatorname{diag}(0, 1, 1, \cdots, 1)=\operatorname{diag}(1, 0, 0, \cdots, 0)$. ■

引理 11.2.3 设 $S\in\boldsymbol{M}_k$ 可逆，又设 $\boldsymbol{z}\in\mathbb{C}^k$. 那么

$$\begin{bmatrix} 1 & -\boldsymbol{z}^{\mathrm{T}}S \\ \boldsymbol{0} & S \end{bmatrix}^{-1}=\begin{bmatrix} 1 & \boldsymbol{z}^{\mathrm{T}} \\ \boldsymbol{0} & S^{-1} \end{bmatrix}.$$

证明 计算给出

$$\begin{bmatrix} 1 & -\boldsymbol{z}^{\mathrm{T}}S \\ \boldsymbol{0} & S \end{bmatrix}\begin{bmatrix} 1 & \boldsymbol{z}^{\mathrm{T}} \\ \boldsymbol{0} & S^{-1} \end{bmatrix}=\begin{bmatrix} 1 & \boldsymbol{z}^{\mathrm{T}}-\boldsymbol{z}^{\mathrm{T}}SS^{-1} \\ \boldsymbol{0} & SS^{-1} \end{bmatrix}=I_{k+1}.$$ ■

这里用到相似性(3.3.14)的一个变形的结果.

引理 11.2.4 设 $n\geqslant 2$ 且 $\boldsymbol{x}\in\mathbb{C}^{n-1}$. 假设 S, $B\in\boldsymbol{M}_{n-1}$, S 可逆, 且 $SBS^{-1}=J_{n-1}$. 令

$$A=\begin{bmatrix}0 & \boldsymbol{x}^{\mathrm{T}}\\ \boldsymbol{0} & B\end{bmatrix}.$$

则存在一个 $\boldsymbol{z}\in\mathbb{C}^{n-1}$ 以及一个纯量 c, 使得

$$\begin{bmatrix}1 & -\boldsymbol{z}^{\mathrm{T}}S\\ \boldsymbol{0} & S\end{bmatrix}\begin{bmatrix}0 & \boldsymbol{x}^{\mathrm{T}}\\ \boldsymbol{0} & B\end{bmatrix}\begin{bmatrix}1 & \boldsymbol{z}^{\mathrm{T}}\\ \boldsymbol{0} & S^{-1}\end{bmatrix}=\begin{bmatrix}0 & c\boldsymbol{e}_1^{\mathrm{T}}\\ \boldsymbol{0} & J_{n-1}\end{bmatrix}.$$

如果 $c=0$, 则 A 相似于 $J_1\oplus J_{n-1}$; 否则, A 相似于 J_n.

证明 设 $\boldsymbol{x}^{\mathrm{T}}S^{-1}=[x_1\quad x_2\quad\cdots\quad x_{n-1}]$, 设 $\boldsymbol{z}^{\mathrm{T}}=\boldsymbol{x}^{\mathrm{T}}S^{-1}J_{n-1}^{\mathrm{T}}$. 利用上一个引理以及(11.2.2)来证明 A 相似于

$$\begin{aligned}&\begin{bmatrix}1 & -\boldsymbol{z}^{\mathrm{T}}S\\ \boldsymbol{0} & S\end{bmatrix}\begin{bmatrix}0 & \boldsymbol{x}^{\mathrm{T}}\\ \boldsymbol{0} & B\end{bmatrix}\begin{bmatrix}1 & \boldsymbol{z}^{\mathrm{T}}\\ \boldsymbol{0} & S^{-1}\end{bmatrix}\\
&=\begin{bmatrix}0 & \boldsymbol{x}^{\mathrm{T}}S^{-1}-\boldsymbol{z}^{\mathrm{T}}SBS^{-1}\\ \boldsymbol{0} & SBS^{-1}\end{bmatrix}=\begin{bmatrix}0 & \boldsymbol{x}^{\mathrm{T}}S^{-1}-\boldsymbol{x}^{\mathrm{T}}S^{-1}J_{n-1}^{\mathrm{T}}J_{n-1}\\ \boldsymbol{0} & J_{n-1}\end{bmatrix}\\
&=\begin{bmatrix}0 & \boldsymbol{x}^{\mathrm{T}}S^{-1}(I-J_{n-1}^{\mathrm{T}}J_{n-1})\\ \boldsymbol{0} & J_{n-1}\end{bmatrix}=\begin{bmatrix}0 & \boldsymbol{x}^{\mathrm{T}}S^{-1}\mathrm{diag}(1,0,0,\cdots,0)\\ \boldsymbol{0} & J_{n-1}\end{bmatrix}\\
&=\begin{bmatrix}0 & x_1\boldsymbol{e}_1^{\mathrm{T}}\\ \boldsymbol{0} & J_{n-1}\end{bmatrix}.\end{aligned}$$

247

如果 $x_1=0$, 那么 A 相似于 $J_1\oplus J_{n-1}$. 如果 $x_1\neq 0$, 则加边等式(11.1.20)以及相似性

$$\begin{bmatrix}x_1^{-1} & 0\\ \boldsymbol{0} & I\end{bmatrix}\begin{bmatrix}0 & x_1\boldsymbol{e}_1^{\mathrm{T}}\\ \boldsymbol{0} & J_{n-1}\end{bmatrix}\begin{bmatrix}x_1 & 0\\ \boldsymbol{0} & I\end{bmatrix}=\begin{bmatrix}0 & \boldsymbol{e}_1^{\mathrm{T}}\\ \boldsymbol{0} & J_{n-1}\end{bmatrix}=J_n$$

表明 A 相似于 J_n. ■

最后的引理用到了关于幂零 Jordan 块的左平移等式(11.1.14). 我们利用 $\mathbb{C}^{k+1}$ 的标准基 $\boldsymbol{e}_1$, $\boldsymbol{e}_2$, $\cdots$, $\boldsymbol{e}_{k+1}$ 以及一个向量 $\boldsymbol{y}\in\mathbb{C}^m$ 来构造一个形如 $\boldsymbol{e}_j\boldsymbol{y}^{\mathrm{T}}\in\boldsymbol{M}_{(k+1)\times m}$ 的秩 1 矩阵, 它们在第 j 行的元素是 $\boldsymbol{y}^{\mathrm{T}}$, 而其他元素皆为零.

引理 11.2.5 设 k 与 m 是正整数, 设 $\boldsymbol{y}\in\mathbb{C}^m$, 令 $\boldsymbol{e}_1\in\mathbb{C}^{k+1}$, $B\in\boldsymbol{M}_m$ 是幂零阵, 且其指数至多为 k. 那么

$$A=\begin{bmatrix}J_{k+1} & \boldsymbol{e}_1\boldsymbol{y}^{\mathrm{T}}\\ 0 & B\end{bmatrix}\quad\text{相似于}\quad\begin{bmatrix}J_{k+1} & 0\\ 0 & B\end{bmatrix}.$$

证明 对任何 $X\in\boldsymbol{M}_{(k+1)\times m}$, (3.3.14)确保 A 相似于

$$\begin{aligned}&\begin{bmatrix}I & X\\ 0 & I\end{bmatrix}\begin{bmatrix}J_{k+1} & \boldsymbol{e}_1\boldsymbol{y}^{\mathrm{T}}\\ 0 & B\end{bmatrix}\begin{bmatrix}I & -X\\ 0 & I\end{bmatrix}\\
&=\begin{bmatrix}J_{k+1} & \boldsymbol{e}_1\boldsymbol{y}^{\mathrm{T}}+XB-J_{k+1}X\\ 0 & B\end{bmatrix}.\end{aligned}$$

设 $X=\sum_{j=1}^{k}\boldsymbol{e}_{j+1}\boldsymbol{y}^{\mathrm{T}}B^{j-1}$ 并利用 $B^k=0$ 这一事实计算出

$$XB=\sum_{j=1}^{k}\boldsymbol{e}_{j+1}\boldsymbol{y}^{\mathrm{T}}B^{j}=\sum_{j=1}^{k-1}\boldsymbol{e}_{j+1}\boldsymbol{y}^{\mathrm{T}}B^{j}=\sum_{j=2}^{k}\boldsymbol{e}_{j}\boldsymbol{y}^{\mathrm{T}}B^{j-1}.$$

左平移等式(11.1.14)告诉我们 $J_{k+1}\boldsymbol{e}_{j+1}=\boldsymbol{e}_j$，所以

$$J_{k+1}X=\sum_{j=1}^{k}J_{k+1}\boldsymbol{e}_{j+1}\boldsymbol{y}^{\mathrm{T}}B^{j-1}=\sum_{j=1}^{k}\boldsymbol{e}_{j}\boldsymbol{y}^{\mathrm{T}}B^{j-1}=\boldsymbol{e}_1\boldsymbol{y}^{\mathrm{T}}+XB.$$

这样就有 $\boldsymbol{e}_1\boldsymbol{y}^{\mathrm{T}}+XB-J_{k+1}X=0$，这表明 A 相似于 $J_{k+1}\oplus B$. ■

一旦我们证明了下面的定理，再证明每个复方阵与一个 Jordan 矩阵(关于不同特征值的 Jordan 块的直和)相似，就只需要一小步努力就够了.

定理 11.2.6 *每个幂零阵相似于一个幂零 Jordan 矩阵.*

证明 设 $A\in\boldsymbol{M}_n$ 是一个幂零阵. 由于 $\operatorname{spec}A=\{0\}$，定理 10.1.1 确保 A 酉相似于一个上三角阵，其所有对角元素均为 0. 于是，可以假设 A 是严格上三角的. 我们用归纳法来证明.

248 如果 $n=1$，则 $A=J_1=[0]$，所以 A 等于一个幂零 Jordan 块.

假设 $n\geqslant 2$，且每个阶小于或等于 $n-1$ 的幂零阵都相似于一个幂零 Jordan 阵. 分划

$$A=\begin{bmatrix}0 & \boldsymbol{a}^{\mathrm{T}}\\ \boldsymbol{0} & B\end{bmatrix},$$

其中 $\boldsymbol{a}\in\mathbb{C}^{n-1}$，而 $B\in\boldsymbol{M}_{n-1}$是严格上三角阵. 设 g 是 0 作为 B 的特征值的几何重数，又设 q 是 B 的指数. 归纳假设确保存在一个可逆阵 $S\in\boldsymbol{M}_{n-1}$，使得 $S^{-1}BS=J_{k_1}\oplus J_{k_2}\oplus\cdots\oplus J_{k_g}$. 如果需要，经过分块置换相似，我们可以假设 $k_1=q$，在此情形有 $q\geqslant\max\{k_2, k_3, \cdots, k_g\}$.

如果 $g=1$，则 B 相似于 J_{n-1}，引理 11.2.4 确保 A 相似于两个幂零 Jordan 矩阵 $J_1\oplus J_{n-1}$ 与 J_n 之中的一个.

如果 $g\geqslant 2$，令 $J=J_{k_2}\oplus\cdots\oplus J_{k_g}$，并注意到 $S^{-1}BS=J_q\oplus J$. J 中的每一个直和项的阶都不大于 q，所以 $J^q=0$. 这样 A 就相似于

$$\begin{bmatrix}1 & \boldsymbol{0}^{\mathrm{T}}\\ \boldsymbol{0} & S^{-1}\end{bmatrix}\begin{bmatrix}0 & \boldsymbol{a}^{\mathrm{T}}\\ \boldsymbol{0} & B\end{bmatrix}\begin{bmatrix}1 & \boldsymbol{0}^{\mathrm{T}}\\ \boldsymbol{0} & S\end{bmatrix}$$

$$=\begin{bmatrix}0 & \boldsymbol{a}^{\mathrm{T}}S\\ \boldsymbol{0} & S^{-1}BS\end{bmatrix}=\begin{bmatrix}0 & \boldsymbol{a}^{\mathrm{T}}S\\ \boldsymbol{0} & J_q\oplus J\end{bmatrix} \tag{11.2.7}$$

$$=\left[\begin{array}{cc|c}0 & \boldsymbol{x}^{\mathrm{T}} & \boldsymbol{y}^{\mathrm{T}}\\ \boldsymbol{0} & J_q & 0\\ \hline \boldsymbol{0} & 0 & J\end{array}\right], \tag{11.2.8}$$

其中我们作了分划 $\boldsymbol{a}^{\mathrm{T}}S=[\boldsymbol{x}^{\mathrm{T}}\ \boldsymbol{y}^{\mathrm{T}}]$，这里 $\boldsymbol{x}=[x_1\ x_2\ \cdots\ x_q]^{\mathrm{T}}\in\mathbb{C}^q$，而 $\boldsymbol{y}\in\mathbb{C}^{n-q-1}$.

引理 11.2.4 告诉我们，存在一个纯量 c，使得(11.2.8)中左上角的 2×2 分块矩阵可以

通过一个形如

$$\begin{bmatrix} 1 & -\boldsymbol{z}^{\mathrm{T}} \\ \boldsymbol{0} & I \end{bmatrix}, \quad \boldsymbol{z} \in \mathbb{C}^{q}$$

的相似矩阵相似于

$$\begin{bmatrix} 0 & c\boldsymbol{e}_1^{\mathrm{T}} \\ \boldsymbol{0} & J_q \end{bmatrix}, \quad \boldsymbol{e}_1 \in \mathbb{C}^{q}.$$

这个结论引导我们得到 3×3 分块矩阵(11.2.8)的相似矩阵：

$$\begin{bmatrix} 1 & -\boldsymbol{z}^{\mathrm{T}} & \boldsymbol{0}^{\mathrm{T}} \\ \boldsymbol{0} & I & 0 \\ \boldsymbol{0} & 0 & I \end{bmatrix}\begin{bmatrix} 0 & \boldsymbol{x}^{\mathrm{T}} & \boldsymbol{y}^{\mathrm{T}} \\ \boldsymbol{0} & J_q & 0 \\ \boldsymbol{0} & 0 & J \end{bmatrix}\begin{bmatrix} 1 & \boldsymbol{z}^{\mathrm{T}} & \boldsymbol{0}^{\mathrm{T}} \\ \boldsymbol{0} & I & 0 \\ \boldsymbol{0} & 0 & I \end{bmatrix} = \begin{bmatrix} 0 & c\boldsymbol{e}_1^{\mathrm{T}} & \boldsymbol{y}^{\mathrm{T}} \\ \boldsymbol{0} & J_q & 0 \\ \boldsymbol{0} & 0 & J \end{bmatrix}. \tag{11.2.9}$$

如果 $c=0$，则(11.2.9)分块置换相似于

$$\left[\begin{array}{c|cc} J_q & \boldsymbol{0} & 0 \\ \hline \boldsymbol{0}^{\mathrm{T}} & 0 & \boldsymbol{y}^{\mathrm{T}} \\ 0 & \boldsymbol{0} & J \end{array}\right] = J_q \oplus \begin{bmatrix} 0 & \boldsymbol{y}^{\mathrm{T}} \\ \boldsymbol{0} & J \end{bmatrix}. \tag{11.2.10}$$

(11.2.10)中的 2×2 幂零分块矩阵的阶为 $n-q$，所以归纳假设确保它相似于一个幂零 Jordan 矩阵. 从而，矩阵(11.2.9)以及 A 本身都与一个幂零 Jordan 矩阵相似. 249

如果 $c\neq 0$，我们利用加边等式(11.1.20)来证明(11.2.9)相似于

$$\begin{bmatrix} c^{-1} & \boldsymbol{0}^{\mathrm{T}} & \boldsymbol{0}^{\mathrm{T}} \\ \boldsymbol{0} & I & 0 \\ \boldsymbol{0} & 0 & c^{-1}I \end{bmatrix}\begin{bmatrix} 0 & c\boldsymbol{e}_1^{\mathrm{T}} & \boldsymbol{y}^{\mathrm{T}} \\ \boldsymbol{0} & J_q & 0 \\ \boldsymbol{0} & 0 & J \end{bmatrix}\begin{bmatrix} c & \boldsymbol{0}^{\mathrm{T}} & \boldsymbol{0}^{\mathrm{T}} \\ \boldsymbol{0} & I & 0 \\ \boldsymbol{0} & 0 & cI \end{bmatrix}$$

$$= \left[\begin{array}{cc|c} 0 & \boldsymbol{e}_1^{\mathrm{T}} & \boldsymbol{y}^{\mathrm{T}} \\ \boldsymbol{0} & J_q & 0 \\ \hline \boldsymbol{0} & 0 & J \end{array}\right], \quad \boldsymbol{e}_1 \in \mathbb{C}^{q}$$

$$= \begin{bmatrix} J_{q+1} & \boldsymbol{e}_1\boldsymbol{y}^{\mathrm{T}} \\ 0 & J \end{bmatrix}, \quad \boldsymbol{e}_1 \in \mathbb{C}^{q+1}. \tag{11.2.11}$$

引理 11.2.5 确保(11.2.1)(从而也确保 A)相似于幂零 Jordan 矩阵 $J_{k_1+1}\oplus J$. 归纳假设确保 J 相似于一个幂零 Jordan 矩阵. ■

定义 11.2.12 $A\in \boldsymbol{M}_n$ 的 **Jordan 型**(Jordan form)是使得 A 与之相似的 Jordan 矩阵.

我们刚刚证明了任何幂零矩阵都有 Jordan 型，它是幂零 Jordan 分块的直和.

例 11.2.13 (11.1.3)中的 2×2 幂零阵 A 与 B 有 Jordan 型. 它们是什么呢？只有两种可能性：$J_1\oplus J_1=0_2$ 或者 J_2. 第一种可能被排除了，因为无论是 A 还是 B 都不是零矩阵，所以 J_2 必定是 A 与 B 的 Jordan 型. 由此推出，A 与 B 相似，因为它们每一个都与一个相同的 Jordan 矩阵相似.

最后，我们可以证明每个方阵都有 Jordan 型.

定理 11.2.14 每个 $A\in \boldsymbol{M}_n$ 都与一个 Jordan 矩阵相似.

证明 我们已经证明了 A 相似于一个单谱矩阵的直和(10.4.6)，所以只需证明每个单谱矩阵都有 Jordan 型即可. 如果 B 是单谱的且 $\operatorname{spec} B=\{\lambda\}$，那么 $B-\lambda I$ 是幂零阵. 定理 11.2.6 表明存在一个幂零 Jordan 矩阵

$$J = J_{k_1} \oplus J_{k_2} \oplus \cdots \oplus J_{k_g}$$

以及一个可逆矩阵 S，使得 $B-\lambda I=SJS^{-1}$. 这样一来，就有 $B=\lambda I+SJS^{-1}=S(\lambda I+J)S^{-1}$. 计算

$$\begin{aligned}\lambda I + J &= (\lambda I_{k_1} + J_{k_1}) \oplus (\lambda I_{k_2} + J_{k_2}) \oplus \cdots \oplus (\lambda I_{k_g} + J_{k_g}) \\ &= J_{k_1}(\lambda) \oplus J_{k_2}(\lambda) \oplus \cdots \oplus J_{k_g}(\lambda) \qquad (11.2.15)\end{aligned}$$

表明(11.2.15)就是 B 的一个 Jordan 型. ■

11.3 Jordan 型的唯一性

在这一节里我们要证明：两个 Jordan 矩阵相似，当且仅当其中一个可以通过对另一个

250 的直和项进行排列而得到.

上一节里，我们通过对关于不同特征值的单谱矩阵的 Jordan 型(作为直和)进行组合而对复方阵构造出了 Jordan 型. 如果能够证明单谱矩阵的 Jordan 型除了直和项的排列之外是唯一的，则同样的结论对于一般的方阵的 Jordan 型也成立. 再次，只要考虑幂零单谱矩阵就够了. 幂零 Jordan 块的幂的秩是其中的关键所在.

例 11.3.1 考虑

$$J = J_3 \oplus J_3 \oplus J_2 \oplus J_2 \oplus J_2 \oplus J_1 \in M_{13}, \qquad (11.3.2)$$

它是六个幂零 Jordan 块的直和：

一个阶为 1 的幂零 Jordan 块，
三个阶为 2 的幂零 Jordan 块，
两个阶为 3 的幂零 Jordan 块.

其中有

六个阶至少为 1 的分块，
五个阶至少为 2 的分块，
两个阶至少为 3 的分块.

利用引理 11.1.16 计算出

$$\begin{aligned}&\operatorname{rank} J^0 = 13\\ &\operatorname{rank} J^1 = 2+2+1+1+1 = 7\\ &\operatorname{rank} J^2 = 1+1 = 2\\ &\operatorname{rank} J^3 = \operatorname{rank} J^4 = 0.\end{aligned}$$

现在设 $w_i=\operatorname{rank} J^{i-1}-\operatorname{rank} J^i$ 并计算出

$$w_1 = 13 - 7 = 6,$$
$$w_2 = 7 - 2 = 5,$$
$$w_3 = 2 - 0 = 2,$$
$$w_4 = 0 - 0 = 0.$$

注意到 $w_1=6$ 是(11.3.2)中分块的总数，它是 0 作为 J 的特征值的几何重数. 此外，每一个 w_p 都等于 J 中阶至少为 p 的 Jordan 块的个数. 最后，$w_3>0$，$w_4=0$，所以(11.3.2)中最大的幂零分块是 3×3 的. 现在计算出差

$$w_1 - w_2 = 1,$$
$$w_2 - w_3 = 3,$$
$$w_3 - w_4 = 2.$$

注意到每一个差 w_p-w_{p+1} 都等于 J_p 的重数. 这不是偶然的现象.

上面的例子照亮了我们的前进之路，不过我们要停下来先建立一个有用的结果. 251

引理 11.3.3 设 p 与 k 是正整数. 则对每个 $p=1, 2, \cdots$ 有

$$\operatorname{rank} J_k^{p-1} - \operatorname{rank} J_k^p = \begin{cases} 1 & \text{如果 } p \leqslant k, \\ 0 & \text{如果 } p > k. \end{cases} \tag{11.3.4}$$

证明 如果 $p\leqslant k$，那么引理 11.1.16 确保 $\operatorname{rank} J_k^{p-1}-\operatorname{rank} J_k^p=(k-(p-1))-(k-p)=1$，但如果 $p>k$，则这两个秩都为 0. ■

等式(11.3.4)引导出一个算法，这个算法确定了 Jordan 矩阵中每种大小的幂零分块的个数.

定理 11.3.5 设 $A\in \boldsymbol{M}_n$，并假设 0 是 A 的一个几何重数为 $g\geqslant1$ 的特征值. 设

$$J_{n_1} \oplus J_{n_2} \oplus \cdots \oplus J_{n_g} \oplus J \in \boldsymbol{M}_n \tag{11.3.6}$$

是 A 的 Jordan 型，其中 J 是关于非零特征值的 Jordan 分块的直和. 令

$$w_p = \operatorname{rank} A^{p-1} - \operatorname{rank} A^p, \quad p = 1,2,\cdots,n+1. \tag{11.3.7}$$

对每个 $p=1, 2, \cdots, n$，(11.3.6)中阶至少为 p 的幂零分块的个数是 w_p. J_p 的重数是 w_p-w_{p+1}.

证明 由于 J 可逆，因此对所有 $p=0, 1, 2, \cdots$有 $\operatorname{rank} J=\operatorname{rank} J^p$，并且

$$\begin{aligned}\operatorname{rank} A^{p-1} - \operatorname{rank} A^p &= \Big(\sum_{i=1}^{g} \operatorname{rank} J_{n_i}^{p-1} + \operatorname{rank} J^{p-1}\Big) - \Big(\sum_{i=1}^{g} \operatorname{rank} J_{n_i}^{p} + \operatorname{rank} J^{p}\Big) \\ &= \Big(\sum_{i=1}^{g} \operatorname{rank} J_{n_i}^{p-1} + \operatorname{rank} J\Big) - \Big(\sum_{i=1}^{g} \operatorname{rank} J_{n_i}^{p} + \operatorname{rank} J\Big) \\ &= \sum_{i=1}^{g} \big(\operatorname{rank} J_{n_i}^{p-1} - \operatorname{rank} J_{n_i}^{p}\big). \end{aligned} \tag{11.3.8}$$

等式(11.3.4)告诉我们：(11.3.8)中一个求和项是 1，当且仅当它对应的幂零分块的阶至少为 p，反之它为 0. 这样一来，(11.3.8)就计算了阶至少为 p 的幂零分块的个数. 差w_p-w_{p+1}是阶至少为 p 的幂零分块的个数减去阶至少为 $p+1$ 的幂零分块的个数，这就是阶恰

好为 p 的幂零分块的个数. ■

如果 q 是 Jordan 矩阵(11.3.6)中最大的幂零分块的阶，那么 $J_q^{q-1} \neq 0$，而 $J_q^q = 0$. 因此，$\operatorname{rank} A^q = \operatorname{rank} A^{q+1} = \cdots = \operatorname{rank} J$. 即 q 是 A 的指数. A 的幂的秩单调递减到一个稳定的值，这个值就是 A 的 Jordan 型中可逆 Jordan 块的阶之和. 由此推出，(11.3.7)中秩的差最终全都是零. 事实上有 $w_q > 0$，$w_{q+1} = w_{q+2} = \cdots = 0$.

定义 11.3.9　设 $A \in \boldsymbol{M}_n$，假设 $0 \in \operatorname{spec} A$，令 q 是 A 的指数，对每个 $p = 1, 2, \cdots$，设 $w_p = \operatorname{rank} A^{p-1} - \operatorname{rank} A^p$. 则正整数列

252

$$w_1, w_2, \cdots, w_q$$

称为 A 的 **Weyr 特征**(Weyr characteristic). 如果 $\lambda \in \operatorname{spec} A$，则 $A - \lambda I$ 的 Weyr 特征是 **A 的与 λ 相伴的 Weyr 特征**(Weyr characteristic of A associated with λ).

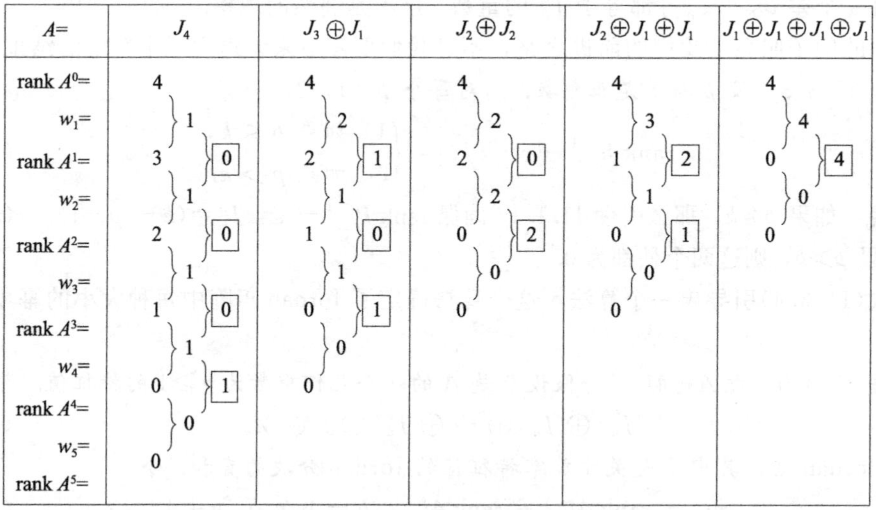

图 11.1　4×4 Jordan 矩阵的 Weyr 特征. 分块重数在方框中

例 11.3.10　图 11.1 列出了五个不同的 4×4 Jordan 矩阵的 Weyr 特征. Jordan 分块的重数(在方框中)如同定理 11.3.5 所描述的那样，是从 Weyr 特征计算的. 在每一列中，Weyr 特征中的整数有如下性质:

(a) w_1 是 A 中分块的个数.

(b) $w_q > 0$，$w_{q+1} = 0$，其中 q 是 A 的指数.

(c) $w_1 + w_2 + \cdots + w_q = 4$.

(d) 对 $i = 1, 2, \cdots, q$ 有 $w_i \geqslant w_{i+1}$.

如果 $A \in \boldsymbol{M}_n$ 且 $\lambda \in \operatorname{spec} A$，则 $A - \lambda I$ 的 Weyr 特征中的第一个整数是

$$\begin{aligned} w_1 &= \operatorname{rank}(A - \lambda I)^0 - \operatorname{rank}(A - \lambda I) = n - \operatorname{rank}(A - \lambda I) \\ &= \dim \operatorname{null}(A - \lambda I) = \dim \mathcal{E}_\lambda(A). \end{aligned}$$

这样一来，w_1 就是 λ 的几何重数(在 A 的 Jordan 型中关于特征值 λ 的分块的个数). 对每个

$i=1, 2, \cdots q$，整数 w_i 是正的，因为它等于阶至少为 i 的分块的个数. 差 w_i-w_{i+1} 是非负的(即数列 w_i 是递减的)，因为它等于阶为 i 的分块的个数(这是一个非负的整数). 和

$$\begin{aligned} w_1+w_2+\cdots+w_q &= \sum_{p=1}^{q}(\operatorname{rank}(A-\lambda I)^{p-1}-\operatorname{rank}(A-\lambda I)^{p}) \\ &= \operatorname{rank}(A-\lambda I)^{0}-\operatorname{rank}(A-\lambda I)^{q} \\ &= n-\operatorname{rank}(A-\lambda I)^{q} \\ &= \dim \operatorname{null}(A-\lambda I)^{q} \end{aligned}$$ 253

是 λ 的代数重数(在 A 的 Jordan 型中关于特征值 λ 的分块的阶的总和)，见 P. 11. 21.

相似矩阵 A 与 B 有相同的谱，对应的幂 A^p 与 B^p 也是相似的(见(0.8.3))，所以对所有 $p=1, 2, \cdots$ 都有 $\operatorname{rank} A^p=\operatorname{rank} B^p$. 由此推出，相似矩阵有(与对应的特征值相伴的)同样的 Weyr 特征. 下面的推论对这个结论提供了一个逆命题.

推论 11.3.11 设 $J, J'\in \boldsymbol{M}_n$ 是 Jordan 矩阵. 那么 J 相似于 J'，当且仅当 $\operatorname{spec} J=\operatorname{spec} J'$ 且对每个 $\lambda\in\operatorname{spec} J$ 以及每个 $p=1, 2, \cdots, n$，都有 $\operatorname{rank}(J-\lambda I)^p=\operatorname{rank}(J'-\lambda I)^p$.

证明 对每个 $\lambda\in\operatorname{spec} J=\operatorname{spec} J'$，假设条件确保了 J 与 J' 的(与 λ 相伴的)Weyr 特征是相同的. 由此推出 J 中 Jordan 分块 $J_k(\lambda)$ 的重数与 J' 的对应值相同(对每个 $k=1, 2, \cdots, n$). ■

定理 11.3.12 如果 $A\in\boldsymbol{M}_n$，且 J 与 J' 是与 A 相似的 Jordan 矩阵，那么 J' 可以从 J 通过直和项的重新排列而得到.

证明 A 的每一个 Jordan 型都与 A 相似，所以 A 的任何两个 Jordan 型都是相似的. 于是，它们有完全相同的(与每个特征值相伴的)Weyr 特征. 由此推出它们分块的大小以及重数对每一个特征值都是相同的. 因此，其中的一个可以从另一个通过对其直和项进行重新排列而得到. ■

例 11.3.13 假设 $A\in\boldsymbol{M}_4$ 有特征值 3，2，2，2. A 的 Jordan 型必定包含直和项 $J_1(3)=[3]$以及一个 3×3 的 Jordan 矩阵，它的谱是{2}. 对于后者只有三种可能性：$J_3(2)$，$J_1(2)\oplus J_2(2)$，$J_1(2)\oplus J_1(2)\oplus J_1(2)$. 于是，$A$ 恰好相似于

$$\left[\begin{array}{c|ccc} 3 & 0 & 0 & 0 \\ \hline 0 & 2 & 0 & 0 \\ 0 & 0 & 2 & 0 \\ 0 & 0 & 0 & 2 \end{array}\right] = J_1(3)\oplus J_1(2)\oplus J_1(2)\oplus J_1(2)$$

$$\left[\begin{array}{c|ccc} 3 & 0 & 0 & 0 \\ \hline 0 & 2 & 1 & 0 \\ 0 & 0 & 2 & 0 \\ 0 & 0 & 0 & 2 \end{array}\right] = J_1(3)\oplus J_2(2)\oplus J_1(2)$$

$$\left[\begin{array}{c|ccc} 3 & 0 & 0 & 0 \\ \hline 0 & 2 & 1 & 0 \\ 0 & 0 & 2 & 1 \\ 0 & 0 & 0 & 2 \end{array}\right] = J_1(3)\oplus J_3(2)$$

中的一个. 这些矩阵分别与 $\text{rank}(A-2I)=1$，2 或者 3 这三种可能性相对应.

254 **推论 11.3.14**　如果 $A, B\in \boldsymbol{M}_n$，且 $\text{spec}A=\text{spec}B$，那么 A 与 B 相似，当且仅当对每个 $\lambda\in\text{spec}A$ 以及每个 $p=1, 2, \cdots, n$，都有 $\text{rank}\,(A-\lambda I)^p=\text{rank}\,(B-\lambda I)^p$.

证明　定理 11.2.14 确保存在 Jordan 矩阵 J_A 与 J_B，使得 A 与 J_A 相似，而 B 与 J_B 相似. 由此推出，对每个 $\lambda\in\text{spec}A$ 以及每个 $p=1, 2, \cdots, n$，都有 $\text{rank}\,(J_A-\lambda I)^p=\text{rank}\,(J_B-\lambda I)^p$. 推论 11.3.11 告诉我们 J_A 与 J_B 相似，故而由相似性的传递性推出 A 与 B 相似. ■

11.4　Jordan 标准型

定理 11.2.14 是说每个复方阵 A 都相似于一个 Jordan 矩阵 J，定理 11.3.12 是说除了直和项的排列之外，J 是唯一的. 这样一来，如果我们同意对 Jordan 矩阵的直和项进行排列这件事是非本质的，就可以说成与 A 相似的 Jordan 矩阵. 它常被称为是 A 的 Jordan 标准型(Jordan canonical form).

在表示 A 的 Jordan 标准型的时候，将同一特征值对应的 Jordan 分块放在一起，并按照分块的阶的大小的递减次序安排，这是一个有用的约定. 例如，如果 $\lambda_1, \lambda_2, \cdots, \lambda_d$ 是 A 的相异的特征值，就可以将其 Jordan 标准型表示成不同特征值对应的 Jordan 矩阵的一个直和

$$J=J(\lambda_1)\oplus J(\lambda_2)\oplus\cdots\oplus J(\lambda_d). \tag{11.4.1}$$

(11.4.1)中直和项 $J(\lambda_i)$ 里 Jordan 分块的个数等于 λ_i 的几何重数，记之为 g_i. 如果 $A-\lambda_i I$ 的指数是 q_i，那么(11.4.1)中的每一个直和项都是关于特征值 λ_i 的 g_i 个 Jordan 分块的直和，其中最大者的阶为 q_i.

原则上讲，我们可以通过对每一个 $\lambda\in\text{spec}A$ 做以下几件事来确定给定的 $A\in\boldsymbol{M}_n$ 的 Jordan 标准型：

(a)对 $p=0, 1, 2, \cdots$，计算 $r_p=\text{rank}\,(A-\lambda I)^p$. 当这个秩稳定不变时停止计算. $A-\lambda I$ 的指数(即 q)是满足 $r_p=r_{p+1}$ 的 p 的第一个值. 根据定义有 $r_0=n$.

(b)对 $p=1, 2, \cdots, q+1$ 计算 $w_p=r_{p-1}-r_p$，整数列 $w_1, w_2, \cdots, w_q$ 就是 $A-\lambda I$ 的 Weyr 特征.

(c)对每个 $k=1, 2, \cdots, q$，在 A 的 Jordan 标准型中有 w_k-w_{k+1} 个形如 $J_k(\lambda)$ 的分块.

这个算法是一个精妙的概念性工具，但不推荐用于数值计算. 下面的例子描述了为什么试图用有限精度算法计算出一个矩阵的 Jordan 标准型是充满风险的.

例 11.4.2　对 $k\geqslant 2$ 的 Jordan 块 $J_k(\lambda)$ 以及任何 $\varepsilon>0$，矩阵 $J_k(\lambda)+\text{diag}(\varepsilon, 2\varepsilon, \cdots, k\varepsilon)$ 有相异的特征值 $\lambda+\varepsilon, \lambda+2\varepsilon, \cdots, \lambda+k\varepsilon$，所以推论 9.4.6 确保它可对角化. 于是，它的 Jordan 标准型是 $[\lambda+\varepsilon]\oplus[\lambda+2\varepsilon]\oplus\cdots\oplus[\lambda+k\varepsilon]$，且所有的分块都是 1×1 的.

在一个矩阵里对元素所做的微小改变对它的Jordan标准型都可能产生重大变化. 这种

现象的另外的例子见 P. 11. 15. Jordan 标准型是一个强有力的理论工具，但它不是一个很好的数值计算工具. 255

11.5 微分方程与 Jordan 标准型

设 $A=[a_{ij}]\in \boldsymbol{M}_n$，并考虑求一个满足

$$\boldsymbol{x}'(t)=A\boldsymbol{x}(t),\quad \boldsymbol{x}(0)\text{ 给定} \tag{11.5.1}$$

的实变量 t 的向量值函数 $\boldsymbol{x}(t)=[x_i(t)]\in\mathbb{C}^n$ 的问题. 微分方程的一个定理保证了对每个选择的初始条件 $\boldsymbol{x}(0)$，初值问题(11.5.1)有唯一解. 未知函数 $x_i(t)$满足耦合纯量方程

$$\frac{\mathrm{d}x_i}{\mathrm{d}t}=\sum_{j=1}^{n}a_{ij}x_j,\ x_i(0)\text{ 给定},\ i=1,2,\cdots,n.$$

如果 A 可对角化，则改变因变量消解耦合方程可以使得问题极大地得以简化. 假设$A=S\Lambda S^{-1}$，其中 $\Lambda=\operatorname{diag}(\lambda_1,\lambda_2,\cdots,\lambda_n)$，而 $S=[s_{ij}]$. 令 $S^{-1}\boldsymbol{x}(t)=\boldsymbol{y}(t)=[y_i(t)]$. 那么

$$S^{-1}\boldsymbol{x}'(t)=S^{-1}A\boldsymbol{x}(t)=S^{-1}AS\boldsymbol{y}(t)=\Lambda\boldsymbol{y}(t),$$

所以在新因变量之下问题就是求解

$$\boldsymbol{y}'(t)=\Lambda\boldsymbol{y}(t),\ \boldsymbol{y}(0)=S^{-1}\boldsymbol{x}(0)\text{ 给定}. \tag{11.5.2}$$

初值问题(11.5.2)等价于 n 个非耦合的纯量方程

$$\frac{\mathrm{d}y_i}{\mathrm{d}t}=\lambda_i y_i,\quad y_i(0)=\sum_{j=1}^{n}\sigma_{ij}x_j(0),\quad i=1,2,\cdots,n, \tag{11.5.3}$$

其中 $S^{-1}=[\sigma_{ij}]$. 这些方程中的每一个都可以分开来求解. 它们的解是

$$y_i(t)=y_i(0)\mathrm{e}^{\lambda_i t},\quad i=1,2,\cdots,n.$$

如果 $\lambda_j=\alpha_j+\mathrm{i}\beta_j$，其中 α_j 与 β_j 是实数，那么

$$\mathrm{e}^{\lambda_j t}=\mathrm{e}^{\alpha_j t+\mathrm{i}\beta_j t}=\mathrm{e}^{\alpha_j t}\mathrm{e}^{\mathrm{i}\beta_j t}=\mathrm{e}^{\alpha_j t}(\cos\beta_j t+\mathrm{i}\sin\beta_j t). \tag{11.5.4}$$

如果 λ_j 是实数，那么 $\beta_j=0$，且 $\mathrm{e}^{\lambda_j t}=\mathrm{e}^{\alpha_j t}$是实的指数函数. 如果 λ_j 不是实的，那么 $\mathrm{e}^{\lambda_j t}$是阻尼振动函数 $\mathrm{e}^{\alpha_j t}\cos\beta_j t$ 与 $\mathrm{e}^{\alpha_j t}\sin\beta_j t$ 的线性组合，见图 11.2. 于是，(11.5.1)的解 $\boldsymbol{x}(t)=[x_i(t)]=S\boldsymbol{y}(t)$的元素是形如(11.5.4)的函数的线性组合. 参数 λ_j 是 A 的特征值.

如果 A 不可对角化，则令 $A=SJS^{-1}$，其中 J 是 A 的 Jordan 标准型. 变量替换部分地消解了耦合方程，使得我们可以求解若干个更小也更简单的初值问题，每个问题对应于 A 的 Jordan 标准型中的一个分块. 设 $\boldsymbol{y}(t)=S^{-1}\boldsymbol{x}(t)$. 则有 $S^{-1}\boldsymbol{x}'(t)=S^{-1}A\boldsymbol{x}(t)=S^{-1}AS\boldsymbol{y}(t)=J\boldsymbol{y}(t)$，所以在新的因变量之下我们的问题就是

$$\boldsymbol{y}'(t)=J\boldsymbol{y}(t),\quad \boldsymbol{y}(0)=S^{-1}\boldsymbol{x}(0)\text{ 给定}. \tag{11.5.5}$$ 256

如果 J 是 r 个 Jordan 分块(它们的特征值不一定是相异的)的直和(11.1.7)，则方程组(11.5.5)等价于

$$\boldsymbol{y}'_i(t)=J_{n_i}(\lambda_i)\boldsymbol{y}_i(t),\quad \boldsymbol{y}_i(0)\in\mathbb{C}^{n_i}\text{ 给定},\quad i=1,2,\cdots,r, \tag{11.5.6}$$

其中 $n_1+n_2+\cdots+n_r=n$. 这些初值问题中的每一个都可以分开来求解.

下一个例子描述了如何求解形如(11.5.6)的问题.

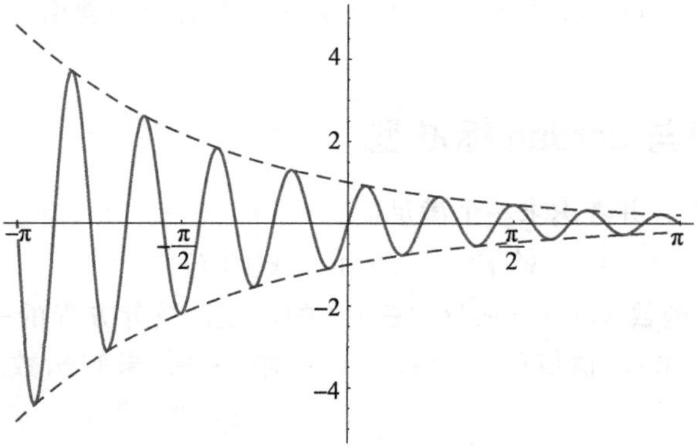

a) $e^{-t/2}\sin 9t$

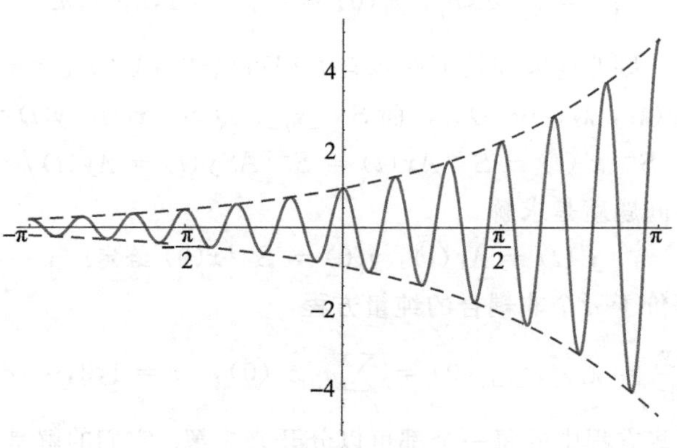

b) $e^{t/2}\cos 12t$

图 11.2　阻尼振动函数

例 11.5.7　方程组 $\mathbf{y}'(t)=J_3(\lambda)\mathbf{y}(t)$ 是

$$\begin{aligned} y'_1 &= \lambda y_1 + y_2, \\ y'_2 &= \lambda y_2 + y_3, \\ y'_3 &= \lambda y_3. \end{aligned}$$

257

假设给定初值问题 $\mathbf{y}(0)=[y_1(0)\,y_2(0)\,y_3(0)]^{\mathrm{T}}$. 这种类型的初值问题可以从最后开始相继求解. 最后那个方程的解是 $y_3(t)=e^{\lambda t}y_3(0)$. 下一个方程是 $y'_2=\lambda y_2+e^{\lambda t}y_3(0)$，它有解

$$y_2(t) = e^{\lambda t}(y_3(0)t + y_2(0)).$$

剩下的方程 $y'_1=\lambda y_1+e^{\lambda t}(y_3(0)t+y_2(0))$有解

$$y_1(t) = e^{\lambda t}\left(y_3(0)\frac{t^2}{2} + y_2(0)t + y_1(0)\right).$$

解 $\mathbf{y}(t)$的元素是形如 $e^{\lambda t}p(t)$的函数，其中 p 是一个次数小于 3(该 Jordan 块的阶)的多项式.

上面的例子描述了一般情形的要点. 初值问题(11.5.6)中每一个问题的解都是一个向量值的函数，其元素都是形如 $e^{\lambda_i t}p_i(t)$的函数，其中 p_i 是次数至多为 n_i-1 的多项式. 如

果 λ_1，λ_2，…，λ_d 是 A 的相异的特征值，那么(11.5.1)的解 $\boldsymbol{x}(t)=[x_i(t)]$ 中的每一个元素 $x_i(t)$ 都是 $\boldsymbol{y}(t)$ 的元素的线性组合，所以它有如下形式

$$x_i(t) = \mathrm{e}^{\lambda_1 t}p_1(t) + \mathrm{e}^{\lambda_2 t}p_2(t) + \cdots + \mathrm{e}^{\lambda_d t}p_d(t), \tag{11.5.8}$$

其中每一个 p_i 都是一个多项式，其次数小于 $A-\lambda_i I$ 的指数.

如果 A 有一些非实的特征值，则解(11.5.8)中的指数函数 $e^{\lambda_i t}$ 以及多项式 $p_i(t)$ 不一定是实值的. 然而，如果 A 是实的，则 $\mathrm{Re}\,\boldsymbol{x}(t)$ 与 $\mathrm{Im}\,\boldsymbol{x}(t)$ 两者都是(11.5.1)中的微分方程的解，各自有初始条件 $\mathrm{Re}\,\boldsymbol{x}(0)$ 以及 $\mathrm{Im}\,\boldsymbol{x}(0)$. 如果初始条件 $\boldsymbol{x}(0)$ 是实的，那么 $\mathrm{Im}\,\boldsymbol{x}(0)=\boldsymbol{0}$，而(11.5.1)的解的唯一性蕴涵对所有 $t\in\mathbb{R}$ 都有 $\mathrm{Im}\,\boldsymbol{x}(t)=\boldsymbol{0}$. 由此推出：即使 S 与 $\boldsymbol{y}(t)$ 都不是实的，解 $\boldsymbol{x}(t)=S\boldsymbol{y}(t)$ 也必定是实的.

例 11.5.9　考虑初值问题(11.5.1)，其中

$$A=\begin{bmatrix}0 & 1\\ -1 & 0\end{bmatrix},\quad \boldsymbol{x}(0)=\begin{bmatrix}1\\2\end{bmatrix}.$$

那么 $\mathrm{spec}A=\{\mathrm{i},\ -\mathrm{i}\}$，$A=S\Lambda S^{-1}$，其中

$$S=\begin{bmatrix}1 & 1\\ \mathrm{i} & -\mathrm{i}\end{bmatrix},\quad S^{-1}=\frac{1}{2}\begin{bmatrix}1 & -\mathrm{i}\\ 1 & 1\end{bmatrix},\quad \Lambda=\begin{bmatrix}\mathrm{i} & 0\\ 0 & -\mathrm{i}\end{bmatrix}.$$

做变量代换 $\boldsymbol{y}(t)=S^{-1}\boldsymbol{x}(t)$ 之后，去耦合的方程(11.5.3)是

$$\frac{\mathrm{d}y_1}{\mathrm{d}t}=\mathrm{i}y_1,\qquad y_1(0)=\frac{1}{2}-\mathrm{i},$$

$$\frac{\mathrm{d}y_2}{\mathrm{d}t}=-\mathrm{i}y_2,\quad y_2(0)=\frac{1}{2}+\mathrm{i}.$$

解为

$$\boldsymbol{y}(t)=\frac{1}{2}\begin{bmatrix}(1-2\mathrm{i})\mathrm{e}^{\mathrm{i}t}\\ (1+2\mathrm{i})\mathrm{e}^{-\mathrm{i}t}\end{bmatrix}.$$ 258

按照原来的变量，(11.5.1)的解就是

$$\boldsymbol{x}(t)=S\boldsymbol{y}(t)=\begin{bmatrix}y_1+y_2\\ \mathrm{i}y_1-\mathrm{i}y_2\end{bmatrix}=\begin{bmatrix}\cos t+2\sin t\\ 2\cos t-\sin t\end{bmatrix}.$$

11.6　收敛的矩阵

设 $A\in\boldsymbol{M}_n$，并设 p 是正整数. 那么

$$\begin{aligned}&(I+A+A^2+\cdots+A^{p-1})(I-A)\\ &=(I+A+A^2+\cdots+A^{p-1})-(A+A^2+\cdots+A^{p-1}+A^p)\\ &=I-A^p.\end{aligned}$$

如果 $1\notin\mathrm{spec}A$，那么

$$\sum_{k=0}^{p-1}A^k=(I-A^p)(I-A)^{-1}. \tag{11.6.1}$$

如果 $\lim_{p\to\infty} A^p=0$（也就是说，当 $p\to\infty$ 时，A^p 的每个元素都收敛于 0），那么

$$\begin{aligned}\sum_{k=0}^{\infty} A^k &= \lim_{p\to\infty}\sum_{k=0}^{p-1} A^k = \lim_{p\to\infty}((I-A^p)(I-A)^{-1})\\ &= (I-\lim_{p\to\infty} A^p)(I-A)^{-1} = I(I-A)^{-1}\\ &= (I-A)^{-1}.\end{aligned}$$

上面的计算表明：如果 $A\in \boldsymbol{M}_n$ 且 $1\notin \operatorname{spec} A$，那么，当 $\lim_{k\to\infty} A^k=0$ 时，

$$(I-A)^{-1} = \sum_{k=0}^{\infty} A^k.$$

如果矩阵满足这个条件，我们可以得到什么结论？

定义 11.6.2　设 $A=[a_{ij}]\in \boldsymbol{M}_n$. 对每个 $p=1,2,\cdots$，令 $A^p=[a_{ij}^{(p)}]$. 那么，如果对所有 $i,j=1,2,\cdots,n$，都有 $\lim_{p\to\infty} a_{ij}^{(p)}=0$，则称 A 是**收敛的**(convergent). 如果 A 收敛，则记成 $A^p\to 0$.

收敛与否这个性质在相似之下是不变的.

引理 11.6.3　如果 $A,B\in \boldsymbol{M}_n$ 相似，那么 A 是收敛的，当且仅当 B 是收敛的.

证明　假设 $S=[s_{ij}]\in \boldsymbol{M}_n$ 是可逆的，令 $S^{-1}=[\sigma_{ij}]$，并假设 $A=SBS^{-1}$. 设 $A^p=[a_{ij}^{(p)}]$，$B^p=[b_{ij}^{(p)}]$. 那么 $A^p=SB^pS^{-1}$，所以，对于每个 $p=1,2,\cdots$，A^p 的每个元素

259
$$a_{ij}^{(p)} = \sum_{k,\ell=1}^{n} s_{ik} b_{k\ell}^{(p)} \sigma_{\ell j},\quad i,j=1,2,\cdots,n \tag{11.6.4}$$

都是 B^p 的元素的一个固定的线性组合. 如果对每个 $i,j=1,2,\cdots,n$，都有 $\lim_{p\to\infty} b_{ij}^{(p)}=0$，那么

$$\begin{aligned}\lim_{p\to\infty} a_{ij}^{(p)} &= \lim_{p\to\infty}\sum_{k,\ell=1}^{n} s_{ik} b_{k\ell}^{(p)}\sigma_{\ell j}\\ &= \sum_{k,\ell=1}^{n} s_{ik}\Big(\lim_{p\to\infty} b_{k\ell}^{(p)}\Big)\sigma_{\ell j} = 0,\quad i,j=1,2,\cdots,n.\end{aligned}$$

其逆命题只需在讨论中将 A 与 B 交换即可得到. ■

我们关于收敛性的判别法涉及一个有最大模的特征值.

定义 11.6.5　$A\in \boldsymbol{M}_n$ 的**谱半径**(spectral radius)定义为

$$\rho(A) = \max\{|\lambda| : \lambda\in \operatorname{spec} A\}.$$

如果 $n\geqslant 2$，可能有 $A\neq 0$ 但是 $\rho(A)=0$. 例如，对任何幂零阵 $A\in \boldsymbol{M}_n$ 有 $\rho(A)=0$.

定理 11.6.6　$A\in \boldsymbol{M}_n$ 是收敛的，当且仅当 $\rho(\lambda)<1$.

证明　由上一个引理推出：A 是收敛的，当且仅当它的 Jordan 标准型是收敛的. A 的 Jordan 标准型是 Jordan 块的直和(11.1.7)，所以，它收敛当且仅当它的每一个直和项 $J_k(\lambda)$ 都收敛. 如果 $k=1$，则 $J_1(\lambda)=[\lambda]$ 收敛，当且仅当 $|\lambda|<1$. 假设 $k\geqslant 2$. 如果 $\lambda=0$，

则对所有 $p\geqslant k$ 都有 $J_k(0)^p=0$，所以 $J_k(0)$ 收敛. 假设 $\lambda\neq 0$，令 $p>k$，并利用二项式定理计算

$$\begin{aligned} J_k(\lambda)^p &= (\lambda I + J_k)^p = \sum_{j=0}^{p}\binom{p}{p-j}\lambda^{p-j}J_k^j \\ &= \lambda^p I + \sum_{j=1}^{k-1}\binom{p}{p-j}\lambda^{p-j}J_k^j. \end{aligned} \tag{11.6.7}$$

和式(11.6.7)中的每一个矩阵 J_k^j 在它的第 j 条超对角线上的元素都是 1，而其他地方的元素皆为零. 由此可知，在 $J_k(\lambda)^j$ 的第 j 条超对角线上的元素都是 $\binom{p}{p-j}\lambda^{p-j}$. $J_k(\lambda)^p$ 的对角元素全都是 λ^p，所以 $|\lambda|<1$ 是使得 $J_k(\lambda)$ 收敛的必要条件.

为证明这个条件也是充分的，我们必须要证明：如果 $|\lambda|<1$，那么对每个 $j=1, 2, \cdots, k-1$

$$当\ p\to\infty\ 时\ \binom{p}{p-j}\lambda^{p-j}\to 0.$$

我们有

$$\left|\binom{p}{p-j}\lambda^{p-j}\right| = \left|\frac{p(p-1)(p-2)\cdots(p-j+1)\lambda^p}{j!\lambda^j}\right| \leqslant \frac{1}{j!\,|\lambda|^j}p^j\,|\lambda|^p,$$ 260

所以只需证明当 $p\to\infty$ 时有 $p^j|\lambda|^p\to 0$ 即可. 等价地说，可以证明当 $p\to\infty$ 时有 $\log(p^j\,|\lambda|^p)\to-\infty$ 就够了. 由于 $\log|\lambda|<0$，而 L'Hôspital 法则确保当 $p\to\infty$ 时有 $(\log p)/p\to 0$，所以

$$当\ p\to\infty\ 时\ \log(p^j\,|\lambda|^p) = j\log p + p\log|\lambda| = p\left(j\frac{\log p}{p}+\log|\lambda|\right)\to-\infty.$$

最后，注意到对所有 $\lambda\in\operatorname{spec}A$ 都有 $|\lambda|<1$，当且仅当 $\rho(\lambda)<1$. ■

11.7 幂有界矩阵与 Markov 矩阵

在概念上与收敛矩阵有关的是幂有界矩阵这个概念.

定义 11.7.1 方阵 $A=[a_{ij}]$ 称为是**幂有界的**(power bounded)，如果存在某个 $L>0$，使得对所有 $p=1, 2, \cdots$，都有 $|a_{ij}^{(p)}|\leqslant L$.

定理 11.7.2 $A\in\mathbf{M}_n$ 是幂有界的，当且仅当 $\rho(A)\leqslant 1$，且对每个满足 $|\lambda|=1$ 的 $\lambda\in\operatorname{spec}A$，其几何重数与代数重数都相等.

证明 由等式(11.6.4)推出：A 是幂有界的，当且仅当它的 Jordan 标准型是幂有界的，所以只需要考虑 Jordan 块 $J_k(\lambda)$ 的幂有界性即可.

假设 $J_k(\lambda)$ 是幂有界的. $J_k(\lambda)^p$ 的主对角线上的元素都是 λ^p，所以 $|\lambda|\leqslant 1$. 假设 $|\lambda|=1$. 如果 $k\geqslant 2$，那么 $J_k(\lambda)^p$ 位于(1, 2)处的元素为 $p\lambda^{p-1}$. 由于 $J_k(\lambda)$ 是幂有界的，我们断定 $k=1$. 这样一来，A 的每个关于特征值 λ 的 Jordan 块都是 1×1 的，这意味着 λ 的

代数重数与几何重数相等.

反之，假设 λ 的模为 1，且其几何重数和代数重数都等于 m，那么在 A 的 Jordan 标准型中的 Jordan 矩阵 $J(\lambda)$ 是 $J(\lambda)=\lambda I_m$，这是幂有界的. ■

定义 11.7.3 称一个实的行向量或者列向量为一个**概率向量**(probability vector)，如果它的元素都是非负的，且其和为 1.

例 11.7.4 下面是概率向量的一些例子：

$$\begin{bmatrix}0.25\\0.75\end{bmatrix},\quad \begin{bmatrix}0.25 & 0.75\end{bmatrix},\quad \begin{bmatrix}0.2\\0.3\\0.5\end{bmatrix}.$$

一个列向量 $\boldsymbol{x}\in\mathbb{R}^n$ 是概率向量，当且仅当它的元素是非负的，且 $\boldsymbol{x}^{\mathrm{T}}\boldsymbol{e}=1$，其中 $\boldsymbol{e}=[1\ 1\ \cdots\ 1]^{\mathrm{T}}\in\mathbb{R}^n$ 是全 1 向量.

261 行或者列是概率向量的矩阵是一类很重要的幂有界矩阵.

定义 11.7.5 称 $A=[a_{ij}]\in\boldsymbol{M}_n(\mathbb{R})$ 是一个 **Markov 矩阵**(Markov matrix)，如果它的元素是非负的，且

$$\sum_{j=1}^{n}a_{ij}=1 \quad 对每个\ i=1,2,\cdots,n. \tag{11.7.6}$$

例 11.7.7 这里是 Markov 矩阵的一些例子：

$$\begin{bmatrix}0 & 1\\1 & 0\end{bmatrix},\quad \begin{bmatrix}0.25 & 0.75\\0.4 & 0.6\end{bmatrix},\quad \begin{bmatrix}0.4 & 0 & 0.6\\0.2 & 0.7 & 0.1\\0 & 0.5 & 0.5\end{bmatrix}.$$

这个定义确保 Markov 矩阵的元素是非负的且每一行的元素之和为 1.

引理 11.7.8 设 $A=[a_{ij}]\in\boldsymbol{M}_n$.

(a) A 满足(11.7.6)，当且仅当 $A\boldsymbol{e}=\boldsymbol{e}$，即 $(1,\ \boldsymbol{e})$ 是 A 的一个特征对.

(b) 如果 A 的元素是非负实数且满足(11.7.6)，那么对所有 $i,\ j\in\{1,\ 2,\ \cdots,\ n\}$ 有 $0\leqslant a_{ij}\leqslant 1$.

(c) 如果 A 是 Markov 矩阵，那么对 $p=0,\ 1,\ 2,\ \cdots$，A^p 是 Markov 矩阵.

证明 (a) $A\boldsymbol{e}$ 的第 i 个元素是 A 的第 i 行的元素之和，这个和等于 1.

(b) 对于 $i,\ j\in\{1,\ 2,\ \cdots,\ n\}$，

$$0\leqslant a_{ij}\leqslant\sum_{k=1}^{n}a_{ik}=1.$$

(c) 对每个 $p\in\{1,\ 2,\ \cdots\}$，A^p 的元素都是非负的，且 $A^p\boldsymbol{e}=\boldsymbol{e}$(引理 8.3.2). ■

定理 11.7.9 设 $A\in\boldsymbol{M}_n(\mathbb{R})$ 是 Markov 矩阵. 那么 $\rho(A)=1$. 此外，如果 $\lambda\in\operatorname{spec}A$ 且 $|\lambda|=1$，那么 λ 的几何重数与代数重数相等.

证明 对每个 $p=1,\ 2,\ \cdots$，上面的引理确保 A^p 的每个元素在 0 与 1 之间. 于是，A

是幂有界的，而结论就由定理 11.7.2 得出. ■

例 11.7.10 矩阵

$$A=\begin{bmatrix}0 & I_n\\ I_n & 0\end{bmatrix}$$

是 Markov 矩阵. 由于

$$A^p=\begin{cases}I_{2n} & \text{如果 } p \text{ 是偶数,}\\ A & \text{如果 } p \text{ 是奇数,}\end{cases}$$

因此 A 不是收敛的，尽管它是幂有界的. 它的特征值是 $\lambda=\pm1$，每一个的几何重数与代数重数都是 n. 它的 Jordan 标准型是 $I_n\oplus(-I_n)$. 262

上面的例子表明：Markov 矩阵 A 可能有若干个模为 1 的特征值. 如果 A 的每个元素都是正数，这种情形就不会发生.

定理 11.7.11 设 $n\geqslant2$，$A\in\boldsymbol{M}_n(\mathbb{R})$是所有元素都为正数的 Markov 矩阵.

(a) 如果 $\lambda\in\operatorname{spec}A$ 且 $|\lambda|=1$，那么 $\lambda=1$ 且 $\mathcal{E}_1(A)=\operatorname{span}\{\boldsymbol{e}\}$.

(b) $\lambda=1$ 的代数重数为 1.

(c) A 的 Jordan 标准型是$[1]\oplus J$，其中 $J\in\boldsymbol{M}_{n-1}$是收敛的 Jordan 矩阵.

证明 (a) 设$(\lambda,\ \boldsymbol{y})$是 $A=[a_{ij}]\in\boldsymbol{M}_n$ 的一个特征对，其中 $|\lambda|=1$，$\boldsymbol{y}=[y_i]\in\mathbb{C}^n$ 是非零向量. 设 $k\in\{1,\ 2,\ \cdots,\ n\}$是满足 $|y_k|=\|\boldsymbol{y}\|_\infty$的一个指数. 由于 $A\boldsymbol{y}=\lambda\boldsymbol{y}$，因此

$$\begin{aligned}\|\boldsymbol{y}\|_\infty&=|\lambda||y_k|=|\lambda y_k|=\left|\sum_{j=1}^n a_{kj}y_j\right|\\&\leqslant\sum_{j=1}^n|a_{kj}y_j|=\sum_{j=1}^n a_{kj}|y_j| &(11.7.12)\\&\leqslant\sum_{j=1}^n a_{kj}\|\boldsymbol{y}\|_\infty=\|\boldsymbol{y}\|_\infty. &(11.7.13)\end{aligned}$$

不等式(11.7.12)与(11.7.13)必定有等号成立. 由于每一个 $a_{kj}>0$，因此(11.7.13)中的等式意味着对每个 $j=1,\ 2,\ \cdots,\ n$，都有 $|y_j|=\|\boldsymbol{y}\|_\infty$. (11.7.12)中的等式是三角不等式(A.2.9)中等式的情形，所以 $\boldsymbol{y}$ 的每个元素都是 y_1 的非负实数倍数. 由于 $\boldsymbol{y}$ 的每个元素都有同样的正的模，所以 $\boldsymbol{y}=y_1\boldsymbol{e}$. 这样就有 $A\boldsymbol{y}=\boldsymbol{y}$，$\lambda=1$. 由于 $\boldsymbol{y}\in\operatorname{span}\{\boldsymbol{e}\}$，因此 $\mathcal{E}_1(A)=\operatorname{span}\{\boldsymbol{e}\}$，$\dim\mathcal{E}_1(A)=1$.

(b) 上面的定理确保特征值 $\lambda=1$ 有相等的几何重数与代数重数，且(a)告诉我们它的几何重数是 1.

(c)设 $J_k(\lambda)$是 A 的 Jordan 标准型中的一个 Jordan 块. 定理 11.7.9(b)给出 $|\lambda|\leqslant1$. 如果 $|\lambda|=1$，那么(a)告诉我们有 $\lambda=1$，且只存在唯一一个这样的分块. (b)则告诉我们 $k=1$. 因此 $J_k(1)=[1]$，且 A 的 Jordan 标准型是$[1]\oplus J$，其中 J 是模严格小于 1 的特征值对应的 Jordan 块的直和. 定理 11.6.6 确保 J 是收敛的. ■

定理 11.7.14 设 $n\geqslant 2$，并设 $A\in \boldsymbol{M}_n(\mathbb{R})$ 是所有元素都为正数的 Markov 矩阵. 那么，存在唯一的一个 $\boldsymbol{x}\in\mathbb{R}^n$，使得 $A^{\mathrm{T}}\boldsymbol{x}=\boldsymbol{x}$ 且 $\boldsymbol{x}^{\mathrm{T}}\boldsymbol{e}=1$. $\boldsymbol{x}$ 的所有元素都是正的，且有 $\lim\limits_{p\to\infty} A^p=\boldsymbol{e}\boldsymbol{x}^{\mathrm{T}}$.

证明 A 的 Jordan 标准型是 $[1]\oplus J$，其中 $\rho(J)<1$. 于是，存在一个可逆矩阵 $S\in \boldsymbol{M}_n$，使得

$$A=S([1]\oplus J)S^{-1}. \tag{11.7.15}$$

分划 $S=[\boldsymbol{s}\ Y]$，其中 $Y\in\boldsymbol{M}_{n\times(n-1)}$. 这样就有

263 $$[A\boldsymbol{s}\ AY]=AS=S([1]\oplus J)=[\boldsymbol{s}\ Y]([1]\oplus J)=[\boldsymbol{s}\ YJ],$$

所以 $A\boldsymbol{s}=\boldsymbol{s}\in\mathcal{E}_1(A)$. 从而对某个非零的纯量 c 有 $\boldsymbol{s}=c\boldsymbol{e}$. 由于(11.7.15)等价于

$$A=(cS)([1]\oplus J)(cS)^{-1},$$

其中

$$cS=[c\boldsymbol{s}\ cY]=[\boldsymbol{e}\ cY],$$

因此从一开始就可以假设 $S=[\boldsymbol{e}\ Y]$.

分划 $S^{-\mathrm{T}}=[\boldsymbol{x}\ X]$，其中 $X\in\boldsymbol{M}_{n\times(n-1)}$ 且 $\boldsymbol{x}\neq\boldsymbol{0}$. 这样就有

$$A^{\mathrm{T}}=S^{-\mathrm{T}}([1]\oplus J^{\mathrm{T}})S^{\mathrm{T}},$$

$$[A^{\mathrm{T}}\boldsymbol{x}\ A^{\mathrm{T}}X]=A^{\mathrm{T}}S^{-\mathrm{T}}=S^{-\mathrm{T}}([1]\oplus J^{\mathrm{T}})=[\boldsymbol{x}\ X]([1]\oplus J^{\mathrm{T}})=[\boldsymbol{x}\ XJ^{\mathrm{T}}],$$

这表明 $A^{\mathrm{T}}\boldsymbol{x}=\boldsymbol{x}\in\mathcal{E}_1(A^{\mathrm{T}})$. 然而

$$\begin{bmatrix}1 & \boldsymbol{0}^{\mathrm{T}}\\ \boldsymbol{0} & I_{n-1}\end{bmatrix}=I_n=S^{-1}S=\begin{bmatrix}\boldsymbol{x}^{\mathrm{T}}\\ X^{\mathrm{T}}\end{bmatrix}[\boldsymbol{e}\ S_2]=\begin{bmatrix}\boldsymbol{x}^{\mathrm{T}}\boldsymbol{e} & \boldsymbol{x}^{\mathrm{T}}X\\ X^{\mathrm{T}}\boldsymbol{e} & X^{\mathrm{T}}X\end{bmatrix},$$

所以 $\boldsymbol{x}^{\mathrm{T}}\boldsymbol{e}=1$. 定理 11.7.11 以及引理 8.3.18 确保 $\mathcal{E}_1(A^{\mathrm{T}})$ 是一维的，所以 $\boldsymbol{x}$ 是唯一的. 由于每一个 A^p 仅有正的元素，且当 $p\to\infty$ 时

$$A^p=S([1]\oplus J^p)S^{-1}=[\boldsymbol{e}\ S_2]\begin{bmatrix}1 & \boldsymbol{0}^{\mathrm{T}}\\ \boldsymbol{0} & J^p\end{bmatrix}\begin{bmatrix}\boldsymbol{x}^{\mathrm{T}}\\ Y^{\mathrm{T}}\end{bmatrix}$$

$$\to[\boldsymbol{e}\ S_2]\begin{bmatrix}1 & \boldsymbol{0}^{\mathrm{T}}\\ \boldsymbol{0} & 0\end{bmatrix}\begin{bmatrix}\boldsymbol{x}^{\mathrm{T}}\\ Y^{\mathrm{T}}\end{bmatrix}=\boldsymbol{e}\boldsymbol{x}^{\mathrm{T}},$$

由此推出 $\boldsymbol{e}\boldsymbol{x}^{\mathrm{T}}$(从而 $\boldsymbol{x}$)的元素都是非负的实数. 于是 $\boldsymbol{x}$ 是一个概率向量. 由于 A^{T} 的元素是正的且 $A^{\mathrm{T}}\boldsymbol{x}=\boldsymbol{x}$，因此得出结论：$\boldsymbol{x}$ 的元素是正的，见 P.11.7. ■

定义 11.7.16 设 $A\in\boldsymbol{M}_n$ 是元素为正数的 Markov 矩阵. A 的**平稳分布**(stationary distribution)是指满足 $A^{\mathrm{T}}\boldsymbol{x}=\boldsymbol{x}$ 的唯一的概率向量 $\boldsymbol{x}$.

上面的定理确保元素为正数的 Markov 矩阵有一个元素为正数的平稳分布.

例 11.7.17 假设有城市 C_1，C_2 以及 C_3，各自有初始人口 n_1，n_2 以及 n_3，又设 $\boldsymbol{y}=[n_1\ n_2\ n_3]^{\mathrm{T}}$. 则 $N=n_1+n_2+n_3$ 是这三个城市的总人口数. 每个月的第一天，对每对 $i\neq j$，城市 C_i 的人口按一个固定的百分比 p_{ij} 移民到 C_j. 对每个 $i=1,2,3$，C_i 的人口按一个固

定的百分比 p_{ii} 留在 C_i. 矩阵 $P=[p_{ij}]\in \boldsymbol{M}_3(\mathbb{R})$ 的元素是非负的实数，且行和全都等于 100. 假设 $p_{ij}=100a_{ij}$，其中

$$A=\begin{bmatrix}0.1 & 0.2 & 0.7\\ 0.3 & 0.6 & 0.1\\ 0.5 & 0.3 & 0.2\end{bmatrix}.$$ 264

第一次移民之后，三个城市各自的人口数就是 $\boldsymbol{y}^{\mathrm{T}}A$ 的元素. 在第二次移民之后，各个城市的人口数就是 $\boldsymbol{y}^{\mathrm{T}}A^2$ 的元素. 由于

$$A^{12}=\begin{bmatrix}0.3021 & 0.3854 & 0.3125\\ 0.3021 & 0.3854 & 0.3125\\ 0.3021 & 0.3854 & 0.3125\end{bmatrix},$$

一年之后，三个城市各自的人口数基本上就稳定了. C_1 的人口数大约是 $0.3N$，C_2 的人口数大约是 $0.39N$，C_3 的人口数大约是 $0.31N$. 这些稳定的人口数与它们之间一开始的人口分布状况无关. 作为这个例子里移民模型的一个图示，见图 11.3.

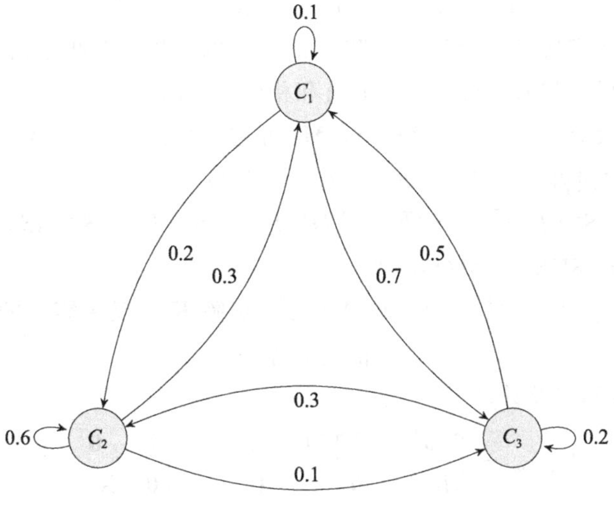

图 11.3　例 11.7.17 的移民模型

11.8　矩阵与其转置阵的相似性

方阵 A 与其转置有相同的特征值(定理 9.2.6)，但这只是其内容的一部分. 借助于 Jordan 标准型，我们可以证明 A 与 A^{T} 是相似的.

定理 11.8.1　设 $A\in\boldsymbol{M}_n$.

(a) A 通过一个对称相似矩阵与 A^{T} 相似.

(b) $A=BC=DE$，其中 B，C，D 和 E 是对称的，而 B 与 E 是可逆的.

证明　(a) 等式(11.1.5)告诉我们有

265

$$J_m=\begin{bmatrix}\mathbf{0} & I_{m-1}\\ 0 & \mathbf{0}^{\mathrm{T}}\end{bmatrix},\quad J_m^{\mathrm{T}}=\begin{bmatrix}\mathbf{0}^{\mathrm{T}} & 0\\ I_{m-1} & \mathbf{0}\end{bmatrix}.$$

(6.2.9)中定义的反序矩阵 K_m 可以写成像

$$K_m=\begin{bmatrix}\mathbf{0} & K_{m-1}\\ 1 & \mathbf{0}^{\mathrm{T}}\end{bmatrix}=\begin{bmatrix}\mathbf{0}^{\mathrm{T}} & 1\\ K_{m-1} & \mathbf{0}\end{bmatrix}$$

这样的分块形式. 现在计算

$$K_mJ_m^{\mathrm{T}}=\begin{bmatrix}\mathbf{0} & K_{m-1}\\ 1 & \mathbf{0}^{\mathrm{T}}\end{bmatrix}\begin{bmatrix}\mathbf{0}^{\mathrm{T}} & 0\\ I_{m-1} & \mathbf{0}\end{bmatrix}=\begin{bmatrix}K_{m-1} & \mathbf{0}\\ \mathbf{0}^{\mathrm{T}} & 0\end{bmatrix},$$

$$J_mK_m=\begin{bmatrix}\mathbf{0} & I_{m-1}\\ 0 & \mathbf{0}^{\mathrm{T}}\end{bmatrix}\begin{bmatrix}\mathbf{0}^{\mathrm{T}} & 1\\ K_{m-1} & \mathbf{0}\end{bmatrix}=\begin{bmatrix}K_{m-1} & \mathbf{0}\\ \mathbf{0}^{\mathrm{T}} & 0\end{bmatrix}.\qquad(11.8.2)$$

于是 $K_mJ_m^{\mathrm{T}}=J_mK_m$，所以 $J_m^{\mathrm{T}}=K_m^{-1}J_mK_m$. 计算

$$\begin{aligned}J_m(\lambda)^{\mathrm{T}}&=(\lambda I_m+J_m)^{\mathrm{T}}=\lambda I_m+J_m^{\mathrm{T}}=\lambda I_m+K_m^{-1}J_mK_m\\&=K_m^{-1}(\lambda I_m+J_m)K_m=K_m^{-1}J_m(\lambda)K_m\end{aligned}$$

表明每一个 Jordan 块都通过一个反序矩阵相似于它的转置. 由此推出，每个 Jordan 矩阵(它是 Jordan 块的直和)都通过反序矩阵的直和相似于它的转置.

设 $A\in\boldsymbol{M}_n$，并设 $A=SJS^{-1}$，其中 $S\in\boldsymbol{M}_n$ 可逆，而 J 是一个 Jordan 矩阵. 用 K 表示反序矩阵的直和，它使得 $J^{\mathrm{T}}=K^{-1}JK$. 则有 $J=S^{-1}AS$ 且

$$\begin{aligned}A^{\mathrm{T}}&=S^{-\mathrm{T}}J^{\mathrm{T}}S^{\mathrm{T}}=S^{-\mathrm{T}}(K^{-1}JK)S^{\mathrm{T}}=S^{-\mathrm{T}}K^{-1}(S^{-1}AS)KS^{\mathrm{T}}\\&=(SKS^{\mathrm{T}})^{-1}A(SKS^{\mathrm{T}}).\end{aligned}$$

这样一来，A^{T} 就通过相似矩阵 SKS^{T} 与 A 相似. 矩阵 K 是反序矩阵的直和，其中每一个反序矩阵都是对称的，所以 K 与 SKS^{T} 都是对称的.

(b) 等式(11.8.2)以及计算

$$K_mJ_m=\begin{bmatrix}\mathbf{0}^{\mathrm{T}} & 1\\ K_{m-1} & \mathbf{0}\end{bmatrix}\begin{bmatrix}\mathbf{0} & I_{m-1}\\ 0 & \mathbf{0}^{\mathrm{T}}\end{bmatrix}=\begin{bmatrix}0 & \mathbf{0}^{\mathrm{T}}\\ \mathbf{0} & K_{m-1}\end{bmatrix}$$

蕴涵 JK 与 KJ 两者都是对称的. 而反序矩阵是对合矩阵，所以 $K^2=I$. 计算

$$A=SJS^{-1}=SK^2JS^{-1}=(SKS^{\mathrm{T}})(S^{-\mathrm{T}}KJS^{-1})$$

以及

$$A=SJS^{-1}=SJK^2S^{-1}=(SJKS^{\mathrm{T}})(S^{-\mathrm{T}}KS^{-1})$$

都证实了结论中给出的分解式. ■

11.9　*AB* 与 *BA* 的可逆 Jordan 块

如果 A 与 B 是同阶的方阵，那么 AB 与 BA 有同样的特征值，且特征值有相同的重数(定理 9.7.2). 然而，还有某种更强的结果成立. AB 与 BA 的 Jordan 标准型包含同样的可

266 逆 Jordan 块，这些 Jordan 块有相同的重数.

定理 11.9.1 设 $A, B\in \boldsymbol{M}_n$. 如果 $\operatorname{spec} AB\neq\{0\}$，则对每个非零的 $\lambda\in\operatorname{spec} AB$ 以及每个 $k=1, 2, \cdots, n$，AB 与 BA 的 Jordan 标准型包含有相同重数的同样的 Jordan 块 $J_k(\lambda)$.

证明 在定理 9.7.2 的证明中我们指出

$$X=\begin{bmatrix} AB & A \\ 0 & 0 \end{bmatrix} \quad 和 \quad Y=\begin{bmatrix} 0 & A \\ 0 & BA \end{bmatrix} \tag{11.9.2}$$

是相似的. 设 λ 是 AB(从而也是 BA)的非零的特征值. 将 $f(z)=(z-\lambda)^p$ 应用于 X 以及 Y，然后用(0.8.2)得知

$$(X-\lambda I)^p=\begin{bmatrix} (AB-\lambda I)^p & \star \\ 0 & (-\lambda)^p I \end{bmatrix} \tag{11.9.3}$$

与

$$(Y-\lambda I)^p=\begin{bmatrix} (-\lambda)^p I & \star \\ 0 & (BA-\lambda I)^p \end{bmatrix}$$

是相似的. 将(11.9.3)分划成 $(X-\lambda I)^p=[X_1 X_2]$，其中 $X_1, X_2\in \boldsymbol{M}_{2n\times n}$. 因为 $\lambda\neq 0$，所以

$$\operatorname{rank} X_2=\operatorname{rank}\begin{bmatrix} \star \\ (-\lambda)^p I_n \end{bmatrix}=n.$$

设 $\boldsymbol{x}$ 是 X_1 的一列. 如果 $\boldsymbol{x}\in\operatorname{col} X_2$，则存在一个 $\boldsymbol{y}\in\mathbb{C}^n$，使得

$$\boldsymbol{x}=\begin{bmatrix} \star \\ \boldsymbol{0} \end{bmatrix}=X_2\boldsymbol{y}=\begin{bmatrix} \star \\ (-\lambda)^p \boldsymbol{y} \end{bmatrix}.$$

由此推出 $\boldsymbol{y}=\boldsymbol{0}$，$\boldsymbol{x}=X_2\boldsymbol{y}=\boldsymbol{0}$. 我们得出结论 $\operatorname{col} X_1\cap\operatorname{col} X_2=\{\boldsymbol{0}\}$，所以

$$\operatorname{rank}(X-\lambda I)^p=\operatorname{rank} X_1+n=\operatorname{rank}(AB-\lambda I)^p+n.$$

对 $(Y-\lambda I)^p$ 的行做类似的检查表明

$$\operatorname{rank}(Y-\lambda I)^p=\operatorname{rank}(BA-\lambda I)^p+n.$$

由 $(X-\lambda I)^p$ 与 $(Y-\lambda I)^p$ 的相似性推出 $\operatorname{rank}(X-\lambda I)^p=\operatorname{rank}(Y-\lambda I)^p$，所以

$$\operatorname{rank}(AB-\lambda I)^p=\operatorname{rank}(BA-\lambda I)^p, \quad p=1,2,\cdots.$$

这样一来，AB 与 BA 与每一个非零的 $\lambda\in\operatorname{spec} AB$ 相伴的 Weyr 特征都是相同的，所以，对每个 $k=1, 2, \cdots$，$J_k(\lambda)$ 在它们各自的 Jordan 标准型中的重数也是相同的. ■

上面的定理对 AB 与 BA 的幂零 Jordan 分块没有给出任何结论，这方面的结果有可能是不相同的.

例 11.9.4 设 $A=J_2$，$B=\operatorname{diag}(1, 0)$. $AB=J_1\oplus J_1$ 与 $BA=J_2$ 的 Jordan 标准型没有相同的幂零 Jordan 块. 267

有一个简单而确定的判别法来判断 AB 与 BA 的相似性，它只关注它们的幂零 Jordan 块.

推论 11.9.5 设 $A, B\in \boldsymbol{M}_n$. 那么 AB 与 BA 相似，当且仅当对每个 $p=1, 2, \cdots, n$，

有 rank $(AB)^p$=rank $(BA)^p$.

证明　如果 AB 与 BA 相似，那么它们对应的幂相似，从而有相同的秩. 反之，如果它们对应的幂有相等的秩，那么 AB 与 BA 的 Weyr 特征是相同的. 由此推出，在它们各自的 Jordan 标准型中的每个幂零块的重数 J_k 都是相同的. 上面的定理确保 AB 与 BA 的可逆 Jordan 块是相同的，且有相同的重数. 这样一来，AB 与 BA 的 Jordan 标准型是相同的. ■

例 11.9.6　考虑

$$A=\begin{bmatrix}0&0&0&0\\0&0&1&0\\0&0&0&1\\0&1&0&0\end{bmatrix},\quad B=\begin{bmatrix}0&0&0&1\\0&1&0&0\\0&0&0&0\\1&0&0&0\end{bmatrix},$$

它们的乘积是幂零阵

$$AB=\begin{bmatrix}0&0&0&0\\0&0&0&0\\1&0&0&0\\0&1&0&0\end{bmatrix},\quad BA=\begin{bmatrix}0&1&0&0\\0&0&1&0\\0&0&0&0\\0&0&0&0\end{bmatrix}=J_3\oplus J_1.$$

计算表明 rankAB=rankBA=2，但是 rank $(AB)^2=0$，rank $(BA)^2=1$. 上面的推论告诉我们 AB 与 BA 不相似. 事实上，AB 的 Jordan 标准型是 $J_2\oplus J_2$.

推论 11.9.7　设 A，H，$K\in\boldsymbol{M}_n$，假设 H 与 K 是 Hermite 矩阵. 那么 HK 与 KH 相似，且 $A\overline{A}$与 $\overline{A}A$ 相似.

证明　对每个 $p=1, 2, \cdots$,

$$\operatorname{rank}(HK)^p=\operatorname{rank}((HK)^p)^*=\operatorname{rank}((HK)^*)^p=\operatorname{rank}(K^*H^*)^p=\operatorname{rank}(KH)^p,$$

$$\operatorname{rank}(A\overline{A})^p=\operatorname{rank}\overline{(A\overline{A})^p}=\operatorname{rank}(\overline{A\overline{A}})^p=\operatorname{rank}(\overline{A}A)^p.$$

上面的推论确保 HK 与 KH 相似，$A\overline{A}$与$\overline{A}A$ 相似. ■

例 11.9.8　考虑

268 $$A=\begin{bmatrix}-5&\mathrm{i}\\2\mathrm{i}&0\end{bmatrix},\quad A\overline{A}=\begin{bmatrix}27&5\mathrm{i}\\-10\mathrm{i}&2\end{bmatrix}.$$

计算显示有 $A\overline{A}=SRS^{-1}$，$\overline{A}A=\overline{S}R\overline{S}^{-1}$，其中

$$R=\begin{bmatrix}7&10\\15&22\end{bmatrix},\quad S=\begin{bmatrix}-\mathrm{i}&-\mathrm{i}\\1&-1\end{bmatrix}.$$

这就确认了 $A\overline{A}$与它的复共轭相似，这是因为它与实矩阵 R 相似.

11.10　矩阵与其复共轭矩阵的相似性

并非每个复数都与其复共轭相等，所以对于并非每个矩阵 A 都与 $\overline{A}$ 相似这件事也没有什么令人惊讶的. 如果 A 是实的，那么 A 相似于 $\overline{A}$，但是有许多非实的矩阵也有这个性

质. 例如，任何形如 $A\overline{A}$的矩阵都与它的复共轭矩阵相似(推论 11.9.7)，就像任何一个由两个 Hermite 矩阵构成的乘积那样(定理 11.10.4).

如果 J 是 A 的 Jordan 标准型，那么 $\overline{J}$ 是 $\overline{A}$ 的 Jordan 标准型. 这样一来，A 与 $\overline{A}$ 相似，当且仅当 J 相似于 $\overline{J}$. 这个结论可以利用下面定理中的判别法来验证，其关键在于如下结论：对任何 Jordan 块 $J_k(\lambda)$，我们都有 $\overline{J_k(\lambda)}=\overline{\lambda I_k+J_k}=\overline{\lambda}I+J_k=J_k(\overline{\lambda})$.

定理 11.10.1 设 $A\in \boldsymbol{M}_n$. 则以下诸命题等价：

(a) A 相似于 $\overline{A}$.

(b) 如果 $J_k(\lambda)$是 A 的 Jordan 标准型中一个直和项，那么 $J_k(\overline{\lambda})$也是其中的一个直和项，且有同样的重数.

证明 设 λ_1，λ_2，…，λ_d 是 A 的相异的特征值，又假设 A 的 Jordan 标准型是

$$J = J(\lambda_1) \oplus J(\lambda_2) \oplus \cdots \oplus J(\lambda_d), \tag{11.10.2}$$

其中每个 $J_k(\lambda_i)$都是一个 Jordan 矩阵.

如果 A 相似于 $\overline{A}$，那么 J 相似于 $\overline{J}$. 此外

$$\overline{J} = J(\overline{\lambda_1}) \oplus J(\overline{\lambda_2}) \oplus \cdots \oplus J(\overline{\lambda_d}). \tag{11.10.3}$$

Jordan 标准型的唯一性蕴涵(11.10.3)中的直和可以从(11.10.2)的直和中排列它的直和项来得到. 于是存在数列 1，2，…，d 的一个排列 σ，使得 Jordan 矩阵 $J_k(\lambda_j)$与 $J_k(\overline{\lambda_{\sigma(j)}})$有同样的 Jordan 标准型($J_k(\overline{\lambda_{\sigma(j)}})$的直和项是由对 $J_k(\lambda_j)$的直和项进行排列得到的). 如果 λ_j 是实数，那么 $\sigma(j)=j$，但是如果 λ_j 不是实数，则 $\sigma(j)\neq j$. 这样一来(11.10.2)中非实的 Jordan 矩阵(直和项)必定共轭成对出现.

反之，如果(11.10.2)中非实的 Jordan 矩阵共轭成对出现，那么(11.10.3)中非实的直和项也必定共轭成对出现，它们可通过交换(11.10.2)中成对的直和项而得到. 这表明 A 与 $\overline{A}$ 的 Jordan 标准型是相同的，故而 A 与 $\overline{A}$ 相似. ■

下面的定理引进了一些重要的特征，它不涉及对 Jordan 标准型的研究. 269

定理 11.10.4 设 $A\in \boldsymbol{M}_n$. 则以下诸命题等价：

(a) A 相似于 $\overline{A}$.

(b) A 相似于 A^*.

(c) A 通过一个 Hermite 相似矩阵相似于 A^*.

(d) $A=HK=LM$，其中 H，K，L 以及 M 是 Hermite 矩阵，而 H 与 M 都是可逆的.

(e) $A=HK$，其中 H 与 K 是 Hermite 阵.

证明 (a)⇒(b) 设 S，$R\in \boldsymbol{M}_n$ 是可逆的，且使得 $A=S\overline{A}S^{-1}$，$A=RA^{\mathrm{T}}R^{-1}$(定理 11.8.1). 这样就有 $\overline{A}=\overline{R}\,\overline{A}^{\mathrm{T}}\,\overline{R}^{-1}$且

$$A = S\overline{A}S^{-1} = S\overline{R}\,\overline{A}^{\mathrm{T}}\,\overline{R}^{-1}S^{-1} = (S\overline{R})A^*(S\overline{R})^{-1}.$$

(b)⇒(c) 设 $S\in \boldsymbol{M}_n$ 可逆，且使得 $A=SA^*S^{-1}$. 对任何 $\theta\in\mathbb{R}$，我们有 $A=(e^{i\theta}S)A^*(e^{-i\theta}S^{-1})=S_\theta A^*S_\theta^{-1}$，其中 $S_\theta=e^{i\theta}S$. 这样就有 $AS_\theta=S_\theta A^*$. 这个等式的伴随是 $AS_\theta^*=S_\theta^*A^*$. 将上面两个等式相加得到

$$A(S_\theta + S_\theta^*) = (S_\theta + S_\theta^*)A^*.$$

矩阵 $H_\theta = S_\theta + S_\theta^*$ 是 Hermite 阵，计算

$$S_\theta^{-1}H_\theta = I + S_\theta^{-1}S_\theta^* = I + \mathrm{e}^{-2i\theta}S^{-1}S^* = \mathrm{e}^{-2i\theta}(\mathrm{e}^{2i\theta}I + S^{-1}S^*)$$

告诉我们：对任何满足 $-\mathrm{e}^{2i\theta}\notin \mathrm{spec}(S^{-1}S^*)$ 的 θ，H_θ 都是可逆的. 对这样选取的 θ，我们有 $A = H_\theta A^* H_\theta^{-1}$.

(c)⇒(d) 设 S 可逆且为 Hermite 阵，使得 $A = SA^*S^{-1}$. 那么 $AS = SA^*$. 由此得出 $(SA^*)^* = (AS)^* = S^*A^* = SA^*$，即 SA^* 是 Hermite 阵. 这样 $A = (SA^*)S^{-1}$ 是两个 Hermite 因子的乘积，其中的第二个因子是可逆的. 由于 $S^{-1}A = A^*S^{-1}$，故而也有 $(A^*S^{-1})^* = (S^{-1}A)^* = A^*S^{-*} = A^*S^{-1}$，所以 A^*S^{-1} 是 Hermite 阵，且 $A = S(A^*S^{-1})$ 是两个 Hermite 因子的乘积，其中第一个因子是可逆的.

(d)⇒(e) 没有什么要证明的.

(e)⇒(a) 推论 11.9.7 确保 HK 与 KH 相似. 定理 11.8.1 告诉我们 $A = KH$ 相似于 $(KH)^{\mathrm{T}} = H^{\mathrm{T}}K^{\mathrm{T}} = \overline{HK} = \overline{A}$. ■

11.11　问题

P. 11. 1　求

$$\begin{bmatrix}0&1&1&1\\0&0&1&1\\0&0&0&1\\0&0&0&0\end{bmatrix},\quad \begin{bmatrix}0&1&1&0\\0&0&0&0\\0&0&0&1\\0&0&0&0\end{bmatrix},\quad \begin{bmatrix}0&1&0&1\\0&0&0&0\\0&0&0&1\\0&0&0&0\end{bmatrix},$$

$$\begin{bmatrix}0&0&1&1\\0&0&0&1\\0&0&0&0\\0&0&0&0\end{bmatrix},\quad \begin{bmatrix}0&0&1&1\\0&0&1&1\\0&0&0&0\\0&0&0&0\end{bmatrix},\quad \begin{bmatrix}0&0&1&1\\0&0&0&1\\0&1&0&0\\0&0&0&0\end{bmatrix}$$

270 的 Jordan 标准型. 这些矩阵里有哪些是相似的？

P. 11. 2　证明

$$J_{k+1} = \begin{bmatrix}\boldsymbol{e}_2^{\mathrm{T}} & 0\\ J_k^2 & \boldsymbol{e}_{k-1}\end{bmatrix} = \begin{bmatrix}J_k & \boldsymbol{e}_k\\ \boldsymbol{0}^{\mathrm{T}} & 0\end{bmatrix}.$$

P. 11. 3　假设 $A\in \boldsymbol{M}_n$，$B\in \boldsymbol{M}_m$.

(a)证明：$A\oplus B$ 是幂零的，当且仅当 A 与 B 两者都是幂零的.

(b)如果 A 与 B 是幂零的，且 $m=n$，则 $A+B$ 与 AB 是幂零的吗？

P. 11. 4　如果 $A\in \boldsymbol{M}_5$，$(A-2I)^3=0$，且 $(A-2I)^2\neq 0$，那么 A 可能的 Jordan 标准型是什么？

P. 11. 5　设 A，$B\in \boldsymbol{M}_n$. 对下述结论给出证明或者反例：$ABAB=0$ 蕴涵 $BABA=0$. 其中维数有关系吗？

P. 11. 6 设 $A\in\boldsymbol{M}_n$ 是幂零阵.

(a)证明

$$(I-A)^{-1}=I+A+A^2+\cdots+A^{n-1}.$$

(b)计算$(I-AB)^{-1}$，其中 AB 是例 11.9.6 中的乘积.

(c)计算$(I-J_n)^{-1}$以及$(I+J_n)^{-1}$.

P. 11. 7 设 $A\in\boldsymbol{M}_n(\mathbb{R})$，假设它的每一个元素都是正的. 如果 $\boldsymbol{x}\in\mathbb{R}^n$ 是非零的向量且元素是非负的，证明 $A\boldsymbol{x}$ 的元素是正的.

P. 11. 8 定义分划函数(partition function)p：$\mathbb{N}\to\mathbb{N}$ 如下：设 $p(n)$是将正整数 n 表示成正整数之和的表法个数(不计其被加项的次序). 例如，$p(1)=1$，$p(2)=2$，$p(3)=3$，$p(4)=5$. 已知 $p(10)=42$，$p(100)=190\ 569\ 292$，

$$p(1\ 000)=24\ 061\ 467\ 864\ 032\ 622\ 473\ 692\ 149\ 727\ 991.$$

(a)证明 $p(5)=7$，$p(6)=11$，$p(7)=15$.

(b)证明：对 $n\times n$ 幂零阵，存在$p(n)$个可能的 Jordan 标准型.

P. 11. 9 设 $A\in\boldsymbol{M}_4$，对 $k=0,1,2,3,4$ 有 $r_k=\operatorname{rank}A^k$. 证明：$r_0=4$，$r_1=2$，$r_2=1$，$r_3=0$ 是可能的，但 $r_0=4$，$r_1=3$，$r_2=0$ 是不可能的.

P. 11. 10 假设 $A\in\boldsymbol{M}_n$，$\lambda\in\operatorname{spec}A$. 证明：$A$ 的 Jordan 标准型中分块 $J_k(\lambda)$的重数是

$$\operatorname{rank}(A-\lambda I)^{k-1}-2\operatorname{rank}(A-\lambda I)^k+\operatorname{rank}(A-\lambda I)^{k+1}.$$

P. 11. 11 设 $A\in\boldsymbol{M}_n$ 是幂零阵. 在以下条件下，A 的 Weyr 特征以及 Jordan 标准型可能是什么？(a)$n=2$. (b)$n=3$. (c)$n=4$. (d)$n=5$.

P. 11. 12 给出矩阵 $A,B\in\boldsymbol{M}_n$ 的例子，它们不相似，但有同样的特征多项式以及同样的极小多项式. 为什么你的例子里矩阵的阶必定大于 3？

P. 11. 13 设 p 与 q 是正整数，设 $A\in\boldsymbol{M}_{pq}$ 是幂零阵. 如果 A 的 Weyr 特征是 $w_1,w_2,\cdots,w_q$，且$w_1=w_2=\cdots=w_q=p$，证明 A 的 Jordan 标准型是 $J_q\oplus\cdots\oplus J_q$($p$ 个直和项). 对于这一现象的特殊情况见例 11.9.6.

P. 11. 14 假设 $B\in\boldsymbol{M}_m$，$D\in\boldsymbol{M}_n$ 是幂零阵，分别有指数 q_1 与 q_2. 令 $C\in\boldsymbol{M}_{m\times n}$，并设

$$A=\begin{bmatrix}B & C\\0 & D\end{bmatrix}.$$

271

(a)证明：A^k 的位于(1，2)处的分块是 $\sum_{j=0}^{k}B^jCD^{k-j}$.

(b)证明 A 是幂零的，其指数至多为 $\max\{q_1,q_2\}$.

P. 11. 15 设 $\varepsilon\geqslant0$ 并如下法来构造矩阵 $A_\varepsilon\in\boldsymbol{M}_n$：将幂零 Jordan 块 $J_n(0)$的位于$(n,1)$处的元素置为 ε.

(a)证明：$p_{A_\varepsilon}(z)=z^n-\varepsilon$.

(b)如果 $\varepsilon>0$，证明 A 是可对角化的，且其每个特征值的模都是 $\varepsilon^{1/n}$. 如果$n=64$ 且 $\varepsilon=2^{-32}$，那么 A_ε 的每个特征值的模都是 $2^{-1/2}>0.7$，而 A_0 的每个特征

值都等于 0.

P. 11. 16 用 K_n 来记 $n\times n$ 反序矩阵，并设 $S_n=2^{-1/2}(I_n+\mathrm{i}K_n)$. 证明以下结论：

(a)S_n 是对称的酉矩阵.

(b)矩阵

$$S_nJ_n(\lambda)S_n^* = \lambda I_n+\frac{1}{2}(J_n+K_nJ_nK_n)+\frac{\mathrm{i}}{2}(K_nJ_n-J_nK_n)$$

是对称的，且与 $J_n(\lambda)$ 酉相似.

(c)每个 Jordan 矩阵都与一个复对称矩阵酉相似.

(d)每个复方阵都相似于一个复对称阵.

P. 11. 17 假设 A，$B\in \boldsymbol{M}_6$，B 有特征值 1，1，2，2，3，3，$AB=BA$，$A^3=0$. 证明：A 的 Jordan 标准型恰有四种可能性. 是哪四种？

P. 11. 18 考虑例 11. 9. 6 中的 4×4 矩阵 A 与 B. 证明：$p_A(z)=m_A(z)=z^4-z$，$p_B(z)=z^4-z^3-z^2+z$，$m_B(z)=z^3-z$.

P. 11. 19 验证 $\boldsymbol{x}(t)=[\cos t+2\sin t \quad 2\cos t-\sin t]^{\mathrm{T}}$ 满足微分方程 $\boldsymbol{x}'(t)=A\boldsymbol{x}(t)$ 以及例 11. 5. 9 中的初始条件.

P. 11. 20 设 $A\in \boldsymbol{M}_n$ 是可对角化的，利用(11. 5. 1)的讨论中所用的记号，并令 $E(t)=\mathrm{diag}(\mathrm{e}^{\lambda_1 t}, \mathrm{e}^{\lambda_2 t}, \cdots, \mathrm{e}^{\lambda_n t})$.

(a)证明 $\boldsymbol{x}(t)=SE(t)S^{-1}\boldsymbol{x}(0)$ 是(11. 5. 1)的解.

(b)利用(9. 5. 6)说明为什么这个解可以写成 $\boldsymbol{x}(t)=\mathrm{e}^{At}\boldsymbol{x}(0)$.

(c)如果 $n=1$，结果是什么？

(d)事实上有

$$\mathrm{e}^{At}=\sum_{k=0}^{\infty}\frac{t^k}{k\,!}A^k,$$

其中的无穷级数对每个 $A\in \boldsymbol{M}_n$ 以及每个 $t\in\mathbb{R}$ 处处收敛. 利用这个事实证明：如果 A 以及初始条件 $\boldsymbol{x}(0)$ 都是实的，那么对所有 $t\in\mathbb{R}$，解 $\boldsymbol{x}(t)$ 也都是实的，即使 A(从而 $E(t)$ 与 S)有某些特征值不是实数也依然如此.

(e)设 A 与 $\boldsymbol{x}(0)$ 是例 11. 5. 9 中的矩阵以及初始向量. 对于 $k=0$，1，2，…，$(tA)^{4k}$，$(tA)^{4k+1}$，$(tA)^{4k+2}$ 以及 $(tA)^{4k+3}$ 是什么？利用(c)中的无穷级数证明 $\mathrm{e}^{At}=(\sin t)A+(\cos t)I$. 这个方法并不要求与 A 的特征值有关的知识. 计算 $\mathrm{e}^{At}\boldsymbol{x}(0)$ 并加以讨论.

(f)设 A 是例 11. 5. 9 中的矩阵. 利用(9. 8. 4)计算 e^{At}. 这个方法要求与 A 的特征值有关的知识，但不涉及无穷级数.

P. 11. 21 设 $A\in \boldsymbol{M}_n$，$\lambda\in\mathrm{spec}A$. 设 w_1，w_2，…，w_q 是 $A-\lambda I$ 的 Weyr 特征. 证明 $w_1+w_2+\cdots+w_q$ 是 λ 的代数重数. **提示**：如果 $J_k(\mu)$ 是 A 的 Jordan 标准型的一个直和项且 $\mu\neq\lambda$，为什么 $\mathrm{rank}\,J_k(\mu-\lambda)^q=k$？

P. 11. 22 设 $A\in \boldsymbol{M}_n$，并假设对每个 $\lambda\in\mathrm{spec}A$ 都有 $\mathrm{Re}\lambda<0$，设 $\boldsymbol{x}(t)$ 是(11. 5. 1)的解. 利

用 11.5 节中的分析证明：当 $t\to\infty$ 时，$\|\boldsymbol{x}(t)\|_2\to 0$. 272

P. 11. 23 赛瑟尔·萨格恩不是快乐，就是悲伤. 如果他快乐一天，那么他在接下来的一天里有四分之三的可能是快乐的. 如果他在某一天是悲伤的，那么他在接下来的一天里有三分之一的可能是悲伤的. 在即将到来的一年里，你期望赛瑟尔有多少天是快乐的？

P. 11. 24 高尔被分成了三部分：加利亚阿奎塔尼亚(记为 A)，加利亚贝尔吉卡(记为 B)，加利亚卢度那瑟斯(记为 L). 每一年 A 地会有 5%的居民移居到 B，有 5%的居民移居到 L. B 地每年有 15%的居民移居到 A，有 10%的居民移居到 L. 最后，L 每年有 10%的居民移居到 A，有 5%的居民移居到 B. 经过 50 年之后，可以期待这三个区域的居民人数各占多大的百分比？

P. 11. 25 每一年假设在城市 C_1，C_2 与 C_3 之间的人口迁徙按照图 11.4 进行.

(a)如果起始人口分别为 1 000 万、600 万以及 200 万，你的长期预判数值是什么？

(b)如果起始人口分别为 100 万、200 万以及 1 200 万，你的长期预判数值又是多少？

(c)在三个区域的人口趋于稳定之前，我们需要等待多长时间？

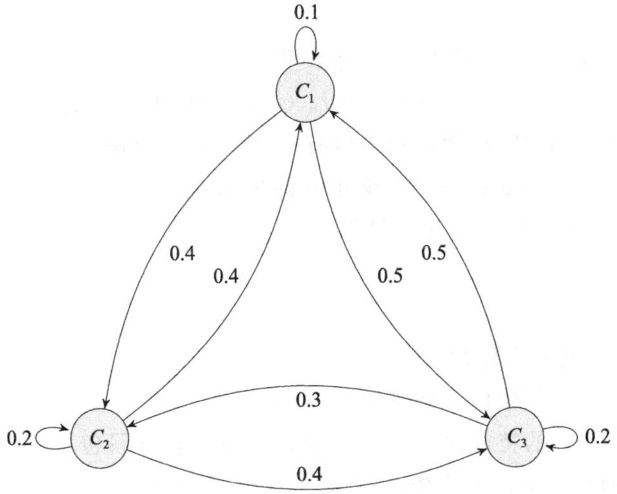

图 11.4　P. 11. 25 的移民模型

P. 11. 26 设 $A\in\boldsymbol{M}_n$ 的元素全都是正的实数. 假设 A 所有的行和与列和都为 1. 证明 $\lim\limits_{p\to\infty}A^p=\frac{1}{n}E$，其中 $E\in\boldsymbol{M}_n$ 是全 1 矩阵.

P. 11. 27 设 $A\in\boldsymbol{M}_2$.

(a)证明：A 与一个形如

$$\begin{bmatrix}\lambda_1 & \alpha\\ 0 & \lambda_2\end{bmatrix}\tag{11.11.1}$$

的唯一的矩阵酉相似，其中

（ⅰ）$\alpha=(\|A\|_F^2-|\lambda_1|^2-|\lambda_2|^2)^{1/2}\geqslant 0$，

（ⅱ）$\mathrm{Re}\lambda_1\geqslant\mathrm{Re}\lambda_2$，

273 （ⅲ）$\mathrm{Im}\lambda_1\geqslant\mathrm{Im}\lambda_2$，如果 $\mathrm{Re}\lambda_1=\mathrm{Re}\lambda_2$.

(b)证明：每个 2×2 的复方阵都与它的转置矩阵酉相似. 而对 3×3 的情形见下面的问题.

P. 11. 28　设 $A\in\boldsymbol{M}_n$.

(a)如果 $B\in\boldsymbol{M}_n$ 与 A 酉相似，证明 $\mathrm{tr}(A^2(A^*)^2AA^*)=\mathrm{tr}(B^2(B^*)^2BB^*)$.

(b)如果 A 与 A^{T} 酉相似，证明 $\mathrm{tr}(A^2(A^*)^2AA^*)=\mathrm{tr}((A^*)^2A^2A^*A)$.

(c)证明：

$$A=\begin{bmatrix}0&1&0\\0&0&2\\0&0&0\end{bmatrix}$$

不与 A^{T} 酉相似. 将这个结果与定理 11. 8. 1 以及上一个问题作比较.

P. 11. 29　设 f 是 n 次的首一多项式，又设 λ_1，λ_2，…，λ_d 是 f 的相异的零点，分别有重数 n_1，n_2，…，n_d.

(a)证明：友矩阵 C_f 的 Jordan 标准型是

$$J_{n_1}(\lambda_1)\oplus J_{n_2}(\lambda_2)\oplus\cdots\oplus J_{n_d}(\lambda_d),$$

对每个不同的特征值，它恰好有一个 Jordan 分块.

(b)证明每个 $\lambda\in\mathrm{spec}\,C_f$ 的几何重数都为 1.

P. 11. 30　设 $A\in\boldsymbol{M}_n$. 证明以下诸命题等价：

(a)m_A 的次数等于 p_A 的次数.

(b)$p_A=m_A$.

(c)A 与 p_A 的友矩阵相似.

(d)A 的每个特征值的几何重数都为 1.

(e)对每个相异的特征值，A 的 Jordan 标准型恰好只包含一个分块.

(f)与 A 的每一个特征值相伴的 Weyr 特征都有 1，1，…，1 的形式.

我们把 A 称为是*非减阶的*(nonderogatory)，如果这些命题中有任何一个为真.

P. 11. 31　如果 A，$B\in\boldsymbol{M}_n$ 是非减阶的，证明：A 与 B 相似，当且仅当 $p_A=p_B$.

P. 11. 32　如果 $D=\mathrm{diag}(d_1,d_2,\cdots,d_n)\in\boldsymbol{M}_n$ 是一个可逆的对角矩阵.

(a)利用推论 11. 3. 11 证明：J_nD 的 Jordan 标准型是 J_n.

(b)求一个对角阵 E，使得 $EJ_nDE^{-1}=J_n$.

(c)假设 $\varepsilon\neq 0$，$\lambda I+\varepsilon J_n$ 看起来像什么样子？为什么它相似于 $J_n(\lambda)$？

P. 11. 33　证明 $(I-J_n)$ 相似于 $(I+J_n)$.

P. 11. 34　如果 $\lambda\neq 0$，证明 $J_k(\lambda)^{-1}$ 相似于 $J_k(\lambda^{-1})$.

P. 11. 35 如果$\lambda\neq 0$，且 p 是一个正的或者负的整数，证明 $J_k(\lambda)^p$ 相似于 $J_k(\lambda^p)$. 特别地有 $J_k(\lambda)^2$ 相似于 $J_k(\lambda^2)$.

P. 11. 36 假设$\lambda\neq 0$，且 $\lambda^{1/2}$是它的随便哪一个选定的平方根. 上一个问题确保 $J_k(\lambda^{1/2})^2$ 相似于 $J_k(\lambda)$. 设 $S\in \boldsymbol{M}_n$ 可逆，且使得 $J_k(\lambda)=SJ_k(\lambda^{1/2})^2S^{-1}$. 274

(a)证明$(SJ_k(\lambda^{1/2})S^{-1})^2=J_k(\lambda)$，所以 $SJ_k(\lambda^{1/2})S^{-1}$是 $J_k(\lambda)$的平方根.

(b)证明：每个可逆矩阵都有平方根.

P. 11. 37 设$\lambda\neq 0$，并定义

$$R_4(\lambda)=\begin{bmatrix}\lambda^{1/2} & \frac{1}{2}\lambda^{-1/2} & \frac{-1}{8}\lambda^{-3/2} & \frac{1}{16}\lambda^{-5/2}\\ 0 & \lambda^{1/2} & \frac{1}{2}\lambda^{-1/2} & \frac{-1}{8}\lambda^{-3/2}\\ 0 & 0 & \lambda^{1/2} & \frac{1}{2}\lambda^{-1/2}\\ 0 & 0 & 0 & \lambda^{1/2}\end{bmatrix}.$$

(a)验证 $R_4(\lambda)$是 $J_4(\lambda)$的平方根，即 $R_4(\lambda)^2=J_4(\lambda)$. $R_4(\lambda)$的第一行的元素是

$f(\lambda)$，$f'(\lambda)$，$\frac{1}{2!}f''(\lambda)$以及$\frac{1}{3!}f'''(\lambda)$，其中 $f(\lambda)=\lambda^{1/2}$.

(b)证明 $R_4(\lambda)$是关于 $J_4(\lambda)$的一个多项式.

(c)证明：$R_4(\lambda)$的 3×3 首主子矩阵是 $J_3(\lambda)$的平方根.

(d)你能求出 $J_5(\lambda)$的一个平方根吗?

(e)如果用(9.9.1)以及 $f(t)=t^{1/2}$计算 $J_2(\lambda)$的一个平方根，你得到了什么?

P. 11. 38 证明：J_{2k}^2相似于 $J_k\oplus J_k$，而 J_{2k+1}^2相似于 $J_{k+1}\oplus J_k$.

P. 11. 39 3×3 幂零矩阵的三种可能的 Jordan 标准型之中，证明 $J_1\oplus J_1\oplus J_1$ 与 $J_2\oplus J_1$ 有平方根，而 J_3 没有平方根.

P. 11. 40 4×4 幂零矩阵的五种可能的 Jordan 标准型之中，证明 $J_3\oplus J_1$ 与 J_4 没有平方根，而剩下的三种都有平方根.

P. 11. 41 设 $T\in \mathfrak{L}(\mathcal{P}_4)$是由不超过四次的多项式组成的复向量空间上的微分算子：T：$p\to p'$，并考虑 $\mathcal{P}_4$ 的基 $\beta=\{1, z, z^2, z^3, z^4\}$. (a)证明：${}_\beta[T]_\beta=[\boldsymbol{0}\ \boldsymbol{e}_1\ 2\boldsymbol{e}_2\ 3\boldsymbol{e}_3\ 4\boldsymbol{e}_4]=J_5D$，其中 $D=\mathrm{diag}(0, 1, 2, 3, 4)$. (b)求出${}_\beta[T]_\beta$ 的 Jordan 标准型.

P. 11. 42 如果 $\beta=\{1, y, z, y^2, z^2, yz\}$，并设 $\mathcal{V}=\mathrm{span}\beta$ 是两个变量 y 与 z 的次数至多为 2 的多项式组成的复向量空间. 设 $T\in \mathfrak{L}(\mathcal{V})$是偏微分算子 T：$p\to \partial p/\partial y$. 求出${}_\beta[T]_\beta$ 的 Jordan 标准型.

P. 11. 43 设 A，$B\in \boldsymbol{M}_m$，而 C，$D\in \boldsymbol{M}_n$.

(a)如果 A 与 B 相似，而 C 与 D 相似，证明：$(A\oplus C)$ 与$(B\oplus D)$相似.

(b)给出一个例子来说明：$(A\oplus C)$与$(B\oplus D)$的相似性不蕴涵 A 与 B 相似或者 C 与 D 相似.

(c)如果$(A\oplus C)$与$(A\oplus D)$相似，证明 C 与 D 相似. **提示**：如果 $J(A)$与 $J(C)$分别是 A 与 C 的 Jordan 标准型，为什么$J(A)\oplus J(C)$既是 $A\oplus C$ 也是 $A\oplus D$ 的 Jordan 标准型？

P.11.44 设 A，$B\in \boldsymbol{M}_n$. 令 $C=A\oplus\cdots\oplus A$(k 个直和项)，$D=B\oplus\cdots\oplus B$(k 个直和项). 证明：A 与 B 相似，当且仅当 C 与 D 相似.

P.11.45 如果 $A\in \boldsymbol{M}_9$，$A^7=A$，关于 A 的 Jordan 标准型你有何结论？

P.11.46 设 λ_1，λ_2，…，λ_d 是 $A\in \boldsymbol{M}_n$ 的相异的特征值. 如果 $\operatorname{rank}(A-\lambda_1 I)^{n-2}>\operatorname{rank}(A-\lambda_1 I)^{n-1}$，证明 $d\leqslant 2$.

P.11.47 设 $A\in \boldsymbol{M}_5$. 如果 $p_A(z)=(z-2)^3(z+4)^2$，而 $m_A(z)=(z-2)^2(z+4)$，那么 A 的 Jordan 标准型是什么？

P.11.48 设 λ_1，λ_2，…，λ_d 是 $A\in \boldsymbol{M}_n$ 的相异的特征值，令 $p_A(z)=(z-\lambda_1)^{n_1}(z-\lambda_2)^{n_2}\cdots(z-\lambda_d)^{n_d}$是它的特征多项式，并假设它的极小多项式(10.3.2)的每一个指数 q_i 或者等于 n_i，或者等于 n_i-1. A 的 Jordan 标准型是什么？

275 **P.11.49** 设 A，$B\in \boldsymbol{M}_n$. 如果 $p_A=p_B=m_A=m_B$，证明 A 与 B 相似.

P.11.50 如果 $A\in \boldsymbol{M}_n$ 且 $A=BC$，其中 B，$C\in \boldsymbol{M}_n$ 是对称阵(定理 11.8.1)，证明 BC 与 CB 相似.

P.11.51 设

$$B=\begin{bmatrix}1 & 2\\ 3 & 4\end{bmatrix}.$$

回顾例 11.9.8 并采用那里的记号. 验证 $A=SB\overline{S}^{-1}$，$R=B^2$，所以 $A\overline{A}$与一个实矩阵的平方相似.

P.11.52 令 A，S，$R\in \boldsymbol{M}_n$，假设 S 可逆，R 是实的，且 $A=SR\overline{S}^{-1}$.

(a)证明：$A\overline{A}$相似于一个实矩阵的平方，并导出结论：$A\overline{A}$相似于$\overline{A}A$.

(b)证明：$A\overline{A}$的任何非实的特征值共轭成对出现，且 $A\overline{A}$的任何负的特征值的重数为偶数.

P.11.53 设 $A=[a_{ij}]\in \boldsymbol{M}_n$. 那么 A 称为 Toeplitz 矩阵(Toeplitz matrix)，如果存在纯量 t_0，$t_{\pm 1}$，$t_{\pm 2}$，…，$t_{\pm(n-1)}$，使得 $a_{ij}=t_{i-j}$.

(a)给出一个 4×4 Toeplitz 矩阵的例子.

(b)给出一个上三角的 4×4 Toeplitz 矩阵的例子.

P.11.54 设

$$J=\begin{bmatrix}J_2(\lambda) & 0\\ 0 & J_2(\lambda)\end{bmatrix},\quad W=\begin{bmatrix}\lambda I_2 & I_2\\ 0 & \lambda I_2\end{bmatrix},\tag{11.11.2}$$

又设 $X\in \boldsymbol{M}_4$.

(a)证明：$J-\lambda I$ 与 $W-\lambda I$ 的 Weyr 特征是 $w_1=2$ 与 $w_2=2$. 证明 J 与 W 相似.

(b)证明：$JX=XJ$，当且仅当

$$X=\begin{bmatrix}B & C\\ D & E\end{bmatrix},$$

其中 B，C，D，$E\in \boldsymbol{M}_2$ 是上三角的 Toeplitz 矩阵.

(c)证明：$WX=XW$，当且仅当

$$X=\begin{bmatrix}F & G\\ 0 & F\end{bmatrix},\quad F,G\in \boldsymbol{M}_2,$$

它是分块上三角的.

(d)证明 J 与 W 是置换相似的.

P. 11. 55 如果 $A\in \boldsymbol{M}_3$，那么 $\dim\{A\}'$的可能的值是什么？如果 $A\in \boldsymbol{M}_4$ 呢？如果 $A\in \boldsymbol{M}_5$ 是单谱矩阵呢？

P. 11. 56 设 $n\geqslant 2$，$A\in \boldsymbol{M}_n$，并设 k 是正整数.

(a)证明：

$$\mathbb{C}^n=\operatorname{null}A^k\oplus\operatorname{col}A^k \tag{11.11.3}$$

在 $k=1$ 时不一定为真.

(b)证明：如果 $k=n$，则(11.11.3)为真.

(c)使(11.11.3)为真的最小的 k 是多少？

P. 11. 57 如果 $A\in \boldsymbol{M}_n$，$B\in \boldsymbol{M}_m$，又如果 A 或者 B 是幂零阵，证明 $A\otimes B$ 是幂零的.

P. 11. 58 设 λ 是非零的纯量.

(a)证明 $J_p(0)\otimes J_q(\lambda)$的 Jordan 标准型是 $J_p(0)\oplus\cdots\oplus J_p(0)$($q$ 个直和项).

(b)证明：$J_p(\lambda)\otimes J_q(0)$的 Jordan 标准型是 $J_q(0)\oplus\cdots\oplus J_q(0)$($p$ 个直和项).

11. 12 注记

有关 Jordan 标准型的进一步的信息，见[HJ13，第 3 章].

如果 $A\in \boldsymbol{M}_n$，且 p 是任何一个多项式，那么 $p(A)$与 A 可交换. 然而，与 A 可交换的矩阵不一定是关于 A 的多项式. 例如，$A=I_2$ 与 J_2 可交换，而 J_2 不是关于 I_2 的多项式 276
(这样一个矩阵必定是对角阵). 然而，如果 A 是非减阶的，则任何与 A 可交换的矩阵都必定是关于 A 的多项式，见 P. 11. 30 以及[HJ13，3. 2. 4 节].

P. 11. 20 与 P. 11. 37 引进了一种方法，可以对 $f(t)=e^t$ 以及 $f(t)=\sqrt{t}$定义 $f(A)$. 它们都是*初等矩阵函数*(primary matrix function)的例子，见[HJ94，第 6 章].

已知每个复方阵 A 都可以分解成 $A=SR\overline{S}^{-1}$，其中 R 是实的. 由此看出，P. 11. 52 中讨论的 $A\overline{A}$的负的特征值与非实的特征值的成对性对所有 $A\in \boldsymbol{M}_n$ 皆为真，见[HJ13，推论 4. 4. 13 以及推论 4. 6. 15].

AB 与 BA 的幂零 Jordan 块不一定相同，但它们也不可能差得太多. 设 $m_1\geqslant m_2\geqslant\cdots$以及 $n_1\geqslant n_2\geqslant\cdots$分别是 AB 与 BA 按照递减大小排列的幂零 Jordan 分块的阶，如果需要，将阶为零附加到一个序列之中以得到同等长度的序列. Harley Flanders 在 1951 年曾证明过对

所有 i 都有 $|m_i - n_i| \leqslant 1$. 例 11.9.4 说明了 Flanders 的定理. 有关的讨论以及证明见[JS96].

Jordan 标准型是由 Camille Jordan 在一本 1870 年的书中宣布的. 它对于涉及矩阵的幂以及矩阵函数的问题是一个极佳的工具，但是它不是通过相似性对矩阵进行分类的仅有的一种方法. 在 1885 年的一篇论文中，Eduard Weyr 描述了 Weyr 特征，并用它构造出了另一种相似标准型. 对于 $A \in \boldsymbol{M}$ 的 Weyr 标准型是分块 $W(\lambda)$ 的直和，对每一个 $\lambda \in \operatorname{spec} A$ 有一个这样的分块. Weyr 的单谱分块是分块上双对角矩阵，它们直接显示出 $A - \lambda I$ 的 Weyr 特征：

$$W(\lambda) = \begin{bmatrix} \lambda I_{w_1} & G_{w_1,w_2} & & & \\ & \lambda I_{w_2} & G_{w_2,w_3} & & \\ & & \ddots & & \\ & & & \ddots & G_{w_{q-1},w_q} \\ & & & & \lambda I_{w_q} \end{bmatrix}, \tag{11.12.1}$$

其中

$$G_{w_{j-1},w_j} = \begin{bmatrix} I_{w_j} \\ 0 \end{bmatrix} \in \boldsymbol{M}_{w_{j-1},j}, \quad j = 2,3,\cdots,q.$$

A 的 Weyr 标准型以及 Jordan 标准型是置换相似的. Weyr 标准型对于涉及交换矩阵的问题是一个极好的工具，如同在 P.11.54 中描述的那样. 与一个单谱 Weyr 分块(11.12.1)可交换的矩阵必定是分块上三角的，而不是分块上三角的矩阵则与单谱 Jordan 矩阵可交换. 关于 Weyr 标准型及其历史综述方面更多的信息，见[HJ13，3.4 节].

用于定理 11.7.14 的一种方法可参见[CJ15]，此法不涉及 Jordan 标准型，且对某些不是 Markov 矩阵者有效. 例如，

$$A = \frac{1}{5}\begin{bmatrix} 0 & -1 & 6 \\ 2 & -1 & 4 \\ -4 & 0 & 9 \end{bmatrix}$$

277 满足条件 $A\boldsymbol{e} = \boldsymbol{e}$，但它并不全是正的元素. 尽管如此，仍有 $\lim_{p\to\infty} A^p = \boldsymbol{e}\boldsymbol{x}^{\mathrm{T}}$，其中 $\boldsymbol{x} = \frac{1}{3}[-6\ 1\ 8]^{\mathrm{T}}$，$A^{\mathrm{T}}\boldsymbol{x} = \boldsymbol{x}$.

11.13　一些重要的概念

- 幂零阵的指数
- Jordan 块与 Jordan 矩阵
- Weyr 特征
- 每个复方阵都相似于一个 Jordan 矩阵(即它的 Jordan 标准型)，如果不计其中直和项的排列次序，它是唯一的

- $\boldsymbol{x}'(t)=A\boldsymbol{x}(t)$的解 $\boldsymbol{x}(t)$(其中 $\boldsymbol{x}(0)$给定)是由 A 的 Jordan 标准型所确定的多项式与指数的一个组合(11.5.8)
- 收敛的矩阵(定理 11.6.6)
- 幂有界的矩阵(定理 11.7.2)
- Markov 矩阵
- 元素不为 0 的 Markov 矩阵的平稳分布(定理 11.7.14)
- 每个复方阵与它的转置矩阵相似
- AB 与 BA 的 Jordan 标准型包含相同的可逆 Jordan 块，且有相同的重数 278

第 12 章　正规矩阵与谱定理

每个复方阵都酉相似于一个上三角阵，但是什么样的矩阵与对角阵酉相似呢？这个答案就是这一章的主要结果：关于正规矩阵的谱定理. Hermite 阵、斜 Hermite 阵、酉矩阵以及循环矩阵全都是可以酉对角化的. 作为一个推论，它们有一些特殊的性质，这些性质要在这一章以及以下各章里研究.

12.1 正规矩阵

定义 12.1.1 方阵 A 称为是**正规的**(normal)，如果 $A^*A=AA^*$.

这里所用的术语“正规的”与“正规方程”或者平面上的“正规向量”的概念都没有关系. 有许多数学对象都被称为是“正规的”. 正规矩阵只不过是这种用法中的一个例子而已.

例 12.1.2 对角矩阵是正规的. 如果 $A=\mathrm{diag}(\lambda_1, \lambda_2, \cdots, \lambda_n)$，那么 $A^*=\mathrm{diag}(\overline{\lambda_1}, \overline{\lambda_2}, \cdots, \overline{\lambda_n})$，从而 $A^*A=\mathrm{diag}(|\lambda_1|^2, |\lambda_2|^2, \cdots, |\lambda_n|^2)=AA^*$.

例 12.1.3 酉矩阵是正规矩阵. 如果 U 是酉矩阵，那么 $U^*U=I=UU^*$.

例 12.1.4 Hermite 阵是正规矩阵. 如果 $A=A^*$，那么 $A^*A=A^2=AA^*$.

例 12.1.5 实对称阵、实的斜对称阵以及实的正交矩阵全都是正规矩阵.

例 12.1.6 对 $a, b\in\mathbb{C}$，

$$A=\begin{bmatrix} a & -b \\ b & a \end{bmatrix} \tag{12.1.7}$$

是正规的，因为

$$A^*A=\begin{bmatrix} |a|^2+|b|^2 & 2\mathrm{i}\,\mathrm{Im}\,b\overline{a} \\ -2\mathrm{i}\,\mathrm{Im}\,b\overline{a} & |a|^2+|b|^2 \end{bmatrix}=AA^*.$$

如果 $a, b\in\mathbb{R}$，那么 A 是矩阵(A.1.7). 在此情形，$A^*A=(a^2+b^2)I=AA^*$. 如果 a，
279 $b\in\mathbb{R}$ 且 $(a^2+b^2)=1$，那么 A 是实正交的，见例 8.3.9.

例 12.1.8 计算确认

$$\begin{bmatrix} 0 & 1 \\ 0 & 0 \end{bmatrix},\quad \begin{bmatrix} 1 & 1 \\ 0 & 0 \end{bmatrix},\quad \begin{bmatrix} 1 & 1 \\ 0 & 2 \end{bmatrix},\quad \begin{bmatrix} 1 & 2 \\ 3 & 4 \end{bmatrix}$$

都不是正规矩阵.

定理 12.1.9 设 $A\in\boldsymbol{M}_n$ 是正规矩阵，且 $\lambda\in\mathbb{C}$.

(a) 如果 p 是一个多项式，那么 $p(A)$ 是正规的且它与 A 可交换.

(b) 对所有 $\boldsymbol{x}\in\mathbb{C}^n$ 有 $\|A\boldsymbol{x}\|_2=\|A^*\boldsymbol{x}\|_2$.

(c) $A\boldsymbol{x}=\lambda\boldsymbol{x}$ 当且仅当 $A^*\boldsymbol{x}=\bar{\lambda}\boldsymbol{x}$.

(d) A^* 是正规的.

(e) $\mathrm{null}A=\mathrm{null}A^*$，$\mathrm{col}A=\mathrm{col}A^*$.

证明　(a)首先对 j 用归纳法证明：对 $j=0$，1，…，有 $A^*A^j=A^jA^*$. 基本情形 $j=0$ 就是 $A^*I=IA^*$. 假设对某个 j 有 $A^*A^j=A^jA^*$. 那么 $A^*A^{j+1}=(A^*A^j)A=(A^jA^*)A=A^j(A^*A)=A^j(AA^*)=A^{j+1}A^*$，这就完成了归纳法的证明. 第二次用归纳法证得：对 i，$j=0$，1，…，有 $(A^*)^iA^j=A^j(A^*)^i$.

设 $p(z)=c_kz^k+\cdots+c_1z+c_0$. 那么

$$\begin{aligned}(p(A))^*p(A)&=\left(\sum_{i=0}^{k}\overline{c_i}(A^*)^i\right)\left(\sum_{j=0}^{k}c_jA^j\right)=\sum_{i,j=0}^{k}\overline{c_i}c_j(A^*)^iA^j\\&=\sum_{i,j=0}^{k}\overline{c_i}c_jA^j(A^*)^i=\left(\sum_{j=0}^{k}c_jA^j\right)\left(\sum_{i=0}^{k}\overline{c_i}(A^*)^i\right)\\&=p(A)(p(A))^*,\end{aligned}$$

从而 $p(A)$是正规的. $p(A)$与 A 可交换这个事实就是定理 0.8.1.

(b)设 A 为正规矩阵，而 $\boldsymbol{x}\in\mathbb{C}^n$，则

$$\|A\boldsymbol{x}\|_2^2=\langle A\boldsymbol{x},A\boldsymbol{x}\rangle=\langle A^*A\boldsymbol{x},\boldsymbol{x}\rangle=\langle AA^*\boldsymbol{x},\boldsymbol{x}\rangle=\langle A^*\boldsymbol{x},A^*\boldsymbol{x}\rangle=\|A^*\boldsymbol{x}\|_2^2.$$

(c)由(a)与(b)推出 $A-\lambda I$ 是正规的，且

$$\begin{aligned}A\boldsymbol{x}=\lambda\boldsymbol{x}&\Leftrightarrow\|(A-\lambda I)\boldsymbol{x}\|_2=0\Leftrightarrow\|(A-\lambda I)^*\boldsymbol{x}\|_2=0\\&\Leftrightarrow\|(A^*-\bar{\lambda}I)\boldsymbol{x}\|_2=0\Leftrightarrow A^*\boldsymbol{x}=\bar{\lambda}\boldsymbol{x}.\end{aligned}$$

(d)$(A^*)^*(A^*)=AA^*=A^*A=A^*(A^*)^*$.

(e)第一个结论就是(c)中 $\lambda=0$ 的情形. 第二个结论由第一个结论以及下面的计算得出：$\mathrm{col}A=\mathrm{col}A^{**}=(\mathrm{null}A^*)^{\perp}=(\mathrm{null}A)^{\perp}=\mathrm{col}A^*$. ■

正规矩阵的和与积不一定是正规的. 例如，非正规矩阵

$$\begin{bmatrix}0&1\\0&0\end{bmatrix}=\begin{bmatrix}1&0\\0&0\end{bmatrix}\begin{bmatrix}0&1\\1&0\end{bmatrix}=\begin{bmatrix}0&\frac{1}{2}\\\frac{1}{2}&0\end{bmatrix}+\begin{bmatrix}0&\frac{1}{2}\\-\frac{1}{2}&0\end{bmatrix}$$ 280

既是两个正规矩阵的乘积，也是两个正规矩阵的和. 然而，如果 A，$B\in\boldsymbol{M}_n$ 是正规矩阵且可以交换，那么 AB 与 $A+B$ 是正规的，见推论 12.2.10.

对任何 $A\in\boldsymbol{M}_n$，A^* 的特征值都是 A 的特征值的共轭(定理 9.2.6)，尽管 A 与 A^* 不一定有相同的特征向量. 定理 12.1.9(c)的内容是说：如果 A 是正规的，那么 A 与 A^* 的特征向量是相同的.

上面定理中的条件(b)与(c)中的每一条都等价于正规性，见定理 12.8.1 以及 P.12.5.

定理 12.1.10　*正规矩阵的直和仍为正规矩阵.*

证明　如果 $A=A_{11}\oplus A_{22}\oplus\cdots\oplus A_{kk}$，且每一个 A_{ii} 都是正规的，那么

$$A^* A = A_{11}^* A_{11} \oplus A_{22}^* A_{22} \oplus \cdots \oplus A_{kk}^* A_{kk}$$
$$= A_{11} A_{11}^* \oplus A_{22} A_{22}^* \oplus \cdots \oplus A_{kk} A_{kk}^* = AA^*,$$

所以 A 是正规的. ■

引理 12.1.11 与正规矩阵酉相似的矩阵必定是正规矩阵.

证明 设 $A \in \boldsymbol{M}_n$ 是正规阵，$U \in \boldsymbol{M}_n$ 是酉矩阵，又设 $B = UAU^*$. 那么 $B^* = UA^*U^*$，

$$B^* B = (UA^*U^*)(UAU^*) = UA^*AU^* = UAA^*U^*$$
$$= (UAU^*)(UA^*U^*) = BB^*.$$ ■

对于正规矩阵来说，不允许有某种类型的为零的元素.

引理 12.1.12 设 B 与 C 是方阵，又设

$$A = \begin{bmatrix} B & X \\ 0 & C \end{bmatrix}.$$

那么 A 是正规矩阵，当且仅当 B 与 C 是正规矩阵且 $X=0$.

证明 如果 A 是正规矩阵，那么

$$A^*A = \begin{bmatrix} B^* & 0 \\ X^* & C^* \end{bmatrix}\begin{bmatrix} B & X \\ 0 & C \end{bmatrix} = \begin{bmatrix} B^*B & B^*X \\ X^*B & X^*X + C^*C \end{bmatrix} \tag{12.1.13}$$

等于

$$AA^* = \begin{bmatrix} B & X \\ 0 & C \end{bmatrix}\begin{bmatrix} B^* & 0 \\ X^* & C^* \end{bmatrix} = \begin{bmatrix} BB^* + XX^* & XC^* \\ CX^* & CC^* \end{bmatrix}. \tag{12.1.14}$$

将(12.1.13)与(12.1.14)中位于(1，1)处的分块进行比较并取迹可得

$$\operatorname{tr} B^*B = \operatorname{tr}(BB^* + XX^*) = \operatorname{tr} BB^* + \operatorname{tr} XX^* = \operatorname{tr} B^*B + \operatorname{tr} X^*X,$$

它蕴涵 $\operatorname{tr} X^*X = 0$. 由(4.4.7)推出 $X=0$，从而 $A = B \oplus C$. (12.1.13)与(12.1.14)中位于(1，1)以及(2，2)处的分块告诉我们：B 与 C 是正规矩阵.

281 如果 B 与 C 是正规矩阵且 $X=0$，则定理 12.1.10 确保 A 是正规阵. ■

引理 12.1.12 可以推广到有任意多个对角分块的正规的分块上三角矩阵上去.

定理 12.1.15 分块上三角矩阵是正规矩阵，当且仅当它是分块对角阵，且其每一个对角分块都是正规的. 特别地，上三角矩阵是正规的，当且仅当它是对角的.

证明 设 $A = [a_{ij}] \in \boldsymbol{M}_n$ 是正规的，且是 $k \times k$ 分块上三角阵，所以 $n_1 + n_2 + \cdots + n_k = n$，每一个 $A_{ii} \in \boldsymbol{M}_{n_i}$，且对 $i > j$ 有 $A_{ij} = 0$. 设 S_k 是如下命题：A_{11}，A_{22}，…，A_{kk} 是正规的，且对 $i < j$ 有 $A_{ij} = 0$. 对 k 用归纳法证明. 上面的引理表明初始情形 S_2 为真. 如果 $k > 2$ 且 S_{k-1} 为真，则记

$$A = \begin{bmatrix} A_{11} & X \\ 0 & A' \end{bmatrix},$$

其中 $A' \in \boldsymbol{M}_{n-n_1}$ 是一个 $(k-1) \times (k-1)$ 的分块上三角阵，而 $X = [A_{12}\ A_{13} \cdots\ A_{1k}] \in \boldsymbol{M}_{n_1 \times (n-n_1)}$. 引理 12.1.12 确保 A_{11} 与 A' 是正规矩阵，且 $X=0$. 归纳假设确保 A' 是分块对

角阵，且 A_{22}，A_{33}，…，A_{kk} 中的每一个都是正规的．这样一来，就有 $A=A_{11}\oplus A_{22}\oplus\cdots\oplus A_{kk}$，其中每个直和项都是正规的．

其逆命题就是定理 12.1.10. ■

12.2 谱定理

定义 12.2.1 称一个方阵是**可以酉对角化的**(unitarily diagonalizable)，如果它酉相似于一个对角阵．

正规性的判别法容易检验，但它有广泛且意义重大的推论．正规矩阵不仅可以对角化，还可以酉对角化．下面的定理是关于正规矩阵的主要结果．

定理 12.2.2(谱定理)　设 $A\in\mathbf{M}_n$．则以下诸命题等价：

(a)A 是正规的，即 $A^*A=AA^*$．

(b)A 是可以酉对角化的．

(c)$\mathbb{C}^n$ 有由 A 的特征向量组成的标准正交基．

如果 A 是实的，则以下诸命题等价：

(a′)A 是对称的．

(b′)A 是可以实正交对角化的．

(c′)$\mathbb{R}^n$ 有由 A 的特征向量组成的标准正交基．

证明　(a)⇒(b) 假设 A 是正规的．利用定理 10.1.1 写成 $A=UTU^*$，其中 U 是酉矩阵，而 T 是上三角阵．由于 T 是正规的(引理 12.1.11)且是上三角的，因此定理 12.1.15 确保 T 是对角阵．于是，A 是可以酉对角化的． 282

(b)⇒(c) 假设 A 是可以酉对角化的，并写成 $A=U\Lambda U^*$，其中 $U=[\boldsymbol{u}_1\ \boldsymbol{u}_2\cdots\ \boldsymbol{u}_n]$是酉矩阵，$\Lambda=\mathrm{diag}(\lambda_1,\lambda_2,\cdots,\lambda_n)$．因为 U 是酉矩阵，所以它的列是 $\mathbb{C}^n$ 的一组标准正交基．此外，

$$[A\boldsymbol{u}_1\ A\boldsymbol{u}_2\ \cdots\ A\boldsymbol{u}_n]=AU=U\Lambda=[\lambda_1\boldsymbol{u}_1\ \lambda_2\boldsymbol{u}_2\ \cdots\ \lambda_n\boldsymbol{u}_n],$$

所以对 $i=1,2,\cdots n$ 有 $A\boldsymbol{u}_i=\lambda_i\boldsymbol{u}_i$．于是，$U$ 的列是 A 的构成 $\mathbb{C}^n$ 的一组标准正交基的特征向量．

(c)⇒(a) 假设 $\boldsymbol{u}_1$，$\boldsymbol{u}_2$，…，$\boldsymbol{u}_n$ 是 $\mathbb{C}^n$ 的一组标准正交基，而 λ_1，λ_2，…，λ_n 是纯量，对 $i=1,2,\cdots,n$ 它们满足 $A\boldsymbol{u}_i=\lambda_i\boldsymbol{u}_i$．则 $U=[\boldsymbol{u}_1\ \boldsymbol{u}_2\cdots\ \boldsymbol{u}_n]$是酉矩阵且满足 $AU=U\Lambda$，其中$\Lambda=\mathrm{diag}(\lambda_1,\lambda_2,\cdots,\lambda_n)$．引理 12.1.11 确保 $A=U\Lambda U^*$ 是正规矩阵．

现在假设 A 是实的．

(a′)⇒(b′) 设$(\lambda,\boldsymbol{x})$是 A 的一个特征对，其中 $\boldsymbol{x}$ 是实的单位向量．则有$\langle A\boldsymbol{x},\boldsymbol{x}\rangle=\langle\lambda\boldsymbol{x},\boldsymbol{x}\rangle=\lambda\langle\boldsymbol{x},\boldsymbol{x}\rangle=\lambda$，所以 A 的对称性确保

$$\overline{\lambda}=\overline{\langle A\boldsymbol{x},\boldsymbol{x}\rangle}=\langle\boldsymbol{x},A\boldsymbol{x}\rangle=\langle A\boldsymbol{x},\boldsymbol{x}\rangle=\lambda.$$

于是 λ 是实的．定理 10.1.1 的实的情形是说：存在一个实的正交阵 Q，使得 $Q^{\mathrm{T}}AQ=T$ 是上三角的且是实的．但 $Q^{\mathrm{T}}AQ$ 是对称的，所以 T 是对称的，从而是实的对角阵．

(b′)⇒(c′) 除了标准正交向量 $\boldsymbol{u}_i$ 是实的且 $\Lambda=Q^{\mathrm{T}}AQ$ 是实的之外，证明与复的情形相同.

(c′)⇒(a′) 除了这里的酉矩阵是实正交阵之外，其证明与在复的情形中相同，所以 $A=U^{\mathrm{T}}\Lambda U$ 是对称的. ■

谱定理的另一种表述关心的是将正规矩阵表示成正交射影的线性组合，见定理12.9.8.

例 12.2.3　(12.1.7)中的矩阵 A 有特征值 $\lambda_1=a+b\mathrm{i}$ 以及 $\lambda_2=a-b\mathrm{i}$. 令 $\Lambda=\mathrm{diag}(\lambda_1,\lambda_2)$. 对应的单位特征向量是 $\boldsymbol{u}_1=\begin{bmatrix}\frac{1}{\sqrt{2}} & -\frac{\mathrm{i}}{\sqrt{2}}\end{bmatrix}^{\mathrm{T}}$ 以及 $\boldsymbol{u}_2=\begin{bmatrix}\frac{1}{\sqrt{2}} & \frac{\mathrm{i}}{\sqrt{2}}\end{bmatrix}^{\mathrm{T}}$. 则矩阵 $U=[\boldsymbol{u}_1\ \boldsymbol{u}_2]$是酉矩阵，且有

$$\underbrace{\begin{bmatrix}a & -b\\ b & a\end{bmatrix}}_{A}=\underbrace{\begin{bmatrix}\frac{1}{\sqrt{2}} & \frac{1}{\sqrt{2}}\\ -\frac{\mathrm{i}}{\sqrt{2}} & \frac{\mathrm{i}}{\sqrt{2}}\end{bmatrix}}_{U}\underbrace{\begin{bmatrix}a+b\mathrm{i} & 0\\ 0 & a-b\mathrm{i}\end{bmatrix}}_{\Lambda}\underbrace{\begin{bmatrix}\frac{1}{\sqrt{2}} & \frac{\mathrm{i}}{\sqrt{2}}\\ \frac{1}{\sqrt{2}} & -\frac{\mathrm{i}}{\sqrt{2}}\end{bmatrix}}_{U^*}. \tag{12.2.4}$$

例 12.2.5　矩阵

$$A=\begin{bmatrix}1 & 8 & -4\\ 8 & 1 & 4\\ -4 & 4 & 7\end{bmatrix} \tag{12.2.6}$$

是实对称的，从而是实正交可对角化的. 它的特征值是 9，9，-9，对应的标准正交的特征向量是 $\boldsymbol{u}_1=\begin{bmatrix}\frac{1}{3} & \frac{2}{3} & \frac{2}{3}\end{bmatrix}^{\mathrm{T}}$，$\boldsymbol{u}_2=\begin{bmatrix}-\frac{2}{3} & -\frac{1}{3} & \frac{2}{3}\end{bmatrix}^{\mathrm{T}}$，$\boldsymbol{u}_3-\begin{bmatrix}-\frac{2}{3} & \frac{2}{3} & -\frac{1}{3}\end{bmatrix}^{\mathrm{T}}$. 矩阵 $U=[\boldsymbol{u}_1\ \boldsymbol{u}_2$
283 $\boldsymbol{u}_3]$是实正交的，且

$$\underbrace{\begin{bmatrix}1 & 8 & -4\\ 8 & 1 & 4\\ -4 & 4 & 7\end{bmatrix}}_{A}=\underbrace{\begin{bmatrix}\frac{1}{3} & -\frac{2}{3} & -\frac{2}{3}\\ \frac{2}{3} & -\frac{1}{3} & \frac{2}{3}\\ \frac{2}{3} & \frac{2}{3} & -\frac{1}{3}\end{bmatrix}}_{U}\underbrace{\begin{bmatrix}9 & 0 & 0\\ 0 & 9 & 0\\ 0 & 0 & -9\end{bmatrix}}_{\Lambda}\underbrace{\begin{bmatrix}\frac{1}{3} & \frac{2}{3} & \frac{2}{3}\\ -\frac{2}{3} & -\frac{1}{3} & \frac{2}{3}\\ -\frac{2}{3} & \frac{2}{3} & -\frac{1}{3}\end{bmatrix}}_{U^{\mathrm{T}}}.$$

定义 12.2.7　*设 $A\in\boldsymbol{M}_n$ 是正规的. A 的***谱分解**（spectral decomposition）*是指分解式 $A=U\Lambda U^*$，其中 $U\in\boldsymbol{M}_n$ 是酉矩阵，而 $\Lambda\in\boldsymbol{M}_n$ 是对角阵.*

如果 $A\in\boldsymbol{M}_n$ 是正规矩阵，这里有一个对它求出谱分解的解决方法.

(a)求出 A 的相异的特征值 μ_1，μ_2，…，μ_d 以及它们各自的重数 n_1，n_2，…，n_d.

(b)对每个 $j=1$，2，…d，如下来求 $\mathcal{E}_{\mu_j}(A)$的一组标准正交基：

(i)求齐次方程组$(A-\mu_j I)\boldsymbol{x}=\boldsymbol{0}$ 的线性无关的解 $\boldsymbol{x}_1$，$\boldsymbol{x}_2$，…，$\boldsymbol{x}_{n_j}$. 构造 $X_j=[\boldsymbol{x}_1\ \boldsymbol{x}_2\cdots\ \boldsymbol{x}_{n_j}]\in\boldsymbol{M}_{n\times n_j}$. 则 $\mathrm{rank}\,X_j=n_j$，$AX_j=\mu_j X_j$.

(ⅱ)求 $U_j\in \boldsymbol{M}_{n\times n_j}$，其列是标准正交的，它的列空间与 X_j 的列空间相同. 例如，我们可以利用 QR 算法(定理 6.5.2). 其他的选择是可以对 X_j 的列应用 Gram-Schmidt 方法(定理 5.3.5).

(c)构造 $U=[U_1\ U_2\cdots\ U_d]$，$\Lambda=\mu_1 I_{n_1}\oplus\mu_2 I_{n_2}\oplus\cdots\oplus\mu_d I_{n_d}$. 那么 U 是酉矩阵，且有 $A=U\Lambda U^*$.

谱定理的一个重要的推论是说：如果 A 是正规的，那么 A 与 A^* 可以同时酉对角化.

推论 12.2.8 设 $A\in\boldsymbol{M}_n$ 是正规的，并记 $A=U\Lambda U^*$，其中 U 是酉矩阵，而 Λ 是对角阵. 那么 $A^*=U\overline{\Lambda}U^*$.

证明 $A^*=(U\Lambda U^*)^*=U\Lambda^*U^*=U\overline{\Lambda}U^*$，因为 Λ 是对角阵. ■

上面的推论是谱定理对任意的可交换的正规矩阵集合的更广泛的推广(其中 $\mathcal{F}=\{A, A^*\}$)的一个特殊情形.

定理 12.2.9 设 $\mathcal{F}\subseteq\boldsymbol{M}_n$ 是一个非空的矩阵集合.

(a)假设 $\mathcal{F}$ 中的每一个矩阵都是正规的. 那么，对所有 A，$B\in\mathcal{F}$ 都有 $AB=BA$，当且仅当存在一个酉矩阵 $U\in\boldsymbol{M}_n$，使得 U^*AU 对每个 $A\in\mathcal{F}$ 都是对角阵.

(b)假设 $\mathcal{F}$ 中的每一个矩阵都是实的对称阵. 那么，对所有 A，$B\in\mathcal{F}$ 都有 $AB=BA$，当且仅当存在一个实正交阵 $Q\in\boldsymbol{M}_n(\mathbb{R})$，使得 $Q^{\mathrm{T}}AQ$ 对每个 $A\in\mathcal{F}$ 都是对角阵.

证明 (a)定理 10.5.1 确保存在一个酉矩阵 $U\in\boldsymbol{M}_n$，使得 U^*AU 对每个 $A\in\mathcal{F}$ 都是上三角阵. 然而，这些上三角阵中的每一个都是正规的(引理 12.1.11)，所以定理 12.1.15 确保它们每一个都是对角阵. 反之，任何一对可以同时对角化的矩阵都可交换，见定理 9.4.15. 284

(b)由于实对称阵的所有特征值都是实的，因此定理 10.5.1 确保存在一个实正交阵 $Q\in\boldsymbol{M}_n(\mathbb{R})$，使得 $Q^{\mathrm{T}}AQ$ 对每个 $A\in\mathcal{F}$ 都是实的上三角阵. 所有这些上三角阵都是对称阵，所以它们是对角阵. 其逆与在(a)中同样得出. ■

推论 12.2.10 设 A，$B\in\boldsymbol{M}_n$ 是正规的，并假设 $AB=BA$. 那么 AB 与 $A+B$ 也是正规的.

证明 上面的定理提供了一个酉矩阵 U 与对角阵 Λ 以及 M，使得 $A=U\Lambda U^*$，$B=UMU^*$. 这样 $AB=(U\Lambda U^*)(UMU^*)=U(\Lambda M)U^*$ 以及 $A+B=U\Lambda U^*+UMU^*=U(\Lambda+M)U^*$ 就是可以酉对角化的，从而也是正规的. ■

例 12.2.11 设

$$A=\begin{bmatrix}1 & 0\\ 0 & -1\end{bmatrix},\quad B=\begin{bmatrix}0 & 1\\ 1 & 0\end{bmatrix}.$$

那么 A，B，AB，BA 以及 $A+B$ 都是正规矩阵，但是 $AB\neq BA$. 从而，对于正规矩阵的乘积或者和是否仍为正规矩阵来说，交换性只是充分条件，而不是必要条件.

12.3 偏离正规性的亏量

定理 12.3.1(Schur 不等式) 设 $A\in\boldsymbol{M}_n$ 有特征值 λ_1，λ_2，…，λ_n. 那么

$$\sum_{i=1}^{n} |\lambda_i|^2 \leqslant \|A\|_F^2, \tag{12.3.2}$$

其中等式当且仅当 A 为正规矩阵时成立.

证明 利用定理 10.1.1 来记 $A=UTU^*$，其中 $T=[t_{ij}]\in \boldsymbol{M}_n$ 是上三角的，对 $i=1$, 2，…，n 有 $t_{ii}=\lambda_i$. 这样就有 $A^*A=UT^*TU^*$ 以及

$$\sum_{i=1}^{n} |\lambda_i|^2 \leqslant \sum_{i=1}^{n} |\lambda_i|^2 + \sum_{i<j} |t_{ij}|^2 = \mathrm{tr}T^*T = \mathrm{tr}UT^*TU^* = \mathrm{tr}A^*A = \|A\|_F^2,$$

其中等式当且仅当 $\sum_{i<j} |t_{ij}|^2=0$ 时成立，也就是当且仅当 T 为对角阵时成立. 于是，Schur 不等式中的等式当且仅当 A 与一个对角阵酉相似时成立，也即当且仅当 A 是正规矩阵时成立. ■

定义 12.3.3 设 λ_1，λ_2，…，λ_n 是 $A\in \boldsymbol{M}_n$ 的特征值. 量

$$\Delta(A) = \|A\|_F^2 - \sum_{i=1}^{n} |\lambda_i|^2 = \mathrm{tr}A^*A - \sum_{i=1}^{n} |\lambda_i|^2$$

称为 A **偏离正规性的亏量**(defect from normality).

Schur 不等式(12.3.2)是说：对每个 $A\in \boldsymbol{M}_n$ 有 $\Delta(A)\geqslant 0$，其中的等式当且仅当 A 是

285 正规矩阵时成立.

定理 12.3.4 设 A，$B\in \boldsymbol{M}_n$. 如果 A，B 以及 AB 都是正规矩阵，那么 BA 也是正规矩阵.

证明 由于 AB 是正规矩阵，所以 $\Delta(AB)=0$. 然而，BA 与 AB 有相同的特征值且特征值有相同的重数(定理 9.7.2). 这样一来，$\Delta(BA)=0$，当且仅当 $\mathrm{tr}\,(BA)^*(BA)=\mathrm{tr}(AB)^*(AB)$. 由于 A 与 B 是正规矩阵，因此根据计算

$$\begin{aligned}\mathrm{tr}(BA)^*(BA) &= \mathrm{tr}A^*B^*BA = \mathrm{tr}A^*BB^*A = \mathrm{tr}BB^*AA^* \\ &= \mathrm{tr}BB^*A^*A = \mathrm{tr}B^*A^*AB = \mathrm{tr}(AB)^*(AB)\end{aligned}$$

就得到了确认. ■

12.4 Fuglede-Putnam 定理

引理 12.4.1 设 $A_i\in \boldsymbol{M}_{n_i}$ 对 $i=1$，2，…，k 是正规矩阵. 那么存在一个多项式 p，使得对 $i=1$，2，…，k，有 $A_i^*=p(A_i)$.

证明 定理 0.7.6 构造出一个多项式 p，使得对所有 $\lambda\in \bigcup_{i=1}^{k} \mathrm{spec}A_i$ 有 $p(\lambda)=\bar{\lambda}$. 对于 $i=1$，2，…，k，记 $A_i=U_i\Lambda_iU_i^*$，其中 $U_i\in \boldsymbol{M}_{n_i}$ 是酉矩阵，而 $\Lambda_i\in \boldsymbol{M}_{n_i}$ 是对角阵. 定理 9.5.1 确保对每个 $i=1$，2，…，k 都有 $p(A_i)=U_ip(\Lambda_i)U_i^*=U_i\overline{\Lambda_i}U_i^*=A_i^*$. ■

定理 12.4.2(Fuglede-Putnam) 设 $A\in \boldsymbol{M}_m$ 与 $B\in \boldsymbol{M}_n$ 是正规矩阵，又设 $X\in \boldsymbol{M}_{m\times n}$. 那么 $AX=XB$ 当且仅当 $A^*X=XB^*$.

证明 假设 $AX=XB$. 引理 12.4.1 提供了一个多项式 p，使得 $p(A)=A^*$ 以及

$p(B)=B^*$. 定理 0.8.1 确保 $A^*X=p(A)X=Xp(B)=XB^*$. 现在用 A^*, B^* 分别代替 A, B 并应用同样的讨论方法即可. ■

关于 Fuglede-Putnam 定理的其他证明，见 P. 12.16 以及 P. 12.17. 推论 12.2.10 也可以用 Fuglede-Putnam 定理来证明，见 P. 12.20.

推论 12.4.3 设 $A\in \boldsymbol{M}_{m\times n}$, $B\in \boldsymbol{M}_{n\times m}$. 那么 AB 与 BA 是正规矩阵，当且仅当 $A^*AB=BAA^*$, $ABB^*=B^*BA$.

证明 如果 AB 与 BA 是正规的，那么 $(AB)^*$ 与 $(BA)^*$ 是正规的(定理 12.1.9(d)). 由于 $(BA)^*A^*=A^*B^*A^*=A^*(AB)^*$, 因此上一个定理确保 $BAA^*=A^*AB$. 由于 A 与 B 的作用是可以交换的，因此 $ABB^*=B^*BA$.

反之，假设 $A^*AB=BAA^*$, $ABB^*=B^*BA$. 那么

$$\begin{aligned}(AB)^*(AB)&=B^*(A^*AB)=B^*(BAA^*)\\&=(B^*BA)A^*=(ABB^*)A^*\\&=(AB)(AB)^*,\end{aligned}$$

也就是说，AB 是正规的. 由于 A 与 B 的作用是可以交换的，因此 BA 也是正规的. ■ 286

12.5 循环矩阵

循环矩阵是结构化的矩阵，它出现在信号处理、有限 Fourier 分析、误差纠正的循环码以及 Toeplitz 矩阵的渐近分析之中. $n\times n$ 循环矩阵的集合是由正规矩阵组成的可交换族的一个例子.

定义 12.5.1 $n\times n$ **循环矩阵**(circulant matrix)是一个形如

$$\begin{bmatrix} c_0 & c_1 & c_2 & \cdots & c_{n-1}\\ c_{n-1} & c_0 & c_1 & \cdots & c_{n-2}\\ c_{n-2} & c_{n-1} & c_0 & \cdots & c_{n-3}\\ \vdots & \vdots & \vdots & & \vdots\\ c_1 & c_2 & c_3 & \cdots & c_0\end{bmatrix} \tag{12.5.2}$$

的复矩阵. 它的每一行中的元素与上面一行相比都向右移动了一个位置，超出范围的元素则移动到左边.

循环矩阵的线性组合还是循环矩阵，所以，循环矩阵构成 $\boldsymbol{M}_n$ 的一个子空间.

$n\times n$ 循环置换矩阵(cyclic permutation matrix)

$$S_n=\begin{bmatrix} 0 & 1 & 0 & \cdots & 0\\ 0 & 0 & 1 & \cdots & 0\\ \vdots & \vdots & \vdots & & \vdots\\ 0 & 0 & 0 & \cdots & 1\\ 1 & 0 & 0 & \cdots & 0\end{bmatrix} \tag{12.5.3}$$

(有时也称为循环平移矩阵[circular shift matrix])是酉矩阵，从而是正规矩阵(见例 12.1.3). 由于

$$S_n[x_1\ x_2\ \cdots\ x_n]^{\mathrm{T}} = [x_2\ x_3\ \cdots\ x_1]^{\mathrm{T}},$$

由此推出 $S_n^n=I$. 于是 S_n 被多项式 $p(z)=z^n-1$ 零化，该多项式的零点是 n 次单位根 1，ω，ω^2，…，ω^{n-1}，其中 $\omega=\mathrm{e}^{2\pi\mathrm{i}/n}$. 定理 8.3.3 确保 $\operatorname{rank} S_n\subseteq\{1, \omega, \omega^2, \cdots, \omega^{n-1}\}$. 现在我们来证明这个包含关系是一个等式.

设 $\boldsymbol{x}=[x_1\ x_2\cdots\ x_n]^{\mathrm{T}}$，并考虑方程 $S_n\boldsymbol{x}=\omega^{\mathrm{j}}\boldsymbol{x}$，它等价于

$$[x_2\ x_3\ \cdots\ x_1]^{\mathrm{T}} = \omega^{\mathrm{j}}[x_1\ x_2\ \cdots\ x_n]^{\mathrm{T}}. \tag{12.5.4}$$

检查发现，如果

$$\boldsymbol{x} = \boldsymbol{f}_j = \frac{1}{\sqrt{n}}[1\ \omega^j\ \cdots\ \omega^{j(n-1)}]^{\mathrm{T}},$$

则等式(12.5.4)是满足的. 这样一来，对 $j=1, 2, \cdots, n-1$，$(\omega^j, \boldsymbol{f}_j)$是 S_n 的一个特征对，我们记 $S_n=F_n\Omega F_n^*$，其中 $\Omega=\operatorname{diag}(1, \omega, \omega^2, \cdots, \omega^{n-1})$，而 $F_n=[\boldsymbol{f}_1\ \boldsymbol{f}_2\cdots\ \boldsymbol{f}_n]$是 $n\times n$ Fourier 矩阵(6.2.14). Fourier 矩阵是酉矩阵，见例 6.2.13. 矩阵 S_n 是酉矩阵且有相
287 异的特征值.

S_n 的幂容易计算. 例如，S_4^0，S_4^1，S_4^2 以及 S_4^3 分别是

$$\begin{bmatrix}1&0&0&0\\0&1&0&0\\0&0&1&0\\0&0&0&1\end{bmatrix},\quad \begin{bmatrix}0&1&0&0\\0&0&1&0\\0&0&0&1\\1&0&0&0\end{bmatrix},\quad \begin{bmatrix}0&0&1&0\\0&0&0&1\\1&0&0&0\\0&1&0&0\end{bmatrix},\quad \begin{bmatrix}0&0&0&1\\1&0&0&0\\0&1&0&0\\0&0&1&0\end{bmatrix}.$$

如果

$$p(z) = c_{n-1}z^{n-1} + \cdots + c_1 z + c_0, \tag{12.5.5}$$

那么 $p(S_n)$是循环矩阵(12.5.2). 定理 9.5.1 告诉我们

$$p(S_n) = F_n\operatorname{diag}(p(1),p(\omega),\cdots,p(\omega^{n-1}))F_n^*, \tag{12.5.6}$$

其中 $\omega=\mathrm{e}^{2\pi\mathrm{i}/n}$.

推论 9.6.3 确保 X 与 S_n 可交换，当且仅当对某个多项式 p 有 $X=p(S_n)$. 于是，一个矩阵与 S_n 可交换，当且仅当它是循环矩阵. 由于每个 $n\times n$ 循环矩阵都是关于 S_n 的一个多项式，因此定理 0.8.1 确保循环矩阵的乘积是循环矩阵，且任何两个循环矩阵都是可交换的.

我们把上面的讨论总结成如下的定理.

定理 12.5.7　设 $C\in\boldsymbol{M}_n$ 是循环矩阵(12.5.2)，而 p 是多项式(12.5.5)，令 $\omega=\mathrm{e}^{2\pi\mathrm{i}/n}$，$\Omega=\operatorname{diag}(1, \omega, \omega^2, \cdots, \omega^{n-1})$.

(a)C 的特征值是 $p(1)$，$p(\omega)$，…，$p(\omega^{n-1})$. 对 $j=1, 2, \cdots n$，对应的单位特征向量是 $\boldsymbol{f}_j=\frac{1}{\sqrt{n}}[1\ \ \omega^j\ \ \cdots\ \ \omega^{j(n-1)}]^{\mathrm{T}}$，即

$$C = F_n p(\Omega) F_n^*,$$

其中 $F_n=[\boldsymbol{f}_1\ \boldsymbol{f}_2\ \cdots\ \boldsymbol{f}_n]$是 $n\times n$ Fourier 矩阵.

(b)$C=p(S_n)$，其中 S_n 表示循环置换矩阵(12.5.3).

(c)所有 $n\times n$ 循环矩阵的集合是 $\boldsymbol{M}_n$ 的子空间 $\{S_n\}'$. 它是由正规矩阵组成的一个交换族. 可以用酉矩阵 F_n 同时实现对角化.

任意 n 个复数可以作为一个 $n\times n$ 循环矩阵的第一行，上面的定理给出了它的特征值. 其逆命题如何呢? 是否任意 n 个复数可以是一个 $n\times n$ 循环矩阵的特征值呢? 如果可以，该矩阵的第一行是什么呢?

定理 12.5.8 设 λ_1, λ_2, …, $\lambda_n\in\mathbb{C}$，令 $\omega=e^{2\pi i/n}$，又设 $p(z)=c_{n-1}z^{n-1}+c_{n-2}z^{n-2}+\cdots+c_1z+c_0$ 是至多 $n-1$ 次的多项式，使得对所有 $j=1, 2, \cdots, n$ 都有 $p(\omega^{j-1})=\lambda_j$，那么 λ_1, λ_2, …, λ_n 是以 $[c_0\ c_1\cdots\ c_{n-1}]$ 为第一行的循环矩阵的特征值.

证明 用上一个定理的记号. 由于单位根 $1, \omega, \omega^2, \cdots, \omega^{n-1}$ 是相异的，因此定理 0.7.6 确保存在唯一的次数至多为 $n-1$ 的多项式 p，使得对所有 $j=1, 2, \cdots, n$，都有 $p(\omega^{j-1})=\lambda_j$. 循环矩阵 $p(S_n)$ 的第一行是 $[c_0\ c_1\cdots\ c_{n-1}]$，且由于

$$p(S_n)=F_np(\Omega)F_n^*=F_n\operatorname{diag}(\lambda_1,\lambda_2,\cdots,\lambda_n)F_n^*,$$

因此它的特征值是 λ_1, λ_2, …, λ_n. ■ 288

12.6 一些特殊的正规矩阵类

我们已经遇到过一些正规矩阵类：Hermite 矩阵(第 5 章)、酉矩阵(第 6 章)以及正交射影矩阵(第 7 章). 这些类中的每一个类都有其精巧的谱特征.

定理 12.6.1 设 $A\in\boldsymbol{M}_n$ 是正规的.

(a) A 是酉矩阵，当且仅当对所有的 $\lambda\in\operatorname{spec}A$，都有 $|\lambda|=1$.

(b) A 是 Hermite 阵，当且仅当对所有的 $\lambda\in\operatorname{spec}A$，都有 $\lambda\in\mathbb{R}$.

(c) A 是正交射影阵，当且仅当对所有的 $\lambda\in\operatorname{spec}A$，都有 $\lambda\in\{0, 1\}$.

(d) A 是斜 Hermite 阵，当且仅当对所有的 $\lambda\in\operatorname{spec}A$，$\lambda$ 都是纯虚数.

证明 假设 $(\lambda, \boldsymbol{x})$ 是 A 的一个特征对，且 $\|\boldsymbol{x}\|=1$. 记 $A=U\Lambda U^*$，其中 U 是酉矩阵，而 Λ 是对角阵. Λ 的对角元素就是 A 的特征值.

(a)如果 A 是酉矩阵，那么 $|\lambda|=\|\lambda\boldsymbol{x}\|=\|A\boldsymbol{x}\|=\|\boldsymbol{x}\|=1$. 反之，如果对所有的 $\lambda\in\operatorname{spec}A$ 都有 $|\lambda|=1$，那么 $\Lambda^{-1}=\overline{\Lambda}=\Lambda^*$. 于是 $A^{-1}=(U\Lambda U^*)^{-1}=U\Lambda^{-1}U^*=U\Lambda^*U^*=(U\Lambda U^*)^*=A^*$.

(b)如果 $A=A^*$，那么

$$\lambda=\langle\lambda\boldsymbol{x},\boldsymbol{x}\rangle=\langle A\boldsymbol{x},\boldsymbol{x}\rangle=\langle\boldsymbol{x},A^*\boldsymbol{x}\rangle=\langle\boldsymbol{x},A\boldsymbol{x}\rangle=\langle\boldsymbol{x},\lambda\boldsymbol{x}\rangle=\overline{\lambda}.$$

于是 $\lambda=\overline{\lambda}$ 且 $\lambda\in\mathbb{R}$. 反之，如果对所有 $\lambda\in\operatorname{spec}A$ 有 $\lambda\in\mathbb{R}$，那么 $\Lambda=\overline{\Lambda}=\Lambda^*$，$A^*=U\Lambda^*U^*=U\Lambda U^*=A$.

(c)如果 A 是正交射影阵，那么 $\lambda^2\boldsymbol{x}=A^2\boldsymbol{x}=A\boldsymbol{x}=\lambda\boldsymbol{x}$. 从而 $\lambda(\lambda-1)\boldsymbol{x}=(\lambda^2-\lambda)\boldsymbol{x}=\boldsymbol{0}$，所以 $\lambda(\lambda-1)=0$，于是 $\lambda\in\{0, 1\}$. 反之，如果 $\operatorname{spec}A\subseteq\{0, 1\}$，那么 $\Lambda^2=\Lambda$. 于是有 $A^2=(U\Lambda U^*)(U\Lambda U^*)=U\Lambda^2U^*=U\Lambda U^*=A$，所以 A 是幂等的. (b)表明 A 是 Hermite 阵，而定理 7.3.14 则确保 A 是一个正交射影阵.

(d)如果 A 是斜 Hermite 阵，那么 $B=\mathrm{i}A$ 是 Hermite 阵，从而(b)确保对所有 $\lambda\in\operatorname{spec}A$ 有 $\mathrm{i}\lambda\in\mathbb{R}$，于是对所有的 $\lambda\in\operatorname{spec}A$，$\lambda$ 都是纯虚数. ■

特征值为非负实数的正规矩阵有特殊的重要性. 它们是半正定的矩阵，见第 13 章.

例 12.6.2 矩阵

$$A=\begin{bmatrix}1&1\\0&1\end{bmatrix}$$

有 $\operatorname{spec}A=\{1\}$，但它既不是酉矩阵，也不是 Hermite 阵. 定理 12.6.1 中 A 是正规矩阵的假设条件不可去掉.

例 12.6.3 矩阵

289

$$A=\begin{bmatrix}1&1\\0&0\end{bmatrix}$$

有相异的特征值 0 与 1，所以它可以对角化，但它不是 Hermite 阵. 定理 12.6.1 中 A 是正规矩阵的假设条件也不可以减弱为 A 可以对角化.

定理 12.6.4 如果 $A\in\boldsymbol{M}_n$，则存在唯一的 Hermite 矩阵 H，$K\in\boldsymbol{M}_n$，使得 $A=H+\mathrm{i}K$.

证明 我们有

$$A=\frac{1}{2}(A+A^*)+\mathrm{i}\,\frac{1}{2\mathrm{i}}(A-A^*)=H+\mathrm{i}K,$$

其中矩阵

$$H=\frac{1}{2}(A+A^*),\quad K=\frac{1}{2\mathrm{i}}(A-A^*) \tag{12.6.5}$$

是 Hermite 阵. 反之，如果 $A=X+\mathrm{i}Y$，其中 X 与 Y 是 Hermite 阵，那么 $A^*=X-\mathrm{i}Y$. 由此推出，$2X=A+A^*$，$2\mathrm{i}Y=A-A^*$，这就确认 $X=H$，$Y=K$. ■

定义 12.6.6 $A\in\boldsymbol{M}_n$ 的**笛卡儿分解**(Cartesian decomposition)定义为 $A=H+\mathrm{i}K$，其中 H，$K\in\boldsymbol{M}_n$ 是 Hermite 阵. 矩阵 $H=H(A)=\frac{1}{2}(A+A^*)$称为 A 的 **Hermite 部分**(Hermitian part)，而 $\mathrm{i}K=\frac{1}{2}(A-A^*)$则称为 A 的**斜 Hermite 部分**(skew-Hermitian part).

A 的笛卡儿分解与复数 $z=a+b\mathrm{i}$ 的分解式(A.2.4)类似，其中 $a=\operatorname{Re}z=\frac{1}{2}(z+\bar{z})$，$b=\operatorname{Im}z=\frac{1}{2\mathrm{i}}(z-\bar{z})$.

例 12.6.7 笛卡儿分解的一个例子是：

$$\underbrace{\begin{bmatrix}0&1\\0&0\end{bmatrix}}_{A}=\underbrace{\begin{bmatrix}0&\frac{1}{2}\\\frac{1}{2}&0\end{bmatrix}}_{H}+\mathrm{i}\underbrace{\begin{bmatrix}0&-\frac{\mathrm{i}}{2}\\\frac{\mathrm{i}}{2}&0\end{bmatrix}}_{K}.$$

矩阵 A 不是正规矩阵. 注意 Hermite 矩阵 H 与 K 不可交换.

定理 12.6.8 设 $A\in \boldsymbol{M}_n$ 有笛卡儿分解 $A=H+\mathrm{i}K$. 那么, A 是正规矩阵, 当且仅当 $HK=KH$.

证明 注意到

$$A^*A=(H-\mathrm{i}K)(H+\mathrm{i}K)=H^2+K^2+\mathrm{i}(HK-KH),$$
$$AA^*=(H+\mathrm{i}K)(H-\mathrm{i}K)=H^2+K^2-\mathrm{i}(HK-KH).$$

于是, $AA^*=A^*A$ 当且仅当 $HK=KH$. ■

推论 12.6.9 设 $A\in \boldsymbol{M}_n$ 是对称阵.

(a) A 是正规矩阵, 当且仅当存在一个实正交阵 $Q\in \boldsymbol{M}_n(\mathbb{R})$ 以及一个对角阵 $D\in \boldsymbol{M}_n$, 使得 $A=QDQ^T$. 290

(b) A 是酉矩阵, 当且仅当存在一个实正交阵 $Q\in \boldsymbol{M}_n(\mathbb{R})$ 以及一个酉对角阵 $D=\operatorname{diag}(e^{\mathrm{i}\theta_1}, e^{\mathrm{i}\theta_2}, \cdots, e^{\mathrm{i}\theta_n})\in \boldsymbol{M}_n$, 使得每一个 $\theta_j\in[0, 2\pi)$ 且 $A=QDQ^T$. 实数 θ_j 是由 A 唯一确定的.

证明 (a) 设 $A=H+\mathrm{i}K$ 是 A 的笛卡儿分解. 由于 A 是对称的, 因此有

$$H^{\mathrm{T}}+\mathrm{i}K^{\mathrm{T}}=A^{\mathrm{T}}=A=H+\mathrm{i}K,$$

所以定理 12.6.4 中的唯一性结论确保 $H^{\mathrm{T}}=H$. 但是 $H=H^*=\overline{H}^{\mathrm{T}}$, 所以 H 是实的 Hermite 阵, 即它是实对称阵. 同样的讨论指出 K 是实对称的. 现在假设 A 是正规矩阵. 上一个定理是说 $HK=KH$, 所以定理 12.2.9(b) 确保 H 与 K 是可以同时实正交对角化的. 于是存在一个实正交阵 Q 以及实对角阵 Λ 与 M, 使得 $H=Q\Lambda Q^{\mathrm{T}}$, $K=QMQ^{\mathrm{T}}$. 这样就有 $A=H+\mathrm{i}K=Q\Lambda Q^{\mathrm{T}}+\mathrm{i}QMQ^{\mathrm{T}}=Q(\Lambda+\mathrm{i}M)Q^{\mathrm{T}}=QDQ^{\mathrm{T}}$, 其中 $D=\Lambda+\mathrm{i}M$. 反之, 如果 D 是对角阵, 那么 QDQ^{T} 是对称阵且是正规矩阵(引理 12.1.11).

(b) 由于酉矩阵是正规矩阵, 于是由(a)得出 $A=QDQ^{\mathrm{T}}$. 这样 $Q^{\mathrm{T}}AQ=D$ 就是酉矩阵, 因为它是酉矩阵的乘积. 由于 $DD^*=\overline{D}D=I$, 因此它的对角元素的模都为 1, 从而每一个对角元素都可以写成 $e^{\mathrm{i}\theta}$ 的形式(对一个唯一的 $\theta\in[0, 2\pi)$). ■

上面的推论中对称酉矩阵的谱分解引导出关于某种矩阵平方根的一个基本结果.

引理 12.6.10 设 $V\in \boldsymbol{M}_n$ 是酉矩阵且是对称的. 则存在一个多项式 p, 使得 $S=p(V)$ 是酉矩阵且是对称的, 而且有 $S^2=V$.

证明 按照上面的推论, 存在一个实正交阵 Q 以及对角的酉矩阵 $D=\operatorname{diag}(e^{\mathrm{i}\theta_1}, e^{\mathrm{i}\theta_2}, \cdots, e^{\mathrm{i}\theta_n})$, 使得每一个 $\theta_j\in[0, 2\pi)$ 且 $V=QDQ^{\mathrm{T}}$. 设 $E=\operatorname{diag}(e^{\mathrm{i}\theta_1/2}, e^{\mathrm{i}\theta_2/2}, \cdots, e^{\mathrm{i}\theta_n/2})$, 则定理 0.7.6 确保存在一个多项式 p, 使得对每个 $j=1, 2, \cdots, n$, 都有 $p(e^{\mathrm{i}\theta_j})=e^{\mathrm{i}\theta_j/2}$, 所以 $p(D)=E$. 矩阵 $S=QEQ^{\mathrm{T}}$ 是对称的酉矩阵(它是酉矩阵的乘积), $S^2=QE^2Q^{\mathrm{T}}=QDQ^{\mathrm{T}}=V$, 且有

$$S=QEQ^{\mathrm{T}}=Qp(D)Q^{\mathrm{T}}=p(QDQ^{\mathrm{T}})=p(V).$$ ■

现在应用这个引理来证明: 任何酉矩阵都是一个实正交阵与一个对称的酉矩阵的乘积.

定理 12.6.11(酉矩阵的 QS 分解)　设 $U\in \boldsymbol{M}_n$ 是酉矩阵. 则存在酉矩阵 Q, $S\in \boldsymbol{M}_n$ 以及多项式 p, 使得 $U=QS$, 其中 Q 是实正交阵, S 是对称阵, 且 $S=p(U^{\mathrm{T}}U)$.

证明　矩阵 $U^{\mathrm{T}}U$ 是酉矩阵且是对称的. 上面的引理确保存在一个多项式 p, 使得 $S=p(U^{\mathrm{T}}U)$ 是酉矩阵且是对称的, 且有 $S^2=U^{\mathrm{T}}U$. 设 $Q=US^*=U\overline{S}$. 那么 Q 是酉矩阵且

291

$$Q^{\mathrm{T}}Q = S^*U^{\mathrm{T}}US^* = S^*S^2S^* = (S^*S)(SS^*) = I.$$

这样一来就有 $Q^{\mathrm{T}}=Q^{-1}=Q^*=\overline{Q}^{\mathrm{T}}$, 所以 Q^{T}(从而 Q)是实的. 由此推出, Q 是实正交的, 且有 $U=(US^*)S=QS$. ■

上面的定理在关于实矩阵的酉相似的问题中起着关键的作用.

推论 12.6.12　如果两个实矩阵是酉相似的, 那么它们是实正交相似的.

证明　设 A, $B\in \boldsymbol{M}_n(\mathbb{R})$. 令 $U\in \boldsymbol{M}_n$ 是酉矩阵, 且使得 $A=UBU^*$. 那么

$$UBU^* = A = \overline{A} = \overline{UBU^*} = \overline{U}BU^{\mathrm{T}},$$

所以 $U^{\mathrm{T}}UB=BU^{\mathrm{T}}U$. 上面的定理确保存在一个分解 $U=QS$, 使得 Q 是实正交的, S 是酉矩阵且是对称的, 而且存在一个多项式 p, 使得 $S=p(U^{\mathrm{T}}U)$. 由于 B 与 $U^{\mathrm{T}}U$ 可交换, 定理 0.8.1 确保 B 与 S 可交换. 计算给出

$$A = UBU^* = QSBS^*Q^{\mathrm{T}} = QBSS^*Q^{\mathrm{T}} = QBQ^{\mathrm{T}},$$

这是实正交相似的. ■

12.7　正规矩阵与其他可对角化矩阵的相似性

定理 12.7.1　假设 A, $B\in \boldsymbol{M}_n$ 有相同的特征值以及相同的重数.

(a)如果 A 与 B 可对角化, 那么它们相似.

(b)如果 A 与 B 是正规矩阵, 那么它们酉相似.

(c)如果 A 与 B 是实的正规矩阵, 那么它们实正交相似.

(d)如果 A 与 B 是对角阵, 那么它们置换相似.

证明　设 λ_1, λ_2, $\cdots$, λ_n 是 A 与 B 按照任意次序给出的特征值, 又设 $\Lambda=\mathrm{diag}(\lambda_1, \lambda_2, \cdots, \lambda_n)$.

(a)推论 9.4.9 确保存在可逆阵 R, $S\in \boldsymbol{M}_n$, 使得 $A=R\Lambda R^{-1}$ 以及 $B=S\Lambda S^{-1}$. 这样就有 $\Lambda=S^{-1}BS$ 以及

$$A = R\Lambda R^{-1} = RS^{-1}BSR^{-1} = (RS^{-1})B(RS^{-1})^{-1},$$

所以 A 通过 RS^{-1} 与 B 相似.

(b)定理 12.2.2 确保存在一个酉矩阵 $U\in \boldsymbol{M}_n$ 以及一个对角阵 $D\in \boldsymbol{M}_n$, 使得 $A=UDU^*$. D 的对角元素是 A 的特征值, 不过它们可能不是以与 Λ 的对角元素一样的次序出现. 然而, 存在一个置换矩阵 P(一个实的正交阵), 使得 $D=P\Lambda P^{\mathrm{T}}$, 见(6.3.4). 这样一来,

$$A = UDU^* = UP\Lambda P^{\mathrm{T}}U^* = (UP)\Lambda(UP)^*,$$

也就是说, A 与 Λ 酉相似. 同样的讨论表明 B 与 Λ 酉相似. 设 V 与 W 是酉矩阵, 它们满足

$A=V\Lambda V^*$，$B=W\Lambda W^*$. 这样就有

$$A=V\Lambda V^*=VW^*BWV^*=(VW^*)B(VW^*)^*,$$

所以 A 通过 VW^* 与 B 酉相似. 292

(c)(b)这部分的结论确保 A 与 B 是酉相似的，推论 12.6.12 是说它们是实正交相似的，这是因为它们是实的，且是酉相似的.

(d)由于 A 与 B 的主对角线元素是它们的特征值，因此 B 的主对角线元素可以由 A 的主对角线元素的排列得到. 等式(6.3.4)指出了如何来构造 A 的置换相似矩阵，它会对 A 的对角线上的元素的排列产生影响. ■

12.8 正规性的某些特征

正规性有一些等价的特征. 这里给出其中的一些.

定理 12.8.1 设 $A=[a_{ij}]\in\mathbf{M}_n$ 有特征值 λ_1，λ_2，…，λ_n. 则以下诸命题等价：

(a)A 是正规矩阵.

(b)$A=H+\mathrm{i}K$，其中 H，K 是 Hermite 阵，且 $HK=KH$.

(c) $\sum\limits_{i,j=1}^{n}|a_{ij}|^2=\sum\limits_{i=1}^{n}|\lambda_i|^2$.

(d)存在一个多项式 p，使得 $p(A)=A^*$.

(e)对所有 $\boldsymbol{x}\in\mathbb{C}^n$，都有 $\|A\boldsymbol{x}\|_2=\|A^*\boldsymbol{x}\|_2$.

(f)A 与 A^*A 可交换.

(g)对某个酉矩阵 W 有 $A^*=AW$.

证明 (a)⇔(b) 这是定理 12.6.8.

(a)⇔(c) 这是定理 12.3.1 中等式成立的情形.

(a)⇒(d) 设 $A\in\mathbf{M}_n$ 是正规矩阵，并记 $A=U\Lambda U^*$，其中 $\Lambda=\mathrm{diag}(\lambda_1,\lambda_2,\cdots,\lambda_n)$，而 U 是酉矩阵. 定理 0.7.6 给出一个多项式 p，使得对 $i=1,2,\cdots,n$ 有 $p(\lambda_i)=\overline{\lambda_i}$. 于是

$$\begin{aligned}p(A)&=Up(\Lambda)U^*=U\mathrm{diag}(p(\lambda_1),p(\lambda_2),\cdots,p(\lambda_n))U^*\\&=U\mathrm{diag}(\overline{\lambda_1},\overline{\lambda_2},\cdots,\overline{\lambda_n})U^*=U\Lambda^*U^*=(U\Lambda U^*)^*=A^*.\end{aligned}$$

(d)⇒(a) 如果 $A^*=p(A)$，那么 $A^*A=p(A)A=Ap(A)=AA^*$，所以 A 是正规矩阵.

(a)⇒(e) 这是定理 12.1.9(b).

(e)⇒(a) 设 $S=A^*A-AA^*$，并设 $\boldsymbol{x}\in\mathbb{C}^n$. 注意到 A 是正规矩阵，当且仅当 $S=0$. 由于 $\|A\boldsymbol{x}\|_2=\|A^*\boldsymbol{x}\|_2$，因此有

$$\begin{aligned}0&=\|A\boldsymbol{x}\|_2^2-\|A^*\boldsymbol{x}\|_2^2=\langle A\boldsymbol{x},A\boldsymbol{x}\rangle-\langle A^*\boldsymbol{x},A^*\boldsymbol{x}\rangle\\&=\langle A^*A\boldsymbol{x},\boldsymbol{x}\rangle-\langle AA^*\boldsymbol{x},\boldsymbol{x}\rangle=\langle S\boldsymbol{x},\boldsymbol{x}\rangle.\end{aligned}$$

因为 $S=S^*$，由此推出 $\langle S^2\boldsymbol{x},\boldsymbol{x}\rangle=\langle S\boldsymbol{x},S\boldsymbol{x}\rangle=\|S\boldsymbol{x}\|_2^2$ 且有

$$\begin{aligned}0&=\langle S(\boldsymbol{x}+S\boldsymbol{x}),\boldsymbol{x}+S\boldsymbol{x}\rangle=\langle S\boldsymbol{x},\boldsymbol{x}\rangle+\langle S\boldsymbol{x},S\boldsymbol{x}\rangle+\langle S^2\boldsymbol{x},\boldsymbol{x}\rangle+\langle S(S\boldsymbol{x}),S\boldsymbol{x}\rangle\\&=0+\|S\boldsymbol{x}\|_2^2+\|S\boldsymbol{x}\|_2^2+0=2\|S\boldsymbol{x}\|_2^2.\end{aligned}$$

293 我们得出结论：对所有 $x\in\mathbb{C}^n$ 有 $Sx=\mathbf{0}$，所以 $S=0$，而且 A 是正规矩阵.

(a)⇒(f) 如果 A 是正规矩阵，那么 $A(A^*A)=(AA^*)A=(A^*A)A$.

(f)⇒(a) 假设 A 与 A^*A 可交换. 那么 $(A^*A)^2=A^*AA^*A=(A^*)^2A^2$，且 $(AA^*)^2=AA^*AA^*=A^*AAA^*$. 设 $S=A^*A-AA^*$. 由于 $S=S^*$，因此

$$\begin{aligned}\operatorname{tr}S^*S=\operatorname{tr}S^2&=\operatorname{tr}(A^*A-AA^*)^2\\&=\operatorname{tr}(A^*A)^2-\operatorname{tr}A^*AAA^*-\operatorname{tr}AA^*A^*A+\operatorname{tr}(AA^*)^2\\&=\operatorname{tr}(A^*)^2A^2-\operatorname{tr}A^*A^*AA-\operatorname{tr}A^*AAA^*+\operatorname{tr}A^*AAA^*\\&=0.\end{aligned}$$

(g)⇒(a) 如果对某个酉矩阵 W 有 $A^*=AW$，那么 $A^*A=A^*(A^*)^*=(AW)(AW)^*=AWW^*A^*=AA^*$.

(a)⇒(g) 设 A 是正规矩阵，并记 $A=U\Lambda U^*$，其中 $\Lambda=\operatorname{diag}(\lambda_1,\lambda_2,\cdots,\lambda_n)$，而 U 是酉矩阵. 定义 $X=\operatorname{diag}(\xi_1,\xi_2,\cdots,\xi_n)$，其中

$$\xi_i=\begin{cases}\overline{\lambda_i}/\lambda_i & 如果\ \lambda_i\neq 0,\\ 1 & 如果\ \lambda_i=0,\end{cases}$$

又设 $W=U\operatorname{diag}(\xi_1,\xi_2,\cdots,\xi_n)U^*$，它是酉矩阵(定理 12.6.1((a)). 这样就有 $AW=(U\Lambda U^*)(UXU^*)=U\Lambda XU^*=U\operatorname{diag}(\overline{\lambda_1},\overline{\lambda_2},\cdots,\overline{\lambda_n})U^*=(U\Lambda U^*)^*=A^*$. ■

12.9 谱分解

我们以正交射影为基础给出谱定理的另一种形式. 谱定理的这种形式用在量子计算中，并且很容易推广到无限维的情况中去.

如果 $P\in\mathbf{M}_n$ 是一个正交射影($P=P^*$，且 $P^2=P$)，那么 $\mathbb{C}^n=\operatorname{col}P\oplus\operatorname{null}P$ 是正交分解，而其诱导的线性变换 T_P：$\mathbb{C}^n\to\mathbb{C}^n$ 则是在 $\operatorname{col}P$ 上的正交射影.

定义 12.9.1 非零的正交射影 $P_1,P_2,\cdots,P_d\in\mathbf{M}_n$ 称为**单位的分解**(resolution of the identity)，如果 $P_1+P_2+\cdots+P_d=I$.

如果 $P_1,P_2,\cdots,P_d\in\mathbf{M}_n$ 是单位的分解，那么对所有 $x\in\mathbb{C}^n$，都有 $x=P_1x+P_2x+\cdots+P_dx$. 从而有

$$\mathbb{C}^n=\operatorname{col}P_1+\cdots+\operatorname{col}P_d. \tag{12.9.2}$$

下面的引理告诉我们，实际上(12.9.2)是两两正交的子空间的直和.

引理 12.9.3 假设 $P_1,P_2,\cdots,P_d\in\mathbf{M}_n$ 是单位的分解. 那么对 $i\neq j$ 有 $P_iP_j=0$. 特别地，对 $i\neq j$ 有 $\operatorname{col}P_i\perp\operatorname{col}P_j$，而且

$$\mathbb{C}^n=\operatorname{col}P_1\oplus\cdots\oplus\operatorname{col}P_d$$

294 是一个正交的直和.

证明 对任何 $j\in\{1,2,\cdots,d\}$ 有

$$0=P_j-P_j=P_j-P_j^2=(I-P_j)P_j=\Big(\sum_{i\neq j}P_i\Big)P_j=\sum_{i\neq j}P_iP_j=\sum_{i\neq j}P_i^2P_j^2. \tag{12.9.4}$$

在(12.9.4)的两边取迹就得到等式

$$\begin{aligned}0&=\sum_{i\neq j}\operatorname{tr}P_i^2P_j^2=\sum_{i\neq j}\operatorname{tr}P_jP_iP_iP_j\\&=\sum_{i\neq j}\operatorname{tr}((P_iP_j)^*(P_iP_j))=\sum_{i\neq j}\|P_iP_j\|_F^2.\end{aligned}\tag{12.9.5}$$

于是，对所有 $i\neq j$，都有 $\|P_iP_j\|_F=0$，从而 $P_iP_j=0$. 如果 $i\neq j$，那么

$$\operatorname{col}P_j\subseteq\operatorname{null}P_i=(\operatorname{col}P_i)^{\perp},$$

于是有 $\operatorname{col}P_i\perp\operatorname{col}P_j$. ■

下面的引理提供了一种方法来产生单位的分解. 事实上，所有单位的分解都以这种方式出现，见 P.12.21.

引理 12.9.6 设 $U=[U_1\ U_2\cdots\ U_d]\in\boldsymbol{M}_n$ 是酉矩阵，其中每一个 $U_i\in\boldsymbol{M}_{n\times n_i}$，且 $n_1+n_2+\cdots+n_d=n$. 那么，对 $i=1,2,\cdots,d$，$P_i=U_iU_i^*$ 是构成单位的分解的正交射影.

证明 我们有

$$I=UU^*=[U_1\ U_2\ \cdots\ U_d]\begin{bmatrix}U_1^*\\U_2^*\\\vdots\\U_d^*\end{bmatrix}=U_1U_1^*+U_2U_2^*+\cdots+U_dU_d^*,$$

其中每一个 $P_i=U_iU_i^*$ 都是一个正交射影(见例 7.3.5). ■

例 12.9.7 考虑酉矩阵 $U=[U_1\ U_2]\in\boldsymbol{M}_3$，其中

$$U=\frac{1}{3}\begin{bmatrix}1&-2&-2\\2&-1&2\\2&2&-1\end{bmatrix},\quad U_1=\frac{1}{3}\begin{bmatrix}1&-2\\2&-1\\2&2\end{bmatrix},\quad U_2=\frac{1}{3}\begin{bmatrix}-2\\2\\-1\end{bmatrix}.$$

那么

$$P_1=U_1U_1^*=\frac{1}{9}\begin{bmatrix}5&4&-2\\4&5&2\\-2&2&8\end{bmatrix},\quad P_2=U_2U_2^*=\frac{1}{9}\begin{bmatrix}4&-4&2\\-4&4&-2\\2&-2&1\end{bmatrix}$$

都是构成单位的分解的正交射影. P_1 是在 $\operatorname{span}\{[1\ 2\ 2]^{\mathrm{T}},[-2\ -1\ 2]^{\mathrm{T}}\}$ 上的正交射影，而 P_2 则是在 $\operatorname{span}\{[-2\ 2\ -1]^{\mathrm{T}}\}$ 上的正交射影.

定理 12.9.8(谱定理，形式Ⅱ) 设 $A\in\boldsymbol{M}_n$ 的相异的特征值是 $\mu_1,\mu_2,\cdots,\mu_d$，相应的重数为 $n_1,n_2,\cdots,n_d$. 则以下诸命题等价： 295

(a) A 是正规矩阵.

(b) $A=\sum_{i=1}^{d}\mu_iP_i$，其中 $P_1,P_2,\cdots,P_d\in\boldsymbol{M}_n$ 是单位的分解的正交射影.

在(b)中，$\operatorname{col}P_j=\mathcal{E}_{\mu_j}(A)$.

证明 (a)⇒(b) 假设 A 是正规矩阵. 定理 12.2.2 确保 $A=U\Lambda U^*$，其中 $\Lambda=\mu_1I_{n_1}\oplus$

$\mu_2 I_{n_2} \oplus \cdots \oplus \mu_d I_{n_d}$. 记 $U=[U_1 \cdots U_d]$，其中每一个 $U_i \in \mathbf{M}_{n\times n_i}$. 那么

$$A = U\Lambda U^* = [U_1 \cdots U_d] \begin{bmatrix} \mu_1 I_{n_1} & & \\ & \ddots & 0 \\ & & \mu_d I_{n_d} \end{bmatrix} \begin{bmatrix} U_1^* \\ \vdots \\ U_d^* \end{bmatrix}$$

$$= [\mu_1 U_1 \cdots \mu_d U_d] \begin{bmatrix} U_1^* \\ \vdots \\ U_d^* \end{bmatrix} = \mu_1 U_1 U_1^* + \cdots + \mu_d U_d U_d^*$$

$$= \mu_1 P_1 + \cdots + \mu_d P_d.$$

引理 12.9.6 确保矩阵 $P_i = U_i U_i^*$ 是单位的分解.

(b)⇒(a) 假设 $A = \sum_{i=1}^{d} \mu_i P_i$，其中 $P_1, P_2, \cdots, P_d \in \mathbf{M}_n$ 是单位的分解. 由于对 $i \neq j$，有 $P_i P_j = 0$(引理 12.9.3)且 $A^* = \sum_{j=1}^{d} \overline{\mu_j} P_i$，因此有

$$A^*A = \sum_{i,j=1}^{d} \overline{\mu_j}\mu_i P_j P_i = \sum_{i=1}^{d} |\mu_i|^2 P_i = \sum_{i,j=1}^{d} \mu_i \overline{\mu_j} P_i P_j = AA^*.$$

我们断言 $\mathcal{E}_{\mu_j}(A) = \operatorname{col} P_j$. 对每个 $j \in \{1, 2, \cdots, d\}$以及任何 $\boldsymbol{x} \in \mathbb{C}^n$，有

$$(A - \mu_j I)\boldsymbol{x} = \sum_{i=1}^{n} \mu_i P_i \boldsymbol{x} - \sum_{i=1}^{n} \mu_j P_i \boldsymbol{x} = \sum_{i \neq j} (\mu_i - \mu_j) P_i \boldsymbol{x}.$$

由于 $i \neq j$ 时有 $P_i \boldsymbol{x} \perp P_j \boldsymbol{x}$，因此毕达哥拉斯定理确保

$$\| (A - \mu_j I)\boldsymbol{x} \|_2^2 = \left\| \sum_{i \neq j} (\mu_i - \mu_j) P_i \boldsymbol{x} \right\|_2^2 = \sum_{i \neq j} |\mu_i - \mu_j|^2 \| P_i \boldsymbol{x} \|_2^2,$$

其中对 $i \neq j$ 有 $\mu_i - \mu_j \neq 0$. 这样一来，$\boldsymbol{x} \in \mathcal{E}_{\mu_j}(A)$成立，当且仅当对所有 $i \neq j$ 都有 $P_i \boldsymbol{x} = \mathbf{0}$. 由于 $\boldsymbol{x} = \sum_{i=1}^{d} P_i \boldsymbol{x}$，所以当且仅当 $\boldsymbol{x} = P_j \boldsymbol{x}$ 时成立. 从而有 $\mathcal{E}_{\mu_j}(A) = \operatorname{col} P_j$. ■

定义 12.9.9 *上面定理中的正交射影* $P_1, P_2, \cdots, P_d$ *称为* A *的***谱射影**(spectral projection). *表达式* $A = \sum_{i=1}^{d} \mu_i P_i$ *称为* A *的***谱分解**(spectral resolution).

定理 12.9.8 是说：矩阵是正规的，当且仅当它是正交射影的线性组合，这些正交射影构成单位的分解. 后面的条件蕴涵如下结论：正交射影必定是相互正交的(引理 12.9.3).

例 12.9.10 正交射影阵 $P \in \mathbf{M}_n$ 的谱分解是

296

$$P = 1P + 0(I - P).$$

例 12.9.11 考虑(12.1.7)以及例 12.2.3 中的矩阵 A. 在特征空间 $\mathcal{E}_{\lambda_1}(A) = \operatorname{span}\left\{\begin{bmatrix} \frac{1}{\sqrt{2}} & -\frac{\mathrm{i}}{\sqrt{2}} \end{bmatrix}^{\mathrm{T}}\right\}$以及 $\mathcal{E}_{\lambda_2}(A) = \operatorname{span}\left\{\begin{bmatrix} \frac{1}{\sqrt{2}} & \frac{\mathrm{i}}{\sqrt{2}} \end{bmatrix}^{\mathrm{T}}\right\}$上的正交射影 P_1, P_2 是

$$P_1=\begin{bmatrix}\dfrac{1}{\sqrt{2}}\\-\dfrac{\mathrm{i}}{\sqrt{2}}\end{bmatrix}\begin{bmatrix}\dfrac{1}{\sqrt{2}} & \dfrac{\mathrm{i}}{\sqrt{2}}\end{bmatrix}=\begin{bmatrix}\dfrac{1}{2} & \dfrac{\mathrm{i}}{2}\\-\dfrac{\mathrm{i}}{2} & \dfrac{1}{2}\end{bmatrix},$$

$$P_2=\begin{bmatrix}\dfrac{1}{\sqrt{2}}\\\dfrac{\mathrm{i}}{\sqrt{2}}\end{bmatrix}\begin{bmatrix}\dfrac{1}{\sqrt{2}} & -\dfrac{\mathrm{i}}{\sqrt{2}}\end{bmatrix}=\begin{bmatrix}\dfrac{1}{2} & -\dfrac{\mathrm{i}}{2}\\\dfrac{\mathrm{i}}{2} & \dfrac{1}{2}\end{bmatrix}.$$

在方程 $P_1+P_2=I$，即

$$\begin{bmatrix}\dfrac{1}{2} & \dfrac{\mathrm{i}}{2}\\-\dfrac{\mathrm{i}}{2} & \dfrac{1}{2}\end{bmatrix}+\begin{bmatrix}\dfrac{1}{2} & -\dfrac{\mathrm{i}}{2}\\\dfrac{i}{2} & \dfrac{1}{2}\end{bmatrix}=\begin{bmatrix}1 & 0\\0 & 1\end{bmatrix}$$

中反映出 $\mathcal{E}_1(A)\perp\mathcal{E}_2(A)$以及 $\mathbb{C}^2=\mathcal{E}_1(A)\oplus\mathcal{E}_2(A)$. 谱定理确保 $A=\lambda_1P_1+\lambda_2P_2$：

$$\begin{bmatrix}a & -b\\b & a\end{bmatrix}=(a+b\mathrm{i})\begin{bmatrix}\dfrac{1}{2} & \dfrac{\mathrm{i}}{2}\\-\dfrac{\mathrm{i}}{2} & \dfrac{1}{2}\end{bmatrix}+(a-b\mathrm{i})\begin{bmatrix}\dfrac{1}{2} & -\dfrac{\mathrm{i}}{2}\\\dfrac{\mathrm{i}}{2} & \dfrac{1}{2}\end{bmatrix}.$$

定理 12.9.12 设 $A=\sum_{i=1}^{d}\mu_iP_i$ 是正规矩阵 $A\in\boldsymbol{M}_n$ 的谱分解，并设 f 是一个多项式. 那么 $f(A)=\sum_{i=1}^{d}f(\mu_i)P_i$.

证明 只需要证明对 $\ell=1, 2, \cdots$有 $A^{\ell}=\sum_{i=1}^{d}\mu_i^{\ell}P_i$ 即可. 我们对 ℓ用归纳法来证明. 初始情形 $\ell=0$ 就是 $I=P_1+\cdots+P_d$，它正是单位分解的定义. 如果对某个 ℓ有 $A^{\ell}=\sum_{i=1}^{d}\mu_i^{\ell}P_i$，那么

$$\begin{aligned}A^{\ell+1}=AA^{\ell}&=\Big(\sum_{i=1}^{d}\mu_iP_i\Big)\Big(\sum_{j=1}^{d}\mu_j^{\ell}P_j\Big)\\&=\sum_{i,j=1}^{d}\mu_i\mu_j^{\ell}P_iP_j=\sum_{i=1}^{d}\mu_i^{\ell+1}P_i^2\\&=\sum_{i=1}^{d}\mu_i^{\ell+1}P_i,\end{aligned}$$

这是由于对 $i\neq j$ 有 $P_iP_j=0$(引理 12.9.3). 这就完成了归纳法的证明. ■

推论 12.9.13 设 $A=\sum_{i=1}^{d}\mu_iP_i$ 是正规矩阵 $A\in\boldsymbol{M}_n$ 的谱分解. 则存在多项式 p_1, p_2, $\cdots$,

p_d，使得对每个 $j\in\{1, 2, \cdots, d\}$，都有 $p_j(A)=P_j$.

证明　定理 0.7.6 确保存在唯一的次数至多为 $d-1$ 的多项式 p_j，使得对 $i, j\in\{1, 2, \cdots, d\}$ 有 $p_j(\mu_i)=\delta_{ij}$. 这样就有 $p_j(A)=\sum_{i=1}^{d} p_j(\mu_i)P_i=P_j$. ■

例 12.9.14　矩阵(12.2.6)有特征值 $\mu_1=9$ 以及 $\mu_2=-9$，重数分别为 $n_1=2$ 以及 $n_2=1$. 多项式 $p_1(z)=\frac{1}{18}(z+9)$ 以及 $p_2(z)=-\frac{1}{18}(z-9)$ 对 $i, j\in\{1, 2\}$ 满足 $p_j(\mu_i)=\delta_{ij}$. 设

297 $P_1=p_1(A)$ 以及 $P_2=p_2(A)$. 则 A 的谱分解是

$$\begin{bmatrix} 1 & 8 & -4 \\ 8 & 1 & 4 \\ -4 & 4 & 7 \end{bmatrix}=9\underbrace{\begin{bmatrix} \frac{5}{9} & \frac{4}{9} & -\frac{2}{9} \\ \frac{4}{9} & \frac{5}{9} & \frac{2}{9} \\ -\frac{2}{9} & \frac{2}{9} & \frac{8}{9} \end{bmatrix}}_{P_1}-9\underbrace{\begin{bmatrix} \frac{4}{9} & -\frac{4}{9} & \frac{2}{9} \\ -\frac{4}{9} & \frac{4}{9} & -\frac{2}{9} \\ \frac{2}{9} & -\frac{2}{9} & \frac{1}{9} \end{bmatrix}}_{P_2}.$$

如果 $A\in\boldsymbol{M}_n$ 是正规矩阵，那么定理 12.1.9(c)的几何内涵是：A 的每个一维的不变子空间也是 A^* 的不变子空间. 正规矩阵的这个性质可以推广到任意维数的不变子空间.

定理 12.9.15　设 $A\in\boldsymbol{M}_n$ 是正规的.

(a)每一个 A-不变子空间也是 A^*-不变的.

(b)如果 P 是在一个 A-不变子空间上的正交射影，那么 $AP=PA$.

证明　(a)如果 A-不变子空间是 $\{\boldsymbol{0}\}$ 或者 $\mathbb{C}^n$，则没有什么要证明的. 假设 $\mathcal{U}\subseteq\mathbb{C}^n$ 是一个 k 维($1\leqslant k\leqslant n-1$)的 A-不变子空间. 设 $U=[U_1\ U_2]\in\boldsymbol{M}_n$ 是酉矩阵，其中 $U_1\in\boldsymbol{M}_{n\times k}$ 的列是 U 的一组基，而 $U_2\in\boldsymbol{M}_{n\times(n-k)}$ 的列则是 $\mathcal{U}^{\perp}$ 的一组基. 由于 $\mathcal{U}$ 是 A-不变的，定理 7.6.7 确保

$$U^*AU=\begin{bmatrix} B & X \\ 0 & C \end{bmatrix},$$

其中 $B\in\boldsymbol{M}_k$，而 $C\in\boldsymbol{M}_{n-k}$. 引理 12.1.11 确保 U^*AU 是正规矩阵. 引理 12.1.12 告诉我们 B 与 C 都是正规矩阵，且 $X=0$. 于是 $U^*AU=B\oplus C$，且由推论 7.6.8 可知，$\mathcal{U}$ 是 A^*-不变的.

(b)这由(a)以及推论 7.6.8 得出. ■

例 12.9.16　设

$$A=\begin{bmatrix} 0 & 1 \\ 0 & 0 \end{bmatrix},$$

它不是正规的. 子空间 $\operatorname{span}\{\boldsymbol{e}_1\}$ 是 A-不变子空间，但不是 A^*-不变的，而 $\operatorname{span}\{\boldsymbol{e}_2\}$ 是 A^*-不变子空间，但不是 A-不变的.

定理 12.9.15 的另一个证明见 P.12.48. 在无限维的情形会出现复杂的情况，见 P.12.47.

12.10 问题

P.12.1 两个非零非正规的矩阵的乘积有没有可能是正规矩阵？

P.12.2 设 $B\in \boldsymbol{M}_n$ 可逆，又设 $A=B^{-1}B^*$. 证明：A 是酉矩阵，当且仅当 B 是正规矩阵.

P.12.3 设 $A\in \boldsymbol{M}_n$. 如果存在一个非零的多项式 p，使得 $p(A)$ 是正规矩阵，可以由此推出 A 是正规矩阵吗？ 298

P.12.4 设 A，$B\in \boldsymbol{M}_n$ 是正规矩阵. 证明：A 与 B 相似，当且仅当它们是酉相似的.

P.12.5 证明：$A\in \boldsymbol{M}_n$ 是正规的，当且仅当 A 的每一个特征向量都是 A^* 的特征向量. **提示**：如果 $\boldsymbol{x}$ 是 A 与 A^* 两者的单位特征向量，那么(10.1.2)中有 $\boldsymbol{x}^*AV_2=\boldsymbol{0}^{\mathrm{T}}$.

P.12.6 (a)给定一个实的正交矩阵的例子，它有一些非实的特征值.

(b)如果两个实正交矩阵相似(可能通过一个非实的相似矩阵)，证明：它们是实正交相似的.

P.12.7 设 A，$B\in \boldsymbol{M}_n$.

(a)如果 A 与 B 是正规矩阵，证明：$AB=0$ 当且仅当 $BA=0$.

(b)如果 A 是正规矩阵，而 B 不是，那么由 $AB=0$ 还能推出 $BA=0$ 吗？

P.12.8 如果 $A\in \boldsymbol{M}_{m\times n}$，且 A^*A 是正交射影，那么 AA^* 是正交射影吗？

P.12.9 设 U，$V\in \boldsymbol{M}_n$ 是酉矩阵. 证明 $|\det(U+V)|\leqslant 2^n$. 求使得等式成立的条件.

P.12.10 (a)设 $A\in \boldsymbol{M}_n$ 是正规的. 利用定理 12.1.9(c)证明：A 的与不同的特征值对应的特征向量是正交的.

(b)假设 $A\in \boldsymbol{M}_n$ 可对角化. 如果 A 的与相异的特征值对应的特征向量是正交的，证明 A 是正规的.

(c)证明：(b)中可对角化这一假设条件不能去掉.

P.12.11 (a)如果 $B\in \boldsymbol{M}_n$，证明

$$A=\begin{bmatrix} B & B^* \\ B^* & B \end{bmatrix}$$

是正规矩阵.

(b)设 $B=H+\mathrm{i}K$ 是笛卡儿分解(12.6.5)，又设

$$U=\frac{1}{\sqrt{2}}\begin{bmatrix} I_n & I_n \\ -I_n & I_n \end{bmatrix}.$$

证明：U 是酉矩阵，且 $UAU^*=2H\oplus 2\mathrm{i}K$.

(c)证明：A 有 n 个实的特征值以及 n 个纯虚的特征值.

(d)证明：$\det A=(4\mathrm{i})^n(\det H)(\det K)$.

(e)B 是正规矩阵，且有特征值 λ_1，λ_2，…，λ_n，证明 $\det A=(4\mathrm{i})^n\prod_{j=1}^{n}(\mathrm{Re}\lambda_j)(\mathrm{Im}\lambda_j)$.

P.12.12　如果 $A\in \boldsymbol{M}_n$ 是正规的且是幂零阵，证明 $A=0$.

P.12.13　如果 $A\in \boldsymbol{M}_n$ 是正规的且 $\operatorname{spec}A=\{1\}$，证明 $A=I$.

P.12.14　如果 $A\in \boldsymbol{M}_n$ 是正规的且 $A^2=A$，证明 A 是正交射影阵. 正规性的假设条件可以去掉吗?

P.12.15　(a)证明 $A\in \boldsymbol{M}_n$ 是 Hermite 阵，当且仅当 $\operatorname{tr}(A^2)=\operatorname{tr}(A^*A)$.

(b)证明：Hermite 阵 A，$B\in \boldsymbol{M}_n$ 可交换，当且仅当 $\operatorname{tr}(AB)^2=\operatorname{tr}(A^2B^2)$.

P.12.16　设 $A\in \boldsymbol{M}_m$ 与 $B\in \boldsymbol{M}_n$ 是正规矩阵，并记 $A=U\Lambda U^*$，$B=VMV^*$，其中 $U\in \boldsymbol{M}_m$ 与 $V\in \boldsymbol{M}_n$ 是酉矩阵，$\Lambda=\operatorname{diag}(\lambda_1,\lambda_2,\cdots,\lambda_m)$，$M=\operatorname{diag}(\mu_1,\mu_2,\cdots,\mu_n)$. 假设 $X\in \boldsymbol{M}_{m\times n}$，$AX=XB$.

(a)证明 $\Lambda(U^*XV)=(U^*XV)M$.

(b)设$U^*XV=[\xi_{ij}]$，证明：对所有 i，j，有$\overline{\lambda_i}\xi_{ij}=\xi_{ij}\overline{\mu_j}$.

(c)推导出 $A^*X=XB^*$. 这对 Fuglede-Putnam 定理给出了另外一个证明.

P.12.17　设 $N\in \boldsymbol{M}_{m+n}$是正规矩阵，且有谱分解 $N=\sum_{i=1}^{d}\mu_iP_i$，设 $Y\in \boldsymbol{M}_{m+n}$.

(a)如果$NY=YN$，证明：对 $i=1,2,\cdots,d$，有 $P_iY=YP_i$.

(b)证明 $N^*Y=YN^*$.

299 (c)现在假设 $A\in \boldsymbol{M}_m$ 与 $B\in \boldsymbol{M}_n$ 是正规矩阵，$X\in \boldsymbol{M}_{m\times n}$，$AX=XB$. 利用矩阵

$$N=\begin{bmatrix}A & 0\\ 0 & B\end{bmatrix}\quad 以及\quad Y=\begin{bmatrix}0 & X\\ 0 & 0\end{bmatrix}$$

来推导出 Fuglede-Putnam 定理.

P.12.18　在 Fuglede-Putnam 定理的陈述中，是否必须假设 A 与 B 二者都是正规矩阵? 考虑

$$A=X=\begin{bmatrix}0 & 1\\ 0 & 0\end{bmatrix},\quad B=\begin{bmatrix}1 & 0\\ 0 & 0\end{bmatrix}.$$

P.12.19　设 $A\in \boldsymbol{M}_n$ 是正规矩阵. 证明：$A\overline{A}=\overline{A}A$，当且仅当 $AA^{\mathrm{T}}=A^{\mathrm{T}}A$.

P.12.20　设 A，$B\in \boldsymbol{M}_n$ 是正规矩阵，并假设 $AB=BA$. 利用 Fuglede-Putnam 定理证明推论 12.2.10. **提示**：首先证明 $A^*B=BA^*$，$AB^*=B^*A$.

P.12.21　假设 $P_1,P_2,\cdots,P_d\in \boldsymbol{M}_n$ 是单位的分解. 证明：存在一个分划的酉矩阵 $U=[U_1\ U_2\ \cdots\ U_d]\in \boldsymbol{M}_n$，使得对 $i=1,2,\cdots,d$ 有 $P_i=U_iU_i^*$. 导出结论：每一个单位的分解都是按照引理 12.9.6 所描述的方式出现的.

P.12.22　求 $\dim\{A\}'$的所有可能的值：(a)如果 $A\in \boldsymbol{M}_5$ 是正规矩阵，或者(b)$A\in \boldsymbol{M}_6$ 是正规矩阵.

P.12.23　设 $A=\begin{bmatrix}a & b\\ c & d\end{bmatrix}\in \boldsymbol{M}_2(\mathbb{R})$. 证明：$A$ 是正规的，当且仅当或者 A 是对称的，或者 $c=-b$ 而且$a=d$.

P.12.24　设 $A=\begin{bmatrix}a & -b\\ b & a\end{bmatrix}$，其中 a，$b\in \mathbb{C}$. 证明：如果 $b=0$，则$\{A\}'=\boldsymbol{M}_2$；如果$b\neq 0$，则

$$\{A\}' = \left\{\begin{bmatrix} z & -w \\ w & z \end{bmatrix}: z, w \in \mathbb{C}\right\}.$$

P. 12. 25 考虑 $A=\begin{bmatrix} a & -b \\ b & a \end{bmatrix}$，其中 a，$b\in\mathbb{R}$．A 的特征值是 $\lambda_1=a+b\mathrm{i}$，$\lambda_2=a-b\mathrm{i}$. 如果 p 是实多项式，证明 $\overline{p(\lambda_1)}=p(\overline{\lambda_1})=p(\lambda_2)$，且

$$p(A)=\begin{bmatrix} \operatorname{Re} p(\lambda_1) & -\operatorname{Im} p(\lambda_1) \\ \operatorname{Im} p(\lambda_1) & \operatorname{Re} p(\lambda_1) \end{bmatrix}.$$

P. 12. 26 考虑 $C[0, 1]$上的 Volterra 算子(Volterra operator)

$$(Tf)(t) = \int_0^t f(s)\mathrm{d}s$$

(见 P. 5. 11 以及 P. 8. 27)．记 $T=H+\mathrm{i}K$，其中 $H=\frac{1}{2}(T+T^*)$，$K=\frac{1}{2\mathrm{i}}(T-T^*)$.

(a)证明：$2H$ 是在常数函数构成的子空间上的正交射影.

(b)计算 K 的特征值以及特征向量．**提示**：利用微分学基本定理．确认你期待的特征向量满足原来的积分方程.

(c)验证：K 的特征值是实数，且与相异特征值对应的特征向量是正交的.

P. 12. 27 设 $A\in\boldsymbol{M}_n$，假设 $-1\notin\operatorname{spec}A$．$A$ 的 Cayley 变换(Cayley transform)是矩阵 $(I-A)(I+A)^{-1}$.

(a)如果 A 是斜 Hermite 阵，证明它的 Cayley 变换是酉矩阵.

(b)如果 A 是酉矩阵，证明它的 Cayley 变换是斜 Hermite 阵. 300

P. 12. 28 设 $A=[a_{ij}]\in\boldsymbol{M}_n$ 是正规矩阵.

(a)检查等式 $AA^*=A^*A$ 的对角元素并证明：对每个 $i=1, 2, \cdots, n$，A 的第 i 行以及第 i 列的欧几里得范数是相等的.

(b)如果 $n=2$，证明 $|a_{21}|=|a_{12}|$．对于例 12.1.8 中的四个矩阵，你有什么结论？

(c)如果 A 是三对角的，证明：对每个 $i=1, 2, \cdots, n$，都有 $|a_{i,i+1}|=|a_{i+1,i}|$.

P. 12. 29 设 $A\in\boldsymbol{M}_n$ 是对称的，$B=\operatorname{Re}A$，$C=\operatorname{Im}A$．证明：

(a)B 与 C 是实对称的.

(b)A 是正规的，当且仅当 $BC=CB$.

P. 12. 30 矩阵 $\begin{bmatrix} 1 & \mathrm{i} \\ \mathrm{i} & 1 \end{bmatrix}$与$\begin{bmatrix} \mathrm{i} & \mathrm{i} \\ \mathrm{i} & -1 \end{bmatrix}$两者都是对称的，但只有一个是正规的．是哪一个呢？

P. 12. 31 证明以下诸结论等价：

(a)A 是正规的.

(b)A^* 是正规的.

(c)$\overline{A}$ 是正规的.

(d)A^{T} 是正规的.

P.12.32　如果 $A \in \boldsymbol{M}_n$ 是正规的，且有相异的特征值，证明$\{A\}'$只包含正规矩阵.

P.12.33　设 $A \in \boldsymbol{M}_n$ 是 Markov 矩阵. 如果 A 是正规的，证明 A^{T} 是 Markov 矩阵.

P.12.34　设 $A=[a_{ij}] \in \boldsymbol{M}_n$ 是正规的.

(a)证明：spec$A$ 在复平面的一条直线上，当且仅当 $A=cI+\mathrm{e}^{\mathrm{i}\theta}H$，其中 $c \in \mathbb{C}$，$\theta \in [0, 2\pi)$，且 $H \in \boldsymbol{M}_n$ 是 Hermite 阵.

(b)证明：spec$A$ 在复平面的一个圆周上，当且仅当 $A=cI+rU$，其中 $c \in \mathbb{C}$，$r \in [0, \infty)$，而 $U \in \boldsymbol{M}_n$ 是酉矩阵.

(c)设 $n=2$. 证明：与(a)中那样证明 spec$A$ 在一条直线上，且 $A=cI+\mathrm{e}^{\mathrm{i}\theta}H$，并推导出 $|a_{21}|=|a_{12}|$. 如果 $a_{12} \neq 0$，证明$(a_{11}-a_{22})^2/a_{12}a_{21}$是非负的实数.

(d)设 $n=3$，证明如同在(b)中那样有 $A=cI+rU$.

P.12.35　证明：例 12.2.11 中的矩阵 A 与 B 满足推论 12.4.3 中关于 AB 与 BA 同为正规矩阵的判别法.

P.12.36　设 $A=[a_{ij}] \in \boldsymbol{M}_n$ 是正规的.

(a)如果 $a_{11}, a_{22}, \cdots, a_{nn}$是 A 的特征值(重数包含在内)，证明 A 是对角阵.

(b)如果 $n=2$，且 a_{11}是 A 的一个特征值，证明 A 是对角阵.

(c)给出一个例子，说明：如果 A 不是正规矩阵，那么(b)中的结论不一定正确.

P.12.37　设 $A, B \in \boldsymbol{M}_n$ 是 Hermite 阵. 证明：对所有 $k=1, 2, \cdots$，都有 $\operatorname{rank}(AB)^k=\operatorname{rank}(BA)^k$. 由推论 11.9.5 导出结论：$AB$ 与 BA 相似.

P.12.38　设 $A, B \in \boldsymbol{M}_n$ 是正规的. 设 $r_1=\operatorname{rank}A$，$r_2=\operatorname{rank}B$. 设 $A=U\Lambda U^*$，$B=VMV^*$，其中 U 与 V 是酉矩阵，$\Lambda=\Lambda_1 \oplus 0_{n-r_1}$ 与 $M=M_1 \oplus 0_{n-r_2}$ 是对角阵，且 Λ_1 与 M_1 是可逆阵. 设 $W=U^*V$，而 W_{11}表示 W 的左上角的$r_1 \times r_2$ 分块.

(a)证明 $\operatorname{rank}AB=\operatorname{rank}W_{11}$，$\operatorname{rank}BA=\operatorname{rank}W_{11}^*$.

(b)导出结论 $\operatorname{rank}AB=\operatorname{rank}BA$. 一个不同的证明见 P.13.37.

P.12.39　证明例 11.9.6 中的矩阵 A 与 B 是正规的. 尽管 AB 与 BA 不相似，注意到 $\operatorname{rank}AB=\operatorname{rank}BA$，如同在上一个问题中所指出的那样.

P.12.40　设 $A \in \boldsymbol{M}_n$. 证明以下三个命题等价：

(a)$\operatorname{col}A=\operatorname{col}A^*$.

(b)$\operatorname{null}A=\operatorname{null}A^*$.

(c)存在一个酉矩阵 $U \in \boldsymbol{M}_n$，使得 $A=U(B \oplus 0_{n-r})U^*$，其中 $r=\operatorname{rank}A$，而 $B \in \boldsymbol{M}_r$ 是可逆的.

满足这些条件中的任何一个条件的矩阵称为一个 EP 矩阵(EP matrix). 为什么每个正规矩阵都是 EP 矩阵? 301

P. 12. 41 设 A, $B\in \boldsymbol{M}_n$ 是 EP 矩阵(见上一个问题). 利用 P. 12.38 中的论证方法证明 $\operatorname{rank} AB=\operatorname{rank} BA$.

P. 12. 42 为什么我们在引理 12.6.10 的陈述中要假设每一个 $\theta_j\in[0, 2\pi)$? 如果去掉这个假设, 这个引理还正确吗? 讨论例子 $V=I_2=\operatorname{diag}(e^{i\theta_1}, e^{i\theta_2})$, 其中 $\theta_1=0$, $\theta_2=2\pi$.

P. 12. 43 $n\times n$ 循环矩阵是 $\boldsymbol{M}_n$ 的一个子空间. 它的维数是多少?

P. 12. 44 设 $\lambda_1, \lambda_2, \cdots, \lambda_n\in\mathbb{R}$, $\lambda_1+\lambda_2+\cdots+\lambda_n=0$. 证明: 存在一个 $n\times n$ Hermite 阵, 其主对角线上元素为零, 且特征值为 $\lambda_1, \lambda_2, \cdots, \lambda_n$.

P. 12. 45 设 $A\in\boldsymbol{M}_n$.

(a)假设 $A+I$ 是酉矩阵. 概略描绘出复平面上必定包含 A 的每个特征值的圆周 Γ.

(b)假设 $A+I$ 与 A^2+I 是酉矩阵. Γ 的哪个部分不可能包含 A 的任何特征值?

(c)如果 $A+I$, A^2+I 与 A^3+I 都是酉矩阵, 证明 $A=0$.

P. 12. 46 设 $A\in\boldsymbol{M}_n$ 是正规矩阵, 令 $\mathcal{U}$ 是 k 维 A-不变子空间, 其中 $1\leqslant k\leqslant n-1$. 证明定理 12.1.9(c)的如下推广的结论: 存在一个 $V\in\boldsymbol{M}_{n\times k}$ 以及一个对角阵 $\Lambda\in\boldsymbol{M}_k$, 使得 V 的列是 $\mathcal{U}$ 的一组标准正交基, $AV=V\Lambda$, 且 $A^*V=V\overline{\Lambda}$.

P. 12. 47 用 $\mathcal{V}$ 表示由有限非零双向复序列 $\boldsymbol{a}=(\cdots, a_{-1}, \underline{a_0}, a_1, \cdots)$ 组成的内积空间, 其中的下划线表示第 0 个位置. $\mathcal{V}$ 上的内积定义为 $\langle\boldsymbol{a}, \boldsymbol{b}\rangle=\sum_{n=-\infty}^{\infty}a_n\overline{b_n}$. 设 $U\in\mathfrak{L}(\mathcal{V})$ 是*右平移算子* $U(\cdots, a_{-1}, \underline{a_0}, a_1, \cdots)=(\cdots, a_{-2}, \underline{a_{-1}}, a_0, \cdots)$.

(a)计算 U^*(它是 U 的伴随算子). 证明 $U^*U=UU^*$.

(b)证明存在 $\mathcal{V}$ 的一个子空间 $\mathcal{U}$, 它在 U 的作用下不变, 但在 U^* 的作用下不是不变的. 与定理 12.9.15 作比较.

P. 12. 48 设 $A\in\boldsymbol{M}_n$ 是正规矩阵, 且 $\mathcal{U}$ 是 A-不变子空间. 用 P 表示在 $\mathcal{U}$ 上的正交射影.

(a)证明 $\operatorname{tr}(AP-PA)^*(AP-PA)=0$.

(b)导出结论 $AP=PA$.

(c)由(b)推导出定理 12.9.15.

P. 12. 49 设 $A\in\boldsymbol{M}_m$, $B\in\boldsymbol{M}_n$. 如果 $A\oplus B$ 是正规矩阵, 证明 A 与 B 是正规矩阵.

P. 12. 50 设 $A\in\boldsymbol{M}_m$ 以及 $B\in\boldsymbol{M}_n$ 是正规矩阵.

(a)证明 $A\otimes B\in\boldsymbol{M}_{mn}$ 是正规矩阵.

(b)如果 $A\otimes B$ 是正规矩阵, 且 A 和 B 都不是零矩阵, 证明 A 与 B 是正规矩阵.

12.11 注记

有某些非实特征值的实的正规矩阵可以通过酉相似对角化，但不可以通过实正交相似对角化. 然而，它实正交相似于一个实对角阵与形如(12.1.7)的 2×2 实矩阵的直和，其中 $b\neq0$. 这种矩阵的例子是非零实斜对称矩阵以及非幂等阵的实正交阵. 有关实正规矩阵的讨论，见[HJ13，2.5 节].

已知正规性有超过 80 个以上的特征描述. 定理 12.8.1 列出了其中的几个.

12.12 一些重要的概念

- 正规矩阵的定义以及另一些特征刻画
302 • 复正规矩阵以及实对称阵的谱定理
- 可交换的正规矩阵可以同时酉对角化
- 可交换的实对称矩阵可以同时实正交对角化
- 偏离正规性的亏量
- Fuglede-Putnam 定理
- 循环矩阵是可以用 Fourier 矩阵同时对角化的正规矩阵的交换族
- Hermite 阵、斜 Hermite 阵、酉矩阵以及正交射影矩阵作为有特定谱系的正规矩阵的特征刻画
- 笛卡儿分解
- 对称正规矩阵以及对称酉矩阵的谱定理(推论 12.6.9)
- 正规矩阵是相似的，当且仅当它们是酉相似的
303 • 正规矩阵的谱射影与谱分解

第 13 章　半正定矩阵

许多有趣的数学思想都是从类似演化而来的. 如果我们把矩阵视为复数的类似物，那么表达式 $z=a+bi$ 就暗示了复方阵的笛卡儿分解 $A=H+iK$，其中 Hermite 矩阵起着实数的作用，见定义 12.6.6.

有非负特征值的 Hermite 矩阵是非负实数的自然类似，它们出现在统计学(相关矩阵以及最小平方问题的正规方程)、Lagrange 力学(动能泛函)以及量子力学(密度矩阵)之中. 它们是这一章的主题.

13.1　半正定矩阵

定义 13.1.1　设 $A\in \boldsymbol{M}_n(\mathbb{F})$.

(a)称 A 是**半正定的**(positive semidefinite)，如果它是 Hermite 阵，且对所有 $\boldsymbol{x}\in\mathbb{F}^n$，都有 $\langle A\boldsymbol{x},\boldsymbol{x}\rangle\geqslant 0$.

(b)称 A 是**正定的**(positive definite)，如果它是 Hermite 阵，且对所有非零的 $\boldsymbol{x}\in\mathbb{F}^n$，都有 $\langle A\boldsymbol{x},\boldsymbol{x}\rangle> 0$.

(c)称 A 是**半负定的**(negative semidefinite)，如果 $-A$ 是半正定的.

(d)称 A 是**负定的**(negative definite)，如果 $-A$ 是正定的.

只要我们说到半正定的复矩阵，就总是理解为它是 Hermite 矩阵. 半正定的实矩阵是对称阵.

定理 13.1.2　设 $A\in \boldsymbol{M}_n(\mathbb{F})$. 则以下诸命题等价：

(a)A 是半正定的.

(b)A 是 Hermite 阵且所有特征值都是非负的.

(c)存在一个 $B\in \boldsymbol{M}_n(\mathbb{F})$，使得 $A=B^*B$.

(d)对每个正整数 m，存在一个 $B\in \boldsymbol{M}_{m\times n}(\mathbb{F})$，使得 $A=B^*B$.

证明　(a)⇒(b) 设$(\lambda,\boldsymbol{x})$是 A 的一个特征对，其中 $\boldsymbol{x}\in\mathbb{F}^n$是单位向量. 那么

$$\lambda=\lambda\langle\boldsymbol{x},\boldsymbol{x}\rangle=\langle\lambda\boldsymbol{x},\boldsymbol{x}\rangle=\langle A\boldsymbol{x},\boldsymbol{x}\rangle\geqslant 0.$$

(b)⇒(c) 谱定理(定理 12.2.2)是说，存在一个酉矩阵 $U\in \boldsymbol{M}_n(\mathbb{F})$以及一个实对角阵 $\Lambda=\mathrm{diag}(\lambda_1,\lambda_2,\cdots,\lambda_n)$，使得 $A=U\Lambda U^*$. 由于每个 λ_i 都是非负的，因此 $D=\mathrm{diag}(\lambda_1^{1/2},\lambda_2^{1/2},\cdots,\lambda_n^{1/2})\in \boldsymbol{M}_n(\mathbb{R})$. 设 $B=UDU^*\in \boldsymbol{M}_n(\mathbb{R})$. 那么 304

$$\begin{aligned}B^*B&=(UDU^*)^*(UDU^*)=UD^*U^*UDU^*=UDDU^*\\&=UD^2U^*=U\Lambda U^*=A.\end{aligned}$$

(c)⇒(d) 取 $m=n$.

(d)⇒(a) 如果 $B\in \boldsymbol{M}_{m\times n}(\mathbb{F})$且 $A=B^*B$，那么 A 是 Hermite 阵. 如果 $\boldsymbol{x}\in \mathbb{F}^n$，那么

$$\langle A\boldsymbol{x},\boldsymbol{x}\rangle = \langle B^*B\boldsymbol{x},\boldsymbol{x}\rangle = \langle B\boldsymbol{x},B\boldsymbol{x}\rangle = \| B\boldsymbol{x}\|_2^2 \geqslant 0,$$

所以 A 是半正定的. ■

例 13.1.3 矩阵

$$A=\begin{bmatrix}1 & -1\\ -1 & 1\end{bmatrix}\in \boldsymbol{M}_2(\mathbb{R}) \tag{13.1.4}$$

是实对称的. 我们来验证它满足上面定理中的判别法.

(a)对任何 $\boldsymbol{x}=[x_1\ x_2]^{\mathrm{T}}\in\mathbb{R}^2$ 有

$$\langle A\boldsymbol{x},\boldsymbol{x}\rangle = (x_1-x_2)x_1+(-x_1+x_2)x_2=(x_1-x_2)^2\geqslant 0,$$

所以 A 是半正定的. 由于对 $\boldsymbol{x}=[1\ 1]^{\mathrm{T}}$ 有$\langle A\boldsymbol{x},\ \boldsymbol{x}\rangle=0$，所以 A 不是正定的.

(b)A 的特征值是 $p_A(z)=z(z-2)=0$ 的根，它们是 0 与 2.

(c)矩阵 $B=\frac{1}{\sqrt{2}}A$ 满足 $A=B^*B$. 此外，对于任何实正交阵 $Q\in\boldsymbol{M}_2(\mathbb{R})$，$C=QB$ 满足 $A=C^*C$. 有许多种方法可以将 A 表示成定理 13.1.2(c)的形式.

例 13.1.5 设 A 是矩阵(13.1.4)，设 $\boldsymbol{x}=[x_1\ x_2]^{\mathrm{T}}\in\mathbb{C}^2$. 那么

$$\langle A\boldsymbol{x},\boldsymbol{x}\rangle = (x_1-x_2)\overline{x_1}+(-x_1+x_2)\overline{x_2}=|x_1-x_2|^2\geqslant 0.$$

这描述了一个一般性的原理. 如果 $A\in\boldsymbol{M}_n(\mathbb{R})$是对称的，且对所有 $\boldsymbol{x}\in\mathbb{R}^n$ 都有$\langle A\boldsymbol{x},\ \boldsymbol{x}\rangle\geqslant 0$，那么 A 是 Hermite 阵，且定理 13.1.2(b)确保它的特征值是非负的. 由此推出，对所有 $\boldsymbol{x}\in\mathbb{C}^n$，都有$\langle A\boldsymbol{x},\ \boldsymbol{x}\rangle\geqslant 0$.

例 13.1.6 矩阵

$$A=\begin{bmatrix}0 & 1\\ -1 & 0\end{bmatrix}$$

对所有 $\boldsymbol{x}=[x_1\ x_2]^{\mathrm{T}}\in\mathbb{R}^2$ 都满足$\langle A\boldsymbol{x},\ \boldsymbol{x}\rangle=x_1x_2-x_1x_2=0$. 然而，对于 $\boldsymbol{x}=[1\ \mathrm{i}]^{\mathrm{T}}$，却有$\langle A\boldsymbol{x},\ \boldsymbol{x}\rangle=2\mathrm{i}$. 上面例子里叙述的原理要求实矩阵 A 是对称阵.

例 13.1.7 正交射影 $P\in\boldsymbol{M}_n$ 是 Hermite 阵，所以定理 7.6.4 确保 $\operatorname{rank}P\subseteq\{0,\ 1\}$. 如果 $a\geqslant 0$，则 aP 是 Hermite 阵，且 $\operatorname{spec}(aP)\subseteq\{0,\ a\}$. 于是，正交射影的任何实的非负纯量倍数都是半正定的. 在例子 13.1.3 中，$A=2\boldsymbol{v}\boldsymbol{v}^*$，其中 $\boldsymbol{v}=\frac{1}{\sqrt{2}}[1\ -1]^{\mathrm{T}}$.

305 对于正定矩阵有一个定理 13.1.2 的形式.

定理 13.1.8 设 $A\in\boldsymbol{M}_n(\mathbb{F})$. 则以下诸结论等价：

(a)A 是正定的.

(b1)A 是 Hermite 阵且所有特征值都是正的.

(b2)A 是半正定的，且是可逆的.

(b3)A 是可逆的且 A^{-1}是正定的.

(c)存在一个可逆阵 $B\in \boldsymbol{M}_n(\mathbb{F})$，使得 $A=B^*B$.

(d)对某个 $m\geqslant n$，存在一个 $B\in \boldsymbol{M}_{m\times n}(\mathbb{F})$，使得 $\operatorname{rank}B=n$ 且 $A=B^*B$.

证明 我们来指出怎样将定理 13.1.2 中的每一个蕴涵关系的证明加以修改，以得到正定矩阵对应情形的蕴涵关系的证明.

(a)⇒(b1) $\lambda=\langle A\boldsymbol{x},\boldsymbol{x}\rangle>0$.

(b1)⇒(b2) 特征值为非负的矩阵是可逆的，当且仅当它的特征值是正的.

(b1)⇒(b3) A 是 Hermite 阵，当且仅当 A^{-1} 是 Hermite 阵. A 的特征值是 A^{-1} 的特征值的倒数.

(b1)⇒(c) D 的对角线元素为正的，所以 $B=UDU^*\in \boldsymbol{M}_n(\mathbb{F})$ 可逆，且有 $B^*B=A$.

(c)⇒(d) 取 $m=n$.

(d)⇒(a) 由于 $\operatorname{rank}B=n$，因此维数定理确保 $\operatorname{null}B=\{\boldsymbol{0}\}$. 如果 $\boldsymbol{x}\neq 0$，那么 $B\boldsymbol{x}\neq 0$，从而 $\langle A\boldsymbol{x},\boldsymbol{x}\rangle=\|B\boldsymbol{x}\|_2^2>0$. ■

定理 13.1.2(c)说的是：$A\in \boldsymbol{M}_n(\mathbb{F})$ 是半正定的，当且仅当它是某个 $\mathbb{F}^m$ 中 n 个向量的 Gram 矩阵，见定义 7.4.14. 定理 13.1.8(c)是说：A 是正定的，当且仅当那些向量是线性无关的.

定理 13.1.9 设 $A\in \boldsymbol{M}_n(\mathbb{F})$ 是半正定的.

(a) $\operatorname{tr}A\geqslant 0$，其中严格不等式当且仅当 $A\neq 0$ 时成立.

(b) $\det A\geqslant 0$，其中严格不等式当且仅当 A 为正定阵时成立.

证明 设 $\lambda_1,\lambda_2,\cdots,\lambda_n$ 是 A 的特征值，它们是非负的. 它们是正数，当且仅当 A 是正定的.

(a) $\operatorname{tr}A=\lambda_1+\lambda_2+\cdots+\lambda_n\geqslant 0$，其中等式当且仅当每一个 $\lambda_i=0$ 时成立. Hermite 矩阵为零，当且仅当它的特征值全是零.

(b) $\det A=\lambda_1\lambda_2\cdots\lambda_n$ 是非负的. 它是正数，当且仅当每一个特征值都是正数，这意味着 A 为正定阵. ■

定义 13.1.1 对于实的正定阵有一个引人注目的几何解释. 如果 θ 是实向量 $\boldsymbol{x}$ 与 $A\boldsymbol{x}$ 之间所夹的角度，则条件

$$0<\langle A\boldsymbol{x},\boldsymbol{x}\rangle=\|A\boldsymbol{x}\|_2\|\boldsymbol{x}\|_2\cos\theta$$

意味着 $\cos\theta>0$，即 $|\theta|<\pi/2$. 有关其在 $\mathbb{R}^2$ 中的一个例证见图 13.1. 306

如果 $A\in \boldsymbol{M}_n(\mathbb{F})$ 是半正定的且不是零矩阵，那么例 13.1.3(c)确保存在许多个 $B\in \boldsymbol{M}_n(\mathbb{F})$，使得 $A=B^*B$. 下面的定理说的是它们全都有同样的零空间以及同样的秩.

定理 13.1.10 假设 $B\in \boldsymbol{M}_{m\times n}(\mathbb{F})$，并令 $A=B^*B$.

(a) $\operatorname{null}A=\operatorname{null}B$.

(b) $\operatorname{rank}A=\operatorname{rank}B$.

(c) $A=0$，当且仅当 $B=0$.

(d) $\operatorname{col}A=\operatorname{col}B^*$.

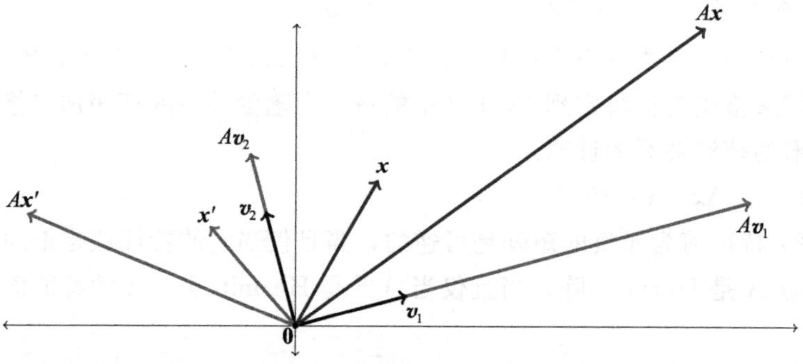

图 13.1　$A\in\mathbf{M}_2(\mathbb{R})$是正定的. 对任何非零的 $\boldsymbol{x}\in\mathbb{R}^2$，$\boldsymbol{x}$ 与 $A\boldsymbol{x}$ 之间的夹角小于 $\frac{\pi}{2}$

(e)如果 B 是正规矩阵，那么 $\operatorname{col}A=\operatorname{col}B$.

证明　(a)如果 $B\boldsymbol{x}=\mathbf{0}$，那么 $A\boldsymbol{x}=B^*B\boldsymbol{x}=\mathbf{0}$，从而 $\operatorname{null}B\subseteq\operatorname{null}A$. 反之，如果 $A\boldsymbol{x}=\mathbf{0}$，那么

$$0=\langle A\boldsymbol{x},\boldsymbol{x}\rangle=\langle B^*B\boldsymbol{x},\boldsymbol{x}\rangle=\langle B\boldsymbol{x},B\boldsymbol{x}\rangle=\|B\boldsymbol{x}\|_2^2,\tag{13.1.11}$$

所以 $B\boldsymbol{x}=\mathbf{0}$. 由此推出 $\operatorname{null}A\subseteq\operatorname{null}B$，从而 $\operatorname{null}A=\operatorname{null}B$.

(b)由于 A 与 B 两者都有 n 个列，因此维数定理确保

$$\operatorname{rank}A=n-\dim\operatorname{null}A=n-\dim\operatorname{null}B=\operatorname{rank}B.$$

(c)结论由(a)得出.

(d)由于 A 是 Hermite 阵，故有

$$\operatorname{col}A=(\operatorname{null}A^*)^{\perp}=(\operatorname{null}A)^{\perp}=(\operatorname{null}B)^{\perp}=\operatorname{col}B^*.$$

(e)这由(d)以及定理 12.1.9(e)得出. ■

307 半正定矩阵的分解式 $A=B^*B$ 的一个推论统称为列包容性(column inclusion).

推论 13.1.12　设 $A\in\mathbf{M}_n$ 是半正定的，且分划成

$$A=\begin{bmatrix}A_{11} & A_{12}\\ A_{12}^* & A_{22}\end{bmatrix},\quad A_{11}\in\mathbf{M}_k.\tag{13.1.13}$$

这样一来，A_{11}是半正定的，且有

$$\operatorname{col}A_{12}\subseteq\operatorname{col}A_{11}.\tag{13.1.14}$$

由此得出

$$\operatorname{rank}A_{12}\leqslant\operatorname{rank}A_{11}.\tag{13.1.15}$$

如果 A 是正定的，那么 A_{11}也是正定的.

证明　设 $B\in\mathbf{M}_n$ 使得 $A=B^*B$(定理 13.1.2(c))并分划 $B=[B_1\ B_2]$，其中 $B_1\in\mathbf{M}_{n\times k}$. 那么

$$A=B^*B=\begin{bmatrix}B_1^*\\ B_2^*\end{bmatrix}[B_1\quad B_2]=\begin{bmatrix}B_1^*B_1 & B_1^*B_2\\ B_2^*B_1 & B_2^*B_2\end{bmatrix},$$

所以 $A_{11}=B_1^*B_1$ 是半正定的(定理 13.1.2(c))，且

$$\operatorname{col}A_{12}=\operatorname{col}B_1^*B_2\subseteq\operatorname{col}B_1^*.$$

上面的定理确保

$$\operatorname{col}B_1^*=\operatorname{col}B_1^*B_1=\operatorname{col}A_{11},$$

这就证明了(13.1.14)．由此推出

$$\operatorname{rank}A_{12}=\dim\operatorname{col}A_{12}\leqslant\dim\operatorname{col}A_{11}=\operatorname{rank}A_{11}.$$

如果 A 是正定的，那么定理 13.1.8(c)确保 B 是可逆的．由此推出 $\operatorname{rank}B_1=k$，且 $B_1^*B_1$ 是可逆的(定理 13.1.8(d))． ■

例 13.1.16 假设 $A=[a_{ij}]\in\boldsymbol{M}_n$ 是半正定的，且按照(13.1.13)中那样进行分划．如果 $A_{11}=[a_{11}]=0$，那么(13.1.14)确保 $A_{12}=[a_{12}\ a_{13}\cdots\ a_{1n}]=0$.

例 13.1.17 假设 $A\in\boldsymbol{M}_n$ 是半正定的，且按照(13.1.13)中那样进行分划．如果

$$A_{11}=\begin{bmatrix}1&1\\1&1\end{bmatrix},$$

那么 $\operatorname{col}A_{11}=\operatorname{span}\{[1\ 1]^{\mathrm{T}}\}$．这样一来，$A_{12}$的每一列都是$[1\ 1]^{\mathrm{T}}$ 的纯量倍数，所以 $A_{12}\in\boldsymbol{M}_{2\times(n-2)}$有相等的行．

推论 13.1.18 假设 $A\in\boldsymbol{M}_n$ 是半正定的，且 $\boldsymbol{x}\in\mathbb{C}^n$．那么$\langle A\boldsymbol{x},\boldsymbol{x}\rangle=0$，当且仅当 $A\boldsymbol{x}=\boldsymbol{0}$.

证明 如果 $A\boldsymbol{x}=\boldsymbol{0}$，那么$\langle A\boldsymbol{x},\boldsymbol{x}\rangle=\langle\boldsymbol{0},\boldsymbol{x}\rangle=0$．反之，如果$\langle A\boldsymbol{x},\boldsymbol{x}\rangle=0$ 且 $A=B^*B$，那么(13.1.11)确保 $B\boldsymbol{x}=\boldsymbol{0}$，这就蕴涵 $A\boldsymbol{x}=B^*B\boldsymbol{x}=\boldsymbol{0}$. ■ 308

例 13.1.19 Hermite 阵 $D=\operatorname{diag}(1,-1)$以及非零向量 $\boldsymbol{x}=[1\ 1]^{\mathrm{T}}$ 满足$\langle D\boldsymbol{x},\boldsymbol{x}\rangle=0$ 且 $D\boldsymbol{x}\neq\boldsymbol{0}$．上面推论中的“半正定”这个假设条件不能减弱成“Hermite”.

下面定理的动因类似物是：实数的实的线性组合是实的，而非负实数的非负线性组合是非负的.

定理 13.1.20 设 $A,B\in\boldsymbol{M}_n(\mathbb{F})$，$a,b\in\mathbb{R}$.

(a)如果 A 与 B 是 Hermite 阵，那么 $aA+bB$ 也是 Hermite 阵.

(b)如果 a 与 b 是非负的，且 A 与 B 是半正定的，那么 $aA+bB$ 也是半正定的.

(c)如果 a 与 b 是正的，且 A 与 B 是半正定的，又如果 A 与 B 中至少有一个是正定的，那么 $aA+bB$ 也是正定的.

证明 (a)$(aA+bB)^*=\bar{a}A^*+\bar{b}B^*=aA+bB$.

(b)由(a)可确保 $aA+bB$ 是 Hermite 的，且对每个 $\boldsymbol{x}\in\mathbb{F}^n$都有

$$\langle(aA+bB)\boldsymbol{x},\boldsymbol{x}\rangle=a\langle A\boldsymbol{x},\boldsymbol{x}\rangle+b\langle B\boldsymbol{x},\boldsymbol{x}\rangle\geqslant 0,\tag{13.1.21}$$

这是因为两个求和项都是非负的．由此推出，$aA+bB$ 是半正定的.

(c)结论由(13.1.21)得出，因为两个求和项都是非负的，且当 $\boldsymbol{x}\neq\boldsymbol{0}$ 时其中至少有一个是正的. ■

上面定理的结论中给出了某些不那么明显的东西：两个特征值非负的 Hermite 矩阵之和的特征值也是非负的.

例 13.1.22　考虑

$$A=\begin{bmatrix}1&3\\0&1\end{bmatrix},\quad B=\begin{bmatrix}1&0\\3&1\end{bmatrix},\quad A+B=\begin{bmatrix}2&3\\3&2\end{bmatrix}.$$

A 与 B 有(正的)特征值 1 以及 1，但是 $A+B$ 的特征值是 -1 与 5. 由于 A 与 B 不是 Hermite 的，因此这与上面的定理并不矛盾.

这里有两种方法从原有的半正定矩阵造出新的半正定矩阵来.

定理 13.1.23　设 A，$S\in\boldsymbol{M}_n$，$B\in\boldsymbol{M}_m$，假设 A 与 B 是半正定的.

(a)$A\oplus B$ 是半正定的. 它是正定的，当且仅当 A 与 B 两者都是正定的.

309 (b)S^*AS 是半正定的. 它是正定的，当且仅当 A 是正定的且 S 是可逆的.

证明　定理 13.1.2(c)是说：存在 $P\in\boldsymbol{M}_n$，$Q\in\boldsymbol{M}_m$，使得 $A=P^*P$，$B=Q^*Q$.

(a)设 $C=A\oplus B$. 那么 $C^*=A^*\oplus B^*=A\oplus B=C$，所以 C 是 Hermite 阵. 计算给出

$$C=(P^*P)\oplus(Q^*Q)=(P\oplus Q)^*(P\oplus Q).$$

由此从定理 13.1.2(c)推出 C 是半正定的. 一个直和是可逆的，当且仅当所有的直和项都是可逆的. 所以 C 是正定的，当且仅当 A 与 B 两者都是正定的.

(b)S^*AS 是 Hermite 阵，$S^*AS=S^*P^*PS=(PS)^*(PS)$是半正定的. 定理 13.1.8(c)说的是：$S^*AS$ 是正定的，当且仅当 PS 是可逆的，这当且仅当 S 与 P 两者都可逆才会发生. 最后，P 是可逆的，当且仅当 A 是正定的. ■

半正定性的一个有用的充分条件由定理 8.4.1(Geršgorin 定理)得出.

定理 13.1.24　设 $A=[a_{ij}]\in\boldsymbol{M}_n$ 是 Hermite 阵，并假设它的对角元素是非负的.

(a)如果 A 是对角占优的，那么它是半正定的.

(b)如果 A 是对角占优的且是可逆的，那么它是正定的.

(c)如果 A 是严格对角占优的，那么它是正定的.

(d)如果 A 是对角占优的，没有为零的元素，且对至少一个 $k\in\{1,2,\cdots,n\}$ 有 $|a_{kk}|>R'_k(A)$，那么 A 是正定的.

证明　(a)由于 A 的特征值为实数，因此推论 8.4.18(b)确保 $\operatorname{spec}A\subseteq[0,\infty)$. 结论就由定理 13.1.2 得出.

(b)结论由(a)以及定理 13.1.8(b2)得出.

(c)结论由推论 8.4.18(a)以及(b)得出.

(d)结论由定理 8.4.20 得出. ■

例 13.1.25　设

$$A=\begin{bmatrix}2&1&0\\1&3&1\\0&1&2\end{bmatrix},\tag{13.1.26}$$

见图 13.2.

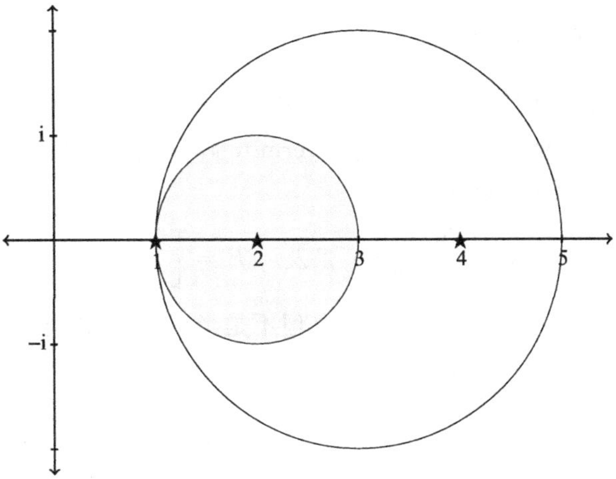

图 13.2 Hermite 矩阵(13.1.26)是严格对角占优的，所以它是正定的. 它的 Geršgorin 区域包含在右半平面内. 它的特征值是 4，2 以及 1

例 13.1.27 设

$$A=\begin{bmatrix}5 & 2 & 0\\ 2 & 3 & 2\\ 0 & 2 & 5\end{bmatrix},\tag{13.1.28}$$

见图 13.3.

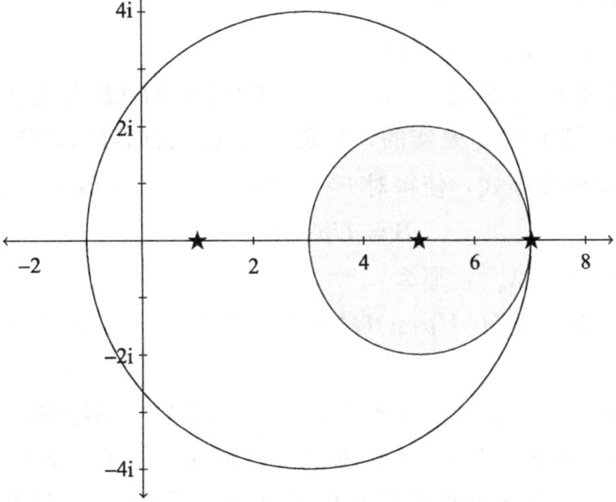

图 13.3 Hermite 矩阵(13.1.28)是正定的，尽管它不是对角占优的. 它的 Geršgorin 区域扩展到了左半平面内. 它的特征值是 7，5 以及 1

13.2 半正定矩阵的平方根

两个非负实数相等，当且仅当它们的平方相等. 对于特征值为非负数的 Hermite 矩阵
310~311 来说有类似的结论成立，但是这两个条件(Hermite 阵以及特征值非负)是本质的. 例如，不相等的(但不是 Hermite 的)矩阵

$$A=\begin{bmatrix}0&1\\0&0\end{bmatrix}\quad 以及\quad B=\begin{bmatrix}0&0\\1&0\end{bmatrix}$$

的特征值是非负的，且有 $A^2=B^2$. 不相等的(但不是半正定的)矩阵

$$A=\begin{bmatrix}1&0\\0&-1\end{bmatrix}\quad 以及\quad B=\begin{bmatrix}0&1\\1&0\end{bmatrix}$$

也有 $A^2=B^2$.

引理 13.2.1 *设 B，$C\in \boldsymbol{M}_n$ 是半正定的对角阵. 如果 $B^2=C^2$，那么 $B=C$.*

证明 设 $B=\mathrm{diag}(b_1, b_2, \cdots, b_n)$与 $C=\mathrm{diag}(c_1, c_2, \cdots, c_n)$的对角元素均为非负的实数. 如果 $B^2=C^2$，那么对每个 $i=1, 2, \cdots, n$. 都有 $b_i^2=c_i^2$. 由于 $b_i\geqslant 0$，$c_i\geqslant 0$，所以对每个 $i=1, 2, \cdots, n$，都有 $b_i=c_i$. ■

半正定矩阵上定义的平方根函数是 9.5 节里讨论过的可对角化矩阵的函数运算的一个特殊情形. 讨论平方根的唯一性的另一种方法见 P.13.9.

定理 13.2.2 *设 $A\in \boldsymbol{M}_n(\mathbb{F})$是半正定的. 则存在一个唯一的半正定阵 $B\in \boldsymbol{M}_n(\mathbb{F})$，使得 $B^2=A$. 此外，*

(a)对某个仅由 $\mathrm{spec}A$ 确定的实多项式 p，有 $B=p(A)$.

(b)$\mathrm{null}A=\mathrm{null}B$ 且 $\mathrm{col}A=\mathrm{col}B$.

(c)A 是正定的，当且仅当 B 是正定的.

证明 (a)利用定理 12.2.2 记 $A=U\Lambda U^*$，其中 $U\in \boldsymbol{M}_n(\mathbb{F})$是酉矩阵，而 $\Lambda=\mathrm{diag}(\lambda_1, \lambda_2, \cdots, \lambda_n)$是对角阵. 特征值 λ_i 是实的，且是非负的，它们可以以任何次序出现在 Λ 的对角线上. 设 p 是一个实的多项式，使得对 $i=1, 2, \cdots, n$ 有 $p(\lambda_i)=\lambda_i^{1/2}\geqslant 0$，设

$$B=Up(\Lambda)U^*, \tag{13.2.3}$$

它有特征值 $\lambda_1^{1/2}, \lambda_2^{1/2}, \cdots, \lambda_n^{1/2}$，那么

$$B^2=Up(\Lambda)U^*Up(\Lambda)U^*=Up(\Lambda)^2U^*=U\Lambda U^*=A.$$

此外，

$$B=Up(\Lambda)U^*=p(U\Lambda U^*)=p(A)\in \boldsymbol{M}_n(\mathbb{F}).$$

假设 $C\in \boldsymbol{M}_n$ 是半正定的，且 $C^2=A$. 那么 $B=p(A)=p(C^2)$是关于 C 的多项式，所以 B 与 C 可交换. 定理 12.2.9 告诉我们 B 与 C 可以同时酉对角化. 设 $V\in \boldsymbol{M}_n$ 是酉矩阵，使得$B=VEV^*$，$C=VFV^*$，其中 E 与 F 是对角阵，且对角元素是非负的. 由于

$$VE^2V^*=(VEV^*)^2=B^2=A=C^2=(VFV^*)^2=VF^2V^*,$$

312 由此得出 $E^2=V^*AV=F^2$. 引理 13.2.1 确保 $E=F$，从而 $C=B$.

(b)见定理 13.1.10.

(c)由于 $B^2=A$，由此推出 A 是可逆的，当且仅当 B 是可逆的. 因为可逆半正定矩阵所有的特征值都是正的，所以结论得证. ■

定义 13.2.4 如果 $A\in \boldsymbol{M}_n$ 是半正定的，则它的**半正定的平方根**(positive semidefinite square root)定义为一个唯一的半正定矩阵 $A^{1/2}$，满足 $(A^{1/2})^2=A$. 如果 A 是正定的，则定义 $(A^{1/2})^{-1}=A^{-1/2}$.

单独一个多项式可以将若干个半正定矩阵取为它们的半正定平方根. 下面的推论指出对两个矩阵的情形如何来这样做.

推论 13.2.5 设 $A\in \boldsymbol{M}_n$ 与 $B\in \boldsymbol{M}_m$ 是半正定的. 则存在一个实的多项式 p，使得 $A^{1/2}=p(A)$，$B^{1/2}=p(B)$.

证明 定理 13.1.23 确保 $A\oplus B$ 与 $A^{1/2}\oplus B^{1/2}$ 都是半正定的. 由于 $(A^{1/2}\oplus B^{1/2})^2=A\oplus B$，故而由定理 13.2.2 的唯一性结论推出 $(A\oplus B)^{1/2}=A^{1/2}\oplus B^{1/2}$. 此外，存在一个多项式 p，使得 $(A\oplus B)^{1/2}=p(A\oplus B)$，所以

$$A^{1/2}\oplus B^{1/2}=(A\oplus B)^{1/2}=p(A\oplus B)=p(A)\oplus p(B),$$

它蕴涵 $A^{1/2}=p(A)$，$B^{1/2}=p(B)$. ■

定理 13.2.2 的证明包含了一种计算半正定矩阵的半正定平方根的方案. 对角化 $A=U\Lambda U^*$，作出 $\Lambda^{1/2}$，就得到 $A^{1/2}=U\Lambda^{1/2}U^*$. 有一种方法可以对 2×2 的半正定矩阵避开对角化.

命题 13.2.6 设 $A\in \boldsymbol{M}_2$ 是半正定且非零的矩阵，又令

$$\tau=(\operatorname{tr}A+2(\det A)^{1/2})^{1/2}.$$

则 $\tau>0$ 且

$$A^{1/2}=\frac{1}{\tau}(A+(\det A)^{1/2}I). \tag{13.2.7}$$

证明 定理 13.1.9 确保 $\det A\geqslant 0$，$\operatorname{tr}A>0$，所以 $\tau^2\geqslant \operatorname{tr}A>0$. 定理 13.1.20 保证了(13.2.7)是半正定的，这是因为它是半正定矩阵的非负的线性组合. 现在只需要证明它的平方是 A 即可. 计算给出

$$\begin{aligned}
&\frac{1}{\tau^2}(A+(\det A)^{1/2}I)^2\\
&=\frac{1}{\tau^2}(A^2+2(\det A)^{1/2}A+(\det A)I) && (13.2.8)\\
&=\frac{1}{\tau^2}((\operatorname{tr}A)A-(\det A)I+2(\det A)^{1/2}A+(\det A)I) && (13.2.9)\\
&=\frac{1}{\tau^2}(\operatorname{tr}A+2(\det A)^{1/2})A\\
&=A.
\end{aligned}$$

313

为了得到(13.2.9)，我们在(13.2.8)中用定理 10.2.1 做代换 $A^2=(\operatorname{tr}A)A-(\det A)I$，见(9.1.3). ■

例 13.2.10 考虑实的对角占优的对称阵

$$A=\begin{bmatrix}2 & 1\\1 & 1\end{bmatrix}.$$

定理 13.1.24(d)确保 A 是正定的. 为了求出 $A^{1/2}$，命题 13.2.6 告诉我们来计算

$$\tau=(\operatorname{tr}A+2(\det A)^{1/2})^{1/2}=(3+2)^{1/2}=\sqrt{5},$$

$$A^{1/2}=\frac{1}{\sqrt{5}}(A+I)=\frac{1}{\sqrt{5}}\begin{bmatrix}3 & 1\\1 & 2\end{bmatrix}. \tag{13.2.11}$$

尽管(13.2.11)是 A 的仅有的半正定的平方根，它还是有其他的实对称的平方根. 例如，

$$B=\begin{bmatrix}1 & 1\\1 & 0\end{bmatrix}$$

就满足 $B^2=A$. B 的特征值是 $\frac{1}{2}(1\pm\sqrt{5})$，其中有一个是负的，见例 9.5.3.

两个正实数的乘积是正的，但是两个正定阵的乘积未必是正定的. 例如，两个正定阵的乘积

$$\begin{bmatrix}2 & 1\\1 & 1\end{bmatrix}\begin{bmatrix}1 & 1\\1 & 2\end{bmatrix}=\begin{bmatrix}3 & 4\\2 & 3\end{bmatrix} \tag{13.2.12}$$

不是 Hermite 阵，所以它也不是正定的. 然而，它有正的特征值 $3\pm2\sqrt{2}$. 这一节的最后一个定理对这一结果给出一个解释.

定理 13.2.13 设 $A, B\in\boldsymbol{M}_n$，并假设 A 是正定的.

(a)如果 B 是 Hermite 阵，那么 AB 可对角化且特征值为实数.

(b)如果 B 是半正定阵，那么 AB 可对角化且特征值是非负的实数. 如果 $B\neq0$，那么 AB 至少有一个正的特征值.

(c)如果 B 是正定阵，那么 AB 可对角化且特征值为正的实数.

证明 考虑相似性

$$A^{-1/2}(AB)A^{1/2}=A^{-1/2}A^{1/2}A^{1/2}BA^{1/2}=A^{1/2}BA^{1/2}=(A^{1/2})^*B(A^{1/2}),$$

其中 $C=(A^{1/2})^*B(A^{1/2})$ 是 Hermite 阵，于是可对角化. 任何与 C 相似的矩阵(特别地，AB)是可对角化的，且与 C 有相同的特征值.

314 (a)Hermite 矩阵 C 的特征值是实数.

(b)定理 13.1.23(b)是说 C 是半正定的，所以它的特征值是实的，且是非负的. 如果它们是零，那么 $C=0$，这是因为它可对角化. 如果 $C=0$，那么 $B=A^{-1/2}CA^{-1/2}=0$.

(c)AB 是可逆的，且有非负的特征值，所以它们是正的. ■

推论 13.2.14 设 $A, B\in\boldsymbol{M}_n$. 假设 A 是正定的，而 B 是半正定的. 那么 $\det(A+B)\geqslant\det A$，且等式当且仅当 $B=0$ 时成立.

证明 上面的定理是说，$A^{-1}B$ 的特征值 $\lambda_1, \lambda_2, \cdots, \lambda_n$ 是非负的，且仅当 $B=0$ 时才有 $\lambda_1=\lambda_2=\cdots=\lambda_n=0$ 成立. 计算给出

$$\det(A+B)=\det(A(I+A^{-1}B))=(\det A)\det(I+A^{-1}B)$$
$$=(\det A)\prod_{i=1}^{n}(1+\lambda_i)\geqslant\det A,$$

其中等式当且仅当 $\lambda_1=\lambda_2=\cdots=\lambda_n=0$ 时成立. ■

13.3 Cholesky 分解

如果方阵 A 可逆且是三角阵，则线性方程组 $A\boldsymbol{x}=\boldsymbol{y}$ 可以用向前或向后代换来求解.

例 13.3.1 像

$$L=\begin{bmatrix}1 & 0\\ 2 & 3\end{bmatrix}\begin{bmatrix}w_1\\ w_2\end{bmatrix}=\begin{bmatrix}14\\ 64\end{bmatrix}=\boldsymbol{y}$$

这样的下三角线性方程组可以用向前代换来求解. 将第一个方程的解 $w_1=14$ 代入第二个方程得到 $3w_2=64-28=36$，所以 $w_2=12$.

例 13.3.2 像

$$R\boldsymbol{x}=\begin{bmatrix}4 & 5\\ 0 & 6\end{bmatrix}\begin{bmatrix}x_1\\ x_2\end{bmatrix}=\begin{bmatrix}14\\ 12\end{bmatrix}=\boldsymbol{w}$$

这样的上三角线性方程组可以用向后的代换来求解. 将第二个方程的解 $x_2=2$ 代入第一个方程就得到 $4x_1=14-10=4$，所以 $x_1=1$.

例 13.3.3 设 L 与 R 是上面两个例子中的三角阵，又设

$$A=LR=\begin{bmatrix}4 & 5\\ 8 & 28\end{bmatrix}.$$

则线性方程组

$$L(R\boldsymbol{x})=A\boldsymbol{x}=\begin{bmatrix}4 & 5\\ 8 & 28\end{bmatrix}\begin{bmatrix}x_1\\ x_2\end{bmatrix}=\begin{bmatrix}16\\ 64\end{bmatrix}=\boldsymbol{y}$$

可以分两步来求解. 首先作向前代换求解 $L\boldsymbol{w}=\boldsymbol{y}$，从而得到 $\boldsymbol{w}=[14\ 12]^{\mathrm{T}}$，然后再做向后代换求解方程 $R\boldsymbol{x}=\boldsymbol{w}$，得到 $\boldsymbol{x}=[1\ 2]^{\mathrm{T}}$. 315

例 13.3.3 中用来求解 $A\boldsymbol{x}=\boldsymbol{y}$ 的策略要依赖于分解式 $A=LR$，其中 L 是下三角的，R 是上三角的. 但这种分解并不总是可能的.

例 13.3.4 如果

$$\begin{bmatrix}0 & 1\\ 1 & 0\end{bmatrix}=\begin{bmatrix}\ell_{11} & 0\\ \ell_{21} & \ell_{22}\end{bmatrix}\begin{bmatrix}r_{11} & r_{12}\\ 0 & r_{22}\end{bmatrix}=\begin{bmatrix}\ell_{11}r_{11} & \ell_{11}r_{12}\\ r_{11}\ell_{21} & \star\end{bmatrix},$$

那么 $\ell_{11}r_{11}=0$. 由此推出，要么 $\ell_{11}=0$(在此情形有 $\ell_{11}r_{12}=1$，而这是不可能的)，要么 $r_{11}=0$(在此情形有 $r_{11}\ell_{21}=1$，也是不可能的). 于是，这样的分解不存在.

每一个半正定矩阵都可以分解成为一个下三角阵与它的伴随阵的乘积，所以线性方程组 $A\boldsymbol{x}=\boldsymbol{y}$(其中 A 是正定阵)可以用向前以及向后的代换来求解，如同在例 13.3.3 中那样.

定理 13.3.5(Cholesky 分解) 设 $A\in \boldsymbol{M}_n(\mathbb{F})$. 如果 A 是半正定的，那么存在一个对角元素非负的下三角阵 $L\in \boldsymbol{M}_n(\mathbb{F})$，使得 $A=LL^*$. 如果 A 是正定的，那么 L 是唯一的，且对角元素为正数.

证明 由于 A 是半正定的，故它有唯一的半正定平方根 $A^{1/2}$. 定理 6.5.2 是说：存在一个酉矩阵 $Q\in \boldsymbol{M}_n(\mathbb{F})$以及一个对角元素非负的上三角阵 $R\in \boldsymbol{M}_n(\mathbb{F})$，使得 $A^{1/2}=QR$. 这样就有 $A=(A^{1/2})^2=(A^{1/2})^*A^{1/2}=R^*Q^*QR=R^*R$.

现在假设 A 是正定的，那么 R 是唯一的，且它的对角元素为正数. 假设存在一个上三角阵 $S\in \boldsymbol{M}_n(\mathbb{F})$，其对角元素为正数，且满足 $A=S^*S$. 那么

$$(SA^{-1/2})^*(SA^{-1/2})=A^{-1/2}S^*SA^{-1/2}=A^{-1/2}AA^{-1/2}=I,$$

这表明 $V=SA^{-1/2}$是酉矩阵. 这样就有 $A^{1/2}=V^*S$，且 $A^{1/2}=QR$ 是 QR 分解. 定理 6.5.2(b) 确保 $S=R$. 设 $L=R^*$. ■

例 13.3.6 设 L 是 4×4 下三角阵，它位于对角线上以及对角线下方的所有元素都是 1. 那么

$$LL^*=\begin{bmatrix}1&0&0&0\\1&1&0&0\\1&1&1&0\\1&1&1&1\end{bmatrix}\begin{bmatrix}1&1&1&1\\0&1&1&1\\0&0&1&1\\0&0&0&1\end{bmatrix}=\begin{bmatrix}1&1&1&1\\1&2&2&2\\1&2&3&3\\1&2&3&4\end{bmatrix}=[\min\{i,j\}]$$

给出 4×4 极小矩阵(min matrix)的 Cholesky 分解，并指出它是正定阵. 由于

$$\underbrace{\begin{bmatrix}1&-1&0&0\\0&1&-1&0\\0&0&1&-1\\0&0&0&1\end{bmatrix}}_{L^{-*}}\underbrace{\begin{bmatrix}1&1&1&1\\0&1&1&1\\0&0&1&1\\0&0&0&1\end{bmatrix}}_{L^*}=\begin{bmatrix}1&0&0&0\\0&1&0&0\\0&0&1&0\\0&0&0&1\end{bmatrix},$$

316

因此 L^* 的逆是上双对角阵，其主对角线上的元素均为 1，而第一超对角线上的元素皆为 −1. 于是，4×4 极小矩阵的逆是三对角矩阵

$$(LL^*)^{-1}=L^{-*}L^{-1}$$

$$=\begin{bmatrix}1&-1&0&0\\0&1&-1&0\\0&0&1&-1\\0&0&0&1\end{bmatrix}\begin{bmatrix}1&0&0&0\\-1&1&0&0\\0&-1&1&0\\0&0&-1&1\end{bmatrix}=\begin{bmatrix}2&-1&0&0\\-1&2&-1&0\\0&-1&2&-1\\0&0&-1&1\end{bmatrix}.$$

$n\times n$ 极小矩阵见 P.13.20.

13.4 二次型的同时对角化

关于 n 个变量的实二次型是 $\mathbb{R}^n$ 上的一个形如

$$\boldsymbol{x}\mapsto\langle A\boldsymbol{x},\boldsymbol{x}\rangle=\sum_{i,j=1}^{n}a_{ij}x_ix_j$$

的实值函数，其中 $A\in \boldsymbol{M}_n(\mathbb{R})$是对称阵，而 $\boldsymbol{x}=[x_i]\in \mathbb{R}^n$. 谱定理是说：存在一个实的正交阵 $Q=[q_{ij}]\in \boldsymbol{M}_n(\mathbb{R})$以及一个实的对角阵 $\Lambda=\mathrm{diag}(\lambda_1, \lambda_2, \cdots, \lambda_n)$，使得 $A=Q\Lambda Q^{\mathrm{T}}$. 如果 $\boldsymbol{y}=Q^{\mathrm{T}}\boldsymbol{x}$，那么

$$\sum_{i,j=1}^{n} a_{ij}x_ix_j = \langle A\boldsymbol{x},\boldsymbol{x}\rangle = \langle Q\Lambda Q^{\mathrm{T}}\boldsymbol{x},\boldsymbol{x}\rangle = \langle \Lambda Q^{\mathrm{T}}\boldsymbol{x},Q^{\mathrm{T}}\boldsymbol{x}\rangle$$

$$= \langle \Lambda\boldsymbol{y},\boldsymbol{y}\rangle = \sum_{i=1}^{n}\lambda_i y_i^2 \tag{13.4.1}$$

是新变量 $\boldsymbol{y}=[y_i]$的平方和. (13.4.1)中系数 λ_i 是 A 的特征值.

例 13.4.2 在平面几何的中心圆锥曲线的研究中，有一个实的可逆对称阵 $A=[a_{ij}]\in \boldsymbol{M}_2(\mathbb{R})$以及一个实的二次型

$$a_{11}x_1^2+2a_{12}x_1x_2+a_{22}x_2^2 = \langle A\boldsymbol{x},\boldsymbol{x}\rangle = \langle Q\Lambda Q^{\mathrm{T}}\boldsymbol{x},\boldsymbol{x}\rangle$$

$$= \langle \Lambda Q^{\mathrm{T}}\boldsymbol{x},Q^{\mathrm{T}}\boldsymbol{x}\rangle = \lambda_1y_1^2+\lambda_2y_2^2.$$

平面曲线$\langle A\boldsymbol{x}, \boldsymbol{x}\rangle=1$ 是椭圆，如果 A 的两个特征值都是正的. 它是双曲线，如果一个特征值是正的，而另一个是负的. 变量替换 $\boldsymbol{x}\mapsto Q^{\mathrm{T}}\boldsymbol{x}$ 是从一组标准正交基($\mathbb{R}^2$ 的标准基)到 Q^{T} 的列构成的标准正交基的变换.

如果我们有两个实的二次型$\langle A\boldsymbol{x}, \boldsymbol{x}\rangle$与$\langle B\boldsymbol{x}, \boldsymbol{x}\rangle$，会发生什么呢？例如，第一个二次型可能表示一个质量系统的动能，而第二个可能表示该系统的势能. 它们也许表示与两个不同行星轨道对应的平面椭圆. 我们能否找到一个实的正交阵 Q，使得 $Q^{\mathrm{T}}AQ$ 与 $Q^{\mathrm{T}}BQ$ 两者都是对角阵？除非 A 与 B 可交换，否则是不可能的. 而 A 与 B 可交换是一个很高的要求，这就是定理 12.2.9(b). 然而，如果我们愿意接受变量替换变成一组新的不一定标准正交的基，那么就不一定要求 A 与 B 可交换. 只要其中有一个是正定阵即可，而这是在应用中常见的情形. 下面的定理说明了这是怎样发生作用的. 317

定理 13.4.3 设 $A, B\in \boldsymbol{M}_n(\mathbb{F})$是 Hermite 阵，并假设 A 是正定的. 则存在一个可逆阵 $S\in \boldsymbol{M}_n(\mathbb{F})$，使得 $A=SIS^*$，$B=S\Lambda S^*$，$\Lambda\in \boldsymbol{M}_n(\mathbb{R})$是一个实的对角阵，其对角元素是 $A^{-1}B$ 的特征值.

证明 矩阵 $A^{-1/2}BA^{-1/2}\in \boldsymbol{M}_n(\mathbb{F})$是 Hermite 阵，所以存在一个酉矩阵 $U\in \boldsymbol{M}_n(\mathbb{F})$以及一个实的对角阵 Λ，使得 $A^{-1/2}BA^{-1/2}=U\Lambda U^*$. 设 $S=A^{1/2}U$. 那么 $SIS^*=A^{1/2}UU^*A^{1/2}=A^{1/2}A^{1/2}=A$，$S\Lambda S^*=A^{1/2}U\Lambda U^*A^{1/2}=A^{1/2}A^{-1/2}BA^{-1/2}A^{1/2}=B$. $A^{-1/2}BA^{-1/2}$的特征值是实的，它们与 Λ 以及 $A^{-1/2}A^{-1/2}B=A^{-1}B$ 的特征值相同(定理 9.7.2 以及定理 13.2.13(a)). ■

例 13.4.4 考虑实对称矩阵

$$A=\begin{bmatrix}20 & -20\\ -20 & 40\end{bmatrix},\quad B=\begin{bmatrix}-34 & 52\\ 52 & -56\end{bmatrix}. \tag{13.4.5}$$

定理 13.1.24(d)确保 A 是正定的. 我们希望求出一个可逆阵 S 和一个对角阵 Λ，使得 $A=SIS^*$，$B=S\Lambda S^*$. 首先利用(13.2.7)计算

$$A^{1/2}=\begin{bmatrix}4 & -2\\ -2 & 6\end{bmatrix},\quad A^{-1/2}=\frac{1}{10}\begin{bmatrix}3 & 1\\ 1 & 2\end{bmatrix}.$$

这样就有

$$A^{-1/2}BA^{-1/2}=\frac{1}{2}\begin{bmatrix}-1 & 3\\ 3 & -1\end{bmatrix}=U\Lambda U^*,$$

其中

$$\Lambda=\begin{bmatrix}1 & 0\\ 0 & -2\end{bmatrix},\quad U=\frac{1}{\sqrt{2}}\begin{bmatrix}1 & 1\\ 1 & -1\end{bmatrix}.$$

上面的定理是说，如果

$$S=A^{1/2}U=\sqrt{2}\begin{bmatrix}1 & 3\\ 2 & -4\end{bmatrix},$$

那么

$$A=SIS^*,\quad B=S\Lambda S^*.$$

二次型

$$20x^2-40xy+40y^2 \quad 以及 \quad -34x^2+104xy-56y^2$$

就变成

$$\xi^2+\eta^2 \quad 以及 \quad \xi^2-2\eta^2,$$

其中新的变量是

318 $$\xi=\sqrt{2}x+2\sqrt{2}y,\quad \eta=3\sqrt{2}x-4\sqrt{2}y.$$

13.5 Schur 乘积定理

定义 13.5.1 设 $A=[a_{ij}]$，$B=[b_{ij}]\in\mathbf{M}_{m\times n}$. 定义 A 与 B 的 Hadamard 乘积(Hadamard product)是 $A\circ B=[a_{ij}b_{ij}]\in\mathbf{M}_{m\times n}$.

例 13.5.2

$$A=\begin{bmatrix}1 & 2 & 3\\ 4 & 5 & 6\end{bmatrix} \quad 以及 \quad B=\begin{bmatrix}6 & 5 & 0\\ 3 & 2 & 1\end{bmatrix}$$

的 Hadamard 乘积是

$$A\circ B=\begin{bmatrix}6 & 10 & 0\\ 12 & 10 & 6\end{bmatrix}.$$

Hadamard 乘积也称为逐项乘积(entrywise product)，或者称为 Schur 乘积(Schur product). 下面的定理列出了它的一些性质.

定理 13.5.3 设 $A=[a_{ij}]\in\mathbf{M}_{m\times n}$，令 B，$C\in\mathbf{M}_{m\times n}$，$\gamma\in\mathbb{C}$.

(a) $A\circ B=B\circ A$.

(b) $A\circ(\gamma B+C)=(\gamma B+C)\circ A=\gamma(A\circ B)+A\circ C$.

(c) $A\circ E=A$，其中 $E\in\mathbf{M}_{m\times n}$ 是全 1 矩阵. 如果对所有 i，j 都有 $a_{ij}\neq 0$，那么

$A\circ[a_{ij}^{-1}]=E$.

(d)$(A\circ B)^*=A^*\circ B^*$.

(e)如果 A，$B\in \boldsymbol{M}_n$ 是 Hermite 阵，那么 $A\circ B$ 是 Hermite 阵.

(f)$A\circ I_n=\mathrm{diag}(a_{11}, a_{22}, \cdots, a_{nn})$.

(g)如果 $\Lambda=\mathrm{diag}(\lambda_1, \lambda_2, \cdots, \lambda_n)$，那么

$$\Lambda A+A\Lambda=[\lambda_i+\lambda_j]\circ A=A\circ[\lambda_i+\lambda_j].$$

证明 为了证明(g)，计算

$$\Lambda A+A\Lambda=[\lambda_i a_{ij}+a_{ij}\lambda_j]=[(\lambda_i+\lambda_j)a_{ij}]=[\lambda_i+\lambda_j]\circ A$$

并利用(a). 见 P.13.40. ■

定理 13.5.4 设 $\boldsymbol{x}=[x_i]$，$\boldsymbol{y}=[y_i]\in\mathbb{C}^n$，又设 $A\in\boldsymbol{M}_n$.

(a)$\boldsymbol{x}\circ\boldsymbol{y}=[x_iy_i]\in\mathbb{C}^n$.

(b)$\boldsymbol{xx}^*\circ\boldsymbol{yy}^*=(\boldsymbol{x}\circ\boldsymbol{y})(\boldsymbol{x}\circ\boldsymbol{y})^*$.

(c)设 $D=\mathrm{diag}(x_1, x_2, \cdots, x_n)$. 那么 $\boldsymbol{xx}^*\circ A=DAD^*=A\circ\boldsymbol{xx}^*$.

证明 为证明(b)，计算 $\boldsymbol{xx}^*=[x_i\overline{x_j}]\in\boldsymbol{M}_n$，

$$\boldsymbol{xx}^*\circ\boldsymbol{yy}^*=[x_i\overline{x_j}y_i\overline{y_j}]=[x_iy_i\overline{x_jy_j}]=(\boldsymbol{x}\circ\boldsymbol{y})(\boldsymbol{x}\circ\boldsymbol{y})^*.$$

见 P.13.41. ■ 319

两个半正定矩阵的通常的矩阵乘积不一定是半正定的，见(13.2.12). 然而，下面的定理表明两个半正定矩阵的 Hadamard 乘积是半正定的，见 P.13.48.

定理 13.5.5(Schur 乘积定理) 如果 A，$B\in\boldsymbol{M}_n$ 是半正定的，那么 $A\circ B$ 是半正定的.

证明 定理 13.1.2(c)确保存在 X，$Y\in\boldsymbol{M}_n$，使得 $A=XX^*$，$B=YY^*$. 按照它们的列来进行分划 $X=[\boldsymbol{x}_1\ \boldsymbol{x}_2\cdots\ \boldsymbol{x}_n]$，$Y=[\boldsymbol{y}_1\ \boldsymbol{y}_2\cdots\ \boldsymbol{y}_n]$. 那么

$$A=XX^*=\sum_{i=1}^n\boldsymbol{x}_i\boldsymbol{x}_i^*,\quad B=YY^*=\sum_{i=1}^n\boldsymbol{y}_i\boldsymbol{y}_i^*. \tag{13.5.6}$$

于是

$$\begin{aligned}A\circ B&=\Big(\sum_{i=1}^n\boldsymbol{x}_i\boldsymbol{x}_i^*\Big)\circ\Big(\sum_{j=1}^n\boldsymbol{y}_j\boldsymbol{y}_j^*\Big)=\sum_{i,j=1}^n((\boldsymbol{x}_i\boldsymbol{x}_i^*)\circ(\boldsymbol{y}_j\boldsymbol{y}_j^*))\\&=\sum_{i,j=1}^n(\boldsymbol{x}_i\circ\boldsymbol{y}_j)(\boldsymbol{x}_i\circ\boldsymbol{y}_j)^*,\end{aligned}$$

其中我们用到了上面两个定理中列出的 Hadamard 乘积的性质. 从而，$A\circ B$ 等于秩为 1 的半正定矩阵之和. 每一个求和项都是半正定的，所以定理 13.1.20 确保 $A\circ B$ 是半正定的. ■

即便有某些因子不是可逆的，半正定矩阵的 Hadamard 乘积也可以是正定的.

例 13.5.7 设

$$A=\begin{bmatrix}1&1\\1&2\end{bmatrix},\quad B=\begin{bmatrix}1&\sqrt{2}\\\sqrt{2}&2\end{bmatrix}.$$

那么 A 是正定的，B 是半正定的且是不可逆的，而

$$A \circ B = \begin{bmatrix} 1 & \sqrt{2} \\ \sqrt{2} & 4 \end{bmatrix}$$

是正定的，见定理 13.1.8(b2).

推论 13.5.8 设 A，$B \in \boldsymbol{M}_n$ 是半正定的.

(a)如果 A 是正定的，且 B 的每个主对角线上的元素都是正的，那么 $A \circ B$ 是正定的.

(b)如果 A 与 B 都是正定的，那么 $A \circ B$ 是正定的.

证明 (a)设 $\lambda_1 \leqslant \lambda_2 \leqslant \cdots \leqslant \lambda_n$ 是 A 的特征值. 那么 $\lambda_1 > 0$，这是由于 A 是正定的. 矩阵 $A - \lambda_1 I$ 是 Hermite 阵，且有特征值

320 $$0, \lambda_2 - \lambda_1, \lambda_3 - \lambda_1, \cdots, \lambda_n - \lambda_1,$$

它们都是非负的. 这样一来，$A - \lambda_1 I$ 就是半正定的. 上面的定理确保$(A - \lambda_1 I) \circ B$ 是半正定的. 设 $\boldsymbol{x} = [x_i] \in \mathbb{C}^n$ 是非零的向量，令 $B = [b_{ij}]$，设 $\beta = \min_{1 \leqslant i \leqslant n} b_{ii}$，并计算出

$$\begin{aligned} 0 &\leqslant \langle ((A - \lambda_1 I) \circ B)\boldsymbol{x}, \boldsymbol{x} \rangle \\ &= \langle ((A \circ B) - \lambda_1 I \circ B)\boldsymbol{x}, \boldsymbol{x} \rangle \\ &= \langle (A \circ B)\boldsymbol{x}, \boldsymbol{x} \rangle - \langle (\lambda_1 I \circ B)\boldsymbol{x}, \boldsymbol{x} \rangle \\ &= \langle (A \circ B)\boldsymbol{x}, \boldsymbol{x} \rangle - \lambda_1 \langle \operatorname{diag}(b_{11}, b_{22}, \cdots, b_{nn})\boldsymbol{x}, \boldsymbol{x} \rangle \\ &= \langle (A \circ B)\boldsymbol{x}, \boldsymbol{x} \rangle - \lambda_1 \sum_{i=1}^{n} b_{ii} \mid x_i \mid^2 \\ &\leqslant \langle (A \circ B)\boldsymbol{x}, \boldsymbol{x} \rangle - \lambda_1 \beta \sum_{i=1}^{n} \mid x_i \mid^2 \\ &= \langle (A \circ B)\boldsymbol{x}, \boldsymbol{x} \rangle - \lambda_1 \beta \| \boldsymbol{x} \|_2^2. \end{aligned}$$

这样就有

$$\langle (A \circ B)\boldsymbol{x}, \boldsymbol{x} \rangle \geqslant \lambda_1 \beta \| \boldsymbol{x} \|_2^2 > 0, \tag{13.5.9}$$

所以 $A \circ B$ 是正定的.

(b)如果 B 是正定的，那么

$$b_{ii} = \langle B\boldsymbol{e}_i, \boldsymbol{e}_i \rangle > 0, \quad i = 1, 2, \cdots, n,$$

所以结论由(a)得出. ■

例 13.5.10 设 A，$B \in \boldsymbol{M}_n$ 是正定的，并考虑 Lyapunov 方程

$$AX + XA = B. \tag{13.5.11}$$

由于 $\operatorname{spec} A \cap \operatorname{spec}(-A) = \varnothing$，因此定理 10.4.1 确保(13.5.11)有唯一的解 X. 我们断言 X 是正定的. 设 $A = U\Lambda U^*$ 是谱分解，其中 $\Lambda = \operatorname{diag}(\lambda_1, \lambda_2, \cdots, \lambda_n)$，而 $U \in \boldsymbol{M}_n$ 是酉矩阵. 将(13.5.11)写成

$$U\Lambda U^* X + XU\Lambda U^* = B,$$

它等价于

$$\Lambda(U^*XU)+(U^*XU)\Lambda=U^*BU. \tag{13.5.12}$$

利用定理 13.5.3(g)将(13.5.12)写成

$$[\lambda_i+\lambda_j]\circ(U^*XU)=U^*BU,$$

它等价于

$$U^*XU=[(\lambda_i+\lambda_j)^{-1}]\circ(U^*BU).$$

由于 B 是正定的，故 U^*BU 是正定的(定理 13.1.23(b)). Hermite 矩阵$[(\lambda_i+\lambda_j)^{-1}]\in \boldsymbol{M}_n$ 的主对角线元素为正数，且它是半正定的，见 P.13.33. 推论 13.5.8 确保$[(\lambda_i+\lambda_j)^{-1}]\circ$ 321
(U^*BU)是正定的. (13.5.11)的解是

$$X=U([(\lambda_i+\lambda_j)^{-1}]\circ(U^*BU))U^*.$$

定理 13.1.23(b)告诉我们 X 是正定的.

13.6 问题

P.13.1 设 $K\in\boldsymbol{M}_n$ 是 Hermite 阵. 证明：$K=0$ 当且仅当对所有 $\boldsymbol{x}\in\mathbb{C}^n$ 有$\langle K\boldsymbol{x},\boldsymbol{x}\rangle=0$. **提示**：考虑$\langle K(\boldsymbol{x}+e^{i\theta}y),\boldsymbol{x}+e^{i\theta}\boldsymbol{y}\rangle$.

P.13.2 设 $A\in\boldsymbol{M}_n$.

(a)如果 A 是 Hermite 阵，证明：对所有 $\boldsymbol{x}\in\mathbb{C}^n$，$\langle A\boldsymbol{x},\boldsymbol{x}\rangle$是实的.

(b)如果对所有 $\boldsymbol{x}\in\mathbb{C}^n$，$\langle A\boldsymbol{x},\boldsymbol{x}\rangle$都是实的，证明 A 是 Hermite 阵. **提示**：考虑笛卡儿分解 $A=H+iK$.

P.13.3 设 $\Lambda\in\boldsymbol{M}_n(\mathbb{R})$是对角阵. 证明：$\Lambda=P-Q$，其中 P，$Q\in\boldsymbol{M}_n(\mathbb{R})$是对角阵且是半正定的.

P.13.4 设 $A\in\boldsymbol{M}_n$ 是 Hermite 阵. 证明：存在可交换的半正定矩阵 B，$C\in\boldsymbol{M}_n$，使得 $A=B-C$.

P.13.5 采用命题 13.2.6 中的记号.

(a)证明 $\tau=\operatorname{tr}A^{1/2}$.

(b)如果 $\operatorname{spec}A=\{\lambda,\mu\}$且 $\lambda\neq\mu$，利用(9.8.4)证明

$$A^{1/2}=\frac{\sqrt{\lambda}-\sqrt{\mu}}{\lambda-\mu}A+\frac{\lambda\sqrt{\mu}-\mu\sqrt{\lambda}}{\lambda-\mu}I=\frac{1}{\sqrt{\lambda}+\sqrt{\mu}}(A+\sqrt{\lambda\mu}I)$$

并且验证这是与(13.2.7)中同样的矩阵. 如果 $\lambda=\mu$ 会怎样?

P.13.6 设 A，$B\in\boldsymbol{M}_n$ 是半正定的. 证明：AB 是半正定的，当且仅当 A 与 B 可交换.

P.13.7 设 A，$B\in\boldsymbol{M}_n$ 是半正定的.

(a)证明：$A=0$，当且仅当 $\operatorname{tr}A=0$.

(b)证明：$A=B=0$，当且仅当 $A+B=0$.

P.13.8 设 A，$C\in\boldsymbol{M}_n$ 是半正定的，并假设 $C^2=A$. 设 $B=A^{1/2}$，令 p 是多项式，它满足 $B=p(A)$. 对于下面所列出的证明 $C=B$ 的框架提供详细的证明细节：

(a)B 与 C 可交换.

(b) $(B-C)^*B(B-C)+(B-C)^*C(B-C)=(B^2-C^2)(B-C)=0$.

(c) $(B-C)B(B-C)=(B-C)C(B-C)=0$.

(d) $B-C=0$. **提示**：P. 9. 6.

P. 13. 9　设 A，$B\in \boldsymbol{M}_n$ 是半正定的，并假设 $A^2=B^2$.

(a) 如果 A 与 B 可逆，证明：$V=A^{-1}B$ 是酉矩阵. 为什么 V 的特征值是实数且是正的？推导出 $V=I$ 以及 $A=B$.

(b) 如果 $A=0$，证明 $B=0$. **提示**：P. 9. 6 或者定理 13. 1. 10.

(c) 假设 A 与 B 不可逆且 $A\neq 0$. 设 $U=[U_1\ U_2]\in \boldsymbol{M}_n$ 是酉矩阵，其中 U_2 的列是 null$A$ 的一组标准正交基. 证明

322

$$U^*AU=\begin{bmatrix}U_1^*AU_1 & U_1^*AU_2\\ U_2^*AU_1 & U_2^*AU_2\end{bmatrix}=\begin{bmatrix}U_1^*AU_1 & 0\\ 0 & 0\end{bmatrix}$$

又设

$$U^*BU=\begin{bmatrix}U_1^*BU_1 & U_1^*BU_2\\ U_2^*BU_1 & U_2^*BU_2\end{bmatrix}.$$

为什么有 $B^2U_2=0$？为什么有 $BU_2=0$？为什么有 $(U^*AU)^2=(U^*BU)^2$？由 (a) 推导出结论 $A=B$.

(d) 陈述一个定理来总结你在 (a)～(c) 中所证明的结论.

P. 13. 10　设 A，$B\in \boldsymbol{M}_n$，并假设 A 是半正定的.

(a) 如果 B 是 Hermite 阵，证明 AB 的特征值是实数.

(b) 如果 B 是半正定的，证明 AB 的特征值是非负的实数. **提示**：考虑 $AB=A^{1/2}(A^{1/2}B)$ 以及 $A^{1/2}BA^{1/2}$ 的特征值.

P. 13. 11　设 $A\in \boldsymbol{M}_n$ 是 Hermite 阵，令 $\boldsymbol{x}\in \mathbb{C}^n$ 是单位向量. 是否有可能使 $A\boldsymbol{x}$ 是非零向量且与 $\boldsymbol{x}$ 正交？如果 A 是半正定的，有可能这样吗？讨论之.

P. 13. 12　设 $A\in \boldsymbol{M}_n$ 是正定阵，证明 $(A^{-1})^{1/2}=(A^{1/2})^{-1}$.

P. 13. 13　设 $A=[a_{ij}]\in \boldsymbol{M}_2$ 是 Hermite 阵.

(a) 证明：A 是半正定的，当且仅当 tr$A\geqslant 0$，det$A\geqslant 0$.

(b) 证明：A 是正定的，当且仅当 tr$A\geqslant 0$，det$A>0$.

(c) 证明：A 是正定的，当且仅当 $a_{11}>0$，det$A>0$.

(d) 如果 $a_{11}>0$，det$A\geqslant 0$，证明 A 不一定是半正定的.

P. 13. 14　给出一个 Hermite 阵 $A\in \boldsymbol{M}_3$ 的例子，使得 tr$A\geqslant 0$，det$A\geqslant 0$，但 A 不是半正定的.

P. 13. 15　通过计算 detA^*A 来证明 $\mathbb{F}^n$ 中的 Cauchy-Schwarz 不等式，其中 $A=[\boldsymbol{x}\ \boldsymbol{y}]$，而 $\boldsymbol{x}$，$\boldsymbol{y}\in \mathbb{F}^n$.

P. 13. 16　设 A，$B\in \boldsymbol{M}_n$ 是正定的. 尽管 AB 不一定是正定的，证明 tr$AB>0$，det$AB>0$.

P. 13. 17　设 $A\in \boldsymbol{M}_n$ 是正规的. 证明：A 是半正定的，当且仅当对于每个半正定阵 $B\in \boldsymbol{M}_n$，

$\operatorname{tr}AB$ 都是非负的实数.

P. 13. 18 考虑

$$A=\begin{bmatrix}10 & 0\\ 0 & 1\end{bmatrix},\quad B=\begin{bmatrix}1 & -1\\ -1 & 2\end{bmatrix},\quad C=\begin{bmatrix}3 & 5\\ 5 & 10\end{bmatrix}.$$

证明：A，B 以及 C 都是正定的，但是 $\operatorname{tr}ABC<0$. 关于 $\det ABC$ 你有什么结论？

P. 13. 19 设 A，$B\in\boldsymbol{M}_n$，并假设 A 是半正定的. 证明：$AB=BA$，当且仅当 $A^{1/2}B=BA^{1/2}$.

P. 13. 20 回顾例子 13.3.6.

(a)用归纳法证明或者否定以下结论：$n\times n$ 极小矩阵有 Cholesky 分解 LL^*，其中 $L\in\boldsymbol{M}_n$ 是一个下三角阵，且在对角线上以及对角线下方的元素全为 1.

(b)证明：L^* 的逆是上双对角阵，其对角线上的元素为 1，而超对角线上的元素为 -1.

(c)导出结论：$n\times n$ 极小矩阵的逆是三对角矩阵，其超对角线以及次对角线上的元素为 -1，而主对角线上除位于 (n, n) 处的元素为 1 外，其他元素皆为 2.

P. 13. 21 考虑 $n\times n$ 三对角矩阵，其主对角线上的元素为 2，而超对角线以及次对角线上的元素为 -1. 这种矩阵出现在微分方程的数值解格式之中. 利用上一个问题证明它是正定的. 323

P. 13. 22 设 $A=[a_{ij}]\in\boldsymbol{M}_n$ 是正定的，并设 $k\in\{1, 2, \cdots, n-1\}$. 用以下两种方法证明：$A$ 的 $k\times k$ 首主子矩阵是正定的.

(a)利用 A 的 Cholesky 分解.

(b)考虑 $\langle A\boldsymbol{x}, \boldsymbol{x}\rangle$，其中 $\boldsymbol{x}$ 的最后 $n-k$ 个元素全为零.

P. 13. 23 设 $A\in\boldsymbol{M}_n$ 是正定的，并设 $k\in\{1, 2, \cdots, n-1\}$，又令 A_k 是 A 的 $k\times k$ 首主子矩阵. 假设 $A_k=L_kL_k^*$ 是 A_k 的 Cholesky 分解.

(a)证明：A_{k+1} 的 Cholesky 分解有如下形式

$$A_{k+1}=\begin{bmatrix}A_k & \boldsymbol{a}\\ \boldsymbol{a}^* & \alpha\end{bmatrix}=\begin{bmatrix}L_k & \boldsymbol{0}_{k\times 1}\\ \boldsymbol{x}^* & \lambda\end{bmatrix}\begin{bmatrix}L_k^* & \boldsymbol{x}\\ \boldsymbol{0}_{1\times k} & \lambda\end{bmatrix},\quad \boldsymbol{x}\in\mathbb{C}^k,\lambda>0.$$

(b)为什么线性方程组 $L_k\boldsymbol{x}=\boldsymbol{a}$ 有唯一解？

(c)为什么方程 $\lambda^2=\alpha-\boldsymbol{x}^*\boldsymbol{x}$ 有唯一的正的解 λ？**提示**：考虑 $\alpha-\boldsymbol{a}^*A_k^{-1}\boldsymbol{a}$.

(d)描述一个归纳的算法来计算 A 的 Cholesky 分解.

(e)利用你的算法计算 4×4 极小矩阵的 Cholesky 分解.

P. 13. 24 设 $A=[a_{ij}]\in\boldsymbol{M}_n$ 是正定的. 设 $A=LL^*$ 是它的 Cholesky 分解，其中 $L=[\ell_{ij}]$. 按照它的列来分划 $L^*=[\boldsymbol{x}_1\ \boldsymbol{x}_2\cdots\ \boldsymbol{x}_n]$. 证明 $a_{ii}=\|\boldsymbol{x}_i\|_2^2\geqslant\ell_{ii}^2$，并导出结论 $\det A\leqslant a_{11}a_{22}\cdots a_{nn}$，其中等式成立当且仅当 A 是对角的. 这是 Hadamard 不等式的一种表述形式.

P. 13. 25 按照列来分划 $A=[\boldsymbol{a}_1\ \boldsymbol{a}_2\cdots\ \boldsymbol{a}_n]\in\boldsymbol{M}_n$. 对 A^*A 应用上一个问题的结果，并且证明

$|\det A| \leqslant \|\boldsymbol{a}_1\|_2 \|\boldsymbol{a}_2\|_2 \cdots \|\boldsymbol{a}_n\|_2$，其中等式成立当且仅当要么 A 的列是正交的，要么它至少有一列为零. 这是 Hadamard 不等式的另一种表述形式，见(6.7.2).

P.13.26 设 A，$B \in \boldsymbol{M}_n$ 是 Hermite 阵，并假设 A 是可逆的. 如果存在一个可逆阵 $S \in \boldsymbol{M}_n$，使得 S^*AS 与 S^*BS 两者都是对角阵，证明 $A^{-1}B$ 是可对角化的，且特征值为实数. 两个 Hermite 阵可以同时对角化的必要条件已知也是充分的，见[HJ13，定理 4.5.17].

P.13.27 设 $A = \begin{bmatrix} 0 & 1 \\ 1 & 0 \end{bmatrix}$. 证明：不存在可逆阵 $S \in \boldsymbol{M}_2$，使得 S^*AS 与 S^*BS 两者都是对角阵，如果(a) $B = \begin{bmatrix} 1 & 0 \\ 0 & -1 \end{bmatrix}$，或者(b)如果 $B = \begin{bmatrix} 1 & 1 \\ 1 & 0 \end{bmatrix}$.

P.13.28 设 $A \in \boldsymbol{M}_n$，并假设 $A + A^*$ 是正定的. 证明：存在一个可逆阵 $S \in \boldsymbol{M}_n$，使得 S^*AS 是对角阵.

P.13.29 证明：一个复方阵能够是两个正定阵的乘积，当且仅当它可以对角化，且它的特征值皆为正数.

P.13.30 设 A，$B \in \boldsymbol{M}_n$ 是 Hermite 阵，并假设 A 是正定的. 证明：$A+B$ 是正定的，当且仅当 $\operatorname{spec} A^{-1}B \subseteq (-1, \infty)$.

P.13.31 设 $A \in \boldsymbol{M}_n$ 是半正定的，并如同在(13.1.13)中那样进行分划.

(a)如果 A_{11} 不可逆，证明 A 也不可逆.

(b)如果 A_{11} 可逆，那么 A 也一定可逆吗？

P.13.32 设 $\mathcal{V}$ 是一个 $\mathbb{F}$ 内积空间，设 $\boldsymbol{u}_1$，$\boldsymbol{u}_2$，…，$\boldsymbol{u}_n \in \mathcal{V}$.

(a)证明：Gram 矩阵 $G = [\langle \boldsymbol{u}_j, \boldsymbol{u}_i \rangle] \in \boldsymbol{M}_n(\mathbb{F})$ 是半正定的.

(b)证明：G 是正定的，当且仅当 $\boldsymbol{u}_1$，$\boldsymbol{u}_2$，…，$\boldsymbol{u}_n$ 线性无关.

324 (c)证明：P.4.23 中的矩阵 $[(i+j-1)^{-1}]$ 是正定的.

P.13.33 设 λ_1，λ_2，…，λ_n 是正的实数.

(a)证明

$$\frac{1}{\lambda_i + \lambda_j} = \int_0^\infty \mathrm{e}^{-\lambda_i t} \mathrm{e}^{-\lambda_j t} \, \mathrm{d}t, \quad i,j = 1,2,\cdots,n.$$

(b)证明：Cauchy 矩阵(Cauchy matrix) $[(\lambda_i + \lambda_j)^{-1}] \in \boldsymbol{M}_n$ 是半正定的.

P.13.34 设 $A = [a_{ij}] \in \boldsymbol{M}_3$ 是半正定的，并如同在(13.1.13)中那样进行分划. 假设

$$A_{11} = \begin{bmatrix} 1 & \mathrm{e}^{\mathrm{i}\theta} \\ \mathrm{e}^{-\mathrm{i}\theta} & 1 \end{bmatrix}, \quad \theta \in \mathbb{R}.$$

如果 $a_{13} = \dfrac{1}{2}$，那么 a_{23} 是多少？

P.13.35 设 $A = [a_{ij}] \in \boldsymbol{M}_n$ 是半正定的，并如同在(13.1.13)中那样进行分划. 证明：存在一个 $Y \in \boldsymbol{M}_{k \times (n-k)}$，使得 $A_{12} = YA_{22}$. 导出结论 $\operatorname{rank} A_{12} \leqslant \operatorname{rank} A_{22}$.

P.13.36 设 $A = [a_{ij}] \in \boldsymbol{M}_n$ 如同在(13.1.13)中那样进行分划.

(a)证明：

$$\operatorname{rank} A \leqslant \operatorname{rank}[A_{11} \quad A_{12}] + \operatorname{rank}[A_{12}^* \quad A_{22}].$$

(b)如果 A 是半正定的，导出结论 $\operatorname{rank} A \leqslant \operatorname{rank} A_{11} + \operatorname{rank} A_{22}$.

(c)用例子说明：如果 A 是 Hermite 阵，但不是半正定的，那么(b)中的不等式不一定正确.

P.13.37 设 A，$B \in \boldsymbol{M}_n$ 是正规矩阵. 利用定义 12.1.1 以及定理 13.1.10 证明 $\operatorname{rank} AB = \operatorname{rank} BA$. 一个不同的证明见 P.12.38.

P.13.38 设 $H \in \boldsymbol{M}_n$ 是 Hermite 阵，并假设 $\operatorname{rank} H \subseteq [-1, 1]$. (a)证明 $I - H^2$ 是半正定的，并设 $U = H + \mathrm{i}(I - H^2)^{1/2}$. (b)证明 U 是酉矩阵，且 $H = \frac{1}{2}(U + U^*)$.

P.13.39 设 $A \in \boldsymbol{M}_n$. 利用笛卡儿分解以及上一个问题来证明 A 是至多四个酉矩阵的线性组合. 一个相关的结果见 P.15.40.

P.13.40 证明定理 13.5.3 中的(a)—(f).

P.13.41 证明定理 13.5.4 中的(a)—(c).

P.13.42 设 $A = [a_{ij}] \in \boldsymbol{M}_n$ 是正规矩阵，又设 $A = U \Lambda U^*$ 是谱分解，其中 $\Lambda = \operatorname{diag}(\lambda_1, \lambda_2, \cdots, \lambda_n)$，而 $U = [u_{ij}] \in \boldsymbol{M}_n$ 是酉矩阵. 设 $\boldsymbol{a} = [a_{11} a_{22} \cdots a_{nn}]^{\mathrm{T}}$，$\lambda = [\lambda_1 \lambda_2 \cdots \lambda_n]^{\mathrm{T}}$.

(a)证明

$$\boldsymbol{a} = (U \circ \overline{U}) \boldsymbol{\lambda}. \tag{13.6.1}$$

(b)证明 $U \circ \overline{U}$ 是 Markov 矩阵.

(c)$(U \circ \overline{U})^{\mathrm{T}}$ 是 Markov 矩阵吗?

P.13.43 设 $A \in \boldsymbol{M}_3$ 是正规矩阵，并假设 1，i 以及 2+2i 是它的特征值.

(a)利用(13.6.1)在复平面上画出一个区域，该区域必定包含 A 的对角元素.

(b)2i 能是 A 的对角元素吗? -1 与 $1+\mathrm{i}$ 呢?

(c)为什么 A 的每个主对角元素都有非负的实部?

(d)对角元素的实部能有多大?

P.13.44 设 $A = [a_{ij}] \in \boldsymbol{M}_n$ 是正规矩阵，又设 $\operatorname{spec} A = \{\lambda_1, \lambda_2, \cdots, \lambda_n\}$. 利用(13.6.1)来证明 $\min_{1 \leqslant i \leqslant n} \operatorname{Re} \lambda_i \leqslant \min_{1 \leqslant i \leqslant n} \operatorname{Re} a_{ii}$. 用一个图画出其在复平面中的特征值以及主对角线元素来形象地描绘这个不等式. 关于 $\max \operatorname{Re} a_{ii}$ 以及 $\max \operatorname{Re} \lambda_i$ 你有何结论? 325

P.13.45 设 $A = [a_{ij}] \in \boldsymbol{M}_n$ 是 Hermite 阵，设 $\lambda_1 \leqslant \lambda_2 \leqslant \cdots \leqslant \lambda_n$ 是它的特征值. 利用(13.6.1)证明 $\lambda_1 \leqslant \min_{1 \leqslant i \leqslant n} a_{ii}$. 关于最大的对角线元素以及 λ_n 你有何结论?

P.13.46 设 A，$B \in \boldsymbol{M}_n$ 是半正定的. 设 γ 是 B 的最大的主对角线元素，而 λ_n 则是 A 的最大的特征值. 证明

$$\langle (A \circ B)\boldsymbol{x}, \boldsymbol{x} \rangle \leqslant \gamma \lambda_n \| \boldsymbol{x} \|_2^2, \quad \boldsymbol{x} \in \mathbb{C}^n. \tag{13.6.2}$$

提示：采用与推论 13.5.8 中的证明同样的做法.

P.13.47 如果 A，$B \in \boldsymbol{M}_n$ 是正定的.

(a)证明存在唯一的 $X\in \boldsymbol{M}_n$，使得 $H(AX)=B$. 见定义 12.6.6.

(b)证明 X 是正定的.

P.13.48 设 $k>2$，而 $A_1, A_2, \cdots, A_k\in \boldsymbol{M}_n$ 都是半正定的.

(a)证明 $A_1\circ A_2\circ\cdots\circ A_k$ 是半正定的.

(b)如果对所有 $i=1, 2, \cdots, k$，A_i 的每个主对角线元素都是正的，且对于某个 $j\in\{1, 2, \cdots, k\}$，A_j 是正定的，证明 $A_1\circ A_2\circ\cdots\circ A_k$ 是正定的.

P.13.49 设 $A=[a_{ij}]\in \boldsymbol{M}_n$ 是半正定的. 证明 $B=[e^{a_{ij}}]\in \boldsymbol{M}_n$ 是半正定的. **提示**：见 P.A.13，并将 B 表示成 Hadamard 乘积的正的实倍数之和.

P.13.50 设 $A, B\in \boldsymbol{M}_n$ 是半正定的. 证明 $\operatorname{rank}(A\circ B)\leqslant(\operatorname{rank}A)(\operatorname{rank}B)$. **提示**：为了表示(13.5.6)中的 A，只需要 $\operatorname{rank}A$ 个求和项.

P.13.51 如果 $A\in \boldsymbol{M}_m$ 以及 $B\in \boldsymbol{M}_n$ 是半正定的，证明 $A\otimes B$ 也是半正定的.

P.13.52 设 $A=[a_{ij}]\in \boldsymbol{M}_3$，$B=[b_{ij}]\in \boldsymbol{M}_3$. 写出 $A\otimes B\in \boldsymbol{M}_9$ 的如下的 3×3 主子矩阵：它的元素在第 1，5，9 行与第 1，5，9 列的交叉点上. 你能找出这个矩阵吗？

P.13.53 设 $A=[a_{ij}]\in \boldsymbol{M}_n$，$B=[b_{ij}]\in \boldsymbol{M}_n$.

(a)证明 $A\circ B\in \boldsymbol{M}_n$ 是 $A\otimes B\in \boldsymbol{M}_{n^2}$ 的一个主子矩阵.

(b)由(a)以及 P.13.51 推导出定理 13.5.5.

13.7 注记

将矩阵分解成三角阵以及置换矩阵的乘积的各种方法参见[HJ13，3.5 节]. 例如，每一个 $A\in \boldsymbol{M}_n$ 都可以分解成 $A=PLR$，其中 L 是下三角的，R 是上三角的，而 P 是置换矩阵.

定理 13.4.3 如何用在分析绕一个稳定平衡位置的力学系统的微小震动的讨论中，见[HJ13，4.5 节].

1899 年，法国数学家 Jacques Hadamard 发表了一篇有关幂级数

$$f(z)=\sum_{k=1}^{\infty}a_k z^k \quad 以及 \quad g(z)=\sum_{k=1}^{\infty}b_k z^k$$

的论文，在其中他研究了乘积

$$(f\circ g)(z)=\sum_{k=1}^{\infty}a_k b_k z^k.$$

由于这篇文章，Hadamard 的名字就与各种类型的一项一项(逐项)的乘积联系在一起了. 第
326 一个系统研究矩阵的逐项乘积的是 1911 年 Isaai Schur 发表的文章. 关于 Hadamard 乘积的历史综述见[HJ94，5.0 节]. Hadamard 乘积及其应用的详尽处理见[HJ94，第 5 章以及 6.3 节]，也见[HJ13，7.5 节].

P.13.20 中的三对角矩阵的特征值已知是 $4\sin^2((2k+1)\pi/(4n+2))(k=1, 2, \cdots, n-1)$，所以 $n\times n$ 极小矩阵的特征值是 $\frac{1}{4}\csc^2((2k+1)\pi/(4n+2))(k=1, 2, \cdots, n-1)$.

关于极小矩阵的 Cholesky 分解的连续的类似对象见 P.14.27.

13.8 一些重要的概念

- 正定与半正定矩阵
- Gram 矩阵以及有非负的实的特征值的正规矩阵的特征刻画
- 列包容性
- 对角占优与正定性(定理 13.1.24)
- 半正定矩阵的唯一的半正定平方根
- 半正定矩阵的 Cholesky 分解
- 一个正定矩阵与一个 Hermite 阵(通过 * 相合)的同时对角化(定理 13.4.3)
- Hadamard 乘积以及 Schur 乘积定理 327

第 14 章　奇异值分解与极分解

这一章是关于复矩阵的两种密切相关的分解的讨论，两者都是复数的极坐标形式的矩阵类似．如果 $z=|z|e^{i\theta}$，那么 $e^{-i\theta}$是一个模为 1 的复数，使得 $ze^{-i\theta}\geqslant 0$．对一个 $m\times n$ 复矩阵 A，极分解定理是说：存在一个酉矩阵 U，使得 AU 或者 UA 是半正定的．奇异值分解定理是说：存在酉矩阵 U 与 V，使得 $UAV=[\sigma_{ij}]$，它满足 $i\neq j$ 时 $\sigma_{ij}=0$ 以及每个 $\sigma_{ii}\geqslant 0$．这些分解式提供的信息在数据分析、图像压缩、线性方程组的最小平方解、逼近问题以及线性系统解的误差分析中都有重要的应用．

14.1　奇异值分解

Schur 三角化定理用一个酉矩阵通过相似将方阵化简为上三角型，而奇异值分解则用两个酉矩阵将矩阵化为对角型．奇异值分解对于理论以及计算问题都有许多应用．

如果 $A\in\mathbf{M}_{m\times n}$且 $\operatorname{rank}A=r\geqslant 1$，则定理 9.7.2 表明半正定矩阵 $A^*A\in\mathbf{M}_n$ 与 $AA^*\in\mathbf{M}_m$ 有相同的非零的特征值．它们是正的，且有 r 个(定理 13.1.10)．这些特征值的正的平方根将被赋予特殊的名称．

定义 14.1.1　设 $A\in\mathbf{M}_{m\times n}$，并设 $q=\min\{m, n\}$．如果 $\operatorname{rank}A=r\geqslant 1$，令 $\sigma_1\geqslant\sigma_2\geqslant\cdots\geqslant\sigma_r>0$ 是$(A^*A)^{1/2}$的按照递减次序排列的特征值，则 A 的**奇异值**(singular value)定义为

$$\sigma_1,\sigma_2,\cdots,\sigma_r,\quad \sigma_{r+1}=\sigma_{r+2}=\cdots=\sigma_q=0.$$

如果 $A=0$，那么 A 的奇异值是$\sigma_1=\sigma_2=\cdots=\sigma_q=0$.

$A\in\mathbf{M}_n$ 的奇异值是$(A^*A)^{1/2}$的特征值，它与$(AA^*)^{1/2}$的特征值相同.

例 14.1.2　考虑

328

$$A=\begin{bmatrix}0&20&30\\0&0&20\\0&0&0\end{bmatrix},\quad A^*=\begin{bmatrix}0&0&0\\20&0&0\\30&20&0\end{bmatrix}.$$

那么 $\operatorname{spec}A=\{0\}$，$\operatorname{rank}A=2$，

$$A^*A=\begin{bmatrix}0&0&0\\0&400&600\\0&600&1300\end{bmatrix},\quad (A^*A)^{1/2}=\begin{bmatrix}0&0&0\\0&16&12\\0&12&34\end{bmatrix},$$

$\operatorname{spec}(A^*A)^{1/2}=\{40, 10, 0\}$．$A$ 的奇异值是 40，10，0，而它的特征值则是 0，0，0.

定理 14.1.3　设 $A\in\mathbf{M}_{m\times n}$，令 $r=\operatorname{rank}A$，$q=\min\{m, n\}$，设 $\sigma_1\geqslant\sigma_2\geqslant\cdots\geqslant\sigma_q$ 是 A 的奇异值，又设 $c\in\mathbb{C}$.

(a)σ_1^2，σ_2^2，…，σ_r^2是A^*A与AA^*的正的特征值.

(b) $\sum_{i=1}^{q}\sigma_i^2=\mathrm{tr}A^*A=\mathrm{tr}AA^*=\|A\|_F^2$.

(c)A，A^*，A^{T}以及$\overline{A}$有同样的奇异值.

(d)cA的奇异值是$|c|\sigma_1$，$|c|\sigma_2$，…，$|c|\sigma_q$.

证明 (a)定理13.2.2确保σ_1^2，σ_2^2，…，σ_r^2是$A^*A=((A^*A)^{1/2})^2$的正的特征值. 定理9.7.2是说它们也是AA^*的正的特征值.

(b)$\mathrm{tr}A^*A=\|A\|_F^2$是定义(见例4.5.5)，而$\mathrm{tr}A^*A$是$A^*A$的特征值之和.

(c)半正定矩阵A^*A，AA^*，$A^{\mathrm{T}}\overline{A}=\overline{A^*A}$以及$\overline{A}A^{\mathrm{T}}=\overline{AA^*}$有相同的非零的特征值，见定理9.2.6.

(d)$(cA^*)(cA)=|c|^2A^*A$的特征值是$|c|^2\sigma_1$，$|c|^2\sigma_2$，…，$|c|^2\sigma_q$，见推论10.1.4. ■

下面定理中的符号Σ是奇异值矩阵(singular value matrix)约定俗成的记号，在这部分内容里它与求和没有任何关系.

定理14.1.4(奇异值分解) 设$A\in\boldsymbol{M}_{m\times n}(\mathbb{F})$是非零的矩阵，令$r=\mathrm{rank}A$，设$\sigma_1\geqslant\sigma_2\geqslant\cdots\geqslant\sigma_r>0$是$A$的正的奇异值，定义

$$\Sigma_r=\begin{bmatrix}\sigma_1 & & 0\\ & \ddots & \\ 0 & & \sigma_r\end{bmatrix}\in\boldsymbol{M}_r(\mathbb{R}).$$

则存在酉矩阵$V\in\boldsymbol{M}_m(\mathbb{F})$以及$W\in\boldsymbol{M}_n(\mathbb{F})$，使得

$$A=V\Sigma W^*,$$

其中

$$\Sigma=\begin{bmatrix}\Sigma_r & 0_{r\times(n-r)}\\ 0_{(m-r)\times r} & 0_{(m-r)\times(n-r)}\end{bmatrix}\in\boldsymbol{M}_{m\times n}(\mathbb{R}) \tag{14.1.5}$$

与A大小相同. 如果$m=n$，那么V，$W\in\boldsymbol{M}_n(\mathbb{F})$，且$\Sigma=\Sigma_r\oplus 0_{n-r}$.

证明 假设$m\geqslant n$. 设$A^*A=W\Lambda W^*$是谱分解，其中

$$\Lambda=\mathrm{diag}(\sigma_1^2,\sigma_2^2,\cdots,\sigma_r^2,0,\cdots,0)=\sum_r^2\oplus 0_{n-r}\in\boldsymbol{M}_n.$$ 329

如果A是实的，那么定理12.2.2确保$W\in\boldsymbol{M}_n(\mathbb{F})$可以取为实的. 设$D=\Sigma_r\oplus I_{n-r}$，并令

$$B=AWD^{-1}\in\boldsymbol{M}_{m\times n}(\mathbb{F}). \tag{14.1.6}$$

计算得到

$$\begin{aligned}B^*B&=D^{-1}W^*A^*AWD^{-1}=D^{-1}W^*(W\Lambda W^*)WD^{-1}\\&=D^{-1}\Lambda D^{-1}\\&=(\Sigma_r^{-1}\oplus I_{n-r})(\Sigma_r^2\oplus 0_{n-r})(\Sigma_r^{-1}\oplus I_{n-r})\end{aligned}$$

$$= I_r \oplus 0_{n-r}.$$

分划 $B=[B_1\ B_2]$，其中 $B_1 \in \boldsymbol{M}_{m\times r}(\mathbb{F})$，$B_2 \in \boldsymbol{M}_{m\times(n-r)}(\mathbb{F})$. 上面的等式变成

$$B^*B = \begin{bmatrix} B_1^* \\ B_2^* \end{bmatrix}[B_1 \quad B_2] = \begin{bmatrix} B_1^*B_1 & B_1^*B_2 \\ B_2^*B_1 & B_2^*B_2 \end{bmatrix} = \begin{bmatrix} I_r & 0 \\ 0 & 0_{n-r} \end{bmatrix}.$$

等式 $B_1^*B_1=I_r$ 是说 B_1 的列是标准正交的，等式 $B_2^*B_2=0_{n-r}$ 蕴涵 $B_2=0$(见定理13.1.10(c)). 定理 6.2.17 确保存在一个 $B'\in \boldsymbol{M}_{m\times(m-r)}(\mathbb{F})$，使得 $V=[B_1 B']\in \boldsymbol{M}_m(\mathbb{F})$是酉矩阵. 这样就有

$$\begin{aligned} BD &= [B_1\ 0](\Sigma_r \oplus I_{n-r}) \\ &= [B_1\ 0](\Sigma_r \oplus 0_{n-r}) \\ &= [B_1\ B'](\Sigma_r \oplus 0_{n-r}) \\ &= V\Sigma. \end{aligned}$$

由此从(14.1.6)推出 $A=BDW^*=V\Sigma W^*$.

如果 $m<n$，将上面的构造应用于 A^*，见 P.14.7. ■

定义 14.1.7 $A\in \boldsymbol{M}_{m\times n}(\mathbb{F})$的**奇异值分解**(singular value decomposition)是形如 $A=V\Sigma W^*$ 的一个分解式，其中 $V\in \boldsymbol{M}_m(\mathbb{F})$与 $W\in \boldsymbol{M}_n(\mathbb{F})$是酉矩阵，而 $\Sigma\in \boldsymbol{M}_{m\times n}(\mathbb{R})$是矩阵(14.1.5).

矩阵 $\Sigma^{\mathrm{T}}\Sigma=\Sigma_r^2\oplus 0_{n-r}\in \boldsymbol{M}_n$ 与 $\Sigma\Sigma^{\mathrm{T}}=\Sigma_r^2\oplus 0_{m-r}\in \boldsymbol{M}_m$ 都是对角阵. 从而有

$$A^*AW = W(\Sigma^{\mathrm{T}}\Sigma)W^*W = W(\Sigma^{\mathrm{T}}\Sigma) = W(\Sigma_r^2 \oplus 0_{n-r}),$$

$$AA^*V = (V\Sigma\Sigma^{\mathrm{T}}V^*)V = V(\Sigma\Sigma^{\mathrm{T}}) = V(\Sigma_r^2 \oplus 0_{m-r}),$$

所以 $W=[\boldsymbol{w}_1\ \boldsymbol{w}_2 \cdots \boldsymbol{w}_n]\in \boldsymbol{M}_n$ 的列是 A^*A 的特征向量，而 $V=[\boldsymbol{v}_1\ \boldsymbol{v}_2\cdots \boldsymbol{v}_m]\in \boldsymbol{M}_m$ 的列是 AA^* 的特征向量. 我们有

$$A^*A\boldsymbol{w}_i = \begin{cases} \sigma_i^2\boldsymbol{w}_i & i=1,2,\cdots,r, \\ \boldsymbol{0} & i=r+1,r+2,\cdots,n, \end{cases}$$

330

$$AA^*\boldsymbol{v}_i = \begin{cases} \sigma_i^2\boldsymbol{v}_i & i=1,2,\cdots,r, \\ \boldsymbol{0} & i=r+1,r+2,\cdots,m. \end{cases}$$

V 与 W 的列由以下的等式相联系：

$$AW=V\Sigma W^*W=V\Sigma, \quad A^*V=W\Sigma^{\mathrm{T}}V^*V=W\Sigma^{\mathrm{T}},$$

也就是

$$A\boldsymbol{w}_i=\sigma_i\boldsymbol{v}_i, \quad A^*\boldsymbol{v}_i=\sigma_i\boldsymbol{w}_i, \quad i=1,2,\cdots,r.$$

定义 14.1.8 V 的列称为 A 的**左奇异向量**(left singular vector)，而 W 的列称为 A 的**右奇异向量**(right singular vector).

例 14.1.9 这里给出一个秩为 2 的 3×2 矩阵 A

$$A=\begin{bmatrix}4 & 0\\ -5 & -3\\ 2 & 6\end{bmatrix}=\underbrace{\begin{bmatrix}\frac{1}{3} & -\frac{2}{3} & \frac{2}{3}\\ -\frac{2}{3} & \frac{1}{3} & \frac{2}{3}\\ \frac{2}{3} & \frac{2}{3} & \frac{1}{3}\end{bmatrix}}_{V}\underbrace{\begin{bmatrix}6\sqrt{2} & 0\\ 0 & 3\sqrt{2}\\ 0 & 0\end{bmatrix}}_{\Sigma}\underbrace{\begin{bmatrix}\frac{1}{\sqrt{2}} & \frac{1}{\sqrt{2}}\\ -\frac{1}{\sqrt{2}} & \frac{1}{\sqrt{2}}\end{bmatrix}}_{W^*}$$

$$=\begin{bmatrix}-\frac{1}{3} & -\frac{2}{3} & \frac{2}{3}\\ \frac{2}{3} & \frac{1}{3} & \frac{2}{3}\\ -\frac{2}{3} & \frac{2}{3} & \frac{1}{3}\end{bmatrix}\begin{bmatrix}6\sqrt{2} & 0\\ 0 & 3\sqrt{2}\\ 0 & 0\end{bmatrix}\begin{bmatrix}-\frac{1}{\sqrt{2}} & -\frac{1}{\sqrt{2}}\\ -\frac{1}{\sqrt{2}} & \frac{1}{\sqrt{2}}\end{bmatrix}$$

的两个奇异值分解．在第二个分解式中我们改变了 V 与 W 的第一列元素的符号，但并没有改变其乘积的值．在 A 的奇异值分解中的奇异值矩阵 Σ 总是由 A 所唯一确定的，而两个酉因子永远不是唯一确定的．

例 14.1.10 由于上一个例子中 Σ 的最后一行为零，因此 V 的第三列在表示 A 的元素时没什么作用．由此得知，有一个更为紧凑的表达式

$$A=\begin{bmatrix}4 & 0\\ -5 & -3\\ 2 & 6\end{bmatrix}=\underbrace{\begin{bmatrix}\frac{1}{3} & -\frac{2}{3}\\ -\frac{2}{3} & \frac{1}{3}\\ \frac{2}{3} & \frac{2}{3}\end{bmatrix}}_{X}\underbrace{\begin{bmatrix}6\sqrt{2} & 0\\ 0 & 3\sqrt{2}\end{bmatrix}}_{\Sigma_2}\begin{bmatrix}\frac{1}{\sqrt{2}} & \frac{1}{\sqrt{2}}\\ -\frac{1}{\sqrt{2}} & \frac{1}{\sqrt{2}}\end{bmatrix},$$

其中 $X\in\boldsymbol{M}_{3\times 2}$ 的列是标准正交的，而 Σ_2 是 2×2 的，见定理 14.2.3.

例 14.1.11 设 $\boldsymbol{x}\in\boldsymbol{M}_{n\times 1}$ 是非零的，又设 $V\in\boldsymbol{M}_n$ 是酉矩阵，它的第一列是 $\boldsymbol{x}/\|\boldsymbol{x}\|_2$（推论 6.4.10(b)）．设 $\Sigma=[\ \|\boldsymbol{x}\|_2\ 0\ \cdots\ 0]^{\mathrm{T}}\in\boldsymbol{M}_{n\times 1}$，并设 $W=[1]\in\boldsymbol{M}_1$．则 $\boldsymbol{x}=V\Sigma W^*$ 是一个奇异值分解．V 的最后 $n-1$ 列在表示 $\boldsymbol{x}$ 的元素时没有什么作用．

奇异值重数的术语使用与特征值的对应术语使用相平行．

定义 14.1.12 设 $A\in\boldsymbol{M}_{m\times n}$，并假设 $\operatorname{rank}A=r$．A 的正的奇异值 σ_i 的**重数**(multiplicity)定义为 σ_i^2 作为 A^*A（或者 AA^*）的特征值的重数． 331

A 的奇异值 0（如果它有的话）的重数是 $\min\{m.\ n\}-r$．重数为 1 的奇异值是单重的(simple)．如果 A 的每个奇异值都是单重的，它的奇异值就是相异的(distinct)．

例 14.1.13 考虑

$$A=\begin{bmatrix}2 & 3\\ 0 & 2\end{bmatrix},\tag{14.1.14}$$

它有奇异值分解

$$\begin{bmatrix}2 & 3\\ 0 & 2\end{bmatrix}=\underbrace{\begin{bmatrix}\frac{2}{\sqrt{5}} & -\frac{1}{\sqrt{5}}\\ \frac{1}{\sqrt{5}} & \frac{2}{\sqrt{5}}\end{bmatrix}}_{V}\underbrace{\begin{bmatrix}4 & 0\\ 0 & 1\end{bmatrix}}_{\Sigma}\underbrace{\begin{bmatrix}\frac{1}{\sqrt{5}} & \frac{2}{\sqrt{5}}\\ -\frac{2}{\sqrt{5}} & \frac{1}{\sqrt{5}}\end{bmatrix}}_{W^*}$$

设 $V=[\boldsymbol{v}_1\ \boldsymbol{v}_2]$，$W=[\boldsymbol{w}_1\ \boldsymbol{w}_2]$. 图 14.1 描述了 A 的奇异值分解中的三个因子是如何作用在单位圆盘上的.

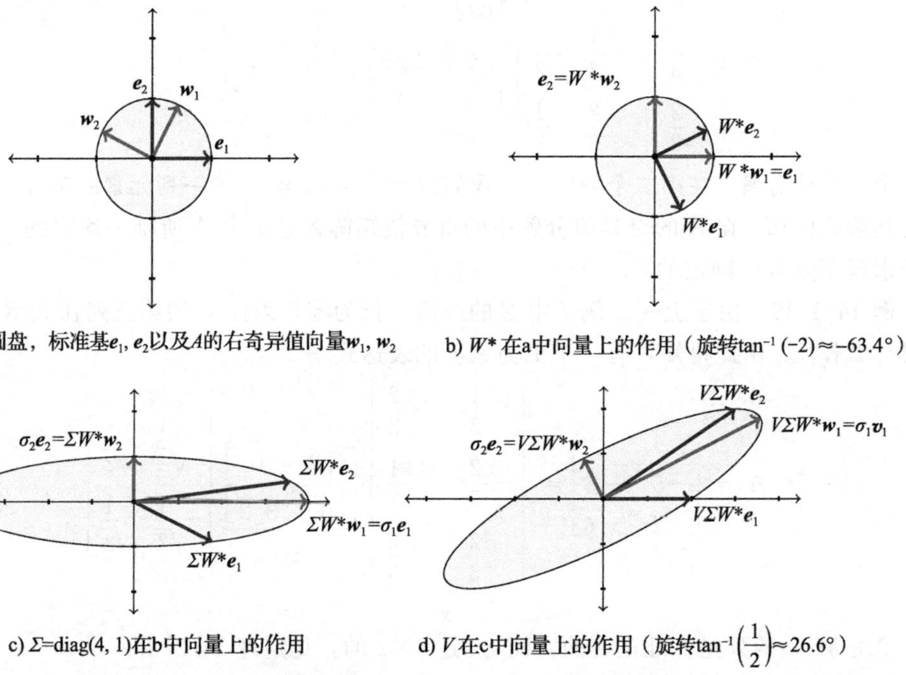

a) 单位圆盘，标准基$\boldsymbol{e}_1$, $\boldsymbol{e}_2$以及A的右奇异值向量$\boldsymbol{w}_1$, $\boldsymbol{w}_2$　　b) W^* 在a中向量上的作用（旋转$\tan^{-1}(-2)\approx-63.4°$）

c) $\Sigma=\mathrm{diag}(4, 1)$在b中向量上的作用　　d) V在c中向量上的作用（旋转$\tan^{-1}\left(\frac{1}{2}\right)\approx 26.6°$）

图 14.1　(14.1.14)中的矩阵 A 的奇异值分解分析. 它将单位圆盘变换成为一个椭圆盘，这个椭圆盘的半轴长度等于 A 的奇异值

14.2　紧致奇异值分解

如果 $A\in\boldsymbol{M}_{m\times n}$ 的秩比 m 以及 n 的值小很多，或者 m 与 n 的值相差很大，那么 A 的奇异值分解中的两个酉因子所携带的信息就与表示 A 的元素这项工作没什么关系了，见例
332 14.1.11. 在这一节里，我们要研究如何以更为紧凑的方式来组织奇异值分解，使得计算 A 的元素所需要的所有信息仍能得以保留下来. 在 15.1 节里，我们要研究在图像压缩中出现的一个更广泛的问题：怎样用一种方法来截取奇异值分解，以使得可以以任意想要的精确度来近似地计算 A 的每个元素.

设 $A=V\Sigma W^*$ 是奇异值分解，而 $\Sigma_r=\mathrm{diag}(\sigma_1, \sigma_2, \cdots, \sigma_r)$ 是 Σ 的左上角 $r\times r$ 分块. 分划

$$V=[V_r V']\in \boldsymbol{M}_m \quad, \quad W=[W_r W']\in \boldsymbol{M}_n,$$

其中

$$V_r\in \boldsymbol{M}_{m\times r},\quad V'\in \boldsymbol{M}_{m\times(m-r)},\quad W_r\in \boldsymbol{M}_{n\times r},\qquad W'\in \boldsymbol{M}_{n\times(n-r)}.$$

那么

$$\begin{aligned}A&=V\Sigma W^*\\&=[V_r V']\begin{bmatrix}\Sigma_r & 0_{r\times(n-r)}\\0_{(m-r)\times r} & 0_{(m-r)\times(n-r)}\end{bmatrix}\begin{bmatrix}W_r^*\\W'^*\end{bmatrix}\\&=[V_r V']\begin{bmatrix}\Sigma_r W_r^*\\0_{(m-r)\times r}\end{bmatrix}\qquad(14.2.1)\\&=V_r\Sigma_r W_r^*+V'0_{(m-r)\times r}\\&=V_r\Sigma_r W_r^*.\qquad(14.2.2)\end{aligned}$$

除非 $r=m=n$，否则 V 的最后 $m-r$ 列以及(或者) W 的最后 $n-r$ 列在 A 的表达式(14.2.2)中不会出现.

定理 14.2.3(紧致奇异值分解) 设 $A\in \boldsymbol{M}_{m\times n}(\mathbb{F})$ 是非零的，令 $r=\operatorname{rank}A$，设 $A=V\Sigma W^*$ 是它的奇异值分解.

(a)分划 $V=[V_r V']\in \boldsymbol{M}_m(\mathbb{F})$，$W=[W_r W']\in \boldsymbol{M}_n(\mathbb{F})$，其中 $V_r\in \boldsymbol{M}_{m\times r}(\mathbb{F})$，$W_r\in \boldsymbol{M}_{n\times r}(\mathbb{F})$，又设 $\Sigma_r=\operatorname{diag}(\sigma_1, \sigma_2, \cdots, \sigma_r)$. 那么

$$A=V_r\Sigma_r W_r^*.\qquad(14.2.4)$$

(b)反之，如果 $r\geqslant 1$，$X\in \boldsymbol{M}_{m\times r}(\mathbb{F})$ 与 $Y\in \boldsymbol{M}_{n\times r}(\mathbb{F})$ 的列是标准正交的，$\Sigma_r=\operatorname{diag}(\sigma_1, \sigma_2, \cdots, \sigma_r)$，且有 $\sigma_1\geqslant\sigma_2\geqslant\cdots\geqslant\sigma_r>0$，那么 $\sigma_1, \sigma_2, \cdots, \sigma_r$ 是 $B=X\Sigma_r Y^*\in \boldsymbol{M}_{m\times n}(\mathbb{F})$ 的正的奇异值.

证明 等式(14.2.4)展现在(14.2.2)之中. 对于其逆，注意到

$$BB^*=X\Sigma_r Y^* Y\Sigma_r X^*=X\Sigma_r I_r\Sigma_r X^*=(X)(\Sigma_r^2 X^*)$$

的正的特征值与 $(\Sigma_r^2 X^*)X=\Sigma_r^2(X^*X)=\Sigma_r^2$ 的正的特征值相同，见定理 9.7.2. ■

定义 14.2.5 设 $A\in \boldsymbol{M}_{m\times n}(\mathbb{F})$ 是非零的，令 $r=\operatorname{rank}A$. 分解式 $A=X\Sigma_r Y^*$ 称为**紧致奇异值分解**(compact singular value decomposition)，如果 $X\in \boldsymbol{M}_{m\times r}(\mathbb{F})$ 与 $Y\in \boldsymbol{M}_{n\times r}(\mathbb{F})$ 的列都是标准正交的，$\Sigma_r=\operatorname{diag}(\sigma_1, \sigma_2, \cdots, \sigma_r)$，且 $\sigma_1\geqslant\sigma_2\geqslant\cdots\geqslant\sigma_r>0$. 333

定理 14.2.3 确保每一个秩 $r\geqslant 1$ 的 $A\in \boldsymbol{M}_{m\times n}(\mathbb{F})$ 都有紧致奇异值分解，其中矩阵 X 与 Y 分别是 A 的某个奇异值分解中的酉矩阵 V 与 W 的前 r 列. X 与 Y 总是可能有其他的选择，所以 A 的紧致奇异值分解不是唯一的. 幸运的是，A 的所有的紧致奇异值分解都可以从其中的任何一个得到，我们要在定理 14.2.15 中再回到这个问题.

例 14.2.6 秩为 2 的一个 3×2 矩阵的一个紧致奇异值分解的例子见例 14.1.10.

例 14.2.7 如果 $\boldsymbol{x}\in \boldsymbol{M}_{n\times 1}$ 是一个非零的向量，那么它的紧致奇异值分解是 $\boldsymbol{x}=(\boldsymbol{x}/\|\boldsymbol{x}\|)[\|\boldsymbol{x}\|][1]$，它将 $\boldsymbol{x}$ 表示成一个单位向量的正的纯量倍数.

例 14.2.8 如果 $A=X\Sigma_r Y^* \in \boldsymbol{M}_{m\times n}$ 是紧致奇异值分解，那么 $Y\Sigma_r X^*$ 是 $A^* \in \boldsymbol{M}_{n\times m}$ 的紧致奇异值分解. 于是，$\boldsymbol{x}^*=[1][\|\boldsymbol{x}\|](\boldsymbol{x}^*/\|\boldsymbol{x}\|)$ 就是 $\boldsymbol{x}^*$ 的紧致奇异值分解.

定理 14.2.9 设 $A\in\boldsymbol{M}_{m\times n}(\mathbb{F})$，令 $r=\operatorname{rank}A\geqslant 1$，又设 $A=X\Sigma_r Y^*$ 是紧致奇异值分解(14.2.4). 那么

$$\operatorname{col}A=\operatorname{col}X=(\operatorname{null}A^*)^{\perp},\tag{14.2.10}$$

$$\operatorname{null}A=(\operatorname{col}Y)^{\perp}=(\operatorname{col}A^*)^{\perp}.\tag{14.2.11}$$

证明 表达式 $A=X\Sigma_r Y^*$ 确保 $\operatorname{col}A\subseteq\operatorname{col}X$. 相反的包含关系由

$$X=X\Sigma_r I_r\Sigma_r^{-1}=X\Sigma_r Y^* Y\Sigma_r^{-1}=AY\Sigma_r^{-1}$$

得出. 由此得出 $\operatorname{col}A=\operatorname{col}X$，而等式 $\operatorname{col}A=(\operatorname{null}A^*)^{\perp}$ 就是(7.2.4). 将(14.2.10)应用于 A^* 并取正交补，就可以用同样的方式得到等式(14.2.11). ■

(14.2.4)中的正定对角阵因子 Σ_r 是由 A 唯一确定的，它的对角元素是 A 的按照递减次序排列的正的奇异值. 然而，(14.2.4)中的因子 X 与 Y 从来都不是唯一确定的. 例如，对于任何对角的酉矩阵 $D\in\boldsymbol{M}_r$，我们可以用 XD 来代替 X，用 YD 代替 Y. 如果某个奇异值的重数大于 1，也有可能出现其他类型的不唯一性. 在定理 15.7.1、引理 15.5.1 以及其他的应用中，我们需要能精确地描述一个给定的矩阵的任何两个紧致奇异值分解是如何联系在一起的. 下面的引理是通向这个描述的第一步.

引理 14.2.12 设 A，B，U，$V\in\boldsymbol{M}_n$. 假设 U 与 V 是酉矩阵，又假设 A 与 B 是正定的. 如果

$$UA=BV,\tag{14.2.13}$$

334 那么 $U=V$.

证明 等式(14.2.13)蕴涵

$$AU^*=(UA)^*=(BV)^*=V^*B,$$

从而

$$VA=BU.\tag{14.2.14}$$

这样一来，(14.2.13)与(14.2.14)蕴涵

$$UA^2=BVA=B^2U.$$

定理 0.8.1 确保对任何多项式 p 都有

$$Up(A^2)=p(B^2)U.$$

现在借助于推论 13.2.5. 选取 p 使得 $A=p(A^2)$，$B=p(B^2)$，并推导出

$$UA=BU.$$

但是 $UA=BV$，所以 $BV=BU$. 由于 B 是可逆的，因经得出结论 $V=U$. ■

定理 14.2.15 设 $A\in\boldsymbol{M}_{m\times n}$ 是非零的，且 $r=\operatorname{rank}A$，又设 $A=X_1\Sigma_r Y_1^*=X_2\Sigma_r Y_2^*$ 是紧致奇异值分解.

(a) 存在一个酉矩阵 $U\in\boldsymbol{M}_r(\mathbb{F})$，使得 $X_1=X_2U$，$Y_1=Y_2U$，$U\Sigma_r=\Sigma_r U$.

(b)如果 A 有 d 个相异的正的奇异值 $s_1>s_2>\cdots>s_d>0$，其重数分别为 n_1，n_2，…，n_d，那么 $\Sigma_r=s_1I_{n_1}\oplus s_2I_{n_2}\oplus\cdots\oplus s_dI_{n_d}$，且(a)中的酉矩阵 U 有如下形式

$$U=U_1\oplus U_2\oplus\cdots\oplus U_d,\quad U_{n_i}\in\boldsymbol{M}_{n_i},\quad i=1,2,\cdots,d,$$

其中每个求和项 U_i 都是酉矩阵.

证明　(a)定理 14.2.9 告诉我们：

$$\operatorname{col}X_1=\operatorname{col}X_2=\operatorname{col}A,$$

而定理 7.3.9 确保存在一个酉矩阵 $U\in\boldsymbol{M}_r$，使得 $X_1=X_2U$. 类似的推理表明，存在一个酉矩阵 $V\in\boldsymbol{M}_r$，使得 $Y_1=Y_2V$. 那么

$$X_2\Sigma_rY_2^*=X_1\Sigma_rY_1^*=X_2U\Sigma_rV^*Y_2^*,$$

所以

$$X_2(\Sigma_r-U\Sigma_rV^*)Y_2^*=0.$$

由此推出

$$0=X_2^*0Y_2=X_2^*X_2(\Sigma_r-U\Sigma_rV^*)Y_2^*Y_2=\Sigma_r-U\Sigma_rV^*,$$

它等价于 $U\Sigma_r=\Sigma_rV$. 由此再由引理 14.2.12 推出 $U=V$，从而 U 与 Σ_r 可交换.

(b)由于 U 与 Σ_r 可交换(后者是相异的纯量矩阵的直和)，因此结论中 U 的分块对角型就从引理 3.3.21 以及定理 6.2.7(b)得出. ■ 335

上面定理的几何方面的内涵是说，A 的单个左、右奇异向量从来就不是唯一确定的，而由与 A 的每个相异的奇异值相伴的右(左)奇异向量所生成的子空间是唯一确定的. 这个结论其实是我们所熟悉的一个事实用新的语汇的表述. 由 A 与奇异值 σ_i 相伴的右(左)奇异向量生成的子空间就是 $A^*A(AA^*)$ 的与特征值 σ_i^2 相伴的特征空间.

14.3　极分解

在这一节里，我们要研究非零复数 z 的极坐标形式

$$z=re^{i\theta}=e^{i\theta}r,\quad r>0,\quad \theta\in[0,2\pi)$$

的矩阵类似，其中 $e^{i\theta}$ 是模为 1 的复数. 由于酉矩阵是模为 1 的复数的自然类似，我们来研究形如 $A=PU$ 或者 $A=UQ$ 的分解，其中 P 与 Q 是半正定的，而 U 是酉矩阵. 我们发现这样的分解式是有可能的(定理 14.3.9)，其中诸因子的可交换性等价于 A 的正规性.

矩阵 $(A^*A)^{1/2}$ 在极分解中出现，所以下面的定义有其便利之处.

定义 14.3.1　$A\in\boldsymbol{M}_{m\times n}(\mathbb{F})$ 的**模**(modulus)是半正定矩阵 $|A|=(A^*A)^{1/2}\in\boldsymbol{M}_n(\mathbb{F})$.

例 14.3.2　如果 $A\in\boldsymbol{M}_{m\times n}(\mathbb{F})$，那么 $|A^*|=(AA^*)^{1/2}\in\boldsymbol{M}_m(\mathbb{F})$.

例 14.3.3　1×1 矩阵 $A=[a]$ 的模是 $|A|=[\bar{a}a]^{1/2}=[\,|a|\,]$，其中 $|a|$ 是实数 a 的模.

例 14.3.4　$\boldsymbol{M}_{m\times n}$ 中零矩阵的模是 0_n.

例 14.3.5　$n\times1$ 矩阵 $A=\boldsymbol{x}\in\mathbb{F}^n$ 的模是 $|A|=(\boldsymbol{x}^*\boldsymbol{x})^{1/2}=\|\boldsymbol{x}\|_2$，这是它的欧几里得

范数.

例 14.3.6 如果 $\boldsymbol{x}\in\mathbb{F}^n$ 是非零的，那么 $1\times n$ 矩阵 $A=\boldsymbol{x}^*$ 的模是 $|A|=(\boldsymbol{x}\boldsymbol{x}^*)^{1/2}=\|\boldsymbol{x}\|_2^{-1}\boldsymbol{x}\boldsymbol{x}^*\in\boldsymbol{M}_n$. 为验证这一点，计算给出

$$(\|\boldsymbol{x}\|_2^{-1}\boldsymbol{x}\boldsymbol{x}^*)^2=\|\boldsymbol{x}\|_2^{-2}\boldsymbol{x}\boldsymbol{x}^*\boldsymbol{x}\boldsymbol{x}^*=\|\boldsymbol{x}\|_2^{-2}\|\boldsymbol{x}\|_2^2\boldsymbol{x}\boldsymbol{x}^*=\boldsymbol{x}\boldsymbol{x}^*.$$

例 14.3.7

$$A=\begin{bmatrix}0&1\\0&0\end{bmatrix}\quad 与 \quad B=\begin{bmatrix}0&0\\1&0\end{bmatrix}$$

的模是

336
$$|A|=\begin{bmatrix}0&0\\0&1\end{bmatrix}\quad 与 \quad |B|=\begin{bmatrix}1&0\\0&0\end{bmatrix}.$$

注意到

$$|A||B|=\begin{bmatrix}0&0\\0&0\end{bmatrix}\neq\begin{bmatrix}1&0\\0&0\end{bmatrix}=|AB|.$$

矩阵的模可以表示成从它的奇异值分解中取出的因子的乘积.

引理 14.3.8 设 $A\in\boldsymbol{M}_{m\times n}$ 是非零的，$\operatorname{rank}A=r\geqslant 1$，又设 $A=V\Sigma W^*$ 是它的奇异值分解. 设 $\sigma_1\geqslant\sigma_2\geqslant\cdots\geqslant\sigma_r>0$ 是 A 的正的奇异值，$\Sigma_r=\operatorname{diag}(\sigma_1,\sigma_2,\cdots,\sigma_r)$. 对任何整数 $k\geqslant r$，定义 $\Sigma_k=\Sigma_r\oplus 0_{k-r}\in\boldsymbol{M}_k(\mathbb{R})$. 那么

$$|A|=W\Sigma_nW^*\in\boldsymbol{M}_n(\mathbb{F})\quad,\quad |A^*|=V\Sigma_mV^*\in\boldsymbol{M}_m(\mathbb{F}).$$

证明 矩阵 $\Sigma\in\boldsymbol{M}_{m\times n}(\mathbb{R})$ 定义在(14.1.5)中. 计算表明

$$\Sigma^{\mathrm{T}}\Sigma=\Sigma_r^2\oplus 0_{n-r}=\Sigma_n^2,\quad \Sigma\Sigma^{\mathrm{T}}=\Sigma_r^2\oplus 0_{m-r}=\Sigma_m^2.$$

现在利用(13.2.3)计算

$$\begin{aligned}|A|&=(A^*A)^{1/2}=(W\Sigma^{\mathrm{T}}V^*V\Sigma W^*)^{1/2}\\&=(W\Sigma^{\mathrm{T}}\Sigma W^*)^{1/2}=(W\Sigma_n^2W^*)^{1/2}=W\Sigma_nW^*,\\|A^*|&=(AA^*)^{1/2}=(V\Sigma W^*W\Sigma^{\mathrm{T}}V^*)^{1/2}\\&=(V\Sigma\Sigma^{\mathrm{T}}V^*)^{1/2}=(V\Sigma_m^2V^*)^{1/2}=V\Sigma_mV^*.\end{aligned}$$

■

定理 14.3.9(极分解) 设 $A\in\boldsymbol{M}_{m\times n}(\mathbb{F})$，假设 $\operatorname{rank}A=r\geqslant 1$，设 $A=V\Sigma W^*$ 是奇异值分解.

(a)如果 $m\geqslant n$，设 $U=V_nW^*$，其中 $V=[V_n\ V']$，$V_n\in\boldsymbol{M}_{m\times n}(\mathbb{F})$.

(b)如果 $m\leqslant n$，设 $U=VW_m^*$，其中 $W=[W_m\ W']$，$W_m\in\boldsymbol{M}_{n\times m}(\mathbb{F})$.

(c)如果 $m=n$，设 $U=VW^*$.

那么 $U\in\boldsymbol{M}_{m\times n}(\mathbb{F})$ 的列是标准正交的(如果 $m\geqslant n$)，或者它的行是标准正交的(如果 $m\leqslant n$)，且有

$$A=U|A|=|A^*|U.\tag{14.3.10}$$

证明 设 $A=V\Sigma W^*$ 是它的奇异值分解，其中 $V\in\boldsymbol{M}_m(\mathbb{F})$ 是酉矩阵，而 $W\in\boldsymbol{M}_n(\mathbb{F})$. 假设

$m \geqslant n$. 分划

$$\Sigma = \begin{bmatrix} \Sigma_n \\ 0_{(m-n)\times n} \end{bmatrix},$$

其中 $\Sigma_n \in \mathbf{M}_n(\mathbb{R})$是对角阵，且是半正定的. 分划 $V=[V_n\ V']$，其中 $V_n \in \mathbf{M}_{m\times n}$，而 $V' \in \mathbf{M}_{m\times(m-n)}$. 设 $U=V_nW^*$，则 U 的列是标准正交的，且有

$$\begin{aligned} A &= [V_n\ V']\begin{bmatrix} \Sigma_n \\ 0_{(m-n)\times n} \end{bmatrix}W^* \\ &= V_n\Sigma_nW^* = (V_nW^*)(W\Sigma_nW^*) = U\,|A|, \end{aligned}$$ 337

$$\begin{aligned} A &= V_n\Sigma_nW^* = (V_n\Sigma_nV_n^*)(V_nW^*) \\ &= [V_n\ V']\begin{bmatrix} \Sigma_n & 0 \\ 0 & 0_{m-n} \end{bmatrix}[V_n\ V']^*U \\ &= (V\Sigma_mV')U = |A^*|\,U. \end{aligned}$$

如果 $m \leqslant n$，则将上面的结果应用于 A^* 即可. ■

定义 14.3.11　设 $A \in \mathbf{M}_{m\times n}$. 如同上一个定理中那样的分解式 $A=U\,|A|$ 称为 A 的**右极分解**(right polar decomposition)，而 $A=|A^*|\,U$ 称为 A 的**左极分解**(left polar decomposition).

例 14.3.12　考虑

$$A = \begin{bmatrix} 2 & 3 \\ 0 & 2 \end{bmatrix}, \tag{14.3.13}$$

它有右极与左极分解

$$\begin{bmatrix} 2 & 3 \\ 0 & 2 \end{bmatrix} = \underbrace{\begin{bmatrix} \frac{4}{5} & \frac{3}{5} \\ -\frac{3}{5} & \frac{4}{5} \end{bmatrix}}_{U}\underbrace{\begin{bmatrix} \frac{8}{5} & \frac{6}{5} \\ \frac{6}{5} & \frac{17}{5} \end{bmatrix}}_{|A|} = \underbrace{\begin{bmatrix} \frac{17}{5} & \frac{6}{5} \\ \frac{6}{5} & \frac{8}{5} \end{bmatrix}}_{|A^*|}\underbrace{\begin{bmatrix} \frac{4}{5} & \frac{3}{5} \\ -\frac{3}{5} & \frac{4}{5} \end{bmatrix}}_{U}$$

图 14.2 描述了 $|A|$ 以及 U 在单位圆周上的作用.

$|A|=(A^*A)^{1/2}$的特征向量是 $\boldsymbol{w}_1=\frac{1}{\sqrt{5}}[2\ 1]^{\mathrm{T}}$，$\boldsymbol{w}_2=\frac{1}{\sqrt{5}}[-1\ 2]^{\mathrm{T}}$. $|A^*|=(AA^*)^{1/2}$的特征向量是 $\boldsymbol{v}_1=\frac{1}{\sqrt{5}}[1\ 2]^{\mathrm{T}}$，$\boldsymbol{v}_2=\frac{1}{\sqrt{5}}[-2\ 1]^{\mathrm{T}}$. 注意到 $\boldsymbol{v}_1$ 与 $\boldsymbol{v}_2$ 是 A 的左奇异向量，而 $\boldsymbol{w}_1$ 与 $\boldsymbol{w}_2$ 是 A 的右奇异向量. $|A|$ 与 $|A^*|$ 的特征值(4 与 1)则是 A 的奇异值.

接下来我们要研究左极与右极分解中因子的唯一性.

例 14.3.14　分解式

$$A = \begin{bmatrix} 0 & 1 \\ 0 & 0 \end{bmatrix} = \underbrace{\begin{bmatrix} 0 & 1 \\ e^{i\theta} & 0 \end{bmatrix}}_{U}\underbrace{\begin{bmatrix} 0 & 0 \\ 0 & 1 \end{bmatrix}}_{|A|} = \underbrace{\begin{bmatrix} 1 & 0 \\ 0 & 0 \end{bmatrix}}_{|A^*|}\underbrace{\begin{bmatrix} 0 & 1 \\ e^{i\theta} & 0 \end{bmatrix}}_{U}$$

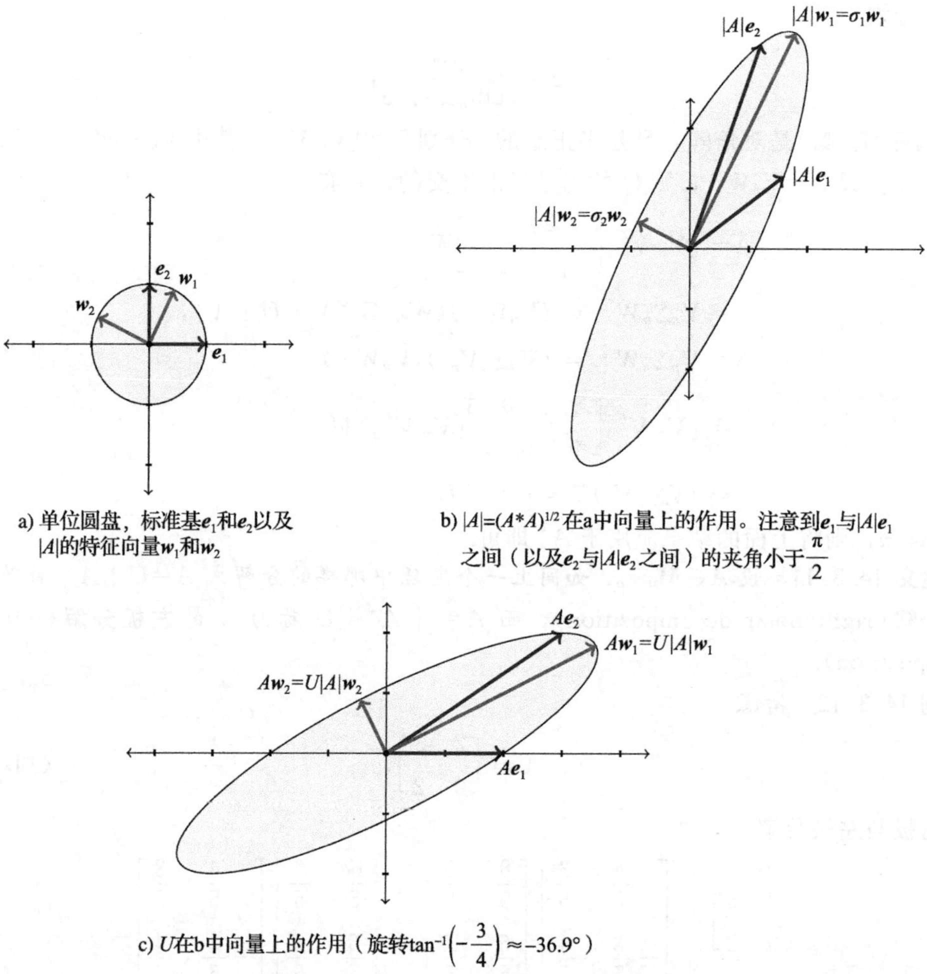

a) 单位圆盘，标准基e_1和e_2以及$|A|$的特征向量w_1和w_2

b) $|A|=(A^*A)^{1/2}$在a中向量上的作用。注意到e_1与$|A|e_1$之间（以及e_2与$|A|e_2$之间）的夹角小于$\frac{\pi}{2}$

c) U在b中向量上的作用（旋转$\tan^{-1}\left(-\frac{3}{4}\right)\approx -36.9°$）

图 14.2　(14.3.13)中矩阵 A 的右极分解

对每个 $\theta\in[0,\ 2\pi)$都成立. 如果该矩阵不可逆，那么方阵的极分解中的酉因子不一定是唯一的.

定理 14.3.15　设 $A\in\mathbf{M}_{m\times n}$.

(a)如果 $m\geqslant n$，且 $A=UB$，其中 B 是半正定的，而 $U\in\mathbf{M}_{m\times n}$ 的列是标准正交的，那么 $B=|A|$.

(b)如果 $\operatorname{rank}A=n$，$U\in\mathbf{M}_{m\times n}$ 且 $A=U|A|$，那么 $U=A|A|^{-1}$ 的列是标准正交的.

(c)如果 $m\leqslant n$，且 $A=CU$，其中 C 是半正定的，而 $U\in\mathbf{M}_{m\times n}$ 的行是标准正交的，那么 $C=|A^*|$.

(d)如果 $\operatorname{rank}A=m$，$U\in\mathbf{M}_{m\times n}$ 且 $A=|A^*|U$，那么 $U=|A^*|^{-1}A$ 的行是标准正交的.

(e)设 $m=n$ 且 U，$V\in \boldsymbol{M}_n$ 是酉矩阵.

(ⅰ)如果 $A=U|A|$，那么 $A=|A^*|U$.

(ⅱ)如果 $A=|A^*|V$，那么 $A=V|A|$.

(ⅲ)如果 A 可逆且 $A=U|A|=|A^*|V$，那么

$$U=V=|A^*|^{-1}A=A|A|^{-1}.$$

证明　(a)如果 $A=UB$，那么 $AA^*=BU^*UB=B^2$，所以定理 13.2.2 确保 $|A|=(A^*A)^{1/2}=(B^2)^{1/2}=B$.

(b)如果 $\operatorname{rank}A=n$，那么定理 13.1.10 以及定理 13.2.2 告诉我们 A^*A 与 $|A|$ 都是可逆的. 由此推出，$U=A|A|^{-1}$，$U^*U=|A|^{-1}A^*A|A|^{-1}=|A|^{-1}|A|^2|A|^{-1}=I_n$.

(c)将(a)应用于 A^*. 338~339

(d)将(b)应用于 A^*.

(e.ⅰ)由于 $A=U|A|=(U|A|U^*)U$，故由(c)推出 $U|A|U^*=|A^*|$.

(e.ⅱ)由于 $A=|A^*|V=V(V^*|A^*|V)$，故由(a)推出 $V^*|A^*|V=|A|$.

(e.ⅲ)如果 $A=U|A|$，那么由(e.i)得出 $A=|A^*|U$. 由于 $A=|A^*|V$，且 $|A^*|$ 是可逆的，因此推出 $U=V$. 我们也可以借助引理 14.2.12 来得到这个结论. ■

例 14.3.16　一个非零向量 $\boldsymbol{x}\in \boldsymbol{M}_{n\times 1}$ 的右极分解与左极分解是什么？上面的定理告诉我们计算

$$|\boldsymbol{x}|=(\boldsymbol{x}^*\boldsymbol{x})^{1/2}=\|\boldsymbol{x}\|_2,$$

$$U=\boldsymbol{x}|\boldsymbol{x}|^{-1}=\|\boldsymbol{x}\|_2^{-1}\boldsymbol{x}.$$

这样一来，

$$\boldsymbol{x}=U|\boldsymbol{x}|=(\|\boldsymbol{x}\|_2^{-1}\boldsymbol{x})\|\boldsymbol{x}\|_2 \tag{14.3.17}$$

就是右极分解. 现在计算

$$|\boldsymbol{x}^*|=(\boldsymbol{x}\boldsymbol{x}^*)^{1/2}=\|\boldsymbol{x}\|_2^{-1}\boldsymbol{x}\boldsymbol{x}^*,$$

并利用(14.3.17)中的矩阵 U 以得到它的左极分解

$$\boldsymbol{x}=|\boldsymbol{x}^*|U=(\|\boldsymbol{x}\|_2^{-1}\boldsymbol{x}\boldsymbol{x}^*)(\boldsymbol{x}/\|\boldsymbol{x}\|_2).$$

例 14.3.18　设

$$A=\begin{bmatrix}1&1\\0&1\end{bmatrix}, \tag{14.3.19}$$

并且计算

$$AA^*=\begin{bmatrix}2&1\\1&1\end{bmatrix},\quad A^*A=\begin{bmatrix}1&1\\1&2\end{bmatrix}.$$

命题 13.2.6 告诉我们

$$|A|=(A^*A)^{1/2}=\frac{1}{\sqrt{5}}\begin{bmatrix}2&1\\1&3\end{bmatrix},$$

$$|A^*|=(AA^*)^{1/2}=\frac{1}{\sqrt{5}}\begin{bmatrix}3&1\\1&2\end{bmatrix}.$$

A 的极分解中(唯一的)酉因子是

$$U=|A^*|^{-1}A=\frac{1}{\sqrt{5}}\begin{bmatrix}2&-1\\-1&3\end{bmatrix}\begin{bmatrix}1&1\\0&1\end{bmatrix}=\frac{1}{\sqrt{5}}\begin{bmatrix}2&1\\-1&2\end{bmatrix}. \qquad (14.3.20)$$

于是

340

$$|A^*|U=\frac{1}{5}\begin{bmatrix}3&1\\1&2\end{bmatrix}\begin{bmatrix}2&1\\-1&2\end{bmatrix}=\begin{bmatrix}1&1\\0&1\end{bmatrix}=A,$$

$$U|A|=\frac{1}{5}\begin{bmatrix}2&1\\-1&2\end{bmatrix}\begin{bmatrix}2&1\\1&3\end{bmatrix}=\begin{bmatrix}1&1\\0&1\end{bmatrix}=A.$$

正规矩阵有具有特殊性质的极分解.

定理 14.3.21 设 $A\in \boldsymbol{M}_n$，并假设 $A=U|A|$，其中 $U\in\boldsymbol{M}_n$ 是酉矩阵. 那么 A 是正规矩阵，当且仅当 $U|A|=|A|U$.

证明 如果 $U|A|=|A|U$，计算给出

$$A^*A=|A|^2=|A|^2UU^*=|A|U|A|U^*=U|A||A|U^*=AA^*,$$

它表明 A 是正规矩阵. 反之，如果 A 是正规矩阵，那么 $A^*A=AA^*$，所以 $|A^*|=(AA^*)^{1/2}=(A^*A)^{1/2}=|A|$. 定理 14.3.9 给出

$$A=U|A|=(U|A|U^*)U.$$

于是由定理 14.3.15(c)得出 $U|A|U^*=|A^*|=A$，所以 $U|A|=|A|U$. ■

14.4 问题

P.14.1 设 $A\in\boldsymbol{M}_{m\times n}$，并假设 $\operatorname{rank}A=n$. 令 $P\in\boldsymbol{M}_m$ 是在 $\operatorname{col}A$ 上的正交射影. 利用极分解证明 $A(A^*A)^{-1}A^*$ 有确定的定义且等于 P.

P.14.2 设 $a,b\in\mathbb{C}$，并设 $A\in\boldsymbol{M}_2$ 是矩阵(12.1.7).

(a)证明：A 的特征值是 $a\pm ib$.

(b)证明：A 的奇异值是$(|a|^2+|b|^2\pm2|\operatorname{Im}\bar{a}b|)^{1/2}$.

(c)验证 $\|A\|_F^2=\sigma_1^2+\sigma_2^2$，$|\det A|=\sigma_1\sigma_2$.

(d)如果 a 与 b 是实的，证明 A 是一个实的正交阵的实的纯量倍数.

P.14.3 设 $A\in\boldsymbol{M}_m$，$B\in\boldsymbol{M}_n$. 设 $A=V\Sigma_AW^*$ 以及 $B=X\Sigma_BY^*$ 是奇异值分解. 求 $A\oplus B$ 的奇异值分解.

P.14.4 给出一个 2×2 矩阵的例子，以说明矩阵可以有：

(a)相等的奇异值，但有相异的特征值.

(b)相等的特征值，但有相异的奇异值.

P.14.5 设 $A\in\boldsymbol{M}_n$ 是正规矩阵. 如果 A 有相异的奇异值，证明它有相异的特征值. 关于其逆命题有何结论？

P. 14. 6　设 $A=[a_{ij}]\in \boldsymbol{M}_n$ 有秩 $r\geqslant 1$，又设 $A=V\Sigma W^*$ 是奇异值分解，其中 $\Sigma=\mathrm{diag}(\sigma_1,\sigma_2,\cdots,\sigma_n)$，$V=[v_{ij}]$以及 $W=[w_{ij}]$都在 $\boldsymbol{M}_n$ 中．证明：A 的每个元素都可以表示为 $a_{ij}=\sum_{k=1}^{r}\sigma_k v_{ik}\overline{w_{jk}}$．

P. 14. 7　设 $A\in \boldsymbol{M}_n$．证明：A 的奇异值分解的伴随是 A 的伴随的奇异值分解．

P. 14. 8　(a)描述一个与定理 14.1.4 的证明中所用的类似的算法，从谱分解 $AA^*=V\Sigma^2V^*$ 开始，作出 A 的奇异值分解．

(b)AA^* 标准正交的特征向量构成的任何矩阵有可能成为 $A=V\Sigma W^*$ 的奇异值分解中的一个因子吗？

(c)可以通过求 $A^*A=W\Sigma^2W^*$ 的谱分解、$AA^*=V\Sigma^2V^*$ 的谱分解并且设置 $A=$ 341
$V\Sigma W^*$ 来得到 A 的奇异值分解吗？讨论之．**提示**：考虑 $A=I$．

P. 14. 9　设 $A\in \boldsymbol{M}_{m\times n}$，其中 $m\geqslant n$．证明：存在标准正交向量 $\boldsymbol{x}_1,\boldsymbol{x}_2,\cdots,\boldsymbol{x}_n\in\mathbb{C}^n$，使得 $A\boldsymbol{x}_1,A\boldsymbol{x}_2,\cdots,A\boldsymbol{x}_n$ 是正交的．

P. 14. 10　定理 14.2.3 的证明指出了怎样从一个给定的奇异值分解来构造一个紧致奇异值分解．描述怎样从一个给定的紧致奇异值分解构造出一个奇异值分解．

P. 14. 11　设 $A\in \boldsymbol{M}_{m\times n}$的秩 $r\geqslant 1$，又设 $A=V_1\Sigma W_1^*=V_2\Sigma W_2^*$ 是奇异值分解．假设 A 有 d 个相异的正的奇异值 $s_1>s_2>\cdots>s_d>0$ 以及 $\Sigma_r=s_1I_{n_1}\oplus s_2I_{n_2}\oplus\cdots\oplus s_dI_{n_d}$．证明

$$V_1=V_2(U_1\oplus U_2\oplus\cdots\oplus U_d\oplus Z_1)=V_2(U\oplus Z_1),$$
$$W_1=W_2(U_1\oplus U_2\oplus\cdots\oplus U_d\oplus Z_2)=W_2(U\oplus Z_2),$$

其中 $U_1\in \boldsymbol{M}_{n_1}$，$U_2\in \boldsymbol{M}_{n_2}$，$\cdots$，$U_d\in \boldsymbol{M}_{n_d}$，$Z_1\in \boldsymbol{M}_{m-r}$，$Z_2\in \boldsymbol{M}_{n-r}$．如果$r=m$，则求和项 Z_1 不出现；如果 $r=n$，则 Z_2 不出现．

P. 14. 12　证明：如果引理 14.2.12 中的假设条件"A 与 B 是正定的"代之以"A 与 B 是 Hermite 阵且是可逆的"，那么引理是错误的．

P. 14. 13　证明：如果引理 14.2.12 中的假设条件"U 与 V 是酉矩阵"代之以"U 与 V 是可逆的"，那么引理是错误的．

P. 14. 14　设 $A\in \boldsymbol{M}_n$，$m\geqslant n$，且 $B\in \boldsymbol{M}_{m\times n}$．如果 $\mathrm{rank}\,B=n$，则利用 B 的奇异值分解证明：存在一个酉矩阵 $V\in \boldsymbol{M}_m$ 以及一个可逆阵 $S\in \boldsymbol{M}_n$，使得 $BAB^*=V(SAS^*\oplus 0_{m-n})V^*$．

P. 14. 15　设 $A\in \boldsymbol{M}_n$，令 $A=V\Sigma W^*$ 是奇异值分解，其中$\Sigma=\mathrm{diag}(\sigma_1,\sigma_2,\cdots,\sigma_n)$．$n\times n$ Hermite 矩阵 A^*A 的特征值是$\sigma_1^2,\sigma_2^2,\cdots,\sigma_n^2$．

(a)利用 P.9.10 证明：$2n\times 2n$ Hermite 矩阵

$$B=\begin{bmatrix}0 & A\\ A^* & 0\end{bmatrix}$$

的特征值是$\pm\sigma_1,\pm\sigma_2,\cdots,\pm\sigma_n$．

(b)计算分块矩阵 $C=(V\oplus W)^*B(V\oplus W)$．

(c)证明：C 与

$$\begin{bmatrix}0 & \sigma_1\\ \sigma_1 & 0\end{bmatrix}\oplus\begin{bmatrix}0 & \sigma_2\\ \sigma_2 & 0\end{bmatrix}\oplus\cdots\oplus\begin{bmatrix}0 & \sigma_n\\ \sigma_n & 0\end{bmatrix}$$

置换相似. 导出结论：B 的特征值是 $\pm\sigma_1$，$\pm\sigma_2$，…，$\pm\sigma_n$.

P. 14. 16　设 $A\in \boldsymbol{M}_2$ 是非零的，又设 $s=(\|A\|_F^2+2\,|\det A|)^{1/2}$. 证明：$A$ 的左、右极分解中的半正定因子分别是

$$|A^*|=\frac{1}{s}(AA^*+|\det A|\,I),\quad |A|=\frac{1}{s}(A^*A+|\det A|\,I).$$

P. 14. 17　设 A，$B\in \boldsymbol{M}_n$. 证明：$AA^*=BB^*$，当且仅当存在一个酉矩阵 $U\in \boldsymbol{M}_n$，使得 $A=BU$.

P. 14. 18　假设 $A\in \boldsymbol{M}_n$ 是不可逆的，令 $\boldsymbol{x}$ 是单位向量，满足 $A^*\boldsymbol{x}=\boldsymbol{0}$，设 $A=|A^*|U$ 是极
342 分解，并考虑 Householder 矩阵 $U_{\boldsymbol{x}}=I-2\boldsymbol{x}\boldsymbol{x}^*$. 证明：

(a)$PU_{\boldsymbol{x}}=P$.

(b)$U_{\boldsymbol{x}}U$ 是酉矩阵.

(c)$A=P(U_{\boldsymbol{x}}U)$是极分解.

(d)$U\neq U_{\boldsymbol{x}}U$.

P. 14. 19　设 $A\in \boldsymbol{M}_n$. 证明以下诸命题等价：

(a)A 可逆.

(b)左极分解 $A=|A^*|U$ 中的酉因子是唯一的.

(c)右极分解 $A=U|A|$ 中的酉因子是唯一的.

P. 14. 20　设 a，$b\in\mathbb{C}$ 是非零的纯量，令 $\theta\in\mathbb{R}$，又设

$$A=\begin{bmatrix}0 & a & 0\\ 0 & 0 & b\\ 0 & 0 & 0\end{bmatrix},\quad Q=\begin{bmatrix}0 & 0 & 0\\ 0 & |a| & 0\\ 0 & 0 & |b|\end{bmatrix},\quad U_\theta=\begin{bmatrix}0 & \frac{a}{|a|} & 0\\ 0 & 0 & \frac{b}{|b|}\\ \mathrm{e}^{\mathrm{i}\theta} & 0 & 0\end{bmatrix}.$$

(a)证明 Q 是半正定的，U_θ 是酉矩阵，且对所有 $\theta\in\mathbb{R}$，有 $A=U_\theta Q$.

(b)求一个半正定阵 P，使得对所有 $\theta\in\mathbb{R}$，有 $A=PU_\theta$.

(c)是否存在 a 与 b 的值，使得 A 是正规矩阵?

P. 14. 21　设 $A\in \boldsymbol{M}_n$. 对 $A(A^*A)^{1/2}=(AA^*)^{1/2}A$ 给出三个证明：

(a)利用奇异值分解.

(b)利用右与左极分解.

(c)利用如下结论：对某个多项式 p 有$(A^*A)^{1/2}=p(A^*A)$.

P. 14. 22　设 W，$S\in \boldsymbol{M}_n$. 假设 W 是酉矩阵，而 S 是可逆阵(但不一定是酉矩阵)，而 SWS^* 是酉矩阵. 证明：W 与 SWS^* 是酉相似的. **提示**：将 $S=|S^*|U$ 表示成极分解，并利用定理 14. 3. 15.

P. 14. 23 设 A，$B\in \boldsymbol{M}_n$. 我们知道 AB 与 BA 有相同的特征值(定理 9.7.2)，但它们不一定有相同的奇异值. 设

$$A=\begin{bmatrix}0 & 0\\ 1 & 0\end{bmatrix},\quad B=\begin{bmatrix}0 & 0\\ 0 & 2\end{bmatrix}.$$

AB 与 BA 的奇异值是什么？哪一个矩阵不是正规的？

P. 14. 24 设 A，$B\in \boldsymbol{M}_n$，并假设 $AB=0$.

(a)给出一个例子来说明可能有 $BA\neq 0$. 在你的例子里哪一个矩阵不是正规的？

(b)如果 A 与 B 是 Hermite 阵，证明 $BA=0$.

(c)如果 A 与 B 是正规的，利用极分解证明 $|A||B|=0$. 推导出 $BA=0$.

(d)如果 A 与 B 是正规的，利用 P. 13. 37 证明 $BA=0$.

P. 14. 25 设 A，$B\in \boldsymbol{M}_n$ 是正规的. 利用极分解以及定理 15. 3. 13 证明 AB 与 BA 有相同的奇异值. 如果 A 与 B 中有一个不是正规的，那么这个证明中哪个地方会出问题？**提示**：为什么 AB 的奇异值与 $|A||B|$ 以及 $(|A||B|)^*$ 的奇异值相同？

P. 14. 26 设 $A\in \boldsymbol{M}_{m\times n}(\mathbb{F})$，其中 $m\geqslant n$. 设 $A=U|A|$ 是极分解. 证明：对所有 $\boldsymbol{x}\in \mathbb{F}^n$，有 $\|A\boldsymbol{x}\|_2=\||A|\boldsymbol{x}\|_2$.

P. 14. 27 设 T 是 $C[0,1]$上的 Volterra 算子，见 P. 5. 11 以及 P. 8. 27.

(a)证明

$$(TT^*f)(t)=\int_0^1 \min(t,s)f(s)\mathrm{d}s, \tag{14.4.1}$$

$$(T^*Tf)(t)=\int_0^1 \min(1-t,1-s)f(s)\mathrm{d}s.$$ 343

提示：将$(TT^*f)(t)$表示成图 14.3 里的区域 $R(t)$上的二重积分.

(b)推导出结论

$$\langle T^*f,T^*f\rangle=\int_0^1\int_0^1 \min(t,s)f(s)\,\overline{f(t)}\mathrm{d}s\mathrm{d}t\geqslant 0\quad 对所有\quad f\in C[0,1].$$

(c)证明 $\left(\pi^{-2}\left(n+\frac{1}{2}\right)^{-2},\ \sin\left(\pi\left(n+\frac{1}{2}\right)t\right)\right)$(其中 $n=0,1,2,\cdots$)是 TT^* 的特征对. 作为它的一个离散的类似对象，见 P. 13. 20.

P. 14. 28 设 $A\in \boldsymbol{M}_m$，$B\in \boldsymbol{M}_n$，又设 $A=V\Sigma_A W^*$ 以及 $B=X\Sigma_B Y^*$ 是奇异值分解. 证明 $A\otimes B=(V\otimes X)D(W\otimes Y)^*$. D 是什么？$A\otimes B$ 的奇异值是什么？

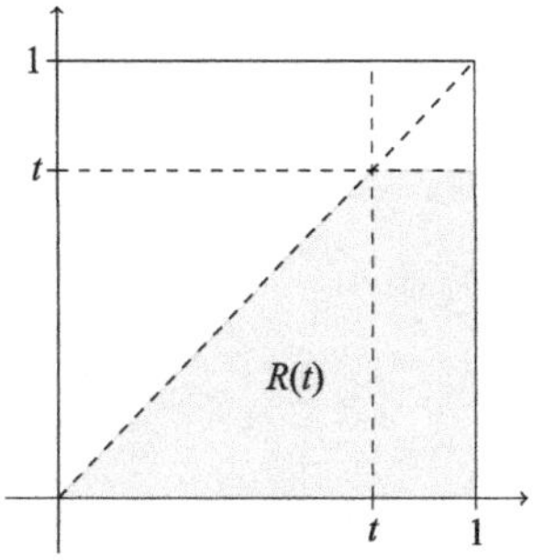

图 14.3　P. 14. 27 中的区域 $R(t)$

14.5 注记

有关 P. 14. 16 中与半正定因子伴随的 2×2 酉因子的显式公式见[HJ13，7.3 节 P. 28].

14.6　一些重要的概念

- 奇异值
- 奇异值分解
- 紧致奇异值分解
- 紧致奇异值分解中因子的唯一性(定理 14.2.15)
- 矩阵的模
- 左与右极分解
- 极分解中因子的唯一性(定理 14.3.15)
- 344 正规矩阵的极因子

第 15 章 奇异值与谱范数

在这一章里，我们要研究奇异值分解的应用以及后续结论. 例如，它对于用另外的秩较小的矩阵来逼近一个矩阵提供了一种系统的方法. 它还使我们可以对不可逆(甚至不是方阵)的矩阵来定义推广的逆阵这个概念. 对于复的对称阵来说，它有令人愉悦的特殊形式.

最大的奇异值有特殊的重要性，现在已经清楚它是矩阵上的一个范数(谱范数). 我们利用谱范数来了解线性方程组在受到扰动之后它的解会如何改变，以及在矩阵受到扰动之后其特征值会如何改变，从而得到一些有用的结果.

15.1 奇异值与逼近

借助于(3.1.19)中的外积的表达式，秩为 r 的矩阵 $A\in\boldsymbol{M}_{m\times n}$ 的紧致奇异值分解可以写成

$$A=V_r\Sigma_r W_r^* = \sum_{i=1}^{r}\sigma_i\boldsymbol{v}_i\boldsymbol{w}_i^*,\tag{15.1.1}$$

其中 $V_r=[\boldsymbol{v}_1\ \boldsymbol{v}_2\cdots\boldsymbol{v}_r]\in\boldsymbol{M}_{m\times r}$，$W_r=[\boldsymbol{w}_1\ \boldsymbol{w}_2\cdots\boldsymbol{w}_r]\in\boldsymbol{M}_{n\times r}$. 求和项关于 Frobenius 内积是相互正交的：

$$\begin{aligned}\langle\sigma_i\boldsymbol{v}_i\boldsymbol{w}_i^*,\ \sigma_j\boldsymbol{v}_j\boldsymbol{w}_j^*\rangle_F &=\operatorname{tr}(\sigma_i\sigma_j\boldsymbol{w}_j\boldsymbol{v}_j^*\boldsymbol{v}_i\boldsymbol{w}_i^*)\\ &=\sigma_i\sigma_j\delta_{ij}\operatorname{tr}\boldsymbol{w}_j\boldsymbol{w}_i^*=\sigma_i\sigma_j\delta_{ij}\operatorname{tr}\boldsymbol{w}_i^*\boldsymbol{w}_j\\ &=\sigma_i\sigma_j\delta_{ij},\quad i,\ j=1,\ 2,\ \cdots,\ r,\end{aligned}\tag{15.1.2}$$

而且按照 Frobenius 范数是单调递减的：

$$\|\sigma_i\boldsymbol{v}_i\boldsymbol{w}_i^*\|_F^2=\sigma_i^2\geqslant\sigma_{i+1}^2=\|\sigma_{i+1}\boldsymbol{v}_{i+1}\boldsymbol{w}_{i+1}^*\|_F^2.$$

正交性为像(15.1.1)这样的和式的 Frobenius 范数的计算提供了方便：

$$\|A\|_F^2=\left\|\sum_{i=1}^{r}\sigma_i\boldsymbol{v}_i\boldsymbol{w}_i^*\right\|_F^2=\sum_{i=1}^{r}\|\sigma_i\boldsymbol{v}_i\boldsymbol{w}_i^*\|_F^2=\sum_{i=1}^{r}\sigma_i^2.\tag{15.1.3}$$

单调性对于用截取和式(15.1.1)所得到的形如

$$A_{(k)}=\sum_{i=1}^{k}\sigma_i\boldsymbol{v}_i\boldsymbol{w}_i^*,\quad k=1,2,\cdots,r\tag{15.1.4}$$

的矩阵逼近 A 提供了可能性. 正交关系(15.1.2)也对逼近式

$$\|A-A_{(k)}\|_F^2=\left\|\sum_{i=k+1}^{r}\sigma_i\boldsymbol{v}_i\boldsymbol{w}_i^*\right\|_F^2=\sum_{i=k+1}^{r}\sigma_i^2\|\boldsymbol{v}_i\boldsymbol{w}_i^*\|_F^2=\sum_{i=k+1}^{r}\sigma_i^2.\tag{15.1.5}$$

中的余项的范数计算提供了便利．如果 m，n 以及 r 全都很大，而 A 的奇异值减小得很快，那么对于 k 的中等大小的值，按照范数来说，$A_{(k)}$ 能很接近 A．为了将 A 本身储存或者传输，需要用 mn 个数，要从它的紧致奇异值分解构造出 A 需要 $r(m+n+1)$ 个数，要从表达式(15.1.4)构造出近似值 $A_{(k)}$ 需要 $k(m+n+1)$ 个数．

再次借助于(3.1.19)中的外积的表达式，我们可以把截取的和式(15.1.4)写成截取的奇异值分解(truncated singular value decomposition)

$$A(k)=V_k\Sigma_k W_k^*,\quad k=1,2,\cdots,r,$$

其中 $V_k\in\mathbf{M}_{m\times k}$ 与 $W_k\in\mathbf{M}_{n\times k}$ 的列分别是 V_r 与 W_r 的前 k 列，而 $\Sigma_k=\mathrm{diag}(\sigma_1,\sigma_2,\cdots,\sigma_k)$．

例 15.1.6　图 15.1 描述了截取的奇异值分解可以怎样被用来对熟悉的图像作出近似．蒙娜丽莎表示成为一个 800×800 的数字化的灰度值矩阵．仅利用原来数据的 2.5%，就可恢复出一张可以辨识的图像，用原始数据的 15%，可以得到一张出色的图像．图 15.2 表明奇异值衰减得很快．

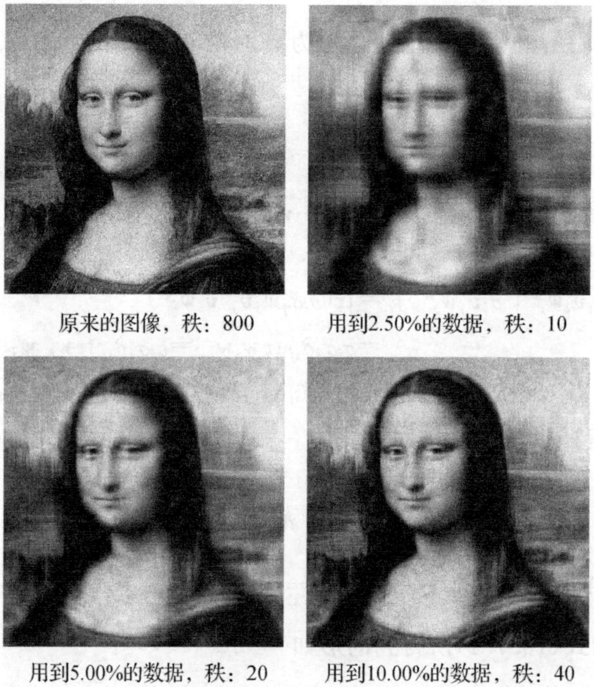

图 15.1　原来的蒙娜丽莎图像由一个 800×800 的满秩矩阵表示．其近似图像 $A_{(k)}=\sum_{i=1}^{k}\sigma_i v_i w_i^{\mathrm{T}}$ 是 $k=10, 20, 40, 60, 100$ 时做出的

用到15.00%的数据，秩：60　　用到25.00%的数据，秩：100

图 15.1 （续）

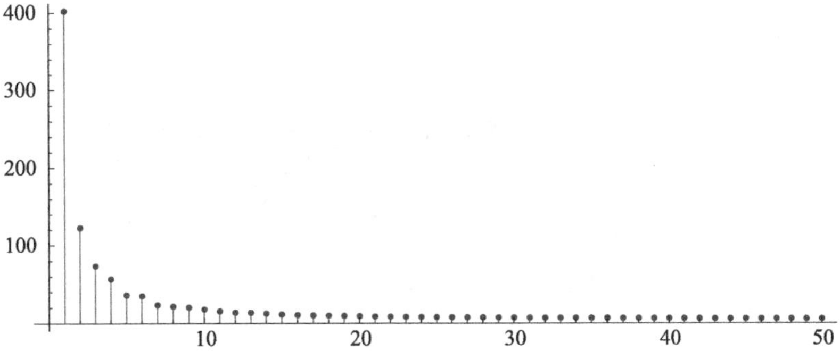

图 15.2　蒙娜丽莎图像的前 50 个奇异值的图

15.2　谱范数

想象一下对某个物理的或经济的过程建立一个线性变换的模型：$\boldsymbol{x}\mapsto A\boldsymbol{x}$，其中 $A\in\boldsymbol{M}_{m\times n}$. 我们想要知道输入 $\boldsymbol{x}$ 的一个可能的范围是否会产生超过指定范围的结果 $A\boldsymbol{x}$. 某种水平的引擎动力以及爬升速率会不会严重到产生足以折断一款新型飞机翅膀的震动呢？一种由美联储推荐的未来债券买卖程序会不会使住房价格产生超过 5%的通胀？奇异值分解可以帮助我们对输入大小的纯量倍数判定其输出大小的界限.

设 $A\in\boldsymbol{M}_{m\times n}$的秩为 r，并设 $A=V\Sigma W^*$ 是奇异值分解. 变换 $\boldsymbol{x}\mapsto A\boldsymbol{x}$ 是酉变换

$$\boldsymbol{x}\mapsto W^*\boldsymbol{x}$$

346~347

沿坐标轴

$$W^*\boldsymbol{x}\mapsto\Sigma(W^*\boldsymbol{x})$$

按比例与另一个酉变换

$$\Sigma W^*\boldsymbol{x}\mapsto V\Sigma(W^*\boldsymbol{x})$$

所作的复合. 这两个酉变换是等距，所以 $\|\boldsymbol{x}\|_2$与 $\|A\boldsymbol{x}\|_2$之间的任何差都源于奇异值矩阵 Σ. 这个定性的结果就是某些深入分析研究的原动力.

定义 15.2.1　设 $X\in\boldsymbol{M}_{m\times n}(\mathbb{F})$，$q=\min\{m,\ n\}$，又设 $\sigma_1(X)\geqslant\sigma_2(X)\geqslant\cdots\geqslant\sigma_q(X)\geqslant 0$ 是 X 的奇异值. 定义 $\sigma_{\max}(X)=\sigma_1(X)$.

定理 15.2.2 设 $A\in \boldsymbol{M}_{m\times n}(\mathbb{F})$，$q=\min\{m, n\}$，设 $A=V\Sigma W^*$ 是奇异值分解，其中 $V=[\boldsymbol{v}_1\,\boldsymbol{v}_2\cdots \boldsymbol{v}_m]\in \boldsymbol{M}_m(\mathbb{F})$ 以及 $W=[\boldsymbol{w}_1\,\boldsymbol{w}_2\cdots \boldsymbol{w}_n]\in \boldsymbol{M}_n(\mathbb{F})$ 是酉矩阵. 则

(a) $\sigma_{\max}(I_n)=I$，$\| I_n \|_F=\sqrt{n}$.

(b) 对所有 $\boldsymbol{x}\in \mathbb{F}^n$，有 $\| A\boldsymbol{x} \|_2\leqslant\sigma_{\max}(A)\| \boldsymbol{x} \|_2$，其中等式对 $\boldsymbol{x}=\boldsymbol{w}_1$ 成立.

(c) $\sigma_{\max}(A)=\max_{\| \boldsymbol{x} \|_2=1}\| A\boldsymbol{x} \|_2=\| A\boldsymbol{w}_1 \|_2$.

(d) $\sigma_{\max}(A)\leqslant \| A \|_F$，其中等式当且仅当 $\operatorname{rank}A=1$ 时成立.

(e) 对所有 $\boldsymbol{x}\in \mathbb{F}^n$ 都有 $\| A\boldsymbol{x} \|_2\leqslant \| A \|_F \| \boldsymbol{x} \|_2$.

证明 设 $\operatorname{rank}A=r$. 如果 $A=0$，那么关于 A 的所有结论都没有意义，故而我们可以假设 $r\geqslant 1$.

(a) $I_n^* I_n$ 的最大特征值是 1，且有 $\operatorname{tr} I_n^* I_n=n$.

(b) 计算给出

$$\| A\boldsymbol{x} \|_2^2=\| V\Sigma W^*\boldsymbol{x} \|_2^2=\| \Sigma W^*\boldsymbol{x} \|_2^2=\sum_{i=1}^{r}\sigma_i^2\ |\langle \boldsymbol{x}, \boldsymbol{w}_i\rangle|^2 \tag{15.2.3}$$

$$\leqslant\sigma_{\max}^2(A)\sum_{i=1}^{r}|\langle \boldsymbol{x}, \boldsymbol{w}_i\rangle|^2\leqslant\sigma_{\max}^2(A)\sum_{i=1}^{n}|\langle \boldsymbol{x}, \boldsymbol{w}_i\rangle|^2 \tag{15.2.4}$$

$$=\sigma_{\max}^2(A)\| W\boldsymbol{x} \|_2^2=\sigma_{\max}^2(A)\| \boldsymbol{x} \|_2^2. \tag{15.2.5}$$

(c) 这由 (b) 得出.

(d) $\sigma_{\max}^2(A)\leqslant\sigma_1^2+\sigma_2^2+\cdots+\sigma_r^2=\| A \|_F^2$，其中等式当且仅当 $\sigma_1^2=\sigma_2^2=\cdots=\sigma_r^2=0$ 时成立，而这当且仅当 $r=1$ 时成立.

(e) 这由 (b) 与 (d) 得出. ■

此外，函数 $\sigma_{\max}: \boldsymbol{M}_{m\times n}\to[0, \infty)$ 有如下性质：

定理 15.2.6 设 $A, B\in \boldsymbol{M}_{m\times n}(\mathbb{F})$.

(a) $\sigma_{\max}(A)$ 是实的，且是非负的.

(b) $\sigma_{\max}(A)=0$ 当且仅当 $A=0$.

(c) 对所有 $c\in \mathbb{F}$，都有 $\sigma_{\max}(cA)=|c|\sigma_{\max}(A)$.

348 (d) $\sigma_{\max}(A+B)\leqslant\sigma_{\max}(A)+\sigma_{\max}(B)$.

证明 (a) 根据定义，每个奇异值都是实数且是非负的.

(b) 由于奇异值是按照递降次序排列的，所以 $\sigma_{\max}(A)=0$ 当且仅当所有的 $\sigma_i(A)=0$，而这当且仅当 $\| A \|_F=0$ 时成立.

(c) $(cA)^*(cA)=|c|^2A^*A$ 的最大特征值是 $|c|^2\sigma_1(A)^2$.

(d) 利用定理 15.2.2(c) 计算得到

$$\begin{aligned}\sigma_{\max}(A+B)&=\max_{\| \boldsymbol{x} \|_2=1}\| (A+B)\boldsymbol{x} \|_2=\max_{\| \boldsymbol{x} \|_2=1}\| A\boldsymbol{x}+B\boldsymbol{x} \|_2\\&\leqslant\max_{\| \boldsymbol{x} \|_2=1}(\| A\boldsymbol{x} \|_2+\| B\boldsymbol{x} \|_2)\\&\leqslant\max_{\| \boldsymbol{x} \|_2=1}\| A\boldsymbol{x} \|_2+\max_{\| \boldsymbol{x} \|_2=1}\| B\boldsymbol{x} \|_2=\sigma_{\max}(A)+\sigma_{\max}(B).\end{aligned}$$ ■

上面的定理是说：$\sigma_{\max}(\cdot): \boldsymbol{M}_{m\times n}(\mathbb{F})\to[0, \infty)$ 满足定义 4.6.1 中的四个公理. 这样

一来，这个函数就是$\mathbb{F}$-向量空间$\boldsymbol{M}_{m\times n}(\mathbb{F})$上的一个范数.

定义 15.2.7 由$\| A \|_2=\sigma_{\max}(A)$定义的函数$\| \cdot \|_2:\boldsymbol{M}_{m\times n}\to[0,\infty)$称为谱范数(spectral norm).

谱范数与 Frobenius 范数哪一个更好一些？这要看情况而定. 如果 $\operatorname{rank} A\geqslant 2$，那么$\| A \|_2<\| A \|_F$(定理 15.2.2(d))，所以在做估计的时候，谱范数通常会给出更好的上界. 然而，矩阵的 Frobenius 范数通常比它的谱范数更容易计算：$\| A \|_F^2$ 可以通过算术运算来进行计算(见例 4.5.5)，但是$\| A \|_2^2$(A^*A 的最大特征值)通常不那么容易计算.

例 15.2.8 设 $\boldsymbol{x}\in\boldsymbol{M}_{n\times 1}$. 那么$(\boldsymbol{x}^*\boldsymbol{x})^{1/2}=\| \boldsymbol{x} \|_2=\sigma_{\max}(\boldsymbol{x})$. $n\times 1$ 矩阵 $\boldsymbol{x}$ 的谱范数等于向量 $\boldsymbol{x}\in\mathbb{C}^n$ 的欧几里得范数.

例 15.2.9 考虑

$$A=\begin{bmatrix}1&0\\0&0\end{bmatrix},\quad B=\begin{bmatrix}0&0\\0&0\end{bmatrix},\quad A+B=\begin{bmatrix}1&0\\0&1\end{bmatrix},\quad A-B=\begin{bmatrix}1&0\\0&-1\end{bmatrix}.$$

那么

$$\| A+B \|_2^2+\| A-B \|_2^2=2,$$
$$2\| A \|_2^2+2\| B \|_2^2=4.$$

因此，谱范数不是由内积诱导的，见定理 4.5.9(e).

下面的定理是说：Frobenius 范数与谱范数两者都是次积性的(submultiplicative).

定理 15.2.10 设 $A\in\boldsymbol{M}_{m\times n}$，$B\in\boldsymbol{M}_{n\times k}$. 那么

(a) $\| AB \|_F\leqslant\| A \|_F\| B \|_F$.

(b) $\| AB \|_2\leqslant\| A \|_2\| B \|_2$. 349

证明 (a)按照列来分划 $B=[\boldsymbol{b}_1\boldsymbol{b}_2\cdots\boldsymbol{b}_k]$. 下面计算中的基本思想是：矩阵的 Frobenius 范数的平方不仅是它的元素的模的平方之和，还是它的列(或者行)的欧几里得范数的平方之和. 借助于定理 15.2.2(e)中的上界，我们算出

$$\begin{aligned}\| AB \|_F^2&=\| [A\boldsymbol{b}_1\ A\boldsymbol{b}_2\cdots A\boldsymbol{b}_k] \|_F^2\\&=\| A\boldsymbol{b}_1 \|_2^2+\| A\boldsymbol{b}_2 \|_2^2+\cdots+\| A\boldsymbol{b}_k \|_2^2\\&\leqslant\| A \|_F^2\| \boldsymbol{b}_1 \|_2^2+\| A \|_F^2\| \boldsymbol{b}_2 \|_2^2+\cdots+\| A \|_F^2\| \boldsymbol{b}_k \|_2^2\\&=\| A \|_F^2(\| \boldsymbol{b}_1 \|_2^2+\| \boldsymbol{b}_2 \|_2^2+\cdots+\| \boldsymbol{b}_k \|_2^2)\\&=\| A \|_F^2\| B \|_F^2.\end{aligned}$$

(b)对任何 $\boldsymbol{x}\in\mathbb{C}^k$，利用定理 15.2.2(b)计算出

$$\| AB\boldsymbol{x} \|_2\leqslant\| A \|_2\| B\boldsymbol{x} \|_2\leqslant\| A \|_2\| B \|_2\| \boldsymbol{x} \|_2.$$

定理 15.2.2(c)确保

$$\| AB \|_2=\max_{\| \boldsymbol{x} \|_2=1}\| AB\boldsymbol{x} \|_2\leqslant\max_{\| \boldsymbol{x} \|_2=1}(\| A \|_2\| B \|_2\| \boldsymbol{x} \|_2)=\| A \|_2\| B \|_2.$$ ■

15.3 奇异值与特征值

有许多含有奇异值和特征值的有趣的不等式，我们只讨论其中的几个. 在这一节里，

用这样一种方式来编排 $A\in \boldsymbol{M}_n$ 的特征值是很方便的：记 $|\lambda_1(A)|=\rho(A)$（谱半径），并将特征值按照模递减的次序排列：

$$|\lambda_1(A)|\geqslant|\lambda_2(A)|\geqslant\cdots\geqslant|\lambda_n(A)|.$$

为简单起见，有时写成 $|\lambda_1|\geqslant|\lambda_2|\geqslant\cdots\geqslant|\lambda_n|$.

如果 A 可逆，那么所有的特征值都不是零. 推论 10.1.6 确保 A^{-1} 的特征值是 A 的特征值的倒数. 这样一来，A^{-1} 按照模递减的次序排列的特征值就是

$$|\lambda_n^{-1}(A)|\geqslant|\lambda_{n-1}^{-1}(A)|\geqslant\cdots\geqslant|\lambda_1^{-1}(A)|.$$

由此推出，$\rho(A^{-1})=|\lambda_n^{-1}(A)|$. 对奇异值也有一个类似的等式.

定义 15.3.1　设 $\sigma_1(A)\geqslant\sigma_2(A)\geqslant\cdots\geqslant\sigma_n(A)\geqslant 0$ 是 $A\in\boldsymbol{M}_n$ 的奇异值，并定义 $\sigma_{\min}(A)=\sigma_n(A)$.

定理 15.3.2　设 $A\in\boldsymbol{M}_n$.

(a)如果 A 可逆，那么 $\|A^{-1}\|_2=1/\sigma_{\min}(A)$.

(b) $|\lambda_1(A)\lambda_2(A)\cdots\lambda_n(A)|=|\det A|=\sigma_1(A)\sigma_2(A)\cdots\sigma_n(A)$.

(c) $\rho(A)\leqslant\|A\|_2$.

(d) $\sigma_{\min}(A)\leqslant|\lambda_n(A)|$.

350 (e) $\lambda_n(A)=0$，当且仅当 $\sigma_{\min}(A)=0$.

证明　(a)如果 A 可逆且 $A=V\Sigma W^*$ 是奇异值分解，那么 $A^{-1}=W\Sigma^{-1}V^*$，且 Σ^{-1} 中最大的对角元素是 $1/\sigma_{\min}(A)$. 这是 A^{-1} 的谱范数.

(b)推论 10.1.3 确保 $\lambda_1\lambda_2\cdots\lambda_n=\det A$. 设 $A=V\Sigma W^*$ 是奇异值分解，并计算出

$$\begin{aligned}|\det A|&=|\det V\Sigma W^*|=|(\det V)(\det\Sigma)(\overline{\det W})|\\&=|\det V|(\det\Sigma)|\det W|=\sigma_1\sigma_2\cdots\sigma_n.\end{aligned}$$

(c)设 $(\lambda_1,\boldsymbol{x})$ 是 A 的一个特征对，其中 $\|\boldsymbol{x}\|_2=1$，并利用定理 15.2.2(b)计算出

$$\rho(A)=|\lambda_1|=\|\lambda_1\boldsymbol{x}\|_2=\|A\boldsymbol{x}\|_2\leqslant\|A\|_2\|\boldsymbol{x}\|_2=\|A\|_2. \tag{15.3.3}$$

(d)如果 A 可逆，对 A^{-1} 应用(15.3.3)得到：

$$\rho(A^{-1})=\frac{1}{|\lambda_n(A)|}=|\lambda_1(A^{-1})|\leqslant\sigma_{\max}(A^{-1})=\frac{1}{\sigma_{\min}(A)}=\|A^{-1}\|_2,$$

所以 $\sigma_{\min}\leqslant|\lambda_n|$. 如果 A 不可逆，则 $\det A=0$，所以 $\sigma_{\min}=\lambda_n=0$.

(e)如果 $\lambda_n=0$，那么(d)蕴涵 $\sigma_{\min}=0$. 如果 $\sigma_{\min}=0$，那么 $\operatorname{rank}A<n$，所以维数定理蕴涵 $\dim\operatorname{null}A\geqslant 1$. 由此推出，$A$ 有与特征值零相伴的特征向量. ■

矩阵的奇异值与特征值常不相同，但是在正规矩阵与半正定阵的特殊情形是值得注意的.

定理 15.3.4　设 $A=[a_{ij}]\in\boldsymbol{M}_n$. 那么

(a) $|\lambda_1(A)|^2+|\lambda_2(A)|^2+\cdots+|\lambda_n(A)|^2\leqslant\sigma_1^2(A)+\sigma_2^2(A)+\cdots+\sigma_n^2(A)$.

(b) A 是正规的，当且仅当对每个 $i=1,2,\cdots,n$，都有 $|\lambda_i(A)|=\sigma_i(A)$.

(c) A 是半正定的，当且仅当每个 $i=1,2,\cdots,n$，都有 $\lambda_i(A)=\sigma_i(A)$.

证明　(a)Schur 不等式(12.3.2)是说 $\sum_{i=1}^{n}|\lambda_i|^2\leqslant\operatorname{tr}A^*A$，而 $\operatorname{tr}A^*A=\sum_{i=1}^{n}\sigma_i^2$.

(b)如果对每个 $i=1, 2, \cdots, n$ 都有 $|\lambda_i|=\sigma_i$，那么

$$|\lambda_1|^2+|\lambda_2|^2+\cdots+|\lambda_n|^2=\sigma_1^2=\sigma_2^2+\cdots+\sigma_n^2=\operatorname{tr}A^*A,$$

所以定理 12.3.1 确保 A 是正规的. 反之，如果 A 是正规的，则谱定理是说有 $A=U\Lambda U^*$，其中 $\Lambda=\operatorname{diag}(\lambda_1, \lambda_2, \cdots, \lambda_n)$，而 U 是酉矩阵. 这样就有 $A^*A=U\overline{\Lambda}U^*U\Lambda U^*=U\operatorname{diag}(|\lambda_1|^2, |\lambda_2|^2, \cdots, |\lambda_n|^2)U^*$，所以 A 的奇异值的平方是 $|\lambda_1|^2, |\lambda_2|^2, \cdots, |\lambda_n|^2$.

(c)由(b)得出：对每个 $i=1, 2, \cdots, n$ 都有 $\lambda_i=\sigma_i$，当且仅当 A 是正规的，且特征值是非负的实数. 这种情形发生当且仅当 A 是 Hermite 阵且其特征值非负(定理 12.6.1)，也就是说，当且仅当 A 是半正定矩阵时有此情形出现(定理 13.1.2). ■

例 15.3.5 由于正规矩阵的奇异值是它的特征值的模，故而正规矩阵 A 的谱范数等于它的谱半径：

$$\|A\|_2=\rho(A)，如果 A\in\boldsymbol{M}_n 是正规的. \tag{15.3.6}$$

特别地，如果 $A=\operatorname{diag}(\lambda_1, \lambda_2, \cdots, \lambda_n)$，那么 $\|A\|_2=\max_{1\leqslant i\leqslant n}|\lambda_i|=\rho(A)$. 351

例 15.3.7 因为对每个 $A\in\boldsymbol{M}_n$ 有 $\|A\|_2\geqslant\rho(A)$(定理 15.3.2(c))，故而由(15.3.6)推出：如果 $\|A\|_2>\rho(A)$，那么 A 不可能是正规的. 例如，

$$B=\begin{bmatrix}2 & 3\\0 & 2\end{bmatrix} \tag{15.3.8}$$

有奇异值 4 与 1，所以 $\|B\|_2>\rho(B)$，从而 B 不是正规的. 然而，如果 $\|A\|_2=\rho(A)$，则不能得出 A 是正规的这一结论. 例如，考虑非正规的矩阵

$$C=[4]\oplus\begin{bmatrix}2 & 3\\0 & 2\end{bmatrix}. \tag{15.3.9}$$

我们有 $\operatorname{spec}C=\{4, 2\}$，$\operatorname{spec}C^*C=\{16, 1\}$，$\|C\|_2=\rho(C)$.

矩阵的奇异值可以是任何非负的实数，但是酉矩阵的奇异值受到严格的限制.

定理 15.3.10 *方阵 A 是酉矩阵的纯量倍数，当且仅当 $\sigma_{\max}(A)=\sigma_{\min}(A)$.*

证明 如果对某个纯量 c 以及某个酉矩阵 U 有 $A=cU$，那么 $AA^*=|c|^2UU^*=|c|^2I$，所以 A 的每个奇异值都等于 $|c|$. 反过来，设 $A=V\Sigma W^*$ 是 $A\in\boldsymbol{M}_n$ 的奇异值分解. 假设条件是对某个 $s\geqslant0$ 有 $\Sigma=sI$. 那么 $A=sVW^*$ 是酉矩阵 VW^* 的纯量倍数. ■

相似性保持特征值不变，但它不一定保持奇异值不变. 下面的例子描述了这一特点.

例 15.3.11 矩阵

$$A=\begin{bmatrix}1 & 1\\0 & 1\end{bmatrix} \quad 以及 \quad B=\begin{bmatrix}1 & 2\\0 & 1\end{bmatrix} \tag{15.3.12}$$

通过 $\operatorname{diag}(2, 1)$而相似. 计算显示

$$A^*A=\begin{bmatrix}1 & 1\\1 & 2\end{bmatrix}, \quad B^*B=\begin{bmatrix}1 & 2\\2 & 5\end{bmatrix}.$$

由于 $\operatorname{tr}A^*A\neq\operatorname{tr}B^*B$，故而 A^*A 与 B^*B 的特征值不相同. 由此推出，A 与 B 的奇异值是不相同的.

下面的定理给出一类范围广泛的变换，它们都保持奇异值不变. 这个类中的某些变换还保持特征值不变.

定理 15.3.13　设 $A\in \mathbf{M}_{m\times n}$，并设 $U\in \mathbf{M}_m$ 与 $V\in \mathbf{M}_n$ 是酉矩阵.

(a) A 与 UAV 有相同的奇异值. 特别地，这两个矩阵有同样的谱以及同样的 Frobenius 范数.

352 (b)如果 $m=n$，那么 A 与 UAU^* 有相同的特征值以及相同的奇异值.

证明　(a)矩阵 $(UAV)^*UAV=V^*A^*AV$ 与 A^*A 是酉相似的，所以它们有同样的特征值. 这些特征值是 UAV 与 A 的奇异值的平方. 矩阵的谱以及 Frobenius 范数是由奇异值所决定的，所以 UAV 与 A 有相同的谱与相同的 Frobenius 范数.

(b)矩阵 A 与 UAU^* 是酉相似的，所以它们有同样的特征值. (a)确保它们有同样的奇异值. ■

方阵的特征值之和与它的奇异值之和有何关系?

定理 15.3.14　如果 $A\in \mathbf{M}_n$，那么 $|\operatorname{tr}A|\leqslant \operatorname{tr}|A|$，即

$$\left|\sum_{i=1}^{n}\lambda_i(A)\right|\leqslant \sum_{i=1}^{n}\sigma_i(A). \tag{15.3.15}$$

证明　设 $A=[a_{ij}]=V\Sigma W^*$ 是奇异值分解，其中 $V=[v_{ij}]$ 与 $W=[w_{ij}]$ 是酉矩阵，且 $\Sigma=\operatorname{diag}(\sigma_1,\sigma_2,\cdots,\sigma_n)$. 结论 $\operatorname{tr}|A|=\sum_{i=1}^{n}\sigma_i$ 可以由定义 14.1.1 以及定义 14.3.1 得出. 在下面的讨论中，我们用到 V 与 W 的列都是单位向量这样一个事实. 计算给出

$$a_{ii}=\sum_{k=1}^{n}\sigma_k v_{ik}\overline{w_{ik}},\quad i=1,2,\cdots,n,$$

$$\operatorname{tr}A=\sum_{i=1}^{n}a_{ii}=\sum_{i=1}^{n}\sum_{k=1}^{n}\sigma_k v_{ik}\overline{w_{ik}}=\sum_{k=1}^{n}\sigma_k\sum_{i=1}^{n}v_{ik}\overline{w_{ik}}.$$

现在利用三角不等式与 Cauchy-Schwarz 不等式计算得到

$$\begin{aligned}|\operatorname{tr}A| &= \left|\sum_{k=1}^{n}\sigma_k\sum_{i=1}^{n}v_{ik}\overline{w_{ik}}\right|\leqslant \sum_{k=1}^{n}\sigma_k\left|\sum_{i=1}^{n}v_{ik}\overline{w_{ik}}\right|\\ &\leqslant \sum_{k=1}^{n}\sigma_k\Big(\sum_{i=1}^{n}|v_{ik}|^2\Big)^{1/2}\Big(\sum_{i=1}^{n}|\overline{w_{ik}}|^2\Big)^{1/2}\\ &= \sum_{k=1}^{n}\sigma_k(A).\end{aligned}$$

■

例 15.3.16　对于

$$A=\begin{bmatrix}2 & 3\\ 0 & 2\end{bmatrix}$$

我们有 $\operatorname{tr}A=4$，$\sigma_1(A)+\sigma_2(A)=4+1=5$.

353 我们现在利用定理 15.3.13 中的不变原理，用两种不同的方式来修改(15.3.15).

定理 15.3.17 设 $A=[a_{ij}]\in \boldsymbol{M}_n$. 那么

$$|\lambda_1(A)|+|\lambda_2(A)|+\cdots+|\lambda_n(A)|\leqslant\sigma_1(A)+\sigma_2(A)+\cdots+\sigma_n(A), \tag{15.3.18}$$

$$|a_{11}|+|a_{22}|+\cdots+|a_{nn}|\leqslant\sigma_1(A)+\sigma_2(A)+\cdots+\sigma_n(A). \tag{15.3.19}$$

证明 由于 $\operatorname{tr}A=\sum_{i=1}^{n}\lambda_i=\sum_{i=1}^{n}a_{ii}$，因此不等式(15.3.18)与(15.3.19)从三角不等式得出：

$$\left|\sum_{i=1}^{n}\lambda_i\right|\leqslant\sum_{i=1}^{n}|\lambda_i|,\quad \left|\sum_{i=1}^{n}a_{ii}\right|\leqslant\sum_{i=1}^{n}|a_{ii}|.$$

为了得到(15.3.18)中的第二个不等式，设 $U\in\boldsymbol{M}_n$ 是酉矩阵，使得 $U^*AU=T$ 是上三角阵，且对角元素为 λ_1，λ_2，…，λ_n，这就是定理 10.1.1. 这样一来，设 θ_1，θ_2，…，θ_n 是实数，它们满足

$$\lambda_1=\mathrm{e}^{\mathrm{i}\theta_1}|\lambda_1|,\quad \lambda_2=\mathrm{e}^{\mathrm{i}\theta_2}|\lambda_2|,\ \cdots,\quad \lambda_n=\mathrm{e}^{\mathrm{i}\theta_n}|\lambda_n|.$$

设 $D=\operatorname{diag}(\mathrm{e}^{-\mathrm{i}\theta_1},\ \mathrm{e}^{-\mathrm{i}\theta_2},\ \cdots,\ \mathrm{e}^{-\mathrm{i}\theta_n})$ 是酉矩阵. 矩阵 DT 的主对角线元素是 $|\lambda_1|$，$|\lambda_2|$，…，$|\lambda_n|$. 因为 $DT=DU^*AU$，所以定理 15.3.13(a)确保 DT 与 A 有相同的奇异值. 现在将(15.3.15)应用于 DT：

$$\sum_{i=1}^{n}|\lambda_i|=\operatorname{tr}DT=|\operatorname{tr}DT|\leqslant\sum_{k=1}^{n}\sigma_k(DT)=\sum_{k=1}^{n}\sigma_k(A).$$

现在设 θ_1，θ_2，…，θ_n 是实数，它们满足

$$a_{11}=\mathrm{e}^{\mathrm{i}\theta_1}|a_{11}|,\ a_{22}=\mathrm{e}^{\mathrm{i}\theta_2}|a_{22}|,\ \cdots,\ a_{nn}=\mathrm{e}^{\mathrm{i}\theta_n}|a_{nn}|.$$

设 $E=\operatorname{diag}(\mathrm{e}^{-\mathrm{i}\theta_1},\ \mathrm{e}^{-\mathrm{i}\theta_2},\ \cdots,\ \mathrm{e}^{-\mathrm{i}\theta_n})$是酉矩阵. 则 EA 的主对角线元素是 $|a_{11}|$，$|a_{22}|$，…，$|a_{nn}|$，且它与 A 有同样的奇异值，所以将(15.3.15)应用于 ET 就给出所要的不等式：

$$\sum_{i=1}^{n}|a_{ii}|=\operatorname{tr}EA=|\operatorname{tr}EA|\leqslant\sum_{k=1}^{n}\sigma_k(EA)=\sum_{k=1}^{n}\sigma_k(A).$$ ■

15.4 谱范数的上界

设 $A\in\boldsymbol{M}_n$，并令 $A=H+\mathrm{i}K$ 是它的笛卡儿分解，见定义 12.6.6. 则三角不等式以及(15.3.6)确保

$$\|A\|_2=\|H+\mathrm{i}K\|_2\leqslant\|H\|_2+\|K\|_2=\rho(H)+\rho(K). \tag{15.4.1}$$

例 15.4.2 考虑

$$A=\begin{bmatrix}4&6\\0&4\end{bmatrix},\quad H=\begin{bmatrix}4&3\\3&4\end{bmatrix},\quad K=\begin{bmatrix}0&-3\mathrm{i}\\3\mathrm{i}&0\end{bmatrix}.$$

则有 $\operatorname{spec}A^*A=\{4,\ 64\}$，$\operatorname{spec}H=\{1,\ 7\}$，$\operatorname{spec}K=\{-3,\ 3\}$，所以

$$8=\|A\|_2\leqslant\rho(H)+\rho(K)=7+3=10.$$ 354

通过首先平移 A 的笛卡儿分量然后再借助于三角不等式，我们有可能做得更好一些. 对任何 $z\in\mathbb{C}$，矩阵 $H-zI$ 与 $\mathrm{i}K+zI$ 是正规矩阵(定理 12.1.9(a)). 由此得出

$$\begin{aligned}\|A\|_2&=\|A-zI+zI\|_2=\|H-zI+\mathrm{i}K+zI\|_2\\&\leqslant\|H-zI\|_2+\|\mathrm{i}K+zI\|_2=\rho(H-zI)+\rho(\mathrm{i}K+zI).\end{aligned}\tag{15.4.3}$$

下面定理的证明检验了(15.4.3)中平移参数 z 的一种特殊选择.

定理 15.4.4　设 $A=H+\mathrm{i}K\in\boldsymbol{M}_n$，其中 H，K 是 Hermite 阵，$\operatorname{spec}H\subseteq[a,b]$，而 $\operatorname{spec}K\subseteq[c,d]$. 那么

$$\|A\|_2\leqslant\frac{1}{2}\sqrt{(b-a)^2+(c+d)^2}+\frac{1}{2}\sqrt{(a+b)^2+(d-c)^2}.\tag{15.4.5}$$

证明　设 $\alpha=\frac{1}{2}(a+b)$，$\beta=\frac{1}{2}(c+d)$，这些是区间$[a,b]$与$[c,d]$的中点. 于是 $H-\alpha I$ 与 $K-\beta I$ 是 Hermite 阵，所以它们的特征值是实数. 计算给出

$$\|H-\alpha I\|_2=\rho(H-\alpha I)=\max_{\lambda\in\operatorname{spec}H}|\lambda-\alpha|\leqslant\max\{b-\alpha,\alpha-a\}=\frac{b-a}{2},$$

$$\|K-\beta I\|_2=\rho(K-\beta I)=\max_{\lambda\in\operatorname{spec}K}|\lambda-\beta|\leqslant\max\{d-\beta,\beta-c\}=\frac{d-c}{2}.$$

设 $z=\alpha-\mathrm{i}\beta$，并考虑

$$A=H-zI+\mathrm{i}K+zI=(H-\alpha I+\mathrm{i}\beta I)+(\mathrm{i}K-\mathrm{i}\beta I+\alpha I).$$

由于 $H-zI$ 与 $\mathrm{i}K+zI$ 是正规矩阵，因此有

$$\begin{aligned}\|H-\alpha I+\mathrm{i}\beta I\|_2&=\max_{\lambda\in\operatorname{spec}H}|\lambda-\alpha+\mathrm{i}\beta|=\max_{\lambda\in\operatorname{spec}H}\sqrt{|\lambda-\alpha|^2+\beta^2}\\&=\sqrt{\max_{\lambda\in\operatorname{spec}H}|\lambda-\alpha|^2+\beta^2}=\sqrt{\|H-\alpha I\|_2^2+\beta^2},\\\|\mathrm{i}K-\mathrm{i}\beta I+\alpha I\|_2&=\max_{\lambda\in\operatorname{spec}K}|\mathrm{i}\lambda-\mathrm{i}\beta+\alpha|=\max_{\lambda\in\operatorname{spec}K}\sqrt{|\mathrm{i}\lambda-\mathrm{i}\beta|^2+\alpha^2}\\&=\sqrt{\max_{\lambda\in\operatorname{spec}K}|\lambda-\beta|^2+\alpha^2}=\sqrt{\|K-\beta I\|_2^2+\alpha^2}.\end{aligned}$$

于是有

$$\begin{aligned}\|H+\mathrm{i}K\|_2&=\|(H-\alpha I+\mathrm{i}\beta I)+(\mathrm{i}K-\mathrm{i}\beta I+\alpha I)\|_2\\&\leqslant\|(H-\alpha I)+\mathrm{i}\beta I\|_2+\|(\mathrm{i}K-\mathrm{i}\beta I)+\alpha I\|_2\\&=\sqrt{\|H-\alpha I\|_2^2+\beta^2}+\sqrt{\|K-\beta I\|_2^2+\alpha^2}\\&\leqslant\frac{1}{2}\sqrt{(b-a)^2+(c+d)^2}+\frac{1}{2}\sqrt{(a+b)^2+(d-c)^2}.\end{aligned}$$

355 ■

例 15.4.6　考虑例 15.4.2 中的矩阵 A，其中 $a=1$，$b=7$，$c=-3$，$d=3$. 上界(15.4.5)就是

$$8=\|A\|_2\leqslant\sqrt{3^2+0^2}+\sqrt{4^2+3^2}=3+5=8$$

这是对例 15.4.2 中得到的估计式的一个改进.

15.5 伪逆阵

借助于奇异值分解，我们可以定义一个矩阵 $A\in\boldsymbol{M}_{m\times n}$ 的函数，它具有逆矩阵的许多性质. 下面的引理是定义这个函数的第一步.

引理 15.5.1 设 $A\in\boldsymbol{M}_{m\times n}(\mathbb{F})$，令 $r=\operatorname{rank}A\geqslant 1$，又设

$$A=X_1\Sigma_rY_1^*=X_2\Sigma_rY_2^*$$

是紧致奇异值分解. 那么

$$Y_1\Sigma_r^{-1}X_1^*=Y_2\Sigma_r^{-1}X_2^*.$$

证明 定理 14.2.15 确保存在一个酉矩阵 $U\in\boldsymbol{M}_r$，使得 $X_1=X_2U$，$Y_1=Y_2U$，$U\Sigma_r=\Sigma_rU$. 那么

$$\Sigma_r^{-1}U=\Sigma_r^{-1}(U\Sigma_r)\Sigma_r^{-1}=\Sigma_r^{-1}(\Sigma_rU)\Sigma_r^{-1}=U\Sigma_r^{-1}.$$

由此得到

$$Y_1\Sigma_r^{-1}X_1^*=Y_2U\Sigma_r^{-1}U^*X_2^*=Y_2\Sigma_r^{-1}UU^*X_2^*=Y_2\Sigma_r^{-1}X_2^*.$$ ■

定义 15.5.2 设 $A\in\boldsymbol{M}_{m\times n}(\mathbb{F})$. 如果 $r=\operatorname{rank}A\geqslant 1$，且 $A=X\Sigma_rY^*$ 是它的紧致奇异值分解，那么

$$A^\dagger=Y\Sigma_r^{-1}X^*\in\boldsymbol{M}_{n\times m}(\mathbb{F})$$

称为 A 的伪逆(pseudoinverse)，或者称为 A 的 Moore-Penrose 伪逆(Moore-Penrose pseudoinverse). 如果 $A=0_{m\times n}$，就定义 $A^\dagger=0_{n\times m}$.

虽然存在这样的紧致奇异值分解

$$A=X_1\Sigma_rY_1^*=X_2\Sigma_rY_2^*,$$

其中 $X_1\neq X_2$，或者 $Y_1\neq Y_2$，但是引理 15.5.1 确保 $Y_1\Sigma_r^{-1}X_1^*=Y_2\Sigma_r^{-1}X_2^*$. 这样一来，$A^\dagger$ 就是 A 的有良好定义的函数，因而说 A 的伪逆是正确的.

例 15.5.3 非零的 $\boldsymbol{x}\in\boldsymbol{M}_{n\times 1}$ 的紧致奇异值分解是 $\boldsymbol{x}=(\boldsymbol{x}/\|\boldsymbol{x}\|)[\|\boldsymbol{x}\|][1]$，见例 14.2.7. 这样就有

$$\boldsymbol{x}^\dagger=[1][\|\boldsymbol{x}\|^{-1}](\boldsymbol{x}/\|\boldsymbol{x}\|)^*=\boldsymbol{x}^*/\|\boldsymbol{x}\|^2.$$ 356

例 15.5.4 紧致奇异值分解

$$A=\begin{bmatrix}0&1\\0&0\end{bmatrix}=\begin{bmatrix}1\\0\end{bmatrix}[1][0\quad 1] \tag{15.5.5}$$

使我们可以计算出

$$A^\dagger=\begin{bmatrix}0\\1\end{bmatrix}[1][1\quad 0]=\begin{bmatrix}0&0\\1&0\end{bmatrix}.$$

例 15.5.6 如果 $A\in\boldsymbol{M}_{m\times n}$ 且 $\operatorname{rank}A=n$，那么 $m\geqslant n$，且 A 有奇异值分解

$$A=V\Sigma W^*=[V_n\ V']\begin{bmatrix}\Sigma_n\\0\end{bmatrix}W^*=V_n\Sigma_nW^*,$$

其中 Σ_n 可逆. 则有 $A^\dagger=W\Sigma_n^{-1}V_n^*$，$A^*=W\Sigma_nV_n^*$，所以

$$A^*A=W\Sigma_nV_n^*V_n\Sigma_nW^*=W\Sigma_n^2W^*.$$

这样就有

$$(A^*A)^{-1}=W\Sigma_n^{-2}W^*,$$
$$A^\dagger=(A^*A)^{-1}A^*.$$

定理 15.5.7　设 $A\in\boldsymbol{M}_{m\times n}(\mathbb{F})$是非零的.

(a)$\mathrm{col}A^\dagger=\mathrm{col}A^*$，且 $\mathrm{null}A^\dagger=\mathrm{null}A^*$.

(b)$AA^\dagger\in\boldsymbol{M}_m(\mathbb{F})$是$\mathbb{F}^m$在 $\mathrm{col}A$ 上的正交射影，而 $I-AA^\dagger$ 是$\mathbb{F}^m$在 $\mathrm{null}A^*$ 上的正交射影.

(c)$A^\dagger A\in\boldsymbol{M}_n(\mathbb{F})$是$\mathbb{F}^n$在 $\mathrm{col}A^*$ 上的正交射影，而 $I-A^\dagger A$ 是$\mathbb{F}^n$在 $\mathrm{null}A$ 上的正交射影.

(d)$AA^\dagger A=A$.

(e)$A^\dagger AA^\dagger=A^\dagger$.

(f)如果 $m=n$，且 A 可逆，那么 $A^\dagger=A^{-1}$.

(g)$(A^\dagger)^\dagger=A$.

证明　设 $r=\mathrm{rank}A$，又设 $A=X\Sigma_rY^*$ 是紧致奇异值分解. 那么 $\Sigma_r\in\boldsymbol{M}_r$ 是可逆的，且 X 与 Y 的列是标准正交的，所以它们是列满秩的.

(a)$A^*=Y\Sigma_rX^*$，所以 $\mathrm{col}A^*=\mathrm{col}Y=\mathrm{col}A^\dagger$，$\mathrm{null}A^*=(\mathrm{col}X)^\perp=\mathrm{null}A^\dagger$.

(b)计算得到 $AA^\dagger=X\Sigma_rY^*Y\Sigma_r^{-1}X^*=X\Sigma_r\Sigma_r^{-1}X^*=XX^*$. 然后再借助于(14.2.10)以及例 7.3.5.

(c)计算得到 $A^\dagger A=Y\Sigma_r^{-1}X^*X\Sigma_rY^*=Y\Sigma_r^{-1}\Sigma_rY^*=YY^*$. 然后再借助于(14.2.11)以及例 7.3.5.

(d)这由(b)得出.

357 (e)这由(c)与(a)得出.

(f)如果 $m=n$，且 A 可逆，那么 $\mathrm{rank}A=n$，$\Sigma_n\in\boldsymbol{M}_n$ 是可逆的，且 X，$Y\in\boldsymbol{M}_n$ 是酉矩阵. 由此推出，$A^{-1}=(X\Sigma_nY^*)^{-1}=Y\Sigma_n^{-1}X^*=A^\dagger$.

(g)$(Y\Sigma_r^{-1}X^*)^\dagger=X\Sigma_rY^*=A$. ■

在 7.2 节中，我们研究了形如

$$A\boldsymbol{x}=\boldsymbol{y},\quad A\in\boldsymbol{M}_{m\times n}(\mathbb{F}),\quad \boldsymbol{y}\in\mathbb{F}^m \tag{15.5.8}$$

的相容的线性方程组. 如果(15.5.8)有多于一组解，我们就会希望求得有极小欧几里得范数的解，见定理 7.2.5. 下面的定理指出：伪逆揭示出极小范数解，它也是在 $\mathrm{col}A^*$ 中仅有的解.

定理 15.5.9　设 $A\in\boldsymbol{M}_{m\times n}(\mathbb{F})$，$\boldsymbol{y}\in\mathbb{F}^n$. 假设 $A\boldsymbol{x}=\boldsymbol{y}$ 是相容的，又设 $\boldsymbol{x}_0=A^\dagger\boldsymbol{y}$.

(a)$\boldsymbol{x}_0\in\mathrm{col}A^*$ 且 $A\boldsymbol{x}_0=\boldsymbol{y}$.

(b)如果 $\boldsymbol{x}\in\mathbb{F}^n$且 $A\boldsymbol{x}=\boldsymbol{y}$，那么 $\|\boldsymbol{x}\|_2\geqslant\|\boldsymbol{x}_0\|_2$，其中等式当且仅当 $\boldsymbol{x}\in\mathrm{col}A^*$ 时成立.

(c)如果 $\boldsymbol{x}\in \operatorname{col}A^*$ 且 $A\boldsymbol{x}=\boldsymbol{y}$，那么 $\boldsymbol{x}=\boldsymbol{x}_0$.

证明　(a)由于存在一个 $\boldsymbol{x}\in\mathbb{F}^n$，使得 $A\boldsymbol{x}=\boldsymbol{y}$，因此定理 15.5.7 的(a)与(d)确保 $\boldsymbol{x}_0\in\operatorname{col}A^*$ 以及

$$A\boldsymbol{x}_0=AA^{\dagger}\boldsymbol{y}=AA^{\dagger}A\boldsymbol{x}=A\boldsymbol{x}=\boldsymbol{y}.$$

(b)计算给出

$$\begin{aligned}\|\boldsymbol{x}\|_2^2&=\|A^{\dagger}A\boldsymbol{x}+(I-A^{\dagger}A)\boldsymbol{x}\|_2^2\\&=\|A^{\dagger}A\boldsymbol{x}\|_2^2+\|(I-A^{\dagger}A)\boldsymbol{x}\|_2^2\\&=\|A^{\dagger}\boldsymbol{y}\|_2^2+\|(I-A^{\dagger}A)\boldsymbol{x}\|_2^2\\&=\|\boldsymbol{x}_0\|_2^2+\|(I-A^{\dagger}A)\boldsymbol{x}\|_2^2\geqslant\|\boldsymbol{x}_0\|_2^2.\end{aligned}$$

上面的不等式有等式成立，当且仅当 $(I-A^{\dagger}A)\boldsymbol{x}=\boldsymbol{0}$，而这当且仅当 $\boldsymbol{x}\in\operatorname{col}A^*$ 时成立(定理 15.5.7(c)).

(c)如果 $\boldsymbol{x}\in\operatorname{col}A^*$，那么 $\boldsymbol{x}=A^{\dagger}A\boldsymbol{x}$. 此外，如果 $A\boldsymbol{x}=\boldsymbol{y}$，那么

$$\|\boldsymbol{x}-\boldsymbol{x}_0\|_2=\|A^{\dagger}A\boldsymbol{x}-A^{\dagger}\boldsymbol{y}\|_2=\|A^{\dagger}A\boldsymbol{x}-A^{\dagger}A\boldsymbol{x}\|_2=0.$$ ■

伪逆还可以帮助我们分析最小平方问题. 如果一个形如(15.5.8)的线性方程组是不相容的，那么就不存在满足 $A\boldsymbol{x}=\boldsymbol{y}$ 的 $\boldsymbol{x}$. 然而，我们或许会希望求出一个 $\boldsymbol{x}_0$，使得对所有 $\boldsymbol{x}\in\mathbb{F}^n$，都有 $\|A\boldsymbol{x}_0-\boldsymbol{y}\|_2\leqslant\|A\boldsymbol{x}-\boldsymbol{y}\|_2$，见 7.5 节. 在所有这样的向量中，我们也可能希望找出那个有极小欧几里得范数的解. 伪逆可以辨识出有这两个极小性质的向量.

定理 15.5.10　设 $A\in\boldsymbol{M}_{m\times n}(\mathbb{F})$，$\boldsymbol{y}\in\mathbb{F}^m$，又令 $\boldsymbol{x}_0=A^{\dagger}\boldsymbol{y}$.

(a)对每个 $\boldsymbol{x}\in\mathbb{F}^n$，都有

$$\|A\boldsymbol{x}_0-\boldsymbol{y}\|_2\leqslant\|A\boldsymbol{x}-\boldsymbol{y}\|_2,$$

其中等式当且仅当 $\boldsymbol{x}-\boldsymbol{x}_0\in\operatorname{null}A$ 时成立. 358

(b)如果 $\boldsymbol{x}\in\mathbb{F}^n$，且 $\|A\boldsymbol{x}-\boldsymbol{y}\|_2=\|A\boldsymbol{x}_0-\boldsymbol{y}\|_2$，那么 $\|\boldsymbol{x}\|_2\geqslant\|\boldsymbol{x}_0\|_2$，其中等式当且仅当 $\boldsymbol{x}=\boldsymbol{x}_0$ 时成立.

证明　(a)利用毕达哥拉斯定理以及 $A\boldsymbol{x}-AA^{\dagger}\boldsymbol{y}\in\operatorname{col}A$ 与 $(I-AA^{\dagger})\boldsymbol{y}\in(\operatorname{col}A)^{\perp}$ 这两个结论计算出

$$\begin{aligned}\|A\boldsymbol{x}-\boldsymbol{y}\|^2&=\|A\boldsymbol{x}-AA^{\dagger}\boldsymbol{y}+AA^{\dagger}\boldsymbol{y}-\boldsymbol{y}\|_2^2\\&=\|A\boldsymbol{x}-AA^{\dagger}\boldsymbol{y}\|_2^2+\|AA^{\dagger}\boldsymbol{y}-\boldsymbol{y}\|_2^2\\&=\|A(\boldsymbol{x}-\boldsymbol{x}_0)\|_2^2+\|A\boldsymbol{x}_0-\boldsymbol{y}\|_2^2\geqslant\|A\boldsymbol{x}_0-\boldsymbol{y}\|_2^2,\end{aligned}$$

其中等式当且仅当 $A(\boldsymbol{x}-\boldsymbol{x}_0)=\boldsymbol{0}$ 时成立.

(b)如果 $\|A\boldsymbol{x}-\boldsymbol{y}\|_2=\|A\boldsymbol{x}_0-\boldsymbol{y}\|_2$，那么(a)确保 $\boldsymbol{x}=\boldsymbol{x}_0+\boldsymbol{w}$，其中 $\boldsymbol{x}_0=A^{\dagger}\boldsymbol{y}\in\operatorname{col}A^*$，而 $\boldsymbol{w}\in\operatorname{null}A=(\operatorname{col}A^*)^{\perp}$. 这样一来就有

$$\|\boldsymbol{v}\|_2^2=\|\boldsymbol{x}_0+\boldsymbol{w}\|_2^2=\|\boldsymbol{x}_0\|_2^2+\|\boldsymbol{w}\|_2^2\geqslant\|\boldsymbol{x}_0\|_2^2,$$

其中等式当且仅当 $\boldsymbol{w}=\boldsymbol{0}$，即当且仅当 $\boldsymbol{x}=\boldsymbol{x}_0$ 时成立. ■

这里是上面几个定理的总结.

(a) $x_0 = A^{\dagger} y$ 是线性方程组 $Ax = y$ 的最小平方解.

(b)在所有的最小平方解中，x_0 是唯一具有最小范数的解.

(c)如果 $Ax = y$ 相容，那么 x_0 是一个解.

(d)在所有的解中，x_0 是仅有的具有最小范数的解，且是在 $\mathrm{col}A^*$ 中仅有的解.

15.6 谱条件数

定义 15.6.1 设 $A \in \boldsymbol{M}_n$. 如果 A 可逆，则定义它的谱条件数(spectral condition number)为

$$\kappa_2(A) = \| A \|_2 \| A^{-1} \|_2.$$

如果 A 不可逆，则它的谱条件数没有定义.

定理 15.3.2(a)以及谱范数的定义使得我们可以将 A 的谱条件数表示成奇异值的比值：

$$\kappa_2(A) = \frac{\sigma_{\max}(A)}{\sigma_{\min}(A)}. \tag{15.6.2}$$

定理 15.6.3 设 A，$B \in \boldsymbol{M}_n$ 可逆.

(a) $\kappa_2(AB) \leqslant \kappa_2(A)\kappa_2(B)$.

(b) $\kappa_2(A) \geqslant 1$，其中等式当且仅当 A 是一个酉矩阵的非零纯量的倍数时成立.

(c)如果 c 是非零的纯量，那么 $\kappa_2(cA) = \kappa_2(A)$.

359 (d) $\kappa_2(A) = \kappa_2(A^*) = \kappa_2(\overline{A}) = \kappa_2(A^{\mathrm{T}}) = \kappa_2(A^{-1})$.

(e) $\kappa_2(A^*A) = \kappa_2(AA^*) = \kappa_2(A)^2$.

(f)如果 U，$V \in \boldsymbol{M}_n$ 是酉矩阵，则有 $\kappa_2(UAV) = \kappa_2(A)$.

证明 (a)利用定理 15.2.10(b)计算出

$$\kappa_2(AB) = \| AB \|_2 \| B^{-1}A^{-1} \|_2 \leqslant \| A \|_2 \| B \|_2 \| B^{-1} \|_2 \| A^{-1} \|_2 = \kappa_2(A)\kappa_2(B).$$

(b)由(a)以及定理 15.2.2(a)得出

$$1 = \| I_n \|_2 = \| AA^{-1} \|_2 \leqslant \| A \|_2 \| A^{-1} \|_2 = \kappa_2(A),$$

其中等式当且仅当 $\sigma_{\max}(A) = \sigma_{\min}(A)$ 时成立，即当且仅当 A 是一个酉矩阵的非零纯量的倍数时成立(定理 15.3.10).

(c)计算给出

$$\begin{aligned}\kappa_2(cA) &= \| cA \|_2 \| (cA)^{-1} \|_2 = \| cA \|_2 \| c^{-1}A^{-1} \|_2 \\ &= | c | \| A \|_2 | c^{-1} | \| A^{-1} \|_2 = \| A \|_2 \| A^{-1} \|_2 = \kappa_2(A).\end{aligned}$$

(d) A，A^*，$\overline{A}$ 以及 A^{T} 全都有同样的奇异值，见定理 14.1.3. 我们还有 $\kappa_2(A^{-1}) = \| A^{-1} \|_2 \| A \|_2 = \kappa_2(A)$.

(e) $\kappa_2(A^*A) = \sigma_{\max}(A^*A)/\sigma_{\min}(A^*A) = \sigma_{\max}^2(A)/\sigma_{\min}^2(A) = \kappa_2(A)^2 = \kappa_2(A^*)^2 = \kappa_2(AA^*)$.

(f) A 与 UAV 的奇异值是相同的，所以它们的谱条件数也是相同的. ■

可逆矩阵的谱条件数对于理解在受到数据误差以及计算中的误差影响下求解线性方程

组以及计算特征值时可能受到的影响起着关键的作用.

设 $A\in \boldsymbol{M}_n(\mathbb{F})$是可逆的，令 $\boldsymbol{y}\in \mathbb{F}^n$为非零向量，又设 $\boldsymbol{x}\in \mathbb{F}^n$是线性方程组 $A\boldsymbol{x}=\boldsymbol{y}$ 的唯一(不一定非零)解. 则

$$\|\boldsymbol{y}\|_2=\|A\boldsymbol{x}\|_2\leqslant\|A\|_2\|\boldsymbol{x}\|_2,$$

我们把它改写成

$$\frac{1}{\|\boldsymbol{x}\|_2}\leqslant\frac{\|A\|_2}{\|\boldsymbol{y}\|_2}. \tag{15.6.4}$$

现在设 $\Delta\boldsymbol{y}\in \mathbb{F}^n$与 $\Delta\boldsymbol{x}\in \mathbb{F}^n$是线性方程组 $A(\Delta\boldsymbol{x})=\Delta\boldsymbol{y}$ 的唯一解. 线性性质确保有

$$A(\boldsymbol{x}+\Delta\boldsymbol{x})=\boldsymbol{y}+\Delta\boldsymbol{y}. \tag{15.6.5}$$

我们有 $\Delta\boldsymbol{x}=A^{-1}(\Delta\boldsymbol{y})$，于是

$$\|\Delta\boldsymbol{x}\|_2=\|A^{-1}(\Delta\boldsymbol{y})\|_2\leqslant\|A^{-1}\|_2\|\Delta\boldsymbol{y}\|_2. \tag{15.6.6}$$

现在将(15.6.4)与(15.6.6)组合起来就得到

$$\frac{\|\Delta\boldsymbol{x}\|_2}{\|\boldsymbol{x}\|_2}\leqslant\frac{\|A\|_2\|A^{-1}\|_2\|\Delta\boldsymbol{y}\|_2}{\|\boldsymbol{y}\|_2}=\kappa_2(A)\frac{\|\Delta\boldsymbol{y}\|_2}{\|\boldsymbol{y}\|_2}, \tag{15.6.7}$$ 360

它对在求解扰动的线性方程组(15.6.5)时涉及的相对误差 $\|\Delta\boldsymbol{x}\|_2/\|x\|_2$ 提供了一个上界

$$\frac{\|\Delta\boldsymbol{x}\|_2}{\|\boldsymbol{x}\|_2}\leqslant\kappa_2(A)\frac{\|\Delta\boldsymbol{y}\|_2}{\|\boldsymbol{y}\|_2}. \tag{15.6.8}$$

如果 $\kappa_2(A)$不大，则 $A\boldsymbol{x}=\boldsymbol{y}$ 的解的相对误差不可能比数据的相对误差更坏. 在此情形，A 称为是良态的(well conditioned). 例如，如果 A 是一个酉矩阵的非零的纯量倍数，那么 $\kappa_2(A)=1$，此时称 A 是优态的(perfectly conditioned). 在这种情形，解的相对误差至多就是数据的相对误差. 然而，如果 $\kappa_2(A)$很大，则解的相对误差有可能要比数据的相对误差大得多. 在这种情形，称 A 是病态的(ill conditioned).

例 15.6.9 考虑 $A\boldsymbol{x}=\boldsymbol{y}$，其中

$$A=\begin{bmatrix}1 & 2\\ 2 & 4.001\end{bmatrix},\quad \boldsymbol{y}=\begin{bmatrix}4\\ 8.001\end{bmatrix}.$$

它有唯一解 $\boldsymbol{x}=[2\quad 1]^{\mathrm{T}}$. 设 $\Delta\boldsymbol{y}=[0.001\quad -0.002]^{\mathrm{T}}$. 则方程组 $A(\Delta\boldsymbol{x})=\Delta\boldsymbol{y}$ 有唯一解 $\Delta\boldsymbol{x}=[8.001\quad -4.000]^{\mathrm{T}}$. 数据以及解的相对误差是

$$\frac{\|\Delta\boldsymbol{y}\|_2}{\|\boldsymbol{y}\|_2}=2.5001\times10^{-4},\qquad \frac{\|\Delta\boldsymbol{x}\|_2}{\|\boldsymbol{x}\|_2}=4.0004.$$

A 的谱条件数是 $\kappa_2(A)=2.5008\times10^4$，而(15.6.8)中的上界是

$$\frac{\|\Delta\boldsymbol{x}\|_2}{\|\boldsymbol{x}\|_2}=4.0004\leqslant6.2523=\kappa_2(A)\frac{\|\Delta\boldsymbol{y}\|_2}{\|\boldsymbol{y}\|_2}.$$

由于 A 是病态的，因此对数据所做的相对较小的改变也可能(在此情形也的确)在解中产生很大的相对改变.

状态问题是我们在 7.5 节里通过求解正规方程组

$$A^*Ax=A^*y \tag{15.6.10}$$

来求不相容的线性方程组 $Ax=y$ 的最小平方解时持保留意见的一个原因. 如果 A 是方阵且是可逆的(但不是一个酉矩阵的纯量倍数)，则正规方程组(15.6.10)中的矩阵 A^*A 比 A 更加病态，这是因为 $\kappa_2(A)>1$，且 $\kappa_2(A^*A)=\kappa_2(A)^2$. 另一方面，如果我们利用 A 的 QR 分解，则定理 15.6.3(f)确保其等价的线性方程组 $Rx=Q^*y$(见(7.5.9))与 A 一样也是良态的：

$$\kappa_2(R)=\kappa_2(Q^*A)=\kappa_2(A).$$

由计算特征值所得结果的解释必须既要考虑到输入数据的不确定性(它可能由于物理度量而产生)，也要考虑有限精度的算术产生的舍入误差. 给结果中的不确定性建立模型的
361 一种方法是想象计算是用完全的精度执行的，不过是对一个稍微有点不同的矩阵来做的. 下面的讨论采纳了这样的观点，它对于所计算的特征值的质量评估建立了一个框架.

引理 15.6.11　*设 $A\in \boldsymbol{M}_n$. 如果 $\|A\|_2<1$，那么 $I+A$ 可逆.*

证明　定理 15.3.2(c)确保每个 $\lambda\in \operatorname{spec} A$ 都满足 $|\lambda|\leqslant\|A\|_2<1$. 这样就有 $-1\notin \operatorname{spec} A$，$0\notin \operatorname{spec}(I+A)$，所以 $I+A$ 可逆. ■

下面的定理依赖于上面的引理以及以下事实：对角矩阵的谱范数是它的对角元素中模的最大值，见例 15.3.5.

定理 15.6.12(Bauer-Fike)　*设 $A\in \boldsymbol{M}_n$ 是可对角化的矩阵，$A=S\Lambda S^{-1}$，其中 $S\in \boldsymbol{M}_n$ 是可逆的，且 $\Lambda=\operatorname{diag}(\lambda_1, \lambda_2, \cdots, \lambda_n)$. 设 $\Delta A\in \boldsymbol{M}_n$. 如果 $\lambda\in \operatorname{spec}(A+\Delta A)$，那么存在某个 $i\in\{1, 2, \cdots, n\}$，使得*

$$|\lambda_i-\lambda|\leqslant\kappa_2(S)\|\Delta A\|_2. \tag{15.6.13}$$

证明　如果 λ 是 A 的一个特征值，那么对某个 $i\in\{1, 2, \cdots, n\}$ 有 $\lambda=\lambda_i$，而且(15.6.13)是满足的. 现在假设 λ 不是 A 的特征值，那么 $\Lambda-\lambda I$ 是可逆的. 由于 λ 是 $A+\Delta A$ 的一个特征值，因此 $A+\Delta A-\lambda I$ 是不可逆的. 这样一来，

$$\begin{aligned}I+(\Lambda-\lambda I)^{-1}S^{-1}\Delta AS &=(\Lambda-\lambda I)^{-1}(\Lambda-\lambda I+S^{-1}\Delta AS)\\ &=(\Lambda-\lambda I)^{-1}(S^{-1}AS-\lambda S^{-1}S+S^{-1}\Delta AS)\\ &=(\Lambda-\lambda I)^{-1}S^{-1}(A+\Delta A-\lambda I)S\end{aligned}$$

是不可逆的. 由此从上面的引理以及定理 15.2.10(b)推出

$$\begin{aligned}1&\leqslant\|(\Lambda-\lambda I)^{-1}S^{-1}\Delta AS\|_2\leqslant\|(\Lambda-\lambda I)^{-1}\|_2\|S^{-1}\Delta AS\|_2\\ &=\max_{1\leqslant i\leqslant n}|\lambda_i-\lambda|^{-1}\|S^{-1}\Delta AS\|_2=\frac{\|S^{-1}\Delta AS\|_2}{\min_{1\leqslant i\leqslant n}|\lambda_i-\lambda|}\\ &\leqslant\frac{\|S^{-1}\|_2\|\Delta A\|_2\|S\|_2}{\min_{1\leqslant i\leqslant n}|\lambda_i-\lambda|}=\kappa_2(S)\frac{\|\Delta A\|_2}{\min_{1\leqslant i\leqslant n}|\lambda_i-\lambda|}.\end{aligned}$$

这个不等式就蕴涵(15.6.13). ■

如果 A 是 Hermite 阵或者是正规矩阵，那么特征向量的矩阵 S 就可以选取为一个酉矩阵. 在此情形，$\kappa_2(S)=1$，计算特征值时的误差不可能大于 ΔA 的谱范数. 然而，如果对 S 的最好的选择有很大的谱条件数，就应当对所计算出来的特征值的质量持怀疑的态度. 例

如，如果 A 有相异的特征值，且其中两个特征向量几乎是共线的，则后一种情况就可能会发生.

例 15.6.14 矩阵

$$A=\begin{bmatrix}1 & 1000\\0 & 2\end{bmatrix}$$ 362

有相异的特征值，所以它可对角化. 令

$$\Delta A=\begin{bmatrix}0 & 0\\0.01 & 0\end{bmatrix}.$$

那么 $\|\Delta A\|_2=0.01$，

$$A+\Delta A=\begin{bmatrix}1 & 1000\\0.01 & 2\end{bmatrix},\qquad \operatorname{spec}(A+\Delta A)\approx\{-1.702, 4.702\}.$$

尽管 ΔA 的范数很小，$A+\Delta A$ 的无论哪一个特征值都不是对 A 的特征值的很好的逼近. A 的特征向量的矩阵是

$$S=\begin{bmatrix}1 & 1\\0 & 0.001\end{bmatrix},$$

对它有 $\kappa_2(S)\approx 2000$. 对 $A+\Delta A$ 的特征值 $\lambda\approx 4.702$，(15.6.13)中的界限是

$$2.702\approx|2-\lambda|\leqslant\kappa_2(S)\|\Delta A\|_2\approx 20,$$

所以我们的计算与 Bauer-Fike 给出的界限相吻合.

15.7 复对称阵

如果 $A\in\boldsymbol{M}_n$ 且 $A=A^{\mathrm{T}}$，那么称 A 是复对称的(complex symmetric). 实对称的矩阵是正规矩阵，但是非实的对称阵不一定是正规的，它们甚至不一定是可对角化的.

定理 15.7.1(Autonne) 设 $A\in\boldsymbol{M}_n$ 是非零的对称阵，设 $\operatorname{rank}A=r$，$\sigma_1\geqslant\sigma_2\geqslant\cdots\geqslant\sigma_r>0$ 是 A 的正的奇异值，又设 $\Sigma_r=\operatorname{diag}(\sigma_1, \sigma_2, \cdots, \sigma_r)$.

(a)存在一个酉矩阵 $U\in\boldsymbol{M}_n$，使得

$$A=U\Sigma U^{\mathrm{T}},\qquad \Sigma=\Sigma_r\oplus 0_{n-r}.\tag{15.7.2}$$

(b)存在一个 $U_r\in\boldsymbol{M}_{n\times r}$，其列是标准正交的，使得

$$A=U_r\Sigma_r U_r^{\mathrm{T}}.\tag{15.7.3}$$

(c)如果 U_r，$V_r\in\boldsymbol{M}_{n\times r}$ 的列是标准正交的，且 $A=U_r\Sigma_r U_r^*=V_r\Sigma_r V_r^*$，那么存在一个实的正交阵 $Q\in\boldsymbol{M}_r$，使得 $V_r=U_rQ$ 以及 Q 都与 Σ_r 可交换.

证明 (a)设 $A=V\Sigma W^*$ 是奇异值分解，设

$$B=W^{\mathrm{T}}AW=W^{\mathrm{T}}(V\Sigma W^*)W=(W^{\mathrm{T}}V)\Sigma,$$

又设 $X=W^{\mathrm{T}}V$. 那么 B 是对称的，X 是酉矩阵，而 $B=X\Sigma$ 是极分解. 由于 $B^*B=\Sigma X^*X\Sigma=\Sigma^2$ 是实的，且 $B=B^{\mathrm{T}}$，因此

$$B^*B=\overline{B^*B}=B^{\mathrm{T}}\overline{B}=BB^*,$$

也就是说 B 是正规的. 分划

363

$$X=\begin{bmatrix} X_{11} & X_{12} \\ X_{21} & X_{22} \end{bmatrix},$$

其中 $X_{11}\in \boldsymbol{M}_r$. B 的正规性以及定理 14.3.21 确保 $\Sigma=\Sigma_r\oplus 0_{n-r}$ 与 X 可交换，而引理 3.3.21(b)是说 $X_{12}=0$，$X_{21}=0$. 这样就有

$$B=X\Sigma=X_{11}\Sigma_r\oplus X_{22}0_{n-r}=X_{11}\Sigma_r\oplus 0_{n-r},$$

其中 X_{11} 是酉矩阵(定理 6.2.7(b))，且它与 Σ_r 可交换. B 的对称性告诉我们

$$X_{11}\Sigma_r\oplus 0_{n-r}=B=B^{\mathrm{T}}=\Sigma_r X_{11}^{\mathrm{T}}\oplus 0_{n-r}.$$

由于 $X_{11}\Sigma_r$ 与 $\Sigma_r X_{11}^{\mathrm{T}}$ 是一个可逆矩阵的右极分解以及左极分解，因此定理 14.3.15(e)的(ⅲ)给出 $X_{11}=X_{11}^{\mathrm{T}}$，也就是说，$X_{11}$ 是酉矩阵且是对称的. 引理 12.6.10 确保存在一个对称的酉矩阵 $Y\in\boldsymbol{M}_r$，使得 $X_{11}=Y^2$，且 Y 是关于 X_{11} 的多项式. 由于 X_{11} 与 Σ_r 可交换，由此推出 Y 与 Σ_r 可交换(定理 0.8.1). 这样就有

$$\begin{aligned} B &=X_{11}\Sigma_r\oplus 0_{n-r}=Y^2\Sigma_r 0_{n-r}=Y\Sigma_r Y\oplus 0_{n-r} \\ &=(Y\oplus I_r)(\Sigma_r\oplus 0_{n-r})(Y\oplus I_r) \\ &=Z\Sigma_r Z, \end{aligned}$$

其中 $Z=Y\oplus I_{n-r}$ 是对称的酉矩阵. 由此得出

$$\begin{aligned} A &=\overline{W}BW^*=\overline{W}Z\Sigma_r ZW^*=(\overline{W}Z)\Sigma_r(\overline{W}Z^{\mathrm{T}})^{\mathrm{T}} \\ &=(\overline{W}Z)\Sigma_r(\overline{W}Z)^{\mathrm{T}} \\ &=U\Sigma U^{\mathrm{T}}, \end{aligned}$$

其中 $U=\overline{W}Z$ 是酉矩阵.

(b)将(a)中的 Σ 与 U 分划成 $\Sigma=\Sigma_r\oplus 0_{n-r}$ 以及 $U=[U_r\ \ U']$，其中 $U_r\in\boldsymbol{M}_{n\times r}$. 那么 $A=U\Sigma U^{\mathrm{T}}=U_r\Sigma_r U_r^{\mathrm{T}}$ 是一个紧致奇异值分解.

(c)假设条件是 U_r 与 V_r 的列都是标准正交的，且

$$A=U_r\Sigma_r\overline{U}_r^*=V_r\Sigma_r\overline{V}_r^*.$$

定理 14.2.15 确保存在一个酉矩阵 $Q\in\boldsymbol{M}_r$，它与 Σ_r 可交换，且使得 $V_r=U_rQ$，$\overline{V_r}=\overline{U_r}Q$. 等式

$$Q=U_r^*V_r\quad 以及\quad Q=\overline{U}_r^*\,\overline{V}_r$$

蕴涵 $Q=\overline{Q}$，所以 Q 是实正交阵. ■

例 15.7.4 考虑 1×1 对称阵$[-1]$. 那么$[-1]=[\mathrm{i}][1][\mathrm{i}]$，且$[\mathrm{i}]$是酉矩阵. 不存在实数 c 使得$[-1]=[c][1][c]=[c^2]$. 从而，如果 A 是实对称阵，就不一定存在实的正交阵 U，使得 $A=U\Sigma U^{\mathrm{T}}$ 是奇异值分解. 然而，Autonne 定理告诉我们：这个分解式总是可以通

364 过一个复的酉矩阵 U 来实现.

例 15.7.5 由 Autonne 定理可以保证有一个形如

$$A=\begin{bmatrix}1 & \mathrm{i}\\ \mathrm{i} & -1\end{bmatrix}=\underbrace{\begin{bmatrix}\frac{1}{\sqrt{2}} & -\frac{1}{\sqrt{2}}\\ \frac{\mathrm{i}}{\sqrt{2}} & \frac{\mathrm{i}}{\sqrt{2}}\end{bmatrix}}_{U}\underbrace{\begin{bmatrix}2 & 0\\ 0 & 0\end{bmatrix}}_{\Sigma}\underbrace{\begin{bmatrix}\frac{1}{\sqrt{2}} & \frac{\mathrm{i}}{\sqrt{2}}\\ -\frac{1}{\sqrt{2}} & \frac{\mathrm{i}}{\sqrt{2}}\end{bmatrix}}_{U^{\mathrm{T}}}$$

类型的奇异值分解. 注意到 $A^2=0$，所以 A 的两个特征值都是零(见定理 8.3.3). 如果 A 可对角化，它就会与零矩阵相似，而这是不可能的. 由此推出，A 是不可对角化的复对称阵.

15.8 幂等阵

正交射影以及非 Hermite 矩阵

$$A=\begin{bmatrix}1 & 2\\ 0 & 0\end{bmatrix}$$

是幂等的. 在下面的定理中，我们要利用奇异值分解来求一个标准型，使得任何幂等阵都能与它酉相似.

定理 15.8.1 假设 $A\in\boldsymbol{M}_n(\mathbb{F})$ 是幂等的，它的秩 $r\geqslant 1$. 如果 A 有任何奇异值是大于 1 的，则将它们记为 $\sigma_1\geqslant\sigma_2\geqslant\cdots\geqslant\sigma_k>1$. 于是存在一个酉矩阵 $U\in\boldsymbol{M}_n(\mathbb{F})$，使得

$$U^*AU=\left(\begin{bmatrix}1 & \sqrt{\sigma_1^2-1}\\ 0 & 0\end{bmatrix}\oplus\cdots\oplus\begin{bmatrix}1 & \sqrt{\sigma_k^2-1}\\ 0 & 0\end{bmatrix}\right)\oplus I_{r-k}\oplus 0_{n-r-k}. \tag{15.8.2}$$

这些直和项中有可能有一项甚至更多的项不会出现. 第一项仅当 $k\geqslant 1$ 时出现，第二项仅当 $r>k$ 时出现，第三项仅当 $n>r+k$ 时出现.

证明 例 10.4.13 表明 A 酉相似于

$$\begin{bmatrix}I_r & X\\ 0 & 0_{n-r}\end{bmatrix},\quad X\in\boldsymbol{M}_{r\times(n-r)}. \tag{15.8.3}$$

如果 $X=0$，则 A 与 $I_r\oplus 0_{n-r}$ 酉相似，且 A 是正交射影.

假设 $\operatorname{rank}X=p\geqslant 1$，并设 $\tau_1\geqslant\tau_2\geqslant\cdots\geqslant\tau_p>0$ 是 X 的奇异值. 由于 A 与(15.8.3)酉相似，故而 AA^* 酉相似于

$$\begin{bmatrix}I_r & X\\ 0 & 0_{n-r}\end{bmatrix}\begin{bmatrix}I_r & X\\ X^* & 0_{n-r}\end{bmatrix}=(I_r+XX^*)\oplus 0_{n-r}.$$

这样一来，AA^* 的特征值就是 $1+\tau_1^2$，$1+\tau_2^2$，…，$1+\tau_p^2$，还要加上 1(重数为 $r-p$)以及 0 (重数为 $n-r$). 由于 A 有 k 个奇异值是大于 1 的，由此得出 $p=k$. 此外还有

$$\sigma_i^2=\tau_i^2+1,\quad \tau_i=\sqrt{\sigma_i^2-1},\quad i=1,2,\cdots,k.$$

365

设 $X=V\Sigma W^*$ 是奇异值分解，其中 $V\in\boldsymbol{M}_r$ 与 $W\in\boldsymbol{M}_{n-r}$ 是酉矩阵. 设 $\Sigma_k=\operatorname{diag}(\tau_1,\tau_2,\cdots,\tau_k)$是 Σ 的左上角 $k\times k$ 分块. 考虑酉相似

$$
\begin{aligned}
&\begin{bmatrix} V & 0 \\ 0 & W \end{bmatrix}^* \begin{bmatrix} I_r & X \\ 0 & 0_{n-r} \end{bmatrix} \begin{bmatrix} V & 0 \\ 0 & W \end{bmatrix} \\
&= \begin{bmatrix} V^*V & V^*XW \\ 0 & 0_{n-r} \end{bmatrix} = \begin{bmatrix} I_r & \Sigma \\ 0 & 0_{n-r} \end{bmatrix} \\
&= \begin{bmatrix} I_p & 0 & \Sigma_k & 0 \\ 0 & I_{r-k} & 0 & 0 \\ 0_k & 0 & 0_k & 0 \\ 0 & 0 & 0 & 0_{n-r-k} \end{bmatrix}.
\end{aligned} \tag{15.8.4}
$$

那么(15.8.4)置换相似于

$$
\begin{bmatrix} I_p & \Sigma_k & 0 & 0 \\ 0_k & 0_k & 0 & 0 \\ 0 & 0 & I_{r-k} & 0 \\ 0 & 0 & 0 & 0_{n-r-k} \end{bmatrix} = \begin{bmatrix} I_k & \Sigma_k \\ 0_k & 0_k \end{bmatrix} \oplus I_{r-k} \oplus 0_{n-r-k}. \tag{15.8.5}
$$

(15.8.5)中的 2×2 分块矩阵置换相似于

$$
\begin{bmatrix} 1 & \tau_1 \\ 0 & 0 \end{bmatrix} \oplus \cdots \oplus \begin{bmatrix} 1 & \tau_k \\ 0 & 0 \end{bmatrix} = \begin{bmatrix} 1 & \sqrt{\sigma_1^2 - 1} \\ 0 & 0 \end{bmatrix} \oplus \cdots \oplus \begin{bmatrix} 1 & \sqrt{\sigma_k^2 - 1} \\ 0 & 0 \end{bmatrix},
$$

见(6.3.8). 于是，A 酉相似于直和(15.8.2). 如果 A 是实的，则推论 12.6.12 确保它与(15.8.2)是实正交相似的 ■

15.9 问题

P.15.1 设 $A \in \boldsymbol{M}_2$. 证明

$$
\| A \|_2 = \frac{1}{2}\left(\sqrt{\| A \|_F^2 + 2 \mid \det A \mid} + \sqrt{\| A \|_F^2 - 2 \mid \det A \mid}\right).
$$

利用这个公式来求(15.3.12)中 A 与 B 的谱范数.

P.15.2 设 A, $B \in \boldsymbol{M}_n$.

(a)证明 $\rho(AB) = \rho(BA) \leqslant \min\{\| AB \|_2, \| BA \|_2\}$.

(b)给出一个 $n=2$ 的例子，其中 $\| AB \|_2 \neq \| BA \|_2$.

P.15.3 设 A, $B \in \boldsymbol{M}_n$，并假设 AB 是正规的. 证明 $\| AB \|_2 \leqslant \| BA \|_2$. **提示**：定理 15.3.2 以及(15.3.6).

P.15.4 设 $A = [\boldsymbol{a}_1 \boldsymbol{a}_2 \cdots \boldsymbol{a}_n] \in \boldsymbol{M}_{m \times n}$. 证明：对每个 $i = 1, 2, \cdots, n$ 都有 $\| \boldsymbol{a}_i \|_2 \leqslant \| A \|_2$.

P.15.5 考虑

$$
A = \begin{bmatrix} 1 & \mathrm{i} \\ 0 & 1 \end{bmatrix}.
$$

计算笛卡儿分解 $A = H + \mathrm{i}K$. 将 $\| A \|_2$ 与 $\| H \|_2 + \| K \|_2$ 以及定理 15.4.4 中的上界作比较.

P. 15. 6 设 A，$B\in \boldsymbol{M}_n$. 证明 $\| AB \|_F \leqslant \| A \|_2 \ \| B \|_F$. 366

P. 15. 7 设 A，$B\in \boldsymbol{M}_{m\times n}$. 矩阵分析说的是：$A$ 与 B 称为是酉等价的(unitarily equivalent)，如果存在一个酉矩阵 $U\in \boldsymbol{M}_m$ 以及一个酉矩阵 $V\in \boldsymbol{M}_n$，使得 $A=UBV$. 这个关系出现在定理 15. 3. 13 中. 证明：酉等价是一个等价关系.

P. 15. 8 设 $A\in \boldsymbol{M}_{m\times n}$. 利用定理 14. 1. 3、(15. 1. 3)以及定义 15. 2. 1 证明 $\| A \|_F = \| A^* \|_F$，$\| A \|_2 = \| A^* \|_2$.

P. 15. 9 设 A，$B\in \boldsymbol{M}_{m\times n}$.

(a)证明 $\| A \circ B \|_F \leqslant \| A \|_F \ \| B \|_F$. 这是定理 15. 2. 10(a)的类似结果.

(b)对于例 13. 5. 2 中的矩阵验证(a)中的不等式.

P. 15. 10 设 A，$B\in \boldsymbol{M}_n$. 假设 A 是正定的，而 B 是对称的. 利用定理 15. 7. 1 证明：存在一个可逆阵 $S\in \boldsymbol{M}_n$ 以及一个对角元素是非负数的对角阵 $\Sigma\in \boldsymbol{M}_n$，使得 $A=SIS^*$，$B=S\Sigma S^{\mathrm{T}}$. **提示**：$A^{-1/2}B\overline{A}^{-1/2}=U\Sigma U^{\mathrm{T}}$ 是对称的. 考虑 $S=A^{1/2}U$.

P. 15. 11 设 $A\in \boldsymbol{M}_n$，而 $\boldsymbol{x}\in \mathbb{C}^n$，考虑复二次型 $q_A(\boldsymbol{x})=\boldsymbol{x}^{\mathrm{T}}A\boldsymbol{x}$.

(a)证明 $q_A(\boldsymbol{x})=q_{\frac{1}{2}(A+A^{\mathrm{T}})}(\boldsymbol{x})$，所以我们可以假设 A 是对称的.

(b)如果 A 是对称的，且有奇异值 σ_1，σ_2，…，σ_n，证明：存在一个变量替换 $\boldsymbol{x}\mapsto U\boldsymbol{x}=\boldsymbol{y}=[y_i]$，使得 U 是酉矩阵，且 $q_A(\boldsymbol{y})=\sigma_1 y_1^2+\sigma_2 y_2^2+\cdots+\sigma_n y_n^2$.

P. 15. 12 如果 $A\in \boldsymbol{M}_n$ 是对称的，且 $\operatorname{rank} A=r$，证明它有形如 $A=BB^{\mathrm{T}}$ 的满秩分解，其中 $B\in \boldsymbol{M}_{n\times r}$.

P. 15. 13 设 $A\in \boldsymbol{M}_n$ 是对称阵，且有相异的奇异值. 假设 $A=U\Sigma U^{\mathrm{T}}$ 以及 $A=V\Sigma V^{\mathrm{T}}$ 是 A 的奇异值分解. 证明 $U=VD$，其中 $D=\operatorname{diag}(d_1, d_2, \cdots, d_n)$，且对每个 $i=1$，2，…，$n-1$，都有 $d_i=\pm 1$. 如果 A 是可逆的，那么 $d_n=\pm 1$. 如果 A 不可逆，证明 d_n 可以是模为 1 的任何复数.

P. 15. 14 设 $A\in \boldsymbol{M}_n$. 证明：A 是对称的，当且仅当它有极分解 $A=|A|^{\mathrm{T}}U=U|A|$，其中酉因子 U 是对称的.

P. 15. 15 设 $A\in \boldsymbol{M}_{m\times n}$，又设 c 是一个非零的纯量. 证明 $(A^{\mathrm{T}})^{\dagger}=(A^{\dagger})^{\mathrm{T}}$，$(A^*)^{\dagger}=(A^{\dagger})^*$，$(\overline{A})^{\dagger}=\overline{A^{\dagger}}$，$(cA)^{\dagger}=c^{-1}A^{\dagger}$.

P. 15. 16 设 $A\in \boldsymbol{M}_{m\times n}(\mathbb{F})$，而 B，$C\in \boldsymbol{M}_{n\times m}(\mathbb{F})$，并且考虑 Penrose 等式(Penrose identity)

$$(AB)^*=AB, \quad (BA)^*=BA, \quad ABA=A, \quad BAB=B. \tag{15.9.1}$$

(a)验证 $B=A^{\dagger}$ 满足这些等式.

(b)如果 $(AC)^*=AC$，$(CA)^*=CA$，$ACA=A$，$CAC=C$，通过验证下列每一步的正当性来证明 $B=C$：

$$\begin{aligned} B &= B(AB)^*=BB^*A^*=B(AB)^*(AC)^*=BAC \\ &=(BA)^*(CA)^*C=A^*C^*C=(CA)^*C=C. \end{aligned}$$

(c)推出结论：$B=A^{\dagger}$ 当且仅当 B 满足等式(15. 9. 1)时成立.

P. 15. 17 验证：

$$A^{\dagger}=\frac{1}{10}\begin{bmatrix}-2 & -1 & 0 & 1 & 2\\ 6 & 4 & 2 & 0 & -2\end{bmatrix}$$

367 是例 7.5.7 中矩阵 A 的伪逆，并证明 $A^{\dagger}\boldsymbol{y}$ 给出那个例子里最小平方直线的参数.

P. 15. 18 设 $A\in\boldsymbol{M}_{m\times n}(\mathbb{F})$的秩为 $r\geqslant 1$，又设 $A=RS$ 是一个满秩分解，见定理 3.2.15. 证明 $R^{*}AS^{*}$ 可逆. 通过验证 $S^{*}(R^{*}AS^{*})^{-1}R^{*}$ 满足等式(15.9.1)来证明

$$A^{\dagger}=S^{*}(R^{*}AS^{*})^{-1}R^{*} \tag{15.9.2}$$

如果 A 的秩较低，这有可能是计算伪逆的一个有效的方法.

P. 15. 19 假设 $A\in\boldsymbol{M}_n$ 可逆. 利用(15.9.1)以及(15.9.2)来计算 $A^{\dagger}$.

P. 15. 20 设 $\boldsymbol{x}\in\mathbb{F}^m$以及 $\boldsymbol{y}\in\mathbb{F}^n$是非零的向量，设 $A=\boldsymbol{x}\boldsymbol{y}^{*}$. 利用(15.9.2)证明 $A^{\dagger}=\|\boldsymbol{x}\|_2^{-2}\|\boldsymbol{y}\|_2^{-2}A^{*}$. 如果 A 是全 1 矩阵，$A^{\dagger}$ 又如何？

P. 15. 21 设 $\Lambda=\mathrm{diag}(\lambda_1, \lambda_2, \cdots, \lambda_n)\in\boldsymbol{M}_n$. 证明 $\Lambda^{\dagger}=[\lambda_1]^{\dagger}\oplus[\lambda_2]^{\dagger}\oplus\cdots\oplus[\lambda_n]^{\dagger}$.

P. 15. 22 如果 $A\in\boldsymbol{M}_n$ 是正规的，且 $A=U\Lambda U^{*}$ 是谱分解，证明 $A^{\dagger}=U\Lambda^{\dagger}U^{*}$.

P. 15. 23 设

$$A=\begin{bmatrix}1 & 0\\ 0 & 2\end{bmatrix},\quad B=\begin{bmatrix}1 & 1\\ 1 & 1\end{bmatrix}.$$

证明$(AB)^{\dagger}\neq B^{\dagger}A^{\dagger}$.

P. 15. 24 设 $A\in\boldsymbol{M}_n$ 可逆. 求一个不可逆的矩阵 $B\in\boldsymbol{M}_n$，使得 $\|A-B\|_F=\|A-B\|_2=\sigma_{\min}(A)$.

P. 15. 25 如果 $A\in\boldsymbol{M}_n$ 是对称阵，证明 $A^{\dagger}$ 是对称的.

P. 15. 26 设 $A\in\boldsymbol{M}_n$ 是幂等的.

(a)证明 $I-A$ 是幂等的.

(b)证明 A 与 $I-A$ 有同样的大于 1 的奇异值(如果有的话).

(c)如果 $A\neq 0$ 且 $A\neq I$，证明 A 的最大的奇异值等于 $I-A$ 的最大的奇异值.

P. 15. 27 设 A，$B\in\boldsymbol{M}_n$ 是幂等的. 证明：A 与 B 是酉相似的，当且仅当它们有同样的奇异值.

P. 15. 28 证明：例 7.3.16 中的幂等矩阵与$\begin{bmatrix}1 & 3\\ 0 & 0\end{bmatrix}$酉相似，后者是一个形如(7.7.2)的矩阵.

P. 15. 29 设 $A\in\boldsymbol{M}_n$ 的秩为 $r\geqslant 1$，设 $\sigma_1\geqslant\sigma_2\geqslant\cdots\geqslant\sigma_r>0$ 是 A 的正的奇异值，并假设 A 是指数为 2 的幂零阵，即有 $A^2=0$.

(a)证明 A 酉相似于

$$\begin{bmatrix}0 & \sigma_1\\ 0 & 0\end{bmatrix}\oplus\cdots\oplus\begin{bmatrix}0 & \sigma_r\\ 0 & 0\end{bmatrix}\oplus 0_{n-2r}. \tag{15.9.3}$$

提示： 采用定理 15.8.1 的证明.

(b)如果 A 是实的，证明它与(15.9.3)实正交相似.

P. 15. 30 设 A，$B\in\boldsymbol{M}_n$，并假设 $A^2=0=B^2$. 证明：A 与 B 酉相似，当且仅当它们有相

同的奇异值.

P. 15. 31 (a)证明:

$$C=\begin{bmatrix}1 & \tau \\ 0 & -1\end{bmatrix}, \quad \tau>0$$

满足 $C^2=I$.

(b)计算 C 的奇异值，证明它们是倒数，并说明为什么它们中有一个大于 1. 368

P. 15. 32 设 $A\in\boldsymbol{M}_n$，并假设 A 是对合矩阵. 设 $\sigma_1\geqslant\sigma_2\geqslant\cdots\geqslant\sigma_k>1$ 是 A 的大于 1 的奇异值(如果有的话).

(a)证明 $\operatorname{spec}A\subseteq\{1, -1\}$.

(b)证明：A 的奇异值是 σ_1，σ_1^{-1}，σ_2，σ_2^{-1}，…，σ_k，σ_k^{-1}，再加上 1(重数为 $n-2k$). **提示**：$(AA^*)^{-1}=A^*A$.

P. 15. 33 设 $A\in\boldsymbol{M}_n$.

(a)证明：A 是幂等的，当且仅当 $2A-I$ 是一个对合阵.

(b)证明：A 是对合阵，当且仅当 $\frac{1}{2}(A+I)$ 是幂等阵.

P. 15. 34 设 $A\in\boldsymbol{M}_n(\mathbb{F})$，而 p 是 1 作为 A 的特征值的重数，令 k 为 A 的大于 1 的奇异值的个数. 证明：A 是对合矩阵，当且仅当存在一个酉矩阵 $U\in\boldsymbol{M}_n(\mathbb{F})$ 以及正实数 τ_1，τ_2，…，τ_k，使得

$$U^*AU=\begin{bmatrix}1 & \tau_1 \\ 0 & -1\end{bmatrix}\oplus\cdots\oplus\begin{bmatrix}1 & \tau_k \\ 0 & -1\end{bmatrix}\oplus I_{p-k}\oplus(-I_{n-p-k}). \tag{15.9.4}$$

提示：利用上一个问题以及(15.8.2).

P. 15. 35 设 A，$B\in\boldsymbol{M}_n$，并假设 $A^2=I=B^2$. 证明：A 与 B 是酉相似的，当且仅当它们有相同的奇异值，且 $+1$ 是它们中每一个有同样重数的特征值.

P. 15. 36 设 $A\in\boldsymbol{M}_{m\times n}$. 证明：$\|A\|_2\leqslant1$，当且仅当 I_n-A^*A 是半正定的. 满足这些条件中的随便哪个条件的矩阵称为是一个*短缩*(contraction).

P. 15. 37 设 $A\in\boldsymbol{M}_n$ 是正规矩阵，且设 $A=U\Lambda U^*$ 是谱分解.

(a)证明 $H(A)=UH(\Lambda)U^*$，见定义 12.6.6.

(b)如果 A 是一个短缩，证明：$H(A)=I$，当且仅当 $A=I$.

P. 15. 38 设 U，$V\in\boldsymbol{M}_n$ 是酉矩阵，并设 $C=\frac{1}{2}(U+V)$.

(a)证明 C 是一个短缩.

(b)证明：C 是酉矩阵，当且仅当 $U=V$.

P. 15. 39 设 $C\in\boldsymbol{M}_n$ 是一个短缩. 证明：存在酉矩阵 U，$V\in\boldsymbol{M}_n$，使得 $C=\frac{1}{2}(U+V)$. **提示**：如果 $0\leqslant\sigma\leqslant1$ 且 $s_\pm=\sigma\pm\mathrm{i}\sqrt{1-\sigma^2}$，那么 $\sigma=\frac{1}{2}(s_++s_-)$，$|s_\pm|=1$.

P. 15. 40　由上一个问题导出结论：每个方阵都是至多两个酉矩阵的线性组合. 相关的结果见 P. 13. 39.

P. 15. 41　设 A，$B\in \boldsymbol{M}_n$，并设 p 是一个多项式.

(a)证明 $Bp(AB)=p(BA)B$.

(b)如果 A 是一个短缩，利用(a)来证明

$$A^*(I-AA^*)^{1/2}=(I-A^*A)^{1/2}A^* \tag{15.9.5}$$

(c)利用(a)求解 P. 14. 21.

P. 15. 42　设 $A\in \boldsymbol{M}_n$. 利用奇异值分解来证明(15. 9. 5).

P. 15. 43　设 $A\in \boldsymbol{M}_n$. 证明：A 是一个短缩，当且仅当对某个 $m\geqslant n$，存在一个形如

$$U=\begin{bmatrix} A & B \\ C & D \end{bmatrix}\in \boldsymbol{M}_m$$

的分块矩阵，它是酉矩阵. 于是，每一个短缩都是某个酉矩阵的主子矩阵. **提示**：从 $B=(I-AA^*)^{1/2}$ 着手.

P. 15. 44　设 $A\in \boldsymbol{M}_n$ 是对合矩阵. 证明以下诸命题是等价的：

(a)A 是 Householder 矩阵.

369 (b)$\operatorname{rank}(A-I)=1$ 且 A 是酉矩阵.

(c)$\operatorname{rank}(A-I)=1$ 且 A 是正规矩阵.

(d)$\operatorname{rank}(A-I)=1$ 且 A 是一个短缩.

P. 15. 45　证明：非零幂等阵的谱范数可以是实数区间$[1, \infty)$里的任何数，但它不可能是实数区间$[0, 1)$里的任何数.

P. 15. 46　在导出上界(15. 6. 8)的同样的假设下，证明扰动线性方程组(15. 6. 5)的解中的相对误差有下界

$$\frac{1}{\kappa_2(A)}\frac{\|\Delta \boldsymbol{y}\|_2}{\|\boldsymbol{y}\|_2}\leqslant\frac{\|\Delta \boldsymbol{x}\|_2}{\|\boldsymbol{x}\|_2}.$$

P. 15. 47　用 $\kappa_F(A)=\|A\|_F\|A^{-1}\|_F$ 来定义可逆矩阵 $A\in \boldsymbol{M}_n$ 的 Frobenius 条件数(Frobenius condition number). 设 $B\in \boldsymbol{M}_n$ 可逆. 证明以下诸结论：

(a)$\kappa_F(AB)\leqslant\kappa_F(A)\kappa_F(B)$.

(b)$\kappa_F(A)\geqslant\sqrt{n}$.

(c)对任意非零的纯量 c，有 $\kappa_F(cA)=\kappa_F(A)$.

(d)$\kappa_F(A)=\kappa_F(A^*)=\kappa_F(\overline{A})=\kappa_F(A^{\mathrm{T}})$.

P. 15. 48　对于 15. 6 节中分析过的线性方程组中的相对误差，证明有上界

$$\frac{\|\Delta \boldsymbol{x}\|_2}{\|\boldsymbol{x}\|_2}\leqslant\kappa_F(A)\frac{\|\Delta \boldsymbol{y}\|_2}{\|\boldsymbol{y}\|_2}. \tag{15.9.6}$$

如果 A 是酉矩阵，将界限(15. 6. 8)与(15. 9. 6)进行比较，并讨论之.

P. 15. 49　设 $A=[A_{ij}]\in \boldsymbol{M}_{2n}$是 2×2 分块矩阵，每一个 $A_{ij}\in \boldsymbol{M}_n$. 设 $M=[\|A_{ij}\|_2]\in \boldsymbol{M}_2$. 设 $\boldsymbol{x}\in \mathbb{C}^{2n}$是单位向量，分划成 $\boldsymbol{x}=[\boldsymbol{x}_1^{\mathrm{T}}\boldsymbol{x}_2^{\mathrm{T}}]^{\mathrm{T}}$，其中 $\boldsymbol{x}_1$，$\boldsymbol{x}_2\in \mathbb{C}^n$. 对下面的计算

$$
\begin{aligned}
\| Ax \|_2 &= \left(\| A_{11} x_1 + A_{12} x_2 \|_2^2 + \| \cdots \|_2^2 \right)^{1/2} \\
&\leqslant \left((\| A_{11} \|_2 \| x_1 \|_2 + \| A_{12} \|_2 \| x_2 \|_2)^2 + (\cdots)^2 \right)^{1/2} \\
&= \left\| M \begin{bmatrix} \| x_1 \|_2 \\ \| x_2 \|_2 \end{bmatrix} \right\|_2 \leqslant \max\{ \| My \|_2 : y \in \mathbb{C}^2, \ \| y \|_2 = 1 \}.
\end{aligned}
$$

提供详细的过程. 并证明结论 $\| A \|_2 \leqslant \| M \|_2$.

P. 15. 50 设 $A=[A_{ij}]\in \boldsymbol{M}_{kn}$ 是 $k\times k$ 分块矩阵，每一个 $A_{ij}\in \boldsymbol{M}_n$. 设 $M=[\| A_{ij} \|_2]\in \boldsymbol{M}_k$. 证明 $\| A \|_2 \leqslant \| M \|_2$.

P. 15. 51 设 $A=[a_{ij}]\in \boldsymbol{M}_n$，令 $M=[\,|a_{ij}|\,]$. 证明 $\| A \|_2 \leqslant \| M \|_2$.

P. 15. 52 计算矩阵

$$
A=\begin{bmatrix} 1 & 1 \\ -1 & 1 \end{bmatrix} \quad \text{以及} \quad B=\begin{bmatrix} 1 & 1 \\ 0 & 1 \end{bmatrix}
$$

的谱范数. 导出结论：用零代替矩阵的一个元素可能增加它的谱范数. 关于 Frobenius 范数在这方面你有何结论?

P. 15. 53 设 $A\in \boldsymbol{M}_{n\times r}$，$B\in \boldsymbol{M}_{r\times n}$. 假设 $\operatorname{rank} A=\operatorname{rank} B=r\geqslant 1$. 证明 $A^{\dagger}=(A^*A)^{-1}A^*$，$B^{\dagger}=B^*(BB^*)^{-1}$. 370

P. 15. 54 设 $\mathbf{A}\in \boldsymbol{M}_{m\times n}$ 是非零矩阵，并假设 $A=XY$ 是满秩分解. 证明 $A^{\dagger}=Y^{\dagger}X^{\dagger}$.

15. 10 注记

特征值或线性方程组的解的误差界限自从 20 世纪 50 年代以来就一直在用数值分析方法进行研究. 有关于此的更多信息以及更加广泛的参考文献请见[GVL13].

例(15. 3. 9)的结构不是偶然的. 如果 $A\in \boldsymbol{M}_n$ 不是纯量矩阵，且 $\rho(A)=\| A \|_2$，那么 A 酉相似于一个形如 $\rho(A)I\oplus B$ 的矩阵，其中 $\rho(B)<\rho(A)$，且 $\| B \|_2\leqslant\rho(A)$. 作为其证明，请见[HJ13，问题 27，1. 5 节].

在泛函分析中，酉等价(见 P. 15. 7)指的是我们前面称之为酉相似的这一概念.

15. 11 一些重要的概念

- 用截断的奇异值分解逼近矩阵
- 最大的奇异值是次积性的范数：谱范数
- 酉相似、酉等价、特征值以及奇异值(定理 15. 3. 13)
- 矩阵的伪逆，线性方程组的极小范数解以及最小平方解
- 谱条件数
- 线性方程组的解的误差界限
- 特征值计算的误差界限(Bauer-Fike 定理)
- 复对称阵的奇异值分解(Autonne 定理)
- 幂等阵的酉相似(定理 15. 8. 1 以及 P. 15. 27) 371

第 16 章　交错与惯性

如果对一个阶为 n 的 Hermite 矩阵添加一个秩为 1 的 Hermite 矩阵，或者是对其加边得到一个阶为 $n+1$ 的 Hermite 矩阵而受到扰动，则各个矩阵的特征值由一种称之为交错的模式联系在一起. 我们利用子空间的交(定理 2.2.10 以及推论 2.2.17)来研究特征值的交错以及相关的 Weyl 不等式(定理 16.7.1). 我们要讨论特征值交错的应用，包括关于正定性的 Sylvester 主子式判别法、矩阵与其子矩阵之间的奇异值交错、Hermite 矩阵的特征值与其对角元素之间的优势不等式.

Sylvester 惯性定理(1852 年)是说：尽管 * 相合可以改变一个 Hermite 矩阵的所有非零的特征值，但是它不可能改变其中正的特征值的个数或者负的特征值的个数. 我们再次利用子空间的交来证明 Sylvester 定理，然后利用极分解来证明惯性定理向正规矩阵所做的一个推广的结果.

16.1　Rayleigh 商

Hermite 矩阵 $A=[a_{ij}]\in \boldsymbol{M}_n$ 的特征值是实的，所以我们可以将它们按照递增的次序排列

$$\lambda_1(A)\leqslant\lambda_2(A)\leqslant\cdots\leqslant\lambda_n(A).$$

如果只讨论一个矩阵，就将 $\lambda_i(A)$ 缩写成 λ_i. 许多与特征值有关的结论都依赖于以下结果：如果 $\boldsymbol{x}\in\mathbb{C}^n$ 不是零向量，那么比值

$$\frac{\langle A\boldsymbol{x},\ \boldsymbol{x}\rangle}{\langle \boldsymbol{x},\ \boldsymbol{x}\rangle}=\frac{\boldsymbol{x}^*A\boldsymbol{x}}{\boldsymbol{x}^*\boldsymbol{x}}$$

是 λ_n 的一个下界以及 λ_1 的一个上界. 这个原理是由 John William Strutt(Rayleigh 男爵三世，1904 年因发现氩而获得诺贝尔奖)发现的.

定理 16.1.1(Rayleigh)　设 $A\in\boldsymbol{M}_n$ 是 Hermite 阵，且有特征值 $\lambda_1\leqslant\lambda_2\leqslant\cdots\leqslant\lambda_n$ 以及对应的标准正交的特征向量 $\boldsymbol{u}_1$，$\boldsymbol{u}_2$，…，$\boldsymbol{u}_n\in\mathbb{C}^n$. 设 p，q 是整数，满足 $1\leqslant p\leqslant q\leqslant n$. 如果 $\boldsymbol{x}\in\operatorname{span}\{\boldsymbol{u}_p,\ \boldsymbol{u}_{p+1},\ \cdots,\ \boldsymbol{u}_q\}$ 是一个单位向量，那么

$$\lambda_p\leqslant\langle A\boldsymbol{x},\ \boldsymbol{x}\rangle\leqslant\lambda_q. \tag{16.1.2}$$

证明　向量组 $\boldsymbol{u}_p$，$\boldsymbol{u}_{p+1}$，…，$\boldsymbol{u}_q$ 是 $\operatorname{span}\{\boldsymbol{u}_p,\ \boldsymbol{u}_{p+1},\ \cdots,\ \boldsymbol{u}_q\}$ 的一组标准正交基. 定理
372 5.2.5 确保

$$\boldsymbol{x}=\sum_{i=p}^{q}c_i\boldsymbol{u}_i,$$

其中每一个 $c_i=\langle\boldsymbol{x},\ \boldsymbol{u}_i\rangle$，且有

$$\sum_{i=p}^{q} |c_i|^2 = \|x\|_2^2 = 1. \tag{16.1.3}$$

特征值的次序以及(16.1.3)确保

$$\lambda_p = \sum_{i=p}^{q}\lambda_p |c_i|^2 \leqslant \sum_{i=p}^{q}\lambda_i |c_i|^2 \leqslant \sum_{i=p}^{q}\lambda_q |c_i|^2 = \lambda_q. \tag{16.1.4}$$

现在计算给出

$$\begin{aligned}\langle A\boldsymbol{x},\boldsymbol{x}\rangle &= \left\langle \sum_{i=p}^{q} c_i A\boldsymbol{u}_i, \boldsymbol{x}\right\rangle = \left\langle \sum_{i=p}^{q} c_i\lambda_i\boldsymbol{u}_i, \boldsymbol{x}\right\rangle \\ &= \sum_{i=p}^{q}\lambda_i c_i\langle \boldsymbol{u}_i,\boldsymbol{x}\rangle = \sum_{i=p}^{q}\lambda_i c_i \overline{c_i} = \sum_{i=p}^{q}\lambda_i |c_i|^2.\end{aligned}$$

(16.1.4)的中间一项是$\langle A\boldsymbol{x}, \boldsymbol{x}\rangle$，这就验证了(16.1.2). ■

(16.1.2)中的上界取 $\boldsymbol{x}=\boldsymbol{u}_q$ 即可得到，而下界取 $\boldsymbol{x}=\boldsymbol{u}_p$ 即可得到. 这样一来就有

$$\min_{\substack{\boldsymbol{x}\in\mathcal{U}\\ \|\boldsymbol{x}\|_2=1}} \langle A\boldsymbol{x}, \boldsymbol{x}\rangle=\lambda_p, \qquad \max_{\substack{\boldsymbol{x}\in\mathcal{U}\\ \|\boldsymbol{x}\|_2=1}} \langle A\boldsymbol{x}, \boldsymbol{x}\rangle=\lambda_q, \tag{16.1.5}$$

其中 $\mathcal{U}=\operatorname{span}\{\boldsymbol{u}_p, \boldsymbol{u}_{p+1}, \cdots, \boldsymbol{u}_q\}$. 如果 $p=1$ 且 $q=n$，那么 $\mathcal{U}=\mathbb{C}^n$，而(16.1.5)就变成

$$\min_{\|\boldsymbol{x}\|_2=1} \langle A\boldsymbol{x}, \boldsymbol{x}\rangle=\lambda_1, \qquad \max_{\|\boldsymbol{x}\|_2=1} \langle A\boldsymbol{x}, \boldsymbol{x}\rangle=\lambda_n.$$

由此得出，对任何单位向量 $\boldsymbol{x}$ 都有

$$\lambda_1\leqslant \langle A\boldsymbol{x}, \boldsymbol{x}\rangle\leqslant\lambda_n. \tag{16.1.6}$$

例如，如果 $\boldsymbol{x}=\boldsymbol{e}_i$，那么$\langle A\boldsymbol{e}_i, \boldsymbol{e}_i\rangle=a_{ii}$是 A 的对角元素，而(16.1.6)则告诉我们

$$\lambda_1\leqslant a_{ii}\leqslant\lambda_n, \quad i=1, 2, \cdots, n. \tag{16.1.7}$$

例 16.1.8 设

$$A=\begin{bmatrix}6 & 3 & 0 & 3\\ 3 & -2 & 5 & 2\\ 0 & 5 & -2 & 3\\ 3 & 2 & 3 & 4\end{bmatrix}.$$

不等式(16.1.7)告诉我们 $\lambda_1\leqslant-2$，$\lambda_4\geqslant6$. 由(16.1.6)对于单位向量 $\boldsymbol{x}$ 还可以得到更进一步的界限. 例如，取 $\boldsymbol{x}=\begin{bmatrix}\frac{1}{2} & \frac{1}{2} & \frac{1}{2} & \frac{1}{2}\end{bmatrix}^{\mathrm{T}}\in\mathbb{R}^4$，我们得到$\langle A\boldsymbol{x}, \boldsymbol{x}\rangle=9.5$. 取 $\boldsymbol{x}=\begin{bmatrix}\frac{1}{2} & -\frac{1}{2} & \frac{1}{2} & -\frac{1}{2}\end{bmatrix}^{\mathrm{T}}$，我们得到$\langle A\boldsymbol{x}, \boldsymbol{x}\rangle=-4.5$，所以 $\lambda_1\leqslant-4.5$，$\lambda_4\geqslant9.5$. 373

16.2 Hermite 阵之和的特征值交错

例 16.2.1 考虑 Hermite 矩阵

$$A=\begin{bmatrix}6 & 3 & 0 & 3\\ 3 & -2 & 5 & 2\\ 0 & 5 & -2 & 3\\ 3 & 2 & 3 & 4\end{bmatrix}, \quad E=\begin{bmatrix}4 & -2 & 0 & 2\\ -2 & 1 & 0 & -1\\ 0 & 0 & 0 & 0\\ 2 & -1 & 0 & 1\end{bmatrix}.$$

精确到十进制两位小数给出

$$\operatorname{spec} A=\{-7.46,\ 0.05,\ 3.22,\ 10.29\}$$
$$\operatorname{spec} E=\{0,\ 0,\ 0,\ 6\}$$
$$\operatorname{spec}(A+E)=\{-6.86,\ 0.74,\ 4.58,\ 13.54\}$$
$$\operatorname{spec}(A-E)=\{-8.92,\ -1.98,\ 2.21,\ 8.70\}.$$

A 与 $A\pm E$ 的按照递增次序排列的特征值满足

$$\lambda_1(A)<\lambda_1(A+E)<\lambda_2(A)<\lambda_2(A+E)<\lambda_3(A)<\lambda_3(A+E),$$
$$\lambda_1(A-E)<\lambda_1(A)<\lambda_2(A-E)<\lambda_2(A)<\lambda_3(A-E)<\lambda_3(A).$$

把半正定矩阵 E 加到 A 上增加了它的每一个特征值，而从 A 中减去 E 则减小了它的每个特征值. $A\pm E$ 的特征值与 A 的特征值产生交错. 图 16.1 描绘了这个例子里的特征值交错.

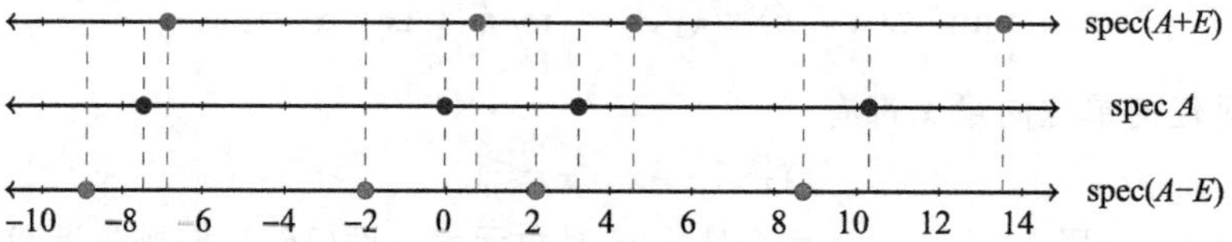

图 16.1 例 16.2.1 中的 A 与 $A\pm E$ 的特征值，$\operatorname{rank} E=1$

上面例子里的特征值交错的模式不是偶然发生的.

定理 16.2.2 设 A，$E\in \mathbf{M}_n$ 是 Hermite 阵，并假设 E 是半正定的，且秩为 1. 则 A 与 $A\pm E$ 的按照递增次序排列的特征值满足

$$\lambda_i(A)\leqslant\lambda_i(A+E)\leqslant\lambda_{i+1}(A)\leqslant\lambda_n(A+E),\quad i=1,2,\cdots,n-1, \tag{16.2.3}$$
$$\lambda_1(A-E)\leqslant\lambda_i(A)\leqslant\lambda_{i+1}(A-E)\leqslant\lambda_{i+1}(A),\quad i=1,2,\cdots,n-1. \tag{16.2.4}$$

证明 设 $\boldsymbol{u}_1$，$\boldsymbol{u}_2$，…，$\boldsymbol{u}_n$ 与 $\boldsymbol{v}_1$，$\boldsymbol{v}_2$，…，$\boldsymbol{v}_n$ 分别是与 A 以及 $A+E$ 的按照递增次序

374 排列的特征值对应的标准正交的特征向量. 固定 $i\in\{1,2,\cdots,n-1\}$.

设

$$\mathcal{U}=\operatorname{span}\{\boldsymbol{u}_1,\boldsymbol{u}_2,\cdots,\boldsymbol{u}_{i+1}\},$$
$$\mathcal{V}=\operatorname{span}\{\boldsymbol{v}_i,\boldsymbol{v}_{i+1},\cdots,\boldsymbol{v}_n\},$$
$$\mathcal{W}=\operatorname{null} E.$$

则有 $\dim\mathcal{U}=i+1$，$\dim\mathcal{V}=n-i+1$，$\dim\mathcal{W}=n-\operatorname{rank}E=n-1$. 因为

$$\dim\mathcal{U}+\dim\mathcal{V}=n+2.$$

所以推论 2.2.17(b)确保 $\dim(\mathcal{U}\cap\mathcal{V})\geqslant 2$. 由于

$$\dim(\mathcal{U}\cap\mathcal{V})+\dim\mathcal{W}\geqslant 2+(n-1)=n+1.$$

所以推论 2.2.17(a)确保存在一个单位向量 $\boldsymbol{x}\in\mathcal{U}\cap\mathcal{V}\cap\mathcal{W}$. 利用定理 16.1.1 计算给出

$$\begin{aligned}\lambda_i(A+E)&\leqslant\langle(A+E)\boldsymbol{x},\ \boldsymbol{x}\rangle && (\text{因为 } \boldsymbol{x}\in\mathcal{V})\\&=\langle A\boldsymbol{x},\ \boldsymbol{x}\rangle+\langle E\boldsymbol{x},\ \boldsymbol{x}\rangle\\&=\langle A\boldsymbol{x},\ \boldsymbol{x}\rangle && (\text{因为 } \boldsymbol{x}\in\mathcal{W})\\&\leqslant\lambda_{i+1}(A) && (\text{因为 } \boldsymbol{x}\in\mathcal{U})\end{aligned}$$

现在设

$$\mathcal{U}=\operatorname{span}\{\boldsymbol{u}_i,\ \boldsymbol{u}_{i+1},\ \cdots,\ \boldsymbol{u}_n\},\qquad \mathcal{V}=\operatorname{span}\{\boldsymbol{v}_1,\ \boldsymbol{v}_2,\ \cdots,\ \boldsymbol{v}_i\}$$

则有 $\dim\mathcal{U}=n-i+1$，$\dim\mathcal{V}=i$，所以

$$\dim\mathcal{U}+\dim\mathcal{V}=n+1$$

推论 2.2.17(a)确保存在一个单位向量 $\boldsymbol{x}\in\mathcal{U}\cap\mathcal{V}$. 利用定理 16.1.1 以及 E 是半正定的这一事实计算出

$$\begin{aligned}\lambda_i(A)&\leqslant\langle A\boldsymbol{x},\ \boldsymbol{x}\rangle && (\text{因为 } \boldsymbol{x}\in\mathcal{U})\\&\leqslant\langle A\boldsymbol{x},\ \boldsymbol{x}\rangle+\langle E\boldsymbol{x},\ \boldsymbol{x}\rangle && (\text{因为}\langle E\boldsymbol{x},\ \boldsymbol{x}\rangle\geqslant 0)\\&=\langle(A+E)\boldsymbol{x},\ \boldsymbol{x}\rangle\\&\leqslant\lambda_i(A+E). && (\text{因为 } \boldsymbol{x}\in\mathcal{V})\end{aligned}$$

现在我们就证明了交错不等式(16.2.3). 在(16.2.3)中用 $A-E$ 代替 A，并且用 A 代替 $A+E$ 就得到(16.2.4). ■

上面的定理给出了 Hermite 阵 $A\in\boldsymbol{M}_n$ 在被添加或者减去一个秩为 1 的半正定的 Hermite 阵 E 的扰动之后所得的特征值的界限. 无论 E 的元素有多大，诸特征值 $\lambda_2(A\pm E)$，$\lambda_3(A\pm E)$，…，$\lambda_{n-1}(A\pm E)$依然被限定在 A 的一对相邻的特征值所夹的区间之中. 由于任何 Hermite 阵 H 都是秩为 1 的 Hermite 矩阵的实线性组合，因此可以反复应用定理 16.2.2 来求 $A+H$ 的特征值的界限. 例如，下面的推论考虑了 H 至多只有一个正的特征值且至多只有一个负的特征值的情形. 我们要在下一节里把它用在加边矩阵的讨论中. 375

推论 16.2.5 设 A，$H\in\boldsymbol{M}_n$ 是 Hermite 阵，$\operatorname{rank}H\leqslant 2$. 如果 H 至多只有一个正的特征值且至多只有一个负的特征值，那么 A 与 $A+H$ 的按照递增次序排列的特征值满足

$$\lambda_1(A+H)\leqslant\lambda_2(A),\tag{16.2.6}$$

$$\lambda_{i-1}(A)\leqslant\lambda_i(A+H)\leqslant\lambda_{i+1}(A),\quad i=2,\ 3,\ \cdots,\ n-1,\tag{16.2.7}$$

$$\lambda_{n-1}(A)\leqslant\lambda_n(A+H).\tag{16.2.8}$$

证明 设 γ_1 与 γ_n 是 H 的最小与最大的特征值(我们知道 $\gamma_1\leqslant 0$ 以及 $\gamma_n\geqslant 0$)，又设 $\boldsymbol{v}_1$ 与 $\boldsymbol{v}_n$ 是与之对应的标准正交的特征向量. 谱定理确保 $H=-E_1+E_2$，其中 $E_1=-\gamma_1\boldsymbol{v}_1\boldsymbol{v}_1^*$ 与 $E_2=\gamma_n\boldsymbol{v}_n\boldsymbol{v}_n^*$ 的秩都为 1，且都是半正定的. 对于 $i\in\{2,\ 3,\ \cdots,\ n-1\}$，计算给出

$$\begin{aligned}\lambda_{i-1}(A)&\leqslant\lambda_i(A-E_1) && (\text{根据}(16.2.4))\\&\leqslant\lambda_i(A-E_1+E_2) && (\text{根据}(16.2.3))\end{aligned}$$

$$
\begin{aligned}
&=\lambda_i(A+H)\\
&\leqslant\lambda_{i+1}(A-E_1) \qquad\qquad (根据(16.2.3))\\
&\leqslant\lambda_{i+1}(A) \qquad\qquad\quad (根据(16.2.4)).
\end{aligned}
$$

这就证明了(16.2.7). 现在计算给出

$$\lambda_1(A-E_1+E_2)\leqslant\lambda_1(A+E_2)\leqslant\lambda_2(A) \quad (根据(16.2.4)以及(16.2.3)).$$

再次借助(16.2.4)与(16.2.3)得到

$$\lambda_{n-1}(A)\leqslant\lambda_n(A-E_1)\leqslant\lambda_n(A-E_1+E_2)=\lambda_n(A+H).$$

这就证明了(16.2.6)以及(16.2.8). ■

例 16.2.9 设

$$A=\begin{bmatrix}1&1&1&0&1\\1&3&0&0&0\\1&0&5&0&0\\0&0&0&7&0\\1&0&0&0&9\end{bmatrix},\quad H=\begin{bmatrix}-1&-1&0&0&0\\-1&-1&0&0&0\\0&0&1&1&1\\0&0&1&1&1\\0&0&1&1&1\end{bmatrix}.$$

精确到两位小数给出

$$\operatorname{spec}H=\{-2,0,0,0,3\},$$
$$\operatorname{spec}A=\{0.30,3.32,5.25,7.00,9.13\},$$
$$\operatorname{spec}(A+H)=\{-0.24,2.00,5.63,7.72,10.90\}.$$

这样就有

$$
\begin{aligned}
\lambda_1(A+H)&<\lambda_2(A),\\
\lambda_1(A)<\lambda_2(A+H)&<\lambda_3(A),\\
\lambda_2(A)<\lambda_3(A+H)&<\lambda_4(A),\\
\lambda_3(A)<\lambda_4(A+H)&,
\end{aligned}
$$

376 这与上一个推论中的不等式是一致的，见图 16.2.

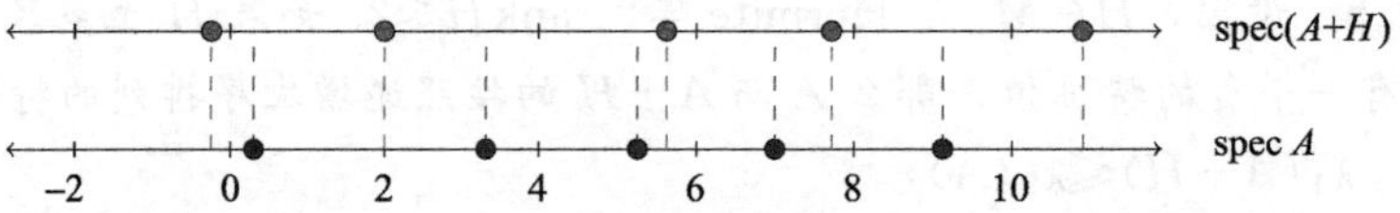

图 16.2 例 16.2.9 中的 A 与 $A+H$ 的特征值，$\operatorname{rank}H=2$. H 有一个正的以及一个负的特征值

16.3 加边 Hermite 阵的特征值交错

现在我们来研究出现特征值交错的另外一种境况.

例 16.3.1 设

$$A=\begin{bmatrix}4&-2&1&3&1\\-2&6&4&-1&-3\\1&4&4&-1&-2\\3&-1&-1&2&-2\\1&-3&-2&-2&-2\end{bmatrix}=\begin{bmatrix}B&\boldsymbol{y}\\\boldsymbol{y}^*&c\end{bmatrix},$$

其中

$$B=\begin{bmatrix}4&-2&1&3\\-2&6&4&-1\\1&4&4&-1\\3&-1&-1&2\end{bmatrix},\quad \boldsymbol{y}=\begin{bmatrix}1\\-3\\-2\\-2\end{bmatrix},\quad c=-2.$$

精确到两位小数，得到

$$\operatorname{spec}A=\{-4.38,\ -0.60,\ 2.15,\ 6.15,\ 10.68\},$$
$$\operatorname{spec}B=\{-1.18,\ 1.38,\ 5.91,\ 9.88\}.$$

A 与 B 的按照递增次序排列的特征值满足

$$\lambda_1(A)<\lambda_1(B)<\lambda_2(A)<\lambda_2(B)<\lambda_3(A)<\lambda_3(B)<\lambda_4(A)<\lambda_4(B)<\lambda_5(A),$$

见图 16.3 的头两行.

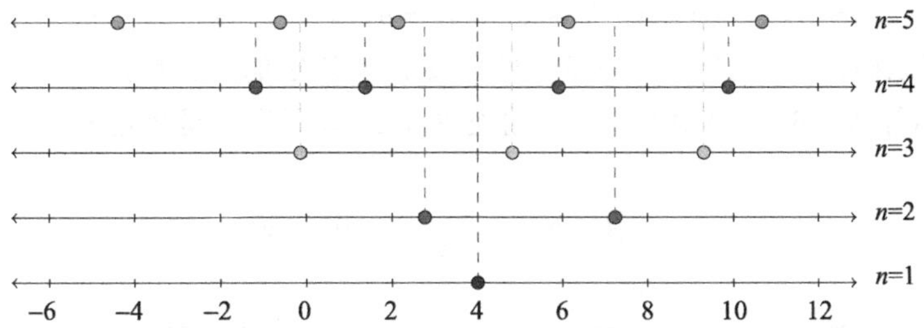

图 16.3 例 16.3.1 中 A 的 $n\times n$ 首主子矩阵的谱(对于 $n=1, 2, 3, 4, 5$). $n=5$ 对应于 A，而 $n=4$ 对应于 B

为了理解上一个例子中的交错模式，我们首先研究一个特殊的情形.

引理 16.3.2 设 $\boldsymbol{y}\in\mathbb{C}^n$，$c\in\mathbb{R}$. 那么

$$H=\begin{bmatrix}0_n&\boldsymbol{y}\\\boldsymbol{y}^*&c\end{bmatrix}\in\boldsymbol{M}_{n+1}$$

是 Hermite 阵，$\operatorname{rank}H\leqslant 2$，而且 H 有至多一个负的特征值以及至多一个正的特征值.

证明 如果 $\boldsymbol{y}=\boldsymbol{0}$，那么 $H=0_n\oplus[c]$，所以 $\operatorname{rank}H\leqslant 1$，且 $\operatorname{spec}H=\{0, c\}$. 377

现在假设 $\boldsymbol{y}\neq\boldsymbol{0}$. 加边矩阵的行列式的 Cauchy 展开式(3.4.13)告诉我们

$$p_H(z)=\det\begin{bmatrix}zI_n&-\boldsymbol{y}\\-\boldsymbol{y}^*&z-c\end{bmatrix}=(z-c-\boldsymbol{y}^*(zI_n)^{-1}\boldsymbol{y})\det(zI_n)$$

$$=\left(z-c-\frac{\|\boldsymbol{y}\|_2^2}{z}\right)z^n=(z^2-cz-\|\boldsymbol{y}\|_2^2)z^{n-1}.$$

$p_H(z)$的零点是 0(重数为 $n-1$)以及$(c\pm(c^2+4\|\boldsymbol{y}\|_2^2)^{1/2})/2$. 在后面的那对零点里，一个是正的

$$\frac{1}{2}(c+\sqrt{c^2+4\|\boldsymbol{y}\|_2^2})>\frac{1}{2}(c+|c|)\geqslant 0,$$

而另一个是负的

$$\frac{1}{2}(c-\sqrt{c^2+4\|\boldsymbol{y}\|_2^2})<\frac{1}{2}(c-|c|)\leqslant 0.$$ ■

定理 16.3.3 设 $B\in\boldsymbol{M}_n$ 是 Hermite 阵，$\boldsymbol{y}\in\mathbb{C}^n$，$c\in\mathbb{R}$，

$$A=\begin{bmatrix} B & \boldsymbol{y} \\ \boldsymbol{y}^* & c \end{bmatrix}\in\boldsymbol{M}_{n+1}.$$

那么 A 是 Hermite 阵，且 A 与 B 的按照递增次序排列的特征值满足

$$\lambda_i(A)\leqslant\lambda_i(B)\leqslant\lambda_{i+1}(A),\quad i=1,2,\cdots,n. \tag{16.3.4}$$

证明 将 μ 添加到(16.3.4)中的三项的每一项之中就得到等价的不等式

$$\lambda_i(A)+\mu\leqslant\lambda_i(B)+\mu\leqslant\lambda_{i+1}(A)+\mu,\quad i=1,2,\cdots,n. \tag{16.3.5}$$

由于 $\lambda_i(A)+\mu=\lambda_i(A+\mu I)$，$\lambda_i(B)+\mu=\lambda_i(B+\mu I)$，因此不等式(16.3.5)等价于

$$\lambda_i(A+\mu I)\leqslant\lambda_i(B+\mu I)\leqslant\lambda_{i+1}(A+\mu I),\quad i=1,2,\cdots,n.$$

适当选取 μ，可以确保 $B+\mu I$ 要么是正定的，要么是负定的. 于是，不失一般性，我们可
378 以在结论中的不等式(16.3.4)中假设 B 是正定的，或者假设它是负定的.

设

$$D=\begin{bmatrix} B & \boldsymbol{0} \\ \boldsymbol{0}^{\mathrm{T}} & 0 \end{bmatrix},\quad H=\begin{bmatrix} 0_n & \boldsymbol{y} \\ \boldsymbol{y}^* & c \end{bmatrix}.$$

那么 $A=D+H$. 引理 16.3.2 确保 H 至多有一个正的特征值以及至多有一个负的特征值. 推论 16.2.5 给出

$$\lambda_1(A)\leqslant\lambda_2(D), \tag{16.3.6}$$

$$\lambda_{i-1}(D)\leqslant\lambda_i(A)\leqslant\lambda_{i+1}(D),\quad i=2,3,\cdots,n, \tag{16.3.7}$$

$$\lambda_n(D)\leqslant\lambda_{n+1}(A). \tag{16.3.8}$$

由于 $D=B\oplus[0]$，因此

$$\operatorname{spec}D=\{\lambda_1(B),\lambda_2(B),\cdots,\lambda_n(B),0\}.$$

首先假设 B 是正定的. 那么 D 的 $n+1$ 个按照递增次序排列的特征值是

$$0\leqslant\lambda_1(B)\leqslant\lambda_2(B)\leqslant\cdots\leqslant\lambda_n(B),$$

也就是说，对每个 $i=1,2,\cdots,n$，有 $\lambda_1(D)=0$，$\lambda_{i+1}(D)=\lambda_i(B)$. 不等式(16.3.6)就是

$$\lambda_1(A)\leqslant\lambda_2(D)=\lambda_1(B),$$

而(16.3.7)右边的不等式是

$$\lambda_i(A)\leqslant\lambda_{i+1}(D)=\lambda_i(B),\quad i=2,3,\cdots,n.$$

这就证明了(16.3.4)左边的不等式.

现在假设 B 是负定的. 在此情形，D 的 $n+1$ 个按照递增次序排列的特征值是

$$\lambda_1(B)\leqslant\lambda_2(B)\leqslant\cdots\leqslant\lambda_n(B)\leqslant 0,$$

所以对每个 $i=1,2,\cdots,n$，有 $\lambda_i(D)=\lambda_i(B)$，$\lambda_{n+1}(D)=0$. 不等式(16.3.8)就是

$$\lambda_n(B)=\lambda_n(D)\leqslant\lambda_{n+1}(A).$$

(16.3.6)左边的不等式是

$$\lambda_{i-1}(B)=\lambda_{i-1}(D)\leqslant\lambda_i(A),\quad i=2,3,\cdots,n,$$

也就是

$$\lambda_i(B)\leqslant\lambda_{i+1}(A),\quad i=1,2,\cdots,n-1. \tag{16.3.9}$$

这就证明了(16.3.4)右边的不等式. ■

上面定理的第一个推论是关于奇异值的一个交错定理. 在证明中，我们需要处理两个有冲突的约定：奇异值通常是指数按照递减次序排列的，而特征值则通常是指数按照递增次序排列的. 379

推论 16.3.10 设 $n\geqslant 2$，$A\in\boldsymbol{M}_n$. 删除 A 的一行或者一列，并用 B 来记得到的矩阵，得到的矩阵或者在 $\boldsymbol{M}_{(n-1)\times n}$ 之中，或者在 $\boldsymbol{M}_{n\times(n-1)}$ 之中. 则 A 与 B 的按照递减次序排列的奇异值满足

$$\sigma_i(A)\geqslant\sigma_i(B)\geqslant\sigma_{i+1}(A),\quad i=1,2,\cdots,n-1. \tag{16.3.11}$$

证明 假设删去的是一行，将去掉的这一行记为 $\boldsymbol{y}^*\in\boldsymbol{M}_{1\times n}$. 设 P 是置换矩阵，使得

$$PA=\begin{bmatrix}B\\ \boldsymbol{y}^*\end{bmatrix}.$$

定理 15.3.13(a)确保 A 与 PA 有同样的奇异值，这些奇异值的平方正是加边矩阵

$$P(AA^*)P^{\mathrm{T}}=(PA)(PA)^*=\begin{bmatrix}BB^* & B\boldsymbol{y}\\ \boldsymbol{y}^*B^* & \boldsymbol{y}^*\boldsymbol{y}\end{bmatrix}$$

的特征值. 将它们按照递增次序排列，AA^* 的特征值是

$$\sigma_n^2(A)\leqslant\sigma_{n-1}^2(A)\leqslant\cdots\leqslant\sigma_1^2(A),$$

即

$$\lambda_i(AA^*)=\sigma_{n-i+1}^2(A),\quad i=1,2,\cdots,n.$$

BB^* 的按照递增次序排列的特征值是

$$\sigma_{n-1}^2(B)\leqslant\sigma_{n-2}^2(B)\leqslant\cdots\leqslant\sigma_1^2(B),$$

即

$$\lambda_i(BB^*)=\sigma_{n-i}^2(B),\quad i=1,2,\cdots,n-1.$$

现在借助(16.3.4)，它是说 BB^* 的按照递增次序排列的特征值与 AA^* 的按照递增次序排列的特征值交错排列，也就是

$$\sigma_{n-i+1}^2(A)\leqslant\sigma_{n-i}^2(B)\leqslant\sigma_{n-i}^2(A),\quad i=1,2,\cdots,n-1.$$

在下标中做变量替换得到

$$\sigma_i^2(A)\geqslant\sigma_i^2(B)\geqslant\sigma_{i+1}^2(A),\quad i=1,2,\cdots,n-1,$$

它等价于(16.3.11).

如果删去的是 A 的列，就对 A^* 应用上面的结果. ■

例 16.3.12 考虑

$$A=\begin{bmatrix}1&2&3&4\\8&7&6&5\\10&11&9&8\\12&13&15&14\end{bmatrix},\quad B=\begin{bmatrix}1&2&3&4\\8&7&6&5\\12&13&15&14\end{bmatrix}.$$

精确到两位小数，A 与 B 的奇异值分别是$\{35.86, 4.13, 1.00, 0.48\}$以及$\{30.42, 3.51,$
380 $0.51\}$.

我们的第二个推论将定理 16.3.3 推广到任意大小的首主子矩阵上去.

推论 16.3.13 *设 $B\in\boldsymbol{M}_n$ 以及 $C\in\boldsymbol{M}_m$ 是 Hermite 阵，又设 $Y\in\boldsymbol{M}_{n\times m}$. 那么*

$$A_m=\begin{bmatrix}B&Y\\Y^*&C\end{bmatrix}\in\boldsymbol{M}_{n+m}$$

是 Hermite 阵且 A_m 与 B 的按照递增次序排列的特征值满足

$$\lambda_i(A_m)\leqslant\lambda_i(B)\leqslant\lambda_{i+m}(A_m),\quad i=1,2,\cdots,n.\tag{16.3.14}$$

证明 我们对 m 用归纳法来证明. 上面的定理确立了 $m=1$ 的基本情形成立. 对于归纳步骤，假设 $m\geqslant1$ 且不等式(16.3.14)成立. 记 A_{m+1}为加边矩阵

$$A_{m+1}=\begin{bmatrix}A_m&\boldsymbol{y}\\\boldsymbol{y}^*&c\end{bmatrix}\in\boldsymbol{M}_{n+m+1},\quad A_m=\begin{bmatrix}B&Y\\Y^*&C\end{bmatrix}\in M_{n+m},$$

其中 $\boldsymbol{y}$ 是 Y 的最后一列，而 c 则是 C 的位于(m, m)处的元素. 定理 16.3.3 确保 A_m 与 A_{m+1}的按照递增次序排列的特征值满足

$$\lambda_i(A_{m+1})\leqslant\lambda_i(A_m)\leqslant\lambda_{i+1}(A_{m+1}),\quad i=1,2,\cdots,n.\tag{16.3.15}$$

归纳假设与(16.3.15)确保

$$\lambda_i(A_{m+1})\leqslant\lambda_i(A_m)\leqslant\lambda_i(B),\quad i=1,2,\cdots,n,\tag{16.3.16}$$

同时还有

$$\lambda_i(B)\leqslant\lambda_{i+m}(A_m)\leqslant\lambda_{i+m+1}(A_{m+1}),\quad i=1,2,\cdots,n.\tag{16.3.17}$$

现在将(16.3.16)与(16.3.17)组合起来可以得出

$$\lambda_i(A_{m+1})\leqslant\lambda_i(B)\leqslant\lambda_{i+m+1}(A_{m+1}),\quad i=1,2,\cdots,n.$$

这就完成了归纳法的证明. ■

例 16.3.18 图 16.3 描述了例 16.3.1 中的 5×5 矩阵 A 以及 $m=5, 4, 3, 2, 1$ 时的交错不等式(16.3.14).

16.4 Sylvester 判别法

假设 $A\in \boldsymbol{M}_n$ 是正定的，并将它分划成

$$A=\begin{bmatrix}A_{11} & A_{12}\\ A_{12}^* & A_{22}\end{bmatrix},$$

其中 $A_{11}\in \boldsymbol{M}_k$. 如果 $\boldsymbol{y}\in \mathbb{C}^k$ 是非零的向量，且 $\boldsymbol{x}=[\boldsymbol{y}^{\mathrm{T}}\ \boldsymbol{0}^{\mathrm{T}}]\in \mathbb{C}^n$，那么 $\boldsymbol{x}\neq\boldsymbol{0}$ 且

$$0<\langle A\boldsymbol{x},\ \boldsymbol{x}\rangle=\langle A_{11}\boldsymbol{y},\ \boldsymbol{y}\rangle.$$

我们得出结论：A 的每一个首 $k\times k$ 主子矩阵都是正定的，由此可知，它有正的行列式(定理 13.1.9(b)). 381

定义 16.4.1 $A\in \boldsymbol{M}_n$ 的主子矩阵的行列式称为 A 的**主子式**(principal minor). $A\in \boldsymbol{M}_n$ 的首主子矩阵的行列式称为 A 的**首主子式**(leading principal minor).

例 16.4.2 考虑例 16.3.1 中的矩阵 A. 它的首主子式是 4，20，-6，-95 以及 370. 删去 A 的头两行以及头两列得到的主子式是 -46. 删去 A 的第三行以及第三列得到的主子式是 -104.

定理 16.4.3(Sylvester 判别法) 一个 Hermite 矩阵是正定的，当且仅当它所有的首主子式都是正数.

证明 设 $A\in \boldsymbol{M}_n$ 是 Hermite 矩阵. 上面的讨论表明：如果 A 是正定的，那么它的首主子式都是正的. 为证明其逆，我们对 n 用归纳法. 对初始情形 $n=1$，假设条件就是 $\det A=a_{11}>0$. 由于 $\operatorname{spec}A=\{a_{11}\}$，因此定理 13.1.8 确保 A 是正定的.

对于归纳步骤，假设条件是：一个 $n\times n$ Hermite 矩阵是正定的，如果它所有的首主子式都是正的. 设 $A\in \boldsymbol{M}_{n+1}$ 是 Hermite 矩阵，并假设它所有的首主子式都是正的. 将 A 分划成

$$A=\begin{bmatrix}B & \boldsymbol{y}\\ \boldsymbol{y}^* & a\end{bmatrix},\qquad B\in \boldsymbol{M}_n.$$

那么 $\det A>0$，且 B 的每个首主子式都是正的. 归纳假设确保 B 是正定的，所以它的特征值都是正的. 定理 16.3.3 告诉我们：B 的特征值与 A 的特征值交错，也就是

$$\lambda_1(A)\leqslant\lambda_1(B)\leqslant\lambda_2(A)\leqslant\cdots\leqslant\lambda_n(B)\leqslant\lambda_{n+1}(A).$$

由于 $\lambda_1(B)>0$，由此推出 $\lambda_2(A)$，$\lambda_3(A)$，$\cdots$，$\lambda_{n+1}(A)$ 都是正的. 我们还知道

$$\lambda_1(A)(\lambda_2(A)\lambda_3(A)\cdots\lambda_{n+1}(A))=\det A>0,$$

所以 $\lambda_1(A)>0$，且 A 是正定的. 这就完成了归纳法的证明. ∎

例 16.4.4 考虑 Hermite 矩阵

$$A=\begin{bmatrix}2 & 2 & 2\\ 2 & 3 & 3\\ 2 & 3 & 4\end{bmatrix},$$

它不是对角占优的. 它的首主子式是 2，2，2，所以 Sylvester 判别法确保它是正定的.

16.5 Hermite 阵的对角元素与特征值

如果 $A\in \boldsymbol{M}_n$ 的对角元素是实数，就存在一个置换矩阵 $P\in \boldsymbol{M}_n$，使得 PAP^{T} 的对角元素按照递增次序排列，见定义 6.3.3 后面的讨论. 矩阵 A 与 PAP^{T} 是相似的，所以它们有
382 同样的特征值.

定义 16.5.1 一个 Hermite 矩阵 $A=[a_{ij}]\in \boldsymbol{M}_n$ 的**按照递增次序排列的对角元素**(increasingly ordered diagonal entry)是由

$$a_1=\min\{a_{11}, a_{22}, \cdots, a_{nn}\}$$

$$a_j=\min\{a_{11}, a_{22}, \cdots, a_{nn}\}\setminus\{a_1, a_2, \cdots, a_{j-1}\}, \quad j=2, 3, \cdots, n$$

定义的实数 $a_1\leqslant a_2\leqslant\cdots\leqslant a_n$.

定理 16.5.2(Schur) 设 $A=[a_{ij}]\in \boldsymbol{M}_n$ 是 Hermite 阵. 设 $\lambda_1\leqslant\lambda_2\leqslant\cdots\leqslant\lambda_n$ 是按照递增次序排列的特征值，设 $a_1\leqslant a_2\leqslant\cdots\leqslant a_n$ 是它的按照递增次序排列的对角元素. 那么

$$\sum_{i=1}^{k}\lambda_i\leqslant\sum_{i=1}^{k}a_i,\quad k=1,2,\cdots,n, \tag{16.5.3}$$

其中等式对 $k=n$ 成立.

证明 A 的置换相似不改变它的特征值，所以我们可以假设 $a_{ii}=a_i$，即 $a_{11}\leqslant a_{22}\leqslant\cdots\leqslant a_{nn}$. 设 $k\in\{1, 2, \cdots, n\}$并分划

$$A=\begin{bmatrix}A_{11} & A_{12}\\ A_{12}^* & A_{22}\end{bmatrix},$$

其中 $A_{11}\in \boldsymbol{M}_k$. 不等式(16.3.14)确保 A 的按照递增次序排列的特征值以及它的主子矩阵 A_{11} 满足

$$\lambda_i(A)\leqslant\lambda_i(A_{11}),\quad i=1, 2, \cdots, k.$$

这样就有

$$\sum_{i=1}^{k}\lambda_i(A)\leqslant\sum_{i=1}^{k}\lambda_i(A_{11})=\operatorname{tr}A_{11}=\sum_{i=1}^{k}a_{ii}=\sum_{i=1}^{k}a_i,$$

这证明了(16.5.3). 如果 $k=n$，则(16.5.3)的两边都等于 $\operatorname{tr}A$. ■

形如(16.5.3)的不等式称为优势不等式(majorization inequality). 关于优势不等式的另一个不同但等价的说法见 P.16.27.

例 16.5.4 对于例 16.3.1 中的矩阵 A，不等式(16.5.3)中的数值是

k	1	2	3	4	5
$\sum_{i=1}^{k}\lambda_i$	−4.38	−4.98	−2.83	3.32	14
$\sum_{i=1}^{k}a_i$	−2	0	4	8	14

16.6 Hermite 阵的 * 相合与惯性

在 13.4 节中，我们在讨论两个二次型的同时对角化的时候遇到过变换 $B \mapsto SBS^*$. 现在要来研究这个变换的性质，先把重点放在研究它在 Hermite 矩阵的特征值上的作用效果上. 383

定义 16.6.1 设 A, $B \in \boldsymbol{M}_n$. 那么称 A 与 B 是 * **相合的**(* congruent)，如果存在一个可逆阵 $S \in \boldsymbol{M}_n$，使得 $A = SBS^*$.

例 16.6.2 如果两个矩阵是酉相似的，那么它们是 * 相合的，特别地，实正交相似以及置换相似都是 * 相合的.

与相似类同，* 相合也是一个等价关系，见 P.16.18.

假设 $A \in \boldsymbol{M}_n$ 是 Hermite 阵，而 $S \in \boldsymbol{M}_n$ 是可逆阵. 那么 SAS^* 是 Hermite 阵，且 $\operatorname{rank} A = \operatorname{rank} SAS^*$ (定理 3.2.9). 这样一来，如果 A 不可逆，那么 0 作为 A 以及 SAS^* 的特征值的重数是相同的(定理 9.4.12). A 与 SAS^* 还有其他共同的性质吗? 作为通向解答的第一步，我们引进一种类型的对角阵，每个 Hermite 矩阵与它们都是 * 相合的.

定义 16.6.3 **实惯性矩阵**(real inertia matrix)是一个对角阵，它的元素集合是 $\{-1, 0, 1\}$.

定理 16.6.4 设 $A \in \boldsymbol{M}_n$ 是 Hermite 阵，那么 A 与一个实惯性矩阵 D 是 * 相合的，其中 D 中的对角线上元素为 $+1$ 的个数等于 A 的正的特征值的个数. 对角线上元素为 -1 的个数等于 A 的负的特征值的个数.

证明 设 $A = U\Lambda U^*$ 是谱分解，其中 U 是酉矩阵，

$$\Lambda = \operatorname{diag}(\lambda_1, \lambda_2, \cdots, \lambda_n),$$

其特征值 $\lambda_1, \lambda_2, \cdots, \lambda_n$ 按照任何希望的次序排列. 令 $G = \operatorname{diag}(g_1, g_2, \cdots, g_n)$，其中

$$g_i = \begin{cases} |\lambda_i|^{-1/2} & \text{如果 } \lambda_i \neq 0, \\ 1 & \text{如果 } \lambda_i = 0. \end{cases}$$

这样就有

$$g_i \lambda_i g_i = \begin{cases} \dfrac{\lambda_i}{|\lambda_i|} = \pm 1 & \text{如果 } \lambda_i \neq 0, \\ 0 & \text{如果 } \lambda_i = 0. \end{cases}$$

如果 $S = GU^*$，那么

$$SAS^* = GU^*(U\Lambda U^*)UG = G\Lambda G \tag{16.6.5}$$

是实惯性矩阵，它与 A 是 * 相合的，且有结论中所说的正的、负的以及为零的对角元素个数. ■

引理 16.6.6 如果两个有同样大小的实惯性矩阵的对角线上有同样个数的 $+1$ 以及同样个数的 -1，那么它们是 * 相合的.

证明 设 D_1，$D_2\in \boldsymbol{M}_n$ 是实惯性矩阵. 假设条件确保 D_1 与 D_2 有相同的特征值，定理 12.7.1(d)告诉我们：它们是置换相似的. 由于置换相似是 * 相合，因此 D_1 与 D_2 是 * 相
384 合的. ■

例 16.6.7 实惯性矩阵

$$D_1=\begin{bmatrix}1 & 0 & 0\\ 0 & -1 & 0\\ 0 & 0 & 1\end{bmatrix} \quad 与 \quad D_2=\begin{bmatrix}-1 & 0 & 0\\ 0 & 1 & 0\\ 0 & 0 & 1\end{bmatrix}$$

是通过置换矩阵

$$P=\begin{bmatrix}0 & 1 & 0\\ 1 & 0 & 0\\ 0 & 0 & 1\end{bmatrix}$$

而成为 * 相合的.

下面的结果是引理 16.6.6 的逆命题证明的关键.

引理 16.6.8 *设 $A\in \boldsymbol{M}_n$ 是 Hermite 阵，而 k 是正整数，又设 $\mathcal{U}$ 是 $\mathbb{C}^n$ 的一个 k 维子空间. 如果对每个非零的向量 $\boldsymbol{x}\in\mathcal{U}$ 都有 $\langle A\boldsymbol{x}, \boldsymbol{x}\rangle>0$，那么 A 至少有 k 个正的特征值.*

证明 设 $\lambda_1\leqslant\lambda_2\leqslant\cdots\leqslant\lambda_n$ 是 A 的按照递增次序排列的特征值，其对应的特征向量为 $\boldsymbol{u}_1, \boldsymbol{u}_2, \cdots, \boldsymbol{u}_n\in\mathbb{C}^n$，又设

$$\mathcal{V}=\operatorname{span}\{\boldsymbol{u}_1, \boldsymbol{u}_2, \cdots, \boldsymbol{u}_{n-k+1}\}.$$

那么

$$\dim\mathcal{U}+\dim\mathcal{V}=k+(n-k+1)=n+1,$$

所以推论 2.2.17(a)确保存在一个非零的向量 $\boldsymbol{x}\in\mathcal{U}\cap\mathcal{V}$. 这样就有 $\langle A\boldsymbol{x}, \boldsymbol{x}\rangle>0$，这是因为 $\boldsymbol{x}\in\mathcal{U}$. 由于 $\boldsymbol{x}\in\mathcal{V}$，因此定理 16.1.1 告诉我们 $\langle A\boldsymbol{x}, \boldsymbol{x}\rangle\leqslant\lambda_{n-k+1}$. 于是

$$0<\langle A\boldsymbol{x}, \boldsymbol{x}\rangle\leqslant\lambda_{n-k+1}\leqslant\lambda_{n-k+2}\leqslant\cdots\leqslant\lambda_n,$$

也就是说，A 的 k 个最大的特征值都是正数. ■

下面的定理是这一节的主要结果.

定理 16.6.9(Sylvester 惯性定理) *两个同样大小的 Hermite 矩阵是 * 相合的，当且仅当它们有同样多个正的特征值以及同样多个负的特征值.*

证明 设 A，$B\in\boldsymbol{M}_n$ 是 Hermite 矩阵. 如果 A 与 B 有同样多个正的特征值以及同样多个负的特征值，那么它们也有同样多个为零的特征值. 定理 16.6.4 确保 A 与 B 都和与自己有同样特征值的实惯性矩阵是 * 相合的，而引理 16.6.6 则确保它们的实惯性矩阵是 * 相合的. 由此再根据 * 相合的传递性就推出 A 与 B 是 * 相合的.

对于逆命题，假设 $A=S^*BS$，且 $S\in\boldsymbol{M}_n$ 是可逆的. 由于 A 与 B 是可对角化的，且 $\operatorname{rank}A=\operatorname{rank}B$，因此它们有同样多个为零的特征值以及同样多个非零的特征值(定理
385 9.4.12). 如果它们有同样多个正的特征值，那么它们也有同样多个负的特征值.

如果 A 没有正的特征值，那么 A 的每一个特征值都是负的或者是零. 这样一来，$-A$

就是半正定的(定理 13.1.2)，在此情形 $-B=S^*(-A)S$ 也是半正定的(定理 13.1.23(b)). 由此推出(再次根据定理 13.1.2)：$-B$ 的每个特征值都是非负的. 从而，B 没有正的特征值.

设 $\lambda_1\leqslant\lambda_2\leqslant\cdots\leqslant\lambda_n$ 是 A 的按照递增次序排列的特征值，对应的标准正交的特征向量是 $\boldsymbol{u}_1$，$\boldsymbol{u}_2$，…，$\boldsymbol{u}_n\in\mathbb{C}^n$. 假设对某个 $k\in\{1, 2, \cdots, n\}$，A 恰好有 k 个正的特征值，那么

$$0<\lambda_{n-k+1}\leqslant\lambda_{n-k+2}\leqslant\cdots\leqslant\lambda_n$$

且 $\mathcal{U}=\operatorname{span}\{\boldsymbol{u}_{n-k+1}, \boldsymbol{u}_{n-k+2}, \cdots, \boldsymbol{u}_n\}$的维数为 k. 如果 $\boldsymbol{x}\in\mathcal{U}$ 是非零的向量，那么$\langle A\boldsymbol{x}, \boldsymbol{x}\rangle\geqslant\lambda_{n-k+1}\|\boldsymbol{x}\|_2^2>0$(定理 16.1.1). 集合

$$S\mathcal{U}=\{S\boldsymbol{x}:\boldsymbol{x}\in\mathcal{U}\}$$

是$\mathbb{C}^n$ 的一个子空间(见例 1.3.13). 诸向量 $S\boldsymbol{u}_{n-k+1}$，$S\boldsymbol{u}_{n-k+2}$，…，$S\boldsymbol{u}_n$ 生成 $S\mathcal{U}$，而例 3.2.11 表明它们是线性无关的. 这样一来就有 $\dim S\mathcal{U}=k$. 如果 $\boldsymbol{y}\in S\mathcal{U}$ 是非零向量，那么存在一个非零的 $\boldsymbol{x}\in\mathcal{U}$，使得 $\boldsymbol{y}=S\boldsymbol{x}$. 于是

$$\langle B\boldsymbol{y}, \boldsymbol{y}\rangle=(S\boldsymbol{x})^*B(S\boldsymbol{x})=\boldsymbol{x}^*S^*BS\boldsymbol{x}=\langle A\boldsymbol{x}, \boldsymbol{x}\rangle>0.$$

引理 16.6.8 确保 B 至少有 k 个正的特征值，也就是说，B 至少有与 A 同样多的正的特征值. 现在在上面的讨论中交换 A 与 B 的角色，就可以得出结论：A 至少有 B 那么多个正的特征值. 于是，A 与 B 有同样多个正的特征值. ■

例 16.6.10　考虑矩阵

$$A=\begin{bmatrix}-2 & -4 & -6\\ -4 & -5 & 0\\ -6 & 0 & 34\end{bmatrix},\quad L=\begin{bmatrix}1 & 0 & 0\\ -2 & 1 & 0\\ 5 & -4 & 1\end{bmatrix}.$$

那么

$$LAL^*=\begin{bmatrix}-2 & 0 & 0\\ 0 & 3 & 0\\ 0 & 0 & 4\end{bmatrix},$$

所以，A 与实惯性矩阵 $\operatorname{diag}(-1, 1, 1)$是*相合的. 定理 16.6.9 告诉我们 A 有两个正的特征值与一个负的特征值. 精确到小数点后两位，A 的特征值是-8.07，0.09 以及 34.98. 有关如何来确定 L 的讨论见 P.16.21.

16.7　Weyl 不等式

如同定理 16.2.2 中那样的交错不等式是两个 Hermite 矩阵与它们的和的特征值的不等式的一种特殊情形.

定理 16.7.1(Weyl)　*设 A，$B\in\boldsymbol{M}_n$ 是 Hermite 矩阵. 那么，对每个 $i=1, 2, \cdots, n$，A，B 以及 $A+B$ 的按照递增次序排列的特征值满足*

$$\lambda_i(A+B)\leqslant\lambda_{i+j}(A)+\lambda_{n-j}(B),\quad j=0, 1, \cdots, n-i, \tag{16.7.2}$$ 386

$$\lambda_{i-j+1}(A)+\lambda_j(B)\leqslant\lambda_i(A+B),\quad j=1,2,\cdots,i. \tag{16.7.3}$$

证明　设

$$\boldsymbol{u}_1, \boldsymbol{u}_2, \cdots, \boldsymbol{u}_n,\quad \boldsymbol{v}_1, \boldsymbol{v}_2, \cdots, \boldsymbol{v}_n\quad 以及\quad \boldsymbol{w}_1, \boldsymbol{w}_2, \cdots, \boldsymbol{w}_n$$

分别是 A，$A+B$ 以及 B 与它们各自按照递增次序排列的特征值对应的标准正交的特征向量.

设 $i\in\{1,2,\cdots,n\}$，$j\in\{0,1,\cdots,n-i\}$. 设 $\mathcal{U}=\operatorname{span}\{\boldsymbol{u}_1,\boldsymbol{u}_2,\cdots,\boldsymbol{u}_{i+j}\}$，$\mathcal{V}=\operatorname{span}\{\boldsymbol{v}_i,\boldsymbol{v}_{i+1},\cdots,\boldsymbol{v}_n\}$，$\mathcal{W}=\operatorname{span}\{\boldsymbol{w}_1,\boldsymbol{w}_2,\cdots,\boldsymbol{w}_{n-j}\}$. 那么

$$\dim\mathcal{U}+\dim\mathcal{V}=(i+j)+(n-i+1)=n+j+1,$$

所以推论 2.2.17(b)确保 $\dim(\mathcal{U}\cap\mathcal{V})\geqslant j+1$. 由于

$$\dim(\mathcal{U}\cap\mathcal{V})+\dim\mathcal{W}\geqslant(j+1)+(n-j)=n+1.$$

因此推论 2.2.17(a)告诉我们：存在一个单位向量 $\boldsymbol{x}\in\mathcal{U}\cap\mathcal{V}\cap\mathcal{W}$. 现在计算给出

$$\begin{aligned}\lambda_i(A+B)&\leqslant\langle(A+B)\boldsymbol{x},\boldsymbol{x}\rangle && (因为\ \boldsymbol{x}\in\mathcal{V})\\ &=\langle A\boldsymbol{x},\boldsymbol{x}\rangle+\langle B\boldsymbol{x},\boldsymbol{x}\rangle\\ &\leqslant\lambda_{i+j}(A)+\langle B\boldsymbol{x},\boldsymbol{x}\rangle && (因为\ \boldsymbol{x}\in\mathcal{U})\\ &\leqslant\lambda_{i+j}(A)+\lambda_{n-j}(B). && (因为\ \boldsymbol{x}\in\mathcal{W})\end{aligned}$$

这就验证了不等式(16.7.2).

现在考虑 Hermite 矩阵 $-A$，$-(A+B)$ 以及 $-B$. $-A$ 的按照递增次序排列的特征值是

$$-\lambda_n(A)\leqslant-\lambda_{n-1}(A)\leqslant\cdots\leqslant-\lambda_1(A),$$

即对 $i=1,2,\cdots,n$ 有 $\lambda_i(-A)=-\lambda_{n-i+1}(A)$. 不等式(16.7.2)包含了按照递增次序排列的特征值

$$\begin{aligned}\lambda_i(-(A+B))&=-\lambda_{n-i+1}(A+B),\\ \lambda_{i+j}(-A)&=-\lambda_{n-i-j+1}(A),\\ \lambda_{n-j}(-B)&=-\lambda_{j+1}(B).\end{aligned}$$

我们有

$$-\lambda_{n-i+1}(A+B)\leqslant-\lambda_{n-i-j+1}(A)-\lambda_{j+1}(B),\quad j=0,1,\cdots,n-i,$$

也就是

$$\lambda_{n-i+1}(A+B)\geqslant\lambda_{n-i-j+1}(A)+\lambda_{j+1}(B),\quad j=0,1,\cdots,n-i.$$

在指标中作了变量替换之后，我们得到

$$\lambda_i(A+B)\geqslant\lambda_{i-j+1}(A)+\lambda_j(B),\quad j=1,2,\cdots,i.$$

387 这就验证了不等式(16.7.3). ■

例 16.7.4　Weyl 不等式蕴涵交错不等式(16.2.3). 取 $B=E$，并注意到对 $i=1,2,\cdots,n-1$ 有 $\lambda_i(B)=0$. 如果我们借助(16.7.2)，并且取 $j=1$，就得到

$$\lambda_i(A+E)\leqslant\lambda_{i+1}(A)+\lambda_{n-1}(E)=\lambda_{i+1}(A),\quad i=1,2,\cdots,n-1. \tag{16.7.5}$$

如果我们借助(16.7.3)，并且取 $j=1$，就得到

$$\lambda_i(A+E) \geqslant \lambda_i(A)+\lambda_1(E)=\lambda_i(A). \tag{16.7.6}$$

例 16.7.7　Weyl 不等式对于 A 以及 $A+E$ 的特征值提供了某些新的信息，其中的 E 是半正定的且秩为 1. 如果我们借助(16.7.2)，并且取 $j=0$，并注意到 $\lambda_n(E)=\|E\|_2$，就得到

$$\lambda_i(A+E) \leqslant \lambda_i(A)+\|E\|_2, \quad i=1, 2, \cdots, n. \tag{16.7.8}$$

(16.7.5)，(16.7.6)以及(16.7.8)这些界限告诉我们

$$0 \leqslant \lambda_i(A+E)-\lambda_i(A) \leqslant \min\{\|E\|_2, \lambda_{i+1}(A)-\lambda_i(A)\}, \quad i=1, 2, \cdots, n-1.$$

对于每一个 $i=1, 2, \cdots, n$，每一个特征值 $\lambda_i(A+E)$ 与 $\lambda_i(A)$ 的差不超过 $\|E\|_2$. 如果 E 的范数很小，这就给出很有价值的信息. 然而，不管 E 的范数有多大，对于每一个 $i=1, 2, \cdots, n-1$，都有 $\lambda_i(A+E) \leqslant \lambda_{i+1}(A)$.

16.8　正规矩阵的 * 相合与惯性

Sylvester 惯性定理有一个对正规矩阵成立的表述形式，而这个推广对于 Hermite 矩阵的 * 相合理论中正的以及负的特征值的个数的作用提供了某种深刻的视角. 我们先给出实惯性矩阵的一种自然的推广.

定义 16.8.1　**惯性矩阵**是一个复的对角阵，它非零的对角元素(如果有的话)的模皆为 1.

如果一个惯性矩阵不是零矩阵，则它置换相似于一个对角的酉矩阵与一个零矩阵的直和. 元素为实数的惯性矩阵就是实惯性矩阵(定义 16.6.3).

定理 16.8.2　设 $A \in \boldsymbol{M}_n$ 是正规矩阵. 那么 A 与一个惯性矩阵 D 是 * 相合的，对每个 $\theta \in [0, 2\pi)$，D 中对角元素 $e^{i\theta}$ 的个数等于 A 在复平面中的射线 $\{\rho e^{i\theta} : \rho>0\}$ 上的特征值的个数.

证明　设 $A=U\Lambda U^*$ 是谱分解，其中 U 是酉矩阵，而 $\Lambda=\operatorname{diag}(\lambda_1, \lambda_2, \cdots, \lambda_n)$. 每一个非零的特征值有极坐标形式 $\lambda_j=|\lambda_j| e^{i\theta_j}$(对一个唯一的 $\theta_j \in [0, 2\pi)$). 设 $G=\operatorname{diag}(g_1, g_2, \cdots, g_n)$，其中

$$g_j=\begin{cases} |\lambda_j|^{-1/2} & \text{如果 } \lambda_j \neq 0, \\ 1 & \text{如果 } \lambda_j=0. \end{cases}$$ 388

那么

$$g_j \lambda_j g_j=\begin{cases} \dfrac{\lambda_j}{|\lambda_j|}=e^{i\theta_j} & \text{如果 } \lambda_j \neq 0, \\ 0 & \text{如果 } \lambda_j=0. \end{cases}$$

如果 $S=GU^*$，那么

$$SAS^*=GU^*(U\Lambda U^*)UG=G\Lambda G \tag{16.8.3}$$

是一个惯性矩阵，它与 A 是 * 相合的，且有结论中所说的那么多个对角元素 $e^{i\theta}$. ■

图 16.4 指出了正规矩阵 A 的非零特征值的位置，单位圆周上的点指出了与 A 是 * 相

合的惯性矩阵的非零特征值.

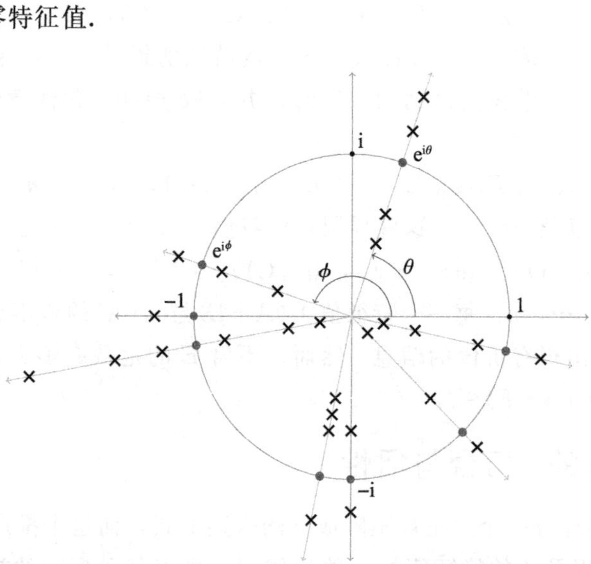

图 16.4　正规矩阵 A 在 $\mathbb{C}$ 中的射线上的特征值(×). 惯性矩阵 D(它与 A 是 * 相合的)非零的特征值(•). 1，$e^{i\theta}$，i，$e^{i\phi}$，−1 以及 −i 作为 D 的特征值的重数分别为 0，4，0，3，1 以及 2

上面的定理告诉我们：每一个正规矩阵 A 是 * 相合于一个惯性矩阵 D，这个惯性矩阵是由 A 的特征值所确定的，这是一个与定理 16.6.4 类似的结果. 我们现在必须要指出：除了对角元素的排列次序之外，D 是唯一确定的. 下面的引理是这个结果的证明的关键所在. 它的动因来自以下结果：非零的惯性矩阵置换相似于一个对角的酉矩阵与一个零矩阵(零矩阵有可能不出现)的直和. 为了富有成效地利用这个结果，我们需要弄清楚两个 * 相合的酉矩阵之间的关系.

389 **引理 16.8.4**　两个酉矩阵是 * 相合的，当且仅当它们是相似的.

证明　设 $V, W \in \boldsymbol{M}_n$ 是酉矩阵. 如果它们相似，则它们有同样的特征值，所以定理 12.7.1(b)确保它们是酉相似的. 酉相似是 * 相合的.

反之，如果 V 与 W 是 * 相合的，就存在一个可逆阵 $S \in \boldsymbol{M}_n$，使得 $V = SWS^*$. 设 $S = PU$ 是左极分解，其中 P 是正定的，而 U 是酉矩阵. 这样就有 $V = SWS^* = PUWU^*P$，所以

$$P^{-1}V = (UWU^*)P, \tag{16.8.5}$$

其中 P 与 P^{-1} 是正定的，而 V 与 UWU^* 是酉矩阵. 设 $A = P^{-1}V$. (16.8.5)的左边是可逆矩阵 A 的左极分解，而(16.8.5)的右边则是 A 的右极分解. 定理 14.3.15(e)的(ⅲ)确保有 $V = UWU^*$，也就是说，V 与 W 是(酉)相似的. ■

定理 16.8.6　两个惯性矩阵是 * 相合的，当且仅当它们是置换相似的.

证明　设 $D_1, D_2 \in \boldsymbol{M}_n$ 是惯性矩阵. 如果它们是置换相似的，那么它们就是 * 相合的，因为置换相似是 * 相合的.

反之，假设 D_1 与 D_2 是 * 相合的，设 $r=\operatorname{rank}D_1=\operatorname{rank}D_2$（定理 3.2.9）. 如果 $r=0$，那么 $D_1=D_2=0$. 如果 $r=n$，那么上面的引理确保 D_1 与 D_2 是相似的. 定理 12.7.1(d)告诉我们它们是置换相似的. 假设 $1\leqslant r<n$. 如果需要，经过置换相似（* 相合），我们可以假设 $D_1=V_1\oplus 0_{n-r}$，$D_2=V_2\oplus 0_{n-r}$，其中 V_1，$V_2\in \boldsymbol{M}_r$ 是对角的酉矩阵. 设 $S\in \boldsymbol{M}_n$ 可逆，且使得 $SD_1S^*=D_2$. 与 D_1 以及 D_2 保形地分划 $S=[S_{ij}]$，所以 $S_{11}\in \boldsymbol{M}_r$. 这样就有

$$\begin{bmatrix} V_2 & 0 \\ 0 & 0 \end{bmatrix}=D_2=SD_1S^*=\begin{bmatrix} S_{11} & S_{12} \\ S_{21} & S_{22} \end{bmatrix}\begin{bmatrix} V_1 & 0 \\ 0 & 0 \end{bmatrix}\begin{bmatrix} S_{11}^* & S_{21}^* \\ S_{12}^* & S_{22}^* \end{bmatrix}$$

$$=\begin{bmatrix} S_{11}V_1S_{11}^* & S_{11}V_1S_{21}^* \\ S_{21}V_1S_{11}^* & S_{21}V_1S_{21}^* \end{bmatrix},$$

这告诉我们 $S_{11}V_1S_{11}^*=V_2$. 由于 V_2 可逆，我们断定 S_{11} 可逆且 V_1 与 V_2 是 * 相合的. 上面的引理确保 V_1 与 V_2 是相似的，由此推出 D_1 与 D_2 相似. 定理 12.7.1(d)告诉我们它们是置换相似的. ■

定理 16.8.7（正规矩阵的惯性定理） 两个同样大小的正规矩阵是 * 相合的，当且仅当对每个 $\theta\in[0, 2\pi)$，它们在复平面的射线 $\{\rho e^{i\theta}: \rho>0\}$ 上有同样多的特征值.

证明 设 A，$B\in \boldsymbol{M}_n$ 是正规的. 设 D_1 与 D_2 是分别与 A 以及 B * 相合的惯性矩阵，且它们是按照定理 16.8.2 给出的方案构造出来的.

如果 A 与 B 是 * 相合的，则 * 相合的传递性确保 D_1 与 D_2 是 * 相合的. 定理 16.8.6 告诉我们 D_1 与 D_2 是置换相似的，所以它们有同样的特征值（对角元素），且特征值都有同样的重数. 定理 16.8.2 中的构造确保对每个 $\theta\in[0, 2\pi)$，A 与 B 在射线 $\{\rho e^{i\theta}: \rho>0\}$ 上有同样多的特征值. 390

反之，关于 A 与 B 的特征值的假设条件确保 D_1 的对角元素可以通过对 D_2 的对角元素的排列而得到，所以 D_1 与 D_2 是置换相似的且是 * 相合的. * 相合的传递性再一次确保 A 与 B 是 * 相合的. ■

定理 16.6.9 是关于正规矩阵的惯性定理的一个推论.

推论 16.8.8 两个同样大小的 Hermite 阵是 * 相合的，当且仅当它们有同样个数的正的特征值以及同样个数的负的特征值.

证明 如果一个 Hermite 矩阵有非零的特征值，则它们必为实数，从而在射线 $\{\rho e^{i\theta}: \rho>0\}$ 上（其中 $\theta=0$ 或者 $\theta=\pi$）. ■

一个方阵是 Hermite 阵，当且仅当它与一个实惯性矩阵是 * 相合的. 尽管每一个正规矩阵都与一个惯性矩阵是 * 相合的，一个矩阵也可能与一个不是正规矩阵的矩阵是 * 相合的，见 P.16.36. 此外，不是每一个矩阵都与一个惯性矩阵是 * 相合的，见 P.16.40.

16.9 问题

P.16.1 设 $A\in \boldsymbol{M}_n$ 是 Hermite 阵，又设 $\lambda_1\leqslant\lambda_2\leqslant\cdots\leqslant\lambda_n$ 是它的按照递增次序排列的特征

值. 证明

$$\min_{\substack{x\in\mathbb{C}^n\\x\neq 0}}\frac{\langle Ax, x\rangle}{\langle x, x\rangle}=\lambda_1,\qquad \min_{\substack{x\in\mathbb{C}^n\\x\neq 0}}\frac{\langle Ax, x\rangle}{\langle x, x\rangle}=\lambda_n.$$

P. 16. 2　设 $A\in\boldsymbol{M}_n$ 是 Hermite 阵，其中 $\lambda_1\leqslant\lambda_2\leqslant\cdots\leqslant\lambda_n$ 是它的按照递增次序排列的特征值，与之相对应的标准正交的特征向量是 $\boldsymbol{u}_1, \boldsymbol{u}_2, \cdots, \boldsymbol{u}_n\in\mathbb{C}^n$. 设 $i_1, i_2, \cdots, i_k$ 是整数，它们满足 $1\leqslant i_1<i_2<\cdots<i_k\leqslant n$. 如果 $\boldsymbol{x}\in\operatorname{span}\{\boldsymbol{u}_{i_1}, \boldsymbol{u}_{i_2}, \cdots, \boldsymbol{u}_{i_k}\}$ 是单位向量，证明 $\lambda_{i_1}\leqslant\langle A\boldsymbol{x}, \boldsymbol{x}\rangle\leqslant\lambda_{i_k}$.

P. 16. 3　采用定理 16. 1. 1 中的记号. 证明

$$\{\langle A\boldsymbol{x}, \boldsymbol{x}\rangle : \boldsymbol{x}\in\mathbb{C}^n, \|\boldsymbol{x}\|_2=1\}=[\lambda_1, \lambda_n]\subseteq\mathbb{R}.$$

如果 A 是实对称的，证明

$$\{\langle A\boldsymbol{x}, \boldsymbol{x}\rangle : \boldsymbol{x}\in\mathbb{R}^n, \|\boldsymbol{x}\|_2=1\}=[\lambda_1, \lambda_n]\subseteq\mathbb{R}.$$

P. 16. 4　假设正规矩阵 $A\in\boldsymbol{M}_n$ 的特征值 $\lambda_1, \lambda_2, \cdots, \lambda_n$ 是复平面上一个凸多边形 P 的顶点，对 $n=5$ 的情形的图示见图 16. 5. 证明

$$\{\langle A\boldsymbol{x}, \boldsymbol{x}\rangle : \boldsymbol{x}\in\mathbb{C}^n, \|\boldsymbol{x}\|_2=1\}=P.$$

这个集合称为 A 的数值范围(numerical range)(也称为其值域[field of values]).

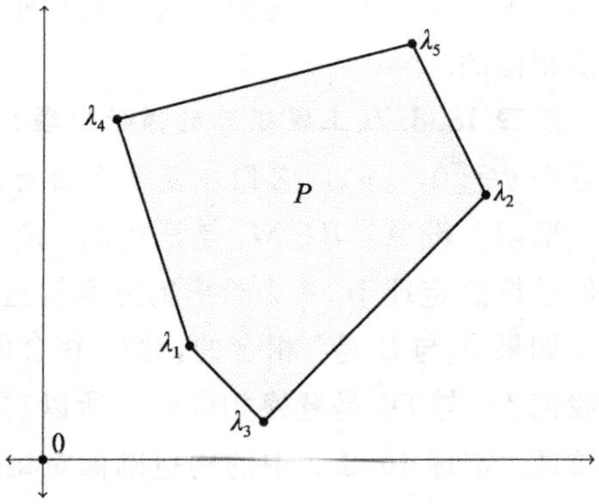

图 16. 5　一个 5×5 正规矩阵的数值范围

P. 16. 5　设 $A=J_2$. 概略描述集合

$\{\langle A\boldsymbol{x}, \boldsymbol{x}\rangle : \boldsymbol{x}\in\mathbb{R}^n, \|\boldsymbol{x}\|_2=1\}$

391 以及 $\{\langle A\boldsymbol{x}, \boldsymbol{x}\rangle : \boldsymbol{x}\in\mathbb{C}^n, \|\boldsymbol{x}\|_2=1\}$.

P. 16. 6　设 $A\in\boldsymbol{M}_n$.

(a)证明：$\operatorname{rank}A=1$ 当且仅当存在非零的向量 $\boldsymbol{u}, \boldsymbol{v}\in\mathbb{C}^n$，使得 $A=\boldsymbol{u}\boldsymbol{v}^*$.

(b)证明：A 是 Hermite 阵且 $\operatorname{rank}A=1$，当且仅当存在一个非零的向量 $\boldsymbol{u}\in\mathbb{C}^n$，使得 $A=\boldsymbol{u}\boldsymbol{u}^*$ 或者 $A=-\boldsymbol{u}\boldsymbol{u}^*$.

P. 16. 7　采用定理 16. 1. 1 中的记号. 如果 $\boldsymbol{x}\in\mathcal{U}$，证明：(a) $\langle A\boldsymbol{x}, \boldsymbol{x}\rangle=\lambda_p$，当且仅当 $A\boldsymbol{x}=\lambda_p\boldsymbol{x}$，(b) $\langle A\boldsymbol{x}, \boldsymbol{x}\rangle=\lambda_q$，当且仅当 $A\boldsymbol{x}=\lambda_q\boldsymbol{x}$.

P. 16. 8　设 $A=[a_{ij}]\in\boldsymbol{M}_n$ 是 Hermite 阵，且有特征值 $\lambda_1\leqslant\lambda_2\leqslant\cdots\leqslant\lambda_n$. 如果 $i\in\{1, 2, \cdots, n\}$，使得 $a_{ii}=\lambda_1$，或者 $a_{ii}=\lambda_n$，证明：对于所有 $j\neq i$ 都有 $a_{ij}=a_{ji}=0$. 提示：假设 A 是正定的，且 $a_{11}=\lambda_n(A)$(否则，考虑 $\pm A+\mu I$ 的置换相似). 分划 $A=\begin{bmatrix}\lambda_n(A) & \boldsymbol{x}^*\\ \boldsymbol{x} & B\end{bmatrix}$. 利用定理 12. 3. 1 以及(16. 3. 4)证明 $\|A\|_F^2=\lambda_n(A)^2+2\|\boldsymbol{x}\|_2^2+\|B\|_F^2\geqslant\lambda_n(A)^2+2\|\boldsymbol{x}\|_2^2+\sum_{i=1}^{n-1}\lambda_i(A)^2=\|A\|_F^2+2\|\boldsymbol{x}\|_2^2$.

P. 16. 9 设 $A=[a_{ij}]\in \boldsymbol{M}_4$ 是 Hermite 阵，假设 $\operatorname{spec} A=\{1, 2, 3, 4\}$. 如果 $a_{11}=1$, $a_{22}=2$, $a_{44}=4$，那么它其他的元素是什么？为什么？

P. 16. 10 采用定理 16.2.2 中的记号. 如果 $\lambda\in \operatorname{spec} A$ 的重数至少为 2，证明 $\lambda\in \operatorname{spec}(A+E)$.

P. 16. 11 给出一个 2×2 的 Hermite 矩阵的例子，它有非负的首主子式，但却不是半正定的. 它的哪一个主子式会是负的？

P. 16. 12 假设 $A\in \boldsymbol{M}_n$ 是 Hermite 矩阵，$B\in \boldsymbol{M}_{n-1}$ 是它的 $(n-1)\times(n-1)$ 首主子矩阵. 如果 B 是半正定的，且 $\operatorname{rank} A=\operatorname{rank} B$，证明 A 是半正定的.

P. 16. 13 利用 Sylvester 判别法证明

$$A=\begin{bmatrix}2 & 2 & 3\\ 2 & 5 & 5\\ 3 & 5 & 7\end{bmatrix}$$

是正定的. 392

P. 16. 14 证明

$$A=\begin{bmatrix}2 & 0 & 0 & 0 & 1 & 1\\ 0 & 2 & 0 & 0 & 1 & 1\\ 0 & 0 & 3 & 1 & 1 & 1\\ 0 & 0 & 1 & 3 & 1 & 1\\ 1 & 1 & 1 & 1 & 5 & 1\\ 1 & 1 & 1 & 1 & 1 & 5\end{bmatrix}$$

是正定的.

P. 16. 15 假设 $0, 0, \cdots, 0, 1$ 是 Hermite 矩阵 $A=[a_{ij}]\in \boldsymbol{M}_n$ 的特征值. 证明：对每个 $i=1, 2, \cdots, n$，都有 $0\leqslant a_{ii}\leqslant 1$.

P. 16. 16 如果 10，25，26，39，50 是 Hermite 矩阵 $A\in \boldsymbol{M}_5$ 的特征值，证明：A 的主对角线元素不可能是 14，16，30，44，46.

P. 16. 17 由优势不等式(16.5.3)推导出不等式(16.1.7).

P. 16. 18 证明：* 相合是 $\boldsymbol{M}_n$ 上的一个等价关系.

P. 16. 19 由定理 16.6.9 导出结论：两个实的惯性矩阵是 * 相合的，当且仅当它们是相似的.

P. 16. 20 设 $D=\operatorname{diag}(1, -1)\in \boldsymbol{M}_2$. D 与 $-D$ 是 * 相合的吗？I_2 与 $-I_2$ 是 * 相合的吗？为什么？

P. 16. 21 (a)在例 16.6.10 中，证明

$$L=\begin{bmatrix}1 & 0 & 0\\ 0 & 1 & 0\\ 0 & -4 & 1\end{bmatrix}\begin{bmatrix}1 & 0 & 0\\ -2 & 1 & 0\\ -3 & 0 & 1\end{bmatrix}.$$

(b)将 A 化简为上三角型的初等行运算是什么？它们与 L 有何关系？

(c)由于 LA 是上三角的，为什么 LAL^* 必定是对角阵？

(d)为了确定 A 的特征值的符号，为什么只需要检查 LA 的主对角线元素就行了？

P. 16. 22 如果 $H\in \boldsymbol{M}_n$ 是 Hermite 矩阵，定义

$$i_+(H)=H\text{ 的正的特征值的个数},$$
$$i_-(H)=H\text{ 的负的特征值的个数},$$
$$i_0(H)=H\text{ 的为零的特征值的个数}.$$

设 $A=[A_{ij}]\in \boldsymbol{M}_n$ 是 2×2 的分块 Hermite 阵，其中 $A_{11}\in \boldsymbol{M}_k$ 是可逆的. 定义

$$S=\begin{bmatrix} I_k & 0 \\ -A_{12}A_{11}^{-1} & I_{n-k} \end{bmatrix}\in \boldsymbol{M}_n.$$

(a)证明 $SAS^*=A_{11}\oplus A/A_{11}$，其中 $A/A_{11}=A_{22}-A_{12}^*A_{11}^{-1}A_{12}$ 是 A_{11} 在 A 中的 Schur 补.

(b)证明 Haynsworth 惯性定理(Haynsworth inertia theorem)

$$i_+(A)=i_+(A_{11})+i_+(A/A_{11}),$$
$$i_-(A)=i_-(A_{11})+i_-(A/A_{11}),$$
$$i_0(A)=i_0(A/A_{11}).$$

393 (c)如果 A 是正定的，证明 A/A_{11} 是正定的.

P. 16. 23 设 A，$B\in \boldsymbol{M}_n$ 是 Hermite 矩阵.

(a)利用 Weyl 不等式证明：A 与 $A+B$ 的按照递增次序排列的特征值满足

$$\lambda_i(A)+\lambda_1(B)\leqslant\lambda_i(A+B)\leqslant\lambda_i(A)+\lambda_n(B),\quad i=1,\ 2,\ \cdots,\ n.$$

(b)证明：对每个 $i=1,\ 2,\ \cdots,\ n$，有 $|\lambda_i(A+B)-\lambda_i(A)|\leqslant\|B\|_2$.

(c)将(b)中的界与定理 15.6.12 中 Bauer-Fike 的界作比较. 并讨论之.

P. 16. 24 设 A，$B\in \boldsymbol{M}_n$ 是 Hermite 矩阵. 如果 B 恰好有 p 个正的特征值和 q 个负的特征值，其中 p，$q\in\{0,\ 1,\ \cdots,\ n\}$ 且 $p+q\leqslant n$. 利用 Weyl 不等式证明：A 与 $A+B$ 的按照递增次序排列的特征值满足

$$\lambda_{i-q}(A)\leqslant\lambda_i(A+B),\quad i=q+1,\ q+2,\ \cdots,\ n,$$
$$\lambda_i(A+B)\leqslant\lambda_{i+p}(A),\quad i=1,\ 2,\ \cdots,\ n-p.$$

P. 16. 25 设 A，$B\in \boldsymbol{M}_n$ 是 Hermite 矩阵，并假设 B 是半正定的. 证明：A 与 $A+B$ 的按照递增次序排列的特征值满足

$$\lambda_i(A)\leqslant\lambda_i(A+B),\quad i=1,\ 2,\ \cdots,\ n.$$

这就是单调性定理(monotomicity theorem). 如果 B 是正定的，你有何结论？

P. 16. 26 考虑非 Hermite 矩阵

$$A=\begin{bmatrix} 0 & 0 \\ 1 & 0 \end{bmatrix},\quad B=\begin{bmatrix} 0 & 1 \\ 0 & 0 \end{bmatrix}.$$

证明：A，B 与 $A+B$ 的特征值不满足 Weyl 不等式.

P.16.27 采用定理 16.5.2 的记号. 证明："从底部向上"的优势不等式(16.5.3)等价于"从顶部向下"的不等式

$$a_n+a_{n-1}+\cdots+a_{n-k+1}\leqslant\lambda_n+\lambda_{n-1}+\cdots+\lambda_{n-k+1},\qquad k=1, 2, \cdots, n,$$

其中等式对 $k=n$ 成立.

P.16.28 设 $A\in\boldsymbol{M}_n$，令 $\sigma_1\geqslant\sigma_2\geqslant\cdots\geqslant\sigma_n$ 是它的奇异值，设 $c_1\geqslant c_2\geqslant\cdots\geqslant c_n$ 是 A 的列按照递减次序排列的欧几里得范数.

(a)证明

$$c_n^2+c_{n-1}^2+\cdots+c_{n-k+1}^2\geqslant\sigma_n^2+\sigma_{n-1}^2+\cdots+\sigma_{n-k+1}^2 \tag{16.9.1}$$

对 $k=1, 2, \cdots, n$ 成立，其中等式对 $k=n$ 成立.

(b)如果 A 有某些列或者行有很小的欧几里得范数，为什么它必定有一些很小的奇异值?

(c)如果 A 是正规矩阵，(16.9.1)对于它的特征值告诉了你什么?

P.16.29 设 $\lambda, c\in\mathbb{R}$，$\boldsymbol{y}\in\mathbb{C}^n$，

$$A=\begin{bmatrix}\lambda I_n & \boldsymbol{y}\\ \boldsymbol{y}^* & c\end{bmatrix}\in\boldsymbol{M}_{n+1}.$$

(a)利用定理 16.3.3 证明：λ 是 A 的一个重数至少为 $n-1$ 的特征值.

(b)利用 Cauchy 展开式(3.4.13)计算 p_A 并确定 A 的特征值. 394

P.16.30 采用定义 10.3.10 的记号.

(a)证明：$f=z^n+c_{n-1}z^{n-1}+\cdots+c_1z+c_0$ 的友矩阵可以写成

$$C_f=\begin{bmatrix}\boldsymbol{0}^{\mathrm{T}} & -c_0\\ I_{n-1} & \boldsymbol{y}\end{bmatrix}\in\boldsymbol{M}_n,\qquad \boldsymbol{y}=\begin{bmatrix}-c_1\\ -c_2\\ \cdots\\ -c_{n-1}\end{bmatrix}.$$

(b)证明

$$C_f^*C_f=\begin{bmatrix}I_{n-1} & \boldsymbol{y}\\ \boldsymbol{y}^* & c\end{bmatrix},\qquad c=|c_0|^2+|c_1|^2+\cdots+|c_n|^2.$$

(c)证明：C_f 的奇异值 $\sigma_1\geqslant\sigma_2\geqslant\cdots\geqslant\sigma_n$ 满足

$$\sigma_1=\frac{1}{2}\left(c+1+\sqrt{(c+1)^2-4|c_0|^2}\right),$$

$$\sigma_2=\sigma_3=\cdots=\sigma_{n-1}=1,$$

$$\sigma_n=\frac{1}{2}\left(c+1-\sqrt{(c+1)^2-4|c_0|^2}\right).$$

P.16.31 设 $A\in\boldsymbol{M}_{n+1}$ 是 Hermite 阵，又设 $i\in\{1, 2, \cdots, n+1\}$. 用 B 来记去掉 A 的第 i 行以及第 i 列所得到的 $n\times n$ 矩阵. 证明：A 与 B 的特征值满足交错不等式(16.3.4).

P.16.32 设 $A\in\boldsymbol{M}_n$，用 B 来记从 A 中或者(a)去掉两行，(b)去掉两列，或者(c)去掉一

行以及一列所得到的矩阵. 在这种情形(16.3.11)的类似的结果是什么?

P.16.33　设 $A=[a_{ij}]\in \boldsymbol{M}_n(\mathbb{R})$是三对角阵，并假设对每个 $i=1, 2, \cdots, n-1$ 都有 $a_{i,i+1}a_{i+1,i}>0$. 证明：

(a)存在一个实的对角阵 D，其对角元素为正数，使得 DAD^{-1}是对称阵.

(b)A 可对角化.

(c)$\operatorname{spec}A\subset\mathbb{R}$.

(d)A 的每个特征值的几何重数皆为 1. **提示**：为什么对每个 $\lambda\in\mathbb{C}$ 都有 $\operatorname{rank}(A-\lambda I)\geqslant n-1$?

(e)A 的特征值是相异的.

(f)如果 B 是由 A 删去任意一行以及对应的一列所得到的，那么 B 的特征值是实的相异的，且与 A 的特征值交错.

P.16.34　设 $A, B\in\boldsymbol{M}_n$ 是半正定的. 利用(13.6.2)以及(16.1.7)证明 $\|A\circ B\|_2\leqslant\|A\|_2\|B\|_2$.

P.16.35　设 $A, B\in\boldsymbol{M}_n$.

(a)证明 $\|A\circ B\|_2\leqslant\|A\|_2\|B\|_2$. 这是定理 15.2.10(b)的类似结论. **提示**：利用 P.13.53，(16.3.11)以及 P.14.28.

(b)对于例 13.5.2 中的矩阵验证(a)中的不等式.

P.16.36　一个正规矩阵与一个惯性矩阵是*相合的，但一个矩阵也有可能与一个不是正规矩阵的惯性矩阵是*相合的. 设

$$S=\begin{bmatrix}1 & 1\\ 0 & -1\end{bmatrix},\quad D=\begin{bmatrix}1 & 0\\ 0 & \mathrm{i}\end{bmatrix}.$$

计算 $A=SDS^*$，并证明 A 不是正规的.

P.16.37　考虑上一个问题中定义的矩阵 A. 计算 $A^{-*}A$，并证明它与一个酉矩阵相似. 为
395 什么这个结论不令你感到惊讶?

P.16.38　设 $A\in\boldsymbol{M}_n$ 是可逆的，设 $B=A^{-*}A$.

(a)证明 B 与 B^{-*} 相似.

(b)关于 B 的 Jordan 标准型你有何结论?

(c)设 A 是在 P.16.40 中定义的矩阵. 验证 B 与 B^{-*} 相似.

P.16.39　由定理 16.8.7 导出结论：两个酉矩阵是*相合的，当且仅当它们是相似的.

P.16.40　假设 $A\in\boldsymbol{M}_n$是可逆的，且与一个惯性矩阵 D 是*相合的.

(a)证明 $A^{-*}A$ 与酉矩阵 D^2 相似.

(b)证明：

$$A=\begin{bmatrix}0 & 1\\ 2 & 0\end{bmatrix}$$

不与惯性矩阵*相合.

16.10 注记

有一些作者对于 Hermite 矩阵的特征值采用递减的次序排列 $\lambda_1 \geqslant \lambda_2 \geqslant \cdots \geqslant \lambda_n$. 这样约定的好处是半正定矩阵的特征值就是它的奇异值，且有同样的指标. 它的弊端在于指标与特征值的排列次序与实数的排序方式不同.

P. 16.11 指出：首主子矩阵行列式为非负数的 Hermite 矩阵不一定是半正定的. 然而，如果一个 Hermite 矩阵的每一个主子矩阵的行列式都是非负的，那么该矩阵是半正定的，见[HJ13，定理 7.2.5(a)].

不等式(16.2.3)，(16.3.4)以及(16.5.3)刻画了与之相伴随的结构. 例如，如果实数 λ_i 与 μ_i 满足

$$\lambda_i \leqslant \mu_i \leqslant \lambda_{i+1} \leqslant \mu_n, \quad i=1, 2, \cdots, n-1,$$

那么存在一个 Hermite 矩阵 $A \in \boldsymbol{M}_n$ 以及一个秩为 1 的半正定的矩阵 $E \in \boldsymbol{M}_n$，使得 λ_1，λ_2，…，λ_n 是 A 的特征值，而 μ_1，μ_2，…，μ_n 是 $A+E$ 的特征值. 如果

$$\mu_1 \leqslant \lambda_1 \leqslant \mu_2 \leqslant \cdots \leqslant \lambda_n \leqslant \mu_{n+1},$$

那么存在一个 Hermite 矩阵 $A \in \boldsymbol{M}_n$，使得 λ_1，λ_2，…，λ_n 是 A 的特征值，而 μ_1，μ_2，…，μ_{n+1} 是对它加边得到的 Hermite 矩阵的特征值. 如果

$$\mu_1+\mu_2+\cdots+\mu_k \leqslant \lambda_1+\lambda_2+\cdots+\lambda_k, \quad k=1, 2, \cdots, n,$$

其中等式当 $k=n$ 时成立，那么存在一个 Hermite 矩阵 $A \in \boldsymbol{M}_n$，使得它的特征值以及主对角线上的元素分别是 λ_1，λ_2，…，λ_n 以及 μ_1，μ_2，…，μ_n. 它们以及其他的特征值逆问题的证明在[HJ13，4.3 节]之中.

定理 16.6.9 对实对称阵的情形由 James Joseph Sylvester 于 1852 年给出了证明，他写了“基于其中的相似性，我对于物质的数量的物理意义的观点使我将[它]命名为二次型的惯性定理”. Sylvester 的定理于 2001 年被推广到正规矩阵(定理 16.8.7)，并于 2006 年被推广到所有的复方阵. 有关 * 相合的更多信息，见[HJ13，4.5 节].

矩阵 A，$B \in \boldsymbol{M}_n$ 称为是相合的(congruent)，如果存在一个可逆阵 $S \in \boldsymbol{M}_n$，使得 $A=SBS^{\mathrm{T}}$. 相合是 $\boldsymbol{M}_n$ 上的等价关系，但它的许多性质与 * 相合迥异. 例如，两个同阶的对称阵是相合的，当且仅当它们有同样的秩. 虽然 $-A$ 与 A 不一定是 * 相合的，但 $-A$ 与 A 一定是相合的. 然而，A^{T} 与 A 永远既是相合的，又是 * 相合的. 关于相合的更多的内容，见[HJ13，4.5 节]. 396

Weyl 不等式(16.7.2)中有等式成立，当且仅当存在一个非零的向量 $\boldsymbol{x}$，使得 $A\boldsymbol{x}=\lambda_{i+j}(A)\boldsymbol{x}$，$B\boldsymbol{x}=\lambda_{n-j}(B)\boldsymbol{x}$，$(A+B)\boldsymbol{x}=\lambda_i(A+B)\boldsymbol{x}$. 有关这一章里诸不等式中等式成立的各种情况的讨论，见[HJ13，4.3 节].

有关数值范围的更多信息，见[HJ94，第 1 章].

16.11 一些重要的概念

- Rayleigh 商与 Hermite 矩阵的特征值

- Hermite 矩阵与秩为 1 的加性扰动的特征值交错
- 关于两个 Hermite 矩阵之和的特征值的 Weyl 不等式
- 加边 Hermite 矩阵的特征值交错
- Hermite 矩阵的主子矩阵的特征值交错
- 如果从一个矩阵中去掉一行或者一列，奇异值的交错
- 正定阵的 Sylvester 主子式判别法
- Hermite 矩阵的特征值与对角元素的优势不等式
- 397 关于 Hermite 矩阵的*相合的 Sylvester 惯性定理及其对正规矩阵的推广

附录A 复　　数

A.1 复数系统

复数(complex number)是形如 $a+b\mathrm{i}$ 的表达式，其中 a，$b\in\mathbb{R}$，而 i 是一个符号，它有性质 $\mathrm{i}^2=-1$. 所有复数的集合记为 $\mathbb{C}$. 实数 a 与 b 分别是复数 $z=a+b\mathrm{i}$ 的实部(real part)与虚部(imaginary part). 我们记之为 $\operatorname{Re}z=a$ 以及 $\operatorname{Im}z=b$($\operatorname{Im}z$ 是实数). 数 $\mathrm{i}=0+1\mathrm{i}$ 称为虚数单位(imaginary unit).

我们把复数 $z=a+b\mathrm{i}$ 与一个有序的数对 $(a, b)\in\mathbb{R}^2$ 等同起来. 在本文中，我们把 $\mathbb{C}$ 称为复平面(complex plane)，见图 A.1. 通过将实数 a 与复数 $a+0\mathrm{i}=(a, 0)$ 等同起来，我们把 $\mathbb{R}$ 看成是 $\mathbb{C}$ 的子集. 如果 b 是实数，则将纯虚数 $b\mathrm{i}$(purely imaginary number)与 $(0, b)$ 等同起来. 而数 $0=0+0\mathrm{i}$ 既是实数，又是虚数，它有时称为原点(origin).

定义 A.1.1 设 $z=a+b\mathrm{i}$ 以及 $w=c+d\mathrm{i}$ 是复数. z 与 w 的和(sum) $z+w$ 与积(product) zw 定义为

$$z+w=(a+c)+(b+d)\mathrm{i} \tag{A.1.2}$$

以及

$$zw=(ac-bd)+(ad+bc)\mathrm{i}. \tag{A.1.3}$$

如果我们记 $z=(a, b)$ 以及 $w=(c, d)$，那么(A.1.2)就是 $\mathbb{R}^2$ 中向量的加法，见图 A.2. 这样一来，$\mathbb{C}$ 就可以看成是 $\mathbb{R}^2$，它赋有一个带有复乘法的加法运算(A.1.3).

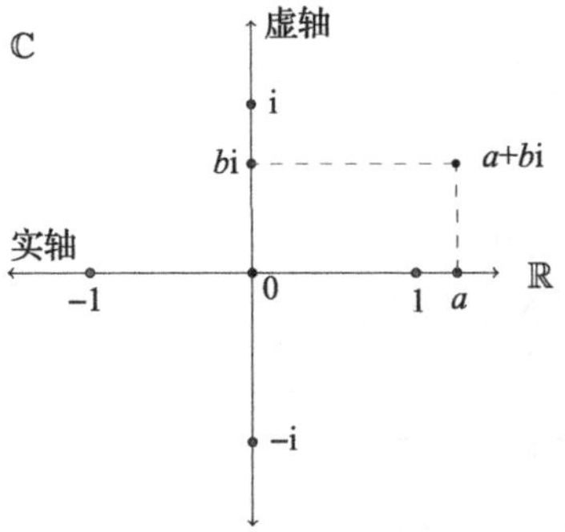

图 A.1 复平面. 复数 $a+b\mathrm{i}$ 与笛卡儿坐标为 (a, b) 的点等同起来

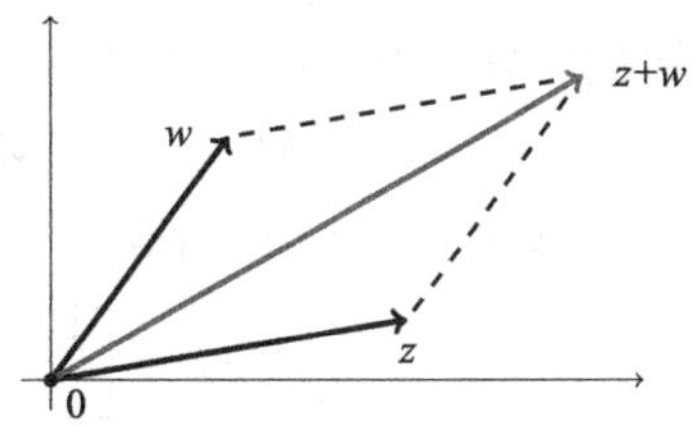

图 A.2 复平面上与 $\mathbb{R}^2$ 中的向量加法对应的加法

例 A.1.4 设 $z=1+2\mathrm{i}$，$w=3+4\mathrm{i}$. 那么 $z+w=4+6\mathrm{i}$，而 $zw=-5+10\mathrm{i}$.

尽管复数乘法的定义看起来没有什么产生的动因，但还是有一些良好的代数以及几何

的原因支持以这种方式来定义复数的乘积. 如果我们用与处理实数同样的方式来处理虚数单位 i，就会发现

$$\begin{aligned} zw &= (a+b\mathrm{i})(c+d\mathrm{i}) \\ &= ac + b\mathrm{i}c + ad\mathrm{i} + b\mathrm{i}d\mathrm{i} \\ &= ac + bd\mathrm{i}^2 + \mathrm{i}(ad+bc) \\ &= (ac-bd) + \mathrm{i}(ad+bc) \end{aligned}$$

这是由于 $\mathrm{i}^2=-1$. 于是，定义(A.1.3)就是如下假设的推论：复数的算术运算与实数的算术运算遵从同样的代数法则.

我们不能不加证明就认为复数的算术运算满足交换律、结合律以及分配律. 计算

$$(a+b\mathrm{i})(c+d\mathrm{i})=(ac-bd)+(ad+bc)\mathrm{i}=(ca-db)+(da+cb)\mathrm{i}=(c+d\mathrm{i})(a+b\mathrm{i})$$

表明复数乘法是交换的(commutative)：对所有 $z, w\in\mathbb{C}$，有 $zw=wz$. 为了直接验证复数满足结合律与分配律，还需要做更多的工作. 幸运的是，线性代数的工具省去了我们许多力气，而且给我们提供了有价值的几何视角.

考虑

$$\mathfrak{C}=\left\{\begin{bmatrix} a & -b \\ b & a \end{bmatrix}：a, b\in\mathbb{R}\right\}\subseteq\mathbf{M}_2(\mathbb{R})$$

398~399 并注意到 $\mathfrak{C}$ 中两个矩阵的和

$$\begin{bmatrix} a & -b \\ b & a \end{bmatrix}+\begin{bmatrix} c & -d \\ d & c \end{bmatrix}=\begin{bmatrix} a+c & -(b+d) \\ b+d & a+c \end{bmatrix} \tag{A.1.5}$$

以及乘积

$$\begin{bmatrix} a & -b \\ b & a \end{bmatrix}\begin{bmatrix} c & -d \\ d & c \end{bmatrix}=\begin{bmatrix} ac-bd & -(ad+bc) \\ ad+bc & ac-bd \end{bmatrix} \tag{A.1.6}$$

仍然属于 $\mathfrak{C}$. 从而，$\mathfrak{C}$ 在矩阵的加法以及矩阵的乘法运算下是封闭的.

对每一个复数 $z=a+b\mathrm{i}$，用

$$M_z=\begin{bmatrix} a & -b \\ b & a \end{bmatrix} \tag{A.1.7}$$

来定义一个矩阵 $M_z\in\mathfrak{C}$. 那么(A.1.5)与(A.1.6)等价于

$$M_z+M_w=M_{z+w}, \qquad M_zM_w=M_{zw}, \tag{A.1.8}$$

其中 $z=a+b\mathrm{i}$，$w=c+d\mathrm{i}$. 特别地，

$$M_1=\begin{bmatrix} 1 & 0 \\ 0 & 1 \end{bmatrix}, \quad M_i=\begin{bmatrix} 0 & -1 \\ 1 & 0 \end{bmatrix},$$

且有 $(M_i)^2=M_{-1}$，它反映了 $\mathrm{i}^2=-1$ 这一事实.

映射 $z\mapsto M_z$ 是 $\mathbb{C}$ 与 $\mathfrak{C}$ 之间的一个一一对应，它遵从复数加法与乘法的运算. 任何有关 $\mathfrak{C}$ 中的加法与乘法可以证明的东西都可以立即转换成关于 $\mathbb{C}$ 的对应的命题，反之亦然. 例如，我们可以导出结论：复数的算术运算是结合的与分配的，因为矩阵的算术运算是结合

的与分配的．乘法结合律的直接验证见 P. A. 8.

每个非零的复数 $z=a+b\mathrm{i}$ 都有一个乘法的逆元，记之为 z^{-1}，它有如下性质：$zz^{-1}=z^{-1}z=1$．从定义(A. 1. 3)来看，乘法的逆元的存在并不是显然的，虽然(A. 1. 8)会帮助我们使这一点变得明显．z 的逆应该是与

$$(M_z)^{-1}=\frac{1}{\det M_z}\begin{bmatrix} a & b \\ -b & a \end{bmatrix}=\begin{bmatrix} \dfrac{a}{a^2+b^2} & \dfrac{b}{a^2+b^2} \\ \dfrac{-b}{a^2+b^2} & \dfrac{a}{a^2+b^2} \end{bmatrix}$$

对应的复数．这引出

$$z^{-1}=\frac{a}{a^2+b^2}-\frac{b}{a^2+b^2}\mathrm{i}, \tag{A. 1. 9}$$

而这可以直接用计算来验证.

例 A. 1. 10　如果 $z=1+2\mathrm{i}$，那么 $z^{-1}=\frac{1}{5}-\frac{2}{5}\mathrm{i}$.

我们可以把 $\mathfrak{C}$ 看作复数系统包含在 $\mathbf{M}_2(\mathbb{R})$ 中的一个副本．复数加法与乘法分别对应于 $\mathfrak{C}$ 中的矩阵加法与矩阵乘法.

$\mathbb{R}^2$ 中由 M_z 诱导的线性变换作用如下：

$$\begin{bmatrix} a & -b \\ b & a \end{bmatrix}\begin{bmatrix} c \\ d \end{bmatrix}=\begin{bmatrix} ac-bd \\ ad+bc \end{bmatrix}.$$ 400

于是，用 z 做乘法便将有序的数对$(c,\ d)$(它表示复数 $w=c+d\mathrm{i}$)映射成$(ac-bd,\ ad+bc)$，它表示乘积 zw．图 A. 3 展示了用 $z=a+b\mathrm{i}$ 作乘法是怎样将复平面绕原点旋转了一个角度 $\theta=\tan^{-1}\frac{b}{a}$(如果 $a\neq0$)，再按照因子 $\sqrt{a^2+b^2}$ 进行放大缩小．在这里直到本书末尾，我们都约定正实数的平方根是正实数.

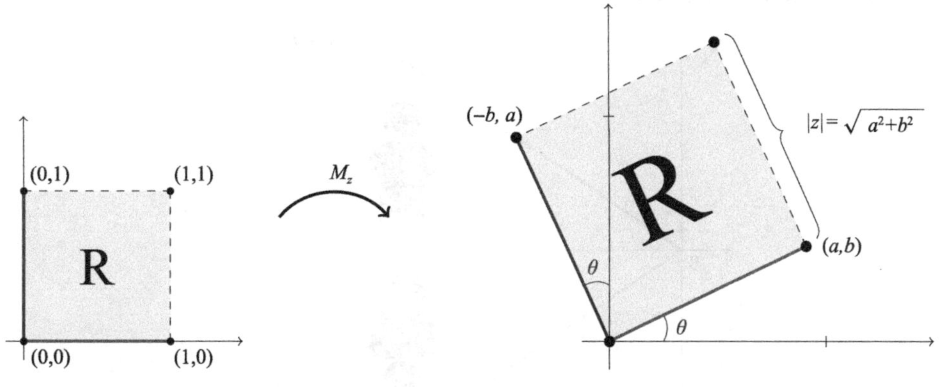

图 A. 3　用复数 $z=a+b\mathrm{i}$ 做的乘法，它依照因子 $|z|=\sqrt{a^2+b^2}$ 作比例缩放，并产生复平面绕原点转动角度 $\theta=\tan^{-1}\frac{b}{a}$ 的一个旋转(如果 $a\neq0$)

A.2　模、辐角与共轭

定义 A.2.1　设 $z=a+bi$ 是一个复数. z 的**模**(modulus)是指由 $|z|=\sqrt{a^2+b^2}$ 定义的非负实数. z 的**辐角**(argument)(记为 $\arg z$)定义如下:

(a)如果 $\mathrm{Re}\,z\neq 0$，那么 $\arg z$ 是满足 $\tan\theta=\frac{b}{a}$ 的任何角度 θ(见图 A.4).

(b)如果 $\mathrm{Re}\,z=0$，且 $\mathrm{Im}\,z>0$，那么 $\arg z$ 是与 $\frac{\pi}{2}$ 相差 2π 的一个整数倍的角度 θ.

(c)如果 $\mathrm{Re}\,z=0$，且 $\mathrm{Im}\,z<0$，那么 $\arg z$ 是与 $-\frac{\pi}{2}$ 相差 2π 的一个整数倍的角度 θ.

$z=0$ 的辐角没有定义.

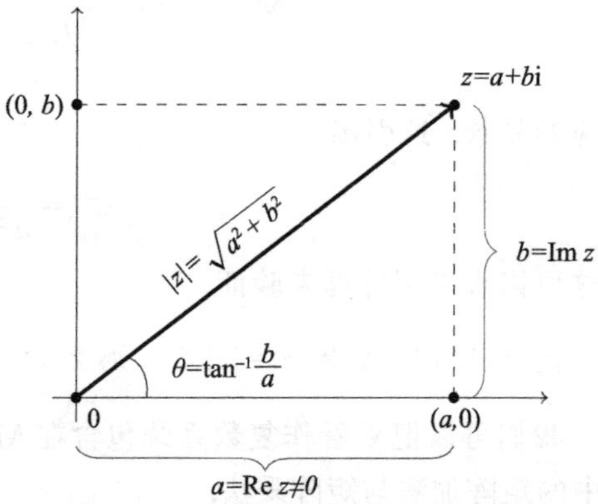

图 A.4　一个不是纯虚数的复数的辐角与模

例 A.2.2　如果 $z=1+2i$，那么 $|z|=\sqrt{5}$，而 $\theta=\tan^{-1}2=1.107\,148\,7\cdots$.

非零复数的辐角在不计相差 2π 的一个加性倍数的意义下是确定的. 例如，$\theta=-\frac{\pi}{2}$，$\theta=\frac{3\pi}{2}$ 以及 $\theta=-\frac{5\pi}{2}$ 都表示 $z=-i$ 的辐角. z 的模有时候也称为 z 的绝对值(absolute value)或者范数(norm). 由于 $|a+0i|=\sqrt{a^2}$，因此模函数是 $\mathbb{R}$ 上的绝对值函数向 $\mathbb{C}$ 所做的扩展. 当且仅当 $z=0$ 时，$|z|=0$.

定义 A.2.3　$z=a+bi\in\mathbb{C}$ 的**共轭**(conjugate)是 $\bar{z}=a-bi$.

401　作为复平面到自身的一个映射，$z\mapsto\bar{z}$ 是关于实轴的一个反射，见图 A.5. 映射 $z\mapsto -z$ 是关于原点的反演，见图 A.6.

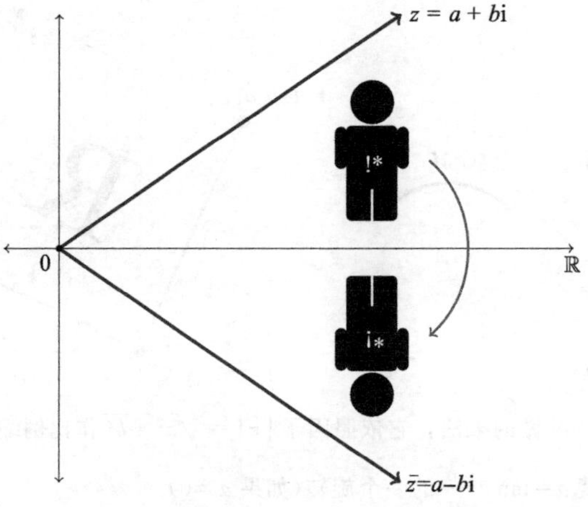

图 A.5　复共轭将复平面关于实轴作反射

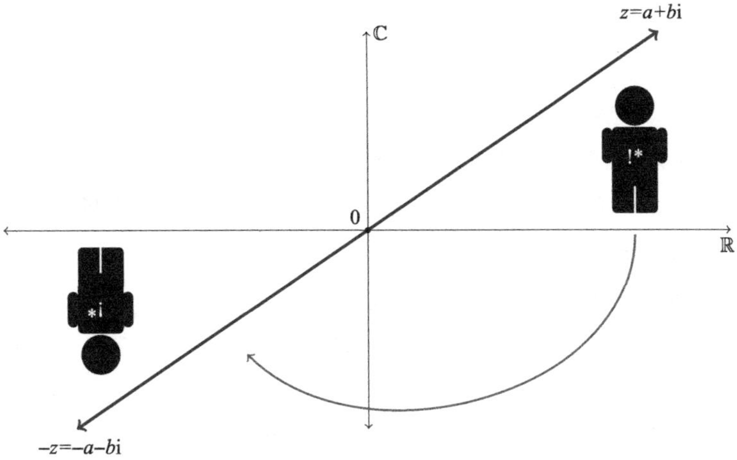

图 A.6 映射 $z\mapsto -z$ 是关于原点的反演

映射 $z\mapsto -\overline{z}$ 是关于虚轴所做的反射，见图 A.7. 用 $\overline{z}$ 相乘是延伸了 $|z|$ 倍，并且绕原点旋转了一个角度 $-\arg z$.

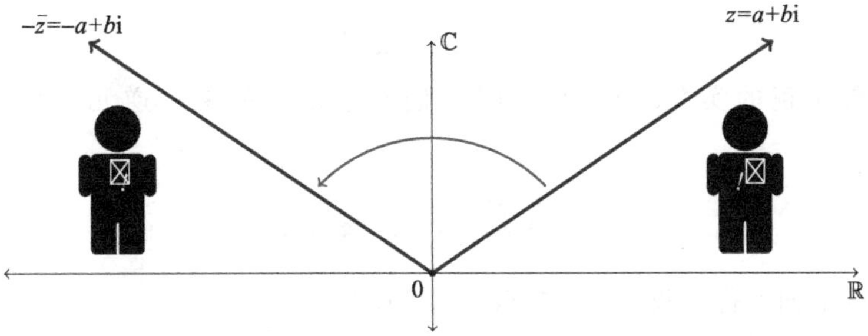

图 A.7 映射 $z\mapsto -\overline{z}$ 是关于虚轴所做的反射

我们可以用复共轭来表示 $z=a+bi$ 的实部与虚部：

$$a=\operatorname{Re} z=\frac{1}{2}(z+\overline{z}),\qquad b=\operatorname{Im} z=\frac{1}{2\mathrm{i}}(z-\overline{z}). \tag{A.2.4}$$

此外，z 是实数当且仅当 $\overline{z}=z$，而 z 是纯虚数当且仅当 $\overline{z}=-z$.

共轭是加性的(additive)以及积性的(multiplicative)，也就是说分别有

$$\overline{z+w}=\overline{z}+\overline{w}$$

以及

$$\overline{zw}=\overline{z}\,\overline{w}. \tag{A.2.5}$$

为了验证(A.2.5)，设 $z=a+bi$，$w=c+di$，并计算

$$\overline{zw}=\overline{(ac-bd)+\mathrm{i}(ad+bc)}=(ac-bd)-\mathrm{i}(ad+bc)$$

$$=(ac-(-b)(-d))+\mathrm{i}(a(-d)+b(-c))$$
$$=(a-b\mathrm{i})(c-d\mathrm{i})$$
$$=\bar{z}\,\bar{w}.$$

(A.2.5)的另一个证明由(A.1.8)以及 $M_{\bar{z}}=M_z^{\mathrm{T}}$ 这一事实得出. 因为

$$M_{\overline{zw}}=(M_{zw})^{\mathrm{T}}=(M_zM_w)^{\mathrm{T}}=M_w^{\mathrm{T}}M_z^{\mathrm{T}}=M_{\bar{w}}M_{\bar{z}}=M_{\bar{z}}M_{\bar{w}},$$

所以我们得出结论 $\overline{zw}=\bar{z}\,\bar{w}$.

将模与共轭联系在一起的一个重要的等式:

$$|z|^2=z\bar{z}. \tag{A.2.6}$$

402 ~ 403 它可以通过直接计算来加以验证:

$$z\bar{z}=(a+b\mathrm{i})(a-b\mathrm{i})=a^2+b^2+\mathrm{i}(ab-ba)=a^2+b^2=|z|^2.$$

作为(A.2.6)的几何解释，注意到用 z 以及用 $\bar{z}$ 来做乘法分别旋转了角度 $\arg z$ 以及 $-\arg z$，而两者的伸缩因子均为 $|z|$. 这样一来，用 $z\bar{z}$ 来相乘不产生旋转，而只是放大或缩小了 $|z|^2$ 倍.

我们可以用(A.2.6)来简化复数的商. 如果 $w\neq 0$，记

$$\frac{z}{w}=\frac{z\bar{w}}{w\bar{w}}=\frac{z\bar{w}}{|w|^2},$$

其中右边的分母是正的实数. 由(A.2.6)我们对于复数的乘法逆元还得到一个另外的公式:

$$z^{-1}=\frac{\bar{z}}{|z|^2},\qquad z\neq 0.$$

将 $z=a+b\mathrm{i}$ 代入上面就得到我们原来的公式(A.1.9).

与它在实数的情形下相似，复的绝对值也是积性的(multiplicative)，即对所有 $z, w\in\mathbb{C}$ 有

$$|zw|=|z||w|. \tag{A.2.7}$$

这是一个比它表面看起来更为精巧的结果，因为(A.2.7)等价于代数等式

$$\underbrace{(ac-bd)^2+(ad+bc)^2}_{|zw|^2}=\underbrace{(a^2+b^2)}_{|z|^2}\underbrace{(c^2+d^2)}_{|w|^2}.$$

可以用(A.2.6)来验证(A.2.7):

$$|zw|^2=(zw)(\overline{zw})=(z\bar{z})(w\bar{w})=|z|^2|w|^2.$$

也可以利用行列式以及 $\det M_z=a^2+b^2=|z|^2$ 来建立(A.2.7):

$$|zw|^2=\det M_{zw}=\det(M_zM_w)=(\det M_z)(\det M_w)=|z|^2|w|^2.$$

(A.2.7)的一个重要推论是: $zw=0$，当且仅当 $z=0$ 或者 $w=0$. 如果 $zw=0$，那么 $0=|zw|=|z||w|$，所以 $|z|$ 与 $|w|$ 中至少有一个是零，这蕴涵 $z=0$ 或者 $w=0$.

注意到

$$|\mathrm{Re}\,z|\leqslant|z|,\qquad|\mathrm{Im}\,z|\leqslant|z|,\tag{A.2.8}$$

这是因为 $|z|$ 是以 $|\mathrm{Re}\,z|$ 以及 $|\mathrm{Im}\,z|$ 为直角边的直角三角形的斜边的长度；见图 A.4. 为了用代数方法导出(A.2.8)，注意到对所有 $a, b\in\mathbb{R}$，都有 $|a|\leqslant\sqrt{a^2+b^2}$，$|b|\leqslant\sqrt{a^2+b^2}$. 更为一般地，我们有复的三角不等式

$$|z+w|\leqslant|z|+|w|,\tag{A.2.9}$$

其中等式当且仅当 z 与 w 中有一个是另一个的非负的实数倍时成立.

如果把 z 与 w 视为 $\mathbb{R}^2$ 中的向量，那么三角不等式断言三角形两边长度之和总是大于或等于另一边的长度，见图 A.2.

对于三角不等式给出一个代数的证明是有用的，因为它展示了处理复数的某些技巧： 404

$$\begin{aligned}(|z|+|w|)^2-|z+w|^2&=(|z|^2+2|z|\,|w|+|w|^2)-(z+w)(\bar{z}+\bar{w})\\&=|z|^2+2|z|\,|w|+|w|^2-|z|^2-|w|^2-z\bar{w}-\bar{z}w\\&=2|z|\,|\bar{w}|-(z\bar{w}+\bar{z}w)\\&=2|z\bar{w}|-2\mathrm{Re}\,z\bar{w}\\&=2(|z\bar{w}|-\mathrm{Re}\,z\bar{w})\\&\geqslant0.\end{aligned}$$

最后那个等式借助了(A.2.8). 我们还看到：$|z+w|=|z|+|w|$ 当且仅当 $|z\bar{w}|=\mathrm{Re}\,z\bar{w}$，也就是说，(A.2.9)有等式成立当且仅当 $z\bar{w}=r$ 是非负的实数. 如果 $r=0$，那么或者 $z=0$，或者 $w=0$. 如果 $r>0$，那么 $z|w|^2=z\bar{w}w=rw$，所以 $w=z|w|^2r^{-1}$. 从而，(A.2.9)有等式成立，当且仅当 z 与 w 中有一个是另一个的非负实数倍. 从几何上讲，这意味着 z 与 w 两者都在复平面的从原点出发的同一条射线上.

A.3 复数的极坐标形式

由于复乘法等价于平面上的旋转以及按比例缩放，因此极坐标可能给出某种新的见解. 对 $z=a+b\mathrm{i}$，设 $a=r\cos\theta$，$b=r\sin\theta$，其中 $r=|z|$，$\theta=\arg z$. 于是

$$a+b\mathrm{i}=r(\cos\theta+\mathrm{i}\sin\theta),$$

其中 $r\geqslant0$，见图 A.8. 复数 $\cos\theta+\mathrm{i}\sin\theta$ 就在单位圆周 $\{z\in\mathbb{C}:|z|=1\}$ 上，这是因为

$$|\cos\theta+\mathrm{i}\sin\theta|=\sqrt{\cos^2\theta+\sin^2\theta}=1.$$

将 z 写成极坐标形式 $z=r(\cos\theta+\mathrm{i}\sin\theta)$ 分出了两个由 z 的乘法所诱导的相异的变换：

- 用 $r\geqslant0$ 来乘就是作因子 r 倍的比例缩放.
- 用 $\cos\theta+\mathrm{i}\sin\theta$ 来乘就是绕原点旋转一个角度 θ.

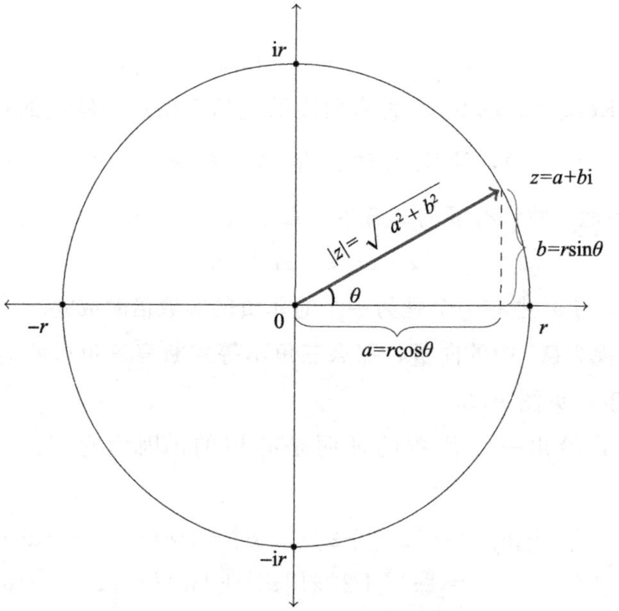

图 A.8 复数的极坐标形式

这给出了复数乘法的一般性法则：将两个复数相乘，就是将其辐角相加，而将其长度相乘. 简单计算会表明为什么这是正确的. $z=r_1(\cos\theta_1+\mathrm{i}\sin\theta_1)$ 与 $w=r_2(\cos\theta_2+\mathrm{i}\sin\theta_2)$ 的乘积是

$$\begin{aligned} zw &= r_1r_2(\cos\theta_1+\mathrm{i}\sin\theta_1)(\cos\theta_2+\mathrm{i}\sin\theta_2) \\ &= r_1r_2[(\cos\theta_1\cos\theta_2-\sin\theta_1\sin\theta_2)+\mathrm{i}(\cos\theta_1\sin\theta_2+\sin\theta_1\cos\theta_2)] \\ &= r_1r_2[\cos(\theta_1+\theta_2)+\mathrm{i}\sin(\theta_1+\theta_2)]. \end{aligned}$$

于是，$|zw|=r_1r_2=|z||w|$，$\arg zw=\theta_1+\theta_2=\arg z+\arg w$.

如果设 $z=r(\cos\theta+\mathrm{i}\sin\theta)$，其中 $r>0$，并反复应用上一个法则，就得到 de Moivre 公式(de Moivre formula)

$$z^n=r^n(\cos n\theta+\mathrm{i}\sin n\theta), \tag{A.3.1}$$

它对所有 $n\in\mathbb{Z}$ 成立.

例 A.3.2 在(A.3.1)中令 $r=1$，$n=2$，就得到

$$(\cos\theta+\mathrm{i}\sin\theta)^2=\cos2\theta+\mathrm{i}\sin2\theta.$$

将上面等式的左边展开，得到

$$(\cos^2\theta-\sin^2\theta)+(2\sin\theta\cos\theta)\mathrm{i}=\cos2\theta+\mathrm{i}\sin2\theta. \tag{A.3.3}$$

比较(A.3.3)的实部与虚部就得到倍角公式(double angle formula)

$$\cos2\theta=\cos^2\theta-\sin^2\theta,\qquad \sin2\theta=2\sin\theta\cos\theta.$$

定义 A.3.4　对正整数 n，称方程 $z^n=1$ 的解为 n **次单位根**(nth roots of unit).

例 A.3.5　利用 de Moivre 公式来计算三次单位根. 如果 $z^3=1$，则(A.3.1)确保 $r^3=1$，$\cos 3\theta+\mathrm{i}\sin 3\theta=1$. 由于 $r\geqslant 0$，因此得到 $r=1$. 关于 θ 的限制条件告诉我们：对某个整数 k 有 $3\theta=2\pi k$. 由于 $\theta=\frac{2\pi k}{3}$，因此只存在三个相异的角度 $\theta\in[0, 2\pi)$ 可以以这种方式出现，即 0，$\frac{2\pi}{3}$，$\frac{4\pi}{3}$. 这样一来，三次单位根就是

$$\cos 0+\mathrm{i}\sin 0=1,$$

$$\cos\frac{2\pi}{3}+\mathrm{i}\sin\frac{2\pi}{3}=-\frac{1}{2}+\mathrm{i}\frac{\sqrt{3}}{2},$$

$$\cos\frac{4\pi}{3}+\mathrm{i}\sin\frac{4\pi}{3}=-\frac{1}{2}-\mathrm{i}\frac{\sqrt{3}}{2}.$$ 405~406

这三个点构成了一个等边三角形的顶点，见图 A.9.

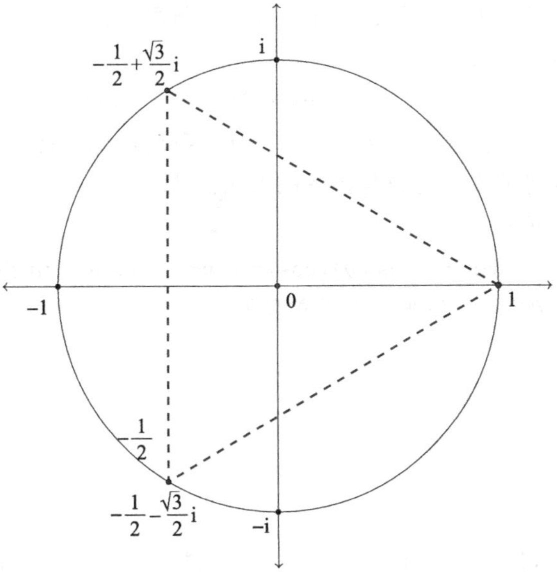

图 A.9　三次单位根是内接单位圆周的一个等边三角形的顶点

一般来说，对非零的 $z=r(\cos\theta+\mathrm{i}\sin\theta)$，恰好有 z 的 n 个相异的 n 次根，它们由以下公式给出：

$$r^{1/n}\left[\cos\left(\frac{\theta+2\pi k}{n}\right)+\mathrm{i}\sin\left(\frac{\theta+2\pi k}{n}\right)\right],\qquad k=0, 1, \cdots, n-1,$$

其中 $r^{1/n}$ 表示正实数 r 的正的 n 次根.

定义 A.3.6　设 $z=x+\mathrm{i}y$，其中 x 与 y 是实数. **复指数**函数(complex exponential)定

义为

$$e^z = e^{x+iy} = e^x(\cos y + i\sin y). \tag{A.3.7}$$

可以指出，复指数函数对所有复数 z，w 满足加法公式 $e^{z+w}=e^z e^w$.（A. 3. 7）的一种特殊情况是欧拉公式(Euler formula)

$$e^{iy} = \cos y + i\sin y, \qquad y\in\mathbb{R}. \tag{A.3.8}$$

尽管定义(A. 3. 7)显得有点神秘，但是通过运用幂级数可以确认它的正当性，见 P. A. 13. 由于余弦函数是偶函数，而正弦函数是奇函数，故而由(A. 3. 8)推出

$$\cos y = \frac{1}{2}(e^{iy}+e^{-iy}), \qquad \sin y = \frac{1}{2i}(e^{iy}-e^{-iy}).$$

复指数使得我们可以将复数的极坐标形式表示为

$$z = r(\cos\theta + i\sin\theta) = re^{i\theta}.$$

于是，de Moivre 公式可以被叙述成

407

$$z^n = r^n e^{in\theta}.$$

例 A. 3. 9 我们可以利用欧拉公式推导出许多三角恒等式. 例如，在

$$\begin{aligned}\cos(\theta_1+\theta_2)+i\sin(\theta_1+\theta_2) &= e^{i(\theta_1+\theta_2)} = e^{i\theta_1}e^{i\theta_2}\\ &= (\cos\theta_1 + i\sin\theta_1)(\cos\theta_2 + i\sin\theta_2)\\ &= (\cos\theta_1\cos\theta_2 - \sin\theta_1\sin\theta_2) + i(\cos\theta_1\sin\theta_2 + \sin\theta_1\cos\theta_2)\end{aligned}$$

中令实部与虚部分别相等就得到正弦与余弦的加法公式.

欧拉公式(A. 3. 8)蕴涵

$$|e^{i\theta}|^2 = (\cos\theta + i\sin\theta)(\cos\theta - i\sin\theta) = \cos^2\theta + \sin^2\theta = 1.$$

于是，集合 $\{e^{i\theta}: -\pi<\theta\leqslant\pi\}$ 是复平面上的单位圆周，见图 A. 10.

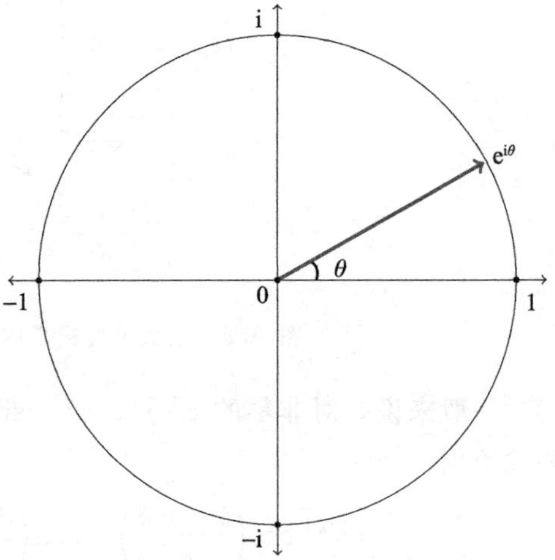

图 A. 10　复平面上的单位圆周

A. 4　问题

P. A. 1　证明：

(a) $(1+i)^4=-4$

(b) $(1-i)^{-1}-(1+i)^{-1}=i$

(c) $(i-1)^{-4}=-1/4$

(d) $10(1+3i)^{-1}=1-3i$

(e) $(\sqrt{3}+i)^3=8i$

P. A. 2　计算下面的表达式. 把你的答案写成 $a+bi$ 的形式，其中 a 与 b 是实数.

408

(a) $(1+i)(2+3i)$

(b) $\dfrac{2+3i}{1+i}$

(c) $\left(\dfrac{(2+\mathrm{i})^2}{4-3\mathrm{i}}\right)^2$

(d) $\mathrm{e}^{\mathrm{i}\alpha}\overline{\mathrm{e}^{\mathrm{i}\beta}}$，其中 α 与 β 是实数.

(e) $\overline{(1-\mathrm{i})\overline{(2+2\mathrm{i})}}$

(f) $|2-\mathrm{i}|^3$

P. A. 3　设 $z=1+\mathrm{i}$. 在复平面上画出并标记以下各点：z，$-z$，$\bar{z}$，$-\bar{z}$，$1/z$，$1/\bar{z}$，$-1/\bar{z}$.

P. A. 4　将 $z=\sqrt{3}-\mathrm{i}$ 写成极坐标的形式 $z=r\mathrm{e}^{\mathrm{i}\theta}$.

P. A. 5　将下列各数写成极坐标的形式：(a) $1+\mathrm{i}$，(b) $(1+\mathrm{i})^2$，(c) $(1+\mathrm{i})^3$.

P. A. 6　$1+\mathrm{i}$ 的平方根是什么？画图指出它们的位置.

P. A. 7　$z=8\mathrm{i}$ 的立方根是什么？画图指出它们的位置.

P. A. 8　验证复乘法是结合的，也就是证明：对所有 $a，b，c，d，e，f\in\mathbb{R}$，有

$$[(a+b\mathrm{i})(c+d\mathrm{i})](e+f\mathrm{i})=(a+b\mathrm{i})[(c+d\mathrm{i})(e+f\mathrm{i})].$$

P. A. 9　证明：$|z|=1$，当且仅当 $z\neq0$ 且 $1/z=\bar{z}$.

P. A. 10　如果 $z\neq0$，证明 $\overline{1/z}=1/\bar{z}$.

P. A. 11　证明：$\mathrm{Re}\,z^{-1}>0$，当且仅当 $\mathrm{Re}\,z>0$. 关于 $\mathrm{Im}\,z^{-1}>0$ 你有何结论？

P. A. 12　证明 $|z+w|^2-|z-w|^2=4\mathrm{Re}(z\overline{w})$.

P. A. 13　通过将 $z=\mathrm{i}y$ 代入指数函数的幂级数展开式

$$\mathrm{e}^z=\sum_{n=0}^{\infty}\frac{z^n}{n!}$$

来推导出欧拉公式(A. 3. 8). **提示**：

$$\cos z=\sum_{n=0}^{\infty}(-1)^n\frac{1}{(2n)!}z^{2n},\quad \sin z=\sum_{n=0}^{\infty}(-1)^n\frac{1}{(2n+1)!}z^{2n+1}.$$

P. A. 14　设 $a，b，c$ 是相异的复数. 证明：$a，b，c$ 是一个等边三角形的顶点，当且仅当 $a^2+b^2+c^2=ab+bc+ca$. **提示**：考虑 $b-a$，$c-b$ 以及 $a-c$ 之间的关系.

P. A. 15　假设 $|a|=|b|=|c|\neq0$ 且 $a+b+c=0$，对于 $a，b，c$ 你有何结论？

P. A. 16　利用对于有限几何级数之和的公式(其中 $z\neq1$，见 P. 0. 8)

$$1+z+\cdots+z^{n-1}=\frac{1-z^n}{1-z}$$

来证明

$$1+2\sum_{n=1}^{N}\cos nx=\frac{\sin\left(\left(N+\dfrac{1}{2}\right)x\right)}{\sin\dfrac{x}{2}}.$$

409

参考文献

[Bha05] Rajendra Bhatia, *Fourier Series*, Classroom Resource Materials Series, Mathematical Association of America, Washington, DC, 2005, Reprint of the 1993 edition [Hindustan Book Agency, New Delhi].

[ĆJ15] Branko Ćurgus and Robert I. Jewett, Somewhat stochastic matrices, *Amer. Math. Monthly* **122** (2015), no. 1, 36–42.

[Dav63] Philip J. Davis, *Interpolation and Approximation*, Blaisdell Publishing Co., Ginn and Co., New York, Toronto, London, 1963.

[DF04] David S. Dummit and Richard M. Foote, *Abstract Algebra*, 3rd edn., John Wiley & Sons, Inc., Hoboken, NJ, 2004.

[Dur12] Peter Duren, *Invitation to Classical Analysis*, Pure and Applied Undergraduate Texts, vol. 17, American Mathematical Society, Providence, RI, 2012.

[GVL13] Gene H. Golub and Charles F. Van Loan, *Matrix Computations*, 4th edn., Johns Hopkins Studies in the Mathematical Sciences, Johns Hopkins University Press, Baltimore, MD, 2013.

[HJ94] Roger A. Horn and Charles R. Johnson, *Topics in Matrix Analysis*, Cambridge University Press, Cambridge, 1994, Corrected reprint of the 1991 original.

[HJ13] Roger A. Horn and Charles R. Johnson, *Matrix Analysis*, 2nd edn., Cambridge University Press, Cambridge, 2013.

[JS96] Charles R. Johnson and Erik A. Schreiner, The relationship between AB and BA, *Amer. Math. Monthly* **103** (1996), no. 7, 578–582.

[Var04] Richard S. Varga, *Geršgorin and his Circles*, Springer Series in Computational Mathematics, vol. 36, Springer-Verlag, Berlin, 2004.

索　引

索引中的页码为英文原书页码，与书中页边标注的页码一致.

D

F

I

J

O

S

W

Z